GNSSのすべて
GPS、グロナス、ガリレオ…

B. ホフマン・ヴェレンホーフ
H. リヒテンエッガ
E. ヴァスレ著
西 修二郎訳

古今書院

Bernhard Hofmann-Wellenhof
Herbert Lichtenegger
Elmar Wastle
GNSS-Global Navigation Satellite Systems
GPS, GLONASS, Galileo, and more
SpringerWienNewYork
©2008 Springer-Verlag Wien

Translation from the English language edition: *GNSS-Global Navigation Satellite Systems* by Bernhard Hofmann-Wellenhof, Herbert Lichtenegger, Elmar Wasle
Copyright © Springer-Verlag 2008
All Rights Reserved

Japanese translation rights arranged with Springer-Verlag GmbH, Wien, Austria through Tuttle-Mori Agency, Inc., Tokyo

はしがき

　数年前、ECのガリレオ開発の輪郭が姿を見せ始め、ガリレオの構成要素の特徴も明らかになってきたこともあり、私はシュプリンガー出版社にガリレオに関する本を出版することを提案した。しかしシュプリンガー出版社の考えは、ガリレオ単独ではなく、現在ある「GPS理論と応用」にガリレオを組み合わせたものではどうかというものであった。私は「GPS理論と応用」は第5版が最後であるとその序文でも述べていたところである。しかし「GPS理論と応用」の一般的な部分は内容を最新のものにすれば、ガリレオと組み合わせて使うことが出来るであろうし、またグロナスについても、長い間メンテナンスが不十分で利用できる衛星数が少なかったものが最近復活の徴候を見せてきており、これについてもきちんと取り扱う必要があったため、私はシュプリンガー出版社の考えに従うことにした。本の題名とした「GNSS－GPS、GLONASS、Galileo & more」が適切かどうかは難しいところである。宇宙の探検と平和利用に関する第三回国連会議の成果の一つとして1998年に国際連合から発表された衛星航法と位置決定システムに関する文書「A/CONF.184/BP/4」では、GNSSに対して次のような定義が与えられている。"GNSS(the Global Navigation Satellite System)は、宇宙を利用した電波測位システムで、必要により機能強化された衛星配置により、地球表面あるいはその近く（時には地球から離れたところ）に置かれた受信機の三次元位置と速度、時刻情報を提供するシステムである。" この文書では更に、現在利用できる2つの衛星航法システム、すなわちGPSとグロナスについても述べている。

　「GNSS－GPS、GLONASS、Galileo & more」という題名は、この定義にぴったりと合ってはいるが、頭字語であるGNSSの使い方がひとつだけではないので、もう少し説明が必要であろう。一般的にはGNSSはグローバルな衛星航法のシステム(systems)を表すものとして使われるが、ポイントはシステムが複数形になっていることである。雑誌「Inside GNSS」の編集長であるギボン（G. Gibbons）は、複数形を強調するためこの頭字語をGNSSesと書いている。システムを複数形で書くことは、実際GPSやグロナスといった複数のシステムが存在し、それぞれのシステムはグローバルな衛星航法システムであることからもっともなことである。

　しかしながら、上の文書で与えられている厳密な定義では、これらの複数のシステムをまとめてひとつの単数形のシステム（system）として表わしている。

　もうひとつ述べておく必要があるのは、副題の中で、Galileoとmoreの間は"and"を意味する"&"であり、GPSとGLONASSの間にあるカンマ"、"ではないということである。つまり"Galileo"と"more"はひとまとまりのものとして扱われていることを示している。これは"ガリレオ（Galileo）"と中国北斗やインドIRNSSといったような"その他（more）"のシステムの現在の開発や配備状況が似たようなものであることによる。（訳註：原題にはこのような意味が込められているが、邦題は分かりやすく「GNSSのすべて―GPS、グロナス、ガリレオ…」とした。）

本書は大学レベルの入門書である。本書ではできるだけ一般的な意味での GNSS から脱線せずに、さまざまな基準系、衛星軌道、衛星信号、観測量、測位の数学モデル、データ処理、データ変換について記述している。GPS やグロナス、ガリレオ、その他の個々のシステムに関しては、主として固有の基準系、サービス内容、衛星と管制システム、信号構造を記述している。

読者は、本書の全著者の主要な科学的バックグラウンドが測地学であることを知っておくべきであろう。またこのバックグラウンドの幅も、全員の母校が同じグラーツ工科大学であることにより多少狭いものになっているかもしれない。

私と Herbert Lichtenegger は、グラーツ工科大学の衛星航法測地研究所のメンバーである。

Elmar Wasle は、オーストリア国内並びに国際的な GNSS の研究開発プロジェクトを行っている TeleConsult Austria 社に 2001 年から働いており、また我々の研究所の正規コースでガリレオを教えているという関係にある。

著者のバックグラウンドを強調したのは、本書のなかで時々測地学的な背景と測地学的な見方が目立つかもしれないためである。

ここで米国の国立測地局を退職された Benjamin W. Remondi 博士の協力に感謝したい。博士にはほとんど全頁にわたり注意深く読み訂正していただいた。博士から頂いた多くの示唆や、改善点、批判、提案には心より感謝する。

グラーツ工科大学衛星航法測地研究所の工学士 Hans-Peter Ranner には、適切な参考文献の検索や方程式の導出法、数値例の再計算といった多くの点で本書の作成を意欲的に助けてもらった。グラーツ工科大学衛星航法測地研究所の Manfred Wieser 教授には、回転行列を如何に正しく解釈し、理解するかに関して特別講義をしていただいた。

本書の索引は Elmar Wasle の書いたプログラムを使って作成された。またこのプログラムはスペルチェックにも使われた。

本書のテキストは LATEX システムに基づいて編集され、また図は CorelDRAW を使って描かれている。

最後にシュプリンガー社の助言、協力にも感謝したい。

2007 年 4 月

B. Hofmann-Wellenhof

序 文

　本書は 14 章から成っている。また略語一覧や参考文献、詳細な索引は、本書を補足して調べたいものをすぐに見つけるのに役立つであろう。

　第 1 章は、簡単な歴史的レビューである。測量の起源やグローバルな測量技術の進展が書かれている。　加えて衛星を使った測位と航法の主要な側面を記述している。

　第 2 章は座標、時間についての基準が取り扱われる。座標系の節では天球座標系と地球座標系が説明され、それらの間の変換が示されている。時系の節では異なる時系の定義がそれらの変換式と一緒に与えられている。

　第 3 章は、衛星軌道に特化し、軌道表現やケプラー運動の決定、摂動、軌道データの配信が説明されている。

　第 4 章は、一般的な衛星信号が取り扱われている。様々な成分をもつ信号の基本構造と信号処理の原理が示されている。

　第 5 章は、観測量が取り扱われている。観測には、コードと位相による擬似距離観測やドップラー観測が含まれている。またこの章では、位相データの組み合わせや位相とコードの組み合わせも取り扱われている。大気や相対論効果、アンテナ位相中心の影響、マルチパス　といった観測量に及ぼす影響についても記述されている。

　第 6 章は、測位の数学モデルが取り扱われる。様々な観測データに基づく単独測位や相対測位のモデルが導き出されている。

　第 7 章はデータ処理で、サイクルスリップとその修復が取り扱われる。また位相のアンビギュイティーも議論されている。最小二乗法については読者は知っているものと仮定して、(カルマンフィルターの原理を含む) 簡単な概要のみが示されている。従って網平均処理の入り口である数学モデルの線形化以外、詳しいことは扱われていない。

　第 8 章では、GNSS 成果の局地座標系への変換が示されている。また GNSS データと従来型の地上測量データの組み合わせも検討されている。

　第 9 章から第 11 章までは、GPS とグロナス、ガリレオに焦点をあてている。それぞれが使っている座標や時間の基準系、衛星や管制システムについて記述されている。また信号構造が詳しく述べられている。

　第 12 章では北斗や準天頂、その他の衛星測位システムの開発研究が取り扱われている。また WAAS や EGNOS その他のデファレンシャルシステムや補強システムについても記述されている。

　第 13 章では GNSS のいくつかの利用法、特に位置決定や姿勢決定、時刻転送が記述されている。また衛星航法システム同士を組み合わせた利用や慣性航法システム (INS: Inertial Navigation System)

のような他のシステムと GNSS との統合化が述べられている。

　第 14 章では GNSS の将来や現在進められている開発とそれから得られるものについて記述されている。GNSS の将来は、GNSS 市場での国際競争の結果に大きく影響されることになるであろう。略語と頭字語の一覧表では、元の単語の最初の頭文字は常に大文字にしている。これ以外で大文字が使われているのは、良く知られた機関名やひとつしかないシステム名を表す時である。

　ベクトルや行列を表す記号は太文字で書かれている。転置行列を示す場合は、上付きの **T** が使われる。ベクトルの内積やスカラー積はドット・で、またベクトルのノルム、すなわち長さは 2 つの重線 ∥ ∥ で表される。ベクトルは、その時の都合で列か行の形に書かれる。

　本書では精度や確度を表す測地の伝統的な記号 ± は直接使われていないが、暗には含まれている。すなわち 100m の距離測定の精度が 0.05m であれば、推定距離の範囲は測地的な表記（100±0.05）m が意味する 99.95m から 100.05m であろうということである。

　インターネットを引用する場合、アドレスに www が含まれていれば、http:// の部分は省略される。すなわち www.esa.int は、http://www.esa.int を意味している。本書に載せたすべてのインターネットアドレスは、原稿を出版社に渡した 2007 年 4 月前には正しく動作することを確認しているが、それ以降の保証はない。

　本文に出てくるインターネットアドレスは、参考文献リストの中には繰り返しては載せられていないので、便利な参考文献リストもその意味では完全なものではない。

　インターネットの情報源の利用では以下の理由によりいくつかの問題があった。インターネットで正式の説明や定義を探す場合、違うサイトで全く同じ記述が見られることがしばしばあり、どちらがオリジナルなサイトなのか分らないことがあった。その場合、本書のある句や文はそれらのインターネット情報源から引用した方がふさわしかったのかもしれないが、利害関係の衝突が起こらないようにそれらのインターネット情報源からの引用をすべて省略するという決断を行なっている。一方この本が発売されると、ただちにいくつかのホームページでの入力情報として利用されるという事も起きるかもしれない。

　参考文献リストを作る際の一般的なガイドラインは、1990 年以前に発表されたものは載せないということである。ただこのガイドラインも基本文献となっている場合は例外も必要になる。

　最後に我々著者は、特定の会社や製品を推奨するものではない。会社名や製品名が本書の中に出てくるからといって、著者はそれに対して保証を与えているわけではない。原則として個別の名前を出すことは出来る限り避けたが、技術開発で重要な役割を果たしたものについては、歴史的な意味があり載せている。

　　　2007 年 4 月

　　　　　　　　　　B. Hofmann-Wellenhof　　　H. Lichtenegger　　　E. Wasle

目　次

はしがき　　　　　　　　　　　　　　　　　　　　　　　　　　　i

序文　　　　　　　　　　　　　　　　　　　　　　　　　　　　　iii

略語　　　　　　　　　　　　　　　　　　　　　　　　　　　　　xiv

第 1 章　　はじめに　　　　　　　　　　　　　　　　　　　　　　1

   1.1　測量のはじまり　　　　　　　　　　　　　　　　　　　　1
   1.2　グローバルな測量技術の進歩　　　　　　　　　　　　　　1
       1.2.1　光を使ったグローバルな三角測量　　　　　　　　　1
       1.2.2　電波を使ったグローバルな三辺測量　　　　　　　　2
       1.2.3　衛星測位　　　　　　　　　　　　　　　　　　　　3
   1.3　衛星による測位と航法　　　　　　　　　　　　　　　　　6
       1.3.1　位置決定　　　　　　　　　　　　　　　　　　　　6
       1.3.2　速度の決定　　　　　　　　　　　　　　　　　　　7
       1.3.3　姿勢決定　　　　　　　　　　　　　　　　　　　　8
       1.3.4　用語　　　　　　　　　　　　　　　　　　　　　　9

第 2 章　　基準座標系　　　　　　　　　　　　　　　　　　　　　11

   2.1　はじめに　　　　　　　　　　　　　　　　　　　　　　　11
   2.2　座標系　　　　　　　　　　　　　　　　　　　　　　　　13
       2.2.1　定義　　　　　　　　　　　　　　　　　　　　　　13
       2.2.2　変換　　　　　　　　　　　　　　　　　　　　　14
       2.2.3　地球座標系相互の変換　　　　　　　　　　　　　　19

   2.3　時間のシステム　　　　　　　　　　　　　　　　　　　　19
       2.3.1　定義　　　　　　　　　　　　　　　　　　　　　　19
       2.3.2　時系相互の変換　　　　　　　　　　　　　　　　　20
       2.3.3　暦　　　　　　　　　　　　　　　　　　　　　　　21

第3章　衛星軌道　23

3.1　はじめに　23
3.2　軌道の説明　23
　3.2.1　ケプラー運動　23
　3.2.2　摂動　28
　3.2.3　擾乱加速度　30

3.3　軌道決定　34
　3.3.1　ケプラー軌道　34
　3.3.2　摂動軌道　37

3.4　軌道情報の配信　40
　3.4.1　軌道追跡網　40
　3.4.2　暦　42

第4章　衛星信号　47

4.1　はじめに　47
　4.1.1　物理的な原理　48
　4.1.2　伝播効果　52
　4.1.3　周波数標準　57

4.2　一般的な信号構造　58
　4.2.1　信号設計　58
　4.2.2　搬送波周波数　62
　4.2.3　コード層　64
　4.2.4　データ層　72
　4.2.5　多元接続　72

4.3　一般的な信号処理　72
　4.3.1　受信機設計　73
　4.3.2　RFフロントエンド　75
　4.3.3　デジタル信号処理　78
　4.3.4　航法処理　88

第 5 章　観測量　91

5.1　データ取得　91
5.1.1　コード擬似距離　91
5.1.2　位相擬似距離　92
5.1.3　ドップラーデータ　94
5.1.4　バイアスとノイズ　94

5.2　データ結合　96
5.2.1　線形位相擬似距離結合　96
5.2.2　コード擬似距離の平滑化　97

5.3　大気の影響　100
5.3.1　位相速度と群速度　100
5.3.2　電離層屈折　102
5.3.3　対流圏屈折　110
5.3.4　大気の監視　119

5.4　相対論効果　121
5.4.1　特殊相対論　121
5.4.2　一般相対論　122
5.4.3　GNSS に関連する相対論的効果　123

5.5　アンテナ位相中心のオフセットと変動　127
5.5.1　一般論　127
5.5.2　相対的なアンテナキャリブレーション　128
5.5.3　絶対的なアンテナキャリブレーション　129
5.5.4　数値例　130

5.6　マルチパス　132
5.6.1　一般論　132
5.6.2　数学モデル　133
5.6.3　マルチパスの縮小　135

第 6 章　測位の数学モデル　138

6.1 単独測位 138
6.1.1 コード距離による単独測位 138
6.1.2 搬送波位相による単独測位 140
6.1.3 ドップラーデータによる単独測位 141
6.1.4 精密単独測位 PPP 142

6.2 デファレンシャル測位 145
6.2.1 基本概念 145
6.2.2 コード距離による DGNSS 145
6.2.3 位相による DGPS 147
6.2.4 ローカルエリア DGNSS 147

6.3 相対測位 148
6.3.1 基本概念 148
6.3.2 位相の差 149
6.3.3 位相結合の相関 152
6.3.4 スタティックな相対測位 157
6.3.5 キネマティックな相対測位 158
6.3.6 擬似キネマティック相対測位 160
6.3.7 仮想基準点 161

第 7 章 データ処理 165

7.1 データ前処理 165
7.1.1 データの取り扱い 165
7.1.2 サイクルスリップの検出とその修復 166

7.2 アンビギュイティーの決定 173
7.2.1 一般論 173
7.2.2 基本的な方法 176
7.2.3 探索手法 182
7.2.4 アンビギュイティーの妥当性検証 200

7.3 平均計算、フィルタリング、品質測定 202
7.3.1 理論的な考察 202
7.3.2 数学モデルの線形化 213
7.3.3 網平均 219

	7.3.4　精度低下率	223
	7.3.5　品質パラメータ	226
	7.3.6　精度規準	230

第8章　データ変換　　235

8.1　序論　　235

8.2　座標変換　　235
    8.2.1　直交座標と楕円体座標　　235
    8.2.2　グローバルな座標と局地座標　　238
    8.2.3　楕円体座標と平面座標　　241
    8.2.4　高さの変換　　246

8.3　基準系の変換　　249
    8.3.1　三次元の変換　　249
    8.3.2　二次元の変換　　252
    8.3.3　一次元の変換　　254

8.4　ＧＰＳデータと地上測量データの混合　　256
    8.4.1　共通の座標系　　256
    8.4.2　観測量の表現　　256

第9章　GPS　　261

9.1　はじめに　　261
    9.1.1　GPSの歴史　　261
    9.1.2　開発の各段階　　261
    9.1.3　管理運用　　262

9.2　基準系　　264
    9.2.1　座標系　　264
    9.2.2　時系　　265

9.3　GPSサービス　　266
    9.3.1　標準測位サービスSPS　　267

	9.3.2　精密測位サービス PPS	267
	9.3.3　精度の劣化とアクセスの禁止	268

9.4　GPS の構成要素　271
 9.4.1　衛星　271
 9.4.2　衛星の運用管制　273

9.5　信号構成　275
 9.5.1　搬送周波数　276
 9.5.2　PRN コードと変調　277
 9.5.3　航法メッセージ　283

9.6　今後の見通し　285
 9.6.1　近代化　285
 9.6.2　GPS Ⅲ　285

第 10 章　グロナス（GLONASS）　286

10.1　序論　286
 10.1.1　歴史的経緯　286
 10.1.2　システム構築　286
 10.1.3　管理と運用　287

10.2　基準系　289
 10.2.1　座標系　289
 10.2.2　時系　290

10.3　グロナスのサービス　290
 10.3.1　標準測位サービス　291
 10.3.2　精密測位サービス　291

10.4　グロナスの構成　292
 10.4.1　衛星　292
 10.4.2　衛星の運用管制　294

10.5　信号構造　296
 10.5.1　搬送周波数　297

	10.5.2　PRNコードと変調	299
	10.5.3　航法メッセージ	301
10.6	今後の見通し	303

第11章　ガリレオ（Galileo） 304

11.1	序論	304
	11.1.1　歴史的経緯	304
	11.1.2　ガリレオ計画の各段階	306
	11.1.3　管理と運用	306
11.2	基準系	307
	11.2.1　座標系	307
	11.2.2　時系	307
11.3	ガリレオのサービス	308
	11.3.1　オープンサービス	308
	11.3.2　商用サービス	308
	11.3.3　生命の安全に係わるサービス	308
	11.3.4　政府規制サービス	309
	11.3.5　捜索救助サービス	310
11.4	ガリレオの構成	310
	11.4.1　ガリレオ衛星	312
	11.4.2　地上管制施設	314
11.5	信号構成	318
	11.5.1　搬送周波数	319
	11.5.2　PRNコードと変調	320
	11.5.3　航法メッセージ	325
11.6	今後の見通し	328

第12章　その他のGNSS 329

112.1	グローバルなシステム	329
	12.1.1　GPSとグロナス、ガリレオの比較	329
	12.1.2　北斗－2／Compass	332
	12.1.3　その他のグローバルな航法システム	333
12.2	リージョナルなシステム	335
	12.2.1　北斗－1	335
	12.2.2　QZSS	338
	12.2.3　その他のリージョナルな航法システム	342
12.3	デファレンシャルシステム（DGNSS）	343
	12.3.1　原理	343
	12.3.2　デファレンシャル補正	343
	12.3.3　デファレンシャルシステムの例	344
12.4	補強システム	347
	12.4.1　衛星型補強システム	347
	12.4.2　地上型補強システム	352
12.5	支援型GNSSシステム（AGNSS）	354
12.6	今後の見通し	355

第13章　GNSSの利用　　356

13.1	GNSS観測の成果	356
	13.1.1　衛星座標	356
	13.1.2　位置決定	356
	13.1.3　速度決定	364
	13.1.4　姿勢決定	365
	13.1.5　時刻同期	369
	13.1.6　その他の利用	369
13.2	データ転送とフォーマット	370
	13.2.1　RTCMフォーマット	371
	13.2.2　RINEXフォーマット	372
	13.2.3　NMEAフォーマット	373

13.3 システム統合　374
　13.3.1 GNSS と慣性航法システム　375
　13.3.2 電波航法プラン　375

13.4 受信機　375
　13.4.1 受信機の特徴　375
　13.4.2 基準点網　378
　13.4.3 情報サービス　380

13.5 代表的な GNSS 利用例　381
　13.5.1 航法分野　381
　13.5.2 測量と地図作成分野　384
　13.5.3 科学分野　385

第14章　おわりに　386

参考文献　389

訳者あとがき　418

索引　419

略　語

A/D	Analog to digital	アナログ／デジタル
ACF	Autocorrelation function	自己相関関数
AFB	Air force base	空軍基地
AFS	Atomic frequency standard	原子周波数標準
AGC	Automatic gain control	自動利得制御器
AGNSS	Assisted(or aided) GNSS	支援型 GNSS
AL	Alarm/alert limit	警告限度
AltBOC	Alternative binary offset carrier	
AOC	Auxiliary output chip	補助出力回路
AOR	Atlantic ocean region	大西洋地域
APOS	Austrian positioning service	オーストリア位置情報サービス
ARGOS	Advanced research and global observation satellite	
ARNS	Aeronautical radionavigation service	航空無線航法サービス
AROF	Ambiguity Resolution on-the Fly	OTF によるアンビギュイティー解
ARP	Antenna reference point	アンテナ基準点
ARPL	Aeronomy and Radiopropagation Laboratory	超高層大気電波伝搬研究所
AS	Anti-spoofing	欺瞞防止
BCRS	Barycentric celestial reference system	太陽系重心天球座標系
BDT	Barycentric dynamic time	太陽系力学時
BER	Bit error rate	ビットエラー率
BIPM	Bureau International des Poids et Mesures (International Bureau of Weights and Measures)	国際度量衡局
BNTS	Beidou navigation test satellite	北斗試験衛星
BOC	Binary offset carrier	
BPF	Band-pass filter	バンドパスフィルター
BPSK	Binary phase-shifted key	二位相偏移変調
C/A	Coarse/acquisition	
C/N0	Carrier-to-noise power density ratio	搬送波雑音電力密度比
C/NAV	Commercial navigation message	
CDMA	Code division multiple access	符号分割多元接続
CEP	Celestial ephemeris pole	
CEP	Circular error probable	
CHAMP	Challenging mini-satellite payload	
CIGNET	Cooperative international GPS network	協同国際 GPS 網
CIO	Conventional international origin	
CIR	Cascade integer resolution	
CNES	Centre National d'Etudes Spatiales	フランス国立宇宙研究センター
CODE	Center for Orbit Determination in Europe	ヨーロッパ軌道決定センター
CORS	Continuously operating reference station	連続観測基準点網
COSPAS	Cosmicheskaya sistyema poiska avariynich sudov (Space system for the search of vessels in distress)	遭難捜索衛星システム
CRC	Cyclic redundancy check	巡回冗長検査
CRF	Celestial reference frame	天球座標系
CRPA	Controlled reception pattern antenna	

CRS	Celestial reference system	天球座標系
CS	Commercial service	商用サービス
CSOC	Consolidated Space Operations Center	統合宇宙運用センター
DARPA	Defence Advanced Research Projects Agency	国防高等研究事業局
DASS	Distress alerting satellite system	遭難警報衛星システム
DD	Double-difference	二重差
DEM	Digital elevation model	数値標高モデル
DGNSS	Differential GNSS	デファレンシャル GNSS
DGPS	Differential GPS	デファレンシャル GPS
DLL	Delay lock loop	遅延同期ループ
DMA	Defence Mapping Agency	米国防地図庁
DME	Distance measuring equipment	距離測定装置
DoD	Department of Defence	米国防総省
DOP	Dilution of precision	精度低下率
DORIS	Doppler orbitography by radiopositioning integrated on satellite	
DoT	Department of Transportation	米国運輸省
DRMS	Distance root mean square(error)	
DSP	Digital signal processor	デジタル信号処理
EC	European Community	欧州共同体
ECAC	European Civil Aviation Conference	欧州民間航空会議
ECEF	Earth-centered-earth-fixed (coordinates)	地心地球 (座標)
EDAS	EGNOS data access system	
EGM96	Earth Gravitational Model 1996	地球重力モデル 1996
EGNOS	European geostationary navigation overlay service	
EIRP	Equivalent isotropic radiated power	等価等方放射電力
EKF	Extended Kalman filter	拡張カルマンフィルター
ENU	East, north, up	(東、北、上)
EOP	Earth orientation parameters	地球自転軸パラメーター
ERNP	EU radionavigation plan	EU 無線航法プラン
ERTMS	European rail traffic management system	欧州鉄道交通管理システム
ESA	European Space Agency	欧州宇宙機関
ESTB	EGNOS system test bed	
EU	European Union	欧州連合
EUPOS	European position(determination system)	欧州測位システム
EWAN	EGNOS wide-area network	EGNOS 広域ネットワーク
F/NAV	Freely accessible navigation message	
FAA	Federal Aviation Administration	米国連邦航空局
FARA	Fast ambiguity resolution approach	高速アンビギュイティー決定法
FASF	Fast ambiguity search filter	高速アンビギュイティー探索フィルター法
FCC	Federal Communications Commission	連邦通信委員会
FDF	Flight dynamics facility	飛行計算装置
FDMA	Frequency division multiple access	周波数分割多元接続
FEC	Forward error correction	前方誤り訂正
FGCS	Federal Geodetic Control Subcommittee	米国連邦測地管理小委員会
FLL	Frequency lock loop	周波数同期ループ
FOC	Full operational capability	完全運用
FRP	Federal Radionavigation Plan	米国連邦電波航法プラン
G/NAV	Governmental navigation message	
GACF	Ground asset control facility	地上施設管理装置
GAGAN	GPS and geoaugmented navigation	

GALA	Galileo overall architecture defibition	
GATE	Galileo test development environment	
GBAS	Ground-based augmentation system	地上型補強システム
GCC	Ground control center	管制センター
GCRS	Geocentric celestial reference system	地心天球座標系
GCS	Ground control segment	管制部
GDGPS	Global DGPS	グローバル DGPS
GDOP	Geometric dilution of precision	幾何学的精度低下率
GEO	Geostationary (satellite)	静止軌道（衛星）
GES	Ground earth station	地上局
GGSP	Galileo geodetic service provider	ガリレオ測地サービス プロバイダ
GGTO	GPS to Galileo time offset	GPS 時 とガリレオ時のオフセット
GIM	Global ionosphere map	グローバルな電離層マップ
GIOVE	Galileo in-orbit validation element	
GIS	Geographic information system	地図情報システム
GIVD	Grid ionospheric vertical delay	グリッドでの鉛直方向電離層遅延
GIVE	Grid ionospheric vertical error	グリッドでの鉛直方向電離層誤差
GJU	Galileo Joint Undertaking	
GLONASS	Global Navigation Satellite System	グロナス
GMS	Ground mission segment	航法部
GNSS	Global navigation satellite system	グローバルな衛星航法システム
GOC	Galileo operating company	ガリレオ運用会社
GOCE	Gravity field and steady-state ocean circulation explorer(mission)	
GOTEX	Global orbit tracking experiment	グローバルな軌道追跡実験
GPS	Global Positioning System	全地球測位システム
GRACE	Gravity recovery and climate experiment	
GRAS	Ground-based regional augmentation system	リージョナルな地上型補強システム
GRS-80	Geodetic Reference System1980	測地基準系 1980
GSA	GNSS Supervisory Authority	GNSS 監督機構
GSFC	Goddard Space Flight Center	ゴダード宇宙飛行センター
GSS	Galileo sensor station	ガリレオ監視局
GST	Galileo system time	ガリレオ時
GSTB	Galileo system test bed	ガリレオシステム試験
GTRF	Galileo terrestrial reference frame	ガリレオ地球座標系
HANDGPS	High-accuracy nationwide DGPS	
HDOP	Horizontal dilution of precision	水平精度低下率
HEO	Highly inclined elliptical orbit(satellite)	軌道傾斜角の大きな楕円軌道（衛星）
HIRAN	High Range Navigation(system)	
HLD	High level definition	高度仕様書
HMI	Hazardously misleading information	誤らせやすい危険な情報
HOW	Hand-over word	
HPL	Horizontal protection level	
HTTP	Hypertext transfer protocol	
I/NAV	Integrity navigation message	完全性航法メッセージ
I/Q	In-phase/quadrature phase	
IAC	Information Analytical Center	情報解析センター
IAG	International Association of Geodesy	国際測地学協会
IAU	International Astronomical Union	国際天文学連合
ICAO	International Civil Aviation Organaization	国際民間航空機関

ICD	Interface control document	インターフェース管理文書
ICRF	IERS celestial reference frame	IERS 天球座標系
IERS	International Earth Rotation Service	国際地球回転事業
IF	Integrity flag	完全性フラッグ
	Intermediate Frequency	中間周波数
IGEB	Interagency GPS Executive Board	GPS 政策会議
IGEX-98	International GLONASS Experiment1998	国際グロナス実験 1998
IGP	Ionospheric grid point	電離層グリッドポイント
IGS	International GNSS Service	国際 GNSS 事業
IMO	International Maritime Organization	国際海事機関
INS	Inertial navigation system	慣性航法システム
IOC	Initial operational capability	初期運用
ION	Institute of Navigation	米国航法学会
IOR	Indian ocean region	インド洋地域
IOV	In-orbit validation	軌道評価
IPF	Integrity processing facility	完全性情報処理装置
IRM	IERS(or International) Reference Meridian	IERS 基準子午線
IRNSS	Indian Regional Navigation Satellite System	インド地域衛星航法システム
IRP	IERS reference pole	IERS 基準極
ITCAR	Integrated three-carrier ambiguity resolution	
ITRF	International terrestrial reference frame	国際地球座標系
ITS	Intelligent transportation system	高度道路交通システム
ITU	International Telecommunication Union	国際電気通信連合
ITU-R	ITU,Radiocommunication (sector)	
IVHS	Intelligent vehicle highway system	知能車両ハイウェイシステム
IWV	Integrated water vapor	積分水蒸気量
JD	Julian date	ユリウス日
JGS	Japanese geodetic system	日本測地系
JPL	Jet Propulsion Laboratory	ジェット推進研究所
JPO	Joint Program Office	統合計画本部
LAAS	Local area augmentation system	狭域補強システム
LAD	Local-area differential	ローカルエリアデファレンシャル
LADGNSS	Local-area DGNSS	ローカルエリア DGNSS
LAMBDA	Least-squares ambiguity decorrelation adjustment	アンビギュイティー無相関化法
LBS	Location-based service	位置情報サービス
LEO	Low earth orbit(satellite)	低軌道（衛星）
LEP	Linear error probable	
LFSR	Linear feedback shift register	線形フィードバックシフトレジスタ
LHCP	Left-handed circular polarization	左旋円偏波
LLR	Lunar laser ranging	月レーザー測距
LNA	Low-noise amplifier	低雑音アンプ
LO	Local oscillator	発振器
LOGIC	Loran GNSS interoperability channel	
LOP	Line of position	観測点方向を示す直線
LSAST	Least-squares ambiguity search technique	最小二乗アンビギュイティー探索法
LUT	Local user terminal	地上局
MBOC	Multiplexed binary offset carrier	多重 BOC
MCAR	Multiple carrier ambiguity resolution	
MCC	Master control center	主管制センター
MCF	Mission control facility	運行管理装置
MCS	Master control station	主管制局

MDDN	Mission data dissemination network	データ配信ネットワーク
MEDLL	Multipath estimating delay lock loop	
MEO	Medium earth orbit(satellite)	中間軌道（衛星）
MGF	Message generation facility	メッセージ生成装置
MJD	Modified Julian date	修正ユリウス日
MOPS	Minimum operational performance standards	最小運用性能基準
MRSE	Mean radial spherical error	
MS	Monitoring station	監視局
MSAS	MTSAT space-based augmentation system	運輸多目的衛星用衛星航法補強システム
MSF	Mission support facility	運行支援装置
MTSAT	Multifunctional transport satellite	運輸多目的衛星
NAD-27	North American Datum1927	北アメリカ原点 1927
NAGU	Notice advisories to GLONASS users	グロナス衛星情報
NANU	Notice advisories to Navstar users	GPS 衛星情報
NAP	NDS analysis package	核探知解析システム
NASA	National Aeronautics and Space Administration	米国航空宇宙局
NAVCEN	Navigation Center	航法センター
NAVSTAR	Navigation system with timing and ranging	
NCO	Numerically controlled oscillator	数値制御発振器
NDGPS	Nationwide DGPS	国内 DGPS
NDS	Nuclear detection system	核探知システム
NGA	National Geospatial-Intelligence Agency	米国地理空間情報庁
NGS	National Geodetic Survey	米国測地局
NIMA	National Imagery and Mapping Agency	米国画像地図庁
NIS	Navigation information service	航法情報サービス
NLES	Navigation land earth station	航法地上局
NMEA	National Marine Electronics Association	米国海事電子機器協会
NNSS	Navy Navigation Satellite System	海軍衛星航法システム
NOAA	National Ocean and Atmospheric Administration	米国立海洋大気局
NSGU	Navigational signal generator unit	航法信号生成装置
NTRIP	Networked transport of RTCM via Internet protocol	
OCS	Operational control system	運用管制システム
OEM	Original equipment manufacturer	
OMEGA	Optimal method for estimating GPS ambiguities	
OS	Open service	オープンサービス
OSPF	Orbit determination and time synchronization processing facility	軌道決定＆時刻同期処理装置
OSU	Ohio State University	オハイオ州立大学
OTF	On-the fly	
OTR	On-the run	
PC	Personal computer	パソコン
PCO	Phase center offset	アンテナ位相中心オフセット
PCV	Phase center variation	アンテナ位相中心変動
PDOP	Position dilution of precision	位置精度低下率
PE	Position error	位置誤差
PE-90	Parameter of the Earth 1990	
PHM	Passive hydrogen maser	受動型水素メーザー
PL	Protection level	信頼限界値
PLL	Phase lock loop	位相同期ループ
PNT	Positioning,navigation, and timing	測位航法時間測定
POR	Pacific ocean region	太平洋地域

PPP	Precise point positioning	精密単独測位
	public-private partnership	公民連携事業
PPS	Precise positioning service	精密測位サービス
PPS-SM	PPS-security module	PPS セキュリティモジュール
PRARE	Precise range and range rate equipment	
PRC	Pseudorange correction	擬似距離補正
PRN	Pseudorandom noise	擬似雑音
PRS	Public regulated service	政府規制サービス
PSD	Power spectral density	パワースペクトル密度
PSK	Phase-shifted key	
PTF	Precise timing facility	精密同期装置
PVS	Position and velocity of the satellite	衛星の位置と速度
PVT	Position, velocity, and time	位置、速度、時刻
PZ-90	Parametry Zemli 1990 (Parameter of the Earth 1990)	
QASPR	Qualcomm automatic satellite position reporting Qualcomm	衛星測位システム
QPSK	Quadrature phase-shifted key	四位相偏移変調
QZSS	Quasi-Zenith Satellite System	準天頂衛星システム
RAFS	Rubidium atomic frequency standard	ルビジウム原子周波数標準
RAIM	Receiver autonomous integrity monitoring	受信機による自立的な完全性監視
RF	Radio frequency	無線周波数（高周波）
RHCP	Right-handed circular polarization	右旋円偏波
RIMS	Receiver integrity monitoring station	完全性監視局
RINEX	Receiver independent exchange (format)	ライネックス（フォーマット）
RIS	River information service	河川情報サービス
RMS	Root mean square	平均二乗平方根
RNP	Required navigation performance	要求航法性能
RNSS	Radionavigation satellite service	無線衛星航法サービス
RRC	Range rate correction	距離変化率補正量
RTCM	Radio Technical Commission for Maritime (services)	米国海上無線技術委員会
RTK	Real-time kinematic	リアルタイムキネマティック
RX	Receiver/receive	受信機／受信
S/N	Signal-to-noise ratio	信号雑音比
SA	Selective availability	選択利用性
SAASM	Selective ability anti-spoofing module	
SAIF	Submeter accuracy with integrity function	
SAPOS	Satellite positioning service	ドイツ衛星位置情報サービス
SAR	Search and rescue	捜索救助
SARPS	Standards and recommended practices	標準並びに推奨規格
SARSAT	SAR satellite-aided tracking	捜索救助衛星
SBAS	Space-based augmentation system	衛星型補強システム
SCCF	Spacecraft constellation control facility	衛星配置管理装置
SD	Selective denial	選択的拒否
SDCM	System for differential correction and monitoring	デファレンシャル補正監視システム
SDDN	Satellite data distribution network	衛星データ配信ネットワーク
SDGPS	Satellite DGPS	衛星 DGPS
SEP	Spherical error probable	
SGS-85	Soviet Geodetic System 1985	ソビエト測地系 1985
SGS-90	Soviet Geodetic System 1990	ソビエト測地系 1990
SIL	Safety integrity level	安全完全性レベル
SINEX	Software independent exchange (format)	

SIS	Signal in space	衛星信号
SISA	SIS accuracy	衛星信号精度
SISE	SIS error	衛星信号誤差
SISMA	SIS monitoring accuracy	衛星信号監視精度
SISNET	SIS over Internet	シスネット
SLR	Satellite laser ranging	衛星レーザー測距
SNAS	Satellite navigation augmentation system	衛星航法補強システム
SoL	Safety of life	生命の安全に係わるサービス
SOP	Surface of position	観測点方向を示す曲面
SPF	Service products facility	サービス情報装置
SPS	Standard positioning service	標準測位サービス
SSR	Sum of squared residuals	残差二乗和
SU	Soviet Union	ソ連邦
SV	Space vehicle	衛星
TACAN	Tactical air navigation	戦術航法システム
TAI	Temps atomique international(International atomic time)	国際原子時
TCAR	Three-carrier ambiguity resolution	３搬送波アンビギュイティー決定
TCS	Tracking control station	追跡管制局
TDMA	Time division multiple access	時間分割多元接続
TDOP	Time dilution of precision	時刻精度低下率
TDRSS	Tracking and data relay satellite system	データ中継衛星システム
TDT	Terrestrial dynamic system	地球力学時
TEC	Total electron content	総電子数
TECU	TEC units	
THR	Tolerable hazard rate	限界危険率
TLM	Telemetry(word)	
TOA	Time of arrival	伝播時間
TOW	Time of week	
TRF	Terrestrial reference frame	地球座標系
TT	Terrestrial time	地球時
TT&C	Telemetry, tracking and control(or command)	
TTA	Time to alarm/alert	警告時間
TTFF	Time to first fix	初期位置算出時間
TV	Television	テレビ
TVEC	Total vertical electron content	鉛直方向全電子数
TX	Transmitter/transmit	送信機／送信
UDRE	User differential range error	
UERE	User equivalent range error	
ULS	Uplink station	アップリンク局
URE	User range error	距離測定誤差
US	United States(of America)	米国
USA	United States of America	米国
USNO	U.S. Naval Observatory	米国海軍天文台
USSR	Union of Soviet Socialist Republics	旧ソ連
UT	Universal time	世界時
UTC	Universal time coordinated	協定世界時
UTM	Universal Transverse Mercator	ユニバーサル横メルカトル
VBS	Virtual base station	
VDB	VHF data broadcast	VHFデータ放送チャンネル
VDOP	Vertical dilution of precision	垂直精度低下率

VHF	Very high frequency	
VLBI	Very long baseline interferometry	超長基線電波干渉法
VPL	Vertical protection level	
VRS	Virtual reference station	仮想基準点
WAAS	Wide area augmentation system	広域補強システム
WAD	Wide-area differential	広域デファレンシャル
WARTK	Wide-area real-time kinematic	広域 RTK
WGS-84	World Geodetic System 1984	
WMS	Wide-area master station	広域主基準局
WRS	Wide-area reference station	広域基準局
XOR	Exclusive-or	排他的論理和

第1章 はじめに

1.1 測量のはじまり

　文明の夜明けの頃から、人類は不吉な兆候がありはしないかと畏れを抱きながら空を見上げた。その中の何人かは、星の謎を読み解きその位置をもとに彼らの生活に必要な法則を明らかにした。古代の天文学者でもあった聖職者が、作物の的確な植えつけ時期を予告したというのもその一例である。彼らは最初の測量士でもあった。広く知られているように、ピラミッドやストーンヘンジの様な構造物の配列は、天文観測によって作り上げられたものであり、その配列構造は春分の日のような天体現象の起きる時期を知るのに使われた。

　ナイル川の氾濫によって破壊された所有地の境界を復元するために基準点を使ったエジプトの測量士もよく知られている。ギリシャ人やローマ人は彼らの植民地を測量した。オランダの測量士スネル（Snell）は、遠く離れた地点の位置を求めるために相互に連結された三角形の内角を基線長と組み合わせて測定した。ダンケルク（Dunkirk）からコリウール（Collioure）まで達する基線を決定するための広域の三角測量はフランスの測量士ピカール（Picard）とカッシーニ（Cassini）によって行われた。三角測量の技術は、その後大陸規模の距離を結んで正確な位置座標を決定する主要な手段として使われた。古代の天文知識を持つ測量士から現代の衛星測地学者に繋がる技術進歩の歴史は、時間と空間を支配し、社会を良くするために科学を利用したいという人類の願いを映している。土地の境界を決定し、周辺の地図を提供し、公共、民間の建設事業を管理するという測量士の社会的役割は昔から変わっていない。

1.2 グローバルな測量技術の進歩

　三角測量（後には三辺測量やトラバースと組み合わされたが）の利用は視通線により制限された。測量士は視通線を伸ばすため、山の頂上に上り、特殊な測量タワーを開発したが、それによっても視通はわずかしか伸びなかった。三角測量の網は、一般的に天文観測点でその方位と位置を固定される。天文観測点では、星の観測によりその天文学的位置が決定されるが、その位置誤差は場所により数百メートルになる。したがって別々に三角測量の行われるそれぞれの大陸は位置的には孤立しており、大陸相互の位置関係はこの誤差範囲内でしか分からなかった。

1.2.1 光を使ったグローバルな三角測量

　大陸相互の位置関係を決定する最初の試みは、月による特定の星の掩蔽（えんぺい）を利用して行われた。こ

の方法は厄介でわずかな成功例があるのみである。しかしながら、1957年10月4日のロシアの人工衛星スプートニクの打ち上げによって、世界中の測地基準系の結合に関して大変な進歩がもたらされた。人工衛星時代の黎明期には、フィンランドで開発された光学的な衛星三角測量方式が用いられ大変成功した。使われたカメラにちなんで名づけられたBC-4プログラムと呼ばれた世界的な衛星三角測量プログラムにより、初めて世界の主要測地基準系の相互関係が決定された。この方法は、特別に加工されたシャッターを備えた計測カメラで恒星をバックに特殊な光学反射衛星の写真を撮るものであった。写真の画像は、それぞれの星の動きと衛星の動きを描画する一連の点の集まりでできている。点の座標が写真コンパレーターで正確に測定され、観測点から人工衛星方向への空間的方位が解析写真測量モデルを使って分析される。隣接する観測点で同時に同じ人工衛星の写真を撮り、同様な方法でデータ処理することにより、もう1つの空間的方位が得られる。対応する空間方位のそれぞれのペアは、観測点と人工衛星を含む1つの平面を形作る。最低2つのこのような平面をとればその交線は観測点同士を結ぶ空間方位になる。次のステップでは、これらの定まった方位は、地上のトラバースから得られたスケールとともにグローバルな網を構成するのに使われる。この1つの例は、ノルウエーのトロムス（Tromso）からシシリアのカタニア（Catania）へむかうヨーロッパ基線の決定である。この方法の大きな問題点は、およそ4000キロメートル程はなれた基線の両端点が観測時同時に快晴でなければならないことや、観測機器が巨大で高価であったことである。そのため光学的方位観測は、全天候対応でより高精度、低価格である電磁測距観測方式にすぐに取って代わられた。

1.2.2 電波を使ったグローバルな三辺測量

電波を使って大陸間の位置を結合する最初の試みは第二次世界大戦の時に航空機の位置を測るために開発された電磁測距システム（HIRAN）を使うものであった。1940年代の初め北アメリカとヨーロッパそれぞれの測地基準系の違いを決定する試みとしてHIRANを使った三辺測量が行われた。この方式に著しい進展があったのは最初の人工衛星であるスプートニクの打ち上げられた1957年である。このとき世界中の科学者（例えばJohns Hopkins大学応用物理研究所の科学者）は、人工衛星からの信号に含まれるドップラーシフトを利用すれば、人工衛星の正確な最接近時刻が決定できることを理解した。この知識を得たことと、ケプラーの法則に従う人工衛星軌道の計算が可能となったことが、現在のGNSS位置決定につながっている。

1.2.3 衛星測位
はじめに

衛星測位とは、人工衛星を使って地上や海上、あるいは空中、宇宙における観測者の位置を決定することである。

本書で議論する衛星測位システムでは、衛星位置はすべての時刻において既知であるとしている。

本書で使われるGNSS（Global navigation satellite system）という用語は、個々のグローバルな衛星測位システムやそれらを組み合わせたもの、およびそれらの補強システムを含んでいる。

衛星測位技術の開発に関する歴史的なレビューについては、例えばGuier and Weiffenbach（1997）、

Ashkenazi（2006）を参照せよ。

衛星測位の原理

　測位衛星を利用することで、ユーザーは例えば経度、緯度、高さで表される位置を決定できる。位置は衛星までの測定距離を使った簡単な交会法処理で計算される。

　ある瞬間、空間に張り付いた状態の衛星を考えてみよう。計算法は第3章で示すが、それぞれの衛星の地球中心に対する空間ベクトル ρ^s（図1.1 参照）は、衛星の放送暦から計算できる。もし地心位置ベクトル ρ_r で示される地上位置にある受信機の時計が衛星時計に正確にあっていれば、受信機から衛星までの幾何学的な距離 ρ は、衛星の信号が受信機に届くのに要する時間を記録することで正しく測定できる。距離がわかればこれは衛星を中心とする1つの球（より正確には1つの球面）を定義できる。この方法を使って受信機から3つの衛星までの距離さえわかれば、3つの球の交点から3つの未知数（すなわち経度、緯度、高さ）が以下の3つの距離方程式から決定される。

$$\rho = \left\| \rho^s - \rho_r \right\| \tag{1.1}$$

　実際の位置決定では、すこし違った方法が用いられている。一般的に受信機の時計には、衛星時計と概略合わされた廉価な水晶時計が使われる。そのため受信機の時計は正しい時刻とずれがあり、このずれのため測定された衛星までの距離も正しい幾何学的な距離とは違ったものになっている。

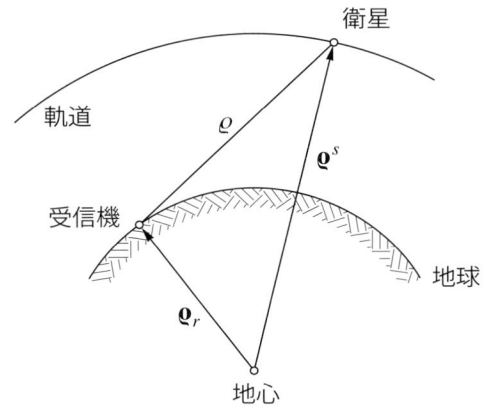

図1.1　衛星測位の原理

　この測定距離は、正しい距離と時計の誤差 δ から生じた距離の誤差 $\Delta\rho$ を足し合わせたものになっているため擬似距離と呼ばれている。擬似距離の簡単なモデルは

$$R = \rho + \Delta\rho = \rho + c\delta \tag{1.2}$$

である。ここで c は光の速度である。

　位置の3成分と時計のずれの合わせて4つの未知数を求めるためには、同時に測定された4つの衛星までの擬似距離が必要である。

衛星システム

初期のシステム

現在の測位システムの先駆けとなったのは、Transit システムと呼ばれた NNSS（Navy Navigation Satellite system）である。NNSS は米国防総省により主として軍の船舶や車両が必要とする位置（時刻）決定のために、1950 年代に構想され 1960 年代に開発されたシステムである。NNSS は後には民生利用も認められ、世界中で航法や測量に用いられた。

完成したシステムは、高度約 1100km の概略円形の極低軌道をもつ 6 個の衛星で構成されていた。衛星からは 2 種類の搬送波（周波数：150MHz と 400MHz）が送信されており、搬送波には時刻信号と軌道情報が載せられていた。

NNSS による測位精度は、2 つの搬送波のうち 1 つだけしか受信できない 1 周波受信機では 100m 程度であったが、2 周波受信機では 20m 程度であった。旧米国防地図局（DMA:Defence Mapping Agency）と旧米国沿岸測地局（U.S. Coast & Geodetic Survey）による実験では、数日（あるいは数週）にわたる連続観測あるいは後処理された衛星の精密暦を使うことにより、およそ 1m の測位精度を得ることも可能であることが示されている。後には、2 観測点でドップラー受信機の同時観測を行うことにより、精密暦より精度の低い放送暦を使って観測点間の相対座標が 1m 以下の精度で求められた。Transit の管制にはスプートニク衛星を追跡したのと本質的に同じドップラー観測が使われた。追跡局はグローバルに配置されていたため、Transit の軌道は精密に決定された。実際の観測量は、衛星時計の時刻信号による 2 分間のドップラーサイクル数（カウント）である。Transit についての詳細は、Hofmann-Wellenhof et al. (2003) を参照されよ（Transit は 1996 年末から機能停止になっている）。

ロシアの Tsikada（あるいは Cicada）システムも、Transit と同じ 2 つの搬送波を送信し、その測位精度も Transit と同程度である。10 個の低軌道衛星が軍用、民生用という相補的な衛星配置で打ち上げられている。先に軍用に 6 衛星が配備され、その最初の衛星は 1974 年に打ち上げられた。その後民生用に 4 衛星が配備された。Transit と違って Tsikada システムは現在でも機能している。

初期のこれらのシステムは 2 つの大きな欠点を抱えている。最大の問題は次の衛星が見えるまでの長い待ち時間である。初期の Transit の場合、例えば衛星は 90 分間隔でしか上空に現われないから、その間の位置は補間で求めるしかなかった。もう 1 つの問題は、測位精度が低かったことである。特に高さ位置はほとんど決まらなかった。

現在と将来の航法システム

GPS（Global Positioning System：全地球測位システム）は、初期の航法システムが抱える欠点を克服するために米国防総省により開発された。初期のシステムとは違い、GPS は地球上いつどこにいてもその位置、速度、時間を、瞬時に費用をかけずに正確に教えてくれる。GPS についての詳細は第 9 章で記述する。

グロナス（GLONASS: Global Navigation Satellite System）は、ロシア版 GPS でロシア軍により運用されている。GPS とは管制システムや衛星、信号構造が異なっている。詳細は第 10 章で記述する。ガリレオはヨーロッパが開発を進めている将来の GNSS である。詳細は第 11 章で記述する。

コンパス（Compass）と呼ばれる中国の航法システムは、第一世代の地域航法システムである北

斗（Beidou）を進化させたものであり、現在開発中である。詳細は第 12 章 1.2 節で記述する。

　GPS やグロナス、ガリレオといったシステムは、SBAS（Space-based augmentation system：衛星型補強システム）や GBAS（Ground-based augmentation system：地上型補強システム）といった補強システムによっても支えられている。SBAS の例としては、米国の WAAS（Wide area augmentation system：広域補強システム）やヨーロッパの EGNOS（European geostationary navigation overlay service）、日本の MSAS（MTSAT space-based augmentation system：運輸多目的衛星用衛星航法補強システム）がある。

　これらの SBAS は、静止衛星を使って中間軌道 MEO（Medium earth orbit）にある NNSS の衛星配置を補強している。詳細については第 12 章 4 節を参照せよ。

GNSS の構成
衛星

　それぞれの GNSS システムにおいては、常時グローバルに測位が行えるように、どこでも少なくとも 4 衛星以上が同時に電波で見えるような衛星配置を作る必要がある。衛星配置の設計は、さまざまな最適化条件を考慮し、測位精度や衛星寿命、サービス範囲、衛星の幾何学をもとに柔軟に行う必要がある。更に打上ロケットの選択や配備コスト、維持、更新に関係する衛星の大きさと重量についても考慮しなければならない。衛星軌道の設定は、それにより摂動の大きさが変わるから、衛星の維持計画にも影響を及ぼす。使う衛星が、LEO 低軌道衛星か MEO 中間軌道衛星か GEO 静止衛星かで衛星高度にはっきりとした違いが生まれる。また衛星軌道の選択により送信電力も違ってくる。例えば MEO 衛星の場合、地上に向けての送信電力はおよそ 25 ワットであるが、伝播損失により、その電力は 10^{-16} ワットのオーダーに減衰する。この他に衛星が故障すれば、機能の低下や予備衛星あるいは新衛星との入れ替えも生じるから、衛星の故障確率についても設計で考慮する必要がある。

　GNSS 衛星には、原子時計、無線通信機、コンピュータやシステムを動かすのに必要なさまざまな補助装置が搭載されている。ユーザーは、衛星からの信号を測定することにより衛星までの擬似距離 R を、また衛星からの放送メッセージを使って任意の時刻における衛星位置ベクトル ρ^s を決定できるから、これから交会法で地上のユーザー位置 ρ_r を求めることができる。衛星の補助装置としては、電源用太陽パネルや軌道調整や姿勢安定のための推進システムがある。
衛星の識別に関しては、打上番号や軌道位置番号、システム名、国際識別番号等が使われる。

管制

　管制（地上管制とも呼ばれる）の役割は、システム全体の舵取りである。これには衛星の配備やシステムの維持、軌道と時刻の予報値を決定するための衛星追跡、電離層データ等の監視、衛星へのデータメッセージ送信が含まれる。

　またデータの暗号化やサービスを敵から守ることも含まれる。

　一般的に管制システムは、すべての管制活動を調整する主管制局と衛星追跡網を構成する監視局、衛星への通信に使われる地上アンテナからできている。

ユーザー

ここでは、ユーザーの種類や受信機のタイプ、情報サービスについて見てみよう。ユーザーは、軍用ユーザーと民生ユーザーあるいは、認可ユーザーと非認可ユーザーに分けられる。民生ユーザーと非認可ユーザーは、GNSS のすべての信号あるいはすべてのサービスにはアクセスできない。

現在ではさまざまなタイプの受信機が販売されている。受信機のタイプを特徴づけるものの 1 つは観測量のタイプ、すなわち観測できる擬似距離の種類であるが、これ以外にチャンネル数も使われる。特定の GNSS だけで使われる受信機か複数の GNSS で使える受信機かの区別も必要である。受信機の特徴についての概要は第 13 章 4.1 節で述べる。

GNSS のステータス情報やデータを提供するため、政府あるいは民間のサービス機関が設置されている。一般的にこれらの情報には衛星の配置やサービス停止期間、軌道情報が含まれている。軌道情報は衛星出没図を作るのに便利な概略暦や、精密な測位に使われる精密暦として提供される。インターネット上に沢山見られる情報サービスの中からここでは、米国のジェット推進研究所（JPL: Jet Propulsion Laboratory）に置かれている、国際 GNSS 事業（IGS: International GNSS Service）についてだけそのアドレスを示しておく。（http://igscb.jpl.nasa.gov）

1.3　衛星による測位と航法

1.3.1　位置決定

任意の時刻において、位置の 3 成分と時計誤差という 4 個の未知数を解くためには、同時に測定された 4 個の擬似距離が必要となる。幾何学的には解は、擬似距離で作られる 4 つの球に接する小球で表される。小球の中心が未知点の位置を表し、小球の半径が時計誤差を考慮した擬似距離の補正量に相当する。2 次元の場合は、未知数の数は 3 個になり、3 衛星だけの観測でよい。この様子は図 1.2 に示されている（この図は Hofmann-Wellenhof et al.（2003）からの修正引用）。

距離測定誤差 $\Delta\rho$ は、あらかじめ 1 つの観測点から 2 つの異なる衛星への擬似距離測定値の差か、あるいは 1 つの衛星の 2 つの異なる位置での擬似距離測定値の差を取っておけば、消去することができる。後者の場合、この擬似距離測定値の差は、Transit システムでの観測量に相当する。いずれの場合も擬似距離測定値の差は、2 つの衛星位置（2 つの異なる衛星の位置あるいは 1 つの衛星の 2 つの異なる位置）に焦点をもつ双曲面（2 次元の場合は双曲線）を形作る。したがってこのような測位は、双曲面（線）航法とも呼ばれている。

2 つの観測点でのある衛星に対する擬似距離測定値の差をとれば、衛星位置や衛星時計に含まれる系統的な誤差を小さくしたり、消去することができる。これは衛星による測量では基本となっている方法である。

式（1.1）を見れば、単一の受信機で決定された位置の精度は以下の要素に影響されるというのがわかるであろう。

・それぞれの衛星の位置精度
・擬似距離測定の精度

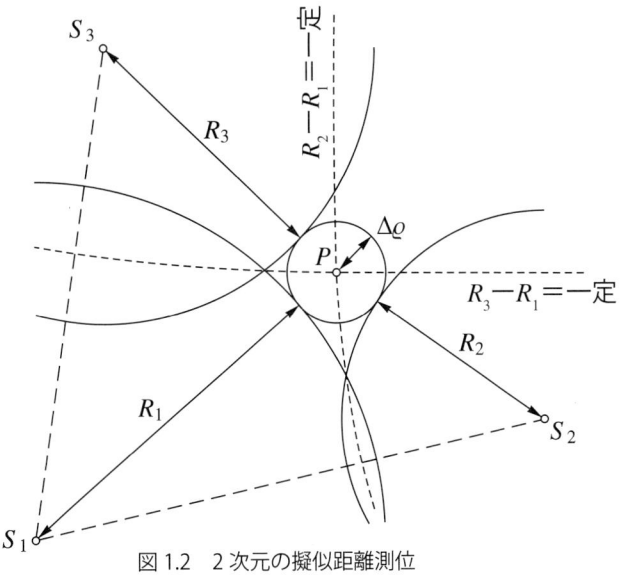

図1.2　2次元の擬似距離測位

・幾何学的配置

擬似距離測定値に含まれる系統的な誤差は、衛星間あるいは観測点間で擬似距離測定値の差を取れば小さくしたり消去できることは、上で見た通りであるが、それも幾何学的配置が良い場合にしか使えない。

幾何学的配置の目安に、幾何学的精度低下率（GDOP: Geometric dilution of precision）と呼ばれているものがある。4衛星の場合、これは幾何学的には、観測点と4衛星で形づくられる四面体の体積の逆数に比例するものになる。これについての詳細と解析的な取り扱いは第7章3.4節で記述する。

1.3.2　速度の決定

航法のもう1つの目的は、移動体の速度を瞬時に決定することである。これは電波信号のドップラー効果を利用すれば可能である。移動体に対する衛星の相対運動により、衛星から送信される電波信号の周波数は、移動体では異なるずれた周波数として受信される。この周波数のずれは、視線方向の相対速度に比例している。

解析的には、ドップラー観測量 D は、擬似距離式（1.2）を時間で微分した次式で表される。

$$D = \dot{R} = \dot{\rho} + c\dot{\delta} \tag{1.3}$$

ここでドットは時間微分を示している。

この式で $c\dot{\delta}$ は時計誤差の時間変化によるもので、周波数のずれに対応する。衛星の視線速度 $\dot{\rho}$ は、式（1.1）を微分すれば得られ、次のようになる。

$$\dot{\rho} = \frac{(\boldsymbol{\rho}^s - \boldsymbol{\rho}_r)}{\rho} \cdot (\dot{\boldsymbol{\rho}}^s - \dot{\boldsymbol{\rho}}_r) = \boldsymbol{\rho}_0 \cdot \Delta \dot{\boldsymbol{\rho}} \tag{1.4}$$

ここで $\boldsymbol{\rho}_0$ は、衛星から観測点方向への単位ベクトルであり、$\Delta\dot{\boldsymbol{\rho}}$ は、衛星と観測点との相対速度を表す相対速度ベクトルである。

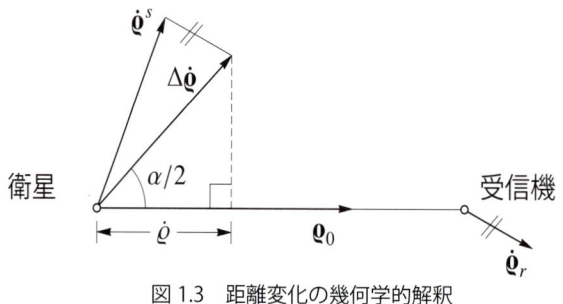

図1.3　距離変化の幾何学的解釈

　図1.3からわかるように、幾何学的には、式（1.4）は相対速度ベクトル $\Delta\dot{\boldsymbol{\rho}}$ の視線方向への投影を表している。

　式（1.4）で、衛星の位置と速度の他に、観測点の位置がわかっていれば、観測点（移動体）の速度が唯一残っている未知量になるから、これはドップラー観測から求めることができる。この移動体の3つの速度成分と周波数のずれを未知数として解くためには、最低4個のドップラー観測が必要になる。

　逆にもし相対速度 $\Delta\dot{\boldsymbol{\rho}}$ がわかっていれば、式（1.4）は観測点方向の単位ベクトル $\boldsymbol{\rho}_0$ を決める式になる。2次元の場合、この単位ベクトルは観測点方向を示す直線（LOP: line of position）を決めることになる。3次元の場合は、観測点方向を示す曲面（SOP: Surface of position）が円錐により形作られる。この円錐の頂点は衛星で、円錐の母線は相対速度ベクトルであり、円錐軸の方向が単位ベクトルになる（Hofmann-Wellenhof et al. 2003: p.37）。また円錐の開口角は $\alpha = 2\arccos(\dot{\rho}/\|\Delta\dot{\boldsymbol{\rho}}\|)$ である。

1.3.3　姿勢決定

　姿勢（attitude）は、車や船舶、航空機に取り付けられた特定の構造物の、基準座標系に対する方位で定義される。基準座標系としては通常北、東、上の各方向に基づく局地座標系が使われる。

　三次元の姿勢を定義するのに用いられるパラメータは、それぞれ横揺角（roll）、縦揺角（pitch）、偏揺角（yaw）を表す r, p, y である。航空機の場合、横揺角は航空機の胴体軸の回りの回転、縦揺角は翼軸の回りの回転、偏揺角は鉛直軸の回りの回転をそれぞれ表す（Graas and Braasch 1992）。他の移動体に対しても同様な座標系を作ることができる。

　姿勢パラメータは、伝統的に慣性航法システムやその他の電子装置に由来したものである。廉価で高性能なセンサーの登場で、3個あるいはそれ以上のGNSSアンテナを統合し、うまく配置することにより、正確で信頼できる姿勢情報が得られる効率的なシステムが作れる。

1.3.4 用語

コード擬似距離と位相擬似距離

　衛星測位における典型的な観測量は、コード化された衛星信号あるいは搬送波位相の観測から導き出される擬似距離である。一般的にコード観測の擬似距離精度はメートルレベルで、位相観測の擬似距離精度はミリメートルレベルであるが、コード観測の精度は受信機技術や平滑化技術によっては改善できる。位相擬似距離観測の欠点は波長の整数倍の不定性（アンビギュイティー）があることであるが、コード擬似距離観測には実質的にこのあいまいさはない。位相観測におけるこの不定性の決定は、高精度の衛星測位において重要な問題である。

絶対測位と相対測位

　観測点の位置座標は、1台の受信機で4つあるいはそれ以上の衛星に対する擬似距離を測定する単独測位（point positioning）で決定される。"point positioning"の代わりに、"single point positioning"あるいは"absolute point positioning"という言葉も同じ意味で使われる。

　"absolute"（絶対）という語は"relative"（相対）に対応する概念である。

　"relative positioning"（相対測位）の代わりに"differential positioning"（デファレンシャル測位）という用語もしばしば使われるが、この2つの測位方法は（少なくとも理論的には）違ったものである。デファレンシャル測位は、むしろ改良された単独測位であり、未知点での擬似距離に対して補正を行うことにより、瞬時に精度が改善された測位解（通常リアルタイム解と呼ばれている）が得られる。

　相対測位は、（デファレンシャル測位のように）2台の受信機で同時に複数の同じ衛星に対する（コードあるいは位相）観測を行うが、両地点での観測結果は（デファレンシャル測位と対照的に）1ヶ所に集められる。両地点のデータを結合することにより測位精度の改善が図られるが、厳密な意味での瞬時の測位解を得ることはできない。2つの観測点のうち通常1点は既知で、この点に対するもう1つの観測点の位置座標が決定される（すなわち両点の間のベクトルが決定される）。一般的に既知点に置かれた受信機は観測の間、固定されたままである。

　過去には単独測位は航法に、相対測位は測量にそれぞれ結び付けられていた。また"relative"（相対）という用語は位相観測に使われ、"differential"（デファレンシャル）という用語はコード距離観測に使われていたが、実際には使い方は決まっていない。

スタティック（static）測位とキネマティック（kinematic）測位

　スタティックとは観測点が静止していることを表し、キネマティックとはそれが動いていることを意味する。スタティックなモードで一時的に衛星信号の捕捉が外れることは、キネマティックモードの時のように致命的ではない。キネマティック（kinematic）という語とダイナミック（dynamic）という語の違いには注意が必要である。キネマティックは、運動の純粋に幾何学的な側面を表す言葉であるが、ダイナミックは、運動を引き起こす力を考慮した言葉である。例えば、衛星軌道のモデル化は、ダイナミックな過程であるが、位置が既知の衛星を使って飛行機や船のような移動体の測位を行うのは、キネマティックな過程と見なされる。

実時間処理（real-time processing）と後処理（postprocessing）

　リアルタイム GNSS では、測位結果は現場で直ちに得られなければならない。1 エポックだけの観測量を使い処理時間が無視できるような場合は、"瞬時（instantaneous）" の測位といわれる。現代の衛星測位技術は、平滑化しないコード擬似距離を使って、移動体（船、車、飛行機）の "瞬時" の位置決定を目指している。これとは違って "（準）リアルタイム（quasi real-time）" のほうは、多少時間的な遅れを伴う測位も含み、ややゆるい定義になる。現在、無線データリンクにより、異なる観測点を（準）リアルタイムに結合する測位観測が可能になっている。"後処理" は、さまざまな測位計算が実際の観測の後で行われることを表す。

測量と航法

　測量と航法の分野は近い関係にある。しかしながら、測量の最終目的は主に測位であるのに対して、航法では測位の他に移動体の速度や姿勢の決定が含まれる。これまで、測量は高い測位精度やスタティック観測、後処理といったことで特徴づけられていた。対照的に航法では測位精度は低くても、キネマティック観測による（準）リアルタイム処理が求められている。しかし、このような測量と航法の違いは無くなりつつある。

第2章　基準座標系

2.1 はじめに

観測点から衛星までの距離 ρ と、その瞬間の衛星位置ベクトル ρ^s、観測点の位置ベクトル ρ_r を関係づける基本方程式は

$$\rho = \|\rho^s - \rho_r\| \tag{2.1}$$

である。

(2.1) 式で2つの位置ベクトルは、同一の座標系で表されなければならない。三次元直交座標系を定義するためには、原点の位置と座標軸の向きを決める必要がある。

衛星測地のようなグローバルな場合、赤道座標系を利用するのが適切である。図2.1に2つの異なる赤道座標系である宇宙空間に固定された天球座標系 X_i^0 と地球に固定された地球座標系 X_i が示されている（$i = 1, 2, 3$）。両座標系とも地球の自転軸 ω_e を X_3 軸にとっている。天球座標系の X_1^0 軸は、赤道面と黄道面の交線である春分点方向を向いている。地球座標系の X_1 軸は、赤道面とグリニジ子午面との交線である。両座標系のなす角度 Θ_0 はグリニジ地方恒星時と呼ばれている。X_2 軸（X_2^0 と同じく図2.1には示されていない）は、X_1 軸と X_3 軸に直交し、全体で右手系になる

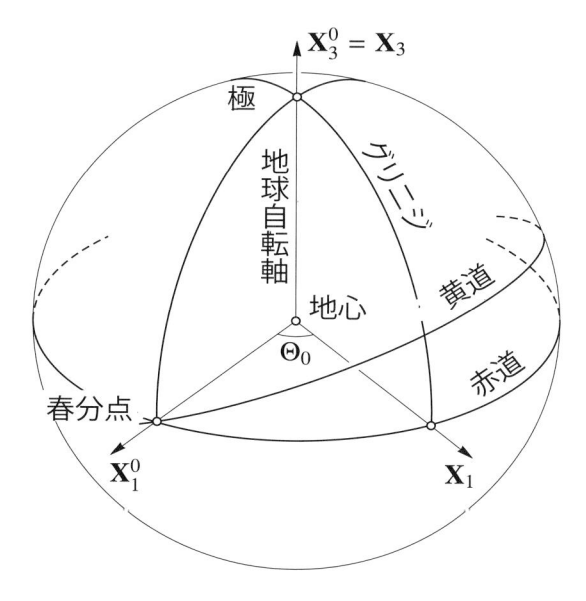

図 2.1　赤道座標系

ようにとられる。

　太陽系重心に原点がある座標系は、太陽系に対して静止した慣性系であり、ニュートン力学に従う。一方地球重心に原点をおく座標系の場合は、地球の公転に伴う加速度をもつため、一般相対論を考慮しなければならない。しかし主な相対論的効果は地球の重力場自体により引き起こされるので、地球重力場の影響を受ける地球に近い衛星の運動を記述するには、地球重心に原点をおく座標系が適している。この場合座標軸の向きは、地球が太陽の周りを公転中、自転することなく平行に保たれる（地球座標系との違いに注意）。地球の自転ベクトル $\boldsymbol{\omega}_e$ はいくつかの理由で変動する。この変動を記述する古典力学の基本微分方程式は次のようになる。

$$\mathbf{M} = \frac{d\mathbf{N}}{dt} \quad (2.2)$$

$$\mathbf{M} = \frac{\partial \mathbf{N}}{\partial t} + \boldsymbol{\omega}_e \times \mathbf{N} \quad (2.3)$$

ここで $\mathbf{M}$ はトルクベクトル、$\mathbf{N}$ は地球の角運動量ベクトル、t は時間である。（Moritz and Mueller 1988: 式 (2.54), (2.59)）記号 × はベクトル積を表す。トルク $\mathbf{M}$ は、主に太陽と月の引力から生じたもので潮汐力に密接に関係している。式 (2.2) は天球座標系 $\mathbf{X}_i^0$ のような（準）慣性系で有効であり、式 (2.3) は回転系である地球座標系 $\mathbf{X}_i$ に適用できる。

　式 (2.3) の偏微分は、地球に固定された座標系（地球座標系）での $\mathbf{N}$ の時間変化を表し、ベクトル積はこの座標系の慣性系に対する回転を表す。

　地球の回転ベクトル $\boldsymbol{\omega}_e$ は、慣性テンソル $\mathbf{C}$ により、角運動量ベクトル $\mathbf{N}$ と次のように関係づけられる。

$$\mathbf{N} = \mathbf{C}\boldsymbol{\omega}_e \quad (2.4)$$

地球回転ベクトル $\boldsymbol{\omega}_e$ の単位ベクトル $\boldsymbol{\omega}$ とその大きさ $\omega_e = \|\boldsymbol{\omega}_e\|$ を導入すれば、これらの関係は、

$$\boldsymbol{\omega}_e = \omega_e \boldsymbol{\omega} \quad (2.5)$$

である。微分方程式 (2.2)、(2.3) は 2 つの部分に分けて考えることができる。$\boldsymbol{\omega}$ の変動、すなわち座標軸 $\mathbf{X}_3$ の変動については、この後の節で検討される。また ω_e の変動が地球の自転速度の変動を引き起こすことについては、時間システムについての節で取り扱われる。

　式 (2.2) と式 (2.3) で外力がない場合（すなわち $\mathbf{M} = 0$）だけを考えるとこれは自由振動になる。外力がある場合の解は、強制振動になる。いずれの振動も慣性系あるいは地球系に関係している。これ以上解について判断するには、地球の慣性テンソルについての知識が必要になる。例えば地球が剛体で内部質量移動を無視すれば、慣性テンソルは定数になるが、実際の地球は変形するためそのようなことにはならない。

2.2 座標系

2.2.1 定義
自転軸の振動

慣性空間における自転軸 ω の振動は章動（nutation）と呼ばれている。便宜上この章動を長期の歳差運動（precession）と周期的な章動に分ける。地球座標系でみた自転軸の変動は極運動（polar motion）と名づけられている。図 3.2 に極運動を簡略に図示している。極方向から見たこの図で、自転軸 ω の平均位置は、P で示されている。自転軸の自由振動はその平均位置を円錐軸とし、開口角度 0.4 秒の円錐に沿った運動になる。地表ではこれは平均位置 P の周りの半径 6 m の円運動で表される。自由振動している地球の自転軸の瞬間位置は R_0 で示されている。自由振動の周期はチャンドラー周期（Chandler period）と呼ばれ、およそ 430 日である。強制振動も円錐で表現できる。図 3.2 にある R_0 の周りの円がこの円錐を示す。この円の半径はおよそ 0.5m で潮汐変形の大きさに関係している。概略一日周期の強制振動は、潮汐ポテンシャルの 2 次の方球（tesseral）項に関係し

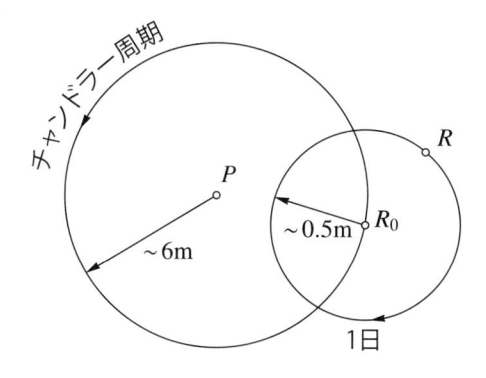

図 2.2　地球自転軸の極運動

ている。

自転軸と 0.001 秒以内で一致する角運動量ベクトルも自転軸と同様の動きをする。角運動量ベクトルの強制振動は潮汐力をモデル化することで取り除かれるので、ここでは特に自由振動を考えよう。$\mathbf{M} = 0$ の場合、式（2.2）を積分すると、$\mathbf{N}$ は定ベクトルとなるので自由運動の角運動量ベクトルは空間に固定される。これは外力が加わらない限り、角運動量は保存されるということを意味している。このことから角運動量ベクトルは基準系の座標軸として相応しく、自由運動の角運動ベクトルの方向は、CEP（Celestial Ephemeris Pole）と名づけられている。地球座標系での座標軸の候補になるのは図 2.2 の P で示されている自転軸の平均位置である。この座標軸は、CIO（Conventional international origin）と呼ばれている。

慣用の天球座標系

慣用的に天球座標系の $\mathbf{X}_3^0$ 軸は、標準元期 J 2000.0（2.3.3 節参照）における地球の自転角運動量ベクトルの方向にとられる。$\mathbf{X}_1^0$ 軸は同じ元期での春分点方向にとられる。春分点の位置は、例え

ば標準的な恒星の観測から決められる（ESA（1997）あるいは Wielen et al.（1999））。この座標系は慣用的に決められ、必ずしも理論的に厳密な座標系である必要はないので、（慣用）天球座標系（CRF: Celestial reference frame）と呼ばれる。座標系の中心が地球の重心にある場合、地球の太陽の周りの加速度運動のため厳密には慣性系ではないので、しばしば座標系の前に"準慣性"という言葉が付け加えられる。このような天球座標系の一例が、国際地球回転事業（IERS: International Earth Rotation Service）（McCarthy and Petit 2004）によって構築された ICRF である。ICRF の I は IERS を表している。ICRF は、ほとんどがクエーサーや銀河核である銀河系外天体の精密位置座標によって定義される。

慣用の地球座標系

　慣用的に地球座標系の X_3 軸は、CIO で定義された地球自転軸の平均位置方向にとられ、X_1 軸は平均グリニジ子午面と結び付けられている。この（慣用）地球座標系（TRF:Terrestrial reference frame）は、基準点となる一定の数の地上観測点を使って構築される。ほとんどの基準点では超長基線干渉法（VLBI）や衛星レーザー測距（SLR）、GNSS 観測が行えるようになっている。

　地球座標系の1つの例は、IERS により構築された国際地球座標系（ITRF:International terrestrial reference frame）（McCarthy and Petit 2004）であり、その X_3 軸は IERS の基準極（IRP:IERS reference pole）で、また X_1 軸は IERS の基準子午面（IRM:IERS reference meridian）でそれぞれ定義される。ITRF は、プレートテクトニクスや潮汐の影響による時間的変化を考慮した多くの地上観測点によって構築されている座標系である。ITRF は定期的に更新され、更新に使われたデータを得た最後の年の末尾2桁が ITRF の後に付け加えられている。2006年10月からは ITRF2005（http://itrf.ensg.ign.fr）バージョンが使えるようになっている。

　この他の地球座標系としては、GPS で使われている WGS‐84（World Geodetic System 1984）がある。WGS‐84 は何度か修正されており、現在のものは ITRF2005 とほとんど同一であると見なされている。WGS‐84 の詳細については、第9章2.1節で示す。

　グロナスで使われる座標系は、PE-90（Parameter of the Earth 1990）に基づいている。PE-90 の詳細については、第10章2.1節で示すが、Feairheller and Clark（2006:p.606）も参照されよ。
ガリレオ地球座標系（GTRF: Galileo terrestrial reference frame）は、理論的に ITRF2005 と同じものである。GTRF の詳細については、第11章2.1節で示す。

2.2.2　変換

　2000年に採択された国際天文学連合（IAU: International Astronomical Union）の決議により、太陽系重心の天球座標系（BCRS: Barycentric celestial reference system）と地球重心の天球座標系（GCRS: Geocentric celestial reference system）との変換では、相対論効果を考慮しなければならない。しかしながら、以下の節の説明では、変換の数式をできるだけ簡単にするため、これについては扱っていない。この詳細に興味があれば Capitaine et al.（2002）を参照せよ。

　変換を地球重心に原点をもつ地心天球座標系から始めよう。地心天球座標系と地球座標系の間の変換は、座標系の回転で表せる。任意のベクトル **x** に対し、変換式は次のようになる。

$$\mathbf{x}_{TRF} = \mathbf{R}^M \mathbf{R}^S \mathbf{R}^N \mathbf{R}^P \mathbf{x}_{CRF} \tag{2.6}$$

ここで
$\mathbf{R}^M$ は極運動の、$\mathbf{R}^S$ はグリニジ恒星時の、$\mathbf{R}^N$ は章動の、$\mathbf{R}^P$ は歳差の回転マトリックスをそれぞれ表す。

標準元期 J2000.0 の天球座標系 CRF は、歳差、章動の補正をすることにより、観測時の天球座標系に変換できる。このとき天球座標系の $\mathbf{X}_3^0$ 軸は、観測時の CEP 極の方向を向いている。マトリックス $\mathbf{R}^S$ でこの天球座標系を $\mathbf{X}_3^0$ 軸の回りに、恒星時分だけ回転しても CEP 極の方向は変わらない。最後に CEP 極は 極運動の回転マトリックス $\mathbf{R}^M$ で CIO 極に変換され、天球座標系から地球座標系への一連の変換が終了する。

式 (2.6) の回転マトリックスは、座標軸 $\mathbf{X}_i$ の回りの角度 α の回転を表す基本回転マトリックス $\mathbf{R}_i\{\alpha\}$ から作ることができる。ベクトル解析のどんな教科書でも確かめられるように、この基本回転マトリックスは次のようになる。

$$\mathbf{R}_1\{\alpha\} = \begin{bmatrix} 1 & 0 & 0 \\ 0 & \cos\alpha & \sin\alpha \\ 0 & -\sin\alpha & \cos\alpha \end{bmatrix}$$

$$\mathbf{R}_2\{\alpha\} = \begin{bmatrix} \cos\alpha & 0 & -\sin\alpha \\ 0 & 1 & 0 \\ \sin\alpha & 0 & \cos\alpha \end{bmatrix} \quad (2.7)$$

$$\mathbf{R}_3\{\alpha\} = \begin{bmatrix} \cos\alpha & \sin\alpha & 0 \\ -\sin\alpha & \cos\alpha & 0 \\ 0 & 0 & 1 \end{bmatrix}$$

これらのマトリックスは右手座標系で成り立ち、回転角 α は原点から座標軸 $\mathbf{X}_i$ のプラス方向を見て時計回りの回転であればプラス符号になることに注意。

歳差

図 2.3 に歳差の図解を示す。標準元期 t_0 における平均春分点位置は E_0 で、観測時 t における春分点位置は E でそれぞれ示されている。歳差マトリックス

$$\mathbf{R}^P = \mathbf{R}_3\{-z\}\mathbf{R}_2\{\vartheta\}\mathbf{R}_3\{-\zeta\} \quad (2.8)$$

は、3つの連続する回転マトリックスでできている。ここで z、ϑ、ζ は歳差パラメータである。マトリックス積の計算を行えば、

$$\mathbf{R}^P = \begin{bmatrix} \cos z \cos\vartheta \cos\varsigma & -\cos z \cos\vartheta \sin\varsigma & -\cos z \sin\vartheta \\ -\sin z \sin\varsigma & -\sin z \cos\varsigma & \\ \sin z \cos\vartheta \cos\varsigma & -\sin z \cos\vartheta \sin\varsigma & -\sin z \sin\vartheta \\ +\cos z \sin\varsigma & +\cos z \cos\varsigma & \\ \sin\vartheta \cos\varsigma & -\sin\vartheta \sin\varsigma & \cos\vartheta \end{bmatrix} \quad (2.9)$$

が得られる。

歳差パラメータは、Seidelmann（1992）の表 3.211.1 に示されているように、次のような時間の

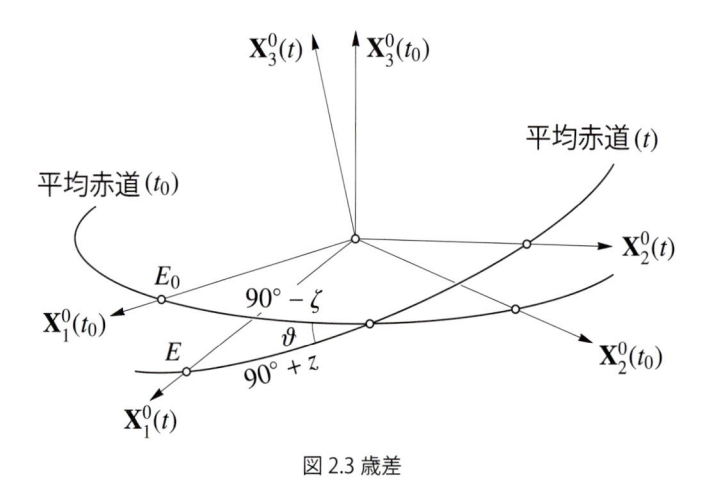

図 2.3 歳差

級数で計算される。

$$\zeta = 2306.2181''T + 0.30188''T^2 + 0.017998''T^3$$

$$z = 2306.2181''T + 1.0968''T^2 + 0.018203''T^3 \quad (2.10)$$

$$\vartheta = 2004.3109''T - 0.42665''T^2 - 0.041833''T^3$$

パラメータ T は、元期 J 2000.0 から観測時までの時間を、36525 平均太陽日を 1 世紀とするユリウス世紀で表したものである。具体例として観測時が J 1990.5 の場合を考えよう。この時 T= − 0.095 となるからこれを式（2.10）に代入すれば、ζ, z, ϑ はそれぞれ
$\zeta = -219.0880''$、$z = -219.0809''$、$\vartheta = -190.4134''$ となる。これを式（2.9）に代入すると、歳差マトリックスが得られる。

$$\mathbf{R}^P = \begin{bmatrix} 0.999997318 & 0.002124301 & 0.000923150 \\ -0.002124301 & 0.999997744 & -0.000000981 \\ -0.000923149 & -0.000000981 & 0.999999574 \end{bmatrix}$$

章動

　図2.4に章動の図解を示す。ここで観測時における春分点の平均位置はEで、真位置はE_tである。章動マトリックス　$\mathbf{R}^N$ は3つの連続する回転マトリックス

$$\mathbf{R}^N = \mathbf{R}_1\{-(\varepsilon+\Delta\varepsilon)\}\mathbf{R}_3\{-\Delta\psi\}\mathbf{R}_1\{\varepsilon\} \tag{2.11}$$

でできている。ここで章動パラメータ $\Delta\varepsilon$ と $\Delta\psi$ は微小量として取り扱われる。

　マトリックス積を実行すれば

$$\mathbf{R}^N = \begin{bmatrix} 1 & -\Delta\psi\cos\varepsilon & -\Delta\psi\sin\varepsilon \\ \Delta\psi\cos\varepsilon & 1 & -\Delta\varepsilon \\ \Delta\psi\sin\varepsilon & \Delta\varepsilon & 1 \end{bmatrix} \tag{2.12}$$

が得られる。

　黄道の平均傾斜角 ε は次式で計算できる。（Seidelmann 1992:P114）

$$\varepsilon = 23°26' \ 21.448'' - 46.8150''T - 0.00059''T^2 + 0.00183''T^3 \tag{2.13}$$

　ここでTは式（2.10）と同じものである。章動パラメータ $\Delta\varepsilon$ と $\Delta\psi$ は、次の調和級数から計算される。

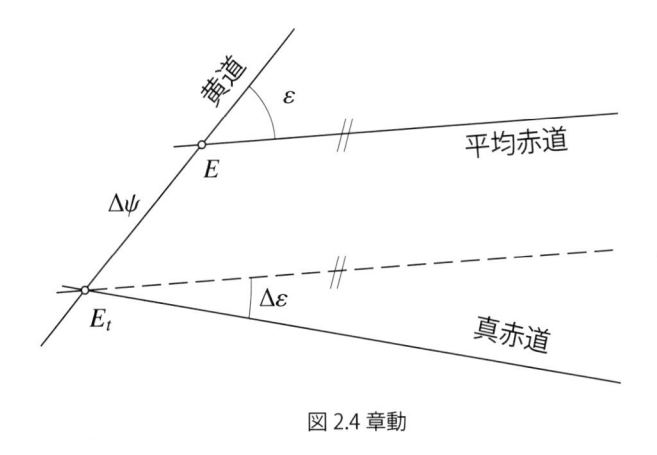

図2.4 章動

$$\Delta\psi = \sum_{i=1}^{106} a_i \sin\left(\sum_{j=1}^{5} e_j E_j\right) = -17.2'' \sin\Omega_m + ...$$
$$\Delta\varepsilon = \sum_{i=1}^{64} b_i \cos\left(\sum_{j=1}^{5} e_j E_j\right) = 9.2'' \cos\Omega_m + ...$$
(2.14)

整数係数 e_i や振幅 a_i, b_i は、例えば Seidelmann（1992）の表 3.222.1 で一覧表になっている。5つの E_j は太陽‐地球‐月系での平均運動を記述する基本変数であり、月の平均昇交点経度 Ω_m もその1つである。月の昇交点は、18.6年周期で逆行し、この周期は Ω_m を通して、章動の級数展開式の主要項に現れる。

恒星時

恒星時の回転マトリックス $\mathbf{R}^S$ は

$$\mathbf{R}^S = \mathbf{R}_3\{\Theta_0\}$$
(2.15)

グリニジ視恒星時 Θ_0 の計算は、第2章 3.2節の時間システムのところで示す。

極運動

ここまでの座標系の回転で座標軸 $\mathbf{X}_3$ は観測の瞬間の CEP 軸方向になっている。これを CIO 方向に回転しなければならない。この回転は、図 2.5 に示されている CIO に対する CEP の位置を定義する極座標 x_P, y_P を使って行われる。極座標は、IERS によって決定されており、ウェブ上（www.iers.org）に公開されている。

極運動の回転マトリックス $\mathbf{R}^M$ は次のようになる。

$$\mathbf{R}^M = \mathbf{R}_2\{-x_P\}\mathbf{R}_1\{-y_P\} = \begin{bmatrix} 1 & 0 & x_P \\ 0 & 1 & -y_P \\ -x_P & y_P & 1 \end{bmatrix}$$
(2.16)

回転マトリックス $\mathbf{R}^S$ と $\mathbf{R}^M$ を結合すれば、地球回転マトリックス $\mathbf{R}^R$ が作られる。

$$\mathbf{R}^R = \mathbf{R}^M \mathbf{R}^S$$
(2.17)

天球座標系が、すでに CEP 方向と関連づけられている衛星測位システムの場合、$\mathbf{R}^R$ が、天球座標系を地球座標系へ変換するのに用いられる唯一の回転マトリックスとなる。たいていの場合、極運動の効果は無視できる。

図2.5　極座標

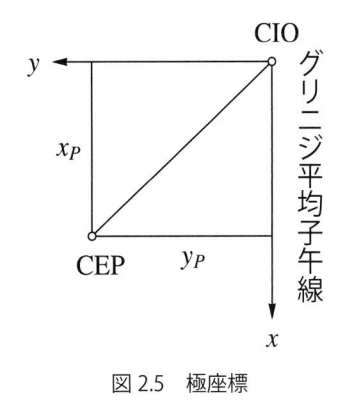

2.2.3　地球座標系相互の変換

さまざまな地球座標系の間の変換は、一般的には次のような7つのパラメータを含む三次元の相似変換で表される。

$$\mathbf{X}_{TRF1} = \mathbf{c} + \mu\,\mathbf{R}\mathbf{X}_{TRF2} \tag{2.18}$$

ここで　$\mathbf{X}_{TRF1}, \mathbf{X}_{TRF2}$ は、ある点の地球座標系1と2における位置ベクトルである。

また $\mathbf{c}=[c_1\ \ c_2\ \ c_3]$ は、この2つの座標系の平行移動ベクトル、μ はスケール、$\mathbf{R}$ は各座標軸の周りの3つの連続する回転を表す直交行列をそれぞれ表している。

地球座標系が ITRF 系のようにその時間変化も含めて定義されている場合、式（2.18）は、7つの各パラメータの時間変化率も考慮した計 14 個のパラメータを含む式に拡張する必要がある。この種の座標系変換の詳細については、ITRF2000 とそれ以前の ITRF 系の間の変換例も含めて McCarthy and Petit（2004: 第 4.1 節、表 4.1）に記述されている。

地球座標系のベクトル $\mathbf{X}$ は、直交座標 X, Y, Z あるいは楕円体座標 φ, λ, h で表すことができる。直交座標は地心地球座標（ECEF:earth-centered,earth-fixed coordinates）とも呼ばれる。直交座標と楕円体座標との変換は、第 8 章 2 節で取り扱う。

2.3　時間のシステム

2.3.1　定義

表 2.1 に示すように、地球の自転等さまざまな周期現象に基づく時間のシステムが現在使われている。

太陽時と恒星時

地球の自転は、ある天体の子午線と（グリニジ子午線のような）基準子午線との角度である時角で測られる。世界時（UT:Universal time）は、赤道面を一様な速度で運行する仮想太陽のグリニジ時角に 12 時間を加えたものとして定義される。恒星時は、春分点の時角で定義され、平均春分点であれば平均恒星時に、真春分点であれば視恒星時にそれぞれなる。太陽時も恒星時も地球の自転

角速度 ω_e が一定ではないため、一様な時系ではない。時系の変動は、地球の内部質量移動や、潮汐による変形で地球の慣性モーメントが変化することや、地球の自転軸方向そのものがふらつくことによって生じる。極運動の影響を補正した世界時は、UT1と表される。

表 2.1 時系

周期運動	時系
地球自転	世界時（UT）
	グリニジ恒星時（Θ_0）
地球公転	地球力学時（TDT）
	太陽系重心力学時（BDT）
原子振動	国際原子時（IAT）
	協定世界時（UTC）
	衛星測位システムでの基準時

力学時

太陽系での惑星運動から導かれる時系は、力学時系と呼ばれる。太陽系重心力学時（BDT:Barycentric dynamic time）は、ニュートン力学的な意味で慣性的な時系であり、運動方程式の変数で時を与える。準慣性的な地球力学時（TDT:Terrestrial dynamic time）は、以前暦表時（Ephemeris time）と呼ばれていたもので、地球を回る衛星の運動方程式を解くのに使われている。1991年に国際天文連合（IAU:International Astronomical Union）は、地球力学時 TDT に代わる用語として地球時（TT:Terrestrial time）を導入した。さらには、一般相対論による座標時（coordinate time）という用語も導入されたが、詳細については Seidelmann and Fukushima（1992）を参照せよ。

原子時

力学時は、実際には原子時の時間間隔を使って作られる。協定世界時 UTC は折衷的な時系である。この時系の単位となるのは、原子秒であるが、UT1に近づけ、日常時間に適合するように、うるう秒が時々挿入される。したがって UTC は、連続的な時系ではない。

2.3.2 時系相互の変換

極運動補正された平均太陽時 UT1 や視恒星時 Θ_0 といった、地球の自転から導かれる時系の間の変換は、次式で与えられる。

$$\Theta_0 = 1.0027379093 UT1 + \vartheta_0 + \Delta\psi \cos\varepsilon \tag{2.19}$$

式（2.19）の右辺第一項は太陽時と恒星時の時間尺度の違いを示し、第二項の ϑ_0 は、UT0 時での恒星時を表す。第三項 $\Delta\psi$ はの赤道面への投影であり、章動の影響を考慮したものである。式（2.19）で、この章動項を無視すれば、平均恒星時がえられる。

ϑ_0 は時間の級数として次式のように求められている。

$$\vartheta_0 = 24110.54841^s + 8640184.812866^s T_0$$
$$+ 0.093104^s T_0^2 - 6.2^s \cdot 10^{-6} T_0^3 \qquad (2.20)$$

ここで T_0 は、元期 J2000.0 から観測日の UT0 時までの時間を、36 525 平均太陽日を 1 世紀とするユリウス世紀で表したものである。(Seidelmann 1992:50 頁)

$$\text{UT1} = \text{UTC} + \text{dUT1} \qquad (2.21)$$

UT1 は、IERS が公表している dUT1 項で UTC と関係づけられる。
dUT1 項の絶対値が 0.9^s を超えると、UTC 時にうるう秒が挿入される。
原子時と力学時の関係は次式のとおりである。

$$\begin{aligned} \text{TAI} &= \text{TDT} - 32.184^s & \text{定量オフセット} \\ \text{TAI} &= \text{UTC} + 1.000^s n & \text{うるう秒挿入による変量オフセット} \end{aligned} \qquad (2.22)$$

整数値 n は IERS により公表されている。例えば、2007 年の 1 月では、$n = 33$ であった。

2.3.3 暦

ユリウス日

ユリウス日（JD:Julian date）は、元期 BC4713 年 1 月 1.5 日から数えた平均太陽日で定義する。修正ユリウス日（MJD:Modified Julian date）は、ユリウス日から 2 400 000.5 日を差し引いたものであり、端数 0.5 がなくなることで、1 日の始まりがユリウス日のように昼ではなく通常の真夜中に

表 2.2 標準元期

年月日	ユリウス日	備考
2000 年 1 月 1.5 日	2 451 545.0	現標準元期（J2000.0）
1980 年 1 月 6.0 日	2 444 244.5	GPS 標準元期

なっている。表 2.2 にふたつの標準元期のユリウス日を示す。

この表から、例えば GPS 標準元期についてのパラメータ T を計算することができる。
GPS 標準元期と現標準元期 J2000.0 それぞれのユリウス日の差を、ユリウス世紀の日数 36 525 日で割れば、パラメータ T ＝－ 0.199 876 7967 が得られる。

ユリウス日への変換

日付の変換式は、Montenbruck（1984）のものを、1900 年 3 月から 2100 年 2 月の期間だけで使えるよう若干修正してある。
通常の日付を、整数値の年 Y、月 M、日 D と実数値の時間 UT で表せば、この日付のユリウス日へは、次式で変換できる。

$$JD = INT\,[365.25y] + INT\,[30.6001\,(m+1)] + D + UT\,/\,24 + 1\,720\,981.5 \tag{2.23}$$

ここで INT は、引数の整数値部分を意味し、y, m は、次式で計算される。

M ≦ 2 の場合　　　$y = Y - 1, \quad m = M + 12$

M > 2 の場合　　　$y = Y, \quad m = M$

ユリウス日から通常の日付への逆変換は、段階的に行われる。まず補助的な整数 a,b,c,d,e

$$a = INT[JD + 0.5]$$
$$b = a + 1537$$
$$c = INT[(b - 122.1)\,/\,365.25]$$
$$d = INT\,[365.25c]$$
$$e = INT\,[(b - d)\,/\,30.6001]$$

を計算する。その後、次の関係式で日付が得られる。

$$\begin{aligned} D &= b - d - INT\,[30.6001e] + FRAC[JD + 0.5] \\ M &= e - 1 - 12\,INT\,[e\,/\,14] \\ Y &= c - 4715 - INT\,[(7 + M)\,/\,10] \end{aligned} \tag{2.24}$$

ここで、FRAC は、端数部分を意味する。この日付変換の副産物として、ユリウス日から曜日が、次式で計算できる。

$$N = \text{modulo}\,\{INT\,[JD + 0.5],\ 7\} \tag{2.25}$$

ここで modulo は｛ ｝内の最初の引数を次の引数で割った余りを意味し、N = 0 であれば月曜日を、N = 1 であれば火曜日を示すことになる。さらに基準元期から第何週目であるかを示す週番号 WEEK は、次の関係式で計算できる。

$$WEEK = INT[(JD_{観測時} - JD_{基準元期})\,/\,7] \tag{2.26}$$

ここにあげた計算公式を使って、表 2.2 の年月日とユリウス日を確かめることができる。また元期 J2000.0 は、土曜日で、GPS WEEK 第 1042 週目であるということも確かめられよう。

第3章 衛星軌道

3.1 はじめに

　測位衛星を利用するのには、衛星の軌道についての知識が欠かせない。単独測位では、軌道の誤差がそのまま測位誤差につながる。相対測位の基線観測では、軌道の相対誤差は基線長の相対誤差と同じくらいの大きさである。

　衛星の軌道情報は、航法メッセージの一部として放送されているし、また観測の数日後には精密暦としていくつかの機関から手に入れることができる。この章では、軌道計算に必要な軌道理論の概要について述べる。

3.2 軌道の説明

3.2.1 ケプラー運動

軌道パラメータ

　距離 r だけ離れた 2 つの質点 m_1 と m_2 を考える。2 つの質点の間には引力のみ働くとして、ニュートン力学を適用すれば、質点 m_2 の質点 m_1 に対する運動は、次の 2 階の微分方程式で決定される。

$$\ddot{\mathbf{r}} = \frac{G(m_1 + m_2)}{r^3}\mathbf{r} = \mathbf{0} \tag{3.1}$$

ここで
$\mathbf{r}$ は、質点 m_1 から質点 m_2 への相対位置ベクトルで、$\|\mathbf{r}\| = r$ である。
$\ddot{\mathbf{r}} = \dfrac{d^2\mathbf{r}}{dt^2}$ は、相対加速度ベクトルである。
G は、重力定数である。
慣性（力学）時を示す時間のパラメータ t は、それぞれの GNSS のシステム時で与えられる。
　地球をまわる人工衛星の運動の場合、第一次近似では地球も人工衛星も質点とみなすことができ、人工衛星の質量は無視できる。G と地球質量 M_e との積は、μ と表記される。
IERS による最新の μ 値は

$$\mu = GM_e = 3986004.418 \cdot 10^8 \, m^3 s^{-2}$$

である。

方程式（3.1）の解は、天体力学の教科書（例えば Brouwerand Clemence 1961, Beutler 1991, 1992）に見られるように、2階のベクトル微分方程式の6個の積分定数に対応する6つの軌道要素で決定される有名なケプラー運動である。楕円運動する衛星の6つの軌道要素は、表3.1に示されている。

表 3.1 ケプラー運動の軌道要素

軌道要素	注記
Ω	昇交点赤経
i	軌道面傾斜角
ω	近地点引数
a	軌道楕円の長半径
e	楕円の離心率
T_0	近地点通過時刻

衛星が地球の重力中心に最も近づいたところが近地点（perigee）で、もっとも遠ざかったところが遠地点（apogee）である。衛星が赤道面を南から北に横切るところが、昇交点（ascendingnode）である。図3.1に、ケプラー運動を図で示す。

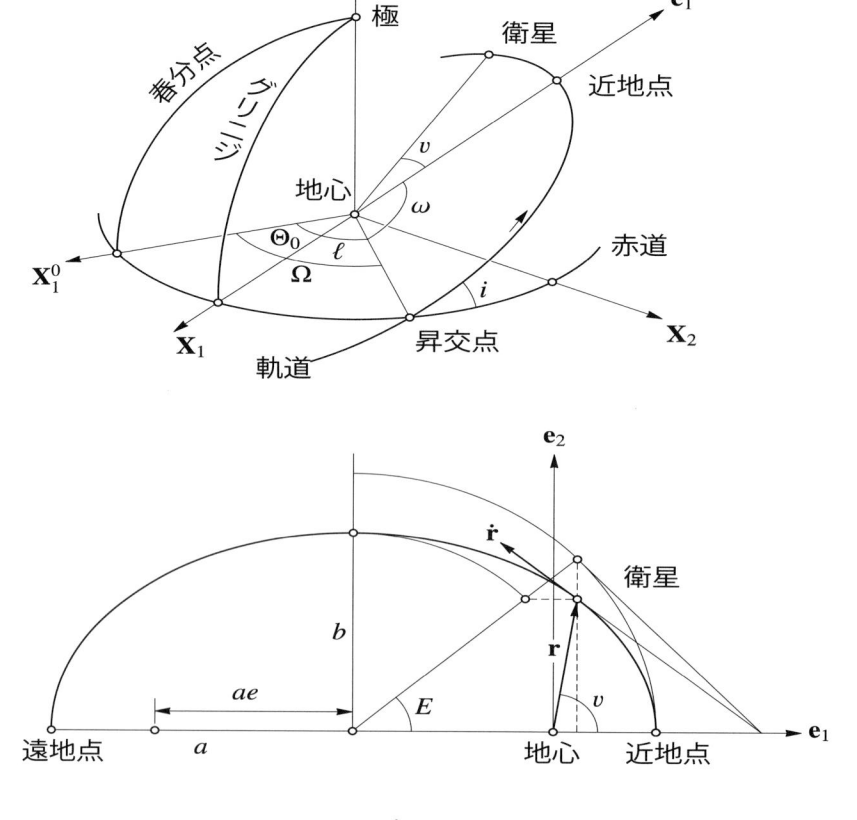

図 3.1 ケプラー軌道

衛星の平均角速度 n（平均運動とも呼ばれる）と軌道周期 P は、ケプラー第三法則から次式のようになる。

$$n = \frac{2\pi}{P} = \sqrt{\frac{\mu}{a^3}} \tag{3.2}$$

軌道の長半径が、$a=26560 km$ である場合、(3.2) 式からその軌道周期は、力学時系でおよそ 11.97 時となるが、これは 12 恒星時に等しい。そのため GPS 衛星の地上軌跡は、地球が 1 回自転する度に同じ軌跡を繰り返す。

軌道面上での衛星の位置は、近点離角（anomaly：この用語は歴史的経緯で用いられている）と呼ばれる角度量を使って表される。

表 3.2 に一般に用いられる近点離角をあげてある。平均近点離角 $M(t)$ は数学的な抽象概念であるが、離心近点離角 $E(t)$ や真近点離角 $v(t)$ は、図 3.1 に示されているように、幾何学的実体のあるものである。

表 3.2 ケプラー軌道の近点離角

記号	近点離角
$M(t)$	平均近点離角
$E(t)$	離心近点離角
$v(t)$	真近点離角

各近点離角は、以下の関係式で結ばれている。

$$M(t) = n(t - T_0) \tag{3.3}$$

$$E(t) = M(t) + e \sin E(t) \tag{3.4}$$

$$v(t) = 2 \arctan\left[\sqrt{\frac{1+e}{1-e}} \tan \frac{E(t)}{2}\right] \tag{3.5}$$

ここで e は、第 1 離心率である。式 (3.3) は、平均近点離角の定義であり、$M(t)$ は、初期値 T_0 の代わりに運動を決めるパラメータとして使われる。式 (3.4) は、ケプラー方程式として知られており、式 (3.1) を積分する過程で得られる。最後に式 (3.5) は、純粋に幾何学的な関係から導きだされる。

各近点離角についてより理解するために、衛星が半日の周期で離心率 $e = 0.1$ の軌道を動く場合を考えよう。この場合近地点通過から 3 時間後に平均近点離角は、$M = 90.0000°$ である。離心近点離角は、式 (3.4) を反復計算することで $E = 95.7012°$ となる。

真近点離角は、式 (3.5) にこの結果を代入すれば、$v = 101.3838°$ と得られる。

軌道表現

図 3.1 に、軌道平面を定義づける座標系 e_1, e_2 が示されている。衛星の位置ベクトル $\mathbf{r}$ と速度ベクトル $\dot{\mathbf{r}} = d\mathbf{r}/dt$ は、離心近点離角や真近点離角によって次のように表すことができる。

$$\mathbf{r} = a\begin{bmatrix} \cos E - e \\ \sqrt{1-e^2}\sin E \end{bmatrix} = r\begin{bmatrix} \cos v \\ \sin v \end{bmatrix} \tag{3.6}$$

$$r = a(1-e\cos E) = \frac{a(1-e^2)}{1+e\cos v} \tag{3.7}$$

$$\dot{\mathbf{r}} = \frac{na^2}{r}\begin{bmatrix} -\sin E \\ \sqrt{1-e^2}\cos E \end{bmatrix} = \sqrt{\frac{\mu}{a(1-e^2)}}\begin{bmatrix} -\sin v \\ \cos v + e \end{bmatrix} \tag{3.8}$$

$$\dot{r} = \frac{na^2}{r}\sqrt{1-(e\cos E)^2} = \sqrt{\mu\left(\frac{2}{r}-\frac{1}{a}\right)} \tag{3.9}$$

ベクトル $\mathbf{r}$ の各成分は、図 3.1 の幾何学的な関係から明らかである。ここでは短半径 b は $b = a\sqrt{1-e^2}$ に置き換えられている。式（3.7）の第 1 項の地心距離 $r=r(E)$ は、絶対値 $\|\mathbf{r}(E)\|$ に対応するものである。第 2 項の $r = r(v)$ は、楕円の極方程式として知られているものである。（Bronsteinetal.2005:213 頁）

速度ベクトル $\dot{\mathbf{r}}$ とその大きさ $\dot{r}$ の式の導出はかなり厄介であり、その証明は読者に残しておく。ここでは式（3.9）を 2 乗し、2 で割れば、左辺は運動エネルギーを表し、これが右辺の表すポテンシャルエネルギーに結びつけられているということに注目しておこう。すなわち式（3.9）は、地球—衛星系でのエネルギー保存則を示していることになる。

$\mathbf{r}$ と $\dot{\mathbf{r}}$ を赤道座標系 $\mathbf{X}_i^0$ へ変換するには、回転マトリックス $\mathbf{R}$ が使われる。変換後のベクトルを $\boldsymbol{\rho}$、$\dot{\boldsymbol{\rho}}$ としよう。ここでは衛星を意味する肩付き文字 S は、簡略化のために省略する。軌道面内でのベクトル $\mathbf{r}$ と $\dot{\mathbf{r}}$ は、変換に際しては三次元ベクトルとして取り扱う必要がある。ここで軌道面を定義づける座標軸 $\mathbf{e}_1, \mathbf{e}_2$ に直交する $\mathbf{e}_3$ 軸を導入しよう。$\mathbf{r}$ と $\dot{\mathbf{r}}$ は軌道面内にあるから、その $\mathbf{e}_3$ 軸成分は、ゼロである。

変換は、次式で定義される。
$$\boldsymbol{\rho} = \mathbf{R}\mathbf{r} \tag{3.10}$$
$$\dot{\boldsymbol{\rho}} = \mathbf{R}\dot{\mathbf{r}}$$

ここで、マトリックス $\mathbf{R}$ は、次のような 3 つの連続する回転マトリックスの積である。

$$\mathbf{R} = \mathbf{R}_3\{-\Omega\}\mathbf{R}_1\{-i\}\mathbf{R}_3\{-\omega\}$$

$$= \begin{bmatrix} \cos\Omega\cos\omega & -\cos\Omega\sin\omega & \sin\Omega\sin i \\ -\sin\Omega\sin\omega\cos i & -\sin\Omega\cos\omega\cos i & \\ \sin\Omega\cos\omega & -\sin\Omega\sin\omega & -\cos\Omega\sin i \\ +\cos\Omega\sin\omega\cos i & +\cos\Omega\cos\omega\cos i & \\ \sin\omega\sin i & \cos\omega\sin i & \cos i \end{bmatrix} \tag{3.11}$$

$$= [\mathbf{e}_1 \quad \mathbf{e}_2 \quad \mathbf{e}_3]$$

正規直交マトリックス$\mathbf{R}$の列ベクトルは、赤道座標系$\mathbf{X}_i^0$で表した軌道座標系の軸ベクトルである。

$\mathbf{X}_i^0$を更に地球座標系$\mathbf{X}_i$に変換するには、グリニジ恒星時Θ_0分の追加的な回転が必要である。この場合の変換マトリックスは次のようになる。

$$\mathbf{R}' = \mathbf{R}_3\{\Theta_0\}\mathbf{R}_3\{-\Omega\}\mathbf{R}_1\{-i\}\mathbf{R}_3\{-\omega\} \tag{3.12}$$

マトリックス積$\mathbf{R}_3\{\Theta_0\}\mathbf{R}_3\{-\Omega\}$は、単一のマトリックス$\mathbf{R}_3\{-\ell\}$で置き換えることができる。ここで、$\ell = \Omega - \Theta_0$である。これを使えば、式(3.12)は、

$$\mathbf{R}' = \mathbf{R}_3\{-\ell\}\mathbf{R}_1\{-i\}\mathbf{R}_3\{-\omega\} \tag{3.13}$$

と書くことができ、そのマトリックス成分は、式(3.11)でΩをℓで置き換えたものと同じである。具体例として、パラメータが$a = 26000\,km$、$e = 0.1$、$\omega = -140°$、$i = 60°$、$\ell = 110°$であるような、ケプラー運動をする衛星を考えよう。離心近点離角が$E = 45°$の瞬間での、地球座標系での位置ベクトルと速度ベクトルを計算する。まず式(3.6)〜式(3.9)を使って軌道平面内でのこれらのベクトルを計算する。次に式(3.10)で回転マトリックス$\mathbf{R}$の替わりに$\mathbf{R}'$を用いて、地球座標系へ変換する。最終結果は、

$$\boldsymbol{\rho} = [11465 \quad 3818 \quad -20922] \quad [km]$$
$$\dot{\boldsymbol{\rho}} = [-1.2651 \quad 3.9960 \quad -0.3081] \quad [kms^{-1}]$$

である。

空間に固定した軌道座標系$\mathbf{e}_i$の他に、正規直交座標系$\mathbf{e}_i^*$を定義しよう。この座標系は、その$\mathbf{e}_1^*$軸が常に衛星の方向を向くように、$\mathbf{e}_3$軸の回りを回転する座標系である。各単位軸ベクトル$\mathbf{e}_i^*$は、衛星の位置ベクトルと速度ベクトルから次のように導出できる。

$$\mathbf{e}_1^* = \frac{\boldsymbol{\rho}}{\|\boldsymbol{\rho}\|}, \quad \mathbf{e}_3^* = \frac{\boldsymbol{\rho} \times \dot{\boldsymbol{\rho}}}{\|\boldsymbol{\rho} \times \dot{\boldsymbol{\rho}}\|} = \mathbf{e}_3, \quad \mathbf{e}_2^* = \mathbf{e}_3^* \times \mathbf{e}_1^* \tag{3.14}$$

ここで、ベクトル$\mathbf{e}_i^*$は、式(3.11)でパラメータωを$\omega + v$に置き換えた場合の回転マトリックス$\mathbf{R}^*$の列ベクトルに相当することに注目しよう。

地球座標系での位置ベクトルの変化量$\Delta\boldsymbol{\rho}$を$\mathbf{e}_i^*$の座標系での変化量$\Delta\mathbf{r} = [\Delta r_1 \quad \Delta r_2 \quad \Delta r_3]$に変換すれば、その各成分は、次のように計算される。

$$\Delta r_1 = \mathbf{e}_1^* \cdot \Delta\boldsymbol{\rho} \qquad 視線方向成分$$
$$\Delta r_2 = \mathbf{e}_2^* \cdot \Delta\boldsymbol{\rho} \qquad 軌道方向成分 \tag{3.15}$$
$$\Delta r_3 = \mathbf{e}_3^* \cdot \Delta\boldsymbol{\rho} \qquad 軌道交差方向成分$$

逆に $\Delta \mathbf{r}$ がわかれば、$\Delta \boldsymbol{\rho}$ は、式（3.15）の逆解として次式で計算できる。

$$\Delta \boldsymbol{\rho} = \mathbf{R}^* \Delta \mathbf{r} \tag{3.16}$$

前と同じ例で衛星位置ベクトルの変化量が、$\Delta \boldsymbol{\rho} = [0.1 \quad 1.0 \quad -0.5][km]$ である場合、式（3.14）と式（3.15）にこれらの数値を適用することで $\Delta \mathbf{r}$ は、$\Delta \mathbf{r} = [0.638 \quad 0.914 \quad 0.128][km]$ となる。

$\boldsymbol{\rho}$ と $\dot{\boldsymbol{\rho}}$ のケプラーパラメータに関する微分は、この後の節で必要となる。式（3.10）で、$\mathbf{r}$ と $\dot{\mathbf{r}}$ は、パラメータ a, e, T_0 だけに依存するが、マトリックス $\mathbf{R}$ は、残りのケプラーパラメータ ω, i, Ω だけの関数である。そのため微分式は2つのグループに分けることができる。
$\mathbf{r}$ と $\dot{\mathbf{r}}$ を a, e, T_0 で微分式したものは、時間とともに変化するベクトルになる（実際の微分では、関係式 $dm = -n dT_0$ を使って T_0 の代りに m で微分される）。その具体的な表現については、Hofmann-Wellenhof et al.（2001：式（4.20）～式（4.25））を参照せよ。式（3.11）を考慮すれば、$\mathbf{R}$ の ω, i, Ω による微分は簡単で問題はない。
結局、$\boldsymbol{\rho}$ と $\dot{\boldsymbol{\rho}}$ の微分式は

$$d\boldsymbol{\rho} = \mathbf{R}\frac{\partial \mathbf{r}}{\partial a}da + \mathbf{R}\frac{\partial \mathbf{r}}{\partial e}de + \mathbf{R}\frac{\partial \mathbf{r}}{\partial m}dm + \frac{\partial \mathbf{R}}{\partial \omega}\mathbf{r}d\omega + \frac{\partial \mathbf{R}}{\partial i}\mathbf{r}di + \frac{\partial \mathbf{R}}{\partial \Omega}\mathbf{r}d\Omega$$

$$d\dot{\boldsymbol{\rho}} = \mathbf{R}\frac{\partial \dot{\mathbf{r}}}{\partial a}da + \mathbf{R}\frac{\partial \dot{\mathbf{r}}}{\partial e}de + \mathbf{R}\frac{\partial \dot{\mathbf{r}}}{\partial m}dm + \frac{\partial \mathbf{R}}{\partial \omega}\dot{\mathbf{r}}d\omega + \frac{\partial \mathbf{R}}{\partial i}\dot{\mathbf{r}}di + \frac{\partial \mathbf{R}}{\partial \Omega}\dot{\mathbf{r}}d\Omega \tag{3.17}$$

と表せる。$\mathbf{R}$ の ω, i, Ω に関する微分係数は定数であるが、それ以外の微分係数はすべて時間依存である。

3.2.2 摂動

ケプラー運動は、摂動を含まない理論的な運動である。実際には、現実の擾乱加速度を式（3.1）の運動方程式に付け加えなければならない。赤道座標系で表せば、この摂動の運動方程式は、擾乱加速度を $d\ddot{\boldsymbol{\rho}}$ として次の2階の微分方程式になる。

$$\ddot{\boldsymbol{\rho}} + \frac{\mu}{\rho^3}\boldsymbol{\rho} = d\ddot{\boldsymbol{\rho}} \tag{3.18}$$

MEO衛星では、地球の中心引力 μ/ρ^2 による加速度の大きさ $\|\ddot{\boldsymbol{\rho}}\|$ は、擾乱加速度より少なくとも 10^4 倍大きいということに注目して、式（3.18）を解くのに摂動理論を適用する。すなわち、まず擾乱加速度を無視すれば、これは元期 t_0 での6つのパラメータ $p_{i0}, i = 1, 2, \ldots, 6$ で決定されるケプラー軌道になる。擾乱加速度 $d\ddot{\boldsymbol{\rho}}$ が加われば、これは軌道パラメータに時間的な変化 $\dot{p}_{i0} = dp_{i0}/dt$ を引き起こす。任意の時刻 t で、いわゆる接触楕円軌道を決めることになるパラメータ p_i は、

$$p_i = p_{i0} + \dot{p}_{i0}(t - t_0) \tag{3.19}$$

で表される。$\dot{p}_{i0}$ を求めるにはケプラー運動を摂動と比較する。ケプラー運動では、パラメータ p_i は定数であるが、摂動では時間とともに変わるので、摂動運動の位置ベクトルと速度ベクトルは次のように表せる。

$$\begin{aligned}\boldsymbol{\rho} &= \boldsymbol{\rho}\{t, p_i(t)\} \\ \dot{\boldsymbol{\rho}} &= \dot{\boldsymbol{\rho}}\{t, p_i(t)\}\end{aligned} \tag{3.20}$$

この式を、時間で微分し、式（3.18）の運動方程式を考慮すれば、

$$\dot{\boldsymbol{\rho}} = \frac{\partial \boldsymbol{\rho}}{\partial t} + \sum_{i=1}^{6}\left(\frac{\partial \boldsymbol{\rho}}{\partial p_i}\frac{dp_i}{dt}\right) \tag{3.21}$$

$$\ddot{\boldsymbol{\rho}} = \frac{\partial \dot{\boldsymbol{\rho}}}{\partial t} + \sum_{i=1}^{6}\left(\frac{\partial \dot{\boldsymbol{\rho}}}{\partial p_i}\frac{dp_i}{dt}\right) = -\frac{\mu}{\rho^3}\boldsymbol{\rho} + d\ddot{\boldsymbol{\rho}} \tag{3.22}$$

が得られる。（接触）楕円は任意の時刻で定義できるから、式（3.21）と式（3.22）は、ケプラー運動の場合でも成り立たなければならない。したがって明らかに次の条件式が成り立つ。

$$\begin{aligned}\sum_{i=1}^{6}\left(\frac{\partial \boldsymbol{\rho}}{\partial p_i}\frac{dp_i}{dt}\right) &= \mathbf{0} \\ \sum_{i=1}^{6}\left(\frac{\partial \dot{\boldsymbol{\rho}}}{\partial p_i}\frac{dp_i}{dt}\right) &= d\ddot{\boldsymbol{\rho}}\end{aligned} \tag{3.23}$$

　以下簡略化のために、擾乱加速度は一種類だけの場合を考える。式（3.23）の2つのベクトル方程式には、6つの線形方程式が含まれている。これらをまとめたベクトル表記は、次のようになる。

$$\mathbf{A}\mathbf{x} = \boldsymbol{\ell} \tag{3.24}$$

ここで

$$\mathbf{A} = \begin{bmatrix} \dfrac{\partial \boldsymbol{\rho}}{\partial a} & \dfrac{\partial \boldsymbol{\rho}}{\partial e} & \dfrac{\partial \boldsymbol{\rho}}{\partial m} & \dfrac{\partial \boldsymbol{\rho}}{\partial \omega} & \dfrac{\partial \boldsymbol{\rho}}{\partial i} & \dfrac{\partial \boldsymbol{\rho}}{\partial \Omega} \\ \dfrac{\partial \dot{\boldsymbol{\rho}}}{\partial a} & \dfrac{\partial \dot{\boldsymbol{\rho}}}{\partial e} & \dfrac{\partial \dot{\boldsymbol{\rho}}}{\partial m} & \dfrac{\partial \dot{\boldsymbol{\rho}}}{\partial \omega} & \dfrac{\partial \dot{\boldsymbol{\rho}}}{\partial i} & \dfrac{\partial \dot{\boldsymbol{\rho}}}{\partial \Omega} \end{bmatrix}$$

$$= \begin{bmatrix} \mathbf{R}\dfrac{\partial \mathbf{r}}{\partial a} & \mathbf{R}\dfrac{\partial \mathbf{r}}{\partial e} & \mathbf{R}\dfrac{\partial \mathbf{r}}{\partial m} & \mathbf{r}\dfrac{\partial \mathbf{R}}{\partial \omega} & \mathbf{r}\dfrac{\partial \mathbf{R}}{\partial i} & \mathbf{r}\dfrac{\partial \mathbf{R}}{\partial \Omega} \\ \mathbf{R}\dfrac{\partial \dot{\mathbf{r}}}{\partial a} & \mathbf{R}\dfrac{\partial \dot{\mathbf{r}}}{\partial e} & \mathbf{R}\dfrac{\partial \dot{\mathbf{r}}}{\partial m} & \dot{\mathbf{r}}\dfrac{\partial \mathbf{R}}{\partial \omega} & \dot{\mathbf{r}}\dfrac{\partial \mathbf{R}}{\partial i} & \dot{\mathbf{r}}\dfrac{\partial \mathbf{R}}{\partial \Omega} \end{bmatrix}$$

$$\mathbf{x} = \left[\frac{da}{dt} \quad \frac{de}{dt} \quad \frac{dm}{dt} \quad \frac{d\omega}{dt} \quad \frac{di}{dt} \quad \frac{d\Omega}{dt}\right]^T$$
$$= \left[\dot{a} \quad \dot{e} \quad \dot{m} \quad \dot{\omega} \quad \dot{i} \quad \dot{\Omega}\right]$$

$$\ell = \begin{bmatrix} \mathbf{0} \\ d\ddot{\mathbf{\rho}} \end{bmatrix}$$

である。

　6行6列のマトリックス **A** を計算するには、前節で明らかにした、ρ と $\dot{\rho}$ のケプラーパラメータに関する微分（式（3.17）参照）が必要である。6行1列のベクトル ℓ には、攪乱加速度が含まれている。**x** は、6つのパラメータの時間微分ベクトルである。攪乱加速度と式 $d\ddot{\rho} = grad\,R$ で結びつけられる攪乱ポテンシャルRを導入して、式（3.24）を解けば、ラグランジェ方程式（Lagrange'sequation）と呼ばれている式が、導かれる。（例えば Hofmann-Wellenhofetal.（2001：式（4.34）参照）

　このラグランジェ方程式は $E=0$ か、$i=0$ の場合、成り立たなくなるが、補助パラメータを使うことでこの特異点を避けることができる。（Arnold1970: 28 頁参照）

　ラグランジェ方程式は、攪乱ポテンシャル R がケプラーパラメータの関数として表されていることを前提としている。攪乱加速度 $d\ddot{\rho}$ を座標系 $\mathbf{e}_i^*$ で表した成分 K_i がわかっている場合、ラグランジェ方程式は、次の恒等式を使って変換することができる。

$$\frac{\partial R}{\partial p_i} = grad\,R \cdot \frac{\partial \mathbf{\rho}}{\partial p_i} = \left[K_1 \mathbf{e}_1^* + K_2 \mathbf{e}_2^* + K_3 \mathbf{e}_3^*\right] \cdot \frac{\partial \mathbf{\rho}}{\partial p_i} \qquad (3.25)$$

単純ではあるが厄介な代数計算を行えば、ガウス方程式（Gaussianequations）と呼ばれている式が導かれる（例えば Hofmann-Wellenhofetal.（2001：：式（4.36）参照）。

　ガウス方程式で注目すべきは、$\dot{a}, \dot{e}, \dot{m}$ は、軌道平面内の成分 K_1, K_2 の影響しか受けず、$\dot{i}$ と $\dot{\Omega}$ は、軌道面に直交する成分 K_3 の影響しか受けないことである（$\dot{\omega}$ は K_1, K_2, K_3 すべての影響を受ける）。

3.2.3　攪乱加速度

　実際には、多くの攪乱加速度が衛星に作用しており、それがケプラーパラメータの時間変化の原因になっている。攪乱加速度は、大きく分けて重力起源と非重力起源の2つのグループに分けることができる。（表3.3）MEO 衛星の軌道は、高度約 20000 km であるから、太陽輻射圧や空気抵抗による間接的な影響は無視できる。太陽輻射圧の直接的な影響は、衛星の形状（断面）が不規則なためモデル化するのは難しい。衛星にはさまざまな物質が使われており、それぞれが異なった熱吸収をするため、余計に複雑な攪乱加速度を生じさせる。さらに、Lichten and Neilan（1990）により言及されたように、推進燃料容器の漏れによっても攪乱加速度が生じる場合がある。

　攪乱加速度の影響を見てみるために、MEO 衛星に一定の攪乱加速度 $d\ddot{\rho} = 10^{-9}\,ms^{-2}$ が作用している場合を考えよう。この攪乱に伴う衛星位置のずれは、攪乱加速度を2回時間について積分すれば得られ、結果は、$d\rho = (t^2/2)d\ddot{\rho}$ となる。この式に衛星が地球一周する時間 t = 12 時間を代入すれば、$d\rho \approx 1m$ となり、これは典型的な攪乱シフト量と考えられよう。

表3.3 擾乱加速度の原因

重力	地球の球形からのずれ
	潮汐力（直接的、間接的）
重力以外	太陽輻射圧（直接的、間接的）
	空気抵抗
	相対論効果
	その他（太陽風、磁場）

地球の球形からのずれ

地球の重力ポテンシャルVは、次のような調和球関数による展開式で表現できる。(Hofmann-WellenhofandMoritz2006：式（7－1））

$$V = \frac{\mu}{r}\left[1 - \sum_{n=2}^{\infty}\left(\frac{a_e}{r}\right)^n J_n P_n(\sin\varphi) + \sum_{n=2}^{\infty}\sum_{m=1}^{n}\left(\frac{a_e}{r}\right)^n [C_{nm}\cos m\lambda + S_{nm}\sin m\lambda]P_{nm}(\sin\varphi)\right] \quad (3.26)$$

ここで a_e は地球の長半径、r は衛星の地心距離、φ, λ は経緯度、J_n, C_{nm}, S_{nm} は地球の重力モデルで決まる調和展開の帯球係数と方球係数、P_n はルジャンドル多項式、P_{nm} は、ルジャンドル陪関数である。

式（3.26）右辺の μ/r は球形の地球の重力ポテンシャル V_0 を表し、その微分式 $grad(\mu/r) = (\mu/r^3)\mathbf{r}$ はケプラー運動を引き起こす中心引力である。それゆえ、擾乱ポテンシャルRは、Vと V_0 の差で与えられる。

$$R = V - V_0 \quad (3.27)$$

この後示すように、地球の扁平を表す J_2 項による擾乱加速度の大きさは、V_0 による加速度の大きさの $1/10^4$ 以下である。一方この J_2 項の大きさは、それ以外のどの項よりもおよそ三桁程度大きい。

実際の数値で評価してみよう。

MEO衛星の中心加速度の大きさは、$\|\ddot{\mathbf{r}}\| = \mu/r^2 \approx 0.57 ms^{-2}$ である。擾乱ポテンシャルRの J_2 項に対応する擾乱加速度は、$\|d\ddot{\mathbf{r}}\| \approx \|\partial R/\partial r\| = 3\mu(a_e/r^2)^2 J_2 P_2(\sin\varphi)$ である。衛星の緯度 φ の上限は、その軌道傾斜角であるから、軌道傾斜角が55度であれば、関数 $P_2(\sin\varphi) = (3\sin\varphi - 1)/2$ の最大値は、0.5となる。$J_2 \approx 1.1\cdot 10^{-3}$ とすれば、最終的にこの擾乱加速度の大きさとして $\|d\ddot{\mathbf{r}}\| \approx 5\cdot 10^{-5} ms^{-2}$ が得られる。

衛星測位の初期には、衛星の軌道を地球数周分予測するのには、地球重力モデルの8次までのポテンシャル係数で十分であると考えられていた。しかし、今日では高精度の軌道決定には、EGM96（theEarthGravitationalModel1996）のような地球重力モデルの70次までのポテンシャル係数を使うことが推奨されている。

潮汐効果

点質量 m_b で地心位置ベクトルが $\boldsymbol{\rho}_b$ である天体を考えよう（図 3.2）。

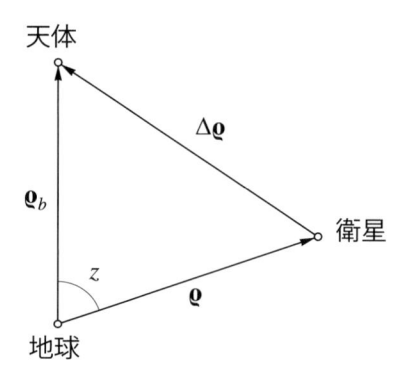

図 3.2 三体問題

衛星と天体とが成す地心角 z は、$\boldsymbol{\rho}_b$ と衛星の地心位置ベクトル $\boldsymbol{\rho}$ の関数として次のように表すことができる。

$$\cos z = \frac{\boldsymbol{\rho}_b}{\|\boldsymbol{\rho}_b\|} \cdot \frac{\boldsymbol{\rho}}{\|\boldsymbol{\rho}\|} \tag{3.28}$$

この天体の質量により、衛星に対する加速度と地球に対する加速度が生じる。地球を回る衛星の摂動に関しては、この2つの加速度の差だけが意味を持つ。したがって、擾乱加速度は次のようになる。

$$d\ddot{\boldsymbol{\rho}} = Gm_b \left[\frac{\boldsymbol{\rho}_b - \boldsymbol{\rho}}{\|\boldsymbol{\rho}_b - \boldsymbol{\rho}\|^3} - \frac{\boldsymbol{\rho}_b}{\|\boldsymbol{\rho}_b\|^3} \right] \tag{3.29}$$

太陽系のすべての天体の中で、惑星の影響は無視できるので、太陽と月の擾乱加速度だけを考慮すればよい。太陽と月の地心位置ベクトルは、これらの運動についての既知の解析式から得られる。擾乱加速度が最大になるのは、図 3.2 で3つの天体が一直線上に並ぶときである。この場合、式(3.29)は、$\|d\ddot{\boldsymbol{\rho}}\| = Gm_b [1/\|\boldsymbol{\rho}_b - \boldsymbol{\rho}\|^2 - 1/\|\boldsymbol{\rho}_b\|^2]$ となる。

この式を数値で評価してみよう。対応する数値は太陽の場合 $(Gm_b \approx 1.3 \cdot 10^{20}\, m^3 s^{-2},\ \rho_b \approx 1.5 \cdot 10^{11}\, m)$ で月の場合は $(Gm_b \approx 4.9 \cdot 10^{12}\, m^3 s^{-2},\ \rho_b \approx 3.8 \cdot 10^8\, m)$ である。これを上式に代入すれば、MEO 衛星に作用する擾乱加速度は太陽の場合、$2 \cdot 10^{-6}\, ms^{-2}$、月の場合、$5 \cdot 10^{-6}\, ms^{-2}$ となる。

潮汐を引き起こす天体による直接的な影響以外にも、固体地球の潮汐変形や海洋潮汐による間接的な影響も考慮しなければならない。Melchior（1978）によれば、固体地球の潮汐変形による擾乱ポテンシャル R は、2次の潮汐ポテンシャル W_2 だけを考慮すると、次式で与えられる。

$$R = k\left(\frac{a_e}{\rho}\right)^3 W_2 = \frac{1}{2}kGm_b \frac{a_e^5}{(\rho\rho_b)^3}(3\cos^2 z - 1) \qquad (3.30)$$

ここで k はラブ数（Lovenumbers）で、$k \approx 0.3$ である。この擾乱ポテンシャルによる衛星の擾乱加速度の大きさは、$10^{-9}ms^{-2}$ のオーダーである。

　海洋潮汐による間接効果のモデルはもっと複雑である。この場合海洋潮汐の分布を表す潮汐図に加えて、固体地球の海洋加重に対する応答を記述する、負荷係数が必要となる。この場合の擾乱加速度も、$10^{-9}ms^{-2}$ のオーダーである。

　潮汐変形や、海洋加重により、観測点の地心位置ベクトル $\boldsymbol{\rho}_r$ は、時間とともに変化する。受信機位置の偏りを観測方程式でモデル化する際には、このような変化も考慮しなければならない。

太陽輻射圧

　Fliegeletal.（1985）によれば、直接的な太陽輻射圧による擾乱加速度には2つの成分がある。主要な成分 $d\ddot{\boldsymbol{\rho}}_1$ は、太陽から遠ざかる方向を向いており、小さい成分 $d\ddot{\boldsymbol{\rho}}_2$ は、衛星の y 軸方向に沿って作用する。衛星の y 軸方向とは、太陽方向とアンテナの向いている地球中心方向の両方に直角な方向である。

　主要成分は、通常次のようにモデル化される。

$$d\ddot{\boldsymbol{\rho}}_1 = \nu K \rho_\odot^2 \frac{\boldsymbol{\rho} - \boldsymbol{\rho}_\odot}{\|\boldsymbol{\rho} - \boldsymbol{\rho}_\odot\|^3} \qquad (3.31)$$

ここで $\boldsymbol{\rho}_\odot$ は、太陽の地心位置ベクトルである。係数 K は、太陽輻射項すなわち、衛星の反射特性を決める係数や衛星の面積・質量比に線形依存している。ν は、食係数と呼ばれており、衛星が地球の影の中にいるときは 0 である。衛星が地球の影に入るのは、太陽が衛星軌道面上かそれに近いところにいる場合で、すべての衛星に対して年2回起きる。このような衛星の食現象はおよそ1時間程度続く。食係数は、衛星が太陽光にあたる場合は1であり、半影領域では $0 < \nu < 1$ である。

　$d\ddot{\boldsymbol{\rho}}_1$ の大きさは、$10^{-7}ms^{-2}$ のオーダーである。それゆえ係数 K や ν については、衛星のショートアークに対しても正確なモデルが必要となるが、太陽輻射項が年により予測できない変化を見せることや、衛星の反射特性を1つの係数で表すことが適切ではないこともあり、モデル化は非常に困難である。衛星の質量は良くわかっているが、衛星の形が不規則であるため、衛星の面積・質量比の決定は正確にはできない。さらに地球の半影領域のモデル化や、特に日照と日陰の境界部分での食係数の決定も問題である。$d\ddot{\boldsymbol{\rho}}_2$ は、y バイアスと呼ばれており、ソーラーパネルの誤調整と y 軸方向の熱輻射の組み合わせで生じると信じられている。このバイアスの大きさは、数週間の間は一定値を保っているので、通常は、軌道決定の中で決められる未知パラメータの1つとして取り扱われる。この y バイアスは $d\ddot{\boldsymbol{\rho}}_1$ に比べて2桁小さい。

　地球表面で反射されてきた太陽輻射による衛星への影響はアルベド効果（albedo）と呼ばれている。MEO 衛星の場合、これによる擾乱加速度の大きさは y バイアスより小さいので無視できる。

相対論的効果

衛星軌道への相対論的効果は地球の重力場によって引き起こされ、次式（簡略式）のような擾乱加速度を生じる。（Beutler1991: 式（2.5））

$$d\ddot{\boldsymbol{\rho}} = -\frac{3\mu^2 a(1-e^2)}{c^2}\frac{\boldsymbol{\rho}}{\rho^5} \tag{3.32}$$

ここでcは光速度である。この擾乱加速度の大きさは、$3 \cdot 10^{-10} ms^{-2}$のオーダーであり（Zhuand Groten 1988）、他の擾乱要因の間接的効果で生じる擾乱加速度より、一桁小さいが、完全を期するため、挙げておく。

3.3 軌道決定

ここでの軌道決定は、軌道パラメータと衛星の時刻バイアスを決めることを意味する。これは、原理的に航法や測量の場合とは逆に問題を解くことになる。観測点rと衛星sとの間の距離ρとその変化率$\dot{\rho}$に関する以下の基本方程式で、

$$\rho = \left\|\boldsymbol{\rho}^s - \boldsymbol{\rho}_r\right\| \tag{3.33}$$

$$\dot{\rho} = \frac{(\boldsymbol{\rho}^s - \boldsymbol{\rho}_r)}{\left\|\boldsymbol{\rho}^s - \boldsymbol{\rho}_r\right\|} \cdot \dot{\boldsymbol{\rho}}^s \tag{3.34}$$

衛星の位置ベクトル$\boldsymbol{\rho}^s$やその速度ベクトル$\dot{\boldsymbol{\rho}}^s$を未知とし、観測点の位置ベクトル$\boldsymbol{\rho}_r$は地心座標系で既知と見なす。式（3.33）の距離は、第5章1節で示すが高精度に得られる。差をとることでバイアスが消去される距離差の場合は、特にそうである。式（3.34）の距離変化率は、ドップラー効果による周波数のずれから得られるが、精度は少し落ちる。たいていの場合軌道決定のための観測は地上で行われるが、軌道上の受信機で得られたデータも使われる。

以下2段階で行われる実際の軌道決定を強調するため、衛星の時刻バイアス等のパラメータは無視する。まず最初に観測値に合うケプラー軌道の楕円が決められる。次にこの楕円を基準に、擾乱加速度を考慮してこの軌道の修正が行われる。

3.3.1 ケプラー軌道

さしあたり衛星の位置ベクトルも速度ベクトルも、観測により得られていると仮定しよう。問題は、これらの観測値を使って、どのようにケプラーパラメータを導き出すかである。

時刻tでの位置ベクトルと速度ベクトルから軌道を決めるのは、初期値問題を解くことであり、異なる時刻t_1、t_2における2つの位置ベクトルから軌道を決めるのは、（一次の）境界値問題を解くことに相当する。原理的には二次、三次の境界値問題も定義できるが、本書に関連するテーマではないので取り扱わない。

初期値問題

$\mathbf{X}_i$のような赤道座標系で、ある時刻に同時に与えられた位置ベクトルと速度ベクトルからケプ

ラーパラメータを導き出すことは、微分方程式 (3.1) を初期値問題として解くことである。与えられた 2 つのベクトルには、6 つのケプラーパラメータの計算を可能とさせる 6 つの成分が含まれていることに想起しよう。両ベクトルとも同時刻に与えられているので、時刻パラメータは省略されている。

この問題は、式 (3.10) の変換式を逆に解くことに相当する。また解くにあたっては、距離や角度のような量は回転に対してその大きさが変わらないということを利用する。回転に対して不変であることから、以下の式が成り立つ。

$$\|\boldsymbol{\rho}^s\| = \|\mathbf{r}\|$$

$$\|\dot{\boldsymbol{\rho}}^s\| = \|\dot{\mathbf{r}}\| \tag{3.35}$$

$$\boldsymbol{\rho}^s \cdot \dot{\boldsymbol{\rho}}^s = \mathbf{r} \cdot \dot{\mathbf{r}}$$

$$\|\boldsymbol{\rho}^s \times \dot{\boldsymbol{\rho}}^s\| = \|\mathbf{r} \times \dot{\mathbf{r}}\|$$

更に、式 (3.6) と式 (3.8) を上式に代入すれば、以下の関係式が導かれる。

$$\boldsymbol{\rho}^s \cdot \dot{\boldsymbol{\rho}}^s = \sqrt{\mu a}(e \sin E) \tag{3.36}$$

$$\|\boldsymbol{\rho}^s \times \dot{\boldsymbol{\rho}}^s\| = \sqrt{\mu a(1-e^2)} \tag{3.37}$$

ここで逆変換は以下のように解くことができる。

まず距離 r と速度 $\dot{r}$ を、与えられた位置ベクトル $\boldsymbol{\rho}^s$ と速度ベクトル $\dot{\boldsymbol{\rho}}^s$ から計算する。これら 2 量がわかれば、式 (3.9) から長半径 a が求まる。求まった a と r を式 (3.7) に適用すれば、$e\cos E$ の値が確定し、式 (3.36) を使えば、$e\sin E$ の値が確定する。その結果、離心率 e と離心近点離角 E が、またしたがって平均近点離角 M と真近点離角 v が計算できる。$\boldsymbol{\rho}^s$ と $\dot{\boldsymbol{\rho}}^s$ のベクトル積は、角運動量ベクトルになるから、軌道平面に直角な方向を向いたベクトルである。それゆえこのベクトルを正規化したものは、式 (3.11) の座標軸ベクトル $\mathbf{e}_3$ と同じであり、これからパラメータ i と ℓ が計算できる。$\boldsymbol{\rho}^s$ と $\dot{\boldsymbol{\rho}}^s$ のベクトル積の大きさは、式 (3.37) から既に求まっているパラメータ a や e のチェックに使える。

パラメータ ω を求めるために、地心から昇交点の方向を向いた単位ベクトル $\mathbf{k} = [\cos\ell \quad \sin\ell \quad 0]$ を定義すれば、図 3.1 から関係式 $\boldsymbol{\rho}^s \cdot \mathbf{k} = r\cos(\omega + v)$、$\boldsymbol{\rho}^s \cdot \mathbf{X}_3 = r\sin i \cdot \sin(\omega + v)$ が成り立つことがわかる。r, v, i はわかっているので、この 2 つの方程式から ω が一意的に求まる。

数値例として位置ベクトルとその速度ベクトルが以下のような場合、ケプラーパラメータを求めてみよう。

$$\boldsymbol{\rho}^s = [11465 \quad 3818 \quad -20923] \quad [km]$$

$$\dot{\boldsymbol{\rho}}^s = \begin{bmatrix} -1.2651 & 3.9960 & -0.3081 \end{bmatrix} \quad [kms^{-1}]$$

これは、第 3 章 2.1 節での数値例の逆計算に相当するから、結果はそこに示されている数値で確かめられる。

境界値問題

時刻 t_1 と t_2 における位置ベクトル $\boldsymbol{\rho}^s(t_1)$ と $\boldsymbol{\rho}^s(t_2)$ が与えられているとしよう。

位置ベクトルは、決定精度が高いので軌道決定には速度ベクトルよりもよく使われる。与えられた位置ベクトルの値は、2 階の基本微分方程式(式(3.1))を解く際の境界条件に相当するものである。近似的にケプラーパラメータを求めるには、平均時刻 $t = 1/2(t_1 + t_2)$ で定義された以下の初期値を利用した初期値問題として解く。

$$\boldsymbol{\rho}^s(t) = \frac{\boldsymbol{\rho}^s(t_2) + \boldsymbol{\rho}^s(t_1)}{2}$$
$$\dot{\boldsymbol{\rho}}^s(t) = \frac{\boldsymbol{\rho}^s(t_2) - \boldsymbol{\rho}^s(t_1)}{t_2 - t_1} \tag{3.38}$$

厳密解を求めるには、地心距離の計算からスタートする。

$$r_1 = r(t_1) = \|\boldsymbol{\rho}^s(t_1)\|$$
$$r_2 = r(t_2) = \|\boldsymbol{\rho}^s(t_2)\| \tag{3.39}$$

軌道面に垂直な単位ベクトル $\mathbf{e}_3$ は、次のベクトル積から得られる。

$$\mathbf{e}_3 = \frac{\boldsymbol{\rho}^s(t_1) \times \boldsymbol{\rho}^s(t_2)}{\|\boldsymbol{\rho}^s(t_1) \times \boldsymbol{\rho}^s(t_2)\|} \tag{3.40}$$

$\mathbf{e}_3$ がわかれば、式 (3.11) と式 (3.13) から経度 ℓ と軌道傾斜角 i が求まる。前に示したように、角度 $u = \omega + v$ は、衛星位置ベクトルと昇交点ベクトル $\mathbf{k} = [\cos\ell \ \sin\ell \ 0]$ とのなす角度として定義される。その結果内積の関係式

$$r_i \cos(u_i) = \mathbf{k} \cdot \boldsymbol{\rho}^s(t_i) \quad i = 1, 2 \tag{3.41}$$

が成り立つから、これから u_i が条件 $u_2 > u_1$ のもとで一意的に決定される。これで次の 2 つの方程式(式 (3.7) 参照)

$$r_i = \frac{a(1-e^2)}{1 + e\cos(u_i - \omega)}, \quad i = 1, 2 \tag{3.42}$$

のなかで未知のパラメータは、a, e, ω である。近地点引数 ω に仮の予備的な値を割り当てれば、この式を、a と e について解くことができる。更に ω の仮定値と u_i から真近点離角 v_i が求まり、
　それから平均近点離角 M_i も得られる。それ故平均角速度 n は、以下の 2 つの式のいずれからも計算できることになる。(式 (3.2)、(3.3) 参照)

$$n = \sqrt{\frac{\mu}{a^3}}, \quad n = \frac{M_2 - M_1}{t_2 - t_1} \tag{3.43}$$

両式の結果を一致させるには、ω の仮定値を変えて計算を繰り返せばよい。この反復プロセスは、境界値問題に典型的なものである。最後に近地点通過時刻 T_0 は、次の関係式から得られる。

$$T_0 = t_i - \frac{M_i}{n} \tag{3.44}$$

境界値問題の数値例として、地球に固定された赤道座標系 $\mathbf{X}_i$ で表された 2 つの位置座標ベクトルが $\Delta t = t_2 - t_1 = 1$ 時間として、以下で与えられる場合を考えよう。

$$\boldsymbol{\rho}^s(t_1) = [11465 \quad 3818 \quad -20922] \quad [km]$$

$$\boldsymbol{\rho}^s(t_2) = [5220 \quad 16754 \quad -18421] \quad [km]$$

方程式（3.39）から（3.44）までを適用することにより、丸め誤差は別にして対応するケプラー楕円のパラメータは以下のようになる。

$$a = 26000km, e = 0.1, \omega = -140°, i = 60°, \ell = 110°, T_0 = t_1 - 1.3183^h$$

軌道改良

冗長な観測があれば、その瞬間のケプラー楕円のパラメータは改善できる。基準楕円軌道に関係する位置ベクトル $\boldsymbol{\rho}_0^s$ は計算することができるから、例えば衛星までの距離が観測される度に次の観測方程式が作れる。

$$\rho = \rho_0 + d\rho = \|\boldsymbol{\rho}_0^s - \boldsymbol{\rho}_r\| + \frac{\boldsymbol{\rho}_0^s - \boldsymbol{\rho}_r}{\|\boldsymbol{\rho}_0^s - \boldsymbol{\rho}_r\|} \cdot d\boldsymbol{\rho}^s \tag{3.45}$$

ベクトル $d\boldsymbol{\rho}^s$ は、ケプラーパラメータの関数として表すことができ（式（3.17）参照）、式（3.45）の中には 6 つの軌道パラメータの微分量が含まれる。

3.3.2 摂動軌道

解析解

摂動は前に述べたように、軌道パラメータの時間的な変化として特徴づけられる。この時間変化を解析的に表したものがラグランジェ方程式やガウス方程式である（第 3 章 2.2 節参照）。ラグランジェ方程式を適用するためには、擾乱ポテンシャルは、ケプラーパラメータの関数として表現されなければならないが、Kaula（1966）は、最初にこのことを行った。
結果は以下のようになる。

$$R = \sum_{n=2}^{\infty} A_n(a) \sum_{m=0}^{n} \sum_{p=0}^{n} F_{nmp}(i) \sum_{q=-\infty}^{\infty} G_{npq}(e) S_{nmpq}(\omega, \Omega, M; \Theta_0, C_{nm}, S_{nm}) \tag{3.46}$$

ここで原式で用いられていた係数 $J_{nm} K_{nm}$ は、現在使われている係数に $J_{nm} = -C_{nm}$、$K_{nm} = -S_{nm}$ と

変えている（Hofmann-Wellenhof and Moritz 2006: 257 頁）。

n と m は擾乱ポテンシャルを級数展開した球面調和関数の次数と位数である。関数 A_n, F_{nmp}, G_{npq} には、ケプラーパラメータはそれぞれ 1 つだけしか含まれない。しかし関数 S_{nmpq} には複数のパラメータが含まれており、振動数（これは摂動の指標）が

$$\dot{\psi} = (n-2p)\dot{\omega} + (n-2p+q)\dot{M} + m(\dot{\Omega} - \dot{\Theta}_0) \tag{3.47}$$

であるような周期関数で表される。

もし条件 $(n-2p) = (n-2p+q) = m = 0$ が成り立てば、$\dot{\psi} = 0$ となり、この場合摂動は、$M=0$ の帯球関数により引き起こされる経年的な変化になる。もし $(n-2p) \neq 0$ ならば、一般的に長周期の ω の摂動が残り、$(n-2p+q) \neq 0$ あるいは $m \neq 0$ であれば、短周期の摂動になる。整数値 $(n-2p+q)$ は、衛星 1 周回あたりの摂動振動数（サイクル数）であり、m は 1（恒星）日あたりの摂動振動数を示す。

地球重力場の摂動によって引き起こされるケプラーパラメータの振動範囲の概略が表 3.4 に示されている。要約すると、球関数の偶数次の帯球係数（zonal coefficient）は主に経年的な変化を引き起こし、奇数次の帯球係数は長周期の摂動を生じさせる。方球係数（tesseral coefficient）は短周期の摂動を引き起こす。表から短周期の変化はすべてのパラメータについて起きることがわかる。また長半径を除いてパラメータは、長周期の摂動の影響も受ける。経年的な変化は Ω, ω, M のみに表れる。

表 3.4　地球の重力場による摂動

パラメータ	経年変化	長周期変化	短周期変化
a	無	無	有
e	無	有	有
i	無	有	有
Ω	有	有	有
ω	有	有	有
M	有	有	有

ここで一例として、地球の扁平に関係する J_2 項による、これらのパラメータの経年変化の解析表現を示す。

$$\begin{aligned}
\dot{\Omega} &= -\frac{3}{2} n a_e^2 \frac{\cos i}{a^2(1-e^2)^2} J_2 \\
\dot{\omega} &= \frac{3}{4} n a_e^2 \frac{5\cos^2 i - 1}{a^2(1-e^2)^2} J_2 \\
\dot{m} &= \frac{3}{4} n a_e^2 \frac{3\cos^2 i - 1}{a^2\sqrt{(1-e^2)^3}} J_2
\end{aligned} \tag{3.48}$$

1番目の式は、昇交点の赤道面内での逆行を表している。2番目の式は近地点の方向が回転していくのを示し、3番目の式は $\dot{M} = n + \dot{m}$ の関係から平均近点離角の変化に関係している。軌道傾斜角 $i=55°$ のMEO衛星を考えると、その1日あたりの変化率は、$\dot{\Omega} \approx -0.03°$, $\dot{\omega} \approx 0.01°$, $\dot{m} \approx 0$ となる。$\dot{m}$ についての結果は、軌道傾斜角が $i=55°$ で $3\cos^2 i - 1$ がほぼゼロになることからすぐにわかる。衛星が地球を回る周期が、重力場の調和波と重なるときには、共鳴効果が起きることに注意する必要がある。そのためMEO衛星は、軌道周期が半恒星日に一致することがないような軌道に投入される。

潮汐ポテンシャルもまた調和関数で表現されるから、潮汐による摂動も解析的にモデル化できる。この解析は最初に古在（Kozai（1959））によって行われ、地球重力ポテンシャルの影響と類似の方法で、昇交点赤経 Ω と近地点引数 ω の経年変化が解析的に求められた。解析式の詳細については Kozai（1959）を参照。

数値解

擾乱ポテンシャルを解析式で表せない場合は、数値的な手法で解を求める必要がある。

原理的には、ある時刻 t_0 における位置ベクトル $\boldsymbol{\rho}(t_0)$ と速度ベクトル $\dot{\boldsymbol{\rho}}(t_0)$ を初期値として、式（3.18）の数値積分を行うことになるのであるが、ケプラー楕円を基準にすれば、よりスマートに行える。この方法では全加速度を積分するのではなく、擾乱加速度分だけを積分する。積分で得られた位置の変化量 $\Delta \boldsymbol{\rho}$ を基準楕円上の位置ベクトルに加えれば、最終的な位置ベクトルが得られる。

2階の微分方程式は通常2つの1階の微分方程式に変換できる。この問題では

$$\dot{\boldsymbol{\rho}}(t) = \dot{\boldsymbol{\rho}}(t_0) + \int_{t_0}^{t} \ddot{\boldsymbol{\rho}}(t_0) dt = \dot{\boldsymbol{\rho}}(t_0) + \int_{t_0}^{t} \left[d\ddot{\boldsymbol{\rho}}(t_0) - \frac{\mu}{\rho^3(t_0)} \boldsymbol{\rho}(t_0) \right] dt \qquad (3.49)$$

$$\boldsymbol{\rho}(t) = \boldsymbol{\rho}(t_0) + \int_{t_0}^{t} \dot{\boldsymbol{\rho}}(t_0) dt \qquad (3.50)$$

のようになる。

この2つの方程式の数値積分は標準的なルンゲークッタ法（Runge-Kuttaalgorithm（例えば Kreyszig2006:892頁参照））で実行できる。

数値解析の手法は、ラグランジュやガウスの方程式の積分にも応用できる。これらは1階の微分方程式であるため1回だけの積分ですむ。

ここで一次のルンゲークッタ法を簡単に概説しておく。区間 $x_1 \leq x \leq x_2$ で定義された関数 $y(x)$ を考える。$y'=dy/dx$ はその x に関する1階微分である。通常の1階微分方程式

$$y' = \frac{dy}{dx} = y'(y, x) \qquad (3.51)$$

を積分すれば一般解が得られる。特別解は、積分定数に初期値 $y_1 = y(x_1)$ を指定することで求まる。数値積分を行うために最初に積分区間を微小幅 $\Delta x = (x_2 - x_1)/n$ の n 個の等区間に分割する。ルンゲークッタ法では、隣り合う区間の関数値の差を以下の加重平均で計算する。

$$\Delta y = y(x+\Delta x) - y(x) = \frac{1}{6}\left[\Delta y^{(1)} + 2\left(\Delta y^{(2)} + \Delta y^{(3)}\right) + \Delta y^{(4)}\right] \qquad (3.52)$$

ここで

$$\Delta y^{(1)} = y'(y,x)\Delta x$$
$$\Delta y^{(2)} = y'\left(y + \frac{\Delta y^{(1)}}{2},\ x + \frac{\Delta x}{2}\right)\Delta x$$
$$\Delta y^{(3)} = y'\left(y + \frac{\Delta y^{(2)}}{2},\ x + \frac{\Delta x}{2}\right)\Delta x$$
$$\Delta y^{(4)} = y'\left(y + \Delta y^{(3)},\ x + \Delta x\right)\Delta x$$

である。この式から引数 x_1 での初期値 y_1 から出発して次の $x_1 + \Delta x$ における関数値が計算できる。数値積分の具体例でこの節を終わりにしよう。初期値が $x_1=0$ で $y_1=1$ であるような1階の微分方程式 $y' = y - x + 1$ を考える。微分方程式を幅 $\Delta x = 0.5$ で計算し $x_2=1$ における関数値を求めよう。初期値から出発して最初の区間で $\Delta y^{(1)} = 1.000, \Delta y^{(2)} = 1.125, \Delta y^{(3)} = 1.156, \Delta y^{(4)} = 1.328$ が得られ、これから加重平均は、$\Delta y = 1.148$ となる。次に2番目の区間における初期値を、この計算された値 $x = x_1 + \Delta x = 0.5, y = y_1 + \Delta y = 2.148$ に置き換え同様の計算を行うと、$\Delta y = 1.569$ が得られる。それ故最終結果は、$y_2 = y_1 + \sum \Delta y = 3.717$ となる。関数 $y = e^x + x$ は、この微分方程式を満たし、$x_2=1$ での真値は $y_2=3.718$ となることに注目しよう。もし区間幅を $\Delta x = 0.1$ にすれば、この数値積分により 10^{-6} の精度の結果が得られる。

3.4 軌道情報の配信

3.4.1 軌道追跡網

目的と戦略

GNSS衛星の軌道決定は、それぞれの管制システムの追跡局での観測に基づいている。グローバルな追跡網で得られた軌道は、限定された地域網で得られた軌道に較べて、高精度で信頼性が高い。GNSS受信機でVLBI観測局やSLR追跡局を測定することで、衛星の軌道を地球座標系に結び付けることができる。追跡網の配置により、軌道決定の精度が決まる。配置については2つの異なる方法がある。1つは全球上に均等に追跡局を配置する方法である。2つめは、各追跡局のまわりにクラスター状に補助点が取り囲む配置である。この場合、アンビギュイティー決定が容易になるので軌道パラメータ決定の安定性が3〜5倍高まる。

グローバルな網の例

軌道決定のための追跡網がいくつか作られている。地域的な追跡網や、オーストラリアの軌道決定網のように大陸的規模の追跡網もあるが、ここではグローバルな追跡網の例を示す。

GOTEX（Global Orbit Tracking Experiment）は、1988年の秋に行われたグローバルな軌道追跡実

験である。グローバルに分布する 25 箇所の VLBI 局や SLR 局で、三週間の観測が行われ、WGS-84 座標系と VLBI/SLR 系を正確に結合させるための GPS データが集められた。

協同国際 GPS 網（CIGNET: The Cooperative international GPS network）は、VLBI 点に置かれた GPS 追跡局からなり、米国の国立測地局（NGS: National Geodetic Survey）によって運営された。この事業は 1988 年に北米、ヨーロッパ、日本に置かれた 8 局で始まった。1991 年には既存のグローバルな 20 箇所の観測点が加わり（Chin 1991）、その後 3 年間に 30 以上の観測点がこの網に組み込まれた。CIGNET の目的は、生の GPS 観測データの収集と流通であり、軌道を決定して提供する考えはなかった。

1990 年国際測地学協会（IAG: the International Association of Geodesy）は、国際 GPS 地球力学事業（IGS: International GPS Service for Geodynamics）を立ち上げることを決めた（Mueller 1991）。試験観測を経て 1994 年 1 月 1 日から本格的な活動が始まった。

この事業の主な目的は、地球力学分野で利用できる高精度な軌道（当初は GPS であったが、現在は GNSS になっている）の決定であった。IGS の中央事務局は、ジェット推進研究所（JPL:JetPropulsionLaboratory）にある。2006 年 8 月現在、IGS 網（図 3.3）は ITRF 系での座標値（速度も）を持つ、330 箇所以上のグローバルな追跡局で成り立っている。

図 3.3 IGS 追跡網（基準局のみ）2006 年現在

IGS の追跡局では、すべての GNSS 衛星のコード距離と搬送波位相を二周波受信機で観測している。データは 7 つの機関によって独立に解析され、日々グローバルデータセンターと地域データセンターにライネックス（RINEX: Receiver and software independent exchange format）データの形で収集保管されている。現在 IGS は、すべての GNSS 衛星の軌道を高い精度で提供している。精度約 10 cm の予報暦は、準リアルタイムに利用可能である。後処理で求められた軌道には 1 日遅れの迅速暦と 2 週間遅れの最終精密暦がある。

精密暦の軌道精度は、$5cm$ 以下と見積もられている。また生の軌道追跡データ、衛星時刻パラメータ、地球自転軸パラメータ（EOP: the Earth orientation parameters）、電離層や大気圏データも IGS

から利用できる。IGS に関連する情報サービスについては、http://igscb.jpl.nasa.gov を参照。IGS に関する詳細については、Gurtner（1995），Beutler（1996），Neilan and Moore（1999）に記述されている。

3.4.2　暦

地球座標系における衛星の位置と速度を決定するために、概略暦、放送暦、精密暦の3つの軌道データがいつでも利用できる。これらはそれぞれ精度が異なる（表3.5）だけでなく、リアルタイムに利用できる暦か、あるいは多少遅れて後で利用できる暦かという違いがある。

表 3.5　暦の精度

暦	精度	備考
概略暦	数 km	データの更新時期に依存
放送暦	1 m	1 m を下回る場合も
精密暦	0.05 − 0.20 m	精密暦のできるまでの日数に依存

概略暦

概略暦（almanac）は、衛星の受信を容易にし、衛星の視界図を作るといった作業計画に使えるように提供されている。概略暦は、定期的に更新され、航法メッセージの一部として衛星から放送されている。概略暦には、それぞれの GNSS 衛星のすべての軌道パラメータと衛星時刻の補正量が含まれている。

表 3.6 は GPS 衛星の場合の例であるが、グロナスやガリレオについても同様な概略暦が利用できる。

すべての角度は、半円（180°）単位で表される。パラメータ ℓ_0 は、時刻 t_a での昇交点赤経と現 GPS 週の開始時刻におけるグリニジ恒星時との差を示す。観測時 t におけるケプラーパラメータは、次式で計算される。

$$\begin{aligned} M &= M_0 + n(t - t_a) \\ i &= 54° + \delta i \\ \ell &= \ell_0 + \dot{\Omega}(t - t_a) - \omega_e(t - t_0) \end{aligned} \quad (3.53)$$

ここで $\omega_e = 7292115.1467 \cdot 10^{-11} rads^{-1}$ は地球の自転角速度である。これ以外のケプラーパラメータ a, e, ω は、不変である。式（3.53）の右辺第2項は、昇交点の逆行を考慮しており、第3項は恒星時の経過に伴う一様な変化を示す。衛星時計のバイアスは、次式で与えられる。

$$\delta^S = a_0 + a_1(t - t_a) \quad (3.54)$$

概略暦は、航法メッセージ以外でもさまざまな情報サービスで手に入れることができる。

放送暦

放送暦（broadcast ephemerides）は、GNSS 衛星の監視局での最新の観測に基づいて計算された衛星の軌道である。観測が加わる毎に、カルマンフィルターにより軌道パラメータは修正される。放

表3.6 概略暦（GPS）

パラメータ	内容
ID	衛星の識別番号
WEEK	現在のGPS週番号
t_a	現GPS週内での基準時刻（秒）
$\sqrt{a}$	長半径の平方根（m）
e	離心率
M_0	基準時刻における平均近点離角
ω	近地点引数
δi	54度からの差分で表した軌道傾斜角
ℓ_0	現GPS週開始時の昇交点経度
$\dot{\Omega}$	昇交点赤経の変化速度
a_0	衛星時刻のオフセット（秒）
a_1	衛星時刻のドリフト

送暦の計算とそれの衛星への伝送は主管制局でコントロールしている。

放送暦は航法メッセージの一部であり、衛星の基本情報や軌道情報、衛星時刻情報が含まれている。軌道情報は、ケプラーパラメータとその時間変化率という形（GPSの場合）か、あるいは一定時間間隔での衛星位置ベクトルと速度ベクトルという形（グロナスの場合）で与えられている。衛星時刻情報はたいていの場合、衛星時刻のズレをモデル化した多項式の係数で与えている。

表3.7にGPS衛星の場合の放送暦を示す。中段に示されているパラメータは、基準時刻や基準時刻におけるケプラー楕円を記述する6つのパラメータ、3つのドリフト補正項、6つの周期補正項である。これら9つの補正項は、地球の球形からのズレや直接的な潮汐効果、太陽輻射圧による摂動の影響を考慮したものである。放送暦は定期的に更新されており、規定の時間内でだけ利用できるものである。

観測時tでの衛星位置を計算するためには、a, eは別にして以下の諸量が必要となる。

$$\begin{aligned}
M &= M_0 + \left[\sqrt{\frac{\mu}{a^3}} + \Delta n\right](t - t_e) \\
\ell &= \ell_0 + \dot{\Omega}(t - t_e) - \omega_e(t - t_0) \\
\omega &= \omega_0 + C_{uc}\cos(2u) + C_{us}\sin(2u) \\
r &= r_0 + C_{rc}\cos(2u) + C_{rs}\sin(2u) \\
i &= i_0 + C_{ic}\cos(2u) + C_{is}\sin(2u) + \dot{i}(t - t_e)
\end{aligned} \qquad (3.55)$$

ここで$u = \omega_0 + v$である。地心距離r_0は、式（3.7）で観測時のa, e, Eを使えば計算できる。軌道平面内の衛星位置ベクトル**r**は、式（3.6）の2番目の式から求まる。ℓの計算は、基準時刻をt_eとして式（3.53）と類似しており、この場合も（有効数字が丸められていない）地球の自転角速度が

表 3.7　放送暦（GPS）

パラメータ	内容
ID	衛星の PRN 番号
WEEK	現在の GPS 週番号
t_e	放送暦の基準時刻
$\sqrt{a}$	長半径の平方根（m）
e	離心率
M_0	基準時刻における平均近点離角
ω_0	近地点引数
i_0	軌道傾斜角
ℓ_0	現 GPS 週開始時の昇交点経度
Δn	平均運動差
$\dot{i}$	軌道傾斜角の変化率
$\dot{\Omega}$	昇交点赤経の変化率
C_{uc}, C_{us}	補正係数（近地点引数）
C_{rc}, C_{rs}	補正係数（地心距離）
C_{ic}, C_{is}	補正係数（軌道傾斜角）
t_c	衛星の基準時刻
a_0	衛星時刻のオフセット
a_1	衛星時刻のドリフト係数
a_2	衛星基準周波数のドリフト係数

必要である。下段の衛星時計のパラメータを使うと、観測時 t での衛星時計誤差は次式で計算できる。

$$\delta^s = a_0 + a_1(t - t_c) + a_2(t - t_c)^2 \tag{3.56}$$

精密暦

　最も正確な軌道情報は、IGS（国際 GNSS 事業）から精密暦（precise ephemerides）という形で提供されている。IGS の精密暦の概要やその精度、入手までの待ち時間については、IGS のウェブサイト（http://igscb.jpl.nasa.gov/components/prods.html）で見ることができる。

　精密暦は、一定時間毎の衛星位置と衛星速度でできている。典型的な時間間隔は、15 分である。NGS（米国立測地局）は、1985 年から GPS の精密軌道データの流通にかかわってきた。当初データは、特殊な ASCII 形式である SP1, SP2 形式や、そのバイナリー形式である ECF1, ECF2 形式で流通していた。後に ECF2 形式は EF13 形式に修正された。SP1 形式と ECF1 形式には、衛星の位置と速度データが含まれている。SP2 形式と ECF2 形式では、位置データのみが含まれるが、速度データは、

位置データから数値微分によって求められるからデータ容量はおよそ半分になる。1989年にNGSは、第二世代の軌道データ形式として、衛星時刻のオフセット量を付け加えるとともに、これまでの軌道データ形式の35GPS衛星に代わって、85衛星（GPS衛星と他の衛星）まで取り扱えるようにした。時刻のオフセット量は別にして、このファイルには通常位置データしか含まれないが、ヘッダーにより、速度データを含むようにできる。この軌道データ形式に対応するASCII形式は、SP3形式であり、バイナリ形式ではECF3あるいは（修正版では）EF18形式と表される。

NGS形式では、一般的な情報（時刻間隔、軌道種別等）を含むヘッダーに続いて順次データが続いている。データは衛星毎に繰り返される。衛星位置はkm単位で、速度はkm/s単位で与えられている。このNGS形式については、Remondi（1991b）に記述されている。NGSは、軌道データ形式相互の変換プログラムも提供している。

任意の時刻における衛星の位置と速度は、与えられた時刻での位置と速度から補間で求められる。補間には多項式に基づくラグランジェ補間が用いられる。ラグランジェ補間はデータ時刻間隔が一定ではない場合でも適用でき、一度係数が求まれば補間する区間をかなり広げてもその係数を使うことができる。この補間方法は、手順が早く簡単にプログラミング可能である。B.Remondiによる広範な研究によると、デシメートルレベルの精度（およそ10^{-8}の精度）を得るためには、30分間隔のGPSデータを9次の多項式で補間すれば十分である。また40分間隔のデータを17次の多項式で補間した場合、ミリメートルレベルの結果が得られている（Remondi1991）。

ここでラグランジェ補間に馴染みのない人のために、その原理と数値例を示す。

与えられた時刻 $t_j, j=0,...,n$ で関数値 $f(t_j)$ が与えられているとしよう。次数 n の基礎関数 $\ell_j(t)$ を次式

$$\ell_j(t) = \frac{(t-t_0)(t-t_1)\cdots(t-t_{j-1})(t-t_{j+1})\cdots(t-t_n)}{(t_j-t_0)(t_j-t_1)\cdots(t_j-t_{j-1})(t_j-t_{j+1})\cdots(t_j-t_n)} \tag{3.57}$$

で定義すると、任意の時刻 t における補間関数は

$$f(t) = \sum_{j=0}^{n} f(t_j)\ell_j(t) \tag{3.58}$$

で与えられる。

数値例として時刻 t_j での関数値 $f(t_j)$ を

$$f(t_0) = f(-3) = 13$$
$$f(t_1) = f(+1) = 17$$
$$f(t_2) = f(+5) = 85$$

としよう。すると基礎関数は以下の2次多項式となる。

$$\ell_0(t) = \frac{(t-t_1)(t-t_2)}{(t_0-t_1)(t_0-t_2)} = \frac{1}{32}(t^2 - 6t + 5)$$

$$\ell_1(t) = \frac{(t-t_0)(t-t_2)}{(t_1-t_0)(t_1-t_2)} = -\frac{1}{16}(t^2 - 2t - 15)$$

$$\ell_2(t) = \frac{(t-t_0)(t-t_1)}{(t_2-t_0)(t_2-t_1)} = \frac{1}{32}(t^2 + 2t - 3)$$

式（3.58）を使うと $t = 4$ における補間値は、$f(t) = 62$ となる。この結果は最終的な補間多項式 $f(t) = 2t^2 + 5t + 10$ からも直ちに確かめられる。

第4章 衛星信号

4.1 はじめに

　GNSS の測距方式は、受動的なシステムか能動的なシステムか、あるいは片方向通信か双方向通信かということで区別できる。片方向通信の場合、さらに地上から衛星方向へのアップリンクか衛星から地上方向へのダウンリンクかに区別される。能動的なシステムではユーザー側からの送信が必要になる。GPS、グロナス、ガリレオといった 3 つの主要な GNSS では、衛星から地上方向への片方向のダウンリンクで、受動的な測距システムを採用している。衛星からは変調信号が送信され、これには距離測定に使われる衛星発射時刻や衛星位置を計算するための軌道情報が含まれている。この送信信号の信号構成を最も良く説明する三層構造のモデルを図 4.1 に示す。

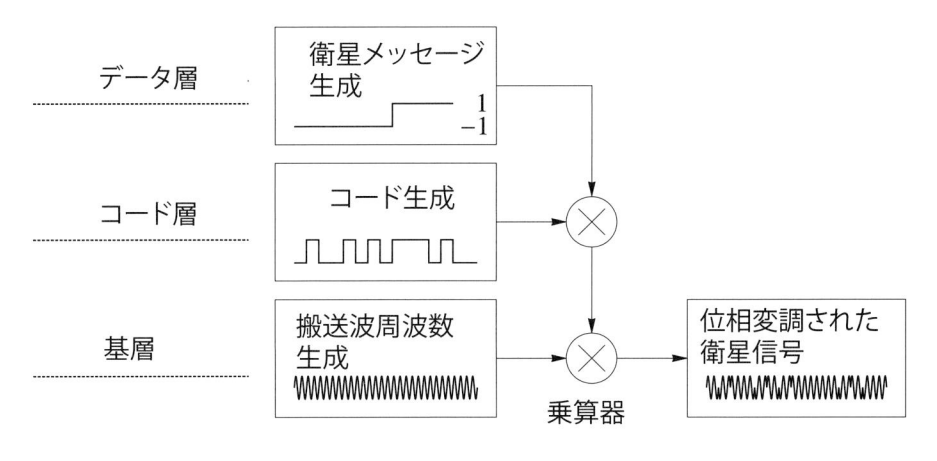

図 4.1　衛星航法信号の構成

　一層目の基層を構成する搬送波により、送信信号の物理的な特性が決まる。二層目のコード層により、伝播時間の測定方式が決まる。伝播時間の測定には、時間パルスを使うのではなく、周期的に変調されたコード信号の相関を利用する。コード信号は、衛星時刻と衛星メッセージに厳密に同期している。最後の三層目のデータ層には、送信時刻や衛星軌道情報等が含まれている。データ層の内容は、他衛星あるいは地上通信経由でも手に入れられるが、データ層とコード層とは高度に同期していることが必要である。

4.1.1 物理的な原理

一般論

衛星航法では電磁波を使うが、電磁波の伝播は Maxwell の方程式で記述される。電磁場の振動が電磁波を生じさせる。電磁波の特徴は、電場と磁場が複合して伝播することである。振動する電場は磁場を生じさせる。逆に電磁誘導により、磁場の変化は電場を引き起こす。

電場ベクトル $\mathbf{E} = [E_x\ E_y]$ により、電磁場の偏波面が決まる。偏波面が一定であれば、直線偏波になる。その物理的な性質が空間的にも時間的にも変化しないような一様で等方性の媒体中では、電磁波の電場 $\mathbf{E}$ と磁場 $\mathbf{B}$ は互いに直交するとともに、その伝播方向に対しても直交している（図 4.2）。電場ベクトル $\mathbf{E}$ の成分比の時間的な変化により円偏波あるいは楕円偏波が生じる。電場の向きが伝播方向に向かって時計回りに回転している場合は、右旋円偏波であり、逆の場合は左旋円偏波である。電磁波が電離層や地球の磁場を通過する際には、その偏波状態が変化する。直線偏波が円偏波あるいは楕円偏波に変化する現象は、ファラデー回転（Faraday Rotation）として知られている。その場合回転の大きさは一定ではない。衛星航法では円偏波の信号が使われる。特定の状況下で反射した右旋円偏波（RHCP: Right-handed circular polarization）の電磁波は左旋円偏波（LHCP: Left-handed circular polarization）に変化するし、その逆もある。

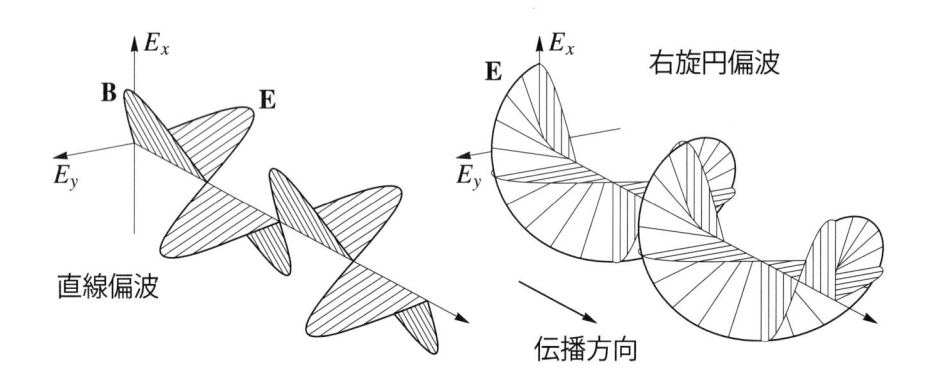

図 4.2 直線偏波と円偏波

電磁波の表現

電磁波は調和振動の正弦波で表すことができる（図 4.3）。

$$y(t) = a\sin(2\pi f t) \tag{4.1}$$

この正弦波に使われているパラメータは、振幅 a と周波数 f、時間 t である。a は、周期的に変化する振幅の最大値である。周波数 f は、1 秒間あたりの振動数を示し、ヘルツ（Hz）単位あるいは、その 10^3、10^6、10^9 倍の単位である kHz、MHz、GHz 単位で表される。

周期 T は、1 サイクルの振動に要する時間であり、周波数の逆数

$$T = \frac{1}{f} \tag{4.2}$$

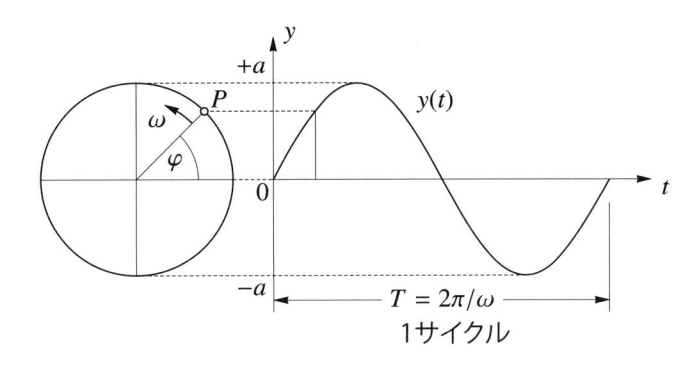

図 4.3　電磁波の表現

である。

角速度 ω は、

$$\omega = 2\pi f \tag{4.3}$$

で定義される。簡単な数値例でこれらの関係式を見てみよう。今周波数が $f = 0.5\text{Hz}$ である場合、対応する角速度は $\omega = \pi$ ラジアン／秒あるいは $180°$ ／秒であり、周期 T は、2 秒になる。

図 4.3 で、P 点は角周波数 ω で円運動している。時刻 t での P 点の位置は、位相角、あるいは単に位相と呼ばれる φ で決められる。位相はラジアン単位では

$$\varphi = \omega \cdot t \tag{4.4}$$

で、またサイクル単位では

$$\varphi = f \cdot t \tag{4.5}$$

と表せる。本書では以後サイクル単位で表す。式（4.5）を時間微分すれば、

$$f = \frac{d\varphi}{dt} \tag{4.6}$$

が得られる。これを時刻 t_0 から t の間で積分すると、

$$\varphi(t) - \varphi(t_0) = \int_{t_0}^{t} f dt \tag{4.7}$$

となる。ここで $\varphi = (t_0)$ は、初期位相である。（4.4）から（4.7）までの式は、位相を時間の関数として表しているが、ある瞬間を考えると、位相は空間的にも変化しており、電波源からの距離と波長の関数としても表すことができる。波長は位相が 1 サイクルあるいは 2π ラジアン変化する間の波の移動距離であり、λ で表される。その単位はメートルである。位相の時間的変化と空間的変化に関しては、つぎのような注目すべき比例関係がある。

$$\varphi = \left.\frac{t}{T}\right|_{\substack{\rho = const. \\ \varphi = \varphi(t)}} = \left.\frac{\rho}{\lambda}\right|_{\substack{t = const. \\ \varphi = \varphi(\rho)}} \tag{4.8}$$

ここで ρ は t に比例する位相に等価な伝播距離である。

この時間的変化と空間的変化の双方を含む位相の方程式は、サイクル単位では

$$\varphi = f \cdot t - \frac{\rho}{\lambda} \tag{4.9}$$

と表される。これは、関係式

$$c = \lambda \cdot f \tag{4.10}$$

を使うと、

$$\varphi = f(t - \frac{\rho}{c}) \tag{4.11}$$

と表せる。ここで c は光速度で、$c = 299792458 ms^{-1}$ である。

さらにこの式は、距離 ρ を波が伝播する時間 t_ρ を使うと次のように書ける。

$$\varphi = f(t - t_\rho) \tag{4.12}$$

数値例として、電波の送信源から $20000\ km$ 離れた地点で、発信後 2 秒後の電波の位相を求めてみよう。電波の周波数を $f = 1.5 GHz$ とすると、式（4.11）から $\varphi = 2899930771.44$ サイクルとなるのがわかる。位相の端数部分、この例では 0.44 サイクルの部分は観測位相と呼ばれている。

ドップラーシフト

オーストリアの物理学者ドップラー（C. Doppler）は、1842 年、電波の送信源と受信機の相対的な運動によって、いわゆるドップラーシフトとして知られている周波数のズレが生じるという仮説を示した。

送信源が近づいている場合波は押しつぶされるが、遠ざかる場合波は引き伸ばされる。このドップラーシフト Δf は、第 1 近似では

$$\Delta f = f_r - f^s = -\frac{1}{c} v_\rho f^s = -\frac{1}{\lambda^s} v_\rho \tag{4.13}$$

と書ける。ここで f^s は送信周波数、f_r は受信周波数、v_ρ は送信源の受信機に対する相対速度（視線速度）である。送信源と受信機との距離を ρ とすれば、

$$v_\rho = \frac{d\rho}{dt} = \dot{\rho} \tag{4.14}$$

であるから、ドップラーシフト Δf は相対速度の測定手段になるし、Δf をある時間積分すれば、次のようにその間の距離変化に比例したものが得られる。

$$\Delta\rho = \int_{t_0}^{t} \dot{\rho} dt = -\lambda^s \int_{t_0}^{t} \Delta f dt = -\lambda^s \Delta\varphi \tag{4.15}$$

高度 20000 km の軌道を飛行する衛星を考えよう。この衛星の平均速度は、式（3.9）からおよそ 3.9 kms^{-1} である。地球の自転を無視すれば衛星が最接近している場合、衛星の視線速度はゼロになるから、地上に置かれた受信機ではドップラーシフトは観測されない。衛星の視線速度は、衛星が地平線を横切る時に最大値 0.9 kms^{-1} になる。したがって衛星の送信周波数を $f^s = 1.5 GHz$ とすると、この時のドップラーシフトは $\Delta f \cong 4.7 kHz$ になる。この周波数のズレは、1 ミリ秒間では 4.7 サイクルの位相変化、あるいは 0.9 m の距離変化に相当する（視線速度 0.9 kms^{-1} に 1 ミリ秒を掛ければこの距離変化になる）。

スペクトル

図 4.4 に、電波の周波数による分類、電磁スペクトル（周波数スペクトルともいう）を示す。電磁波の利用帯域は使うシステムやサービスにより異なるが、その利用は国際電気通信連合（ITU: International Telecommunication Union）により厳しく規制されている。国際電気通信連合は、サービスごとの周波数割当あるいはユーザーごと、国別の周波数割当を行っている（International Telecommunication Union2004）。

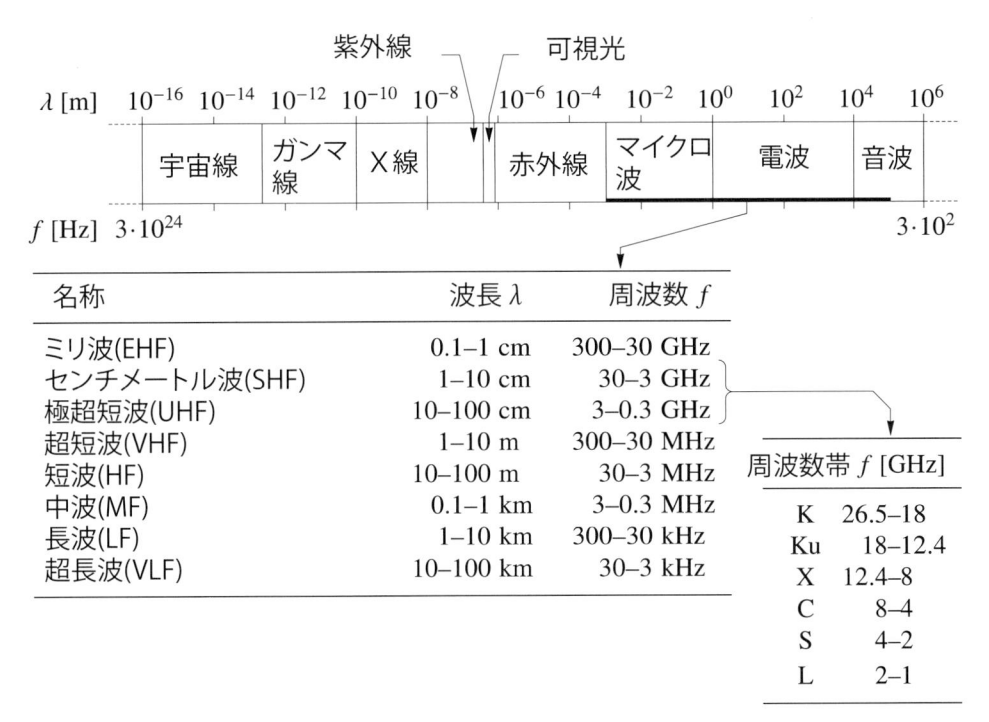

名称	波長 λ	周波数 f
ミリ波(EHF)	0.1–1 cm	300–30 GHz
センチメートル波(SHF)	1–10 cm	30–3 GHz
極超短波(UHF)	10–100 cm	3–0.3 GHz
超短波(VHF)	1–10 m	300–30 MHz
短波(HF)	10–100 m	30–3 MHz
中波(MF)	0.1–1 km	3–0.3 MHz
長波(LF)	1–10 km	300–30 kHz
超長波(VLF)	10–100 km	30–3 kHz

周波数帯 f [GHz]	
K	26.5–18
Ku	18–12.4
X	12.4–8
C	8–4
S	4–2
L	2–1

図 4.4　電磁スペクトル

衛星航法には、LバンドとSバンド、Cバンドが割当てられている。Cバンドは、アップリンク用に使われる予定であるが、将来追加される衛星信号としての利用も考えられている。L, S, Cのバンドは、マイクロ波の周波数帯である。

周波数割当ての原則は、先願主義によっている。ある周波数の第1割当サービスでは、隣接周波数帯のサービスと干渉しないようにしなければならない。第2割当サービスは、更に、同じ周波数帯のサービスに対しても干渉をおこしてはならず、また第1割当サービスによる有害干渉に対する権利請求もできない（International Telecommunication Union 2004）。電波のエネルギーの一定部分は隣接周波数帯に漏れるため、ITUは異なるサービス間での許容最大干渉レベルを定めている。

ITUは、GNSSを無線衛星航法サービス（RNSS: Radionavigation satellite service）あるいは、航空無線航法サービス（ARNS: Aeronautical radionavigation service）と位置づけている。ARNSに割当てられている周波数帯は、きびしく規制されているため、特に安全性が重視される分野で使われる。GNSSは、1559 − 1610*MHz* というARNS／RNSS周波数帯での第1割当サービスになっている。GNSSで使われているこれ以外の周波数帯では、GNSSは他のサービスと共同で第1割当サービスに位置づけられている。

4.1.2 伝播効果

電磁波の伝播には、さまざまな物理現象が影響を及ぼし、その大部分は周波数に依存する。以下いくつかの物理現象について、米国電気電子学会（IEEE: Institute of Electrical and Electronics Engineers）の用語（IEEE 1997）にしたがって説明する。

電波伝搬の幾何学
反射

電磁波は境界面で一部反射される（図4.5）。入射波と反射波は境界面法線に対して対称的になり、法線とともに1つの平面を作る。散乱は一般化した反射であり、波のエネルギーが媒質の不均一さのために、さまざまな方向に散らばることをいう。媒質の不均一さが波長 λ のサイズの時、最も大きな散乱が起きる。なめらかな表面とは、入射波が鏡面反射されるような表面である。鏡面反射では、位相と振幅の変化が生じるがその変化量はある程度モデル化できる。粗い表面では拡散的な反射が起きる。なめらかな表面と粗い表面の違いは、レイリー基準（Rayleigh criterion）（IEEE1997:28頁）で示されている。

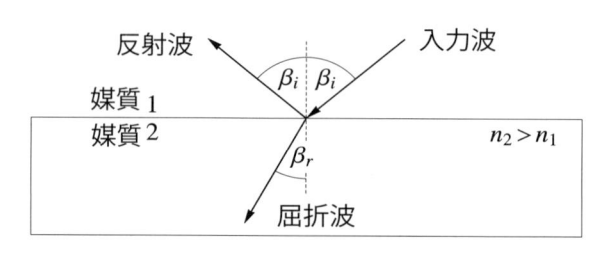

図4.5　電磁波の反射と屈折

回折は波が経路上の障害物に触れたときに、波のエネルギーの伝播方向が変わることをいう。ホイゲンス・フレネルの原理（Huygens-Fresnel's principle）によると、波面は無数の小さな球波面の集まりである。波は一点で反射するのではなく、面全体で反射する。すべての球波面の重ね合わせで波面が形作られ伝播方向が決まり、波は障害物により曲げられたようにみえる。このような回折により、波源方向からの視通がないところでも波の信号が受信できる（Jong et al.（2002:98 頁））。

マルチパス信号とは、電波源と受信機とを結ぶ視通線に沿ってではなく、なんらかの物体によって反射、散乱されてくる電磁波のことである（第5章6節参照）。

屈折

屈折は、波が2つの媒質の境界面を通過する際、その伝播方向が変わることを言う（図4.5）。Snell の法則によると、入射角 β_i の正弦と屈折角 β_r の正弦の比は一定となる。またこの比は、双方の媒質の屈折率 n_i の比と等しくなる。

$$\frac{\sin \beta_i}{\sin \beta_r} = \frac{n_2}{n_1} = 一定 \tag{4.16}$$

屈折率 n_i は、媒質中の波の伝播速度 v_i と基礎物理定数である真空での光速度 c との比で定義される。

$$n_i = \frac{c}{v_i} \tag{4.17}$$

したがってスネルの法則（Snell's law）は、次のように書ける。

$$n_1 v_1 = n_2 v_2 = c \tag{4.18}$$

式（4.18）から、真空の屈折率は1となることがわかる。また屈折率が1より大きいということは、媒質中では電磁波が遅れ、同じ距離真空中進むより時間がかかることを示している。屈折率は、水蒸気量や温度、気圧、電磁波信号の周波数、自由電子数の関数である。これについての詳細は第5章3節で記述する。

分散は、周波数によって屈折率が変わることを言う。分散を引き起こす媒質は分散的であるという。例えば電離層は $1.5 GHz$ 帯で分散的な媒質であるが、対流圏はそうではない。

波のタイプ

電磁波は、均質な媒質中をフェルマーの原理（Fermat's principle）の原理に従い、伝播時間が最短になるような経路に沿って進む。式（4.10）、（4.17）とスネルの法則を考慮すると、電磁波伝播の経路は周波数 f によって変わる。電磁波は3つのタイプ、すなわち地表波（ground wave）、空中波（sky wave）、視通波（line-of-sight wave）に区別できる（図4.6）。地表波（$f \leq 1.6\ MHz$）は地球表面に沿って進み、空中波（$1.6 \leq f \leq 30\ MHz$）は電離層ではね返される。Uttam et al.（1997:106 頁）が述べているように、電離層はイオン化した層で、そのイオン化率や周波数、入射角の度合いにより電磁波を反射する。電波の電離層への入射角度がある角度より大きくなると、図4.6で示すスキップ距離（skip distance）まで電磁波は反射される。この距離は、電離層のイオン化の状態により1

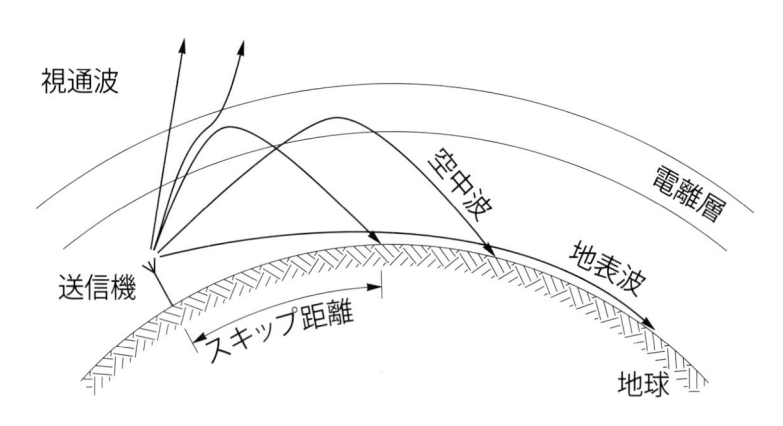

図 4.6　電磁波の伝播（Hofmann-Wellenhof et al. 2003: 第 4 章 2.4 節）

日の間で変化する。視通波（$f \leq 30\ MHz$）は、電離層の影響は受けるが電離層を通り抜ける。

伝播中のエネルギー変化
定義

　電磁波のエネルギーの熱への変換を吸収という。吸収は電磁波が伝播中に生じる。一般的に、周波数が高ければ高いほど大気中での吸収は大きくなる。

　減衰は、電波源から遠くなるにつれそのエネルギーが弱まることをいう。減衰は透過損失とも呼ばれるが、吸収や屈折率、幾何学的配置により変化する。幾何学的な影響は自由空間、すなわち電磁場や障害物がまったく無い理想的な媒質中でも生じる。利得は、減衰の反対であり放射電力に対する受信電力の増加率をいう。

　信号電力が伝送路上での物理特性により束の間変化するのが、フェード現象（fading）とシンチレーション（scintillation）である。シンチレーションは特に、電磁波の位相と振幅の変化を引き起こす不規則な現象をいう。太陽活動の影響による電離層シンチレーションは、極地域で特に重要になる。

　干渉は、電磁波の重ね合わせにより起きる現象である。

単位

　電力は、単位時間当たり移送されるエネルギー量である。衛星から送信される電力を P^s とし、受信機で測定される電力を P_r としよう。もし電力比 P_r/P^s が 1 より小さければ伝送損失があり、1 より大きければ利得があることを示す。電力比の大きさは、次式で定義されるデシベル単位 dB で表される。

$$10\log_{10}\frac{P_r}{P^s} = n \quad [dB] \tag{4.19}$$

　したがって、$n < 0$ であれば損失を、$n > 0$ であれば利得を表す。例えば、$n = -3\mathrm{dB}$ は、受信電力が送信電力の半分であることを示している。式（4.19）は絶対電力を表すのにも使われる。こ

の式で電力 P と $1W$ の比をとると、$n = 10 \log_{10} (P/1)$ であるが、この n は電力 P をデシベルワット（dBW）で表すものになる。例えば、$25W$ の送信電力は $\cong 14dBW$ であり、$10^{-16}W$ の受信電力は $\cong -160dBW$ であるから、伝送損失は $-174dBW$ と計算できる。

自由空間で送信電力は、送信源と受信機との距離 ρ を半径とする球面上（$4\pi\rho^2$）に幾何学的に一様に拡散する。送信アンテナの場合は、送信電力はある特定の方向に放射される。

アンテナの指向性は、アンテナ利得 G の変化でわかる。アンテナ利得 G とアンテナの有効面積 A の関係は、

$$G = 4\pi A \frac{f^2}{c^2} \tag{4.20}$$

で与えられる。G^s と G_r をそれぞれ送信アンテナ利得と受信アンテナ利得とすると、受信電力 P_r は次のような式で表される（Betz 2006）。

$$P_r = P^s G^s G_r L_0 \tag{4.21}$$

ここで L_0 は、自由空間での伝送損失を示している。アンテナの有効面積が増せば、受信電力も増える。$P^s G^s$ は等価等方放射電力（EIRP: Equivalent isotropic radiated power）と呼ばれている。L_0 は、フリスの伝送公式（Friis transmission formula）（IEEE 1997:13 頁）から次のように求められる

$$L_0 = \left(\frac{c}{4\pi\rho f}\right)^2 \tag{4.22}$$

例として距離 $\rho = 20000\,km$ で、周波数が $f = 1.5GHz$ の場合、自由空間での伝送損失は $-182dB$ となる。あらゆる伝送損失、特に大気や樹木、建物による減衰を考慮するために、減衰係数 k を導入して実際の伝送損失 L を

$$L = kL_0 \tag{4.23}$$

で表す。$k = 0$ であれば信号は完全に遮られており、$k = 1$ であれば L_0 以外の伝送損失はないことになる。実際の伝送損失 L を式（4.21）に適用すると、

$$P_r = P^s G^s G_r L \tag{4.24}$$

である。衛星からの電波の伝送損失は、衛星までの距離と衛星の高度角の関数であるから、時間とともに変化する。GNSS 信号の地上での受信電力レベルの最小値は、送信電力や伝送損失、アンテナ利得にもよるが、およそ $-160dBW$ のオーダーである（ARINC Engineering Services 2006a）。

地球大気

地球の大気はその物理的性質や電磁波に及ぼす影響の仕方により、いくつかの層に分類されている。電磁的な性質からは、中性大気層と電離層とに分けられる。中性大気層は対流圏と成層圏とからなるが、GNSS の世界では簡略化して 2 つとも対流圏としている。したがって中性大気層による伝播遅延は"対流圏遅延"と呼ばれている。

対流圏は、地表面から高度約 50km の範囲である。対流圏は周波数 30 GHz までの電磁波に対して

非分散的（屈折率が周波数に依存しないこと）である。対流圏の屈折率は、温度、気圧、水蒸気分圧の関数である。これは乾燥成分と湿潤成分とに分けられ、対流圏遅延の約90%は乾燥成分（これは主に気圧の関数）によるものである。湿潤成分は水蒸気に依存しており、水蒸気の分布の変わりやすさからモデル化するのが難かしい（Rothacher 2001a）。対流圏遅延とは対照的に、雨や霧、雲による減衰はLバンドでは無視できる（Mansfeld 2004:64頁）。したがってLバンドを使うGNSSは全天候システムである。ただし、Cバンドでは雨や霧、雲による減衰を考慮する必要がある（Irsigler et al. 2002）。

電離層では、上層大気の成分がイオン化されている。自由電子や荷電粒子や中性粒子で特徴づけられる状態が時間と共に変化している。電離層は下のほうからD層,E層,F層といったいくつかの層に分類される。D層（50 － 90km）のイオン化は太陽光で変化する。D層での低い自由電子密度と高い荷電粒子密度によるイオン化の状態は、夜間には消滅する。

Kennelly-Heaviside層（Arbesser-Rastburg 2001）と呼ばれるE層（90 － 150km）は、昼間は紫外線やX線で、また夜間は地球軌道上の流星により引き起こされる。Appleton層とも呼ばれるF層（150-1000km）では、イオン化は正午前後で最大になり日没に近づくにつれ小さくなる。日中、F層は2つのF1層（150-200 km）とF2層（200-1000 km）に分かれる。自由電子密度が最大になる層はF2層である。電離層遅延は、典型的には地方時で10時前後に急激に大きくなり、14時前後に最大になる（図4.7）。また早朝時は小さい。

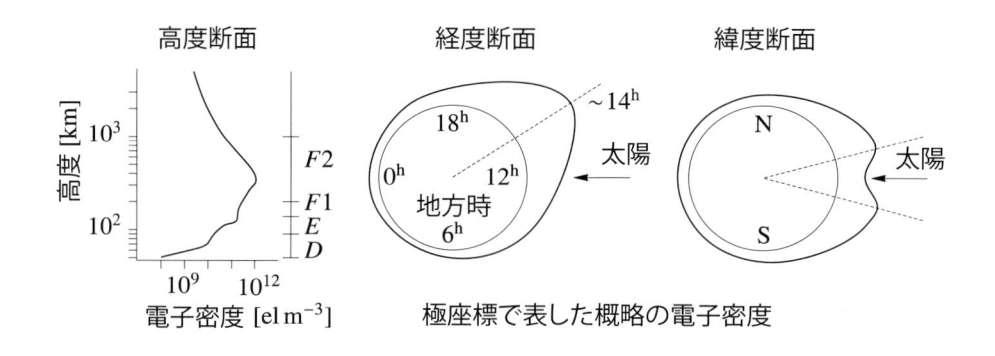

図4.7　総電子数（Issler et al.2001）

電離層屈折率は、TEC（総電子数：Total electron content）で表される自由電子密度の関数としてモデル化される。TECは、太陽活動、電離層の日変化や季節変化、地球磁場の影響を受ける。図4.7に自由電子密度の分布図を示す。地球規模、大陸規模のTECはモデル化できるが、ローカルなTECの不均一な変動について予測するのは難しい。

コロナ質量放出や極紫外線太陽放射は、地球の磁場に大きな磁気嵐をもたらす（Volpe National Transportation Systems Center 2001）。磁気嵐により、衛星追跡が外れたりデータ取得に問題を生じることがある。このような地球磁場の特性により生じる現象は、極地域で特に影響が大きい。一般的に磁気嵐は電子密度の空間的時間的変化を拡大し、電波の位相と振幅にシンチレーションを引き起こす。このシンチレーションは微弱電波を追跡したり、コードレス受信機で観測する場合には致命

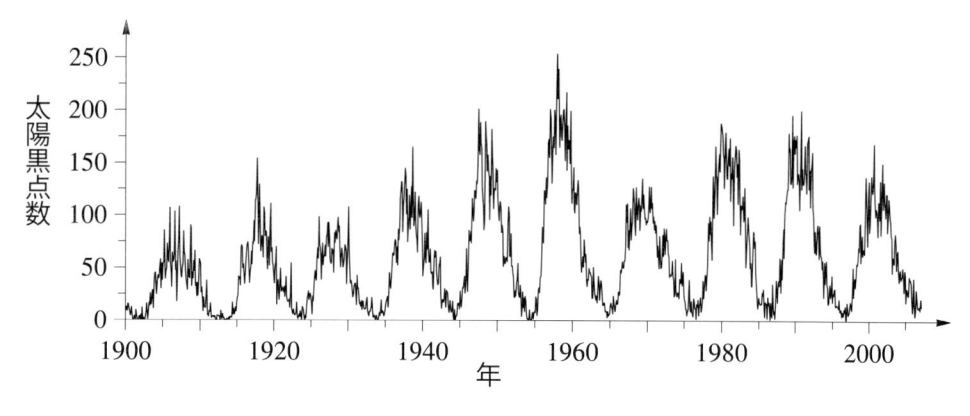

図 4.8　太陽黒点数（Solar Influences Data Analysis Center 2007）

的になる。

　太陽黒点数は、一般的に太陽活動の指標になっている。太陽黒点は、太陽表面上に黒く見える強磁場領域のことをいう。1858 年スイスの天文学者ウォルフ（R.Wolf）は、太陽黒点数を黒点群の数と個々の観測黒点数を組み合わせた式で定義した。太陽黒点数は太陽活動の 11 年周期変動を示す（図 4.8）。

　分散媒質中では、位相速度と群速度は異なる（第 5 章 3.1 節）。群速度は電磁波のあるグループの包絡面の伝播する速度である。電離層のイオン化物質は電磁波の位相を変化させる。この変化は位相を進めさせるため、位相速度は見かけ上光速より大きくなる。しかし信号は位相速度が定義される単一周波数の波では伝わらないので、位相速度が光速より大きくなることは、アインシュタインの光速度についての相対性理論とは矛盾しない。位相の進みと群速度の遅れは、大きさが同じで符号が反対である。GNSS 観測に即して言うと、コード擬似距離（群速度に関係）は長めに観測され、位相擬似距離（位相速度に関係）は短めに観測されることになる。

　屈折率は高さによって変化しているため、大気圏を通過する電磁波の向きは曲げられる。Brunner and Gu（1991）は、周波数や電離層の活動状態等の条件を変えて、伝播経路が衛星と観測者を結ぶ直線からどれくらい離れるか計算した。高度角 15°の衛星の場合、それはおよそ 55 − 300m であった。

4.1.3　周波数標準

　衛星航法の測位精度の鍵は、すべての信号が原子時計で正確に同期がとられていることにある。原子時計は、励起原子の放射する基準周波数を取り出す原子周波数標準（AFS: Atomic frequency standard）に基づいている。現在の周波数標準は 1 日あたり $\Delta f/f = 10^{-12} \sim 10^{-15}$ のレベルの安定性がある（Mansfeld 2004: 43 頁）。水晶やルビジウムの周波数標準は短期の安定性があり、セシウムや水素メーザーは長期の安定性に優れている。周波数の変化は、時間 t の関数として次のようにモデル化できる。

$$f(t) = f_n + \Delta f + (t - t_0)\dot{f} + \tilde{f}(t) \tag{4.25}$$

ここで f_n は名目周波数、Δf は周波数オフセット、$\dot{f}$ は周波数ドリフト、$\tilde{f}(t)$ はランダムな誤差、t_0 は基準時である（Misra and Enge 2006:111頁）。ドリフトやオフセットはモデル化するか較正できるが、ランダムな誤差は大きな問題である。周波数の安定性は、Allan の分散あるいは Hadamard の分散（ドリフトがある場合）と呼ばれるものを使って統計的に推定できる。これの数学的定式化については、Wiederholt（2006）を参照せよ。

　GNSS での原子周波数標準 AFS には、故障率が低くかつ長期、短期の安定性が求められる。このため、GNSS 衛星では複数の原子周波数標準が補完的、予備的に使われている。周波数標準の誤差を計算するためのパラメータは、GNSS 管制局で計算され衛星からユーザーに送信される。これは一定の時間使えることが保証されている。衛星に搭載された周波数標準は、ユーザーに対する相対運動の影響と地球重力場の変化の影響を受ける。これらの影響はアインシュタインの特殊相対性理論と一般相対性理論で説明することができる（第5章4節参照）。

4.2　一般的な信号構造

　衛星信号は、衛星からデータを伝送できるとともに、それを使ってリアルタイムに衛星までの距離測定を可能とするようなものでなければならない。また不特定多数のユーザーに対して、他の衛星や他のシステム、他のサービスと干渉することなく使えなければならない。距離測定は、受信信号と受信機で作られたレプリカ（複製）信号との相関をとることに基づいて行われるしくみになっている。

4.2.1　信号設計

　GNSS（図4.1）の搬送波には、国際電気通信連合 ITU の割当てによる周波数帯が使われる。搬送波周波数帯の選択は、そのサービス内容、伝播に与える影響効果、送信機と受信機に関する技術的な仕様要求によって変わる。コード信号の設計は、実装上の問題と共にその追跡特性、相関特性、他のシステムとの相互運用性を考慮して進められる。データ信号の設計は、受信機の追跡性能にマイナスの影響を与えないように、かつビットエラーが小さくなるよう注意深く行わなければならない。

パワースペクトル密度

　フランスの数学者フーリエ（J.Fourier）は1807年に、任意の信号 $s(t)$ は位相や振幅、周波数の異なる三角関数の重ね合わせで表すことができることを示した。これを使うと任意の信号は、時間領域だけでなく周波数領域でも表現することが可能になる。

　一般的なフーリエ変換とデジタル信号処理の詳細については、Brigham（1988）あるいは Oppenheim et al.（1999）を参照されよ。最も一般的な場合のフーリエ変換は、

$$S(f) = \int_{-\infty}^{\infty} s(t) e^{-i2\pi \cdot ft} dt \tag{4.26}$$

と書ける。ここで i は虚数単位（$i^2 = -1$）である。フーリエ変換により、時間領域で表された連続関数が、周波数領域で表された連続関数に変換される。

　信号の周波数スペクトルを意図的に変えることをフィルタリングという。フィルターの設計では、ある限られた時間間隔の信号を処理することしかできない。リアルタイムフィルターの設計では、更に未来の信号は使えないという因果律の制約を受ける。したがってリアルタイム処理では、理想的なフィルター（ローパス、ハイパス、バンドパス、バンドストップ）の設計は不可能である。

　パーシバルの定理（Parceval's theorem）によると、信号のエネルギーは信号の二乗を全時間にわたって積分したものに等しい。したがって時間領域と周波数領域との関係を考慮すると、信号のエネルギー E は、

$$E = \int_{-\infty}^{\infty} s^2(t) dt = \int_{-\infty}^{\infty} |S(f)|^2 df \tag{4.27}$$

と書ける。ここで $|S(f)|$ はフーリエ変換 $S(f)$ の絶対値である。$|S(f)|^2$ は個々の周波数成分のエネルギーを表しており、パワースペクトル密度 PSD（Power spectral density）を示すものである。その単位は dBW である。ホワイトノイズでは、PSD はすべての周波数で一定になる。

相関

　（相互）相関関数は、

$$R(\tau) = \int_{-\infty}^{\infty} s_1(t) s_2(t+\tau) dt \tag{4.28}$$

で定義される。これは 2 つの信号 $s_1(t)$、$s_2(t)$ がどの程度一致しているかを、2 つの信号の間の時間のズレ τ の関数として表したものである。どちらも周期が T であるような周期的な関数の場合、相関関数は

$$R(\tau) = \int_{0}^{T} s_1(t) s_2(t+\tau) dt \tag{4.29}$$

で定義される。相関係数 $R(\tau)$ が小さいということは、信号の関数直交性が高いことを示している。信号関数が完全に直交していれば、$R(\tau) = 0$ である。

　もし $s_1(t) = s_2(t)$ であれば、式（4.28）は自己相関関数（ACF: Autocorrelation function）になる。自己相関関数は偶関数、すなわち $R(-\tau) = R(\tau)$ である。$\tau = 0$ の場合の自己相関関数は、信号のエネルギーに等しくなる（式（4.27）参照）。自己相関関数 ACF のフーリエ変換は、パワースペクトル密度 PSD である。

　図 4.9 は、時間領域での矩形パルスとその自己相関関数ならびにパワースペクトル密度 PSD を示している。ここでは慣例で、マイナスの周波数も示されており、PSD の大きさは半分にしている（Brigham1988）。

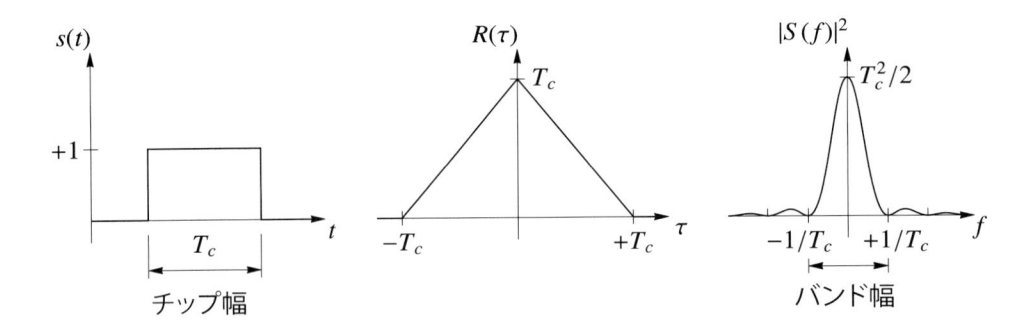

図 4.9 矩形パルス（左）、自己相関関数（中）、パワースペクトル密度（右）

矩形パルスのフーリエ変換は、次の sinc 関数（カーディナル・サイン関数）になる。

$$S(f) = T_C \frac{\sin(\pi \cdot f \cdot T_C)}{\pi \cdot f \cdot T_C} = T_C \sin c(\pi \cdot f \cdot T_C) \tag{4.30}$$

ここで T_C は、矩形パルスの幅である。sinc 関数の範囲は $-\infty$ から ∞ である。

周波数スペクトルで見た信号のエネルギー分布は、バンド幅で特徴づけることができる。一般的にバンド幅はスペクトルの主ローブがゼロになる点間の距離（図 4.9）で定義される。バンド幅 B は、T_C に逆比例しており、

$$B = \frac{2}{T_C} \tag{4.31}$$

である。信号のエネルギーの大部分は、国際電気通信連合 ITU により割当てられた周波数帯にあるが、一部はこの周波数帯の外側にもれ、他の信号と干渉を引き起こす。sinc 関数の範囲が $-\infty$ から ∞ と広がっていることを考慮すると、同様に他の信号も衛星航法信号の周波数帯と干渉する。このような干渉のレベルは ITU によってきびしい規制がとられている。

弁別関数

GNSS では、衛星信号は受信機で生成されたレプリカ信号と相関をとられ、例えば信号の伝播時間といった情報が引き出される。ここでは以下簡単のため、衛星信号は 1 つの矩形パルスからなるとしよう。衛星信号の周波数帯域内にある成分は、ノイズ i と周波数帯内の干渉 n の影響を受ける（図 4.10）。周波数帯域外での干渉は大部分フィルタリングを行うことで避けられる。フィルタリングはこの他にも A / D 変換の際のエイリアシング（aliasing；訳註：サンプリングに伴う誤差が生じること）を避けるのにも必要である。相関関数はこれらノイズや周波数帯内の干渉でゆがめられている。

また信号の高調波成分は、パルス波や相関関数を鋭角な形に保つのに必要であるが、高調波が取り除かれるフィルタリングの影響で相関関数は図 4.10 に示すように角が丸められたようになる。

第 4 章　衛星信号

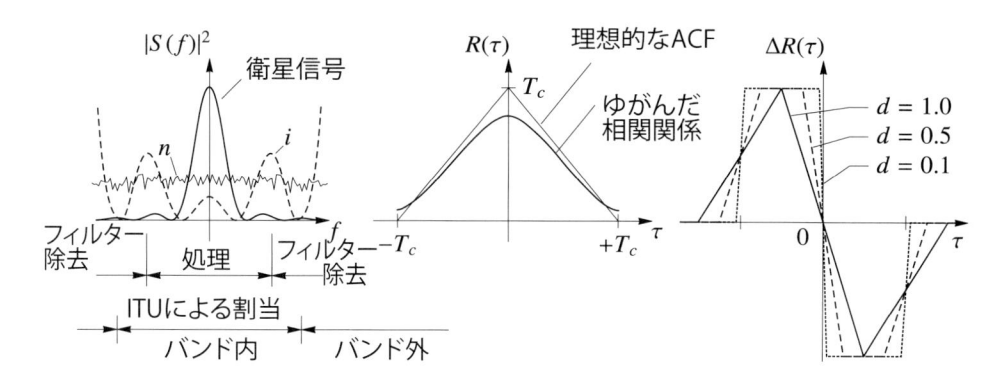

図 4.10　パワースペクトル密度（左）、ゆがんだ自己相関関数（中）、理想的な弁別関数（右）

理論的には衛星信号と受信機内で生成されたレプリカ信号は同じものであるべきであるが、実際にはノイズや周波数帯内の干渉、フィルタリングのためにそうはならない。

相関の最大値を検出するために次のような弁別関数が用いられる。

$$\frac{dR(\tau)}{d\tau} \approx \Delta R(\tau) = \frac{R(\tau + \frac{d}{2}T_C) - R(\tau - \frac{d}{2}T_C)}{dT_C} \tag{4.32}$$

これには連続する 2 つの相関（進み相関，遅れ相関）係数に基づいており、d はその相関器幅である。図 4.10 は理想的な弁別関数を示している。相関関数が最大になるのを見つけるには、弁別関数がゼロになるところを探せばよい。

遅延間接信号

衛星からの直接信号 $s_d(t)$ にマルチパス信号である遅延信号 $s_m(t)$ が重なった信号 $s_r(t)$

$$s_r(t) = s_d(t) + \beta s_m(t + \tau_m) \tag{4.33}$$

と、受信機で生成される信号 $s_\ell(t)$ との間で相関をとると

$$\begin{aligned} R_r(\tau) &= \int_0^T s_r(t) s_\ell(t+\tau) dt \\ &= \int_0^T s_d(t) s_\ell(t+\tau) dt + \int_0^T \beta s_m(t+\tau_m) s_\ell(t+\tau) dt \\ &= R_d(\tau) + R_m(\tau) \end{aligned} \tag{4.34}$$

となる。ただ $R_d(\tau)$ と $R_m(\tau)$ を分離するのは簡単ではないため、弁別関数がゼロになるところを見つけるには、一般的には $R_r(\tau)$ が使われる（図 4.11）。

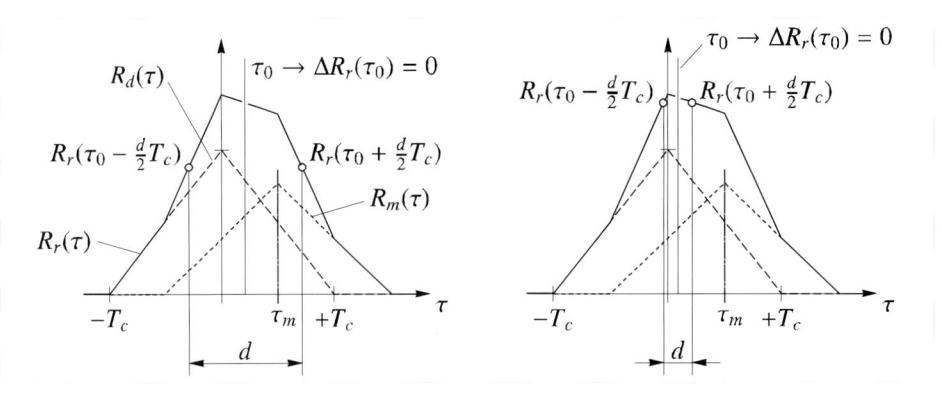

図 4.11 遅延信号の影響をうけた相関関数

弁別関数をゼロにするτ_0は、マルチパス信号の遅延時間τ_mや遅延信号の制動係数β、相関器幅dによって変わる。相関関数が峰状にするどく、また相関器幅が小さくなるほど、遅延信号の影響は小さくなり、結果として衛星信号の伝播時間は良く決まる。

マルチパス誤差は、一般的にマルチパス信号の遅延時間τ_mをτ_0に対してプロットした図の包絡線で表される。

マルチパスの影響を小さくする1つの方法は、相関器幅を狭くすることである（narrow correlation spacing）。この他に、連続する4つの相関値に基づく弁別関数を使いマルチパスの影響を小さくする方法（double-delta correlator method）もあるが、これは同時に処理の負荷を増やす。

図4.11は、直接波と位相が一致し、相関値を大きくする"建設的な"マルチパスを示している。"有害な"マルチパスの場合は、位相が一致せず、相関関数はマイナスで相関値は小さくなる。

4.2.2 搬送波周波数

GNSS信号の周波数帯の選択に関してこれまで多くの議論がなされている（例えば、Spilker 1996a: Sect. Ⅱ. B）。すべての設計基準に適う周波数帯というものはないが、周波数の有効性や伝播効果、システム設計を考慮したなかで、Lバンドの周波数帯が最良の折衷案として選ばれている。Hammesfahr et al. や（2001）Irsigler et al.（2002）に述べられているように、Cバンド帯もLバンドにない利点をもっており、将来の航法信号の選択肢の1つかもしれない。一般的に、周波数が高くなれば電離層遅延は小さくなり、アンテナ利得は大きくなる。しかし、周波数が高くなれば大気圏での減衰が大きくなり、技術的制約も増える。

変調方式

電磁波の振幅や周波数、位相を時間的に変化させることで、情報を伝送するのが変調である（図4.12）。

第4章 衛星信号

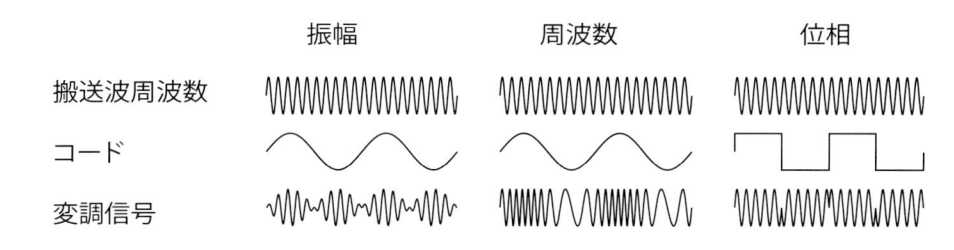

	振幅	周波数	位相
搬送波周波数	～～～～	～～～～	～～～～
コード	～～	～～	⎍⎍
変調信号	～～～	～～～	～～～

図4.12　変調方式

　簡単な搬送波変調では、パラメータの2つの状態だけを区別する。もう少し複雑な搬送波変調では、パラメータを幾つかの状態の間で変化させ、ステップ毎に複数ビットの情報を伝送する。しかし処理が複雑になり情報密度が増すと、同時に電波の混信やビットエラーは増える。

　位相変調では、連続するコードの状態が＋1から－1へあるいはその逆に変化する際に、搬送波位相がπだけ変わる。この変調方式は、二位相偏移変調（BPSK: Binary phase-shifted key）と呼ばれている。このコードによる変調波の周波数スペクトルは、コード信号のスペクトルを搬送波周波数のところに移した形になる。コードによる変調の他に、データ信号のビットによる搬送波の変調も行われている。衛星信号$s(t)$は、周波数fの搬送波を変調させるデータ信号$d(t)$とコード信号$c(t)$を使って次のように表せる。

$$s(t) = \sqrt{2P}\,d(t)c(t)\cos(2\pi ft) \tag{4.35}$$

ここでPは信号電力である。この式で振幅が$\sqrt{2P}$となっているのは、電力Pは単位時間あたり運ばれるエネルギー量

$$P = \lim_{T \to \infty} \frac{1}{2T} \int_{-T}^{T} s^2(t)\,dt \tag{4.36}$$

であり、またエネルギーの式は（4.27）で表されることによる。

信号の多重化

　衛星航法システムでは、すべての搬送波に通常複数のコード信号やデータ信号を載せて送信している。搬送波の同相 I（In-phase）チャンネル（sin）と、それと90°の位相差をもつ直交 Q（Quadrature）チャンネル（cos）に、次のようにそれぞれ異なる変調がかけられているとしよう。

$$s(t) = \sqrt{2P_1}\,c_1(t)d_1(t)\cos(2\pi ft) + \sqrt{2P_2}\,c_2(t)d_2(t)\sin(2\pi ft) \tag{4.37}$$

ここで$c_1(t)$、$c_2(t)$はコード信号を、また$d_1(t)$、$d_2(t)$はデータ信号をそれぞれ表している。

　それぞれのコード信号は搬送波に2通りの位相変化をおこすので、全部では4通りの位相変化が考えられる（0°と180°、90°と270°）。このような変調は、四位相偏移変調（QPSK: Quadrature phase-shifted key）と呼ばれている。

ここでさらにコード$c_1(t)$、$c_2(t)$は、他の3つのコード$c_3(t)$、$c_4(t)$、$c_5(t)$から

$$c_1(t) = \alpha_1 c_3(t) + \alpha_2 c_4(t) + \alpha_3 c_5(t) \tag{4.38}$$

$$c_2(t) = \beta_1 c_3(t) + \beta_2 c_4(t) + \beta_3 c_5(t) \tag{4.39}$$

のように作られているとすると、係数α_i、β_iの選び方でさまざまなコードが可能になる。

この他の信号多重化の方法としては、2つのコード変調を時分割多重して行う方法がある。これはコード$c_1(t)$と$c_2(t)$の信号を1ビットあるいは複数ビットずつ時間をずらせて配列する方法である。この場合多重化されたコードは、そのコード長が長くなるかあるいはそのビットレートが高くなるかのどちらかになる。

4.2.3 コード層
スペクトル拡散

GNSS衛星信号は、スペクトル拡散変調されている。搬送波はデータメッセージとコードで変調されている。コードは周期的な矩形パルスの連なりでできており、(0と1で表される) その振幅は準ランダムに変化している。このようなコードは擬似雑音（PRN : Pseudorandom noise）符号と呼ばれている。データ信号の変調には、排他的論理和XOR（Exclusive-or）演算が使われる。これは、入力される1と0の組み合わせのうち、その値が一致したときに限り0を出力する二進和をとることに相当する（入力を1と－1にとればXORはその積をとることに相当）。

図4.9で、チップ幅は周期T_cであるから、N_c個のチップからなるコード長T_pは

$$T_p = N_c T_c \tag{4.40}$$

である。チップ幅の逆数は、チップ率$R_c = 1/T_c$であり、これはバンド幅（式（4.31））に比例している。コードの周波数スペクトルは、矩形パルスの周波数スペクトルと似ているが、2つの点で大きく異なっている。1つはコードのもつ周期性がスペクトルを離散的なものにしていることである。離散スペクトル線の間隔は、コード長の逆数に比例している（図4.13）。

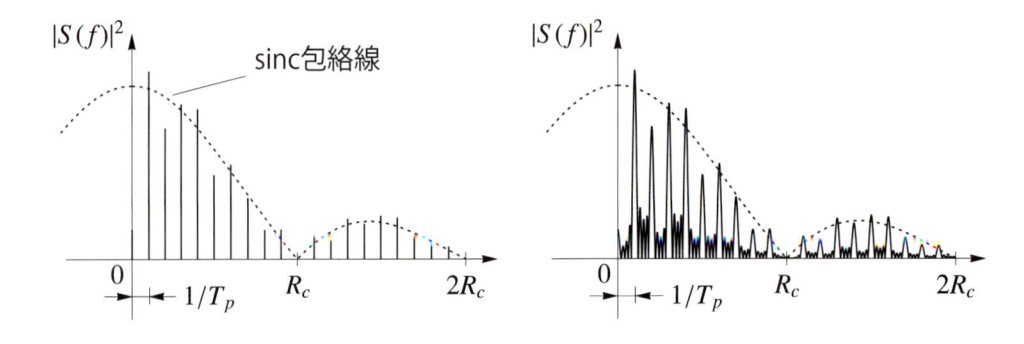

図4.13 PRNコード（左）と航法データで変調されたPRNコード（右）の電力スペクトル密度

$$f_p = \frac{1}{T_p} \tag{4.41}$$

もう1つは、スペクトル線のいくつかは、式（4.30）で与えられる sinc 関数の形からわずかにそれていることである。

コード長が長くまた周期 T_c が短くなるほど、周波数スペクトルは sinc 関数の形に近づく。

この sinc 関数の形からのズレは、干渉の可能性を高めたり、増幅器に高い線形性が求められることになり望ましくない。以後簡単のため、すべての信号の電力スペクトル密度 PSD は、その包絡線でのみ表現する。

航法データのビット長 T_d は、一般的にはコード長 T_p より大きい。航法データの周波数スペクトルは、その非周期性のために連続であり、そのバンド幅はコードのバンド幅より狭い。航法データをコードで変調すると、コードと同じバンド幅でピーク状の形を持つ連続スペクトルが得られる（図4.13）。言い換えると、コードはデータ伝送に必要な電力のスペクトル幅を広げるということである。このため、このようなコードは拡散コード、コードチップは拡散チップと呼ばれている。

データ伝送の観点からは、スペクトル拡散は効率的ではない。一般的に 50bps のデータを伝送するためには 10～250Hz のバンド幅があればよいが（Misra and Enge 2006:346 頁）、航法データの伝送ではそのバンド幅は 20～50MHz に広がっている。しかしながら、スペクトル拡散は、衛星航法を達成する上で不可欠な技術である。周期的な拡散スペクトル信号により、信号伝播時間の測定が可能になる。更に衛星毎に異なる拡散スペクトル信号により、符号分割多元接続（CDMA: Code division multiple access）通信が可能になる。

これについては第 4 章 2.5 節で簡単に説明する。またスペクトル拡散やその逆拡散過程は、妨害干渉の影響を小さくできるし、信号電力が小さくても航法データの復調を可能にする。

スペクトル拡散された航法データ $d(t)$ は、受信機で復調される。復調は受信信号 $s(t)$ と受信機内で作られたコード信号 $c(t)$ を掛け合わせて行われる。式（4.42）に拡散操作を、また式（4.43）に逆拡散（復調）操作を、それぞれ時間変化を無視して単純化した形で示している。

$$s = cd \tag{4.42}$$

$$(s + i + n)c = c^2 d + ic + nc = d + ic + nc \tag{4.43}$$

n はノイズ、i は妨害干渉を表す。ここではコードを二乗した信号のレベルは一定になるという次式が使われている。

$$c^2(t) = 1 \tag{4.44}$$

復調により航法データ $d(t)$ のバンド幅は元に戻るが、対照的に妨害干渉信号（特にその電力）のバンド幅は図 4.14 に示すように拡散する（Issler et al. 2001）。

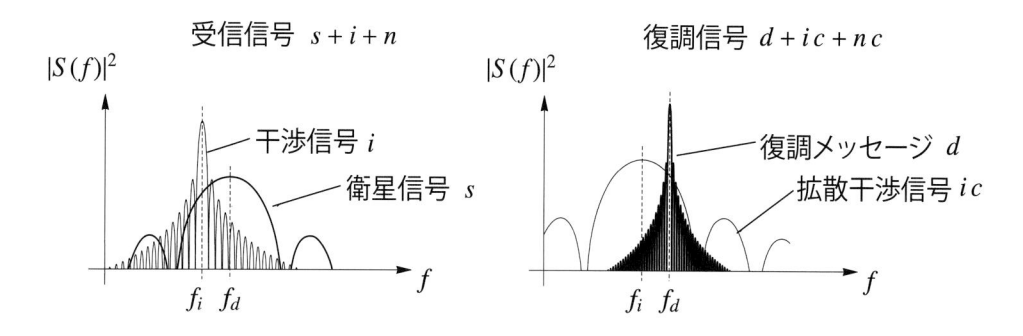

図 4.14 スペクトル拡散（図式的）

コード

定義

雑音特性をもつ 2 つのコード c_i、c_j（信号レベルは＋1 と－1 とする）は、数学的には以下の条件を満たさなければならない。

$$M[c_i(t)] = M[c_j(t)] = 0 \tag{4.45}$$

$$M[c_i^2(t)] = M[c_j^2(t)] = T_p \tag{4.46}$$

$$M[c_i(t+\tau)c_j(t)] = 0 \quad \forall \ i \neq j \tag{4.47}$$

$$M[c_i(t+\tau)c_j(t)] = 0 \quad \forall \ \tau \ \mathrm{mod}ulo \ T_p \neq 0 \tag{4.48}$$

ここで M [ ] は、周期 T_p の区間の積分を示す数学演算子である。（τ modulo T_p）は τ を T_p で割った余りを示す mod 演算である。式（4.45）、（4.46）、（4.47）、（4.48）はそれぞれコード信号の平均値と自己相関、相互相関、（τ modulo T_p）≠ 0 での自己相関値をそれぞれ示している。

これらの数学的条件を満たす 2 つの衛星からのコード信号と受信機で生成されたコード信号の相関をとれば、

$$M[c_i(t+\tau_1)(c_i(t+\tau_1) + c_j(t+\tau_2))] = T_p + 0 \tag{4.49}$$

である。異なるコード信号相互の直交性により、特定の衛星の分離とその衛星からの伝播時間測定が可能になる。式（4.49）の第 2 項目、$c_i(t+\tau_1)c_j(t+\tau_2)$ が小さければ小さいほど 2 つの信号の相互相関は低くなる。理想的な環境下では相互相関はゼロになる。コードの持つ直交性と自己相関特性が、伝播時間の正確な測定と妨害干渉の低減にとって基本的に重要である。

式（4.45）～式（4.48）を満たす周期性のコードは、擬似雑音（PRN）コードと呼ばれている。これは雑音のようなふるまいを示し、$\tau = 0$ で自己相関が最大になる。

コードの生成

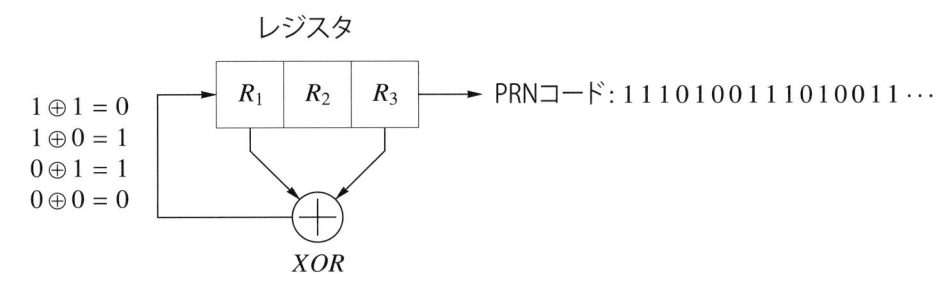

航法信号の PRN コードは、線形フィードバックシフトレジスタ（LFSR: Linear feedback shift register）で生成される。シフトレジスタの特性は、レジスタセルの数 n とフィードバックセルを定義する特性多項式 $p(x)$ で決まる。フィードバックセルの内容については XOR 演算が行われ、その結果はシフトレジスタの新たな入力として使われる。シフトレジスタの線形性は、この XOR 演算で特徴づけられる（Holmes 1982: 306 頁）。レジスタセルの数が増えれば、PRN のコード長は長くなり相関特性も良くなる。

PRN コードの最大長 N_m は、

$$N_m = 2^n - 1 \tag{4.50}$$

で決められ、PRN コードはこの長さで繰り返される。すべてのシフトレジスタが最大長 N_m を持つわけではない。その場合 N_m より短いコード長でコードは繰り返される。Holmes（1982: 309 頁）も述べているように、奇数個のフィードバックセルの場合は最大長のコードにならない。図 4.15 で示す簡単な例で、シフトレジスタの機能を見てみよう。この場合レジスタセルの数は $n = 3$ である。特性多項式は $p(x) = 1 + x^1 + x^3$ であり、フィードバックセルは R_1 と R_3 になる。初期状態 111 から出発して時計信号が来るたびに各セルの値は右にシフトされ、右端のセルの値が出力として読み出される。それと同時に 2 つのフィードバックセル R_1、R_3 の XOR 演算による結果が、左端の新しい入力値になる。この操作を繰り返せば、コード 1110100111010011... が得られる。この場合コードは、コード長 $N_m = 7$ で繰り返されている。初期状態を例えば、101 と変えて行っても、同じコードが生成される（時間はずれる）。

図 4.15　線形フィードバックシフトレジスタ

最大長シフトレジスタによるコード（これは M 系列コードと呼ばれている）の自己相関特性は優れているが、相互相関特性については必ずしもすべて良いとはかぎらない。Dixon（1984: 79 頁）に記述されているように、ゴールド（R. Gold）は、バランスのとれた優れた相関特性を持つ PRN コードを生成するために、自己相関と相互相関特性が良い同じ長さの 2 つの最大長シフトレジスタを使うことを提案した。このゴールドの提案による長さ $N_m = 2^n - 1$ のゴールドコード（Gold code）（n は偶数で $(n \bmod{ulo}\ 4) \neq 0$）は良い相関特性を示し、その相互相関のレベルは Holmes（1982:

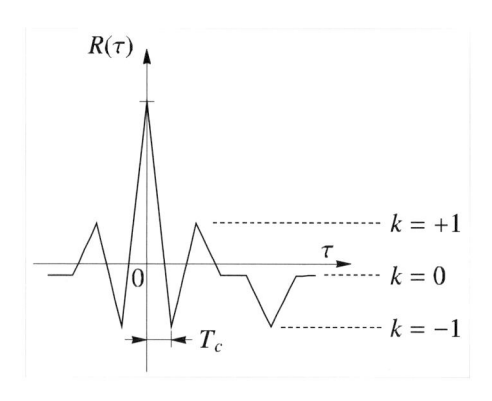

図4.16 PRN ゴールドコードの自己相関

553頁）によると、

$$R_k(\tau) = 2^{(n+2-a)/2} k - 1 \qquad (4.51)$$

で与えられる。ここで$k = \{-1, 0, 1\}$（図4.16）、$a = (n \bmod 2)$であり、チップ幅は1にしている。

ゴールドコードの他に、GNSSでは切り詰めたゴールドコードや長さの異なるコードを組み合わせたコードが使われる。例えば、長い高チップ率のコードに短い低チップ率のコードをXOR演算したコード（これはティアドコード（tiered code）と呼ばれている）とか、あるいは短い高チップ率のコードと長い低チップ率のコードの良いところを組み合わせることも可能である。

線形フィードバックシフトレジスタによるPRNコードの他に、たくさんの擬似雑音コードがある（Hein et al. 2006b）。

PRNコードは、相互相関値（絶対値）の最大値を見ればコードとコードの関数直交性がわかる。この値は一般的に自己相関値の最大値と関係している。例えば、受信機で生成されたコード$c_2(t)$と1周期だけ相互相関をとられた衛星信号のコード$c_1(t)$を考えよう。両コードともその周期は$T_p = N_c T_c$とする。相互相関の出力は一定の信号レベル$R(\tau)$になる（ここで$(\tau \bmod T_p)$＝一定）。この場合相互相関のレベルは、信号電力（$R^2(\tau)$）と最大可能電力（$c_2(t)$を二乗した自己相関値）との関係で決まり、

$$M = 10 \log_{10} \left(\frac{R(\tau)}{N_c T_c} \right)^2 \qquad [dB] \qquad (4.52)$$

である。これは、ゴールドコードの最大相互相関値を考慮すると

$$M = 20 \log_{10} \left(\frac{2^{(n+2-a)/2} + 1}{2^n - 1} \right) \qquad [dB] \qquad (4.53)$$

となる。ここで$N_c = N_m$、$T_c = 1$である。2つのコードの関数直交性が良くなるほど、相互相関のレベルは低くなる。

コードの設計は測位性能を左右する。設計では、コード長やチップ率、自己相関特性、相互相関特性を考慮しなければならない。例えば、短いコードであれば速い処理が可能になるし、また長い

コードであれば微弱信号の追跡性能が高まる。チップ率が高ければ相関結果は良くなり、これは追跡精度を高め、妨害干渉を取り除くことになる。またチップ幅が短ければ、さらに遅延信号の影響を小さくできる。一方で、チップ率が高ければ、バンド幅が広がり広帯域周波数回路や高速サンプリング、高速処理が必要になる。代表的なチップ率は、メガチップ／毎秒（Mcps）の範囲である。PRNコードの選択は、他の衛星航法システムとの相互運用性や互換性を最大限考慮しながらも、同じ周波数帯あるいは隣接周波数帯を使う他の信号との干渉を避けるために注意深く行う必要がある。

コード変調／副変調

　コード変調により、信号のエネルギーが特定の周波数帯に割当てられた周波数スペクトルが形作られる。PRNコードだけでコード変調を行う場合、PRNコードはBPSK信号と呼ばれる。BOC（Binary offset carrier）変調では、周波数f_cのPRNコードを変調するために、周波数f_sの矩形副搬送波を使う（Betz 2002）。BOC変調ではBPSK変調の電力スペクトル密度のメインローブが、中心周波数のまわりで2つの対称的なサイドローブに分離する（図4.17）。したがって分離スペクトル信号とも呼ばれている。

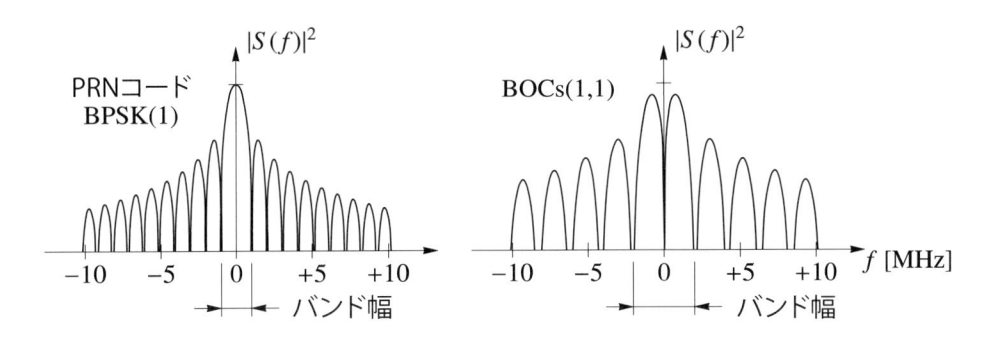

図4.17　コード変調の電力スペクトル密度

GNSSのBOC変調では、一般に周波数$f_0 = 1.023 MHz$を基準にした周波数f_s、f_c

$$f_s = nf_0 = \frac{1}{2T_s} \tag{4.54}$$

$$f_c = mf_0 = \frac{1}{T_c} = \frac{1}{kT_s} = \frac{2}{k}f_s \tag{4.55}$$

が使われる。この場合変調は、BOC（n, m）で表記する。この表記をまねて、PRNコードだけの変調の場合は、BPSK（m）で表す。スペクトル分離の程度やメインローブの形は、パラメータのnとmで決まる。係数$k = T_c / T_s$は正整数である。$f_s = f_c$の場合の変調はManchesterコーディングと呼ばれている。図4.18で示されているように、BOC変調は、矩形副搬送波の位相によりBOCs（sine-phased BOC）変調とBOCc（cosine-phased BOC）変調に分類される。

図 4.18　BOC 変調

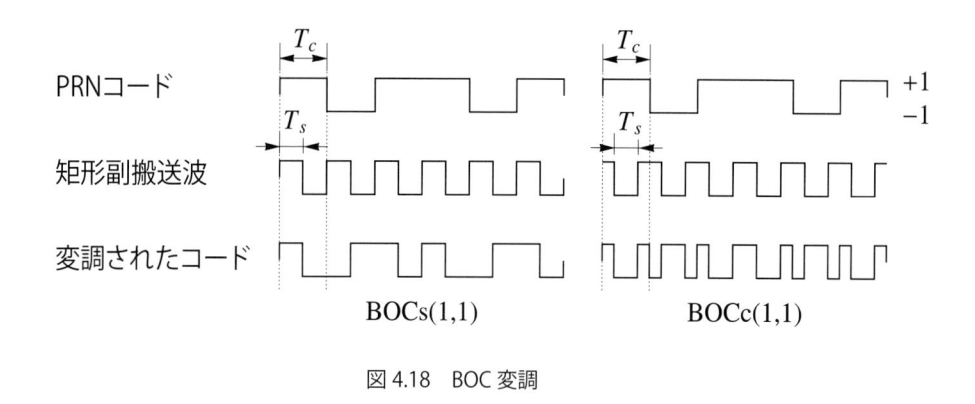

Ward et al.（2006）に述べられているように、係数 k は自己相関関数における正負のピーク数の尺度になっている。例えば、BOCs は $2k-1$ 個のピークをもつ。

k が偶数で BOCs 変調された信号の正規化されたスペクトル密度は

$$\overline{\left|S_{BOCs(n,m)}(f)\right|}^2 = f_c \left(\frac{\sin\left(\dfrac{\pi f}{2f_s}\right) \sin\left(\dfrac{\pi f}{f_c}\right)}{\pi f \cos\left(\dfrac{\pi f}{2f_s}\right)} \right)^2 \tag{4.56}$$

で与えられる（Betz 2000）。正規化するためには、電力スペクトル密度をチップ幅 T_c で割ればよい。BOC 変調波には、BPSK 変調波より高いエネルギーをもつ周波数帯ができる。BOC 変調波の広い周波数帯域により、信号追尾性能が良くなる。ここでは周波数帯域を 2 つのメインローブの範囲としている（図 4.17）。スペクトルのメインローブが分離していることは、干渉を減らす上で都合が良い。さらに、分離しているスペクトルの両サイドには同じ情報が含まれているから、メインローブの片方が干渉の影響を受けている場合でも、もう片方を使った処理ができる（Betz 2002）。BOC 変調が不利な点は、自己相関関数（図 4.19）に幾つかのピークができるため、自己相関値の最大値を探すのがあいまいになることである。BOCc 変調と狭い相関器幅を組み合わせれば、同期保持精度がより高くなる（図 4.19）。

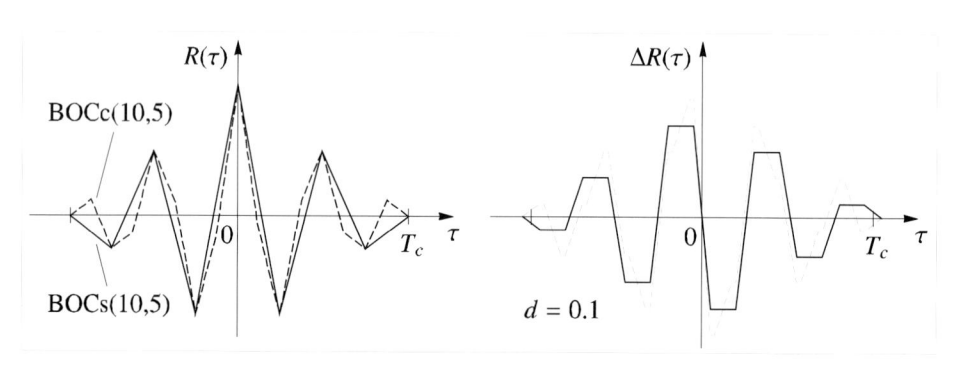

図 4.19　BOCs（10, 5）と BOCc（10, 5）の自己相関関数（左）、弁別関数（右）

2つのBPSK変調信号を使えば、BOC変調信号に似た信号を作れる。BPSK変調信号のメインローブは、中心周波数から高いところと低いところにそれぞれシフトされる。その場合、2つのBPSK変調信号は、必ずしも同じPRNコードでなくても良い。異なるPRNコードを使い、このようにして作られるBOC変調信号は、AltBOC（alternative BOC）変調信号と呼ばれている（Hein et al. 2002）。

信号多重化と関連して、信号の同期保持性能を上げるためにスペクトル分離の利点を最大限生かす試みがいくつか行われている。Hein et al.（2006a）は、MBOC（Multiplexed binary offset carrier）法を発表している。図4.20で示されているMBOC（6,1,1/11）の電力スペクトル密度は、次式で与えられる。

$$\overline{|S(f)|^2} = \frac{10}{11}\overline{|S_{BOCs(1,1)}(f)|^2} + \frac{1}{11}\overline{|S_{BOCs(6,1)}(f)|^2} \tag{4.57}$$

MBOC（6,1,1/11）という表記は、これがBOCs（1, 1）とBOCs（6, 1）を組み合わせたもので、BOCs（6, 1）が全体のエネルギーの1/11を占めていることを示している。このような設計は、周波数領域では簡単であるが時間領域で行うとすると複雑になる。MBOCの利点については、Stansell et al.（2006）とGibbon et al.（2006）で議論されている。

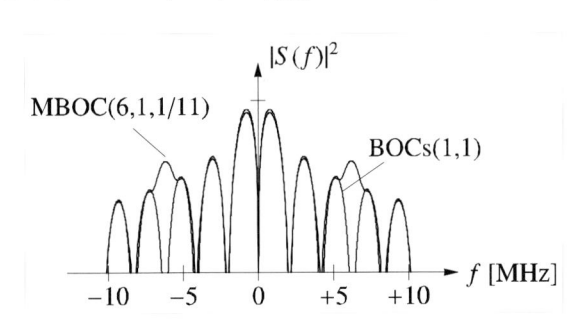

図4.20 MBOC（6,1,1/11）の電力スペクトル密度

パイロット信号

信号を構成するものは、コードと航法データだけではなく、パイロット信号もある。パイロット信号には航法データは含まれない。これにより長時間のコヒーレントな積分（第4章3.3節参照）が可能になり、受信機の感度が増す。パイロットコード信号では、一般に主コードと副コードを重ね合わせたティアドコード（tiered code）が用いられる。この長いティアドコードにより受信感度を増すことができる。一方短い主コードを使えば、早い信号捕捉ができる。パイロット信号は、データ信号と同じように多重化されており、パイロット信号を一度同期保持すれば、データ信号を捕捉するのは簡単になる。

干渉—ジャミング、スプーフィング、ミーコニング

GNSSの拡散スペクトル信号は、信号の妨害干渉を小さくするように設計されている。しかし、Spilker and Natali（1996: 756頁）で強調されているように、拡散スペクトル信号は高出力の妨害干渉に対しては十分な防御ができない。妨害干渉には意図的なものとそうでないものがある。後者は、

主として他の通信サービスの帯域外放射によるものとか、特に他の航法システムによる帯域内放射によるものとがある。これらは、ITU により規制されている。内部干渉は同じ航法システム内部での干渉を表し、相互干渉は異なる航法システム相互の干渉をいう。Volpe センター（Volpe National Transportation Systems Center 2001）では、意図的な干渉をジャミング（jamming）、スプーフィング（spoofing）、ミーコニング（meaconing）とに分類している。

ジャミングは、高出力の信号で航法信号を消し去り、航法信号の捕捉ができなくすることである。スプーフィングは、一見正当に見える偽の信号を送信して、ユーザーの測位解をゆがめることをいう。ミーコニングはスプーフィングに似ているが、偽信号を自分で作るのではなく、受信信号とその遅延信号を送り返すことで干渉を引き起こしている。

干渉は、信号を時空間、周波数領域で正しく取捨できるアンテナとフィルターを使うことで軽減できる。適切な方法を使えば、時空間、周波数領域で変化する干渉を推定、軽減できる。
意図的な妨害干渉は、違法であり、Corrigan et al.（1999）の言うように取り締まりが必要である。

4.2.4　データ層

コードチップ幅 T_c とコード長 T_p、データビット幅 T_d との関係は

$$T_d = N_p T_p = N_p N_c T_c \tag{4.58}$$

で与えられる（データの場合、一般にチップの代わりにビットが使われる）。ここで N_c はコードチップ数、N_p はデータビットあたりのコードエポック数である。搬送波の周期は、コードのチップ幅に較べて普通数倍短い。また1データのビット幅は、コード長の数倍長い。データビット幅が短くなれば、データ伝送周波数は増える。データビット幅 T_d が長くなれば、ビットエラー率が低くなり、信号が弱くても受信が可能になる（第4章3.3節参照）

4.2.5　多元接続

異なる衛星間の信号は干渉を避けるように設計されるので、受信機では沢山の衛星を区別して受信できる。符号分割多元接続 CDMA では、コードの直交性を使って衛星が区別される。使われるコードの特性から、CDMA は拡散スペクトル多元接続とも呼ばれる。この場合異なる衛星からの信号は、周波数、時間領域で重なっている。周波数分割多元接続 FDMA（Frequency division multiple access）では、衛星からの信号はそれぞれその周波数スペクトルが異なることを使う。この場合異なる衛星からの信号は、時間、コード領域で重なっている。時間分割多元接続 TDMA（Time division multiple access）では、異なる衛星の信号を時間をずらして送信することにより、システム内部での干渉が避けられる。

4.3　一般的な信号処理

衛星の信号は、搬送波をコードと航法データで変調して作られる（図4.1参照）。このように多重化された信号は、右旋円偏波の信号として衛星アンテナから送信される。送信される信号は ITU

の規制に沿ったものである。信号は帯域外への干渉を起こさないように設計されるか、フィルターがもうけられる（Dobrosavljevic and Spicer 2004）。

相関損失（loss of correlation）については、航法システムのインターフェース仕様書に記載されている。Misra and Enge（2006: 431 頁）は、送信信号には 500W の等価等方放射電力 EIRP か、あるいは衛星から地球の方へ向いたおよそ 25W の実効電力が必要であると述べている。伝送による損失で、信号電力は約 10^{-16} W に弱まる。この信号が最終的に受信機で処理され位置情報が取り出される。

4.3.1 受信機設計
基本概念

一般的な GNSS 受信機は、RF フロントエンド部、デジタル信号処理部 DSP（Digital signal processor）、航法処理部という 3 つの機能ブロックで構成されている（図 4.21）。3 つに分けるのは、その機能の違いによるものでハードウエア技術の違いによるものではない。MacGougan et al.（2005）は、現在純粋のソフトウエア受信機に至るまでソフトウエアの比重が増しており、これは低コストでフレキシブルな受信機の設計につながっていると述べている。ハードウエアとソフトウエアを専門的に組み合わせてチップ上に高度に集積させれば、非常に高い処理能力の受信機ができる。ソフトウエア受信機の詳細については、Tsui（2005）あるいは Borre et al.（2007）を参照せよ。RF フロントエンド部では、衛星信号の受信、調節を行う。受信信号周波数を中間周波数 IF（Intermediate frequency）に変換し、受信信号の A/D 変換を行う。さらに、RF フロントエンドには、基準周波数とクロック信号を供給する周波数標準がおかれている。

デジタル信号処理部 DSP では、衛星信号と受信機で生成された信号との相関をとることにより、コード距離や搬送波位相、ドップラー周波数、航法データといった観測量を、コード追尾ループや搬送波追尾ループで取り出す。

航法処理部では、航法メッセージの復号により時刻や放送暦、概略暦を求め、最終的に受信機の位置、速度、時刻 PVT（Position, velocity, and time）が計算される。3 つのブロック間では処理性能を高めるためデータのやり取りが行われる。

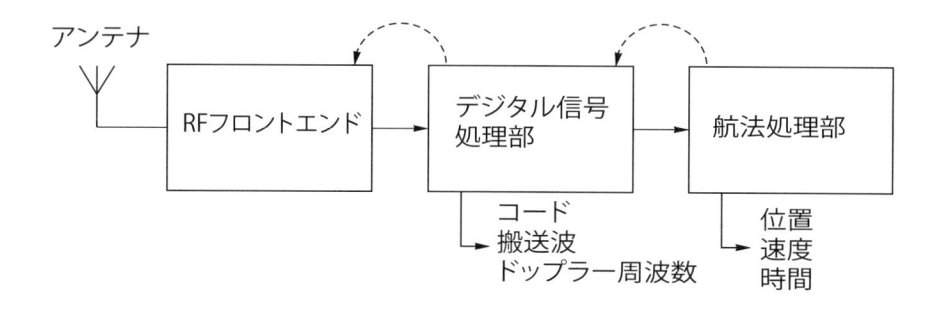

図 4.21　GNSS 受信機の機能ブロック図

S/N

一般に、雑音は温度と等価な熱雑音というパラメータで表せる。Langley（1997）が強調しているように、熱雑音は受信機の実際の物理的温度ではなく、受信機回路中の電子運動度を示すものである。熱雑音は一般的に白雑音で、ガウス分布に従うと仮定される。

雑音電力密度 N_0 は

$$N_0 = kT \quad [WHz^{-1}] \tag{4.59}$$

で表される。ここで k = − 228.6$dBWK^{-1}Hz^{-1}$ はボルツマン定数（Boltzmann constant）であり、T はケルビン温度（Kelvin temperature）である。（熱）雑音電力 N は、雑音電力密度 N_0 と受信機で処理されるバンド幅 B_r との積である（Butsch 2002）。

$$N = N_0 B_r = kTB_r \quad [W] \tag{4.60}$$

一般的な受信機の雑音電力密度は、N_0 = − 201 〜 − 204$dBWHz^{-1}$ 程度である（Ward et al. 2006: 263頁；Langley 1997 参照）。

信号雑音比（S/N）は、信号電力 P と雑音電力 N の次の関係式

$$S/N = 10\log_{10}\frac{P}{N} \quad [dB] \tag{4.61}$$

で定義される。搬送波雑音電力密度比（C/N_0）(Carrier-to-noise power density ratio) は、バンド幅 1Hz あたりの搬送波電力と雑音電力との比で、バンド幅に依存しない指標である。

$$C/N_0 = 10\log_{10}\frac{P_r}{N_0} \quad [dBHz] \tag{4.62}$$

一般的に S/N は、逆拡散後の信号に対して使われるが、C/N_0 は受信信号の電力 P_r を量るのに使われる（Langley 1997）。C/N_0 が 34dBHz より小さければ、弱い信号に位置づけられる。

受信可能な最低限の信号強度は、− 160dBW 程度である（ARINC Engineering Services 2006a）。この値を式（4.61）に代入し、式（4.60）で計算した信号バンド幅 2MHz での雑音電力 N を考慮すると、S/N はマイナスの値になる。すなわち信号はノイズに埋もれて検出ができない。この最低限の場合より高い電力レベルの信号を重ね合わせることでのみ、ノイズレベルを越えられる（Borre et al. 2007: 65頁）。

衛星信号と受信機で生成された信号との相関により、航法データが逆拡散されその電力レベルは増す（図 4.14）。GNSS の受信機で大きなディシュアンテナではなく、小さな全方向性のアンテナが使える 1 つの理由が、この拡散スペクトル方式である。

受信機で生成されたレプリカ信号の電力を考慮すると、相関の結果は式（4.24）の入力信号電力に比例する。したがって相関の結果から信号電力の推定が可能になる。

さらに Butsch(2002) は、相関値の平均二乗偏差から雑音電力の推定ができることを強調している。また出力 S/N と入力 S/N の違いが信号処理過程での利得あるいは損失を示していることを Dixon (1984: 10頁) は強調している。

4.3.2　RF フロントエンド

アンテナ設計

　アンテナは衛星信号を受信し、電磁波のエネルギーを電流に変換して受信機の RF フロントエンドに送る。その際、マルチパス信号や干渉妨害信号は可能な限り取り除かれる。一般的にアンテナ利得は、方位角と高度角の関数である。しかし、全方向性のアンテナでは、そのアンテナ利得は全方位にわたって一様なパターンになる。このようなアンテナは GNSS の各応用分野で使われる。スタティック測量では、例えば水平面下から来る信号を受け付けないグランドプレーンアンテナやチョークリングアンテナを使って地面からの反射波をはねのけ、水平面から上半球の信号利得だけが使われる。海上での測位の場合は、船の横揺れや縦揺れを補償する必要性から水平面下からの信号利得も利用する。

　第 4 章 1.1 節で述べたように、反射により電波の偏波状態は右旋円偏波 RHCP から左旋円偏波 LHCP に変わることがある。一般にアンテナは左偏波の信号に対しては利得が低くなるように設計されている。図 4.22 に極座標でアンテナ利得を図示している。

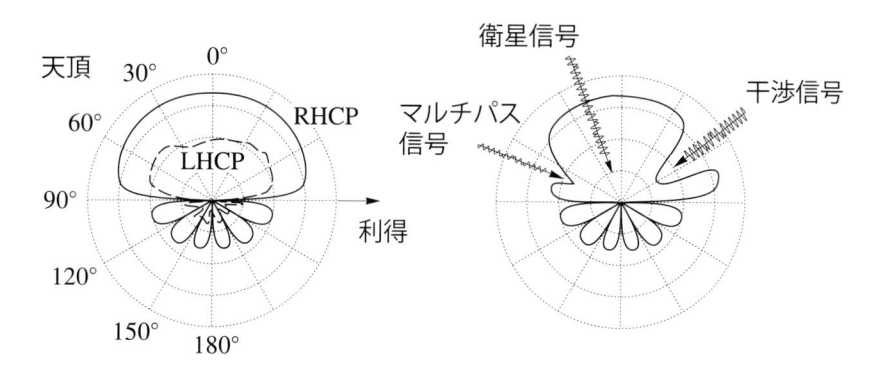

図 4.22　アンテナ利得パターン（左）、干渉、マルチパスの影響（右）

　CRPA アンテナ（Controlled reception pattern antenna）技術は、幾つかのアンテナ要素を組み合わせて配列し、デジタル的に衛星信号方向や干渉妨害電波方向等を求める技術である（Fu et al. 2001）。アンテナ利得は衛星方向で最大になり、干渉妨害信号源の方向で最小になる（図 4.22）。

　アクティブアンテナは、保護回路や周波数フィルター、低雑音アンプ（LNA: Low-noise amplifier）からなるプレアンプを備えている。フィルタリングは、帯域外の周波数を取り除くかあるいは信号の歪みを受け入れるかのトレードオフになる（図 4.10）。

周波数標準

　受信機の周波数標準は、一般に水晶発振器に基づいたものであり、衛星の原子時計のような高い安定性はない。GNSS 時とのオフセットは、観測方程式のなかで 4 番目の未知量として処理されるが、衛星の捕捉、追尾をきちんと行うためにはこの水晶発振器の短期安定性が求められる。さらに受信機の周波数標準には、受信機の振動や動きの影響を受けないことと、位相ノイズが小さいことが求められる。

RF 部

衛星からの入力信号は、低雑音アンプ LNA で増幅され、バンドパスフィルター（BPF: Band-pass filter）を通った後、中間周波数 IF に変換される。信号はさらにフィルターを通り、自動利得制御器（AGC: Automatic gain control）により正規化された信号が A/D 変換器でデジタル化される（図4.23）。

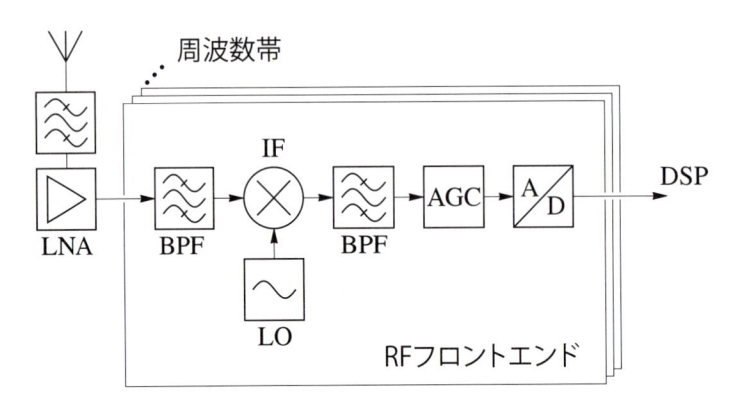

図 4.23　一般的な RF フロントエンドの機能ブロック図

RF の一般的な設計は大部分の受信機で共通であるが、機能とコストについてのユーザーの要望を考慮して、個々には設計思想や周波数が異なる設計になる。フィルタリングや周波数変換により、帯域内の信号を歪ませることなく帯域外の干渉が減らせる。これはその後の A/D 変換でのエイリアシング効果（サンプリングで発生する偽信号）を最小にすることになる。しかしこれらすべての過程は、信号に対する新たなノイズ源でもある。

2つの周波数帯をもつ航法信号の処理には、非常に広帯域な RF フロントエンドか、あるいは完全に2つに分かれた RF フロントエンドが使われる。

中間周波数

周波数変換により周波数スペクトルの位置は移動する。周波数変換は、入力信号を受信機で生成した純粋な調和信号と掛けあわせるミキシング操作で行われる（Wells et al.1987:7 頁）。これは数学的には次のように表せる。

$$\cos(2\pi f_r t) \cdot \cos(2\pi f_\ell t) = \frac{1}{2}\left[\cos(2\pi(f_r + f_\ell)t) + \cos(2\pi(f_r - f_\ell)t)\right] \tag{4.63}$$

ここで f_r、f_ℓ は、それぞれ入力信号と生成信号の周波数である。$f_{IF} = f_r - f_\ell$ は、中間周波数 IF と呼ばれ、変換された信号の周波数に相当するものである。またこの式の高周波数 $f_r + f_\ell$ 部分は、例えばバンドパスフィルターを使って取り除かれる（図4.24）。

ミキシングにより周波数スペルトルはシフトするが、位相とドップラーシフト量は変化しない（図4.24）。

すべての受信機で中間周波数への変換が行われるわけではない。ある場合は直接周波数をゼロあ

第4章 衛星信号　　　77

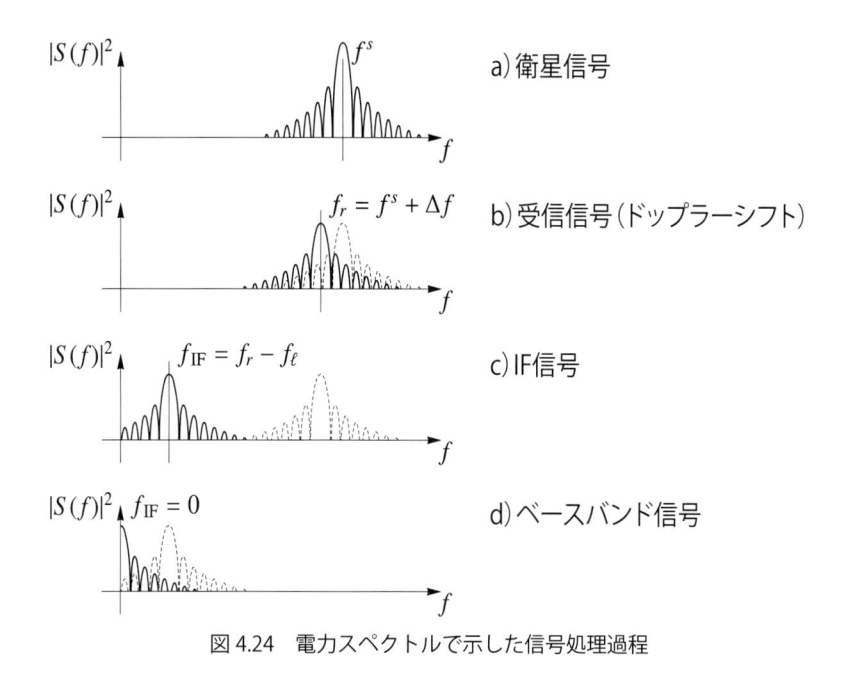

|S(f)|² 　　　　fˢ　　　　　　　a）衛星信号

|S(f)|² 　　　　$f_r = f^s + \Delta f$　　b）受信信号（ドップラーシフト）

|S(f)|²　$f_{IF} = f_r - f_\ell$　　　　　c）IF信号

|S(f)|²　$f_{IF} = 0$　　　　　　　d）ベースバンド信号

図 4.24　電力スペクトルで示した信号処理過程

るいはゼロに近い値に変換する。この場合 $f_\ell = f_r \rightarrow f_{IF} = 0$ でベースバンドへの変換と呼ばれる（ベースバンド（baseband）は、復調信号の占有帯域を示す言葉である（Langley 1997））。また周波数変換を行わず、直接 A/D 変換することもある。

信号増幅

受信信号の電力レベルはその後の信号処理を容易にするために、適正なレベルに正規化される。この適正なレベルへ信号を増幅するのが、自動利得制御器 AGC である。

Holmes（1982:105 頁）が述べているように、AGC により回路の損傷と飽和が避けられる。

信号の電力レベルは、デジタル信号処理器 DSP の相関器から自動利得制御器 AGC に伝えられる。また信号増幅の前には、高電力のパルス干渉は取り除かれる（Giraud et al.2005）。

A/D 変換

A/D 変換器では、アナログ入力信号の振幅の量子化と、時間的なサンプリングが行われる。最小のサンプリングレートはナイキスト‐シャノンの定理（Nyquist（Shannon）theorem）によって決まる。帯域外の周波数がフィルタリング処理されていなければ、エイリアシング効果（aliasing：サンプリングで発生する偽信号）（Oppenheim et al. 1999: 86 頁）によって帯域内の信号のノイズレベルが増す。

典型的なサンプリングレートとしては、PRN コードのチップ率の 2 〜 20 倍が使われる（Dorsey et al. 2006: 108 頁）。信号の捕捉と同期保持には 1 ビット（2 値）での量子化で十分であるが、2 ビットあるいは 4 ビットといったより高い量子化レベルでは、SN 比が改善され、干渉妨害に強くなる。サンプリングによりもたらされる信号の歪は、相関の際の平均処理で中和される。Borre et al.（2007: 62 頁）は、1 ビットの量子化による信号の歪は 2dB より小さいと推定している。

A/D 変換により信号は離散化量 $s[n]$ になるが、以下の記述では一般性を保つため、引き続き連続関数記号 $s(t)$ を使って表す。

4.3.3　デジタル信号処理

デジタル信号処理の第一段階で、信号はたくさんのチャンネルに分けられる。すべてのチャンネルからは、コード距離や距離変化率、時刻情報、航法メーッセージ、S / N 比のような関連情報が出力される。高機能受信機では位相測定も各チャンネルで行われる。図 4.25 に一般的な信号処理機能ブロック図の例を示す。

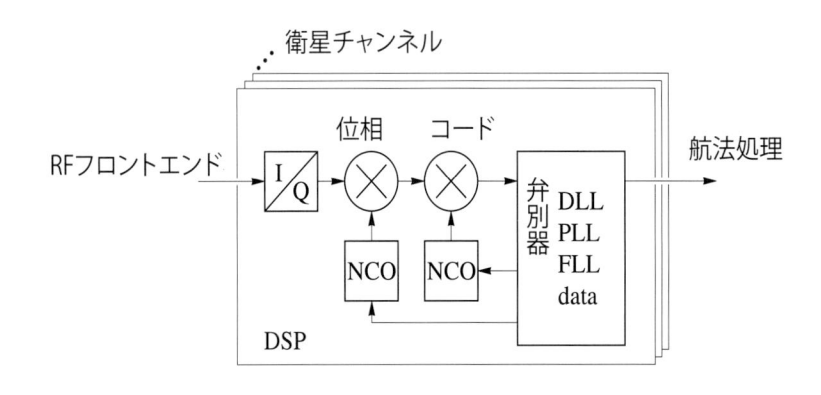

図 4.25　一般的な信号処理機能ブロック図

チャンネル多重

チャンネルの数が増えれば、受信機のハードウエア部品や回路への負荷が増す。旧型の受信機では電力とコストを抑えるため、限られた数のチャンネルしかなく、同一チャンネルで複数の衛星が順次追尾される方式であった。すべての衛星を専用のチャンネルに割当てられるパラレルな受信機の出現で、受信機性能は向上した。チャンネル数は、最大可視衛星数に処理する周波数の数とコードの数を掛け合わせたものになる。多チャンネル受信機では、チャンネル間の時間バイアスのキャリブレーションが必要になる。このバイアスが残れば測位解の精度は低下する。

同期捕捉と同期保持

通常受信機のスイッチを入れた直後は、受信機には受信機位置や現在時刻、衛星位置についての情報はない。視界にある衛星についての情報もない。したがって受信機は衛星の探索を開始し、受信した信号を受信機内部にもつ衛星コードと比較し解析を始める。しかしあらかじめ受信機が初期化されていれば、捕捉に必要なドップラーシフト量や追尾ループの時刻シフト量の推定に、初期化で得られた概略暦や放送暦、受信機の概略位置、概略の現在時刻が使える。受信機の衛星捕捉モードには、使える情報量によって、コールドスタート、ウオームスタート、ホットスタート、再捕捉という 4 種類がある。コールドスタートの状態では、使える情報はない。ウオームスタートでは、

概略暦や概略位置、概略時刻が使える。ホットスタートでは、概略暦だけではなく放送暦も使える。再捕捉は衛星信号を一時的に見失った後再び捕捉することをいう。再捕捉の間、受信機の時間やドップラーシフトについての情報は保持されている。

受信機の核となる部分は、受信信号と受信機で生成されたレプリカ信号との相関処理である。デジタル信号処理装置 DSP へ送られる入力信号 $s(t)$ は、複数の衛星からの信号とマルチパス、干渉波、ノイズの重なりあったものである。この入力信号は簡略化すると次のように表せる。

$$\begin{aligned} s(t) &= \sum_{r=1}^{k} s_r(t+\tau_r) + n(t) + i(t) \\ &= \sum_{r=1}^{k} \sqrt{2P_r}\, c_r(t+\tau_r) d_r(t+\tau_r) \cos(2\pi(f^s - f_\ell + \Delta f_r)(t+\tau_r)) \\ &\quad + n(t) + i(t) \end{aligned} \tag{4.64}$$

ここで n はガウス型の白雑音、i は干渉波、Δf_r は周波数オフセット、τ_r はコード遅延である。自己相関関数が最大になるものを探すことで衛星の識別が行われる（式（4.29）参照）。相互相関は、異なる衛星に対してはフィルターのように機能する（式（4.49）参照）。相関と同時に航法データの復調（逆拡散）が行われる（式（4.43）参照）。

相関が最大になるのを探すことで衛星の同期捕捉（acquisition）が行われる。同期捕捉ののち相関を最大に保ちながら衛星の同期保持（tracking）が行われる。衛星の同期捕捉に成功し、受信機が特定の衛星との同期保持を始めることを、衛星信号はロックされたという。同期捕捉と同期保持は連携している。同期捕捉の場合、搬送波雑音電力密度比 C/N_0 は衛星追尾の時より数デシベル高くなければならない（Hein and Issler 2001）。

同期捕捉は、周波数オフセット Δf とコード遅延 τ からなる 2 次元空間での探索により行われる。ここで干渉とノイズは無視したある特定の衛星信号を考えよう。この衛星信号のコード遅延と周波数オフセットをそれぞれ τ_{max}, Δf_{max} で表す。これらは共に時間の関数であり、事前には未知である。この衛星信号と受信機で生成されたレプリカ信号との相関結果は、レプリカ信号のコード遅延 τ と周波数オフセット Δf に依存する。コード遅延は、衛星信号の伝播時間の関数である。20000 km 上空にある衛星からの信号伝播時間はおよそ 70 ms である。コードを使って衛星までの距離を曖昧さのない形で解くためには、コードの周期は衛星からの伝播時間の最大値より長くなければならない。コードの周期がこれより短い場合は、受信機の概略位置やドップラー観測、異なる衛星からの航法データの受信時刻等を使って距離のアンビギュイティー（不定性）を解くことになる。

中間周波数 $f_{IF} = f^s - f_\ell + \Delta f$ は、受信機で生成した信号の周波数、受信機―衛星間の相対運動（ドップラーシフト）、受信機と衛星の周波数標準の揺らぎ、相対論効果や大気シンチレーション効果等の関数である。$f^s - f_\ell$ はわかっており、残りの周波数オフセット Δf は大部分ドップラーシフトによるものである。このため周波数オフセットは、ドップラーオフセットとも呼ばれる。

図 4.26 は、Δf と τ の関数として表した正規化された自己相関結果 $\overline{R}(\tau, \Delta f)$ を示している。あるエポックにおいて、この図で示されている Δf と τ のすべての組み合わせについて $\overline{R}(\tau, \Delta f)$ 値を計算する訳ではなく、ある 1 つの $\overline{R}(\tau, \Delta f)$ 値を計算してそれが閾値を越えた最大値であるかどうかの判断がなされる。

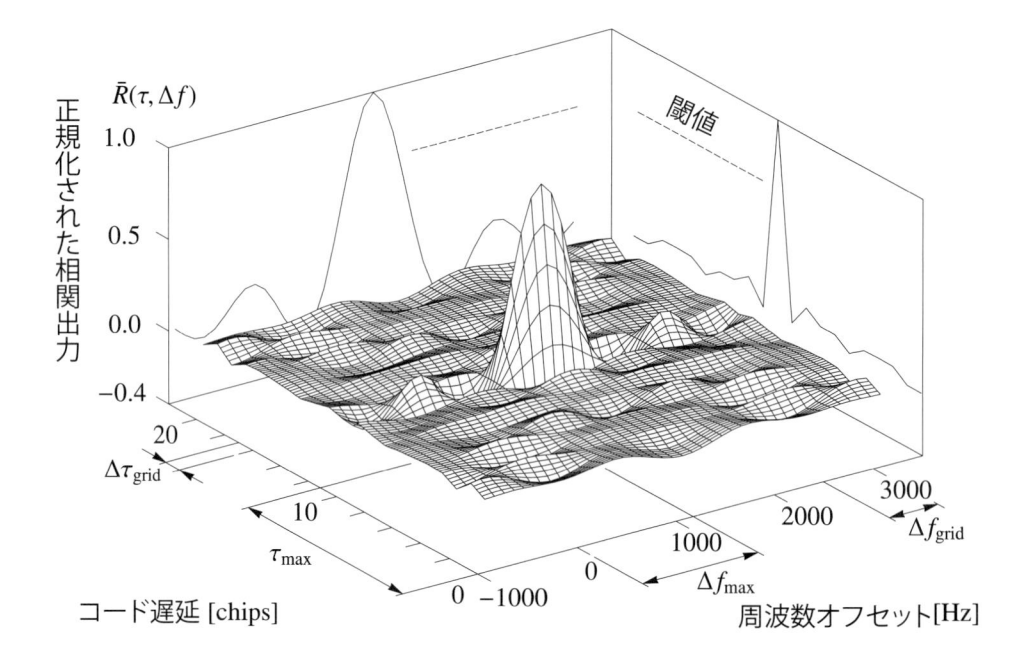

図 4.26　遅延時間と周波数オフセットの関数として表した相関結果

コード距離を求めるために搬送波を追尾する必要は必ずしもない。しかしながら、搬送波追尾を行えば精度は高まる。コードと搬送波を組合わせて追尾する技術はコヒーレントな追尾と呼ばれている（一定の位相差をもつ信号はお互いにコヒーレントであると形容される）。搬送波が追尾されない場合は、他の補助的な情報が必要になる。コヒーレントではない追尾の場合、周波数のロールオフ（roll-off）特性により、コード相関値は小さくなる（Ward et al.（2006: 154 頁））。さらに受信機で位相ロックが外れると、コードロックも外れる（Ward et al.（2006: 154 頁））。一般に搬送波測定には搬送波追尾より高度な技術が必要になる。

受信機レプリカ信号の周波数オフセットとコード遅延は、相関値が設定閾値になるまで一定のパターンで変えられる。閾値に達したら次により精細な探索アルゴリズムに切り替えられる。相関の計算は、2つの信号を掛け合わせて積分をとることに相当する。1回積分を行うのに必要な時間は，停留時間（dwell time）と呼ばれている。

図 4.26 と式（4.64）から、レプリカ信号や他の衛星信号、干渉波の間で信号の直交性がない場合、それに対応して相関値にピークができる。信号が強力であればそのピークは高くなる。コード遅延領域で、閾値をこえる相関値のピークが2つあれば、誤ったコードロックが生じ、間違ったコード距離測定につながる。

相関値の探索領域は、一定の探索グリッドで表せる。各グリッドの大きさをきめる周波数と時間の増分 Δf_{grid}、$\Delta \tau_{grid}$ が与えられればグリッドの数は決まる。グリッドが密になれば弱い信号を見つけ出す可能性も高まり、それは結果的に受信機の感度を高める。しかし、これは同時に捕捉時間を長くする。$\Delta \tau_{gird}$ の選択は、変調方式で変わる。例えば BPSK 変調信号の場合、$\Delta \tau_{grid}$ としては

コードのチップ幅の 1 / 2 が使われる。BOCs（1，1）変調信号の場合は、BPSK 変調信号の場合に較べて 3 倍密度の高いグリッドを使う必要がある（Wilde et al. 2006）。すなわちこの場合、チップ幅の 1 / 6 の $\Delta \tau_{grid}$ を使って同じレベルの相関が得られる。Δf_{grid} としては例えば、$\Delta f_{gird} = 1/(2T_{dwell})$ kHZ が使われる。ここで T_{dwell} は、ミリ秒で表した , 停留時間（dwell time）である。

　周波数オフセットは、± 6 〜± 12kHz 程度であり、このうち ±5kHz 分は衛星運動によるものであり、残りは受信機の運動と受信機の周波数ドリフトによる。

　例として 1023 チップからなるコード長 1 ミリ秒のゴールドコードを考えよう。この場合 1 相関結果を得る T_{dwell} は 1 ミリ秒になる。コードの 1/2 チップ幅の $\Delta \tau_{grid}$ を使えば 2046 個の相関を計算することになり、トータルで 2046 ミリ秒の探索時間になる。さらに Δf_{grid} が 500Hz で周波数オフセットの範囲が 12 k Hz とすれば、周波数オフセット領域では 24 個（= 12000 / 500）の相関グリッドができるから、全体では 49104（= 2046×24）個の相関値になる。この例では捕捉に最大 49 秒かかることになるが、すべてのチャンネルでこのように相関器が 1 つだけということはなく、実際にはたくさんの相関器を使っているので、捕捉時間は短くなっている。

　探索スピードを上げることは、例えば時間、周波数領域を 2 重に使うといった戦略を採用することによっても可能になる。Borre et al.（2007: 第 6 章）には、周波数探索領域の概念やコードと位相を併用する方法について議論されている。

　同期検出器では、相関結果を閾値と比較して相関の最大値が見つかったかどうか判定する。コード長が短いか、あるいはもっと一般的に相関の積分時間が短い場合、相関値に部分的なピークが生じる。このことは、相互相関の最大値はコード長によって変わり、また積分時間が短ければノイズの影響を受けやすいということを思い出せばわかるであろう。相関積分時間を変えることによって、ガウス型の雑音の影響は減らせるが、異なる衛星相互のコード相関レベルは小さくはならない。積分時間を短くし閾値を低く設定すれば、相関の部分的なピークを最大値と見なし、間違って捕捉する確率が高まる。閾値は高く設定できるが、これは同時に受信機の感度を下げることになる。式（4.29）と（4.64）で、相関は信号電力の関数でもあることを思い出せば、弱い信号は低い相関結果しか生じさせないことになる。コード長が長くなれば信号のエネルギーが蓄積し、これは相関結果に良い影響を与えるが、同時にこの長い積分時間中にドップラー周波数とコード遅延が変化してしまう。したがって積分された相関結果はいわばゆがんだものになる。

　積分時間は、エポック数を多くとれば長くすることができる（図 4.27）。

　コヒーレント（coherent）な積分時間とは、その間データの位相に遷移がみられない積分時間をいう。

　例えば、コード長が 1ms でデータのビット率が 50Hz である場合、最大で 20 コードエポックがコヒーレントな積分として使える（図 4.27 では簡略化のため 2 エポックが使われている）。このためには積分区間とデータ位相の遷移するところが合っていなければならない。データ位相遷移の積分への影響が避けられれば、積分時間を延ばすためにノンコヒーレント（noncoherent）な積分が使われる。ノンコヒーレントな積分とは、コヒーレントな区間を越えて積分し、結果を二乗してその和をとることである。二乗することにより、データ位相遷移は無視できる。しかしその代わりノイズ電力は 2 倍になる。一般的にノンコヒーレントな長い積分時間のほうが、コヒーレントな短い積分時間よりも良い結果を生む。データビットが予めわかっているか、推定できるか（航法データは

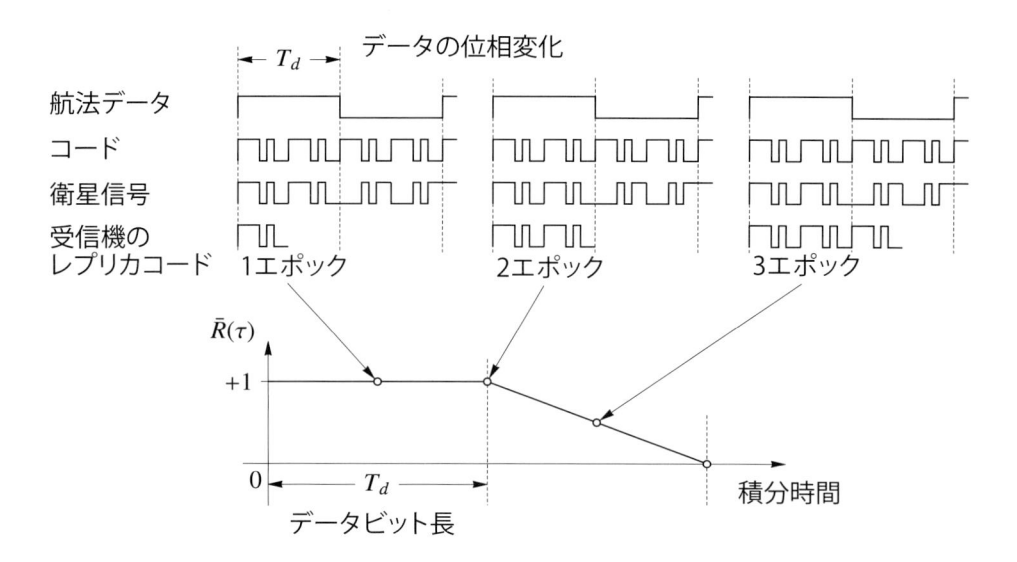

図 4.27　積分時間の関数として表した正規化された相関値

短時間では変化しない)、あるいは外部ソースから受信できるかという場合には、データ位相遷移に影響されずに相関時間を長くできる。

追尾ループ

　衛星信号との相関をとるために、受信機では2つの搬送波と3つのコードが生成される。2つの生成搬送波の位相はお互いに90°ずれており、それぞれ同相 I（In-phase）信号、直交 Q（Quadrature）信号と呼ばれている。この2つの信号を処理する操作が I / Q 演算である。I / Q 演算は、衛星からの受信信号の位相が未知であるために必要になる。衛星からの受信信号と生成搬送波の周波数が同じでも、その位相は違っているので、相関値はその位相のずれが大きくなるにつれて小さくなる。

　この影響を弱めるために、受信信号は90°位相のずれた2つのI, Q信号とそれぞれ相関をとられ、結果は足し合わされる。この過程においてエネルギーは保存される。

　受信機では一般的に、生成I信号の位相と周波数を衛星信号の位相と周波数に揃える。これによりI信号だけからデータ位相遷移を検出し、航法データの復調を行うことが可能になる。

　受信機で生成された搬送波は衛星信号とミキサに入れられ、その結果出力信号は周波数ゼロのスペクトルになる（図 4.24 d）。このように受信機と衛星の搬送波周波数が一致する場合、搬送波はワイプオフ（wipe-off）され、出力信号はベースバンドにあるという言い方をする。したがってこのような処理あるいはこれ以後の処理はベースバンド処理と呼ばれている。

　3つの生成コードは、それぞれ時間をシフトされており、進み（E: early）相関、即時（P: prompt）相関、遅れ（L: late）相関を作るのに使われる。I、Qチャンネルでの進み相関と遅れ相関（I_E, I_L, Q_E, Q_L）は、コード追尾ループでのみ使われる。対照的に即時相関（I_p, Q_p）は、搬送波追尾ループでも使われる。

　即時P相関は捕捉の際にも使われている。I、Qチャンネルでの相関積分を二乗したものの和

$(I_P^2 + Q_P^2)$ は、入力信号と生成レプリカ信号との相関を決める同期検出器で使われる。

この和は同時に、S / N 比推定や自動利得制御器 AGC で使われる平均信号電力を表している。同期検出器で捕捉が確認されると、フィードバック制御ループ（feedback control loop）で搬送波とコードの追尾が始まる。

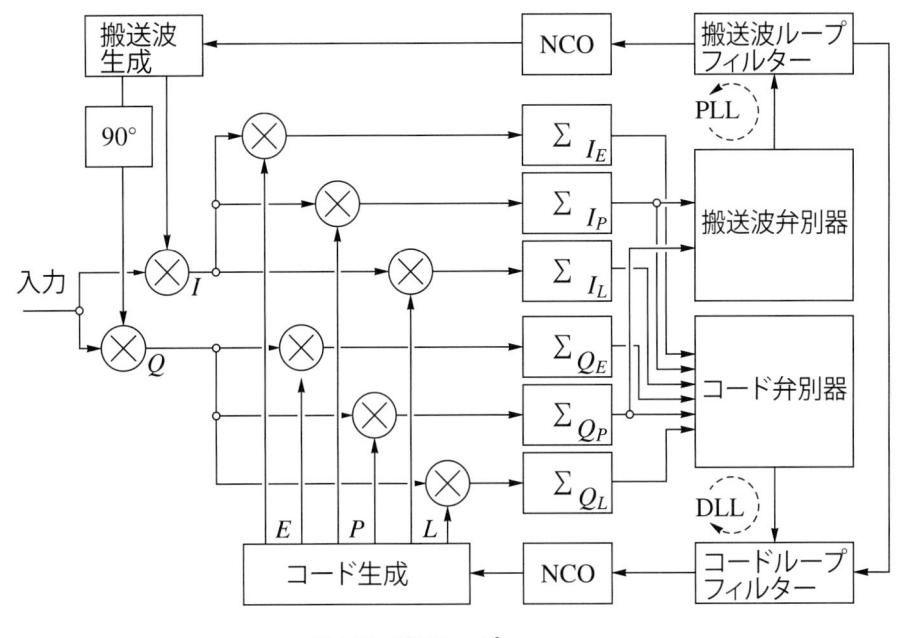

図 4.28　追尾ループ

位相同期ループ（PLL: Phase lock loop）は、受信機で生成される搬送波の位相を衛星からの搬送波位相に合わせる。衛星からの搬送波位相には、航法データのビット変化に対応した位相遷移も含まれている。遅延同期ループ（DLL: Delay lock loop）は、受信機で生成されるコード信号を衛星からのコード信号に合わせる。これらの追尾ループは、ドップラーシフトやコード遅延、周波数オフセットを変化させる衛星の動きにすべて対応できなければならない。受信機で生成されるレプリカ信号を入力信号に合わせていく操作は、位相同期ループ PLL と遅延同期ループ DLL で平行して行われる。したがって PLL と DLL はお互いにきちんと同期がとられていなければならない。

搬送波追尾ループ

しばらくの間、コードと航法データについては考えない。衛星信号は I チャンネルと Q チャンネルに分けられ、I チャンネルでは同相信号がまた Q チャンネルでは直交信号がそれぞれ掛け合わされる。受信機のレプリカ周波数と入力信号の周波数が同じ場合、出力信号の周波数中心 f_F はゼロになる（図 4.24d）。この状態は搬送波ワイプオフ（wipe-off）と呼ばれている。受信機で生成されたレプリカ周波数と入力信号周波数との差はビート周波数と呼ばれ、ドップラーシフトの大きさを示している（図 4.29）。

衛星信号
受信信号
ビート周波数

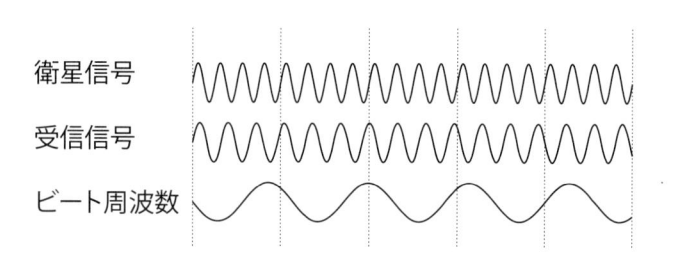

図 4.29　ビート周波数

出力信号の位相；ビート位相は

$$\Delta\varphi_{tr} = \varphi_r - \varphi_\ell \tag{4.65}$$

で表される。ここで φ_r は生成レプリカ信号の位相で、φ_ℓ は RF フロントエンドから出力された衛星信号の位相である。搬送波ワイプオフの過程では、式（4.63）の高周波成分は、ローパスフィルターで取り除かれる。簡単な積分、減衰回路のローパスフィルターを通った後、I_P、Q_P が計算される。最後に搬送波ループ弁別器関数で位相シフト量が求められる。弁別器関数の出力は、位相同期ループの動作と追尾精度を特徴づける搬送波ループフィルターを通される。搬送波ループフィルターでビート位相を調べ、残りの周波数オフセット、衛星信号と同相 I 信号との位相シフト量を取り出す。フィルターのバンド幅が広ければ、周波数オフセットの早い変化にも対応できる。しかし、バンド幅が広ければノイズレベルが高くなる。ユーザーの要望に応えるために、さまざまなループデザインが試みられている。数値制御発振器 NCO（Numerically controlled oscillator）は、搬送波ループフィルターの出力で駆動され、搬送波レプリカ信号の生成を制御している。この搬送波追尾ループの過程は閉じたループになっている。搬送波ワイプオフの過程は反復プロセスであり、ドップラーシフト量が変化するため連続的に行う必要がある。受信機で生成される搬送波周波数の幅は、ドップラーシフトを考慮して決められる。

　衛星からの搬送波は航法データのビット変化に対応して 180°の位相変化を持っている。

　PLL の 1 つであるコスタスループ（Costas loop）の特徴は、この 180°の位相変化に対して敏感ではないということである。原理的にコスタスループの弁別器関数はローパスフィルター出力を二乗したものを使うから、周波数は 2 倍になりノイズは増えるが、航法データの位相変化は無視することになる。

　一般に使われる搬送波位相弁別器関数は、判定志向弁別器（decision-directed discriminator）関数や内積弁別器（dot-product discriminator）関数、アークタンジェント弁別器（arctangent discriminator）関数である（Ward et al. 2006）。アークタンジェント弁別器関数は、

$$D_\varphi = \arctan\left(\frac{Q_P}{I_P}\right) \tag{4.66}$$

で定義される。弁別器関数の出力が、位相ではなくその時間的な位相変化（＝周波数）であれば、位相同期ループ PLL は周波数同期ループ FLL（Frequency lock loop）になる。

Misra and Enge（2006: 483 頁）は、FLL は精密な位相同期にかける前の粗い周波数追尾で使われると述べている。位相同期ループの誤差（1σ）は

$$\sigma_{PLL} = \frac{\lambda}{2\pi} \sqrt{\frac{B_{PLL} N_0}{P_r}\left(1 + \frac{N_0}{2P_r T_I}\right)} \quad [m] \tag{4.67}$$

で与えられる。ここで λ は衛星からの搬送波波長、B_{PLL} は搬送波ループノイズフィルターの片側バンド幅（Hz）、T_I はコヒーレントな積分時間である（Langley 1997）。

米国海上無線技術委員会の（RTCM 2001: Appendix B）には、位相同期ループの誤差は、マルチパスや電離層誤差、あるいは受信機量子化レベル特性といったものではなく、信号のＳ／Ｎ比に影響されるということが強調されている。搬送波ループフィルターのバンド幅が狭くなれば、誤差レベルが低下するが、同時にループの感度が低下し、受信機の早い動きや位相シンチレーションに対応できなくなる。固定型の受信機では、バンド幅は 2Hz 以下である（Langley 1998: 182 頁）。Borre et al.（2007: 93 頁）には、地上用の受信機では 20Hz のバンド幅が一般的であることが強調されている。狭いバンド幅でも早い動きに対応できる方法の 1 つとしては、例えば慣性装置からの補助情報を使うことがある。

式（4.67）で、カッコ内の後半部分は二乗損（squaring loss）と呼ばれるものを表している。これは衛星信号に航法データが載っていない場合（パイロット信号）や何らかの方法で航法データが取り除かれている場合は無視できる。

Langley（1998: 182 頁）に示された例によると、搬送波雑音電力密度比（C/N_0）45dBHz、搬送波ループノイズバンド幅 2Hz、波長 0.2m、積分時間 1ms の場合、搬送波ループ追尾誤差は 0.2 mm である。

コード追尾ループ

位相同期ループ PLL と同様に、遅延同期ループ DLL でも同相成分 I と直交成分 Q に分けられる。この場合信号のエネルギーは保存される。

第 4 章 2.1 節で述べたように、相関関数の正確な形は、ノイズやフィルター等により未知であるため、相関器幅 d をもつ弁別器関数が使われる。標準的な相関器では 1 チップの相関器幅が使われる。相関器幅は狭い場合では、例えば 0.1 チップである。これにより相関が高いノイズは小さくされ、マルチパスの影響も図 4.11 に示すように減らされる。

コード弁別器関数は、航法データによる位相遷移の影響を受けないように設計されている。コヒーレントな DLL 弁別器関数で単純なものは

$$D_c = (I_E - I_L) sign(I_P) \tag{4.68}$$

である。ここで $sign(I_P)$ は、航法データのビット変調に相当するものである。ノンコヒーレントな弁別器、例えば、進み遅れ電力差弁別器（early-minus-late power discriminator）や内積弁別器（dot-product discriminator）では、二乗技術（squaring technique）を使って航法データの位相遷移を除去している。その場合の弁別器関数は

$$D_{nc} = (I_E - I_L)I_P + (Q_E - Q_L)Q_P \tag{4.69}$$

である。弁別器関数からの出力は、追尾ループフィルターにかけられ、数値制御発振器 NCO にフィードバックされる。衛星と受信機の相対運動によって生じるドップラー効果で、コードの周波数は変化する（式（4.13））。例えば、コードの周波数が 1.023MHz であれば、$v_\rho \sim 1000\ ms^{-1}$ として、ドップラーシフトは 3.4Hz である。

このように衛星と受信機の相対運動によって、弁別器の出力はドップラーシフトの影響を受けたものになる。搬送波ループフィルターの出力は、コード追尾フィルターに送られ衛星と受信機の相対運動の影響を除去するのに使われる（Langley1998）。距離変化率支援コードループ（rate-aided code loop）（Misra and Enge 2006: 479 頁）あるいは 搬送波支援コードループ（carrier-aided code loop）（Ward et al. 2006: 162 頁）と呼ばれているコードループでは、コードループの帯域幅を抑えることができ、低ノイズでのコード測定が可能となる。

遅延同期ループ DLL による追尾は、BOC 変調されたコードとその弁別器関数の場合は脆弱になる。この場合誤った追尾を避ける方法がいろいろある。そのうちの 1 つでは、BOC 周波数スペクトルの 1 つのサイドローブだけを追尾する。この場合、信号のエネルギーの半分は無視することになる。進みの大きい相関器と遅れの大きい相関器を 2 つ以上使って、拡散した BOC スペクトルをすべて利用する方法もある。BOC 追尾についての詳細は、Julien et al.（2004b）や Julien（2005）を参照せよ。

遅延同期ループ DLL の追尾誤差は、ドップラーオフセットを無視すれば、受信電力 P_r、雑音密度 N_0、片側追尾ループの等価帯域幅（equivalent single-sided tracking loop bandwidth）B_{DLL}、コヒーレントな積分時間 T_I、相関器幅 d を使って表せる。以下に示すこの追尾誤差は、Dieredonck（1996: 373 頁）と米国海上無線技術委員会の（RTCM 2001: Appendix B）によるものである。

$$\sigma_{DLL} = cT_c \sqrt{\frac{B_{DLL} N_0 d}{2P_r}\left(1 + \frac{2N_0}{(2-d)P_r T_I}\right)}\quad [m] \tag{4.70}$$

ここで σ_{DLL} は、ノンコヒーレントな進み遅れ電力差弁別器を使った BPSK 変調波の推定追尾誤差（1σ）である。また c は光速度、T_c はチップ幅（s）である。帯域幅 B_{DLL} が広がれば、DLL が衛星信号に同期するのは早くなるが、同時にノイズレベルも増やす。追尾ループフィルターの後にスムージングフィルターを追加した場合は、B_{DLL} はこの追加フィルターのバンド幅と置き換えなければならない（RTCM 2001: Appendix B）。

Sleewaegen et al.（2004）は、BPSK や BOC, AltBOC 変調について、パイロット追尾（pilot tracking）や内積（dot-product）弁別器を使った場合のより一般的な説明をしている。最小の追尾誤差は一般にクラメル・ラオの下限（Cramer-Rao lower bound：不偏推定量の分散の下限を示す統計式）で与えられる（Spilker 1996a: 111 頁）。

コードレス受信機

安全上の理由から、測位衛星のコードは公表されていない。一部、原コードについては知られているが、それを使った暗号化の方法については機密になっている。機密暗号コードをもつ信号の処

理に関しては、いくつかの方法が開発されている。ここで一般性を失うことなく、既知のコードをP、暗号化規則をW、暗号化されたコードを $Y = PW$ としよう。Wの周波数はPの周波数より低いとする。さらにこのコードで2つの搬送波（$f_1, f_2 : f_1 > f_2$）を変調しているとする。

信号の処理法は、コードレス手法と準コードレス手法に大きく分けられ、それぞれはさらに二乗法と相互相関法に分けられるから全部で4通りになる（Lachapelle 1998）。すべての場合で、S/N比の実質的な劣化に悩むことになる。図4.30は、この4つの方法の特徴をまとめたものである。図中のダイアグラムは Ashjaee and Lorenz（1992）と Eissfeller（1993）からのものを脚色している。

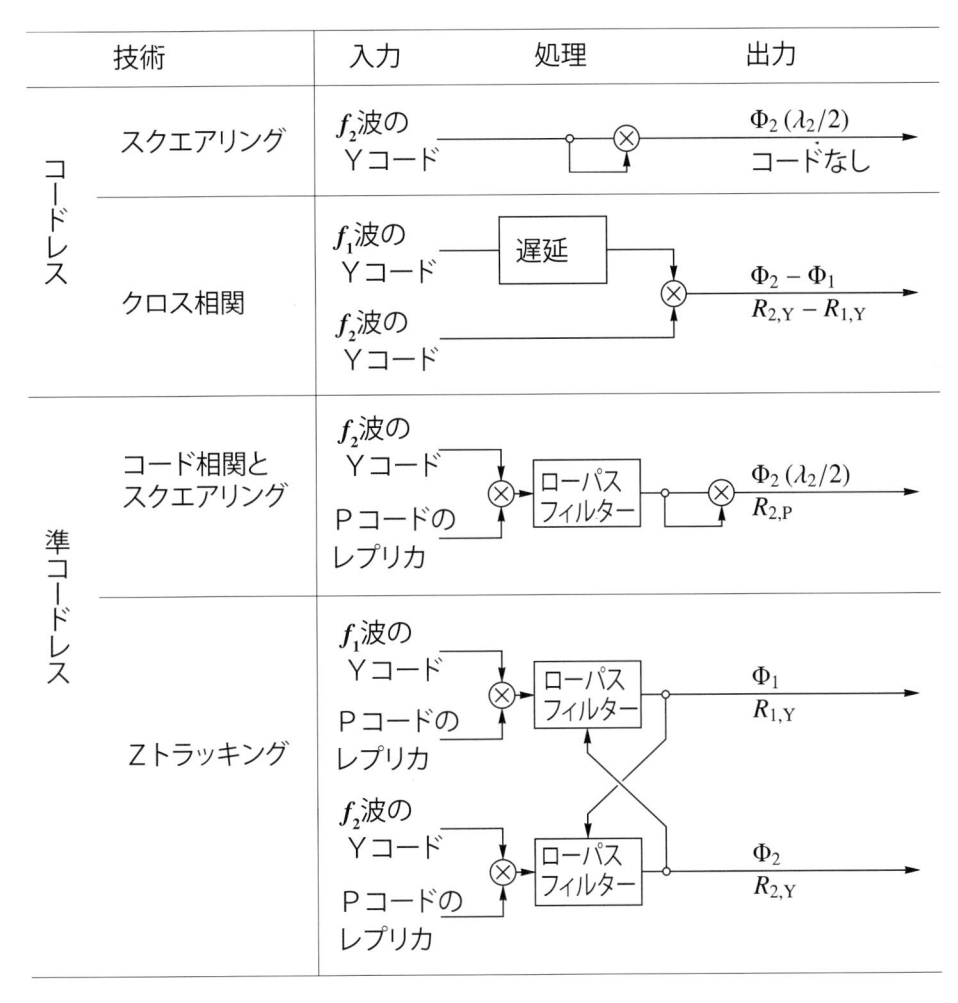

技術		入力	処理	出力
コードレス	スクエアリング	f_2波のYコード	⊗	$\Phi_2 (\lambda_2/2)$ コードなし
	クロス相関	f_1波のYコード f_2波のYコード	遅延 → ⊗	$\Phi_2 - \Phi_1$ $R_{2,Y} - R_{1,Y}$
準コードレス	コード相関とスクエアリング	f_2波のYコード Pコードのレプリカ	⊗ → ローパスフィルター → ⊗	$\Phi_2 (\lambda_2/2)$ $R_{2,P}$
	Zトラッキング	f_1波のYコード Pコードのレプリカ f_2波のYコード Pコードのレプリカ	⊗ → ローパスフィルター ⊗ → ローパスフィルター	Φ_1 $R_{1,Y}$ Φ_2 $R_{2,Y}$

図4.30　コードレス技術

　二乗法は1981年C. Counselmanによって最初に発表された。受信信号は自分自身と乗算器に掛けられる。その結果、倍の周波数、すなわち半分の波長をもち、すべての変調が取り除かれた搬送波が得られる。この二乗する過程でS/N比は本質的に損なわれる。

　相互相関法は、P. MacDoranによって1985年にはじめて発表されたもう1つのコードレス技術である。これは未知のYコードは2つの搬送波で同じであるということに基づいて、両搬送波の相

互相関をとる方法である。この際、周波数の違いで生じる2つの搬送波の電離層遅延を考慮する必要がある。相互相関によって得られるのは、2つの信号の伝播時間差と位相差 $\Phi_2 - \Phi_1$ である。

　コード相関に二乗法を組み合わせた技術は、Keegan（1990）によって特許がとられている。これはコードを利用した二乗法で、受信 f_2 波のYコードと受信機で生成されたPコードとの相関をとるものである。この相関は、YコードがPコードとWコードの排他的論理和（XOR）でできていることから可能になる。Wコードのチップ率（周波数）はYコードの周波数より低いため、受信Yコードの中にはPコードと一致する箇所が必ず存在する（Eissfeller 1993）。相関の後ローパスフィルターを通し、追尾ループでの処理と似ているがコードを取り除くために信号を二乗する。この方法により、コード距離と半波長の搬送波位相が得られる。

　Zトラッキングと呼ばれる改良された準コードレス手法が、Ashjaee and Lorenz（1992）によって発表されている。2つの搬送波のYコードを別々に受信機で生成されたPコードと相関させこれをローパスフィルターに通すと、Wコードが得られる。

　Wコードは同期を取るためだけに使われるので、その内容を知る必要はない。（Breuer et al. 1993）。Wコードを取り除くことにより、Wコードが無い場合の信号処理と同じになり、コード距離と搬送波位相が得られる。

4.3.4　航法処理

　航法処理には大きく3つの役割がある。1つは航法データを解読し衛星位置を計算することである。ふたつめはコードと位相、ドップラー観測値を使って受信機の位置と速度、時刻を計算することである。最後は、追尾ループやフィルターに支援情報を送ることである。受信機のスイッチを入れてから最初に位置情報が求まるまでの時間は、初期位置算出時間（TTFF: Time to first fix）と呼ばれている。

　航法データの復調は、シンボル同期（symbol synchronization）とフレーム同期（frame synchronization）、データ解読の3段階で行われる。搬送波支援追尾システム（Carrier-aided tracking system）により信号からコードと搬送波が取り除かれ、残るのは $+\pi$ と $-\pi$ の間で位相を変化させる航法データビットだけである。この位相変化は、生成Iチャンネル搬送波と入力信号の位相が揃っていれば、$sign(I_P)$ を解析することで検出できる。したがって相関値の符号に変化があれば、ビット同期操作で読み取られる。フレーム同期は、周期的に送信されるプリアンブル（preamble）と呼ばれるビットデータを使って行われる。受信機はフレーム長やパリティー、その他一定の情報のチェックを行う。

　引き続き行われる航法データの解読では、ブロックデインターリビング（block deinterleaving: ＊訳註；符号順序の入れ替えをして符号化するのが interleaving でその復号化を deinterleaving と呼んでいる。block が付くと符号順序の入れ替えがブロック単位で行われることを示す）や誤り訂正（forward error correction）を行い、最終的に原データのビット列を回復する。復調の詳細な過程は、衛星測位のシステムやサービスによって、またその航法データによっても異なる。データ送信の信頼性を上げ、ビットエラーを少なくするために、さまざまな誤り訂正符号化方式が採用されている。近代化されたGNSS信号や将来のGNSS信号のほとんどすべてに使われる処理法の1つが、符号化率1/2の畳み込み符号化と復号化（convolutional encoding and decoding）である。これにはビッ

ト率（bps: bits per second）の倍のシンボル率（sps:symbols per second）が使われる。畳み込み符号化は、生成多項式 G_1 = 171 と G_2 = 133（これらは 8 進数表記：図 4.31 参照）で特徴づけられる。8 進数 G_1 を 2 進数に変換すると、001111001 であるが、これの左のゼロ 2 つを無視すれば生成多項式 $p(x) = 1 + x^1 + x^2 + x^3 + x^4 + x^7$ が定義できる。G_2 についても同様である。Holmes（1982: 264 頁）は、このようなコードを非系統的畳み込みコードと呼んだ。畳み込みエンコーダーには、時刻パルス毎に 1 ビットづつ送り込まれ、それに伴い 2 つのシンボル G_1、G_2 が出力として取り出される（Holmes 1982: 251 頁）。出力のシンボル率は入力のビット率の倍であるため、この場合の畳み込みの符号化率は 1 / 2 であるという。

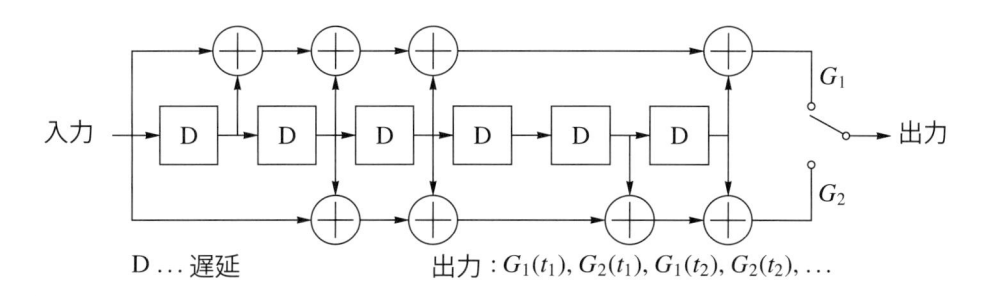

図 4.31　畳み込みエンコーダー

　ブロックインターリービング（block interleaving）による符号化で、情報メッセージのビットは行列の列順に並べられた後に行順に取り出されて送信される。したがって送信されたビットのあるまとまった部分が途中の妨害パルスによって壊されたとしても、壊されたビット部分は情報メッセージ全体に拡散されるから、デインターリービング（deinterleaving）による復号化で、他の誤り訂正情報等を使ってこの壊されたビット部分を復元することが可能になる。
　航法データの内容は測位衛星システム毎に異なっているし、サービスによっても違っている。ただすべてのシステムで、少なくとも時刻情報と放送暦は航法データとして共通して送信されている。これにより、受信機で衛星の位置が自動的に計算できる。S / N 比が小さく衛星信号から衛星の軌道情報が取り出せない場合は、他の通信手段によりこれらの情報を手に入れることもある。
　GNSS によっては、航法メッセージの復号に要する時間を短くするために、ダイバーシティ（diversity：＊訳註；信号の切り替えや合成を行って信号品質の改善を図る技術）と呼ばれる方法を使うこともある。
　衛星ダイバーシティでは、複数の衛星から同じ航法メッセージが異なるエポックに送信される。例えば、衛星 1 から衛星 5 と 6 の概略暦が送信され、一方衛星 2 からは同じエポックに衛星 7 と 8 の概略暦が送信されるとすると、航法メッセージの内容が時間と衛星により切り替えられることになる。これにより複数の衛星の概略暦の復号が短い時間でできるようになる。これは更に初期位置算出時間 TTFF を短くし、短時間の追尾でも追尾できる衛星の数を増やすことになる。
　周波数ダイバーシティも原理は同じであるが、この場合航法メッセージの内容が衛星により切り替えられるのではなく、搬送波周波数によって切り替えられる。航法メッセージが複数の周波数にその情報配列を変えた形で載っていれば、短い時間での復号が可能になる。

いったん航法メッセージが復号され受信機が GNSS 時に同期すれば、受信機が連続的にコードと搬送波を追尾している限り、連続して航法メッセージを受信・復号する必要はない。Spilker and Natali（1996: 748 頁）で強調されているように、追尾の際の S / N 比の閾値は一般的に航法メッセージを検出する際の閾値よりかなり小さいため、このことは受信機にとって都合がいい。

第5章 観測量

5.1 データ取得

GNSS の観測量とは、受信信号と受信機で生成された信号との比較に基づく伝播時間あるいは測定位相差から得られる距離のことである。地上での電子的な測距と違って、GNSS による距離測定では、衛星と受信機にある 2 つの時計が使われる。測定距離にはこれらの 2 つの時計の誤差も含まれるため擬似距離と呼ばれている。

5.1.1 コード擬似距離

信号が衛星から放出された瞬間の衛星時計の読みを $t^s(sat)$ とし、信号が受信機に到達した瞬間の受信機時計の読みを $t_r(rec)$ とする。衛星時計の読み $t^s(sat)$ は、PRN コードを介して航法メッセージに伝えられる。今衛星と受信機の時計の誤差（共通の基準時系とのずれ）をそれぞれ δ^s、δ_r で表す。

2 つの時計の読みの差は、受信機で受信コードとレプリカコードとの相関を行う際の時刻シフトの量に等しいが、これを正しい時刻と誤差に分けて書けば、

$$t_r(rec) - t^s(sat) = [t_r + \delta_r] - [t^s + \delta^s] = \Delta t + \Delta \delta \tag{5.1}$$

である。ここで $\Delta t = t_r - t^s$、$\Delta \delta = \delta_r - \delta^s$ である。この式の左辺には、$t^s(sat)$ $t_r(rec)$ と 2 つの時計の読み（2 つの時系）が含まれているが、右辺には t_r、t^s と共通の基準時系に基づく時刻が含まれている。

衛星時計のバイアス δ^s は、衛星からの送信情報により、モデル式で補正することができる。例えば多項式モデルの場合には、その多項式係数が航法メッセージとして送信される。δ^s が補正できれば $\Delta \delta$ は、受信機時計の誤差に等しくなる。

式 (5.1) の $t_r(rec) - t^s(sat)$ に、光速度 c を掛ければコード擬似距離

$$R = c[t_r(rec) - t^s(sat)] = c\Delta t + c\Delta\delta = \rho + c\Delta\delta \tag{5.2}$$

が得られる。ここで ρ は正しい信号伝播時間から計算される距離である。いいかえると ρ は、時刻 t^s での衛星位置と時刻 t_r での受信機アンテナ位置との幾何学的距離になる。ρ は 2 つの時刻 t_r、t^s の関数であるから、例えば信号発射時刻 t^s に関して次のようにテーラー展開できる。

$$\rho = \rho(t^s, t_r) = \rho(t^s, t^s + \Delta t) = \rho(t^s) + \dot{\rho}(t^s)\Delta t \tag{5.3}$$

ここで $\dot{\rho}$ は、ρ の時間微分すなわち衛星の受信アンテナに対する視線速度を示している。

固定された受信機の場合、GNSS衛星の視線速度の最大値は $\dot{\rho} \approx 1.0 kms^{-1}$ であり、衛星信号の伝播時間はおよそ $0.06s \sim 0.10s$ であるから、式（5.3）の第2項は60 mにもなる。

コード測定から得られた擬似距離の精度は、一般にコードのチップ長のおよそ1％である。それ故チップ長 300m と 30 m のコードではそれぞれ概略 3 m と 0.3 m の擬似距離精度になる。しかし最近ではチップ長の 0.1％の精度も可能であるとの成果も示されている。

5.1.2 位相擬似距離

周波数 f^s の受信搬送波の位相を $\varphi^s(t)$ で表し、周波数 f_r のレプリカ搬送波の位相を $\varphi_r(t)$ で表すことにする。ここで t は基準時刻 $t_0 = 0$ から測った共通の基準時系での時刻である。式（4.11）から、以下の位相方程式が得られる。

$$\varphi^s(t) = f^s t - f^s \frac{\rho}{c} - \varphi_0^s \tag{5.4}$$
$$\varphi_r(t) = f_r t - \varphi_{0r}$$

ここで位相はサイクル単位で表されている。初期位相 φ_0^s、φ_{0r} は、時計の誤差により生じたもので、

$$\varphi_0^s = -f^s \delta^s \tag{5.5}$$
$$\varphi_{0r} = -f_r \delta_r$$

である。それ故ビート位相 $\varphi_r^s(t)$ は、以下のようになる。

$$\varphi_r^s(t) = \varphi^s(t) - \varphi_r(t) = -f^s \frac{\rho}{c} + f^s \delta^s - f_r \delta_r + (f^s - f_r)t \tag{5.6}$$

周波数 f^s、f_r の名目周波数 f からのずれは、1Hz以下のわずかなものである。これは、例えば $df/f = 10^{-12}$ という周波数の短期安定性を考慮すれば、確かめられる。

この短期安定性では、搬送波の名目周波数が $f \approx 1.5 GHz$ の場合、周波数誤差は $df = 1.5 \cdot 10^{-3}$ Hz になる。この場合信号伝播の間（すなわち $t = 0.07$ 秒間）に、ビート位相には最大 10^{-4} サイクルの誤差が生じるが、これはノイズレベル以下であり、このような周波数誤差は無視してもよい。時計の誤差は、ミリ秒の範囲であり、ほとんど影響を与えない。以上のことをまとめると、式（5.6）は以下の簡略した式に書くことができる。

$$\varphi_r^s(t) = -f \frac{\rho}{c} - f\Delta\delta \tag{5.7}$$

ここで再び $\Delta\delta = \delta_r - \delta^s$ を用いている。もし周波数の安定性についての仮定が正しくなく、周波数標準が不安定ならば、そのふるまいは例えば多項式でモデル化してそれらのオフセット量やドリフト量を決定する必要がある。過去には受信機の1秒にもおよぶ大きな時計誤差も十分扱える搬送波位相モデルが、Remondi (1984) によって作られているが、実際にはこれらの時計誤差は観測の差分（一重差、二重差）を取ることで消去できる。

時刻 t_0 に受信機のスイッチを入れると、その瞬間のビート位相が測定される。衛星と受信機の間の初期サイクル数である整数値Nは、未知である。しかしながら追尾が外れることなく連続して行われれば、整数値アンビギュイティーと呼ばれるNの値は変わらず、時刻 t におけるビート位

相は次式で与えられる。

$$\varphi_r^S(t) = \Delta\varphi_r^S\Big|_{t_0}^{t} + N \tag{5.8}$$

ここで $\Delta\varphi_r^s$ は、時刻 t での測定可能な端数位相に、初期時刻 t_0 から積算した整数値サイクル数を加えたものである。式（5.8）の幾何学的な解釈が、図 5.1 に示されている。図では $\Delta\varphi_r^S\Big|_{t_0}^{t}$ を $\Delta\varphi_i$ で表し、簡略化のために、初期端数位相 $\Delta\varphi_0$ はゼロと仮定している。

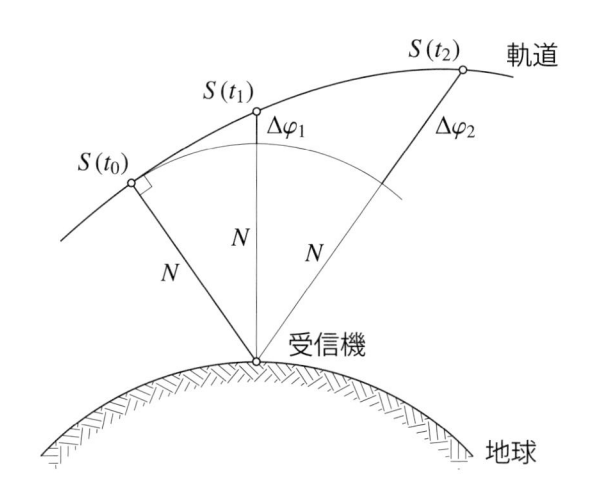

図 5.1　位相距離の幾何学的な解釈

式（5.8）を式（5.7）に代入し、マイナスの観測量 $-\Delta\varphi_r^s$ を Φ で表記すれば、次の位相擬似距離の方程式になる。

$$\Phi = \frac{1}{\lambda}\rho + \frac{c}{\lambda}\Delta\delta + N \tag{5.9}$$

ここで波長 λ は式（4.10）からもってきている。

この式に波長 λ を掛けると、サイクル数単位の位相は次のように距離単位（m）でも表せる。

$$\lambda\Phi = \rho + c\Delta\delta + \lambda N \tag{5.10}$$

これは、コード擬似距離とは波長 λ の N 倍だけ違っている。距離 ρ は、信号送信時刻 t の衛星位置と信号受信時刻 $t+\Delta t$ の受信機位置との距離を表す（両時刻とも共通の基準時系での時刻）。一般に電磁波の位相は、0.01 サイクルより精度よく測定できる。これはギガ Hz 帯の電磁波ではミリメートルの精度に相当する。

式（5.9）では慣例的に符号がすべてプラスになるようにしているが、位相 Φ と距離 ρ の符号が異なることはしばしば起きるので、この慣例は絶対的なものではない。ビート位相は受信機で作られ、衛星信号と受信機信号の組み合わせも受信機のタイプによって異なるため、実際その符号も受信機によって変わる。

5.1.3 ドップラーデータ

TRANSIT 衛星では、距離の差に相当する積分ドップラーシフトが使われた。現在の航法では、視線速度の線形関数であり速度の決定がリアルタイムで行える生のドップラーシフト（式（4.13）参照）が重要である。式（5.9）を考慮すると、距離変化率で表したドップラーシフトの式は、次のようになる。

$$D = \lambda \dot{\Phi} = \dot{\rho} + c \Delta \dot{\delta} \tag{5.11}$$

ここでドット・は時間の微分を示す。生のドップラーシフトは積分ドップラーシフトより精度が悪い。ドップラーシフトは 0.001Hz 程度の精度で観測できるが、これは 1GHz の電波のドップラー観測であれば、(4.13) から $3 \cdot 10^{-4} ms^{-1}$ の速度精度に相当する。

衛星が受信機のほうに近づいている場合、ドップラーシフトはプラスでありドップラーカウントは増えていく。生のドップラーシフトは、キネマティック測量の整数値アンビギュイティーを決めるのに使われたり、単独測位における追加的な観測量としても使われている。

5.1.4 バイアスとノイズ

式（5.2）のコード擬似距離や式（5.9）の位相擬似距離は、系統的な誤差（バイアス）やランダムな誤差（ノイズ）の影響を受けている。誤差の原因は 3 つのグループに分けることができる。すなわち衛星に関係する誤差、伝播媒質に関係する誤差、受信機に関係する誤差である。表 5.1 には擬似距離の系統的な誤差をいくつか載せている。

系統的な誤差のいくつかは、観測方程式の中の追加項としてモデル化される。（詳細は後節で説明。）前にも述べたように系統的な誤差は、観測量の適当な組み合わせによっても消去あるいは小さくすることができる。受信機間で差分を取ることにより衛星に固有の誤差が消去され、衛星間で差分を取ることにより受信機に固有の誤差が消去される。それゆえ擬似距離の二重差は、衛星と受信機に起因する系統的な誤差をほとんど含まない。屈折に関しては、短距離の基線で両端点での測定が同じ屈折の影響を受けている場合にのみ誤差は消去される。電離層屈折の影響は、二周波のデータの適当な組み合わせにより実質的に消去できる。アンテナ位相中心の変化については第 5 章 5 節で取り扱う。

表 5.1 擬似距離の系統的な誤差

発生源	誤差
衛星	時計誤差
	軌道誤差
信号伝播	電離層屈折
	対流圏屈折
受信機	アンテナ位相中心の変化
	時計誤差
	マルチパス

マルチパスは、信号の多重反射（これは衛星が信号を送出する場合にも起こり得る）で引き起こされる。直接波と反射波との干渉のほとんどはノイズ的なものではないが、ノイズとして表れることもある。Well et al.（1987）は、反射をおこす障害物がアンテナパターンを歪ませる虚像を作り出すイメージング（imaging）と呼ばれているマルチパスと同様の誤差要因について報告している。マルチパスもイメージングも反射（ビル、車、樹木等からの）の影響のない場所を選び、適切なアンテナ設計をすることでかなり減らすことができる。マルチパスの影響は周波数によって変わり、搬送波位相はコード距離よりマルチパスの影響を受けにくい（Lachapelle 1990）。マルチパスの問題についての詳細は第5章6節で記述する。

表5.2に、チップ幅300mの粗いコードと30mの精密なコードの場合のコード擬似距離誤差と、位相擬似距離誤差を示す。

表5.2 擬似距離の誤差

距離	誤差
コード擬似距離（粗いコード）	300 cm
コード擬似距離（精密コード）	30 cm
位相擬似距離	5 mm

衛星信号（SIS: Signal in space）による距離測定誤差（URE: User range error）には、軌道誤差や衛星時計誤差、電離層遅延、対流圏遅延が含まれている。UREには測定環境（例えばマルチパス）や受信装置（例えば受信機誤差）に起因する誤差は含まれない。これらの環境や受信機による誤差まで含めて距離測定誤差を考える場合は、UERE（User equivalent range error）と呼ばれる。UEREに寄与するこれらの誤差はお互いに独立であると見なし、UEREはそれぞれの誤差（軌道誤差や衛星時計誤差、電離層遅延、対流圏遅延、マルチパス、受信機誤差）の二乗和の平方根で表される。受信機誤差はさらに、受信機時計誤差とノイズとに分けられる。表5.3に、それぞれの誤差に基づいて計算されたParkinson（1996:481頁）によるUEREの値を示す（m単位）。この表で"計"の列は系統的な誤差（バイアス）とランダムな誤差（ノイズ）をそれぞれ二乗して平方根をとったものである。例えば、衛星時計誤差は $\sqrt{2.0^2 + 0.7^2} = 2.1$ で計算されている。ここでの誤差は1σの範囲を示す（第7章3.6節参照）。

表5.3 距離測定誤差 UERE

誤差源	系統的な誤差	ランダムな誤差	計
	[m]	[m]	[m]
軌道データ	2.1	0.0	2.1
衛星時計	2.0	0.7	2.1
電離層	4.0	0.5	4.0
対流圏	0.5	0.5	0.7
マルチパス	1.0	1.0	1.4
受信機	0.5	0.2	0.5
UERE [m]	5.1	1.4	5.3

第7章3.4節で説明する精度低下率DOPと組み合わせると、距離測定誤差UEREで単独測位精度を推定することができる（第7章3.1節）。

Kuusniemi（2005）が述べているように、表5.3のUEREは限定的にしか使えない。これは、現実には信号の経路長に影響を与える衛星の高度角や受信信号の強さ、マルチパス環境の変化といった多くの誤差要因を考慮しなければならないからである。

信号の強さは、搬送波雑音電力密度比（Carrier-to-noise power density ratio）と信号雑音比（S/N: Signal-to-noise ratio）で表せる（第4章3.1節参照）。Lachapelle（2003）によれば、搬送波雑音電力密度比は航法信号の質を示す基本パラメータである。

5.2　データ結合

GNSSの観測量は、衛星から送信される信号に含まれるコード情報や搬送波位相から得られる。周波数f_1、f_2の2つの搬送波がそれぞれ1つのコードで変調されているとすると、エポック毎にコード擬似距離R_1, R_2と搬送波位相Φ_1, Φ_2、ならびに対応するドップラーシフトD_1, D_2が観測できる。ただし以下の議論ではドップラー観測量は取り扱わない。

一般的にGNSS受信機により観測できる観測量は異なる。例えば一周波受信機では、1つの搬送波によるデータしか観測できないが、3つの搬送波と2つのコードを扱える受信機であれば観測量は大きく増える。

この節では、二周波の観測データから作られる線形結合や搬送波位相によるコード距離の平滑化について説明する。

5.2.1　線形位相擬似距離結合

一般論

2つの搬送周波数f_1, f_2による位相擬似距離をそれぞれΦ_1, Φ_2としよう。Φ_1とΦ_2の線形結合は、次式で定義される。

$$\Phi = n_1 \Phi_1 + n_2 \Phi_2 \tag{5.12}$$

ここでn_1とn_2は任意の数である。この式に位相と周波数の関係式$\Phi_i = f_i t$, $(i = 1, 2)$を代入すれば、

$$\Phi = n_1 f_1 t + n_2 f_2 t = f t \tag{5.13}$$

となる。それゆえ

$$f = n_1 f_1 + n_2 f_2 \tag{5.14}$$

は、線形結合された波の周波数であり、

$$\lambda = \frac{c}{f} \tag{6.15}$$

は、その波長である。

位相のノイズレベルを考えると、これは線形結合によって増加する。両方の位相とも同じノイズレベルの場合、誤差伝播法則を適用すれば、線形結合のノイズは結合前と比べて$\sqrt{n_1^2 + n_2^2}$倍増幅

される。

整数値線形結合

位相擬似距離 Φ_1 と Φ_2 の最も単純な線形結合として、式（5.12）で $n_1 = n_2 = 1$ とすれば、和

$$\Phi_1 + \Phi_2 \tag{5.16}$$

が得られ、$n_1 = 1$、$n_2 = -1$ とすれば、差

$$\Phi_1 - \Phi_2 \tag{5.17}$$

が導かれる。式（5.15）から周波数が高くなれば波長は短くなり（ナロー）、周波数が低くなれば波長は長くなる（ワイド）。したがって $\Phi_1 + \Phi_2$ の線形結合は、ナローレーン（narrow lane）、$\Phi_1 - \Phi_2$ の線形結合は、ワイドレーン（wide lane）と呼ばれている。これらの線形結合は、アンビギュイティーを決めるのに使われる（第7章.2節）。

整数値線形結合の長所は、アンビギュイティーの整数性が保存されることである。

実数値線形結合

n_1 と n_2 の選択を

$$n_1 = 1 \qquad n_2 = -\frac{f_2}{f_1} \tag{5.18}$$

と少しばかり複雑にすれば、線形結合

$$\Phi_1 - \frac{f_2}{f_1}\Phi_2 \tag{5.19}$$

が得られる。

これは、幾何学的残差（geometric residual）と呼ばれ、電離層の影響を減らすために使われる線形結合である（第5章3.2節）。

この他に、式（5.18）の逆数

$$n_1 = 1 \qquad n_2 = -\frac{f_1}{f_2} \tag{5.20}$$

を選択すれば次のような線形結合が得られる。

$$\Phi_1 - \frac{f_1}{f_2}\Phi_2 \tag{5.21}$$

これは電離層残差（ionospheric residual）と呼ばれ、サイクルスリップの検出に関連して使われる（第7章1.2節）。実数値線形結合の欠点は、アンビギュイティーの整数性が失われることである。

5.2.2 コード擬似距離の平滑化

位相擬似距離を使ったコード擬似距離の平滑化は、精密なリアルタイム測位で重要となる。二周波観測で、時刻 t_1 のコード擬似距離 $R_1(t_1)$、$R_2(t_1)$ と搬送波位相擬似距離 $\Phi_1(t_1)$、$\Phi_2(t_1)$ が得られたとする。さらにコード擬似距離は、対応する波長で割られサイクル単位で表されているとしよう（表記は R のままである）。このサイクル単位の擬似距離はコード位相とも呼ばれる。

これらの観測量から、コード擬似距離についての線形結合

$$R(t_1) = \frac{f_1 R_1(t_1) - f_2 R_2(t_1)}{f_1 + f_2} \quad (5.22)$$

と位相擬似距離のワイドレーン線形結合

$$\Phi(t_1) = \Phi_1(t_1) - \Phi_2(t_1) \quad (5.23)$$

を作る。式（5.22）に誤差伝播式を適用すると、この線形結合されたコード擬似距離の誤差は、結合前の個々のコード擬似距離の誤差より $\sqrt{f_1^2 + f_2^2}/(f_1 + f_2) = 0.7$ 倍小さくなる。ワイドレーン線形結合の場合、誤差は $\sqrt{2}$ 倍になるが、位相擬似距離の誤差レベルはコード擬似距離の誤差レベルに較べて本質的に低いので影響はない。式（5.14）を適用すればわかるが、これら2つの線形結合信号 $R(t_1)$ と $\Phi(t_1)$ は同じ周波数、それ故同じ波長を持っていることに注目しよう。

式（5.22）と式（5.23）はエポックごとに作ることができる。また t_1 より後のすべての時刻 t_i におけるコード擬似距離の外挿値 $R(t_i)_{ex}$ は、

$$R(t_i)_{ex} = R(t_1) + (\Phi(t_i) - \Phi(t_1)) \quad (5.24)$$

で計算できる。平滑化されたコード擬似距離 $R(t_i)_{sm}$ は、以下の幾何平均で与えられる。

$$R(t_i)_{sm} = \frac{1}{2}(R(t_i) + R(t_i)_{ex}) \quad (5.25)$$

これらの式を任意の時刻 t_i（時刻 t_{i-1} と共に）に一般化すると、以下の再帰アルゴリズムになる。

$$\begin{aligned} R(t_i) &= \frac{f_1 R_1(t_i) - f_2 R_2(t_i)}{f_1 + f_2} \\ \Phi(t_i) &= \Phi_1(t_i) - \Phi_2(t_i) \\ R(t_i)_{ex} &= R(t_{i-1})_{sm} + (\Phi(t_i) - \Phi(t_{i-1})) \\ R(t_i)_{sm} &= \frac{1}{2}(R(t_i) + R(t_i)_{ex}) \end{aligned} \quad (5.26)$$

この式は初期条件 $R(t_1) = R(t_1)_{ex} = R(t_1)_{sm}$ のもとで、すべての $i > 1$ について成り立つ。

上記のアルゴリズムは、観測データには間違いによる誤差（gross errors）はないものとしているが、搬送波位相データは、例えばサイクルスリップのような整数値アンビギュイティーの変化に敏感である。この問題を回避するため、アルゴリズムを変えたものを以下に示す。前と同じ標記を使って、時刻 t_i における平滑化されたコード擬似距離が

$$R(t_i)_{sm} = wR(t_i) + (1-w)R(t_i)_{ex} \quad (5.27)$$

で与えられる。ここで w は時間に依存する重み係数である。また右辺の第2項には上記アルゴリズムの式 $R(t_i)_{ex} = R(t_{i-1})_{sm} + (\Phi(t_i) - \Phi(t_{i-1}))$ が使われる。

最初のエポック $i = 1$ では、重みは $w = 1$ にとられる。これは観測されたコード擬似距離に最大の重みを与えることである。その後引き続くエポックで重みは徐々に小さくされ、搬送波位相の影響の方が増すことになる。データのサンプリング間隔を1秒にしたキネマティック実験で、エポック毎に重みを0.01づつ小さくすると、100秒後には、外挿値だけを考慮することになる。サイクル

スリップが起きればこのアルゴリズムはうまくいかないであろうが、サイクルスリップは2つの隣接エポック間の搬送波位相差をドップラーシフトにエポック間隔を掛けたものと比較すれば簡単に検出できる。サイクルスリップが起きた後は、重みを w = 1 にセットすることで、間違った搬送波位相データの影響を完全に消し去ることができる。この方法の重要な点は、サイクルスリップは修正する必要はないが、検出しなければならないということである。サイクルスリップ修正は余剰な観測が十分ある場合には可能となる。

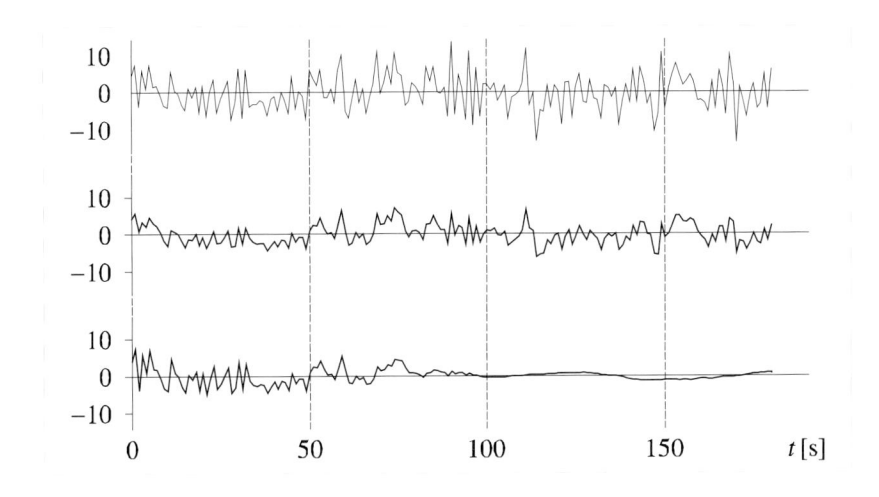

図5.2　コード擬似距離（m）
上段：平滑化前、中段：(5.26) のアルゴリズムによる平滑化、下段：(5.27) の重みを考慮した平滑化

　平滑化アルゴリズムの効果を見るため、図5.2 に実際のデータを示す。図の上段には、1Hz のサンプリング率で測定された170 エポックのコード擬似距離が示されている（衛星運動に伴うトレンドは取り除いている）。中段には、式 (5.26) の平滑化された $R(t_i)_{sm}$ が示されている。最後に下段には式 (5.27) の重みを考慮した結果が示されている。前に述べたようにエポック毎に重みを0.01づつ小さくすると、コードの影響は小さくなり搬送波位相の影響が増す。この他のコード擬似距離の平滑化アルゴリズムでは、最初のエポック t_1 から現在のエポック t_i まで積分されたドップラーシフトから得られた位相差 $\Delta\Phi(t_i, t_1)$ が使われる。積分されたドップラーシフトは、サイクルスリップに影響されない。エポック t_i でのコード擬似距離 $R(t_i)$ からエポック t_1 におけるコード擬似距離の推定値は、

$$R(t_1)_i = R(t_i) - \Delta\Phi(t_i, t_1) \tag{5.28}$$

で与えられる。ここで左辺の i は、コード擬似距離 $R(t_i)$ が計算されたエポックを表している。エポック毎に連続してこの推定値を求め、コード擬似距離の n エポックの幾何平均 $R(t_i)_m$ が、次のように計算され、

$$R(t_1)_m = \frac{1}{n}\sum_{i=1}^{n} R(t_1)_i \tag{5.29}$$

任意のエポックにおける平滑化されたコード擬似距離は

$$R(t_i)_{sm} = R(t_1)_m + \Delta\Phi(t_i, t_1) \tag{5.30}$$

となる。この方法の利点は、最初のコード擬似距離測定に含まれる誤差を、任意に n 回測定したコード擬似距離の平均をとることで、小さくできることである。式（5.28）から式（5.30）までの 3 つの式を見ると、このアルゴリズムは、幾何平均をエポック毎に新しく計算し直すようにすれば、エポック毎に連続しても適用できる。式（5.30）は、エポック t_1 でも成り立つ。もちろんこの場合、$\Delta\Phi(t_1, t_1)$ はゼロで平滑化はされない。

すべての平滑化アルゴリズムは、一周波の観測データしかない場合でも適用できる。この場合、$R(t_i)$ や $\Phi(t_i)$、$\Delta\Phi(t_i, t_1)$ は、それぞれ一周波のコード擬似距離、搬送波位相擬似距離、位相差を表す。

5.3 大気の影響

5.3.1 位相速度と群速度

空間を伝播する波長 λ で周波数 f の単一の電磁波を考えよう。この電磁波の位相の速度

$$v_{ph} = \lambda f \tag{5.31}$$

は、位相速度と呼ばれる。GNSS では、搬送波はこの速度で伝播する。

周波数がわずかに異なる波が集まったものに対しては、その合成波の伝播速度として、群速度が次式で定義される（Bauer 2003: 106 頁）。

$$v_{gr} = -\frac{df}{d\lambda}\lambda^2 \tag{5.32}$$

この速度は、GNSS のコード観測のときに考慮される。

位相速度と群速度の関係は、式（5.31）の全微分をとれば導き出せる。

全微分

$$dv_{ph} = fd\lambda + \lambda df \tag{5.33}$$

を次のように書きかえる。

$$\frac{df}{d\lambda} = \frac{1}{\lambda}\frac{dv_{ph}}{d\lambda} - \frac{f}{\lambda} \tag{5.34}$$

式（5.34）を式（5.32）へ代入すると

$$v_{gr} = -\lambda\frac{dv_{ph}}{d\lambda} + f\lambda \tag{5.35}$$

あるいは、次のレイリー方程式（Rayleigh equation）が得られる。

$$v_{gr} = v_{ph} - \lambda \frac{dv_{ph}}{d\lambda} \tag{5.36}$$

微分式（5.33）には、位相速度の波長や周波数への依存性として定義される分散（Joos 1956: 57 頁）の概念が含まれている。位相速度と群速度は、非分散媒質中では同じであり、真空中では光速度に一致する。

媒質中での波の伝播は、屈折率 n に依存する。一般的に伝播速度は、

$$v = \frac{c}{n} \tag{5.37}$$

で与えられる。この関係式を位相速度と群速度に適用すると、屈折率 n_{ph} は

$$v_{ph} = \frac{c}{n_{ph}} \tag{5.38}$$

で、また n_{gr} が

$$v_{gr} = \frac{c}{n_{gr}} \tag{5.39}$$

と表せる。位相速度を λ に関して微分すると

$$\frac{dv_{ph}}{d\lambda} = -\frac{c}{n_{ph}^2} \frac{dn_{ph}}{d\lambda} \tag{5.40}$$

となる。これらの方程式を式（5.36）に代入すると

$$\frac{c}{n_{gr}} = \frac{c}{n_{ph}} + \lambda \frac{c}{n_{ph}^2} \frac{dn_{ph}}{d\lambda} \tag{5.41}$$

あるいは

$$\frac{1}{n_{gr}} = \frac{1}{n_{ph}} \left(1 + \lambda \frac{1}{n_{ph}} \frac{dn_{ph}}{d\lambda}\right) \tag{5.42}$$

となる。この式は、近似式 $(1+\varepsilon)^{-1} \doteq 1-\varepsilon$ を使うと

$$n_{gr} = n_{ph} \left(1 - \lambda \frac{1}{n_{ph}} \frac{dn_{ph}}{d\lambda}\right) \tag{5.43}$$

と書ける。これから得られる

$$n_{gr} = n_{ph} - \lambda \frac{dn_{ph}}{d\lambda} \tag{5.44}$$

が、修正レイリー方程式（modified Rayleigh equation）である。この式に、関係式 $c = \lambda f$ を λ と f について微分した

$$\frac{d\lambda}{\lambda} = -\frac{df}{f} \tag{5.45}$$

を代入すれば、周波数の微分式で表した修正レイリー方程式が次のように得られる。

$$n_{gr} = n_{ph} + f\frac{dn_{ph}}{df} \tag{5.46}$$

5.3.2 電離層屈折

第4章1.2節で説明したように、地上50 kmから1,000 kmの間のさまざまな層に及ぶ電離層は、GNSS電波信号にとって分散をひき起こす媒質である。Seeber（2003: 54頁）によると、位相の屈折率は級数

$$n_{ph} = 1 + \frac{c_2}{f^2} + \frac{c_3}{f^3} + \frac{c_4}{f^4} + \cdots \tag{5.47}$$

で近似的に表される。係数 c_2、c_3、c_4 は周波数には依存しないが、伝播経路に沿っての単位体積あたりの電子数（すなわち電子数密度）N_e の関数である。この級数の2次項までで打ち切った近似式

$$n_{ph} = 1 + \frac{c_2}{f^2} \tag{5.48}$$

と、これを微分した

$$dn_{ph} = -\frac{2c_2}{f^3}df \tag{5.49}$$

を、式（5.46）に代入すると

$$n_{gr} = 1 + \frac{c_2}{f^2} - f\frac{2c_2}{f^3} \tag{5.50}$$

となる。整理すると

$$n_{gr} = 1 - \frac{c_2}{f^2} \tag{5.51}$$

が得られる。

式（5.48）と式（5.51）から位相屈折率と群屈折率は1を境に反対符号方向に分かれた値を持つことがわかる。c_2 の推定値（Seeber 2003: 54頁）

$$c_2 = -40.3 N_e \left[Hz^2\right] \tag{5.52}$$

を使うと、$n_{gr} > n_{ph}$ それ故 $v_{gr} < v_{ph}$ が得られる。（電子密度 N_e は常にプラスである）この速度の違いで群信号の遅れと位相信号の進みということが起きる。すなわちGNSSのコードは遅れ、搬送波位相は進むことになる。それゆえ衛星と受信機の間の幾何学的な距離に較べて、コード擬似距離は長めに、位相擬似距離は短かめに測定される。くい違いの大きさは、両方とも同じである。フェルマーの原理（Fermat's principle）から測定距離 s は

$$s = \int n\,ds \tag{5.53}$$

で定義される。ここで積分は、信号の伝播経路に沿って行われる。衛星と受信機を結ぶ直線に沿った幾何学的な距離 s_0 は、$n = 1$ とした、類似の式

$$s_0 = \int ds_0 \tag{5.54}$$

で表される。測定距離と幾何学的距離の差 Δ^{Iono} は、電離層屈折と呼ばれ、

$$\Delta^{Iono} = \int n\,ds - \int ds_0 \tag{5.55}$$

である。これを式（5.48）を使い位相屈折率 n_{ph} の場合の式に書きかえると、

$$\Delta_{ph}^{Iono} = \int \left(1 + \frac{c_2}{f^2}\right) ds - \int ds_0 \tag{5.56}$$

なる。式（5.51）を使って、群屈折率 n_{gr} の場合の式にすると

$$\Delta_{gr}^{Iono} = \int \left(1 - \frac{c_2}{f^2}\right) ds - \int ds_0 \tag{5.57}$$

となる。式（5.56）と式（5.57）の最初の項の積分を、幾何学的経路に沿って行うことを許容すれば、ds は ds_0 になり、簡略式

$$\Delta_{ph}^{Iono} = \int \frac{c_2}{f^2} ds_0 \qquad \Delta_{gr}^{Iono} = -\int \frac{c_2}{f^2} ds_0 \tag{5.58}$$

が得られる。これは式（5.52）を代入すれば、次のようにも書ける。

$$\Delta_{ph}^{Iono} = -\frac{40.3}{f^2} \int N_e\,ds_0 \qquad \Delta_{gr}^{Iono} = \frac{40.3}{f^2} \int N_e\,ds_0 \tag{5.59}$$

総電子数（TEC: Total electron content）を

$$TEC = \int N_e\,ds_0 \tag{5.60}$$

で定義し、式（5.59）に代入すれば、距離の次元（m）を持つ最終結果が次のように得られる。

$$\Delta_{ph}^{Iono} = -\frac{40.3}{f^2} TEC \qquad \Delta_{gr}^{Iono} = \frac{40.3}{f^2} TEC \tag{5.61}$$

通常 TEC は、

$$1\,TECU = 10^{16}\,electron/m^2 \tag{5.62}$$

で定義された単位（TECU）で表される。例えば周波数が 1.5GHz で TEC が 1TECU の場合、

$\Delta_{ph}^{Iono} = -0.18\text{m}$ になる。

式（5.60）で導入された TEC は、衛星と受信機間の直線経路に沿った全電子数である。積分は、受信機から衛星までつづく断面積 $1m^2$ の円筒内の電子数を含むと仮定している。通常、鉛直方向に沿った全電子数（TVEC: Total vertical electron content）がモデル化される。TVEC は、比喩的に頭上の全電子数と呼ばれることもある。TVEC を式（5.61）に使う場合は、天頂方向にある衛星のみ成り立つ。任意の視線方向（図 5.3）にある衛星については、電離層での伝播経路長が天頂角につれて変わるため、

$$\Delta_{ph}^{Iono} = -\frac{1}{\cos z'}\frac{40.3}{f^2}TVEC \qquad \Delta_{gr}^{Iono} = \frac{1}{\cos z'}\frac{40.3}{f^2}TVEC \qquad (5.63)$$

と、その衛星の天頂角を考慮しなければならない。これら 2 つの式は、その符号だけが違っている。測定擬似距離に及ぼす電離層の影響の大きさ（プラスの）として、記号

$$\Delta^{Iono} = \frac{1}{\cos z'}\frac{40.3}{f^2}TVEC \qquad (5.64)$$

を導入すると、それぞれのモデルに対してその符号を正しく考慮する必要があるが、ph とか gr とかの指標を省略できる。つまり、電離層のコード擬似距離への影響は、$+\Delta^{Iono}$ で、また位相擬似距離への影響は $-\Delta^{Iono}$ で、それぞれモデル化されることになる。

図 5.3 は、すべての自由電子が電離層ポイント（IP: Ionospheric point）を含む高度 h_m にある無限に薄い球殻に集中していると仮定した単一電離層モデルを示している。

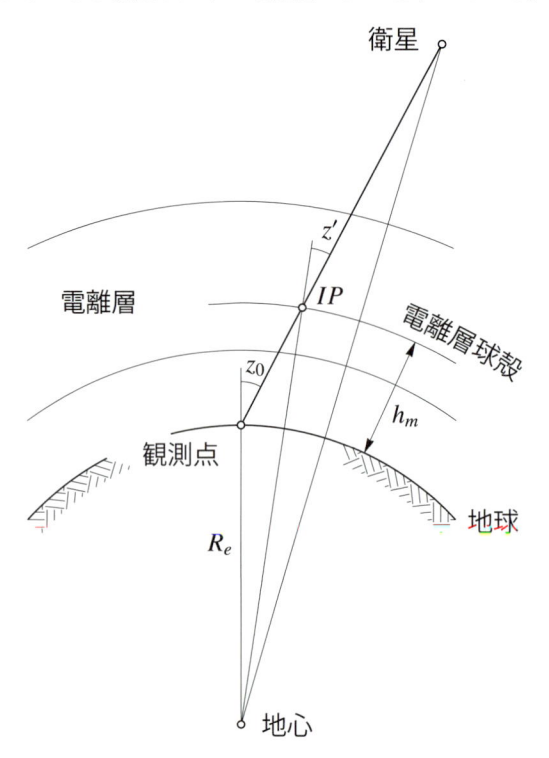

図 5.3　電離層遅延の幾何学

図 5.3 から関係式

$$\sin z' = \frac{R_e}{R_e + h_m} \sin z_0 \quad (5.65)$$

が成り立つのがわかる。ここで R_e は、地球の平均半径、h_m は、電離層の平均高度、z' と z_0 は、IP と観測点における天頂角をそれぞれ表している。天頂角 z_0 は、既知の衛星位置と観測点の概略座標から計算できる。高度 h_m については、300km から 400km の範囲の値が使われる。この高度のとり方は、衛星高度角が低いときだけ効いてくる。

式（5.61）に示されているように、電離層屈折により生じる擬似距離の変化は、TEC の決め方で変わる。しかしながら第 4 章 1.2 節で述べたように、TEC は太陽黒点活動（概略 11 年の周期）や季節変化、日変化、高度や方位角を含む衛星方向の視線、観測点の位置により複雑に変化する。以下 TEC の、測定、推定、影響のモデル計算、影響の消去について説明する。

TEC の測定

国レベルの例としては、日本での長年にわたる意欲的な TEC 観測を上げることができる。TEC と臨海プラズマ周波数には相関があるので、日本の電離層観測所で観測される臨海プラズマ周波数値から TEC は求まる。得られた結果を内挿することにより、日本の任意の場所での TEC が計算できる。

この他に日本では式（5.21）の電離層残差を使った実験観測も行われている。日本では平均点間距離約 25km で全国 1000 点以上に配置された電子基準点（GNSS 受信機内蔵）の密なネットワークが構築されている（Otsuka et al.2002）。最初にそれぞれの電子基準点で得られたデータに重み付き最小二乗計算を行い、TEC の時間平均値を推定する。次にバイアスが取り除かれ、最後に時間分解能 30 秒、空間分解能 0.15°×0.15°（経緯度）の 2 次元 TVEC マップが作られる。同様な実験観測は、「電離層は、現実のプラズマ実験が行われている実験室」(Stubbe 1996) であることからも、世界中でたくさん行われている。また TEC の観測は第 5 章 3.4 節で述べる環境監視にも使われる。

TEC の影響の計算
Klobuchar モデル

鉛直方向の電離層全屈折は、Klobuchar モデル（1986）で近似され、これから擬似距離観測における鉛直方向の時間遅延が得られる。このモデルは近似式ではあるが、航法メッセージとして放送される電離層係数に使われているため重要である。

Klobuchar モデルは、

$$\Delta T_v^{Iono} = A_1 + A_2 \cos\left(\frac{2\pi(t - A_3)}{A_4}\right) \quad (5.66)$$

である。ここで

$$A_1 = 5 \cdot 10^{-9} s = 5 ns$$
$$A_2 = \alpha_1 + \alpha_2 \varphi_{IP}^m + \alpha_3 \varphi_{IP}^{m\,2} + \alpha_4 \varphi_{IP}^{m\,3} \quad (5.67)$$
$$A_3 = 14^h \text{（地方時）}$$
$$A_4 = \beta_1 + \beta_2 \varphi_{IP}^m + \beta_3 \varphi_{IP}^{m\,2} + \beta_4 \varphi_{IP}^{m\,3}$$

である。A_1 と A_3 は定数であり、係数 $\alpha_i, \beta_i, i=1,...,4$ は、衛星からユーザーへ放送される。式（5.66）のパラメータ t は、電離層ポイント IP（図 5.3）での地方時で、次の関係式が成り立つ。

$$t = \frac{\lambda_{IP}}{15} + t_{UT} \quad (5.68)$$

ここで、λ_{IP} は、東回りに測った度単位での地磁気経度で、t_{UT} は、世界時での観測時刻である。最後に式（5.67）の φ_{IP}^m は、地磁気極と電離層ポイント IP との球面距離である。地磁気極の座標を φ_P, λ_P で、電離層ポイント IP の座標を $\varphi_{IP}, \lambda_{IP}$ で表せば、φ_{IP}^m は、

$$\cos\varphi_{IP}^m = \sin\varphi_{IP}\sin\varphi_P + \cos\varphi_{IP}\cos\varphi_P\cos(\lambda_{IP} - \lambda_P) \quad (5.69)$$

から得られる。ここで地磁気極の座標は、

$$\begin{aligned}\varphi_P &= 78.°3N \\ \lambda_P &= 291.°0E\end{aligned} \quad (5.70)$$

である。

Klobuchar モデルの利用・計算手順を要約すると以下のようになる。

- 時刻 t_{UT} での衛星の方位角 a と天頂角 z_0 を計算する。
- 電離層の平均高度を選択し、座標原点と観測点と電離層ポイントの三角形（図 5.3）から得られる観測点と電離層ポイントの間の距離 s を計算する。
- 電離層ポイントの座標 $\varphi_{IP}, \lambda_{IP}$ を a, z_0, s から計算する。
- 式（5.69）から φ_{IP}^m を計算する。
- 航法メッセージで受信した係数 $\alpha_i, \beta_i, i=1,...4$ を用いて、式（5.67）から A_2 と A_4 を計算する。
- 式（5.67）と式（5.68）を使って、鉛直（天頂）遅延 ΔT_v^{Iono} を式（5.66）で計算する。
- 式（5.65）で z' を求め、$\Delta T^{Iono} = \Delta T_v^{Iono} / \cos z'$ を使うと、垂直方向の遅延から伝播経路に沿った遅延に転換される。結果は秒で表された遅延時間となり、擬似距離の変化量に変換するためには光速度を掛ければよい。

Klobuchar モデルを使うと、電離層屈折の影響を少なくとも半分に減らすことができる（ARINC Engineering Services 2006a）。

NeQuick モデル

トリエステ（イタリア）にある Abdus Salam 理論物理学国際センターの超高層大気電波伝搬研究所 ARPL（Aeronomy and Radiopropagation Laboratory）と Graz 大学（オーストリア）の地球・天文物理学、気象学研究所は、三次元の電離層電子密度モデルである NeQuick モデルを開発した。

このモデルでは電離層の任意の場所での電子密度が扱え、天頂方向や衛星の視線方向の電子密度

や全電子数 TEC が容易に計算できる。

　NeQuick モデルは、2001 年の国際電気通信連合無線通信部会 ITU-R で TEC 計算に適したモデルであると認められた。NeQuick モデルは電離層の下層でも上層でも電子密度分布を与えることのできるモデルである。このモデルの入力パラメータは、位置、時間、太陽束（solar flux）であり、出力パラメータはこの位置、時間での電子密度である。

　NeQuick モデルでは、太陽黒点数の 12 ヶ月移動平均値 R_{12} あるいは太陽束 $F_{10.7}$ のいずれかで表される太陽活動の月平均値が使われる。この 2 つは関係式 $R_{12} = (F_{10.7} - 57)/0.93$ で結びついている。公開されている ITU-R の NeQuick モデルソフトウエア文書には R.Leitinger と S.Radicella による補足説明が載せられている。

　利用できるソフトでは、季節（入力は月）、時間（入力は UT）、太陽活動（入力は $F_{10.7}$）の入力毎に NeQuick モデルの計算が行われ、任意の経度 λ 緯度 φ 高さ h での TEC が求められる。また衛星からの電波伝播経路に沿っての電子密度分布の計算も行える。超高層大気電波伝搬研究所 ARPL の Web サイト（http://arpl.ictp.it/nqonline/index.html）では、高度の関数で表した電子密度分布がオンラインで計算できる。

　太陽束（あるいは太陽黒点数）は、実効イオン化パラメータ Az で置き換えることもできる。実効イオン化パラメータは、3 つの係数 a_0, a_1, a_2 を使った次式から計算される。

$$Az = a_0 + a_1\mu + a_2\mu^2 \tag{5.71}$$

ここで μ は、実際の磁気俯角 I（magnetic dip）と観測点緯度 φ から

$$\tan\mu = \frac{I}{\sqrt{\cos\varphi}} \tag{5.72}$$

で計算される修正磁気俯角である。磁気俯角 I は磁気赤道では 0°で磁気極では 90°である。ガリレオ計画では、一周波の測位でこの NeQuick モデルを使うことが提案されている。Arbesser-Rastburg（2006）による手順は以下のようになる。

- 観測点：グローバルな観測点ネットワークでは、連続的に視線方向の TEC を観測し、NeQuick モデル計算に必要な実効イオン化パラメータを最適化する。
- 衛星：衛星は少なくとも 1 日に 1 回、実効イオン化パラメータをアップロードし、これを航法メッセージとして放送する。
- ユーザー：受信された航法メッセージの係数 a_0, a_1, a_2 から実効イオン化パラメータ Az を計算する。これを入力に NeQuick モデルで衛星の視線方向 TEC が計算され、擬似距離が補正される。

Arbesser-Rastburg（2006）と Arbesser-Rastburg and Jakowski（2007）は、GNSS 受信機入力と計算アルゴリズムに関してより詳しく説明している。

　受信機は航法メッセージから以下のデータを入力データとして取り出す。

- 実効イオン化パラメータ AZ 係数 a_0, a_1, a_2
- 電離層擾乱フラグ（flag）（ユーザーに航法メッセージの電離層補正量が使えるかどうかの警告）

- 時間（月と UT）
- 衛星位置（ケプラー要素から計算可能）
- 受信機の概略位置（電離層補正前に推定）

受信機はこれ以外に内部ファームウエアから以下の入力データを取り出す。

- 地球磁場の情報（地球磁場は変化するため、これは5年毎に更新する必要がある）
- 各月毎の12個の ITU-R マップ

受信機の中で行われる計算手順は以下の通りである。

1. 擬似距離（電離層補正なし）を使って、受信機位置 φ、λ、h を推定。
2. 受信機位置の φ、λ と内部ファームウエアの地球磁場の情報を使い、3次補間で磁気俯角 I を計算。
3. 式（5.72）で修正磁気俯角 μ を計算。
4. 式（5.71）で実効イオン化パラメータ Az を計算。
5. NeQuick モデルを使い、衛星―受信機間の伝播経路上の点で電子密度を計算。
6. 衛星―受信機間の伝播経路上の一定間隔の点でこれまでのステップを繰り返す。
7. 衛星―受信機間の伝播経路上の電子密度を数値積分し、視線方向 TEC を計算。
8. 式（5.61）で視線方向 TEC を Δ^{Iono} に変換し、擬似距離を補正。

Leitinger et al.（2005）と Nava et al.（2005）は、NeQuick モデルの修正案について述べている。この修正 NeQuick モデルでは、年や月に依存しないパラメータや簡略化された ITU-R マップが使われる等のいくつかの改善が行われている。

TEC の影響の消去

電離層は時間的に複雑に変化するため、満足できる TEC モデルを見つけるのは難しい。したがって最も効果的な方法は、電離層の影響を、周波数の異なる2つの信号を使って消去することである。GNSS 信号が、少なくとも2つの搬送周波数を持つ主な理由はここにある。式（5.10）の位相擬似距離モデルに、式（5.64）の周波数依存の電離層屈折の影響を付け加えると、

$$\lambda_1 \Phi_1 = \rho + c\Delta\delta + \lambda_1 N_1 - \Delta_1^{Iono}$$
$$\lambda_2 \Phi_2 = \rho + c\Delta\delta + \lambda_2 N_2 - \Delta_2^{Iono}$$
(5.73)

が得られる。ここで下付指標の 1, 2 は2つの搬送波を表している。これをそれぞれの周波数で割ると、

$$\Phi_1 = \frac{1}{\lambda_1}\rho + \frac{c}{\lambda_1}\Delta\delta + N_1 - \frac{1}{\lambda_1}\Delta_1^{Iono}$$
$$\Phi_2 = \frac{1}{\lambda_2}\rho + \frac{c}{\lambda_2}\Delta\delta + N_2 - \frac{1}{\lambda_2}\Delta_2^{Iono}$$
(5.74)

が得られる。関係式 $c = f\lambda$ を使うと

第5章　観測量

$$\Phi_1 = \frac{f_1}{c}\rho + f_1\Delta\delta + N_1 - \frac{f_1}{c}\Delta_1^{Iono}$$

$$\Phi_2 = \frac{f_2}{c}\rho + f_2\Delta\delta + N_2 - \frac{f_2}{c}\Delta_2^{Iono}$$

(5.75)

となるが、これを次のように書きかえる。

$$\Phi_1 = af_1 + N_1 - \frac{b}{f_1}$$

$$\Phi_2 = af_2 + N_2 - \frac{b}{f_2}$$

(5.76)

ここで a、b は

$$a = \frac{\rho}{c} + \Delta\delta \qquad\qquad 幾何学項$$

$$b = \frac{f_i^2}{c}\Delta^{Iono} = \frac{1}{c}\frac{40.3}{\cos z'}\text{TVEC} \quad 電離層項$$

(5.77)

である。b についての式では、式 (5.64) が使われている。a、b は周波数に依存しないので下付き指標もつけてない。

電離層項は、以下の線形結合で消去される。式 (5.76) の最初と 2 番目の方程式にそれぞれ f_1 と f_2 を掛け、差をとると、

$$\Phi_1 f_1 - \Phi_2 f_2 = a(f_1^2 - f_2^2) + N_1 f_1 - N_2 f_2 \tag{5.78}$$

になる。両辺に $f_1/(f_1^2 - f_2^2)$ を掛け合わせ、少し整理すると、いわゆる電離層の影響を受けない線形結合

$$\left[\Phi_1 - \frac{f_2}{f_1}\Phi_2\right]\frac{f_1^2}{f_1^2 - f_2^2} = af_1 + \left[N_1 - \frac{f_2}{f_1}N_2\right]\frac{f_1^2}{f_1^2 - f_2^2} \tag{5.79}$$

が得られる。これに式 (5.77) の a を代入すると

$$\left[\Phi_1 - \frac{f_2}{f_1}\Phi_2\right]\frac{f_1^2}{f_1^2 - f_2^2} = \frac{f_1}{c}\rho + f_1\Delta\delta + \left[N_1 - \frac{f_2}{f_1}N_2\right]\frac{f_1^2}{f_1^2 - f_2^2} \tag{5.80}$$

となる（これらの式の左辺に、幾何学的残差（式 (5.19) 参照）が現れていることに留意）。この線形結合の大きな欠点は、現在の GNSS では f_2/f_1 が整数ではないので、アンビギュイティーの整数性が失われることである。

　コード擬似距離についても、電離層の影響を受けない線形結合を導出しよう。コード擬似距離の

モデル式は

$$R_1 = \rho + c\Delta\delta + \Delta_1^{Iono}$$
$$R_2 = \rho + c\Delta\delta + \Delta_2^{Iono}$$
(5.81)

である。Δ^{Iono} は、搬送波周波数の二乗に逆比例する（式 5.64）参照）ので、式（5.81）の最初の方程式に f_1^2 を、2番目に f_2^2 をそれぞれ掛けて、差をとると

$$R_1 f_1^2 - R_2 f_2^2 = (f_1^2 - f_2^2)(\rho + c\Delta\delta) \tag{5.82}$$

が得られる。ここでは、電離層項は消去されている。この両辺を $(f_1^2 - f_2^2)$ で割り、少し整理すると、電離層の影響を受けない線形結合

$$\left[R_1 - \frac{f_2^2}{f_1^2} R_2\right] \frac{f_1^2}{f_1^2 - f_2^2} = \rho + c\Delta\delta \tag{5.83}$$

が得られる。これを使うことにより、電離層の影響は消去（もっと正確には減少させることが）できる。導出の過程を思い出すと、ここで「電離層の影響を受けない（ionosphere-free）」という言葉は、完全には正しいわけではないことをはっきりさせる必要がある。というのは例えば式（5.48）の近似や、式（5.58）で、積分が本当の信号経路に沿って行われていないように、これらの式にはいくつかの近似が含まれているからである。Brunner and Gu（1991）は、屈折率の級数展開の高次項や地磁気の影響、伝播経路の湾曲の影響も説明できる改良されたモデルを提案している。

5.3.3 対流圏屈折

中性大気（すなわちイオン化されていない部分）の影響は、対流圏屈折（対流圏での経路遅延、あるいは単に対流圏遅延）として表される。ここで対流圏というのは、中性大気のもう1つの構成要素である成層圏を除外することになるので、すこし不正確な表現であるが、その中で対流圏の寄与が圧倒的であることからこの言葉が使われる。

中性大気は、15GHz までの周波数の電波に対しては、分散を起こさない。すなわち、伝播は周波数に依存しない。結果として、異なる搬送波での位相とコードの区別は必要なくなる。しかしこれは、対流圏屈折の影響を2つの搬送周波数を使って消去することができないという欠点にもなる。対流圏での経路遅延は、電離層での式（5.55）と類似の

$$\Delta^{Trop} = \int (n-1) ds_0 \tag{5.84}$$

で定義される。ここでまた、積分は信号の幾何学的経路に沿って行われるという近似を導入する。通常、屈折率 n の代わりに屈折指数（refractivity）

$$N^{Trop} = 10^6 (n-1) \tag{5.85}$$

が、用いられる。すると式（5.84）は、

第 5 章 観測量

$$\Delta^{Trop} = 10^{-6} \int N^{Trop} ds_0 \tag{5.86}$$

となる。Hopfield (1969) は、N^{Trop} が以下のように乾燥 (dry) 成分と湿潤 (wet) 成分とに分離できることを示した。

$$N^{Trop} = N_d^{Trop} + N_w^{Trop} \tag{5.87}$$

乾燥成分は乾いた大気に湿潤成分は水蒸気にそれぞれ起因し、関係式

$$\Delta_d^{Trop} = 10^{-6} \int N_d^{Trop} ds_0 \tag{5.88}$$

$$\Delta_w^{Trop} = 10^{-6} \int N_w^{Trop} ds_0 \tag{5.89}$$

$$\begin{aligned}\Delta^{Trop} &= \Delta_d^{Trop} + \Delta_w^{Trop} \\ &= 10^{-6} \int N_d^{Trop} ds_0 + 10^{-6} \int N_w^{Trop} ds_0\end{aligned} \tag{5.90}$$

が得られる。第 4 章 1.2 節で述べたように、対流圏屈折のおよそ 90％は乾燥成分で起き、およそ 10％が湿潤成分で起きる。実際には、式 (5.90) で、屈折指数のモデルを使い、この被積分関数を例えば級数展開して、数値的にあるいは解析的に積分を行う。地球の地表面における乾燥大気と湿潤大気の屈折指数についてはよくわかっている (Essen and Froome 1951)。例えば乾燥成分は、

$$N_{d,0}^{Trop} = \overline{c_1} \frac{p}{T} \qquad \overline{c_1} = 77.64 Kmb^{-1} \tag{5.91}$$

である。ここで P は、ミリバール (m b) で表した大気圧で、T は、ケルビン (K) 温度である。湿潤成分は、

$$N_{w,0}^{Trop} = \overline{c_2} \frac{e}{T} + \overline{c_3} \frac{e}{T^2} \qquad \begin{array}{l}\overline{c_2} = -12.96 Kmb^{-1} \\ \overline{c_3} = 3.718 \cdot 10^5 K^2 mb^{-1}\end{array} \tag{5.92}$$

である。ここで、e は、m b 単位の水蒸気分圧、T は、ケルビン温度である。係数の上に横線をつけたのは、単にこの係数が電離層の時の係数 (例えば式 (5.47)) とは何の関係もないことを強調するためである。

係数 $\overline{c_1}, \overline{c_2}, \overline{c_3}$ は、経験的に決定されるもので、もちろんこれでローカルな大気の状況を十分に記述するということはできないが、観測点で気象観測を行うことでモデルの改善が行われる。以下の節で、地上での気象データを考慮したモデルをいくつか示す。

Hopfield モデル

全地球をカバーする実際の観測データを使って、Hopfield (1969) は、乾燥屈折指数を地表からの高さの関数として表す次の経験式を見出した。

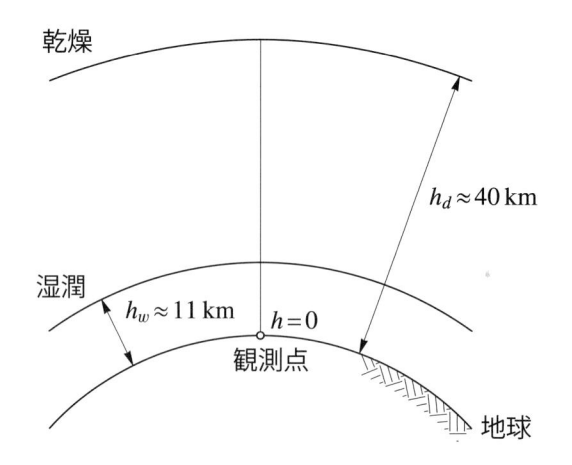

[図 5.4: 対流圏のポリトロープ層の模式図。乾燥層の厚さ $h_d \approx 40\,\mathrm{km}$、湿潤層の厚さ $h_w \approx 11\,\mathrm{km}$、観測点 $h=0$、地球表面。]

図 5.4 対流圏のポリトロープ層（polytropic layer）の厚さ

$$N_d^{Trop}(h) = N_{d,0}^{Trop}\left[\frac{h_d - h}{h_d}\right]^4 \tag{5.93}$$

ここで図 5.4 で示されているポリトロープ層（polytropic layer）の厚さは、

$$h_d = 40136 + 148.72(T - 273.16)\,[m] \tag{5.94}$$

と仮定されている。式（5.93）を、（乾燥部分の）式（5.88）に代入すると、対流圏での経路遅延は、

$$\Delta_d^{Trop} = 10^{-6} N_{d,0}^{Trop} \int \left[\frac{h_d - h}{h_d}\right]^4 ds_0 \tag{5.95}$$

となる。この積分は、遅延が鉛直方向で、信号経路の湾曲が無視できれば解くことができる。その場合、式（5.95）は、

$$\Delta_d^{Trop} = 10^{-6} N_{d,0}^{Trop} \frac{1}{h_d^4} \int_{h=0}^{h=h_d} (h_d - h)^4 dh \tag{5.96}$$

となる。ここで、積分の下限 $h = 0$ は地表面上の観測点位置に相当する。また定数である分母は積分の外に出してある。積分を実行すれば、

$$\Delta_d^{Trop} = 10^{-6} N_{d,0}^{Trop} \frac{1}{h_d^4}\left[-\frac{1}{5}(h_d - h)^5 \Big|_{h=0}^{h=h_d}\right] \tag{5.97}$$

が得られる。この式の括弧内を計算すると $h_d^5/5$ になるので、

$$\Delta_d^{Trop} = \frac{10^{-6}}{5} N_{d,0}^{Trop} h_d \tag{5.98}$$

が、対流圏の乾燥大気による天頂遅延の大きさである。

　湿潤大気による遅延をモデル化するのは、水蒸気が時間、空間的に大きく変化するため乾燥大気

の場合よりもっと難しい。しかしながら、Hopfield モデルでは、他に適当な代替がないため、湿潤大気と乾燥大気の両方に同じ関数形を仮定している。したがって湿潤屈折指数は、

$$N_w^{Trop}(h) = N_{w,0}^{Trop} \left[\frac{h_w - h}{h_w}\right]^4 \tag{5.99}$$

である。ここで h_w として平均的な値

$$h_w = 11000 m \tag{5.100}$$

が使われるが、時々 $h_w = 12000\ m$ といった値も提案されたこともある。h_d と h_w の値は、その場所と温度に依存しているので、1つに決めることはできない。ドイツでは、4年半にわたるラジオゾンデを使った観測で、マイクロ波の対流圏での経路遅延をローカルに推定し、その観測点のまわりで $h_d = 41.6\ km$　$h_w = 11.5\ km$ という値を得ている。実際の対流圏高度は、乾燥大気、湿潤大気でそれぞれ $40\ km \leq h_d \leq 45\ km$　$10\ km \leq h_w \leq 13\ km$ の範囲である。

式（5.99）の積分は、式（5.95）と完全に類似しており、結果は

$$\Delta_w^{Trop} = \frac{10^{-6}}{5} N_{w.0}^{Trop} h_w \tag{5.101}$$

となる。したがって対流圏での全天頂遅延は、

$$\Delta^{Trop} = \frac{10^{-6}}{5}\left[N_{d.0}^{Trop} h_d + N_{w.0}^{Trop} h_w\ \right] \tag{5.102}$$

となる（m単位）。このモデル式では、任意の天頂角をもつ信号の遅延量は分からない。これを求めるには、天頂方向と視線方向の傾きを考慮しなければならない。最も単純なのは、天頂方向から視線方向へ投影することである。天頂方向の遅延から任意の天頂角方向の遅延への変換は、マッピング関数（mapping function）を使って表すことができる。マッピング関数を導入すると、式（5.102）は、

$$\Delta^{Trop} = \frac{10^{-6}}{5}\left[N_{d.0}^{Trop} h_d m_d(E) + N_{w.0}^{Trop} h_w m_w(E)\ \right] \tag{5.103}$$

となる。ここで $m_d(E)$ と $m_w(E)$ は、乾燥大気、湿潤大気のマッピング関数であり、E（度単位）は、観測点での高度角（伝播経路は直線に単純化）である。

Hopfield モデルのマッピング関数を、具体的に表せば

$$\begin{aligned}m_d(E) &= \frac{1}{\sin\sqrt{E^2 + 6.25}} \\ m_w(E) &= \frac{1}{\sin\sqrt{E^2 + 2.25}}\end{aligned} \tag{5.104}$$

である。式（5.103）は、より簡潔に

$$\Delta^{Trop}(E) = \Delta_d^{Trop}(E) + \Delta_w^{Trop}(E) \tag{5.105}$$

と表すことができる。ここで右辺の2項はそれぞれ

$$\Delta_d^{Trop}(E) = \frac{10^{-6}}{5} \frac{N_{d,0}^{Trop} h_d}{\sin\sqrt{E^2 + 6.25}}$$

$$\Delta_w^{Trop}(E) = \frac{10^{-6}}{5} \frac{N_{w,0}^{Trop} h_w}{\sin\sqrt{E^2 + 2.25}}$$

(5.106)

である。この式に、(5.91)、(5.94) と (5.92)、(5.100) を代入すれば

$$\Delta_d^{Trop}(E) = \frac{10^{-6}}{5} \frac{77.64}{\sin\sqrt{E^2 + 6.25}} \frac{p}{T} [40136 + 148.72(T - 273.16)]$$

$$\Delta_w^{Trop}(E) = \frac{10^{-6}}{5} \frac{(-12.96T + 3.718 \cdot 10^5)}{\sin\sqrt{E^2 + 2.25}} \frac{e}{T^2} 11000$$

(5.107)

が得られる。観測点で p, T, e を測定し、高度角を計算して、式 (5.107) を求めれば、対流圏での全経路遅延がメートルの単位で、式 (5.105) から得られる。

修正 Hopfield モデル

経験式 (5.93) を、高さではなく位置ベクトルの長さを使って書き換えよう。地球の半径を R_e とすれば、図 5.5 から位置ベクトルの長さは、それぞれ $r_d = R_e + h_d$ 、 $r = R_e + h$ となる。したがって次式

$$N_d^{Trop}(h) = N_{d,0}^{Trop} \left[\frac{r_d - r}{r_d - R_e}\right]^4$$

(5.108)

は、乾燥屈折指数式 (5.93) と同じものである。

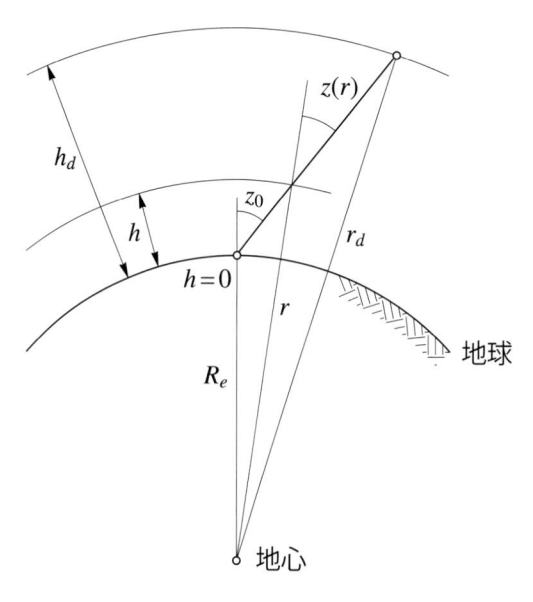

図 5.5 対流圏遅延の幾何学

式 (6.84) を使い、マッピング関数 $1/\cos z(r)$ を導入すれば、地上観測点での乾燥経路遅延として

$$\Delta_d^{Trop}(z) = 10^{-6} \int_{r=R_e}^{r=r_d} N_d^{Trop}(r) \frac{1}{\cos z(r)} dr \tag{5.109}$$

が得られる。天頂角 $z(r)$ は、変数であることに注意しよう。観測点での天頂角を z_0 で表せば、図5.5から正弦法則

$$\sin z(r) = \frac{R_e}{r} \sin z_0 \tag{5.110}$$

が成り立つ。これから

$$\cos z(r) = \sqrt{1 - \frac{R_e^2}{r^2} \sin^2 z_0} \tag{5.111}$$

が得られるが、次のように書き直す。

$$\cos z(r) = \frac{1}{r}\sqrt{r^2 - R_e^2 \sin^2 z_0} \tag{5.112}$$

式 (5.112) と式 (5.108) を、式 (5.109) に代入すると

$$\Delta_d^{Trop}(z) = \frac{10^{-6} N_{d,0}^{Trop}}{(r_d - R_e)^4} \int_{r=R_e}^{r=r_d} \frac{r(r_d-r)^4}{\sqrt{r^2 - R_e^2 \sin^2 z_0}} dr \tag{5.113}$$

となる。ここで積分変数 r に関して定数とみなせるものは積分記号の外に出してある。湿潤遅延に対しても同様のモデルを仮定すれば

$$\Delta_w^{Trop}(z) = \frac{10^{-6} N_{w,0}^{Trop}}{(r_w - R_e)^4} \int_{r=R_e}^{r=r_w} \frac{r(r_w-r)^4}{\sqrt{r^2 - R_e^2 \sin^2 z_0}} dr \tag{5.114}$$

が得られる。天頂角 z の代わりに、高度角 $E = 90° - z$ も使われる。この積分の解き方の違いで異なる修正 Hopfield モデルが導き出されている。ここでは、被積分関数を級数展開するモデルについて紹介する。結果は、例えば Remondi (1984) に以下の形で示されている。使われている下付指標 i は、乾燥の場合は d に、湿潤の場合は w にそれぞれ置き換えられるものである。
それによると

$$r_i = \sqrt{(R_e + h_i)^2 - (R_e \cos E)^2} - R_e \sin E \tag{5.115}$$

を使って対流圏遅延（メートル単位）は、

$$\Delta_i^{Trop}(E) = 10^{-12} N_{i,0}^{Trop} \left[\sum_{k=1}^{9} \frac{\alpha_{k,i}}{k} r_i^k \right] \tag{5.116}$$

で表される。ここで

$$\begin{aligned}
&\alpha_{1,i} = 1 &&\alpha_{6,i} = 4a_i b_i (a_i^2 + 3b_i) \\
&\alpha_{2,i} = 4a_i &&\alpha_{7,i} = b_i^2 (6a_i^2 + 4b_i) \\
&\alpha_{3,i} = 6a_i^2 + 4b_i &&\alpha_{8,i} = 4a_i b_i^3 \\
&\alpha_{4,i} = 4a_i (a_i^2 + 3b_i) &&\alpha_{9,i} = b_i^4 \\
&\alpha_{5,i} = a_i^4 + 12a_i^2 b_i + 6b_i^2 &&
\end{aligned} \qquad (5.117)$$

$$a_i = -\frac{\sin E}{h_i}, \qquad\qquad b_i = -\frac{\cos^2 E}{2h_i R_e} \qquad (5.118)$$

である。式 (5.116) で、i の代わりに d を代入し、$N_{d,0}^{Trop}$ に式 (5.91) を、h_d に式 (5.94) を使えば、乾燥遅延が得られる。同様に湿潤遅延の場合は、$N_{w,0}^{Trop}$ と h_w にそれぞれ式 (5.92) と式 (5.100) を使う必要がある。

Saastamoinen モデル

　屈折指数は、気体の法則からも導くことができる。Saastamoinen モデルはこの方法でいくつかの近似を仮定し作られたものであるが、その理論的な導出については省略する（Saastamoinen 1973）。メートル単位で表した対流圏遅延の Saastamoinen モデルは、z, p, T および e の関数として、

$$\Delta^{Trop} = \frac{0.002277}{\cos z}\left[p + \left(\frac{1255}{T} + 0.05\right)e - \tan^2 z\right] \qquad (5.119)$$

と表される。ここで z は衛星の天頂角、p はミリバール単位の大気圧、T は Kelvin 温度、e はミリバール単位の水蒸気分圧である。海面上での標準大気のパラメータ（$p = 1013.25$ ミリバール、$T = 273.16 Kelvin$、$e = 0$ ミリバール）を使ってこのモデル式を評価すると、対流圏天頂遅延はおよそ 2.3m になる。

　Saastamoinen は、このモデルに 2 つの修正項を付け加える改良を行った。修正項の 1 つは、観測点の標高に、もう 1 つは、標高と天頂角にそれぞれ依存する。改良されたモデルは、

$$\Delta^{Trop} = \frac{0.002277}{\cos z}\left[p + \left(\frac{1255}{T} + 0.05\right)e - B\tan^2 z\right] + \delta R \qquad (5.120)$$

である。修正項 B と δR は、表 5.4 と表 5.5 から内挿で求められる。

表 5.4　改良 Saastamoinen モデルの修正項 B

高さ [km]	B[mb]
0.0	1.156
0.5	1.079
1.0	1.006
1.5	0.938
2.0	0.874
2.5	0.813
3.0	0.757
4.0	0.654
5.0	0.563

表5.5 改良 Saastamoinen モデルの修正項 δR (m)

天頂角	観測点の海抜高度 [km]							
	0	0.5	1.0	1.5	2.0	3.0	4.0	5.0
60° 00'	0.003	0.003	0.002	0.002	0.002	0.002	0.001	0.001
66° 00'	0.006	0.006	0.005	0.005	0.004	0.003	0.003	0.002
70° 00'	0.012	0.011	0.010	0.009	0.008	0.006	0.005	0.004
73° 00'	0.020	0.018	0.017	0.015	0.013	0.011	0.009	0.007
75° 00'	0.031	0.028	0.025	0.023	0.021	0.017	0.014	0.011
76° 00'	0.039	0.035	0.032	0.029	0.026	0.021	0.017	0.014
77° 00'	0.050	0.045	0.041	0.037	0.033	0.027	0.022	0.018
78° 00'	0.065	0.059	0.054	0.049	0.044	0.036	0.030	0.024
78° 30'	0.075	0.068	0.062	0.056	0.051	0.042	0.034	0.028
79° 00'	0.087	0.079	0.072	0.065	0.059	0.049	0.040	0.033
79° 30'	0.102	0.093	0.085	0.077	0.070	0.058	0.047	0.039
79° 45'	0.111	0.101	0.092	0.083	0.076	0.063	0.052	0.043
80° 00'	0.121	0.110	0.100	0.091	0.083	0.068	0.056	0.047

Marini のマッピング関数を使うモデル

1972年 Marini は、連続する分数で表したマッピング関数を開発した。Herring (1992) は、この関数を天頂で1になるよう正規化し、3つの定数を指定した。乾燥遅延に対しては、マッピング関数

$$m_d(E) = \frac{1+\dfrac{a_d}{1+\dfrac{b_d}{1+c_d}}}{\sin E + \dfrac{a_d}{\sin E + \dfrac{b_d}{\sin E + c_d}}} \tag{5.121}$$

が用いられる。ここで係数は、

$$a_d = \left[1.2320 + 0.0139\cos\varphi - 0.0209h + 0.00215(T-283)\right] \cdot 10^{-3}$$

$$b_d = \left[3.1612 - 0.1600\cos\varphi - 0.0331h + 0.00206(T-283)\right] \cdot 10^{-3} \tag{5.122}$$

$$c_d = \left[71.244 - 4.293\cos\varphi - 0.149h - 0.0021(T-283)\right] \cdot 10^{-3}$$

で定義され、観測点の緯度 φ と標高 h、Kelvin 温度 T の関数である。

湿潤遅延に対するマッピング関数は、式 (6.117) で下付指標 d を w に置き換えればよい。対応する係数は、

$$a_w = [0.583 - 0.011\cos\varphi - 0.052h + 0.0014(T-283)]\cdot 10^{-3}$$

$$b_w = [1.402 - 0.102\cos\varphi - 0.101h + 0.0020(T-283)]\cdot 10^{-3} \tag{5.123}$$

$$c_w = [45.85 - 1.91\cos\varphi - 1.29h + 0.015(T-283)]\cdot 10^{-3}$$

である。

 Niel（1996）は、Herring と同じタイプ、すなわち、3つの係数だけの連続する分数で表したMarini のマッピング関数を使った。乾燥遅延の場合、これらの係数は、観測点の緯度と標高、年初からの日数の関数である。一方湿潤遅延の場合は、係数は観測点の緯度だけに依存する。Niel（1996）に、特定のいくつかの緯度における係数の値が、計算されている。任意の緯度での係数を求めるには、内挿を行う必要がある。

 この節で与えられたマッピング関数を、例えば、式（5.103）の天頂遅延式に代入すれば、対流圏の遅延モデルとなる。

対流圏問題

 他にもここで紹介したモデルと似た、多くの対流圏モデルがある。Jane 他（1991）と Spiker（1996b）は、他のいくつかの対流圏モデルについて解析をしている。このように対流圏のモデル化がたくさん試みられる理由の1つは、水蒸気のモデル化の困難さにある。水蒸気の推定は地表面の観測値だけでは精度の限界があるので、水蒸気ラジオメーターが使われている。水蒸気ラジオメーターは、信号経路に沿っての放射マイクロ波観測により、湿潤経路遅延の計算が可能になるマイクロ波輝度温度を求める。高精度の水蒸気ラジオメーターは高価で、大気天頂遅延がマッピング関数により増幅される低高度角での使用には問題がある。対流圏の影響をモデル化するのは難しく、数年間にわたる継続した研究開発が必要となる。これを解決する1つの方法は、地表面とラジオゾンデによる気象データと水蒸気ラジオメーター測定、統計学を結合することであるが、まだ今のところ適当なモデルは見出されていない。

 どの標準モデルも、地上で測定されたパラメータで天頂遅延を推定するという悩みをもっている。この他のアプローチは、位相観測の最小二乗網平均の中で天頂遅延を推定することである。いくつかの処理ソフトでこれができるものがある。通常は各観測点でセッション毎に1つの天頂遅延量が推定されるが、セッションごとに複数の天頂遅延量を推定してみるのも良い経験になる（Brunner and Welsch 1993）。

 ローカルな観測網で基準点の他に検定用の観測点が使えれば、対流圏遅延量と観測点高度との間の強い相関を利用する方法もある。これは基準点と検定用の観測点が安定した岩盤上に設置されている地すべり監視のような場合に特に効果的である。*Rührnößl* et al.（1998）は、基準点と検定用の観測点の観測値を使い、これら2点間で対流圏遅延は線形に変化していると仮定して高さ補正項を計算する補正モデルを示している。これについての詳細は、Gassner and Brunner（2003）や *Schön* et al.（2005）を参照せよ。

5.3.4 大気の監視
電離層トモグラフィー

トモグラフィーは、一般にコンピュータトモグラフィーと呼ばれ、医学の診断手段から発達し、測地学や地球物理学を含むたくさんの応用分野で使われる画像処理技術になっている（Leitinger 1996）。電離層トモグラフィーに関しては、電子密度の線積分である TEC の値が、電離層を横切るたくさんの伝播経路について測定される。これらのデータセットを逆に解いて、電子密度分布が電離層マップ上に得られる。

GNSS に限っていえば、衛星測位システムを利用して TEC を監視することができる（Jakowski 1996）。代表的な一例として、ヨーロッパ軌道決定センター CODE（the Center for Orbit Determination in Europe）は、1996 年 1 月からグローバルな電離層マップ（GIM: Global ionosphere map）の推定を始めている。推定は、電離層屈折についての情報が含まれている二周波位相の電離層残差（式 5.21）参照）を解析することにより行われている。

Schaer（1997,1999）によれば、TEC は、単一層モデルを用いて球面調和級数に展開される。鉛直方向の TEC の平均分布を近似的に与えるこれらの級数の係数は、毎日グローバルに決定される。得られた電離層マップ GIM は、CODE でのデータ処理で示されているように、アンビギュイティー解の改善や、あるいはまたアルチメトリー（Altimetry）のような宇宙利用技術にも役立つ。電離層を研究する物理学者にとって、これらのマップは太陽や地磁気の変化と相関のある電離層の振る舞いを決定するために必要な情報源であり、電離層の理論的なモデルとも比較される。これらのマップの利用法の詳細については www.cx.unibe.ch/aiub/igs.html に示されている。

グローバルな電離層マップ GIM は、図 5.3 の単一層モデルに基づいている。表面の電子密度はモデル化されて、鉛直方向の全電子数が、電離ポイント IP の関数として次のように与えられる。

$$TVEC(\beta, \Delta\lambda) = \sum_{n=0}^{n_{max}} \sum_{m=0}^{n} \left[a_{nm} \cos m\Delta\lambda + b_{nm} \sin m\Delta\lambda \right] \overline{P}_{nm}(\sin\beta) \tag{5.124}$$

ここで β は、IP の地心緯度で $\Delta\lambda = \lambda - \lambda_0$ は、IP の経度 λ と太陽の経度 λ_0 との差である。係数 a_{nm} と b_{nm} は、決定されるべき GIM のパラメータである。

最後に $\overline{P}_{nm}(\sin\beta)$ は、正規化された次数 n、位数 m のルジャンドル陪関数である（Hofmann-Wellenhof and Moritz 2006: 第 1 章 7 節、10 節）。

もし平均太陽（赤道上を一様に動く仮想太陽）を使うなら、その地理学的経度は、世界時の関数として

$$\lambda_0 = 12^h - UT \tag{5.125}$$

と書け、その地理学的緯度はゼロになる。TVEC（β, $\Delta\lambda$）は、地磁気極に基づく座標系でも同じ様に表現される。

グローバルな電離層マップは、CODE で毎日作られている。TEC（もっと正確には TVEC）は、地磁気極に基づく座標系で、次数 $n = 12$、$m = 8$ までの球関数展開式でモデル化されている。グローバルなＩＧＳ網（第 3 章 4.1 節）のデータから、毎日 12 個の 2 時間値が計算されている。Schaer（1997）によるいくつかの統計値を示そう。1996 年の第 73 日目の TEC の最高値と最低値は

$$\text{TVEC}_{max}(\beta, \Delta\lambda) = \text{TVEC}(-7.60°, 45.37°) = 35.79 \text{TECU}$$

$$\text{TVEC}_{min}(\beta, \Delta\lambda) = \text{TVEC}(60.91°, -106.64°) = 0.34 \text{TECU}$$

である。TECの日平均値は、グローバルな意味で電離層活動の概略推移を表すが、1995年1月1日からの28ヶ月間に、6TECUと18TECUの間を変化している。

グローバルな電離層マップとは別に、ヨーロッパの30ヶ所のIGS点に基づいたヨーロッパの地域電離層マップも作られているが、その利用は対応する地域に限定される。

対流圏サウンディング

今後数十年にわたるグローバルな気候変動過程に関しての信頼できる予測や、短期、中期の精度の高い天気予報といったことは、グローバルなデータと地域のデータがあってはじめて可能になる。これらのデータは、高い時空間分解能で大気の状態をモデル化するのに使われる。

水蒸気は対流圏のもっとも重要な構成要素である。水蒸気は対流圏において水分と熱量の輸送を担っているため、天気と気候に関して基本的な役割を演じている。気象学者は、GNSSを低コストの水蒸気測定手段として使い始めた。これにより昔は迷惑なパラメータであった対流圏屈折は、むしろ感謝される情報となった。対流圏の天頂遅延量がデータ処理の間推定される。乾燥遅延量は高精度に計算でき、残りの湿潤遅延量は、大気の水蒸気の関数である。積分水蒸気量（IWV: Integrated water vapor）の短周期変化は、数値天気予報を改善し、長周期変化は気候の研究に影響を与えている。このことについての詳細は、Bevis et al.（1992）やGendt et al.（1999）を参照せよ。またWolfe and Gutman（2000）には、天頂遅延を利用して地上で水蒸気量を観測するシステムが記述されている。

CHAMPミッション

地球物理学研究やその応用分野で、CHAMP（the Challenging mini-satellite payload）ミッションが利用されている。このミッションは、磁場や重力場、大気圏の長期的な変化を分析するのに十分な観測時間が取れるように、2000年から5年間の予定で計画された。このミッションに使われる衛星の高度と軌道傾斜角、離心率はそれぞれ300 － 470km、87.3度、0.001である。

大気圏の縁を伝播するGNSS信号の大きな屈折効果は、色々な大気のパラメータの輪郭を明らかにするために利用される。電離層屈折は、60 kmからCHAMP衛星の軌道高度の間の電子密度を明らかにするのに用いられるし、地上でのTEC観測網といっしょに測定することで、電離層の包括的なモデルを、高い時空間分解能で作ることができる。地表面から約60kmの高さまでの対流圏での屈折効果（信号経路の湾曲、対流圏経路遅延）を調べることで、気象パラメータ（密度、圧力、温度、水蒸気）の輪郭が明らかになる。CHAMPミッションの最終目的は、これらすべてのパラメータを（準）リアルタイムに決定することである。

CHAMPの情報については、ドイツ、ポツダムの測地研究センター（Geo Forschungs Zentrum）のWebサイト http:/op.gfz-potsdam.de/champ を参照せよ。

この節の情報もそこから得たものである。

5.4 相対論効果

5.4.1 特殊相対論

ローレンツ変換（Lorentz transformation）

空間座標 x, y, z と時間座標 t が結合し、時空間座標として特徴づけられる 2 つの 4 次元座標系 $S(x, y, z, t)$ と $S'(x', y', z', t')$ を考えよう。座標系 S は静止し、S に相対的な座標系 S' は、速度 v で一様に平行移動している。簡略化のために、初期時刻 t = 0 で両座標系は一致し、平行移動は x 軸に沿って行われるとする。

この場合、時空間座標の変換は

$$\begin{aligned} x' &= \frac{x - vt}{\sqrt{1 - \frac{v^2}{c^2}}} \\ y' &= y \\ z' &= z \\ t' &= \frac{t - \frac{v}{c^2}x}{\sqrt{1 - \frac{v^2}{c^2}}} \end{aligned} \tag{5.126}$$

である。ここで c は、光速度である。これらの方程式は、動いている座標系 S' を静止した座標系 S に関して記述していることに注意しよう。同じく、静止した座標系 S を、動いている座標系 S' に関して記述することもできる。これは式 (5.126) を静止した座標系 S の時空間座標について解くか、あるいは単に両方の座標の役割を入れ替え、速度 v の符号を反対にすれば得られる。結果は

$$\begin{aligned} x &= \frac{x' + vt'}{\sqrt{1 - \frac{v^2}{c^2}}} \\ y &= y' \\ z &= z' \\ t &= \frac{t' + \frac{v}{c^2}x'}{\sqrt{1 - \frac{v^2}{c^2}}} \end{aligned} \tag{5.127}$$

である。式 (5.126) と式 (5.127) は、ローレンツ変換 (Lorentz transformation) として知られている。これらの方程式のエレガントで簡単な導出は、Joos（1956）217 頁、あるいは Moritz and Hofman-Wellenhof（1993: 第 4 章 1 節）に示されている。式 (5.126) か、式 (5.127) を使えば、以下の関係式が成り立つのがわかる。

$$x^2 + y^2 + z^2 - c^2 t^2 = x'^2 + y'^2 + z'^2 - c^2 t'^2 \tag{5.128}$$

これは、時空間座標ベクトルの大きさは、座標系に関わらず不変であるということを示している。$c = \infty$ の場合は、ローレンツ変換は、

$$x' = x - vt$$
$$y' = y$$
$$z' = z$$
$$t' = t$$
(5.129)

と、ガリレオ変換（Galilei transformation）に変わることに注目しよう。これは古典ニュートン力学の基本原理である。特殊相対論は、定義により慣性系に限定される。ローレンツ変換を適用することで特殊相対論のいくつかの特徴が明らかになる。

時間ののび

座標系 S' と一緒に動いている観測者を考えよう。ある特定の場所 x' で時刻 t'_1 と t'_2 に起きた事象が記録される。静止した座標系 S でのこれらの事象の起きた時刻 t_1 と t_2 は、式（5.127）のローレンツ変換から

$$t_1 = \frac{t'_1 + \frac{v}{c^2}x'}{\sqrt{1 - \frac{v^2}{c^2}}} \qquad t_2 = \frac{t'_2 + \frac{v}{c^2}x'}{\sqrt{1 - \frac{v^2}{c^2}}}$$
(5.130)

動いている座標系での時間間隔 $\Delta t' = t'_2 - t'_1$ は、固有時間と呼ばれ、静止した座標系での時間間隔 $\Delta t = t_2 - t_1$ は調整時間と呼ばれる。固有時間と調整時間の関係は、式（5.130）の2つの式の差をとればわかる。

$$\Delta t = \frac{\Delta t'}{\sqrt{1 - \frac{v^2}{c^2}}}$$
(6.131)

この式は、静止した座標系でみると、動いている座標系の観測者が記録した時間間隔は、長くなる、あるいはのびるということを意味している。同じことが逆の状況で成り立つ。すなわち、動いている座標系でみると、静止した座標系の観測者が記録した時間間隔は、長くなる。結果の式 $\Delta t' = \Delta t / \sqrt{1 - v^2/c^2}$ は、読者が式（5.126）から導くか、あるいは単に式（6.131）で両方の座標の役割を入れ替えることで得られる（速度 v は 2 乗されているので、符号を反対にしても式は変わらない）。動いている時計のほうが、静止している時計よりゆっくり進む理由は、この時間ののびにある。

ローレンツ収縮

ローレンツ収縮の導出は、時間ののびの場合と同様である。動いている座標系 S' で、ある特定の時刻 t' における2つの位置 x'_1 と x'_2 を考えよう。静止した座標系 S でこれに対応する位置 x_1 と x_2 は、ローレンツ変換式（5.127）から

$$x_1 = \frac{x_1' + vt'}{\sqrt{1 - \frac{v^2}{c^2}}} \qquad x_2 = \frac{x_2' + vt'}{\sqrt{1 - \frac{v^2}{c^2}}} \tag{5.132}$$

である。これら 2 つの式の差は、略記号 $\Delta x = x_2 - x_1$ と $\Delta x' = x_2' - x_1'$ を使うと、

$$\Delta x = \frac{\Delta x'}{\sqrt{1 - \frac{v^2}{c^2}}} \tag{5.133}$$

となる。この式は、静止した座標系 S で見ると、動いている座標系 での長さ $\Delta x'$ は、Δx まで長くなることを意味している。言い換えると、観測者とともに動いている物体の寸法は、縮んでいるように見える。

二次のドップラー効果

周波数は周期（時間）に逆比例するから、時間ののびについての考察からすぐに、次式が推論できる

$$f = f'\sqrt{1 - \frac{v^2}{c^2}} \tag{5.134}$$

この式は、動いている電波源の周波数 f' は、小さくなって f にみえることを意味している。これは、二次のドップラー効果である。

質量変化

特殊相対論は、質量にも影響を及ぼす。2 つの座標系 S と S' での質量をそれぞれ m と m' とすれば、質量の関係式は次のようになる。

$$m = \frac{m'}{\sqrt{1 - \frac{v^2}{c^2}}} \tag{5.135}$$

この節で出てきた方程式に含まれる同型の平方根を、2 項級数に近似展開すると

$$\frac{1}{\sqrt{1 - \frac{v^2}{c^2}}} = 1 + \frac{1}{2}\left(\frac{v}{c}\right)^2 \cdots$$

$$\sqrt{1 - \frac{v^2}{c^2}} = 1 - \frac{1}{2}\left(\frac{v}{c}\right)^2 \cdots \tag{5.136}$$

となる。式（6.131）〜式（6.135）にこの近似式を代入すると

$$\frac{\Delta t' - \Delta t}{\Delta t} = \frac{\Delta x' - \Delta x}{\Delta x} = -\frac{f' - f}{f} = \frac{m' - m}{m} = -\frac{1}{2}\left(\frac{v}{c}\right)^2 \tag{5.137}$$

が得られるが、これは、静止した観測者に関するこれまでに述べた特殊相対論効果を 1 つの式で説明するものである。

5.4.2 一般相対論

一般相対性理論は、重力場が重要な役割を演じる加速された基準系を取り扱う。式（5.137）と類似の式として、特殊相対論での運動エネルギー $v^2/2$ をポテンシャルエネルギー ΔU で置き換えた

$$\frac{\Delta t' - \Delta t}{\Delta t} = \frac{\Delta x' - \Delta x}{\Delta x} = -\frac{f' - f}{f} = \frac{m' - m}{m} = -\frac{\Delta U}{c^2} \tag{5.138}$$

が、一般相対性理論で成り立つ。ΔU は、対象としている2つの基準系での重力ポテンシャルの差である。

5.4.3 GNSSに関連する相対論的効果

静止基準系は地球の中心に置かれ、加速基準系はGNSS衛星に取り付けられている場合、特殊相対論と一般相対論の両方を考慮しなければならない。相対論効果は、衛星軌道や衛星信号伝播、衛星と受信機双方の時計に関係する。これらの効果すべてについての概要は、例えばZhu and Groten（1988）に示されている。回転し重力の影響を受ける時計の相対論効果も、Grafarend and Schwarze（1991）で取り扱われている。一般相対論に関してAshby（1987）は、地球の重力場だけ考慮すれば良いことを示した。この場合太陽や月、したがって太陽系のその他すべての質量は、無視できる。Deines（1992）は、非慣性的なGNSS観測が慣性系の値に変換されない場合の非補償効果について研究した。

Ashby（2003）は、衛星航法で考慮する必要のある相対論効果について広範に議論している。特に衛星軌道調整に伴って生じる周波数のずれを相対論効果によるものであると明らかにしている。また、Shapiro信号伝播遅延や測地線の時空間曲率の影響、太陽系天体の影響といった数センチメートルレベル（100ピコ秒の遅延に相当）の二次の相対論効果について説明している。さらに、位相wind-up効果（wrap-up効果とも呼ばれる）と呼ばれているものも二次の相対論効果である。衛星から送信された信号の電場ベクトルは、ある角周波数で回転している（円偏波）。送信アンテナに対して別のある角周波数で回転している受信機を考えると、これら2つの角周波数の影響で、受信した搬送波の位相が進んだり遅れたりする効果が生じ、これが位相wind-up効果である。

衛星軌道への相対論的効果

地球の重力場は、衛星軌道に相対論的摂動を引き起こす。この擾乱加速度の近似式は、式（3.32）で与えられる。詳細についてはZhu and Groten（1988）を参照せよ。

衛星信号への相対論的効果

衛星信号が伝播する際、重力場の影響で時空間的な湾曲が生じる。そのため例えば幾何学的な伝播距離を求めるためには、この相対論的効果の補正を行う必要がある。この（距離）補正は次のように表される。

$$\delta^{rel} = \frac{2\mu}{c^2} \ln \frac{\rho^s + \rho_r + \rho_r^s}{\rho^s + \rho_r - \rho_r^s} \tag{5.139}$$

ここで $\mu = 3986004.418 \cdot 10^8 m^3 s^{-2}$ は、地球の重力定数である（第3章2.1節）。ρ^s と ρ^r は、衛星 s と観測点 r の地心距離を表し、ρ_r^s は、衛星と観測点の間の距離である。地上の観測点で生じるこの補正値の最大値を見積もるために、地球の平均半径を $R_e = 6370\ km$、衛星の平均高度を $h = 20000\ km$ としよう。ρ_r^s の最大距離はピタゴラスの定理から、約 $25600\ km$ となる。これらの値を式（5.139）に代入すると、補正の最大値は $\delta^{rel} = 18.6\ mm$ である。ただこの最大値は、単独測位にだけ適用されるもので、相対測位の場合は、その効果はもっと小さく 0.001ppm になる（Zhu and Groten 1988）。

衛星時計への相対論的効果

衛星時計の名目周波数を 10.23MHz としよう。この周波数は、衛星の運動や衛星のある場所と観測点での重力場の違いで変化する。周波数に及ぼす特殊相対論的効果と一般相対論的効果は小さいので線形の重ねあわせが許される。したがって、式（5.137）と（5.138）を使って、衛星時計の周波数への相対論的効果は

$$\delta^{rel} \equiv \frac{f_0' - f_0}{f_0} = \frac{1}{2}\left(\frac{v}{c}\right)^2 + \frac{\Delta U}{c^2} \tag{5.140}$$
$$\text{特殊} + \text{一般}$$

となる。この式の大きさを見るために、衛星軌道は円軌道で、観測点は球形の地球の表面にあるという仮定をすると、式（5.140）は、v を衛星の平均速度として

$$\delta^{rel} \equiv \frac{f_0' - f_0}{f_0} = \frac{1}{2}\left(\frac{v}{c}\right)^2 + \frac{\mu}{c^2}\left[\frac{1}{R_e + h} - \frac{1}{R_e}\right] \tag{5.141}$$

と書ける。これに数値 $h = 20000\ km$（これは式（3.9）から $v \approx 3.9\ kms^{-1}$ に相当）を代入すると

$$\frac{f_0' - f_0}{f_0} = -4.464 \cdot 10^{-10}$$

となる。この数値は、単純化した導出にもかかわらず、十分に正確である。Ashby（2001）の研究によると、地球の扁平の影響で周期6時間、振幅 $0.695 \cdot 10^{-14}$ の周期的な周波数シフトが引き起こされる。ここで f_0' は、発射周波数であり、f_0 は、観測点での受信周波数であることを思い出すと、この式から衛星から発射された名目周波数は、$df = 4.464 \cdot 10^{-10}\ f_0 = 4.57 \cdot 10^{-3} Hz$ だけ増えることがわかる。しかしながら受信するのは名目周波数のままが望ましいので、衛星からは衛星時計の名目周波数に df だけのオフセットをした 10.22999999543MHz の周波数で発射される。

この他に、衛星軌道を円軌道に仮定したことによる周期的な相対論効果もある。離心補正とも呼ばれるこの効果の補正式は、

$$\delta^{rel} = -\frac{2}{c^2}\sqrt{\mu a}(e \sin E) \tag{5.142}$$

である（単位：秒）。ここで e, a, E は、それぞれ衛星軌道の離心率、長半径、離心近点離角である。

式（3.36）を式（5.142）に代入すると、

$$\delta^{rel} = -\frac{2}{c^2}\boldsymbol{\rho}^s \cdot \dot{\boldsymbol{\rho}}^s \tag{5.143}$$

となる。ここで $\boldsymbol{\rho}^s$ と $\dot{\boldsymbol{\rho}}^s$ は、それぞれ衛星の位置ベクトルと速度ベクトルである。
ここで $F = -2\sqrt{\mu}/c^2$ なる量を導入すると、式（5.142）は

$$\delta^{rel} = Fe\sqrt{a}\sin E \tag{5.144}$$

と書ける。この相対論効果の補正式は、航法メッセージとして放送される衛星時計誤差の多項式の中に含ませることができ（式（6.4）参照）、離心近点離角 E は時刻に関してテイラー展開される。しかしながら、この場合補正は受信機のソフトウエアで行う必要があるが、Ashby（2003）はむしろこの補正量を衛星の放送時刻の中に組み入れることを提起している。

相対測位の場合は、この相対論的効果は打ち消される（Zhu and Groten 1988）。

相対論的効果の受信機時計への影響

地上の受信機は、地球中心に置かれた静止した基準系に対して回転している。赤道での回転（自転）速度は約 $0.5\ kms^{-1}$ であり、これは衛星の速度のおよそ10分の1である。この値を式（5.140）の右辺第1項に代入すれば、これによる周波数変化は 10^{-12} のオーダーになる。これは3時間で10ナノ秒の誤差に相当する（1 ナノ秒 $= 10^{-9}s \cong 30\ cm$）。
衛星からの信号が地上の受信機に届く間の地球の自転（これは同時に受信機時計の回転でもある）により、Sagnac 効果として知られている相対論効果が生じる（Conley et al. 2006:307 頁）。
Su（2001）によると、Sagnac 効果は次のようにモデル化できる。

$$\delta^{rel} = \frac{1}{c}(\boldsymbol{\rho}_r - \boldsymbol{\rho}^s) \cdot (\boldsymbol{\omega}_e \times \boldsymbol{\rho}_r) \tag{5.145}$$

ここで c は光速度、$\boldsymbol{\rho}_r$ と $\boldsymbol{\rho}^s$ はそれぞれ受信機と衛星の地心位置ベクトルである（図1.1）。また $\boldsymbol{\omega}_e$ は地球自転ベクトルである。

いま地球中心と衛星、受信機を結ぶ三角形の面積を表すベクトル

$$\mathbf{S} = \frac{1}{2}(\boldsymbol{\rho}^s \times \boldsymbol{\rho}_r) \tag{5.146}$$

を導入すると、Sagnac 効果を

$$\delta^{rel} = \frac{2}{c}\mathbf{S} \cdot \boldsymbol{\omega}_e \tag{5.147}$$

と表すこともできる。Sagnac 効果の補正は地球回転（自転）補正とも呼ばれている。

5.5 アンテナ位相中心のオフセットと変動

5.5.1 一般論

理想的な状況では、受信 GNSS 信号から得られるすべての観測値はアンテナの電気的な位相中心に準拠している。しかしこのアンテナ位相中心は、その位置を巻尺で幾何学的に測るというようなことができないので、アンテナ上にはアンテナ基準点（ARP: Antenna reference point）という幾何学的な中心位置が設けられる（図 5.6）。IGS ではアンテナ基準点 ARP を、アンテナの鉛直対称軸とアンテナ底面との交点として定義している。アンテナ位相中心は現実には、衛星信号の高度角や方位角、強度、また周波数によっても変化する。言い換えると衛星信号毎にそのアンテナ位相中心は異なっている。したがってアンテナのキャリブレーションを行うために、アンテナの平均位相中心位置が必要になる。

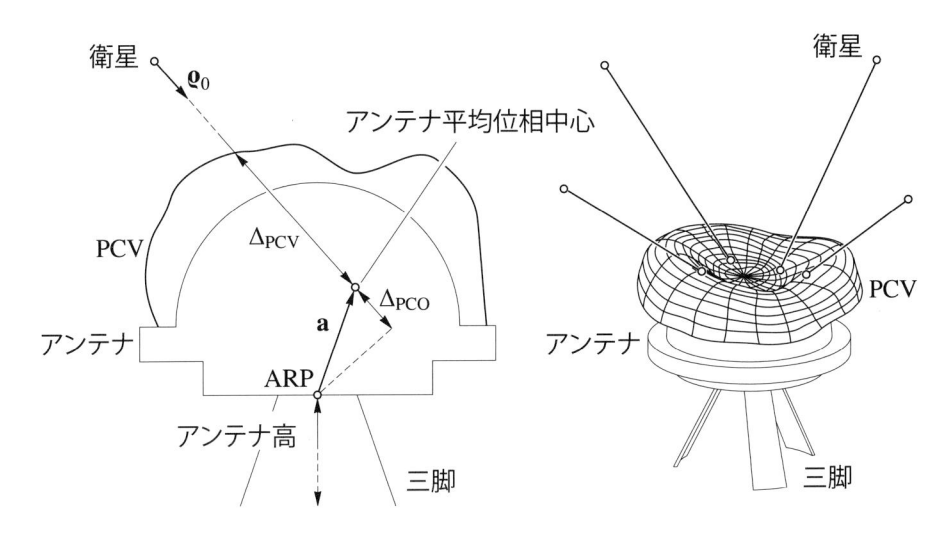

図 5.6 アンテナ基準点 ARP とアンテナ位相中心

アンテナ基準点 ARP とアンテナ平均位相中心との違いは、アンテナ位相中心オフセット（PCO: Phase center offset）と呼ばれる。アンテナ位相中心オフセット PCO は、アンテナ基準点 ARP から測ったアンテナ平均位相中心の三次元位置で表され、アンテナ製造元から与えられる。製造元のデータがない場合は、アンテナのキャリブレーションを行いオフセット量が決定される（Görres et al. 2006）。アンテナ位相中心オフセット PCO は周波数に依存するため、それぞれの搬送周波数毎に行う必要がある。

次に個々の観測でのアンテナ位相中心とアンテナ平均位相中心との違いを見てみよう。この違いはアンテナ位相中心変動（PCV: Phase center variation）と呼ばれている。

方位角や高度角の変化に伴うアンテナ位相中心変動 PCV で，アンテナの位相パターンが決まる（これは搬送周波数毎に異なる）。

個々の位相観測に対するアンテナ位相中心の補正量は、アンテナ位相中心オフセット PCO とアンテナ位相中心変動 PCV を合わせたものである。

図 5.6 に示されているアンテナ位相中心オフセット PCO を表すベクトル **a** と、衛星受信機間単位ベクトル $\boldsymbol{\rho}_0$ を使うと、アンテナ位相中心オフセット PCO の位相観測に及ぼす大きさ Δ_{PCO} は、

$$\Delta_{PCO} = \mathbf{a} \cdot \boldsymbol{\rho}_0 \tag{5.148}$$

と、ベクトル **a** をベクトル $\boldsymbol{\rho}_0$ へ投影すれば得られる。アンテナ位相中心変動 PCV が位相擬似距離に及ぼす影響は、

$$\Delta_{PCV} = \Delta_{PCV}(\alpha, z, f) \tag{5.149}$$

と、衛星の方位角 α、天頂距離 z、搬送周波数 f の関数として表される。

アンテナ位相中心オフセット PCO とアンテナ位相中心変動 PCV による位相擬似距離への補正は $\Delta_{PCO} + \Delta_{PCV}$ である。この補正を行えば、位相擬似距離はアンテナ基準点 ARP から測った距離になる。すなわち位相擬似距離を正しく補正処理すれば、アンテナ基準点 ARP の座標値が求まることになる。図 5.6 からわかるようにこれに更にアンテナ高を補正すればアンテナの置かれている標石の位置座標が求まる。

アンテナ位相中心変動 PCV は系統的なものであり、キャリブレーションで決定される。変動は水平方向に 1 ～ 2cm、垂直方向に 10cm 程度である（Mader 1999）。アンテナ位相中心変動 PCV はアンテナにより異なり、モデル化するのは難しい。Geiger（1988）は、conical spiral アンテナや microstrip アンテナ、dipole アンテナ、helix アンテナの特性の違いを示し、方位角や高度角に対するアンテナの影響を計算する距離補正式を与えている。

Schupler and Clark（1991）には、無反響実験室での結果に基づく簡単な関数によるモデル化も報告されている。

Wu et al.（1993）は、搬送波位相に及ぼすアンテナの向きの幾何学的な影響について研究している。観測された搬送波位相は、衛星アンテナと受信機アンテナの向きやその視線方向で変化する。Wu et al.（1993）によると、この幾何学的な影響は二重位相差をとっても消えずその大きさは 10^{-9} 程度である。

Cambell et al.（2004）は、実験室での観測からアンテナキャリブレーションの精度を調べた。Rothacher（2001b）は、相対的なアンテナ位相中心変動 PCV と絶対的なアンテナ位相中心変動 PCV を比較している。これについては次の 2 つの節ですこし詳しく取り扱う。

5.5.2 相対的なアンテナキャリブレーション

問題は正しいキャリブレーションモデルを作り上げることである。1 つの方法としては、米国測地局 NGS で行ったように（Mader 1999）、野外観測で基準アンテナに対する相対的なアンテナ位相中心位置とアンテナ位相中心変動 PCV を決定するという相対的なアンテナキャリブレーションがある。相対的なアンテナキャリブレーションの原理は簡単である。相対的なアンテナキャリブレーションは 5m の間隔で設置された 2 つのコンクリート製ピアで行われる。ピアの上端にはアンテナ取り付け金具が埋め込まれており、1 方の（常に同じ）ピアには基準アンテナが、もう 1 方のピア

には試験アンテナが載せられる。

第5章5.4節で示すが、平均位相中心位置はカットオフ高度角により変化する。基準アンテナの位相中心位置はわかっているから、アンテナキャリブレーションでは、その基準アンテナの位相中心位置に対して相対的に試験アンテナの位相中心位置がそれぞれの搬送周波数毎に決定される（Mader 1999）。

このようにして得られた試験アンテナのアンテナ位相中心オフセット PCO は相対 PCO と呼ばれる。

Mader（1999）は、アンテナ位相中心変動 PCV の方位角依存性については決定しておらず、高度角依存性だけを求めている。詳細は省くが、これには試験アンテナのアンテナ平均位相中心オフセット PCO を事前に決めた値に固定して作られる位相の一重差が使われている。位相に含まれる時計のオフセットと高度依存性は4次の多項式でモデル化され、それぞれの搬送周波数毎に最小二乗法により解かれている。

多項式の係数は位相観測を補正するのに使われる。衛星の高度角と観測時刻を使って4次の多項式から補正量が計算され位相観測値に適用される。

5.5.3 絶対的なアンテナキャリブレーション

相対的なアンテナキャリブレーションでは、基準アンテナとの関係が鍵になる。*Wübbena* et al.（1997, 2000）や Menge et al.（1998）で使われている絶対的なアンテナキャリブレーションとは、アンテナ位相中心変動 PCV が基準アンテナに関係なく決められることである。しかしながらその場合でも単に位相パターンの"トポロジー（topology）"が決まるだけで、位相パターンの絶対的な大きさを決めることはできない（*Wübbena* et al.（1997））。理由はこの場合も相対的な観測量（2つの観測量の差）が用いられていることによる。アンテナ位相中心変動 PCV をモデル化するためには、PCV の方位角、高度角（あるいは天頂角）依存を記述できる連続的な周期関数（局所座標系で水平方向と垂直方向の周期性を持つ関数）が必要になる。Rothacher et al.（1995）はこの関数として次のような球面調和関数を提案している。

$$\Delta_{PCV}(\alpha, z) = \sum_{n=0}^{\infty} \sum_{m=0}^{n} (A_{nm} \cos m\alpha + B_{nm} \sin m\alpha) P_{nm}(\cos z) \tag{5.150}$$

ここで Δ_{PCV} は方位角 α、天頂角 z での PCV である。また A_{nm}, B_{nm} はキャリブレーションで決定する係数であり、$P_m(\cos z)$ はルジャンドル関数である（Hofman-Wellenhof and Moritz（2006: 第1章）参照）。

式（5.150）で係数 A_{nm}, B_{nm} がわかっていれば、Δ_{PCV} は任意の α、z に対して計算できる。またもし Δ_{PCV} の観測値が十分にあれば、この式から最小二乗法で係数 A_{nm}, B_{nm} が決定できる。

この場合マルチパスの影響を取り除く必要があるが、これは同じ衛星配置が繰り返される（GPS の場合は1恒星日後）ことを利用することにより解決できる。第5章6節で示すが、もし観測場所の条件が変わらなければ、マルチパスの影響は同じ衛星配置が繰り返される度に同じになる。したがって同じ衛星配置が繰り返された前後2つの観測値の差をとれば、マルチパスの影響は取り除かれる。しかしながらこの2つの観測値の差をとれば、アンテナの向きが同じであればこれは同時に

PCV も消去してしまう。これを避けるために衛星配置が同じになるこの観測のどちらかでアンテナを傾けるか回転させる。最初の観測を基準日の"ゼロ観測"とし、後の観測との差をとったものが式（5.150）の左辺の観測量として使われる（観測量はアンテナの 2 つ向きに対応する PCV の差で、絶対的なキャリブレーションを表す）。

　Wübbena et al.（2000）によると、アンテナの回転と傾きは、精密なロボットで自動的に制御される。自動制御によりアンテナの数千通りの向きが可能になり、マルチパスの影響を取り除いた PCV を決定することができる。更にこのようにして求めた PCV は、図 5.7 の左に示されているいわゆる"ポーラーホール（polar hole）（極のまわりの観測空白域）"に影響されない（Seeber 2003:322 頁）。式（5.150）の PCV モデルを精度良く決定するためには、アンテナの向きをたくさん取ることが必要になる。*Wübbena* et al.（2000）は、1 回のキャリブレーションでアンテナの向きを 6000 から 8000 方向変えている。

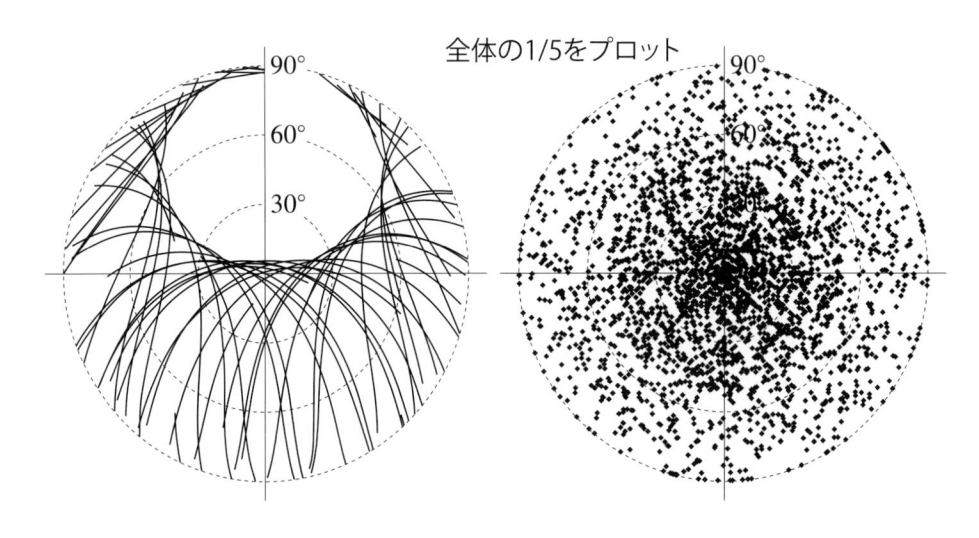

図 5.7　24 時間観測の場合のアンテナ半球図
静止アンテナ（左）、回転、傾斜アンテナ（右）Wübbena et al.(2000)

　アンテナによっては、方位角方向の PCV が大きい場合がある。高度角方向の PCV だけで方位角方向の PCV 情報がなければ、高精度が要求される測位では問題になる。

　アンテナキャリブレーションの結果は、水平方向と鉛直方向のアンテナオフセットと、高度角方向と方位角方向の PCV として、ファイルに記録される。アンテナ位相中心変動 PCV は、アンテナ位相中心オフセット PCO と共に位相擬似距離の補正に直接使われる。

5.5.4　数値例

　ここではアンテナ位相中心変動 PCV とアンテナ位相中心オフセット PCO を数値例で説明する。これまで述べたようにアンテナの電気的な位相中心位置は、搬送周波数はともかく、方位角や高度角といった受信信号の方向により変化する。また信号の強度によっても変化する。個々の観測はそれぞれ個別のアンテナ位相中心に基づいており、それらの重み付き平均をとったものが平均位相中

心位置である。平均位相中心位置は、幾何学的にその位置を測定できるアンテナ基準点 ARP と関係づけられ、例えば ARP を原点とする局所座標系（座標軸は、北、東、上の方向）での、原点から平均位相中心位置までのベクトルとして表される。

　Mader（1999）は非常に短い基線を観測し、f_1、f_2 の各搬送周波数と電離層の影響を受けない周波数 $f_3 = f_1 - f_2^2 / f_1$ をそれぞれ使って解いた場合の例を示している。表 5.6 にはこの 3 つの解が局所座標系の北、東、上方向の成分 n, e, u で示されている。3 つとも同じ 24 時間データを使い、対流圏遅延は考慮してない。

表 5.6　基線成分とその偏差（PCO 補正と PCV 補正はしてない）

周波数	n[m]	e[m]	u[m]	$n - \mu_n$	$e - \mu_e$	$u - \mu_u$
f_1	4.9712	0.0736	0.0371	0.0002	$-$0.0008	0.0035
f_2	4.9724	0.0694	0.0562	0.0014	$-$0.0050	0.0226
f_3	4.9693	0.0802	0.0074	$-$0.0017	0.0058	$-$0.0262
μ_n, μ_e, μ_u	4.9710	0.0744	0.0336			

　基線成分毎に 3 つの解で幾何平均をとったものを μ_n, μ_e, μ_u とする。各成分のこの平均値からのズレは、n 成分では 1mm と無視でき、e 成分では 5mm 程度であるが、u 成分ではそのうち 2 つが 2cm を越えている。

　同じこの観測値に対してアンテナ位相中心オフセット PCO を補正したものが、表 5.7 である。この結果は PCO 補正の有効性を示している。

表 5.7　基線成分とその偏差（PCO 補正したもの）

周波数	n[m]	e[m]	u[m]	$n - \mu_n$	$e - \mu_e$	$u - \mu_u$
f_1	4.9727	0.0724	0.0022	$-$0.0003	$-$0.0002	$-$0.0026
f_2	4.9714	0.0710	0.0026	$-$0.0016	$-$0.0016	$-$0.0022
f_3	4.9748	0.0745	0.0095	0.0018	0.0019	0.0047
μ_n, μ_e, μ_u	4.9730	0.0726	0.0048			

　ここまではアンテナ位相中心オフセット PCO だけを補正しており、信号の入射角度に依存するアンテナ位相中心変動 PCV については考慮していない。Mader（1999）は、アンテナの方位角対称性と位相変化の大部分は高度角に依存することを仮定し、このことをあるカットオフ角（cutoff angle）以下の衛星から受信したデータを使わない高度カットオフ（elevation cutoff）観測で調べた。
　表 5.8 にさまざまなカットオフ角での結果が示されている。これには PCO 補正はされている。これを見ると n 成分、e 成分の変化は無視できるが、u 成分はカットオフ角が 10°から 25°に変わるとおよそ 1cm 変化している。表 5.9 はアンテナ位相中心変動 PCV の補正をしたものである。これら 2 つの表から PCV が高度の関数であることが説明できよう。表 5.9 の結果で、カットオフ角の違いによる n、e 成分の系統的な変化はおよそ 1mm で、u 成分の変化は 3mm 程度に小さくなっ

ている（Mader 1999）。

表 5.8 高度カットオフ角の関数として表した電離層の影響を受けない基線解
（PCO 補正したもの）

カットオフ角 [°]	n [m]	e [m]	u [m]
10	4.9741	0.0741	0.0122
15	4.9748	0.0745	0.0095
20	4.9753	0.0735	0.0064
25	4.9763	0.0731	0.0025

表 5.9 高度カットオフ角の関数として表した電離層の影響を受けない基線解
（PCO 補正と PCV 補正したもの）

カットオフ角 [°]	n [m]	e [m]	u [m]
10	4.9736	0.0754	-0.0001
15	4.9743	0.0759	-0.0014
20	4.9745	0.0748	0.0003
25	4.9754	0.0745	0.0015

5.6 マルチパス

5.6.1 一般論

マルチパスとは、衛星から放出された信号が複数の経路で受信機に到達することであるが、その名前からその及ぼす効果も予想できる。マルチパスは、主として受信機の近くにある反射面によって引き起こされるが（図 5.8）、信号の放出の際に衛星での反射によって生じるものもある。
図 5.8 の場合、衛星信号は 3 つの経路（1 つは直接的にふたつは間接的に）を通って受信機に到達している。

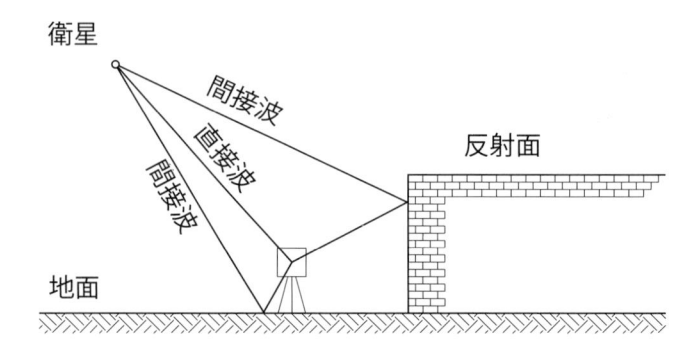

図 5.8 マルチパス効果

結果として受信信号には相対的な位相のずれが生じ、この違いは、経路長に比例する。受信機のまわりの幾何学的な状況はそれぞれ異なるため、マルチパス効果についての一般的なモデルはない。しかしながら、マルチパスの影響はf_1とf_2のコードと位相の観測を組み合わせることで推定できる。推定の原理は、対流圏遅延や時計の誤差、相対論的効果はコードと搬送波位相に同量の影響を及ぼすということに基づいている。この原理は、周波数に依存する電離層遅延とマルチパスについては成り立たない。したがって電離層の影響を受けないコード擬似距離と位相擬似距離の線形結合を作り、その差を取ると、上で述べたマルチパス以外のすべての影響が消去される。残差は、ノイズを別にしてマルチパス効果を反映したものになる。

Tranquilla and Carr (1990/91) は、擬似距離のマルチパス誤差を次の3つに分類している。(1) 広範囲の場所からの前方散乱 (例えば乱雑に金属物が置かれてある場所を信号が横切るような場合)、(2) アンテナの近くにある輪郭のはっきりした物体や反射面からの鏡面反射、(3) 水面からの反射に見られるような、非常にゆっくりとしたゆらぎ。

幾何学的にだけ考えると、高度の低い衛星からの信号のほうが、高度の高い衛星からの信号よりもマルチパスを引き起こし易いことは明らかである。コード擬似距離の方が搬送波位相よりもマルチパスの影響が大きいということにも注目しよう。コード擬似距離のマルチパス誤差は、エポック毎の比較で 10 ～ 20m に達する (Wells et al. 1987)。ビルの近くでは、極端な場合マルチパス誤差がおよそ 100m にまで大きくなる (Nee 1992)。ひどい場合マルチパスにより衛星追跡ができなくなることも起こりうる。

短基線の相対測位における搬送波位相へのマルチパスの影響は、一般的に 1cm を超えてはならない (良好な衛星幾何学的配置と十分長い観測時間がある場合)。しかしこのような場合でも、受信機の高さをちょっと変えただけでマルチパスが増え、結果を駄目にすることもある。観測時間が比較的長くなりがちなスタティック測量を行う場合、観測途中に生じる間欠的なマルチパスは、問題にはならない。このような状況は、高速道路の中心に受信機がセットされ、金属製の大きなトラックがアンテナのそばを通りすぎるような場合に起きる。ただラピッドスタティック測量 (非常に短時間で行われる測量) では、このような場合影響が大きいかもしれないので、観測時間を長く取る方が良い。

5.6.2 数学モデル

搬送波位相へのマルチパスの影響は、以下の考察で推定できる (図 5.8)。直接波と間接波は、アンテナの中心で干渉する。それぞれの波を

$$\begin{aligned} a\cos\varphi &\quad \text{直接波} \\ \beta a\cos(\varphi+\Delta\varphi) &\quad \text{間接波} \end{aligned} \qquad (5.151)$$

で表そう。ここで a と φ は、信号の振幅と位相である。間接波の振幅は、表面反射の減衰係数 β によって小さくなる (Seeber 2003: 317 頁)。この減衰係数の値は $0 \leq \beta \leq 1$ であり、反射がない場合は $\beta = 0$ で、完全反射の場合は $\beta = 1$ である。

間接波の位相は、反射物の幾何学的な配置状況で変わる位相のズレ $\Delta\varphi$ だけ遅れる。式（5.151）の2つの波の重ね合わせは

$$a\cos\varphi + \beta a\cos(\varphi + \Delta\varphi)$$

と表せる。加法定理を使うと

$$a\cos\varphi + \beta a\cos\varphi\cos\Delta\varphi - \beta a\sin\varphi\sin\Delta\varphi$$

となる。整理すると

$$(1+\beta\cos\Delta\varphi)a\cos\varphi - (\beta\sin\Delta\varphi)a\sin\varphi$$

である。得られたこの式を次のように書き表そう（Joos 1956:44 頁）。

$$\beta_M a\cos(\varphi + \Delta\varphi_M)$$

加法定理を使うと

$$(\beta_M\cos\Delta\varphi_M)a\cos\varphi - (\beta_M\sin\Delta\varphi_M)a\sin\varphi$$

となるが、この式と式（6.154）を比較すると、求めたい β_M と $\Delta\varphi_M$ についての次の関係式が得られる。

$$\beta_M\sin\Delta\varphi_M = \beta\sin\Delta\varphi$$
$$\beta_M\cos\Delta\varphi_M = 1+\beta\cos\Delta\varphi$$

この両式を二乗して加えれば、β_M が、

$$\beta_M = \sqrt{1+\beta^2 + 2\beta\cos\Delta\varphi}$$

と得られる。$\Delta\varphi_M$ は、両式の割り算を行うことで次のように導き出される。

$$\tan\Delta\varphi_M = \frac{\beta\sin\Delta\varphi}{1+\beta\cos\Delta\varphi}$$

上で述べたように減衰係数 β の値の範囲は0から1である。$\beta = 0$（すなわち反射波がなくマルチパスもない場合）を、式（5.158）、（5.159）に代入すると $\beta_M = 1$ と $\Delta\varphi_M = 0$ が得られるが、これは "合成" 波は、直接波と同じということである。最大の反射は、$\beta = 1$ の場合である。これを式（5.158）、（5.159）に代入すると

$$\beta_M = \sqrt{2(1+\cos\Delta\varphi)} = 2\cos\frac{\Delta\varphi}{2}$$

と

$$\tan\Delta\varphi_M = \frac{\sin\Delta\varphi}{1+\cos\Delta\varphi} = \tan\frac{\Delta\varphi}{2}$$

が得られ、これから $\Delta\varphi_M$ は

$$\Delta\varphi_M = \frac{1}{2}\Delta\varphi$$

$\Delta\varphi$	β_M	$\Delta\varphi_M$
0°	2	0°
90°	$\sqrt{2}$	45°
180°	0	90°

となる。$\Delta\varphi$ の値に対応する β_M と $\Delta\varphi_M$ の数値例をいくつか示す。

これから、マルチパスで測定位相への影響が最も大きくなるのは、$\Delta\varphi_M = 90°= 1/4$ サイクルの時であることがわかる。この時の位相のズレを距離に直すと、$\lambda/4$ であり、波長を $\lambda = 20\text{cm}$ とすると、これは最大約 5cm の距離変化になる。しかし、位相の線形結合を取り扱う場合は、この値は大きくなることもあるので注意する必要がある。

位相のズレ $\Delta\varphi$ は、余分な経路長 Δs の関数として表すことができる。地面での水平反射の場合は

$$\Delta\varphi = \frac{1}{\lambda}\Delta s = \frac{2h}{\lambda}\sin E \tag{5.163}$$

となる。ここで位相のズレはサイクル単位で表している。h は地面からアンテナまでの高さ、E は衛星の高度角である（図 5.9）。

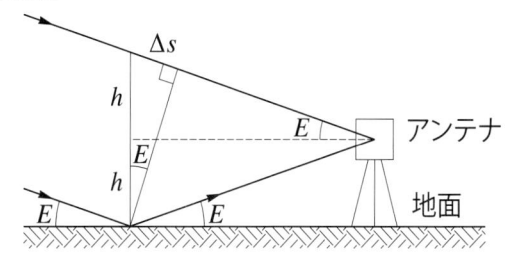

図 5.9 マルチパスの幾何学

E は時間とともに変化するので、マルチパスは周期的に変わる。この変化の周波数は

$$f = \frac{d(\Delta\varphi)}{dt} = \frac{2h}{\lambda}\cos E \frac{dE}{dt} \tag{5.164}$$

である。この式に典型的な数値として、$E = 45°$、$dE/dt = 0.07$ ミリラディアン／秒を代入すれば、周波数 1.5GHz の搬送波についてのマルチパス周波数の近似式は

$$f = 0.521 \cdot 10^{-3} h \quad \text{Hz} \tag{5.165}$$

となる（Wei and Schwarz 1995）。ここで h の単位は m である。したがってアンテナ高 2 m ではおよそ 16 分のマルチパス周期となる。

5.6.3 マルチパスの縮小

マルチパスの影響を小さくしたり、その大きさを推定するさまざまな手法が開発されている。Ray et al.（1999）は、これらを（1）アンテナに基づくもの（2）受信機技術の改良によるもの（3）信号およびデータ処理によるもの、に分類している。

アンテナに基づく手法の中では、チョークリング（choke ring）アンテナによるアンテナ利得の改善や特殊なアンテナの設計と配置が非常に有効である（Moelker 1997, Bartone and Graas 1998）。GNSS 衛星から放射される信号が右旋円偏波であれば、反射波は左旋円偏波となるので、マルチパス信号は、信号の偏波を利用するアンテナを選べば取り除くことが可能となる。マルチパスの影響

は、デジタルフィルターやワイドバンドアンテナ、電波吸収素材を使ったアンテナグランドプレーン、先進型の二周波タイプも含むチョークリングアンテナを使うことで小さくすることができる（Philippov et al.1999）。新しいチョークリングアンテナでは、スパイラルアーム（spiral arm）が使われている。最近のチョークリングアンテナについての進歩で、チョークリングアンテナには、マルチパス感度を下げる放射パターンロールオフ（radiation pattern roll-off）があることや、2つの搬送波の間に位相中心のオフセットがないこと、さらにはアンテナの対称性とその平面構造のために例えば北の方向にアンテナを揃えてセットする必要がないことといった利点がある（Kunysz 2000）。電波吸収素材を使ったアンテナグランドプレーンは、マルチパスの場合に起きる低高度あるいはマイナス高度の衛星信号の干渉を小さくする。

　マルチパスを小さくする受信機改良技術には、相関器幅を狭くすることやマルチパス推定のための遅延回路の拡張、ストロボコリレータ（strobe correlator）によるマルチパス排除の強化がある。詳細については Dierendonck and Braasch（1997）、Garin and Rousseau（1997）を参照。例としては、マルチパスを小さくするために MEDLL（Multipath Estimating Delay Lock Loop）に基づき現在改良を続けている研究がある（Townsend et al. 1995, 2000）。この研究では相関器列を使い受信相関関数を測定して、受信信号を直接信号と間接信号に分離する技術を使っている。MEDLL を使った実験では、90％のマルチパス誤差が取り除かれている（Fenton and Townsend 1994）。

　Li et al.（1993）は、マルチパスをスペクトル領域で検出、縮小させる試みを行っている。測定データは、スペクトル領域にフーリエ変換（ Fourier transform）され、振幅フィルターを通すことでマルチパスの検出、縮小が行われる。その後、逆フーリエ変換を行えばフィルター化されたデータになる。

　その他の例として、Phelts and Enge（2000）は、1個あるいはそれ以上の相関器の組を用い、コードマルチパスや熱雑音によって生じるコード追尾誤差を補正する追尾誤差コンペンセータ（tracking error compensator）を使って、マルチパスの影響をうけない場所を特定している。

　Ray et al.（1999）は、スタティック測位のマルチパスの影響を小さくするために、複数の近接したアンテナを使ってマルチパスによる位相のずれを表す式（5.159）を調べた。近くに置かれたアンテナにより、反射信号の強い相関が生じる。それぞれのアンテナ位相中心での反射波の位相は、方位角と高度角で表される反射波の方向により変化する。またアンテナの幾何学的な配置にも影響される。Ray et al.（1999）は、1つの基準アンテナとその周りに置かれた5つのアンテナを用いている。衛星毎にカルマンフィルター（Kalman filter）推定が行われる。推定する4つのマルチパス要素は、減衰係数 β、アンテナでの反射波位相、反射波の方位角と高度角である。基準アンテナのデータは、周りのアンテナのデータと結合される。アンテナの幾何学配置がわかっている利点を生かし、受信機の時計誤差を無視できる安定した外部時計を使うことで、観測モデルは単純化できる。観測モデルに反映されるのは、主に周期的なマルチパス誤差とランダムな搬送波位相誤差である。カルマンフィルター推定の結果は、最後に式（5.159）に適用され、それぞれのアンテナの搬送波位相のマルチパス誤差が決定される。試験測定では約70％の改善が見られている。

　最も効果的なマルチパス対策は、アンテナ設置場所として、例えば鎖の囲いがあるような問題のある場所を避けることである。図5.8で考えてみると、アンテナを三脚無しで反射地面の上に直接置くと、2つの間接経路の内の1つは除去されるが、垂直方向の反射波の影響でマルチパスの影

は残る。したがって、一般的に推奨されるのは受信機の近傍ではできるだけ反射面を避けることである。

　現在、マルチパスの解析や緩和が行われているのは、高精度の（スタティック）測位分野に限らない。カーナビでも、複数のアンテナを使ってコード観測でのマルチパスを分離・検出する調査研究が行われている（Nayak et al. 2000）。コード観測におけるマルチパスは、DGPS（Differential GNSS）のナビゲーションにとって最も大きな誤差源となっている。この場合スタティック測位と較べて、さまざまな反射面が早く動くので、適切なモデルを作るのが難しい。受信器誤差とマルチパスは位相観測よりもコード観測のほうに大きな影響を与える。コード観測に影響を与えるマルチパスについては、コードと位相の残差が解析される。Nayak et al.（2000）は、マルチパスで損なわれた観測をうまく見つけ出し、除去する目的でいくつかの実験を行っている。測位精度の改善が進むかは、マルチパス誤差の大きさにかかっている。高性能の受信機でも数mのマルチパス誤差はたびたび起きるのである。

第6章　測位の数学モデル

6.1　単独測位

6.1.1　コード距離による単独測位

コード擬似距離モデル

　　時刻 t でのコード擬似距離は次式でモデル化できる（式 5.2 参照）。

$$R_r^s(t) = \rho_r^s(t) + c\Delta\delta_r^s(t) \tag{6.1}$$

ここで $R_r^s(t)$ は、観測点 r と衛星 s の間の測定擬似距離であり、$\rho_r^s(t)$ はその幾何学距離である。c は光速度である。$\Delta\delta_r^s(t)$ は、受信機と衛星両方の時計の GNSS 時に関するオフセット量を表す（式 5.1 参照）。求めたい位置座標は、式 (6.1) の幾何学距離 $\rho_r^s(t)$ の中に次のような形で含まれている。

$$\rho_r^s(t) = \sqrt{(X^s(t) - X_r)^2 + (Y^s(t) - Y_r)^2 + (Z^s(t) - Z_r)^2} \tag{6.2}$$

ここで $X^s(t), Y^s(t), Z^s(t)$ は時刻 t での衛星の位置ベクトル成分であり、X_r, Y_r, Z_r は地心地球 ECEF（Earth-centered-earth-fixed）座標系での観測点の座標である。ここで時計のバイアス $\Delta\delta_r^s(t)$ を少し詳細に調べてみよう。さしあたり単一のエポックだけを考え、観測点 r も1つとする。各衛星のもつ未知量は、上付き文字 s で区別される衛星の時計バイアスである。観測点 r の受信機の時計バイアスは無視すると、1つの衛星に対する擬似距離方程式には、4つの未知量が含まれることになる。すなわち観測点座標の3成分とこの衛星の1つの時計バイアスである。観測する衛星が1つ増えるごとに、同じ観測点座標と新たな時計バイアスをもつ同様な擬似距離方程式が1つ増えていく。それゆえ未知数のほうが観測数より常に多いことになる。観測エポックの数を増やしたとしても、衛星時計のドリフトのために新たな衛星時計バイアスを組み入れなければならない。しかし幸いなことに衛星時計の誤差は十分な精度でわかっており、例えば基準時刻 t_c に対する衛星時刻バイアスは、衛星の航法メッセージとして衛星から送信されている多項式の3つの係数 a_0, a_1, a_2 を使った次式で計算できる（式 (3.56) 参照）。

$$\delta^s(t) = a_0 + a_1(t - t_c) + a_2(t - t_c)^2 \tag{6.3}$$

この多項式で衛星時計バイアスの大部分は取り除かれるが、小さな誤差はまだ残っている。
この多項式には相対論効果は含まれていない。したがってより完全な衛星時計補正を行うためには、式 (5.144) を考慮した

$$\delta^s(t) = a_0 + a_1(t - t_c) + a_2(t - t_c)^2 + \delta^{rel} \tag{6.4}$$

を使う必要がある（ARINC Engineering Services（2006a）参照）。

結局、時計バイアス $\Delta \delta_r^s(t)$ は、次のようにふたつに分けられる。

$$\Delta \delta_r^s(t) = \delta_r(t) - \delta^s(t) \tag{6.5}$$

ここで衛星に関係する $\delta^s(t)$ は式（6.4）で計算できるが、受信機に関係する $\delta_r(t)$ は未知量のままである。式（6.5）を式（6.1）に代入し、衛星時計バイアス部分を左辺に移項すれば、

$$R_r^s(t) + c\delta^s(t) = \rho_r^s(t) + c\delta_r(t) \tag{6.6}$$

となる。この式で左辺は観測量か既知量であるが、右辺は未知量の含まれる項だけである。

測位の基本条件

　測位の基本的な条件は、観測数は未知量の数に等しいかそれより多くなければならないということである。この条件は十分条件であるが、必ずしもこれで測位解が求まるわけではない。というのも計算式の行列にランクの不足があれば、特異行列となり解が得られなくなるからである。詳細については、ランクの不足を議論するときに示す。

　観測数は、観測衛星数 n_s と観測エポック数 n_t を使うと $n_s n_t$ である。
未知量は観測点座標の 3 成分と各観測エポック毎の受信機時計のバイアスであり、これから未知数は、$3 + n_t$ であるから、解の得られる基本条件は

$$n_s n_t \geq 3 + n_t \tag{6.7}$$

である。書きかえると

$$n_t \geq \frac{3}{n_s - 1} \tag{6.8}$$

となる。解が得られる最低の観測衛星数は $n_s = 2$ であり、このとき必要な観測エポック数は $n_t \geq 3$ となる。$n_s = 4$ では観測エポック数は $n_t \geq 1$ となり、このことは少なくとも 4 衛星が観測できれば、4 つの未知量を任意のエポックで解くことができ、瞬時の GNSS 測位が可能であることを示している。

　キネマティック測位の基本条件は以下のように導かれる。観測受信機の運動により、観測点の座標の未知数は $3n_t$ である。n_t 個の受信機時計バイアスを加えると、全未知数は $4n_t$ となる。それゆえ解の得られる基本条件は

$$n_s n_t \geq 4n_t \tag{6.9}$$

であり、これから $n_s \geq 4$ となる。言い換えると、移動する受信機の位置（と速度）は、少なくとも 4 衛星が観測できればいつでも決定できる。幾何学的には、測位解は 4 つの擬似距離の交点で表される。厳密な解析解については、Kleusberg（1994）、Lichtenegger（1995）を参照。

　これらの条件を理論的な観点から見てみると、例えばスタティックな単独測位の場合の条件 $n_s = 2$、$n_t \geq 3$ は、2 衛星の同時観測が 3 エポックにわたって行われれば満たされることを意味している。しかしながら実際には、この条件ではエポックとエポックの間隔が相当に長く（例えば数時間）なければ、受け入れがたい測位結果をもたらすか、たちの悪い観測方程式になって計算できないこと

になる。2衛星、3エポックの観測に引き続いて（数秒後）、違う2衛星の3エポックの観測を行っても測位解は得られる。このような観測を行うことはほとんどないが、（例えば市街地のような）特別な環境下では想定される観測である。

6.1.2 搬送波位相による単独測位
位相擬似距離モデル

搬送波位相の観測からも擬似距離が得られる。この観測の数学モデルは次式で与えられる（式（5.9）参照）

$$\Phi_r^s(t) = \frac{1}{\lambda^s}\rho_r^s(t) + N_r^s + \frac{c}{\lambda^s}\Delta\delta_r^s(t) \tag{6.10}$$

ここで$\Phi_r^s(t)$はサイクル単位の測定搬送波位相、λ^sは波長である。$\rho_r^s(t)$はコード擬似距離モデルの時と同じ幾何学距離である。時間に依存しない位相のアンビギュイティー N_r^s は整数値であり、整数値アンビギュイティーや整数未知量あるいは単にアンビギュイティーと呼ばれている。$\Delta\delta_r^s(t)$は受信機と衛星双方の時計のバイアスである。

式（6.5）を式（6.10）に代入し、（既知の）衛星時計バイアスを左辺に移項すると

$$\Phi_r^s(t) + f^s\delta^s(t) = \frac{1}{\lambda^s}\rho_r^s(t) + N_r^s + f^s\delta_r(t) \tag{6.11}$$

となる。ここで、$f^s = c/\lambda^s$は衛星からの搬送波周波数である。

測位の基本条件

前節と同じ表記で、観測数は、$n_s n_t$である。しかしながら未知数はアンビギュイティーのためにn_sだけ増えている。

スタティックな単独測位では、未知量は観測点座標の3成分とn_s個のアンビギュイティー、n_t個の受信機時計バイアスである。式（6.11）に関してはランクの不足が起こることがあるが、このことに数学的に興味のない読者は以下の説明をとばしてもよい。

ランクとランクの不足についてここで少し基礎的な説明をする。より詳しい考察はKoch（1987）の132節にされている。未知量を解くために、式（6.11）のタイプのたくさんの方程式が用意されているとしよう。これらを線形化して行列ベクトル表示にすれば、右辺は未知量ベクトルと計画行列 **A** の積で表される。計画行列 **A** のランクは、これから作られる最大の正則行列の次数に等しい。計画行列 **A** で線形独立な行の数の最大値をrank **A** と表し、**A** のランクとする異なった定義もある。2つの行が線形に独立でないということは、これら2つの行の線形結合で零ベクトルができるということである。この定義では行を列に置き換えてもよい。議論を簡単にするためにm行m列の正方行列を考えよう。もし計画行列 **A** からできる最大の正則行列が、**A** 自身であれば、ランクはrank **A** $= m$となり、この行列から問題なく逆行列が作れる。一方 **A** からできる最大の正則行列が、例えば$(m-2)$行$(m-2)$列の行列であれば、ランクは$m-2$となり、ランクの不足（m − rank **A**）は2となる。この場合2つの未知量を任意の値に固定することで、この非正則な計画行列の方程式を解くことができるようになる。これは2つの未知パラメータを既知量として、観測量でできた左辺の行列ベクトルの方へ移すことにあたる。この移項により右辺の行列式の列は、ラン

クの不足分すなわち今の場合2だけ少なくなる。以上でランクとランクの不足についての簡単な説明を終える。

式（6.11）の形の数学モデルには、ランクの不足が1つある。このことは、未知量のうち1つは任意に固定してもよい（固定しなければならない）ことを意味している。ある1つのエポックでの受信機時計バイアスをこれに選べば、受信機時計バイアスの未知数は n_t ではなく $n_t - 1$ となる。それゆえスタティックな単独測位のできる基本条件は、次の関係式で示される。

$$n_s n_t \geq 3 + n_s + (n_t - 1) \tag{6.12}$$

これから必要な観測エポック数 n_t は、

$$n_t \geq \frac{n_s + 2}{n_s - 1} \tag{6.13}$$

でなければならない。

解が得られる最低の観測衛星数は $n_s = 2$ であり、このとき必要な観測エポック数は $n_t \geq 4$ となる。$n_s = 4$ の場合は $n_t \geq 2$ の条件が得られる。

位相によるキネマティックな単独測位では、ローバー受信機が移動するためその位置座標の未知数として式（6.12）のように3ではなく $3n_t$ を考慮しなければならない。ランクの不足等については変わらないので、キネマティックな単独測位のできる基本条件は、次の関係式で示される。

$$n_s n_t \geq 3n_t + n_s + (n_t - 1) \tag{6.14}$$

これから必要な観測エポック数 n_t は、

$$n_t \geq \frac{n_s - 1}{n_s - 4} \tag{6.15}$$

となる。解が得られる最低の観測衛星数は $n_s = 5$ であり、このとき必要な観測エポック数は $n_t \geq 4$ となる。$n_s = 7$ の場合は、$n_t \geq 2$ の条件が得られる。

搬送波位相による単独測位では、単独のエポック観測（すなわち $n_t = 1$）では解は得られないことに注意しよう。この結果、搬送波位相によるキネマティックな単独測位は、n_s 個の位相のアンビギュイティーが初期化等によりわかっている場合しかできないことになる。この場合位相擬似距離モデルはコード擬似距離モデルに切り替わる。

6.1.3 ドップラーデータによる単独測位

ドップラーデータの数学モデルは、次式で与えられる（式（5.11）参照）

$$D_r^s(t) = \dot{\rho}_r^s(t) + c\Delta\dot{\delta}_r^s(t) \tag{6.16}$$

これはコード擬似距離あるいは位相擬似距離を時間で微分したものと考えることができる。この式で $D_r^s(t)$ は距離の変化率で表したドップラー観測値、$\dot{\rho}_r^s(t)$ は受信機から衛星への視線速度、$\Delta\dot{\delta}_i^j(t)$ は衛星と受信機双方の時計バイアスの時間微分である。

受信機から衛星への視線速度 $\dot{\rho}_r^s(t)$ は、未知量である受信機の位置ベクトル $\boldsymbol{\rho}_r$ と、衛星の位置ベクトル $\boldsymbol{\rho}^s(t)$ ならびにその速度ベクトル $\dot{\boldsymbol{\rho}}^s(t)$ と次の関係にある（式（3.34）参照）。

$$\dot{\rho}_r^s(t) = \frac{\boldsymbol{\rho}^s(t) - \boldsymbol{\rho}_r}{\left\|\boldsymbol{\rho}^s(t) - \boldsymbol{\rho}_r\right\|} \cdot \dot{\boldsymbol{\rho}}^s(t) \tag{6.17}$$

衛星の位置ベクトルや速度ベクトルは、衛星の軌道情報から計算できる。ここで式（3.33）の $\rho = \left\|\boldsymbol{\rho}^s(t) - \boldsymbol{\rho}_r\right\|$ と、ベクトル $\boldsymbol{\rho}^s(t)$ の成分 $X^s(t), Y^s(t), Z^s(t)$、ベクトル $\boldsymbol{\rho}_r$ の成分 X_r, Y_r, Z_r、ベクトル $\dot{\boldsymbol{\rho}}^s(t)$ の成分 $\dot{X}^s(t), \dot{Y}^s(t), \dot{Z}^s(t)$ を使うと視線速度 $\dot{\rho}_r^s(t)$ は

$$\dot{\rho}_r^s(t) = \frac{X^s(t) - X_r}{\rho}\dot{X}^s(t) + \frac{Y^s(t) - Y_r}{\rho}\dot{Y}^s(t) + \frac{Z^s(t) - Z_r}{\rho}\dot{Z}^s(t) \tag{6.18}$$

のようにも書ける。

衛星時計が $\Delta\dot{\delta}_r^s(t)$ に及ぼす影響は、次式で与えられる（式（6.3）参照）。

$$\dot{\delta}^s(t) = a_1 + 2a_2(t - t_c) \tag{6.19}$$

以上要約すれば、ドップラー観測方程式（6.16）は、4つの未知量、すなわち3つの受信機位置座標 $\boldsymbol{\rho}_r$ と受信機時計のドリフト $\dot{\delta}_r(t)$ を含んでいる。コード擬似距離モデルと比較すれば、受信機時計のドリフトがオフセット量の代わりに式に入っている。

コード擬似距離観測とドップラー観測を組み合わせた観測では、3つの受信機位置座標と受信機時計のオフセット量、受信機時計のドリフトの計5個の未知量を含む観測方程式になる。衛星毎にコード擬似距離とドップラー観測、2つの観測方程式ができるから、3つの衛星の観測があれば方程式を解くことができる。

コード擬似距離とドップラーの観測方程式は似ているので、これらの方程式はお互いに線形従属しているのではないかという疑問が湧くが、擬似距離が一定の値を持つ面とドップラーシフト量一定の面は直交しており、お互いに線形独立であることは証明されている（Levanon 1999）。

6.1.4　精密単独測位 PPP
基本モデル

前節で考察した単独測位で、測位精度に大きな影響を与えるものは、軌道誤差と時計誤差、大気遅延（電離層遅延と対流圏遅延）である。Witchayangkoon（2000:2頁）によると、精密単独測位（PPP: Precise point positioning）では、精密な軌道データと精密な衛星時刻（これらは例えばIGSから提供されている）、並びに二周波のコード擬似距離観測と搬送波位相観測が使われる（PPPによっては二周波のコード擬似距離観測か搬送波位相観測のどちらかが使われる）。

コード擬似距離観測の式は、式（5.83）から

$$\left[R_1 - \frac{f_2^2}{f_1^2}R_2\right]\frac{f_1^2}{f_1^2 - f_2^2} = \rho + c\Delta\delta + \Delta^{Trop} \tag{6.20}$$

である。ここではモデルに対流圏遅延が付け加えられている
また式（5.80）から、電離層の影響を受けない位相観測の式は

第6章 測位の数学モデル

$$\left[\Phi_1 - \frac{f_2}{f_1}\Phi_2\right]\frac{f_1^2}{f_1^2 - f_2^2} = \frac{f_1}{c}\rho + f_1\Delta\delta + \left[N_1 - \frac{f_2}{f_1}N_2\right]\frac{f_1^2}{f_1^2 - f_2^2} \qquad (6.21)$$

である。この式に c/f_1 を掛けると

$$\left[\Phi_1 - \frac{f_2}{f_1}\Phi_2\right]\frac{cf_1}{f_1^2 - f_2^2} = \rho + c\Delta\delta + \left[N_1 - \frac{f_2}{f_1}N_2\right]\frac{cf_1}{f_1^2 - f_2^2} \qquad (6.22)$$

となる。ここで $c = f_1\lambda_1$ を代入し、対流圏遅延を加えると

$$\left[\Phi_1 - \frac{f_2}{f_1}\Phi_2\right]\frac{\lambda_1 f_1^2}{f_1^2 - f_2^2} = \rho + c\Delta\delta + \Delta^{Trop} + \left[N_1 - \frac{f_2}{f_1}N_2\right]\frac{\lambda_1 f_1^2}{f_1^2 - f_2^2} \qquad (6.23)$$

が得られる。$c = f_2\lambda_2$ を使い、これをさらに書き直すと

$$\frac{\lambda_1 \Phi_1 f_1^2}{f_1^2 - f_2^2} - \frac{\lambda_2 \Phi_2 f_2^2}{f_1^2 - f_2^2} = \rho + c\Delta\delta + \Delta^{Trop} + \frac{\lambda_1 N_1 f_1^2}{f_1^2 - f_2^2} - \frac{\lambda_2 N_2 f_2^2}{f_1^2 - f_2^2} \qquad (6.24)$$

となる。式（6.20）と式（6.24）が、精密単独測位 PPP での電離層の影響を受けないコード擬似距離観測と搬送波位相観測の式になる。まとめて示すと

$$\frac{R_1 f_1^2}{f_1^2 - f_2^2} - \frac{R_2 f_2^2}{f_1^2 - f_2^2} = \rho + c\Delta\delta + \Delta^{Trop}$$

$$\frac{\lambda_1 \Phi_1 f_1^2}{f_1^2 - f_2^2} - \frac{\lambda_2 \Phi_2 f_2^2}{f_1^2 - f_2^2} = \rho + c\Delta\delta + \Delta^{Trop} + \frac{\lambda_1 N_1 f_1^2}{f_1^2 - f_2^2} - \frac{\lambda_2 N_2 f_2^2}{f_1^2 - f_2^2} \qquad (6.25)$$

である（ここでは（式（6.20）を変形して表している）。これらの式で決定すべき未知パラメータは、ρ に含まれている観測点位置と $\Delta\delta$ のなかの受信機時計誤差（式（5.1）参照）、対流圏遅延 Δ^{Trop}、アンビギュイティーである。精密単独測位 PPP は、このモデル式に基づきスタティックモードあるいはキネマティックモードで行われる。PPP の未知数を求める方法としてはいくつかある。Deo et al.（2003）は、逐次最小二乗法を使っている。拡張カルマンフィルタリング（extended Kalman filtering）を使う方法もある。

　式（6.25）の PPP モデルとは別に、例えば対流圏遅延に関してさまざまな研究が発表されている。Witchyangkoon（2000）や Kouba and Heroux（2001）は、全天頂対流圏遅延量を推定している。Gao and Shen（2001）は対流圏乾燥天頂遅延をモデル化し、湿潤成分を未知パラメータとして推定している。

モデルの改良

　精密単独測位 PPP の可能性を十分に引き出すためには、モデル式の改良が必要になる。ここで示したモデルに追加して、Sagnac 効果や地球潮汐、海洋荷重、（大気圧変動で生じる）大気荷重、極運動、地球自転軸変動、地殻変動やその他の地球変形等を考慮する必要がある（Kouba and Heroux 2001）。

　またアンテナ位相中心オフセット（衛星アンテナと受信機アンテナ）とアンテナ位相の windup誤差（Witchayangkoon 2000:24-26頁）も考慮しなければならない。精度を上げるためには観測の正しい重み付けも鍵になる。重み付けを変えたさまざまな研究が行われている。その中でWitchayangkoon（2000: 第7章3.3.4節）は、水平線近くの衛星観測の重みは小さくし（Euler and Goad 1991）、S/N比を反映した重みを使った（Collins and Langley 1999、Hartinger and Brunner 1999）指数関数型の重み付けについて述べている。

Langley（1997）は、受信信号の高度角により変化する搬送波雑音電力密度C/N_0比を求めている。この場合重み付けには、衛星の高度角Eの関数$\mathrm{cosec}\, E$あるいは$\mathrm{cosec}^2 E$が使われている（Vermeer 1997, Collins and Langley 1999、Hartinger and Brunner 1999））が、これは対流圏遅延のさまざまなマッピング関数で$\mathrm{cosec}\, E$の関数形が使われるのと同じことである。Wieser（2007a,b）は、すべての観測についての分散σ^2と高度依存分散$\sigma_0^2 / \sin^2 E$、ならびに$k \cdot 10^{-(C/N_0)/10}$で定義される$SIGMA-\varepsilon$分散、を比較している。σとσ_0、kは、受信機とアンテナのタイプによって違うが、あらかじめ決定することができる。Wieser（2005）に概説されているように、測定された搬送波雑音電力密度C/N_0は、追尾ループ誤差と関係があり信号品質を示している。

数値例

Gao and Chen（2004）は、JPLのリアルタイム精密暦（精度：20cm）と時刻補正（精度：0.5ns）を使い、異なる測位モードでのPPP結果を発表している。スタティックなPPPの場合、すべての位置成分（経度、緯度、高さ）は20分後にセンチレベルに収束している。アンビギュイティーの収束には問題があるが、収束すればセンチ以下の位置精度が保たれる。したがってGao and Chen（2004）は、スタティックなPPPによりリアルタイムでセンチレベルの精度が可能であると結論している。

ここでアンビギュイティーに関して付け加えておく。受信機や送信機におけるまだ良くわかっていない（時間的に変化する）特殊な位相遅延により、アンビギュイティーは整数ではなくなり（Zumberge et al.1997）、二重位相差のアンビギュイティーだけが整数になる。

水平位置で数ミリ、高さ位置で1cmより高い精度を必要としない測位では、観測時間が1日程度あれば、アンビギュイティーの問題を考える必要はない（Zumberge et al. 1997）。

Gao and Chen（2004）は、キネマティックな測位についてもJPLの暦と時刻補正を使い、車や飛行機でセンチレベルの結果を示している。これらのすばらしい結果が得られた大きな理由は、JPLの軌道データと特に衛星時刻補正データが使えたためである。これらのJPLデータは商用利用もできる（Gao and Chen 2004）。IGSの超速報予報暦（predicted ultrarapid orbit）は、軌道精度10 cmでJPLより高いが、時刻精度は5nsとJPLに非常に劣り（Gao and Chen 2004）、デシメートルレベルのPPPには精度的に使えない（Deo et al. 2003）。IGSの最終暦（final orbit）を使ったキネマティックPPPの場合の結果がAbdel-salam（2005）に示されており、自動車や船、飛行機等多くの場合で、測位精度は30cmより良い結果である。

Witchayangkoon（2000）は、詳細なモデルに固体地球潮汐や相対論効果、衛星アンテナの位相中心オフセットを組み込んだ結果を数値例で発表している。それによると、マルチパスの影響が小さい場合、"一周波の電離層の影響を受けないPPP解は、二周波の解と等しい"という結果である。したがって将来的には、一周波データだけを使ったPPPに向かうと予想される。Satirapod and

Kriengkraiwasin（2006）による単純なモデルでも、IGS の精密暦を使い、5〜30分のセッション時間で1〜4mの水平位置精度が得られている。このモデルでは、一周波で電離層補正したコードと位相の観測値を使い、Saastamoinen 対流圏モデルによる全天頂対流圏遅延からマッピング関数で視線方向の対流圏遅延を計算している。

6.2 デファレンシャル測位

6.2.1 基本概念

DGNSS と略されるデファレンシャル測位は、2台以上の受信機を使うリアルタイム測位技術である。通常1台の受信機を既知の基準点あるいは基準局に固定し、固定されているかあるいは移動するもう1台のローバー受信機の位置を求める（図6.1）。

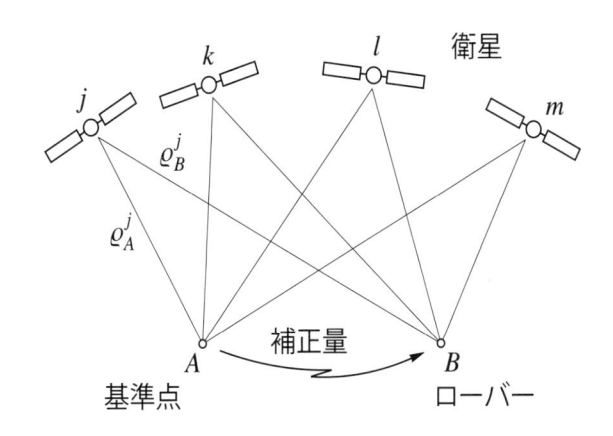

図6.1 デファレンシャル測位の基本概念

基準点では擬似距離の補正量（PRC: Pseudorange corrections）と距離変化率の補正量（RRC: Range rate corrections）が計算され、リアルタイムでローバー側に送信される。ローバー側では測定擬似距離にこの補正量を加え、補正された擬似距離を使うことで、精度の高められた単独測位が行われる。

6.2.2 コード距離による DGNSS

Lichtenegger（1998）に倣って式（6.6）を一般化すると、エポック t_0 に観測される基準局 A から衛星 s までのコード擬似距離は次のようにモデル化できる。

$$R_A^s(t_0) = \rho_A^s(t_0) + \Delta\rho_A^s(t_0) + \Delta\rho^s(t_0) + \Delta\rho_A(t_0) \tag{6.26}$$

この式で $\rho_A^s(t_0)$ は幾何学距離、$\Delta\rho_A^s(t_0)$ は基準局と衛星位置に依存する誤差（例えば軌道誤差や大気屈折の影響）、$\Delta\rho^s(t_0)$ は衛星だけに依存する誤差（例えば衛星時計の誤差）、$\Delta\rho_A(t_0)$ は受信

機だけに依存する誤差（例えば受信機時計の誤差やマルチパス）であり、ランダムな誤差については無視している。

エポック t_0 における衛星 s の擬似距離補正量は、次式で定義される。

$$PRC^s(t_0) = \rho_A^s(t_0) - R_A^s(t_0)$$
$$= -\Delta\rho_A^s(t_0) - \Delta\rho^s(t_0) - \Delta\rho_A(t_0) \tag{6.27}$$

ここで幾何学距離 $\rho_A^s(t_0)$ は基準局の既知座標と衛星の放送暦から得られ、$R_A^s(t_0)$ は観測量であるから、この擬似距離補正量は計算できる。また基準局において、擬似距離補正量 $PRC^s(t_0)$ に加えてその時間微分である距離変化率 補正量 $RRC^s(t_0)$ も 決定される。

エポック t_0 における距離と距離変化率の補正量は、リアルタイムにローバー点 B へ送信される。B 点では観測エポック t での擬似距離補正量を次式で予測することができる。

$$PRC^s(t) = PRC^s(t_0) + RRC^s(t_o)(t - t_o) \tag{6.28}$$

ここで $t - t_0$ は待ち時間であり、補正の精度は距離変化率が小さく待ち時間が小さいほど良くなる。エポック t で、ローバー点 B のコード擬似距離は

$$R_B^s(t) = \rho_B^s(t) + \Delta\rho_B^s(t) + \Delta\rho^s(t) + \Delta\rho_B(t) \tag{6.29}$$

と表せる。式（6.28）の予測擬似距離補正量をこの観測擬似距離 $R_B^s(t)$ に加えると
補正された擬似距離は、

$$R_B^s(t)_{corr} = R_B^s(t) + PRC^s(t) \tag{6.30}$$

となる。これに式（6.29）と式（6.27）、式（6.28）の補正量をそれぞれ代入すれば、

$$R_B^s(t)_{corr} = \rho_B^s(t) + [\Delta\rho_B^s(t) - \Delta\rho_A^s(t)] + [\Delta\rho_B(t) - \Delta\rho_A(t)] \tag{6.31}$$

となる。ここで衛星だけに依存する誤差は相殺されている。基準局とローバーとの距離があまり離れてなければ、衛星と受信機の位置に依存する軌道誤差や大気屈折誤差は、両地点で高い相関があるため、式（6.31）は、右辺第 2 項も相殺されて無視でき

$$R_B^s(t)_{corr} = \rho_B^s(t) + \Delta\rho_{AB}(t) \tag{6.32}$$

と簡単になる。ここで $\Delta\rho_{AB}(t) = \Delta\rho_B(t) - \Delta\rho_A(t)$ であり、もしマルチパスが無視できるなら、これは距離の単位で表した受信機時計のバイアス、すなわち $\Delta\rho_{AB}(t) = c\delta_{AB}(t) = c\delta_B(t) - c\delta_A(t)$ になる。伝送の遅延がない場合は、これは A と B で観測されたコード距離の差（受信機間一重差）に相当し、デファレンシャル測位は相対測位に切り替わる（第 6 章 3 節）。

ローバー点での測位は、補正されたコード擬似距離 $R_B^s(t)_{corr}$ を使って行われ、その測位精度は改善される。コードによる DGNSS 測位の基本条件は、コードによるキネマティック単独測位の基本条件（式（6.9）参照）と同じである。

6.2.3 位相によるDGPS

Lichtenegger（1998）に倣って式（6.10）を一般化すると、エポック t_0 に基準局Aで観測される位相擬似距離は次のようにモデル化できる。

$$\lambda^s \Phi_A^s(t_0) = \rho_A^s(t_0) + \Delta\rho_A^s(t_0) + \Delta\rho^s(t_0) + \Delta\rho_A(t_0) + \lambda^s N_A^s \tag{6.33}$$

ここでコード距離観測の場合と同様に、$\rho_A^s(t_0)$ は幾何学距離、$\Delta\rho_A^s(t_0)$ は基準局と衛星位置に依存する誤差、$\Delta\rho^s(t_0)$ は衛星だけに依存する誤差、$\Delta\rho_A(t_0)$ は受信機だけに依存する誤差である。N_A^s は位相のアンビギュイティーである。したがってエポック t_0 における位相距離補正量は

$$\begin{aligned} PRC^s(t_0) &= \rho_A^s(t_0) - \lambda^s \Phi_A^s(t_0) \\ &= -\Delta\rho_A^s(t_0) - \Delta\rho^s(t_0) - \Delta\rho_A(t_0) - \lambda^s N_A^s \end{aligned} \tag{6.34}$$

と表せる。基準局Aでの距離変化率ならびに、それを使ってのローバー点Bでの予測位相距離補正量の式の導出は、前節のコード擬似距離の場合と完全に類似した方法でできる。結果は

$$\lambda^s \Phi_B^s(t)_{corr} = \rho_B^s(t) + \Delta\rho_{AB}(t) + \lambda^s N_{AB}^s \tag{6.35}$$

となる。ここで $\Delta\rho_{AB}(t) = \Delta\rho_B(t) - \Delta\rho_A(t)$ であり、$N_{AB}^s = N_B^s - N_A^s$ は位相のアンビギュイティーの（一重）差である。コード擬似距離の場合のように、もしマルチパスが無視できるなら、$\Delta\rho_{AB}(t)$ は距離の単位で表した受信機時計のバイアス、すなわち $\Delta\rho_{AB}(t) = c\delta_{AB}(t) = c\delta_B(t) - c\delta_A(t)$ になる。

ローバー点Bでの単独測位は、補正された位相擬似距離 $\lambda\Phi_B^s(t)_{corr}$ を使って行われる。位相擬似距離によるDGNSS測位の基本条件は、位相擬似距離によるキネマティック単独測位の基本条件（式（6.15）参照）と同じである。

搬送波位相を使ったデファレンシャル技術である位相擬似距離DGNSSは、精密なリアルタイムキネマティック測位に使われるが、アンビギュイティーを解くためにOTF（On-the-fly）手法が必要になる。OTFについての詳細は、第7章2.3節で示す。

最後に位相観測のDGNSSで待ち時間 $(t - t_0)$ がゼロになれば、リアルタイムキネマティック（RTK: Real-time kinematic）と呼ばれる相対測位になることに注意する。

6.2.4 ローカルエリアDGNSS

DGNSSを拡張したものがローカルエリアDGNSS（LADGNSS: Local-area DGNSS）である。LADGNSSはGNSS基準局のネットワークを利用する。ローカルエリアという名前が示すように、LADGNSSは1基準局で対応できる範囲よりはるかに広い地域をカバーする。LADGNSSの大きな利点の1つは、基準局のネットワークで支えられた地域内どこでも首尾一貫した測位精度が得られることである。DGNSSの場合は基準局は1つで、測位精度はこの基準局からの距離に比例しおよそ1kmあたり1cmの割合で悪くなる。

この他にLADGNSSの利点としては、地域内に例えば大きな湖のような場所があってもカバーできることや、基準局の1つに不具合がある場合でもLADGNSSのネットワークでは、システムの信頼性や完全性を個々のDGNSS基準局を寄せ集めたものよりは比較的高いレベルで維持できることがある。

LADGNSS のネットワークの基準局は複数の監視局と 1 つの主局で構成される。主局では各監視局から集めた距離補正データを使って LADGNSS 補正量を計算し、ユーザーと監視局に送っている（Mueller 1994）。このような計算処理に要する時間は、主局と監視局との通信が多くなるため DGNSS の場合より若干長くなる。

LADGNSS ネットワークの基準局の場所は、ユーザー観測点から非常に離れたところになることもある。これに対応するために考え出されたのが、仮想基準点（VRS: Virtual reference station）（第 6 章 3.7 節参照）という考えである（Wanninger 1999）。VRS ではユーザーは、ユーザーの近くに仮想的に置かれた仮想基準点での距離補正量あるいは観測量を受け取る。RTK ではアンビギュイティーを解くのを容易にするため基準局までの距離が短くなくてはならないが、このような VRS の考え方は長距離の RTK を行う場合に必要になる。

6.3 相対測位

6.3.1 基本概念

相対測位の目的は、固定した既知点に対する未知点の位置座標を求めることである。言い換えると相対測位では、基線ベクトルあるいは単に基線と呼ばれる 2 点間のベクトルを決定する（図 6.2）。（既知の）基準点を A，未知点を B，基線ベクトルを $\mathbf{b}_{AB}$ とし、各点の位置ベクトルを $\mathbf{X}_A$、$\mathbf{X}_B$ とすれば、

$$\mathbf{X}_B = \mathbf{X}_A + \mathbf{b}_{AB} \tag{6.36}$$

で、基線ベクトル $\mathbf{b}_{AB}$ の成分は

$$\mathbf{b}_{AB} = \begin{bmatrix} X_B - X_A \\ Y_B - Y_A \\ Z_B - Z_A \end{bmatrix} = \begin{bmatrix} \Delta X_{AB} \\ \Delta Y_{AB} \\ \Delta Z_{AB} \end{bmatrix} \tag{6.37}$$

と書ける。基準点の位置座標はわかっている必要がある。その概略値は単独測位でもわかるが、たいていの場合 GNSS あるいはその他の方法により精密な位置座標が求められる。

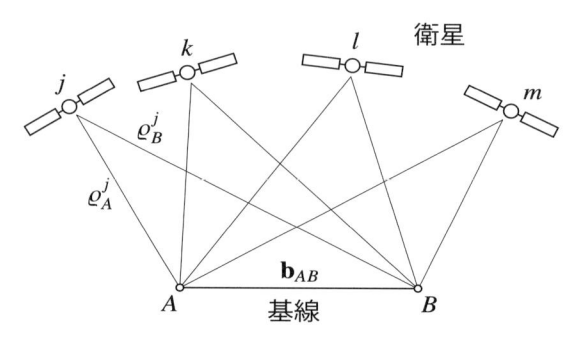

図 6.2 相対測位の基本概念

相対測位はコード距離（式 (6.6)）か位相距離（式 (6.11)）を使って行われるが、位相距離を使

う方がはるかに精度が高いため以下位相距離についてのみ考える。相対測位では、基準点と未知点双方での同時観測が必要である。2つの観測点 A,B で衛星 j と k を同時に観測すると、観測量から一重差、二重差、三重差といったそれらの線形結合（観測量の差分）を作ることができる。観測量の差分を作るのには、2つの受信機間で差を作るか、2つの衛星間で差を作るか、2つの異なる時間の間で差を作るかの3通りの方法がある（Logsdon 1992, 96頁）。本書では読者に負担の無いように、以下のように差分の用語の意味を簡略にして用いる。すなわち本書で一重差とは、受信機間一重差であり、二重差とは異なる衛星に対する受信機間一重差の差をとったものである。また三重差とは異なる時間での二重差の差をとったものである。たいていの後処理用ソフトウエアでは、これら3つの差分が使われているので、次の節でこれらの基本的な数学モデルを示す。

6.3.2 位相の差

一重差

一重差には2つの観測点と1つの衛星が関係する。観測点をA、Bで、衛星を j で表し、式（6.11）を使えば、A,B での位相の観測方程式は

$$\Phi_A^j(t) + f^j \delta^j(t) = \frac{1}{\lambda^j} \rho_A^j(t) + N_A^j + f^j \delta_A(t) \tag{6.38}$$

$$\Phi_B^j(t) + f^j \delta^j(t) = \frac{1}{\lambda^j} \rho_B^j(t) + N_B^j + f^j \delta_B(t)$$

であり、この2つの方程式の差は、

$$\Phi_B^j(t) - \Phi_A^j(t) = \frac{1}{\lambda^j}\left[\rho_B^j(t) - \rho_A^j(t)\right] + N_B^j - N_A^j + f^j\left[\delta_B(t) - \delta_A(t)\right] \tag{6.39}$$

となる。式（6.39）は一重差の方程式と呼ばれる。このような一重差の方程式の集まりは、余剰の観測が多くても解くことができない。これは観測方程式の計画行列に線形に独立でない列が含まれ、ランクの不足が生じることを意味している。

ここで

$$N_{AB}^j = N_B^j - N_A^j \tag{6.40}$$
$$\delta_{AB}(t) = \delta_B(t) - \delta_A(t)$$

$$\Phi_{AB}^j(t) = \Phi_B^j(t) - \Phi_A^j(t) \tag{6.41}$$
$$\rho_{AB}^j(t) = \rho_B^j(t) - \rho_A^j(t)$$

と簡略化した表記を使って式（6.39）を書き換えると

$$\Phi_{AB}^j(t) = \frac{1}{\lambda^j} \rho_{AB}^j(t) + N_{AB}^j(t) + f^j \delta_{AB}(t) \tag{6.42}$$

と一重差の最終的な式が得られる。この式を（6.11）と比較すれば、衛星時計のバイアスが取り除かれているのがわかる。

二重差

2つの観測点 A,B と2つの衛星 j、k を考えると、式（6.42）を使って2つの一重差を作ることができる。

$$\Phi_{AB}^j(t) = \frac{1}{\lambda^j}\rho_{AB}^j(t) + N_{AB}^j(t) + f^j\delta_{AB}(t)$$

$$\Phi_{AB}^k(t) = \frac{1}{\lambda^k}\rho_{AB}^k(t) + N_{AB}^k(t) + f^k\delta_{AB}(t) \tag{6.43}$$

二重差は、これらの一重差の差をとることで得られる。ここで2つのケースを考える。

ケース1

衛星信号の周波数は等しいとする（$f=f^j=f^k$）と、この二重差は

$$\Phi_{AB}^k(t) - \Phi_{AB}^j(t) = \frac{1}{\lambda}\left[\rho_{AB}^k(t) - \rho_{AB}^j(t)\right] + N_{AB}^k - N_{AB}^j \tag{6.44}$$

となる。衛星 j、k に対して、式（6.41）と類似した簡略表記を使えば、最終的な二重差の式は

$$\Phi_{AB}^{jk}(t) = \frac{1}{\lambda}\rho_{AB}^{jk}(t) + N_{AB}^{jk} \tag{6.45}$$

となる。ここで $\lambda = \lambda^j = \lambda^k$ である。二重差が好ましいのは、この二重差の式で受信機時計のバイアスも相殺されて取り除かれることにある。ただ相殺されるのは、観測が同時で衛星信号の周波数が等しいという仮定が成り立つ場合である。

二重差の式には、

$$*_{AB}^{jk} = *_{AB}^k - *_{AB}^j \tag{6.46}$$

で象徴される表記法が使われている。ここで、$*$ は Φ や ρ、N に置き換えて使われることを示す。2つの下付文字と2つの上付き文字からなるこれは

$$*_{AB}^{jk} = *_B^k - *_B^j - *_A^k + *_A^j \tag{6.47}$$

と、実際には4つの項からできており、二重差の式を特徴づけている。

$$\Phi_{AB}^{jk}(t) = \Phi_B^k(t) - \Phi_B^j(t) - \Phi_A^k(t) + \Phi_A^j(t)$$

$$\rho_{AB}^{jk}(t) = \rho_B^k(t) - \rho_B^j(t) - \rho_A^k(t) + \rho_A^j(t) \tag{6.48}$$

$$N_{AB}^{jk} = N_B^k - N_B^j - N_A^k + N_A^j$$

ケース2

衛星信号の周波数が異なる場合（$f^j \neq f^k$）を考える。

式（6.38）の位相の観測方程式を再度示すと

$$\Phi_A^j(t) + f^j \delta^j(t) = \frac{1}{\lambda^j}\rho_A^j(t) + N_A^j + f^j \Delta\delta_A(t) \tag{6.49}$$

$$\Phi_B^j(t) + f^j \delta^j(t) = \frac{1}{\lambda^j}\rho_B^j(t) + N_B^j + f^j \Delta\delta_B(t)$$

である。ここでサイクル単位の位相 $\Phi^j(t)$ を

$$\widetilde{\Phi}^j(t) = \lambda^j \Phi^j(t) \tag{6.50}$$

で、距離の単位の位相 $\widetilde{\Phi}^j(t)$ に変換する。式（6.49）の 2 つの式の一重差をとると

$$\widetilde{\Phi}_B^j(t) - \widetilde{\Phi}_A^j(t) = \rho_B^j(t) - \rho_A^j(t) + \lambda^j[N_B^j - N_A^j] + c[\delta_B(t) - \delta_A(t)] \tag{6.51}$$

である。ここで $c = \lambda^j f^j$ は光速度である。式（6.40）と（6.41）の簡略化した表記 ($*_{AB}^j = *_B^j - *_A^j$) を使えば

$$\widetilde{\Phi}_{AB}^j(t) = \rho_{AB}^j(t) + \lambda^j N_{AB}^j(t) + c\delta_{AB}(t) \tag{6.52}$$

が得られる。衛星 k についても同様の一重差が得られたとするとそれらの差から二重差

$$\widetilde{\Phi}_{AB}^k(t) - \widetilde{\Phi}_{AB}^j(t) = \rho_{AB}^k(t) - \rho_{AB}^j(t) + \lambda^k N_{AB}^k - \lambda^j N_{AB}^j \tag{6.53}$$

ができる。再度簡略表記 ($*_{AB}^{jk} = *_{AB}^k - *_{AB}^j$) を使うと

$$\widetilde{\Phi}_{AB}^{jk}(t) = \rho_{AB}^{jk}(t) + \lambda^k N_{AB}^k - \lambda^j N_{AB}^j \tag{6.54}$$

となる。この式に "ゼロ" ($= -\lambda^k N_{AB}^j + \lambda^k N_{AB}^j$) を加えて変形すると最終的に

$$\widetilde{\Phi}_{AB}^{jk}(t) = \rho_{AB}^{jk}(t) + \lambda^k N_{AB}^{jk} + N_{AB}^j(\lambda^k - \lambda^j) \tag{6.55}$$

が得られる。この式は式（6.45）の二重差と "一重差バイアス" $b_{SD} = N_{AB}^j(\lambda^k - \lambda^j)$ だけ違っている。一重差アンビギュイティー N_{AB}^j は、精密単独測位で 50 サイクルの精度（これは波長を 20cm とすると 10 m に相当する）で推定できる。もし 2 つの搬送波波長の差が 0.000351 サイクル相当（グロナスの場合；式（10.2）参照）であれば、$b_{SD} = 0.02$ となる。このことは、搬送周波数の違いが小さい場合、b_{SD} は局外母数（nuisance parameter）的にふるまう（結果に影響あたえない）ことを示している。差が大きい場合は、逐次処理が行われる。まず搬送波波長の差の少ない衛星だけを考える。これらの衛星の二重差アンビギュイティーは解くことができ、改善された位置座標が求まる。これを使ってさらにより正確なアンビギュイティー N_{AB}^j の推定が行われる。この手順は段階的にすべての衛星に広げられ、すべてのアンビギュイティーが求まるまで続けられる。これについての詳細は、Habrich et al.（1999），Han et al.（1999）を参照せよ。

三重差

ここまでは 1 つのエポックだけしか考えなかったが、Remondi（1984）は時間に依存するアンビ

ギュイティーを取り除くために、2つのエポック間で二重差の差をとることを提案した。以下 $f^j = f^k$ の場合だけを考える。2つのエポックを t_1, t_2 とすれば、それぞれのエポックでの二重差は

$$\Phi_{AB}^{jk}(t_1) = \frac{1}{\lambda}\rho_{AB}^{jk}(t_1) + N_{AB}^{jk}$$
$$\Phi_{AB}^{jk}(t_2) = \frac{1}{\lambda}\rho_{AB}^{jk}(t_2) + N_{AB}^{jk} \tag{6.56}$$

であり、三重差は

$$\Phi_{AB}^{jk}(t_2) - \Phi_{AB}^{jk}(t_1) = \frac{1}{\lambda}[\rho_{AB}^{jk}(t_2) - \rho_{AB}^{jk}(t_1)] \tag{6.57}$$

となる。この三重差の式は、

$$\Phi_{AB}^{jk}(t_{12}) = \frac{1}{\lambda}\rho_{AB}^{jk}(t_{12}) \tag{6.58}$$

と簡略に書ける。ここで

$$*(t_{12}) = *(t_2) - *(t_1) \tag{6.59}$$

という表記法を使っている。

$\Phi_{AB}^{jk}(t_{12})$ と $\rho_{AB}^{jk}(t_{12})$ とは両方ともそれぞれ、8つの項からできていることに注意しなければならない。実際に、式（6.57）と式（6.48）から次のようになる。

$$\Phi_{AB}^{jk}(t_{12}) = \Phi_B^k(t_2) - \Phi_B^j(t_2) - \Phi_A^k(t_2) + \Phi_A^j(t_2)$$
$$- \Phi_B^k(t_1) + \Phi_B^j(t_1) + \Phi_A^k(t_1) - \Phi_A^j(t_1) \tag{6.60}$$

$$\rho_{AB}^{jk}(t_{12}) = \rho_B^k(t_2) - \rho_B^j(t_2) - \rho_A^k(t_2) + \rho_A^j(t_2)$$
$$- \rho_B^k(t_1) + \rho_B^j(t_1) + \rho_A^k(t_1) - \rho_A^j(t_1) \tag{6.61}$$

読者は、$f^j \neq f^k$ の場合には、式（6.58）の代わりに

$$\widetilde{\Phi}_{AB}^{jk}(t_{12}) = \rho_{AB}^{jk}(t_{12}) \tag{6.62}$$

が得られることを確かめられよ。

三重差の利点は、アンビギュイティーを取り除くことができ、それゆえアンビギュイティーを決める必要がなくなることである。

6.3.3 位相結合の相関

相関には一般的に、物理的な相関と数学的な相関のふたつがある。同じ衛星からの位相を2点A, Bで観測した場合（例えば $\Phi_A^j(t)$ と $\Phi_B^j(t)$ ）、これらの位相は同じ衛星信号に由来するためいわゆる"物理的相関"がある。しかしこのような"物理的相関"については通常は考慮しない。ここで取り扱うのは位相の差をとることで生じる数学的な相関である。

ここで位相観測誤差は正規分布に従いその期待値は零で、分散が σ^2 であるとしよう。観測された（生の）位相は、線形独立で相関がない。位相の観測ベクトルを Φ とすれば、位相の共分散行

列は単位ベクトル **I** を使って

$$\Sigma_\Phi = \sigma^2 \mathbf{I} \tag{6.63}$$

となる。

一重差の相関

観測点 A、B で、衛星 j をエポック t で観測した時の一重差は

$$\Phi^j_{AB}(t) = \Phi^j_B(t) - \Phi^j_A(t) \tag{6.64}$$

である。同じ観測点で他の衛星 k を同じエポックに観測すれば、2つ目の一重差

$$\Phi^k_{AB}(t) = \Phi^k_B(t) - \Phi^k_A(t) \tag{6.65}$$

ができる。2つの一重差は、次のように行列 - ベクトル式の形に書くことができる。

$$\mathbf{S} = \mathbf{C}\mathbf{\Phi} \tag{6.66}$$

ここで

$$\mathbf{S} = \begin{bmatrix} \Phi^j_{AB}(t) \\ \Phi^k_{AB}(t) \end{bmatrix}$$

$$\mathbf{C} = \begin{bmatrix} -1 & 1 & 0 & 0 \\ 0 & 0 & -1 & 1 \end{bmatrix}, \quad \mathbf{\Phi} = \begin{bmatrix} \Phi^j_A(t) \\ \Phi^j_B(t) \\ \Phi^k_A(t) \\ \Phi^k_B(t) \end{bmatrix} \tag{6.67}$$

である。

式（6.66）に誤差伝播式を適用すると、**S** の共分散行列は

$$\Sigma_S = \mathbf{C} \Sigma_\Phi \mathbf{C}^T \tag{6.68}$$

となる。これに式（6.63）を代入すると

$$\Sigma_S = \mathbf{C} \sigma^2 \mathbf{I} \mathbf{C}^T = \sigma^2 \mathbf{C}\mathbf{C}^T \tag{6.69}$$

が得られる。式（6.67）の **C** を使うと

$$\mathbf{C}\mathbf{C}^T = 2\begin{bmatrix} 1 & 0 \\ 0 & 1 \end{bmatrix} = 2\mathbf{I} \tag{6.70}$$

であるから、一重差の共分散行列（6.69）は、

$$\Sigma_S = 2\sigma^2 \mathbf{I} \tag{6.71}$$

となる。これから一重差には、相関がないことがわかる。この式でエポック t における一重差の数は、単位行列の次数と一致するが、係数の 2 とは関係ない。1エポック以上の観測の場合でも、その共分散行列は、一重差の数に等しい次数の単位行列で表される。

二重差の相関

j を基準衛星として、3つの衛星 j, k, l を考えよう。エポック t において、2点 A,B と各衛星の一重差から以下の二重差ができる。

$$\Phi_{AB}^{jk}(t) = \Phi_{AB}^{k}(t) - \Phi_{AB}^{j}(t)$$
$$\Phi_{AB}^{j\ell}(t) = \Phi_{AB}^{\ell}(t) - \Phi_{AB}^{j}(t) \tag{6.72}$$

これは行列ベクトル式の形で

$$\mathbf{D} = \mathbf{CS} \tag{6.73}$$

と書ける。ここで

$$\mathbf{D} = \begin{bmatrix} \Phi_{AB}^{jk}(t) \\ \Phi_{AB}^{j\ell}(t) \end{bmatrix}$$
$$\mathbf{C} = \begin{bmatrix} -1 & 1 & 0 \\ -1 & 0 & 1 \end{bmatrix} \tag{6.74}$$
$$\mathbf{S} = \begin{bmatrix} \Phi_{AB}^{j}(t) \\ \Phi_{AB}^{k}(t) \\ \Phi_{AB}^{\ell}(t) \end{bmatrix}$$

である。二重差の共分散行列は、

$$\sum\nolimits_{\mathbf{D}} = \mathbf{C} \sum\nolimits_{\mathbf{S}} \mathbf{C}^{\mathbf{T}} \tag{6.75}$$

で与えられるから、これに式（6.71）を代入すると

$$\sum\nolimits_{\mathbf{D}} = 2\sigma^2 \mathbf{CC}^{\mathbf{T}} \tag{6.76}$$

となる。あるいは式（6.74）の $\mathbf{C}$ を使って表せば

$$\sum\nolimits_{\mathbf{D}} = 2\sigma^2 \begin{bmatrix} 2 & 1 \\ 1 & 2 \end{bmatrix} \tag{6.77}$$

である。この式は二重差には相関があることを示している。重み行列（あるいは相関行列）$\mathbf{P}(t)$ は、共分散行列の逆行列であるから

$$\mathbf{P}(t) = \sum\nolimits_{\mathbf{D}}^{-1} = \frac{1}{2\sigma^2} \frac{1}{3} \begin{bmatrix} 2 & -1 \\ -1 & 2 \end{bmatrix} \tag{6.78}$$

となる。一般的にエポック t で二重差が n_D 個あれば、重み行列は次のようになる。

$$\mathbf{P}(t) = \frac{1}{2\sigma^2} \frac{1}{n_D + 1} \begin{bmatrix} n_D & -1 & -1 & \cdots \\ -1 & n_D & -1 & \cdots \\ -1 & & & \\ \cdot & & & \\ \cdot & \cdots & & n_D \end{bmatrix} \tag{6.79}$$

ここでこの行列の大きさは $n_D \times n_D$ である。実例として二重差が4個の場合、重み行列は4行4列の行列

$$\mathbf{P}(t) = \frac{1}{2\sigma^2} \frac{1}{5} \begin{bmatrix} 4 & -1 & -1 & -1 \\ -1 & 4 & -1 & -1 \\ -1 & -1 & 4 & -1 \\ -1 & -1 & -1 & 4 \end{bmatrix} \tag{6.80}$$

になる。ここまでは単一のエポックだけを考えてきたが、複数のエポック $t_1, t_2, t_3, \ldots$ を考慮すれば、重み行列は次のような対角ブロック行列になる。

$$\mathbf{P}(t) = \begin{bmatrix} \mathbf{P}(t_1) & & & & \\ & \mathbf{P}(t_2) & & & \\ & & \mathbf{P}(t_3) & & \\ & & & \cdot & \\ & & & & \ddots \end{bmatrix} \tag{6.81}$$

ここでこの行列の各要素もまた行列である。エポックが異なればできる二重差の数も違うかもしれないので、行列 $\mathbf{P}(t_1), \mathbf{P}(t_2), \mathbf{P}(t_3), \ldots$ の次数は必ずしも同じになるとはかぎらない。

三重差の相関

三重差の場合は、いくつかの異なるケースを考慮する必要があるため、その共分散行列は少し複雑である。単一の三重差の共分散は、式 (6.60) と式 (6.64) から得られる

$$\Phi_{AB}^{jk}(t_{12}) = \Phi_{AB}^{k}(t_2) - \Phi_{AB}^{j}(t_2) - \Phi_{AB}^{k}(t_1) + \Phi_{AB}^{j}(t_1) \tag{6.82}$$

に、誤差伝播の法則を適用することで計算できる。ここで2つのエポックが同じで、3衛星のうち1つの衛星が共通な場合にできる2つの三重差について考えよう。衛星 j, k に関する1つ目の三重差は、式 (6.82) で、また2つめの三重差は衛星を j, ℓ にすることで次のように与えられる。

$$\begin{aligned} \Phi_{AB}^{jk}(t_{12}) &= \Phi_{AB}^{k}(t_2) - \Phi_{AB}^{j}(t_2) - \Phi_{AB}^{k}(t_1) + \Phi_{AB}^{j}(t_1) \\ \Phi_{AB}^{j\ell}(t_{12}) &= \Phi_{AB}^{\ell}(t_2) - \Phi_{AB}^{j}(t_2) - \Phi_{AB}^{\ell}(t_1) + \Phi_{AB}^{j}(t_1) \end{aligned} \tag{6.83}$$

ここで

$$\mathbf{T} = \begin{bmatrix} \Phi_{AB}^{jk}(t_{12}) \\ \Phi_{AB}^{j\ell}(t_{12}) \end{bmatrix}$$

$$\mathbf{C} = \begin{bmatrix} 1 & -1 & 0 & -1 & 1 & 0 \\ 1 & 0 & -1 & -1 & 0 & 1 \end{bmatrix}$$

$$\mathbf{S} = \begin{bmatrix} \Phi^j_{AB}(t_1) \\ \Phi^k_{AB}(t_1) \\ \Phi^\ell_{AB}(t_1) \\ \Phi^j_{AB}(t_2) \\ \Phi^k_{AB}(t_2) \\ \Phi^\ell_{AB}(t_2) \end{bmatrix} \tag{6.84}$$

を導入すれば、三重差は行列ベクトル式で

$$\mathbf{T} = \mathbf{CS} \tag{6.85}$$

と表せ、その共分散行列は

$$\sum\nolimits_\mathbf{T} = \mathbf{C} \sum\nolimits_\mathbf{S} \mathbf{C}^\mathrm{T} \tag{6.86}$$

となる。これに式（6.71）を代入すれば

$$\sum\nolimits_\mathbf{T} = 2\sigma^2 \mathbf{CC}^\mathrm{T} \tag{6.87}$$

となり、式（6.84）を使えば結局、2つの三重差の共分散が次のように得られる。

$$\sum\nolimits_\mathbf{T} = 2\sigma^2 \begin{bmatrix} 4 & 2 \\ 2 & 4 \end{bmatrix} \tag{6.88}$$

表6.1のような表を用意すれば、このような退屈な導出はしなくてもすむ。

表6.1 三重差の組成

エポック	t_1			t_2		
衛星	j	k	ℓ	j	k	ℓ
$\Phi^{jk}_{AB}(t_{12})$	1	-1	0	-1	1	0
$\Phi^{j\ell}_{AB}(t_{12})$	1	0	-1	-1	0	1

この表から例えば三重差 $\Phi^{jk}_{AB}(t_{12})$ は、エポック t_1 における衛星 j, k への2つの一重差と、エポック t_2 における同じ衛星への2つの一重差で、できていることがわかる。もう1つの三重差 $\Phi^{jk}_{AB}(t_{12})$ についても同様である。したがって表6.1の係数は、式（6.84）の行列 $\mathbf{C}$ の係数と同じである。最後に式（6.87）の中の $\mathbf{CC}^\mathrm{T}$ も表6.1を参照することで計算できる。この表の2つの行（各行はそれぞれ1つの三重差を表す）の内積のすべての組み合わせを作ると、例えば1行目と1行目の内積は $\mathbf{CC}^\mathrm{T}$ の1行1列に、1行目と2行目の内積は $\mathbf{CC}^\mathrm{T}$ の1行2列にそれぞれなる。三重差の一般式（6.82）と表6.1からどのようなケースも系統的に導き出せる。表6.2は、t_1, t_2, t_3 を隣接するエポックとした場合の三重差の相関を示している。表でもしどれかの三重差で衛星を交換すれば、その共分散の行列 $\mathbf{CC}^\mathrm{T}$ の非対角要素の符号は逆になる。例えば $\Phi^{jk}_{AB}(t_{12})$ と $\Phi^{j\ell}_{AB}(t_{23})$ の場合の非対角要素は、$+1$ になる。表6.2のような表を使えば、どのようなケースも簡単に取り扱えるし、Remondi（1984: 142頁）は、簡単なわずかのルールだけでこれをプログラミング化できることを示している。以上が一重差、二重差、三重差の基礎的な数学的相関である。

表6.2 三重差の相関

エポック 衛星	t_1			t_2			t_3			$\mathbf{CC}^T$	
	j	k	ℓ	j	k	ℓ	j	k	ℓ		
$\Phi^{jk}_{AB}(t_{12})$	1	-1	0	-1	1	0	0	0	0	4	-2
$\Phi^{jk}_{AB}(t_{23})$	0	0	0	1	-1	0	-1	1	0	-2	4
$\Phi^{jk}_{AB}(t_{12})$	1	-1	0	-1	1	0	0	0	0	4	-1
$\Phi^{j\ell}_{AB}(t_{23})$	0	0	0	1	0	-1	-1	0	1	-1	4

観測値の分散の高度依存性を考慮したより複雑なモデルについては、Euler and Goad（1991）やGerdan（1995）、Jin and Jong（1996）によって研究されている。Gianniou（1996）は、位相の場合と同じようコード距離の差を作り、多項式に当てはめ、そのSN比を使った可変的な重みを導入した。Jonkman（1998）とTiberius（1998）は時間的な相関やコード距離と位相の相互相関について調べた。

6.3.4 スタティックな相対測位

観測点AとBを結ぶ単基線のスタティックな測量では、全観測セッションの間、2つの受信機は固定されていなければならない。ここでは一重差、二重差、三重差それぞれの場合の観測方程式や未知量の数について調べてみる。ここで2観測点A、Bは同じ衛星を同時に観測することができるものとし、衛星が遮られるといった問題はここでは考えない。前と同じくn_tでエポック数を、n_sで衛星数を表そう。

式（6.11）（衛星時計バイアスは既知とする）のような差分の形になってない観測位相は、観測点AとBを結び付けていない（共通の未知量が含まれていない）ためここでは考えない。これらは各点でそれぞれ独立に解けば、単独測位と同じことになる。

一重差は、衛星毎、エポック毎に作ることができ、その観測数は$n_s n_t$である。未知量の数は、以下の一重差観測方程式（式（6.42）参照）の対応する項の下に書かれている。

$$\Phi^j_{AB}(t) = \frac{1}{\lambda^j}\rho^j_{AB}(t) + N^j_{AB}(t) + f^j\delta_{AB}(t) \tag{6.89}$$

$$n_s n_t \geq 3 + n_s + (n_t - 1)$$

未知の時計バイアス数は$n_t - 1$個で、これはランクの不足が1であることを示している。スタティックな単独測位の場合と同じく（式（6.12）参照）、上式から

$$n_t \geq \frac{n_s + 2}{n_s - 1} \tag{6.90}$$

が得られる。この式は式（6.13）と同じであるが、解が得られる最低限の（理論的）必要条件についてここで繰り返すことも有益であろう。衛星が1つでは式（6.90）の分母がゼロになるので解は得られない。衛星が2つであれば、結果は$n_t \geq 4$であり、4衛星という通常の場合は$n_t \geq 2$となる。二重差の場合も、観測数と未知数の関係は同様の論理を使って得られる。二重差を1つ作るために

は 2 つの衛星が必要であるから、n_s 個の衛星では各エポック毎に $n_s - 1$ 個の二重差が得られ、全エポックでは $(n_s-1)n_t$ 個の二重差になる。未知量の数は、以下の二重差観測方程式（式（6.45）参照）の対応する項の下に書かれている。

$$\Phi_{AB}^{jk}(t) = \frac{1}{\lambda} \rho_{AB}^{jk}(t) + N_{AB}^{jk} \tag{6.91}$$
$$(n_s - 1)\ n_t \geq 3 + (n_s - 1)$$

これから

$$n_t \geq \frac{n_s + 2}{n_s - 1} \tag{6.92}$$

が得られるが、これは式（6.90）と同じである。それゆえ解の得られる条件も同じく $n_s = 2$ の場合 $n_t \geq 4$ で、$n_s = 4$ の場合 $n_t \geq 2$ となる。二重差の観測方程式を作る場合、線形独立でない方程式にならないように基準衛星が使われ、他の衛星の観測値は基準衛星との間で差分がとられる。例えば 6、9、11、12 という衛星の観測で 6 番衛星が基準衛星として使われる場合、それぞれのエポックで(9-6)、(11-6)、(12-6) という組み合わせで二重差が作られる。この他の二重差は、これらの線形結合で表され独立なものではない。事実二重差（11-9）は、(11-6) から (9-6) を差し引くことで得られる。関係式（6.92）は、衛星信号の周波数が同じでない場合でも使える。この場合、一重差のアンビギュイティーの数は、式（6.89）の一重差のアンビギュイティーの数と同じで n_s 個になる。この一重差のうちの 1 つを基準に取ればこれから $n_s - 1$ 個の二重差ができる。

　三重差の数学モデルには、3 つの未知座標だけが含まれている。三重差を 1 つ作るには、2 つのエポック観測が必要であるから、n_t エポックの観測からは $n_t - 1$ 個の線形独立な三重差ができる。それゆえ観測条件式は

$$\Phi_{AB}^{jk}(t_{12}) = \frac{1}{\lambda} \rho_{AB}^{jk}(t_{12}) \tag{6.93}$$
$$(n_s - 1)(n_t - 1) \geq 3$$

となる。これから

$$n_t \geq \frac{n_s + 2}{n_s - 1} \tag{6.94}$$

が得られる。これは式（6.90）と同じであり、解の得られる条件も再び $n_s = 2$, $n_t \geq 4$ と $n_s = 4$, $n_t \geq 2$ で与えられる。

　これでスタティックな相対測位についての議論を終える。見てきたように、一重差、二重差、三重差の数学モデルがそれぞれ利用される。観測方程式の数と未知数との関係についてはキネマティックの議論のときに再度とりあげる。

6.3.5　キネマティックな相対測位

　キネマティックな相対測位では、既知点 A に置かれた受信機は固定されたままである。2 番目の受信機は移動し、任意のエポックでその位置が決定される。この場合一重差、二重差、三重差の数学モデルの衛星―受信機間の幾何学距離には、受信機の運動が含まれることになる。B 点にある受信機と衛星 j との幾何学距離は、スタティックの場合

$$\rho_B^j(t) = \sqrt{(X^j(t) - X_B)^2 + (Y^j(t) - Y_B)^2 + (Z^j(t) - Z_B)^2} \tag{6.95}$$

であり(式(6.2)参照)、キネマティックの場合B点が時間に依存する

$$\rho_B^j(t) = \sqrt{(X^j(t) - X_B(t))^2 + (Y^j(t) - Y_B(t))^2 + (Z^j(t) - Z_B(t))^2} \tag{6.96}$$

で与えられる。この数学モデルでは、各エポック毎に3つの未知座標がある。それ故 n_t エポックの観測での全未知座標数は $3n_t$ である。キネマティックな場合の、観測数と未知量の数との関係式は、スタティックな場合の一重差、二重差モデルの条件式(式(6.89)、式(6.91)参照)に倣って次のようになる。

$$\begin{aligned}
&\text{一重差}: n_s n_t \geq 3n_t + n_s + (n_t - 1) \\
&\text{二重差}: (n_s - 1)\, n_t \geq 3n_t + (n_s - 1)
\end{aligned} \tag{6.97}$$

一重差の場合の基本条件は、これから

$$n_t \geq \frac{n_s - 1}{n_s - 4} \tag{6.98}$$

となる。これは式(6.15)と同じである。

　キネマティックの場合ローバー側の受信機が連続して動いているので、その位置の決定に使えるのは1エポックのデータだけであるが、この基本条件で1エポック($n_t = 1$)を満たす解は無い。それゆえ上記のモデルを修正し、アンビギュイティーは既知として未知量の数を減らすことにする。一重差の場合これは2重の効果がある。まず n_s 個のアンビギュイティーが無くなる。次にこのことによりランクの不足が解消し、決定される受信機時計バイアスは n_t 個になる。それゆえこの修正された一重差モデルでの基本条件は $n_s n_t \geq 4n_t$ であり、これは1エポックでは $n_s \geq 4$ となる。同様に二重差の場合、式(6.97)で $n_s - 1$ 個のアンビギュイティーが取り除かれ、条件式は $(n_s - 1) n_t \geq 3n_t$ であり、これから1エポックでは $n_s \geq 4$ となる。すなわちキネマティックでは、一重差モデルも二重差モデルも4衛星の同時観測を必要とするという結論になる。

　キネマティックの場合三重差の利用は極度に限定される。ローバー側の受信機位置がエポック毎に変わるので、2つの衛星を2つのエポックに関して、2つの固定された観測点で観測するという三重差の定義が、原理的に適用できない。しかしながら例えばローバー受信機の位置座標が基準エポックにおいてわかっていれば、三重差を使うことができる。この場合式(6.93)をキネマティックの場合に適用すれば、未知量の数は $3n_t$ から基準エポックにおける3つの既知座標数を差し引いたものになり、条件式は $(n_s - 1)(n_t - 1) \geq 3(n_t - 1)$ となる。これから $n_s \geq 4$ が得られるが、これはアンビギュイティーが取り除かれた一重差、二重差の場合と同じ条件である。

　一重差、二重差でアンビギュイティーを取り除くということは、アンビギュイティーが既知であるということである。この場合の観測方程式は式(6.89)と式(6.91)でアンビギュイティーの項を左辺に移項することで簡単に得られる。一重差の観測方程式は、

$$\Phi^j_{AB}(t) - N^j_{AB} = \frac{1}{\lambda^j}\rho^j_{AB}(t) + f^j\delta_{AB}(t) \tag{6.99}$$

となり、二重差の観測方程式は、

$$\Phi^{jk}_{AB}(t) - N^{jk}_{AB} = \frac{1}{\lambda}\rho^{jk}_{AB}(t) \tag{6.100}$$

となる。

　衛星信号の周波数が異なる場合も、同様な二重差の式が得られる。この場合、式（6.55）でアンビギュイティーを含む右辺の2つの項は、アンビギュイティーが既知であることを示すため左辺に移され、右辺で残るのは $\rho^{jk}_{AB}(t)$ だけになる。

　したがってローバー受信機の位置が1つわかっていれば、すべての観測方程式を解くことができる。この位置が既知の点としては、出発点を選択するのが望ましい（必ずしもそうしなくてもよいが）。この出発点と固定点を結ぶ基線は、出発基線と呼ばれる。アンビギュイティーは既知の出発基線を使って決定され、以後すべてのローバー点で信号捕捉に失敗せず、最低4衛星が見えている限り既知である。

スタティックな初期化

出発基線をスタティックに決定するのに3つの方法がある。最初の方法は、ローバー受信機を最初に既知点に置く方法で、これにより出発基線も既知となる。アンビギュイティーは式（6.91）の二重差の式から計算し、得られた実数値は整数値に直される。2番目の方法は、スタティックな相対測位を行って出発基線を決定することである。3番目の方法は、B.Remondiによるアンテナスワップ（antenna swap）を行うことである。アンテナスワップは次のように行われる。基準点をA、ローバー点の出発点をBとする。まずA,Bで観測を少し行う。次に衛星補足が途切れないように、Aの受信機をBへ、Bの受信機をAへ移す。その状態で再び観測を少し行う。これにより短時間に（例えば30秒）出発基線を精密に決定することができる。通常このアンテナスワップは、受信機を最初の状態に戻して終わりになる。

キネマティックな初期化

　例えばブイ（浮標）とか飛行機のように、移動体が長い時間動き続けるような場合には、スタティックな初期化のいらないキネマティックな初期化が必要になる。このことは究極的に飛行中（on-the-fly）のアンビギュイティーを決定することを意味し、瞬時のアンビギュイティー決定あるいは瞬時の測位（例えば1エポックでの）が必要になる。これは単純そうに思われるが、高度な手法が必要になる。これは重要な研究テーマであり、数多くの論文が出されている。問題は移動体の位置をできるだけ早くかつ正確に見つけだすことであるが、これは概略位置からスタートして、最小二乗法や探索手法を使って精密な値に修正していくことで行われる。

6.3.6　擬似キネマティック相対測位

　擬似キネマティック方式は、大きなデータギャップがある場合のスタティック測量と同じである

とみなせる。(Kleusberg 1990)。例えば二重差の場合の数学モデルは、式 (6.91) になるが、観測点が時間をおいて再度観測されるので、一般的に2組の位相アンビギュイティーを決めなければならない。B. W. Remondi は、アンビギュイティーを避けるため、三重差を使っている。データ処理は、2回の観測で得られた数分間のデータを使って三重差解を得ることから始まる。これに基づいて2組の位相アンビギュイティーの関係が求められ (Remondi 1990b)、その後通常の二重差解が計算される。

観測点を2回観測する間の時間間隔は、精度に影響を与える重要な要素である。Will and Boucher (1990) は、この時間間隔を長くすることによる精度の改善について調べている。時間間隔は経験的に最低1時間は必要である。現在この擬似キネマティック相対測位はほとんど行われていない。

6.3.7 仮想基準点

基線処理を行う場合、例えば二重差といった観測値の差をとることで、軌道誤差や対流圏屈折、電離層屈折の影響を小さくできる。しかしこれらの影響は基線長が長くなるにつれて大きくなる。したがって基線処理はできるだけローバー点近くの基準点を使った短基線で行うのが望ましく、このような考えからできた基準点ネットワークが、APOS (Austrian positioning service：オーストリア位置サービス) や SAPOS (Satellite positioning service：ドイツ衛星位置サービス) 等である。このようなネットワークができ上がった後、いくつかの新しいアイデアが生まれた。そのなかでも、基準点ネットワークのリアルタイムデファレンシャルモデル (Wanninger 1997) や仮想基準点を使う RTK (Vollath et al. 2000)、ネットワーク型 RTK (Wubbena et al. 2001) は、興味あるアイデアである。現在ある基準点ネットワークでも、基線長はさらに短くした方が望ましい。これを実現するアイデアが、実際には存在しない点(すなわち仮想基準点)での観測(計算)データをネットワークの複数の基準点での実際の観測値から作り出し、ローバー点に送るというものである。これが仮想基準点 VRS の基本的な原理である。通常仮想基準点データを計算するためには、仮想基準点を取り巻く3点以上の基準点データが使われる。この場合得られる結果は、35km までの基線長で水平位置精度は 5cm 程度である (Retscher 2002)。

VRS 原理の初歩的な説明

VRS では、実際の基準点での観測値をそれとは異なる場所にある仮想基準点での(仮想的な)観測値に変換する。基準点での観測方程式に補正をほどこすことで、仮想基準点における観測方程式が作られる。できるだけ単純にするため、式 (6.10) の位相擬似距離式で $f^s = c / \lambda^s$ とした

$$\Phi_r^s(t) = \frac{1}{\lambda^s} \rho_r^s(t) + N_r^s + f^s \Delta \delta_r^s(t) \tag{6.101}$$

を考える。左辺の測定搬送波位相 $\Phi_r^s(t)$ は、受信機から衛星までの幾何学距離 $\rho_r^s(t)$、時間に依存しない整数値アンビギュイティー N_r^s、受信機と衛星双方の時計のバイアス $\Delta \delta_r^s(t)$ でモデル化されている。この式の中で受信機位置に依存しない項はどれであろうか？　すなわち仮に同じ受信機が同じエポック t に別の場所に置かれているとしたら、どの項が変化するかということである。答えは $\Phi_r^s(t)$ と $\rho_r^s(t)$ である。これ以外の2つの項 N_r^s、$\Delta \delta_r^s(t)$ は位置が変わっても変化しない。ここで受信機 r を、位置ベクトル $\mathbf{X}_A$ で表される基準点 A と、位置ベクトル $\mathbf{X}_V$ で表される仮想基

準点 VRS にそれぞれ置いたと仮定すると、式 (6.101) から次の 2 つの式ができる。

$$\Phi_r^s(\mathbf{X}_A, t) = \frac{1}{\lambda^s} \rho_r^s(\mathbf{X}_A, t) + N_r^s + f^s \Delta \delta_r^s(t)$$

$$\Phi_r^s(\mathbf{X}_V, t) = \frac{1}{\lambda^s} \rho_r^s(\mathbf{X}_V, t) + N_r^s + f^s \Delta \delta_r^s(t) \tag{6.102}$$

ここでは受信機位置依存性がはっきりわかるように表記している。これらの2つの式の差をとると、アンビギュィティーと時計のバイアスは消去されて

$$\Phi_r^s(\mathbf{X}_V, t) - \Phi_r^s(\mathbf{X}_A, t) = \frac{1}{\lambda^s} \rho_r^s(\mathbf{X}_V, t) - \frac{1}{\lambda^s} \rho_r^s(\mathbf{X}_A, t) \tag{6.103}$$

となる。この式を書き換えると

$$\Phi_r^s(\mathbf{X}_V, t) = \Phi_r^s(\mathbf{X}_A, t) + \frac{1}{\lambda^s} \left[\rho_r^s(\mathbf{X}_V, t) - \rho_r^s(\mathbf{X}_A, t) \right] \tag{6.104}$$

である。この式の左辺は求めたい仮想基準点での観測(計算)量である。したがって、右辺のすべての項が得られるなら仮想基準点で実際に観測する必要はない。$\Phi_r^s(\mathbf{X}_A, t)$ は基準点 A での実際の観測量である。$\rho_r^s(\mathbf{X}_A, t)$ は、基準点 A と衛星 s の位置がわかっているから計算できる。残るのは、仮想基準点位置に関係する $\rho_r^s(\mathbf{X}_V, t)$ である。図 6.3 には、ネットワーク基準点 A, B, C…、と仮想基準点 V、ユーザーの受信機位置 r がそれぞれ示されている。

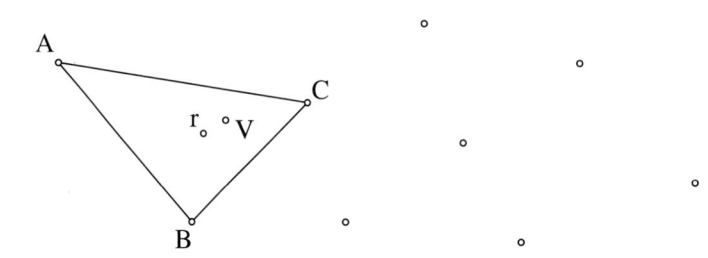

図 6.3　基準点ネットワーク A, B, C と仮想基準点 V, ユーザー受信機 r

　仮想基準点の場所は原理的には任意であるが、受信機と仮想基準点との距離が受信機といずれの基準点との距離よりも短くなるようにしたほうが良い。したがって都合のいいのは、コード観測の単独測位ですぐに求まるユーザー受信機位置の概略値を、仮想基準点の位置 $\mathbf{X}_V$ とすることである。仮想基準点の位置は一度決まれば、それ以後のエポックで受信機位置がこの仮想基準点位置から遠く離れてしまわない限りそのままにされる。

　要約すると、既知の $\mathbf{X}_A$ と単独測位で求めた $\mathbf{X}_V$ を使い、$\rho_r^s(\mathbf{X}_A, t)$, $\rho_r^s(\mathbf{X}_V, t)$ が計算される。$\Phi_r^s(\mathbf{X}_A, t)$ は基準点 A での観測値である。したがって式 (6.104) の右辺はこれで完全に決まり、仮想基準点における観測量 $\Phi_r^s(\mathbf{X}_V, t)$ は実際に観測することなく求まる。

VRS のより実際的な説明

VRS はここでの説明のように簡単なの？　という疑問に対しては、理論的にはイエスであるが実際的にはノーと答えることになる。というのは、説明に使ったモデル式（6.101）、（6.102）では、衛星の軌道誤差や電離層屈折、対流圏屈折といった誤差要因を考慮してないからである。基準点 A におけるこれらの誤差

$$\Delta_r^s(\mathbf{X}_A, t) = \Delta^{Orbit}(\mathbf{X}_A, t) + \Delta^{Iono}(\mathbf{X}_A, t) + \Delta^{Trop}(\mathbf{X}_A, t) \tag{6.105}$$

を考慮すると、式（6.102）の基準点 A での観測式は

$$\Phi_r^s(\mathbf{X}_A, t) = \frac{1}{\lambda^s}\rho_r^s(\mathbf{X}_A, t) + N_r^s + f^s\Delta\delta_r^s(t) + \Delta_r^s(\mathbf{X}_A, t) \tag{6.106}$$

となる。他の基準点についても同様の式になる。誤差を正しく推定するためには、基準点ネットワークのすべての基線を解く必要がある。このためにはアンビギュイティーも正しく決定しなければならない（基準点座標はわかっているからアンビギュイティーの決定は大きな問題にはならない）。ネットワークの基線を解いた結果から、すべての基準点でのエポック毎の誤差 $\Delta_r^s(\mathbf{X}_A, t)$、$\Delta_r^s(\mathbf{X}_B, t)$、… が求まる。

同様に式（6.104）も

$$\Phi_r^s(\mathbf{X}_V, t) = \Phi_r^s(\mathbf{X}_A, t) + \frac{1}{\lambda^s}\left[\rho_r^s(\mathbf{X}_V, t) - \rho_r^s(\mathbf{X}_A, t)\right] + \Delta_r^s(\mathbf{X}_V, t) \tag{6.107}$$

と書けるが、ここで仮想基準点での $\Delta_r^s(\mathbf{X}_V, t)$ を推定するという問題が生じる。

簡単で分かりやすいのは、仮想基準点をとりまく基準点 A,B,C での $\Delta_r^s(\mathbf{X}_A, t)$、$\Delta_r^s(\mathbf{X}_B, t)$、$\Delta_r^s(\mathbf{X}_C, t)$ を使って推定する方法である。この場合例えば、仮想基準点から各基準点までの距離の逆数に応じた重みで $\Delta_r^s(\mathbf{X}_A, t)$、$\Delta_r^s(\mathbf{X}_B, t)$、$\Delta_r^s(\mathbf{X}_C, t)$ を平均して $\Delta_r^s(\mathbf{X}_V, t)$ を求める。この他に基準点での誤差を次のような式でモデル化する方法もある。

$$\Delta_r^s(\mathbf{X}_i, t) = aX_i + bY_i + cZ_i \tag{6.108}$$

ここで X_i, Y_i, Z_i は、基準点 i の座標である。座標は地心座標あるいは平面座標（＋高さ）で与えられる。基準点が A, B, C と 3 点であれば、このモデル式の係数 a, b, c が計算できる。このように計算された係数 a, b, c と仮想基準点の位置座標を式（6.108）に代入すれば、$\Delta_r^s(\mathbf{X}_V, t)$ が求まる。使える基準点が 3 点より多い時は、モデル式（6.108）を拡張する（例えば係数を増やす）か、あるいは最小二乗法を適用する。

式（6.105）の誤差モデルについてもう少し説明しておこう。1 つは誤差モデルは、アンテナ位相中心オフセットやアンテナ位相中心変動、マルチパスといった誤差を考慮したものに拡張することもできるが、これらの誤差は観測点に純粋に依存する誤差であり観測点間での相関はないため、これらの誤差を上の方法で仮想基準点に移すことは意味が無いということである。したがってこれらの誤差は、各基準点で適正なモデルを使って補正するかあるいは単に無視することになる。

もう 1 つは、式（6.105）の電離層や対流圏の誤差は、観測データ結合（第 5 章 2 節）やモデル化（第 5 章 3.2 節、3.3 節）によって小さくすることができるが、これ以外の誤差は残るということである。誤差のモデル化に関してはいくつかの方法が提案されている。Wübbena et al.（2001）と Wanninger

（2002）は、エリア補正パラメータ（area correction parameter）を提案している。Landau et al.（2002）は、重み付き線形近似法と最小二乗コロケーションについて説明している。Dai et al. は、線形結合モデルや距離線形補間法、線形補間法、低次の面モデル、最小二乗コロケーションといった誤差の補間アルゴリズムを比較し、これらがお互いに等価であることを明らかにしている。

第7章 データ処理

7.1 データ前処理

7.1.1 データの取り扱い

ダウンロード

　観測量は、航法メッセージや付加情報と同じく一般的にバイナリー（で受信機に依存する）フォーマットで受信機に記憶されている。これらは後処理を始める前に受信機からダウンロードしておく必要がある。

　ほとんどの GNSS メーカーは、データ処理に使えるデータ管理システムを作っている。その個々のソフトウエアはメーカーのマニュアルとして用意されているので、ここではふれない。

データ交換

　受信機のバイナリーデータは、ダウンロードの際に、コンピュータに依存しない ASCII 形式に変換できるが、変換されたものは依然として受信機に依存したデータである。また、各 GNSS 処理ソフトウエアはそれぞれ独自のデータフォーマットで行われるため、異なるソフトウエアで処理するときには、データをソフトウエアに依存しないフォーマットに変換する必要がある。

　受信機に依存しない GNSS データのフォーマットがあれば、データの交換が広がる。RINEX フォーマット（Receiver independent exchange format：受信機に依存しない交換用データフォーマット）はこれを実現したものである。この RINEX フォーマットは、1989 年に最初に定義され、Gurtner and Mader（1990）によりそのバージョン 2 が発表されている。後に小さな変更がいくつか行われ、1997 年にはグロナスデータも扱えるよう拡張された。その後の更新はバージョン 2.10 とバージョン 2.11 に含まれている。2006 年現在、RINEX3.0 が最新のバージョンである。このバージョンについての詳細は、Gurtner and Estey（2006）を参照されよ。

　観測データは、（1）観測データファイル、（2）航法メッセージファイル、（3）気象データファイルという 3 つの ASCII 型ファイルに記録される。それぞれのファイルは、ヘッダー部とデータ部からできており、ヘッダー部には一般的なファイル情報が、データ部には実際のデータが含まれる。基本的に観測データファイルと気象データファイルは、セッションの各観測点毎に生成されなければならない。RINEX（バージョン 2 以降）では、ローバー受信機で連続して観測される観測点のデータを 1 つのファイルにすることも認められている。しかし、複数の受信機（アンテナ）データを同じファイルの中に集めることは推奨されない（Gurtner and Estey（2006））。

　航法メッセージファイルは、観測点に関係しないファイルである。それぞれの受信機から同じ航法メッセージが複数できるのを避けるため、航法メッセージはいくつかの受信機から冗長のないよ

うに合成して、ただ1つだけ作られる。

ここでRINEXフォーマットの仕様についてすこし説明しよう。RINEXフォーマットではファイル名を"ssssdddf.yyt"の形で表す。最初の4文字（ssss）は観測点識別子、次の3文字（ddd）は年初からの日数（観測日）、（f）はセッション標示である。ファイル拡張子の最初の2文字（yy）は観測年の下二桁、最後の（t）はファイルタイプを表す。このファイルタイプは、観測ファイルとGPS、グロナス、ガリレオの航法メッセージファイル、SBAS（Space-based augmentation system：衛星型補強システム）航法メッセージファイル、SBAS放送データファイルに分かれている。

衛星の識別には"snn"型の番号を使う。最初の1文字（s）は衛星システムの識別子で、残りの2文字が衛星番号（例えばPRN番号）である。衛星システムの識別子sは、GPS、グロナス、SBAS、ガリレオを区別する。これによりRINEXフォーマットでは、異なるタイプの衛星を組み合わせて観測することも可能にしている。

RINEXフォーマットは、現在最も広く使われているため、受信機メーカーは受信機独自のフォーマットをRINEXフォーマットに変換するソフトを用意している。

SINEX（Software independent exchange）フォーマットについてもふれておこう。このフォーマットは、異なるソフトウエアによる計算処理結果の交換ができるようにするもので、例えばIGSで使われている（Mervart 1999）。更なる情報については、以下のサイトを参照されよ。http://tau.fesg.tu-muenchen.de/~iers/web/sinex/format.php（SINEX versions 2.00, 2.01）最近SINEXにガリレオを含めるため、いくつかの新しいパラメータを付け加えたバージョン2.10が、IERSメッセージ96に提案されている。この提案については、http://www.iers.org/documents/ac/sinex/sinex_proposal.pdf.を参照せよ。

7.1.2 サイクルスリップの検出とその修復

サイクルスリップの定義

受信機のスイッチを入れると、整数値カウンターが初期化され、ビート位相の端数部分（すなわち衛星からの搬送波と受信機で作られるレプリカ信号との差）の観測が始まる。衛星追跡中、整数値カウンターは、端数位相が2πから0に変われば1だけ増えていく。したがって、任意のエポックにおける観測積算位相$\Delta\varphi$は、端数位相φと整数値カウントnの和である。衛星と受信機の間の最初の整数値サイクル数Nは未知数である。この位相のアンビギュイティーNは、衛星信号の追跡に失敗しない限り一定のままであるが、失敗すれば整数値カウンターは再度初期化され、これによりその瞬間の積算位相にある整数値分の"飛び"が生じる。この飛びは、サイクルスリップと呼ばれている。

図7.1にサイクルスリップを図示してある。観測位相を時間に対してプロットすると、かなり滑らかな曲線になるはずであるが、サイクルスリップが起きれば、この曲線に急激な飛びが生じる。サイクルスリップの原因は、3つに分類できる。1つは、木やビル、橋、山等の障害物によって生じる場合である。これが最も頻繁に起きる（特に搬送波位相を使ったキネマティックで）。2番目は、電離層の状態が悪いとかマルチパスや衛星高度が低いため、SN比が低くてサイクルスリップが生じる場合である。3番目は、受信機のソフトウエアに問題がある場合（Hein 1990b）で、この場合間違った信号処理になる。サイクルスリップは衛星の周波数標準器の誤動作によっても生じうるが、

第7章 データ処理

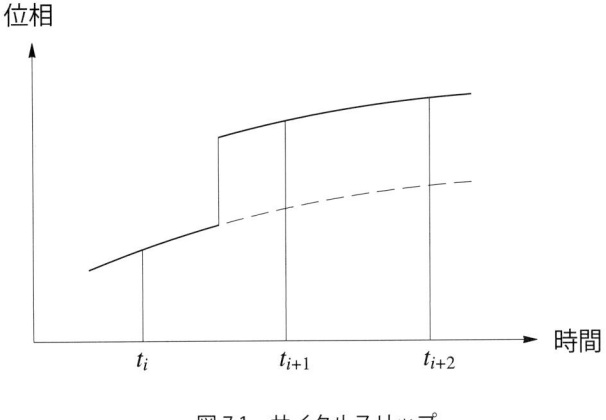

図7.1 サイクルスリップ

これはめったに起きない。

図 7.1 からわかるように、サイクルスリップを検出・修復するには、サイクルスリップの起きたところとその大きさを知る必要がある。検出には、ある"検査量"（次の節）が使われる。修復ではサイクルスリップの起きた以降、当該衛星の当該搬送波についてのすべての位相観測値を一定の整数サイクル数だけ補正する。サイクルスリップの大きさを決定し、位相データを補正することをサイクルスリップの修復（cycle slip repair）という。

サイクルスリップの検査量

観測点 1 点だけの場合、検査に使われるのは、生の位相、位相の組み合わせ、位相とコード距離の組み合わせ、位相と積分ドップラー周波数の組み合せである。この受信機 1 台による検査は、受信機の内部ソフトウエアを使って本来のサイクルスリップ検出・修復ができるので重要である。2 観測点のデータがあれば、サイクルスリップ検出に一重差、二重差、三重差が使える。まず最初に未修復の位相データの組み合わせを使い、概略の基線ベクトルを処理しその残差を検査する。次に修正された位相データで同様の計算を行うことを何回か繰り返し、最終的な基線解が求められる。三重差を使えば、サイクルスリップ修復をしなくても収束し精度の高い結果が得られる。またスタティックの場合、三重差から二重差のサイクルスリップの大きさがわかる。

以下観測点が 1 つの場合の検査量についてもう少し詳しく見てみる。

生の位相

観測される生の位相 $\Phi_r^s(t)$ は、

$$\lambda \Phi_r^s(t) = \rho_r^s(t) + \lambda N_r^s + c\Delta\delta_r^s(t) - \Delta^{Iono}(t) + \cdots \tag{7.1}$$

とモデル化できる。ここで r と s はそれぞれ観測点と衛星を表す。式（7.1）の右辺には、サイクルスリップの検出を難しくする時間依存の項がたくさん含まれている。

位相の組み合わせ

二周波の位相の組み合わせモデルも作られている。1観測点と1衛星、1エポックだけの場合には、下付き文字や上付き文字、さらには時間についても省略でき、位相観測式は、

$$\Phi_1 = af_1 + N_1 - \frac{b}{f_1}$$

$$\Phi_2 = af_2 + N_2 - \frac{b}{f_2}$$

(7.2)

と書ける（式（5.76）参照）。ここで二周波をそれぞれ f_1, f_2 としている。
幾何学項 a を消去するため式（7.2）の上式に f_2 を、下式に f_1 をそれぞれ掛けて差をとると、

$$f_2\Phi_1 - f_1\Phi_2 = f_2 N_1 - f_1 N_2 - b\left(\frac{f_2}{f_1} - \frac{f_1}{f_2}\right)$$

(7.3)

である。この式の両辺を f_2 で割れば

$$\Phi_1 - \frac{f_1}{f_2}\Phi_2 = N_1 - \frac{f_1}{f_2} N_2 - \frac{b}{f_2}\left(\frac{f_2}{f_1} - \frac{f_1}{f_2}\right)$$

(7.4)

となる。右辺括弧内で f_2/f_1 を括りだせば、幾何学項を含まない最終形

$$\Phi_1 - \frac{f_1}{f_2}\Phi_2 = N_1 - \frac{f_1}{f_2} N_2 - \frac{b}{f_1}\left(1 - \frac{f_1^2}{f_2^2}\right)$$

(7.5)

が得られる。この式の左辺は電離層残差（式（5.21）参照）と同じである。右辺で時間的に変化するのは、電離層項 b だけである。式（7.5）を生の位相の式（7.1）と比較すれば、電離層の影響が $(1 - f_1^2/f_2^2)$ 倍小さくなっていることがわかる。GNSS の典型的な値、$f_1 = 1.6\ GHz$、$f_2 = 1.2\ GHz$ を代入すれば、これは -0.78 になる。

通常の電離層状態で短基線の観測を行う場合、サイクルスリップがなければ、電離層残差の時間変化は小さいであろうから、電離層残差の連続値が突然大きくジャンプを見せれば、それはサイクルスリップが起きた指標になる。サイクルスリップが検出された後の問題は、サイクルスリップが f_1, f_2 のどちらで、あるいは両方で生じたのか決定することであるが、これについては後で説明する。

位相とコード距離の組み合わせ

位相とコード距離の組み合せをサイクルスリップの検査に使う場合、その観測モデル式は、

$$\lambda \Phi_r^s(t) = \rho_r^s(t) + \lambda N_r^s + c\Delta\delta_r^s(t) - \Delta^{Iono}(t) + \Delta^{Trop}(t)$$

$$R_r^s(t) = \rho_r^s(t) \qquad\qquad + c\Delta\delta_r^s(t) + \Delta^{Iono}(t) + \Delta^{Trop}(t)$$

(7.6)

である。これらの式の差をとると

$$\lambda \Phi_r^s(t) - R_r^s(t) = \lambda N_r^s - 2\Delta^{Iono}(t) \tag{7.7}$$

となり、右辺から電離層の項以外時間に依存する項はなくなるので、これもサイクルスリップの検査に使うことができる。電離層の項はモデル化してもよいし、あるいはその変化は隣接エポックの間ではかなり小さいので無視してもよい。二重差を使う場合もこの項は無視できる。

式（7.7）は簡単な検査量であるが、誤差レベルに問題もある。位相とコード距離の組み合せの誤差レベルは、5サイクルの範囲であるが、これは主としてコード距離観測の誤差によるものである。観測の分解能は波長に比例するから、コード距離観測の誤差は位相観測の誤差より大きい。しかし従来 $\lambda/100$ のオーダーであった観測分解能は、現在受信機技術の進歩により $\lambda/1000$ のオーダーに近づいている。これは言い換えるとコード距離のノイズレベルが数センチになりうるということであり、位相とコード距離の組み合せは、サイクルスリップの検出に理想的な検査量となりうる。

位相と積分ドップラー周波数の組み合せ

観測位相の差をサイクルスリップに影響されない積分ドップラー観測から得られる位相差と比較することによっても、サイクルスリップを検出できる。

検出と修復

これまでに説明したそれぞれの検査量の、連続するエポック間での差を点検することで、サイクルスリップの起きた場所がわかるし、サイクルスリップの概略の大きさもわかる。サイクルスリップの正確な大きさを知るためには、検査量の時系列を詳しく調べる必要がある。電離層残差は別にして、これまでに説明したすべての検査量に対して、検出されるサイクルスリップは整数値でなければならない。やり方次第で、どの衛星あるいはどの受信機に問題があるのかを知らなくても、サイクルスリップを簡単に検出、修復することはできる。

サイクルスリップの検出法の1つに差分を構成する方法がある。表7.1に示されている例でその原理を示そう。

表7.1　差分表

t_i	$y(t_i)$	y^1	y^2	y^3	y^4
t_1	0				
		0			
t_2	0		0		
		0		ε	
t_3	0		ε		-3ε
		ε		-2ε	
t_4	ε		$-\varepsilon$		3ε
		0		ε	
t_5	ε		0		$-\varepsilon$
		0		0	
t_6	ε		0		
		0			
t_7	ε				

エポック t_4 で ε の飛びをもつ信号の時系列 $y(t_i)$, $i = 1, 2, ...,7$ を考える。これまで説明してきた検査量のどれでも、この信号の時系列として使うことができる。

この表で y^1, y^2, y^3, y^4 はそれぞれ1次、2次、3次、4次の差分を表す。この表のデータ変化に見られる重要な特性は、高次の差分ほど"飛び"の量が大きくなり、"飛び"の検出の可能性が増すことである。これらの差分を作り出す差分フィルターは、理論的には信号の低周波部分を弱め定数部分を取り除くハイパスフィルターであり、"飛び"のような高周波成分が増幅される。信号 $y(t_i)$ を例えば位相に置き換え、ε をサイクルスリップとすれば、この差分表の効果は明らかである。

サイクルスリップの大きさを決定する方法は、サイクルスリップの前後でそれぞれ検査量にある曲線図形を当てはめることである。サイクルスリップは、この2つの曲線図形のズレから求められる。この当てはめは、簡単な線形回帰分析あるいはより実際的な最小二乗法によって行われる。このほかに考えられるものとして、カルマンフィルタリング（第7章3節）のような予測手法がある。あるエポックにおいて、次のエポックにおける関数値（すなわち検査量の1つ）を、それまでの関数値から得られる情報に基づいて予測する。この予測値は、サイクルスリップを検出するために実際の観測値と比較される。サイクルスリップ検出のためにカルマンフィルタリングを利用する例が Landau (1988) に示されている。スタティックな処理で二重差サイクルスリップの大きさを決定するベストな方法は、三重差を使う方法である。三重差だけからは、サイクルスリップがどの衛星あるいはどのエポック、どの受信機で生じたのかは分らないが、二重差サイクルスリップの大きさは決められる。

サイクルスリップが検出された時は、以後の検査量はサイクルスリップの大きさ分だけ補正されるが、検査量が位相の組み合せの場合、検出されたサイクルスリップから1つの位相のアンビギュイティーをきちんと求めるのは難しい。例外は電離層残差の場合で、特別な状況下でこの電離層残差の中のアンビギュイティーは分離（決定）できる。式 (7.5) で、サイクルスリップによりアンビギュイティー変化 ΔN_1, ΔN_2 が生じたとすると、電離層残差の"飛び" ΔN が検出される。この飛びの大きさは

$$\Delta N = \Delta N_1 - \frac{f_1}{f_2} \Delta N_2 \tag{7.8}$$

である。ここで ΔN は、もはや整数ではない。式 (7.8) は、2つの整数の未知数 ΔN_1, ΔN_2 に関するジオファンタス方程式（diophantine equation：不定方程式）を表している。未知数が2つで式は1つであるから、ユニークな解はない。ΔN がゼロの場合に、このことを見てみよう。式 (7.8) で、$\Delta N = 0$ とし、例えば $f_1/f_2 = 77/60$ の場合を考えると条件

$$\Delta N_1 = \frac{f_1}{f_2} \Delta N_2 = \frac{77}{60} \Delta N_2 \tag{7.9}$$

が成り立たなければならない。これから $\Delta N_1 = 77$, $\Delta N_2 = 60$ も $\Delta N_1 = 154$, $\Delta N_2 = 120$ も共に式(7.9)を満たす解である。しかしながら、ΔN_1 が77サイクルより小さければ、解はユニークに求まる。これまでは観測誤差がないものとして議論してきたが、実際には観測誤差の影響を考慮しなければならない。位相の観測誤差の簡単なモデルは

$$\sigma_\Phi = 0.01 \text{ サイクル} \tag{7.10}$$

である。これは $\lambda/100$ の分解能に相当する。両方の搬送波にこのモデルを適用し、マルチパスのような周波数に依存する誤差は無視する（この仮定はコードレス受信機や準コードレス受信機の場合は、信号処理の過程で別の誤差が入ってくるので正しくない）。

原理的に ΔN の値は2つの隣接エポック間の電離層残差から次のように計算される。

$$\Delta N = \Phi_1(t+\Delta t) - \frac{f_1}{f_2}\Phi_2(t+\Delta t) - \left[\Phi_1(t) - \frac{f_1}{f_2}\Phi_2(t)\right] \tag{7.11}$$

この式に誤差伝播式を適用すれば

$$\sigma_{\Delta N} = 2.3\,\sigma_\Phi = 0.023\,\text{サイクル} \tag{7.12}$$

となる。これから ΔN の 3σ 誤差は、概略 ± 0.07 サイクルになり、これが ΔN の分解能と考えられる。このことから、式 (7.8) で任意の整数値アンビギュイティーの変化 ΔN_1, ΔN_2 を使って計算される2つの ΔN は、少なくとも 0.07 サイクル違っていなければ2つを別のものとして分離できないというのが結論である。表7.2は、整数値アンビギュイティーの変化 ΔN_1, ΔN_2 が小さな値の場合、ΔN がどうなるか系統的に調べたものである。0, ± 1, ± 2, ..., ± 5 から選んだ2つの整数の組み合わせを ΔN_1, ΔN_2 として、ΔN を式 (7.8) で計算する。結果を ΔN が増加する順番に並び替えたものが表 7.2 である。この表の2列目は、ΔN の一次の差分である。表が長くならないように、ここでは ΔN マイナスかゼロの場合だけ載せてある。ΔN プラスの場合の表は、この表で1列目と3列目、4列目の符号を逆にすればよい。

表7.2のアスタリスク＊は、ΔN の差分が 0.07 サイクルより小さい場合を示している。この場合観測誤差が差分より大きくなり、ΔN を区別することができなくなる。表7.2で最終行の近くを見ると、$\Delta N_1 = 5$, $\Delta N_2 = 4$ あるいは $\Delta N_1 = -4$, $\Delta N_2 = -3$ のアンビギュイティー変化の組み合わせから、0.14 程度の電離層残差の飛びが生じている。アスタリスク＊の付いている行では、ΔN_1 か ΔN_2 のどちらかが（$\pm$）5であるので、$\Delta N_1 = \pm 5$, $\Delta N_2 = \pm 5$ という値を除けば、ΔN を区別する上での問題はなくなる。すなわち ± 4 サイクルまでの整数値アンビギュイティーに限れば、ΔN はすべて 0.12 サイクル以上違っており識別可能である。

以上電離層残差を使ったサイクルスリップの修復に関する結論は次のようになる。測定誤差についての仮定式 (7.10) を受け入れれば、± 4 サイクルまでのサイクルスリップをはっきりと区別することが可能である。観測誤差が小さくなるほどその識別の度合いは増す。大きなサイクルスリップの場合は、あいまいな状況で間違ったサイクルスリップ選択をしないように、これとは違ったやり方が必要になる。

サイクルスリップが1回以上起きることはよくある。この場合、サイクルスリップはそれぞれ個々に検出、修復され、修正された位相、一重差、二重差、三重差が基線解析に使われる。最近 GNSS データと主として慣性航法システム（INS: Inertial navigation system）のような他の観測データを組み合わせて行うサイクルスリップの検出、修復が、ある程度成功している。Colombo et al. (1999) は、小さく軽量で持ち運びでき、中程度の精度の（しかも低コストの）INS でも、サイクルスリップを検出、修正する能力を十分高めることができることを示している。INS のデータで GNSS データのギャップを埋めなければならない場合、必要とする高い精度を保つためには、それに要する時

表 7.2 アンビギュイティー変化 ΔN_1, ΔN_2 から計算した電離層残差 ΔN

ΔN	差	ΔN_1	ΔN_2	ΔN	差	ΔN_1	ΔN_2
−11.42		−5	5	−3.72		−5	−1
	1.00				0.16		
−10.42		−4	5	−3.56		−1	2
	0.29				0.14		
−10.13		−5	4	−3.42		3	5
	0.71				0.14		
−9.42		−3	5	−3.28		−2	1
	0.29				0.15		
−9.13		−4	4	−3.13		2	4
	0.28				0.13		
−8.85		−5	3	−3.00		−3	0
	0.43				0.15		
−8.42		−2	5	−2.85		1	3
	0.29				0.13		
−8.13		−3	4	−2.72		−4	−1
	0.28				0.16		
−7.85		−4	3	−2.56		0	2
	0.29				0.12		
−7.56		−5	2	−2.44		−5	−2
	0.14				0.02 *		
−7.42		−1	5	−2.42		4	5
	0.29				0.14		
−7.13		−2	4	−2.28		−1	1
	0.28				0.15		
−6.85		−3	3	−2.13		3	4
	0.29				0.13		
−6.56		−4	2	−2.00		−2	0
	0.14				0.15		
−6.42		0	5	−1.85		2	3
	0.14				0.13		
−6.28		−5	1	−1.52		−3	−1
	0.15				0.16		
−6.13		−1	4	−1.56		1	2
	0.28				0.12		
−5.85		−2	−3	−1.44		−4	−2
	0.29				0.02 *		
−5.56		−3	2	−1.42		5	5
	0.14				0.14		
−5.42		1	5	−1.28		0	1
	0.14				0.13		
−5.28		−4	1	−1.15		−5	−3
	0.15				0.02 *		
−5.13		0	4	−1.13		4	4
	0.13				0.13		
−5.00		−5	0	−1.00		−1	0
	0.15				0.15		
−4.85		−1	3	−0.85		3	3
	0.29				0.13		
−4.56		−2	2	−0.72		−2	−1
	0.14				0.16		
−4.42		2	5	−0.56		2	2
	0.14				0.12		
−4.28		−3	1	−0.44		−3	−2
	0.15				0.16		
−4.13		1	4	−0.28		1	1
	0.13				0.13		
−4.00		−4	0	−0.15		−4	−3
	0.15				0.02 *		
−3.85		0	3	−0.13		5	4
	0.13				0.13		
−3.72		−5	−1	0.00		0	0

間が重要になってくる。この時間は例えば、測量の種類、基線長、INS の精度で変わってくるが、数秒だけという場合から数分の間である。GNSS／INS のデータモデルとその実験の詳細については Schwarz et al.（1994）や Colombo et al.（1999）、Altmayer（2000）、El-Sheimy（2000）、Alban（2004）、Kim and Sukkarieh（2005）に報告されている。

7.2 アンビギュイティーの決定

7.2.1 一般論

位相観測に固有なアンビギュイティーは、受信機と衛星の両方に依存している。衛星の追跡が中断することなく続いていれば、アンビギュイティーは時間的に変化しない。位相観測の数学モデル

$$\Phi = \frac{1}{\lambda}\rho + f\Delta\delta + N - \frac{1}{\lambda}\Delta^{Iono} \tag{7.13}$$

でアンビギュイティーは N で表されている。アンビギュイティーが整数値として決定されれば、アンビギュイティーが解かれた、あるいは確定した（フィックスした）といわれる。一般的にアンビギュイティーを確定することで、基線解は強固なものになる。Joostenand Tiberius（2000）には、その実例が示されている。最初に短基線を計算し、アンビギュイティーを決める。アンビギュイティーの実数解と整数解でエポック毎の観測点位置を計算すると、その精度に大きな違いが表れる。すなわち実数解の場合は、座標の南北、東西、上下方向成分にメートル幅のばらつきが出るが、整数解の場合は座標の精度は 1cm 以下である。しかし両方の解が数ミリメートル以内で一致することも時々はある。

位相の解析においては、一重差ではなく二重差を使うことが重要である。一重差の場合は、受信機時計のオフセット量が未知数として付け加わるので、これと整数値アンビギュイティーを実効的に分離することが難しいが、二重差の場合は時計のオフセット量は消去されており、アンビギュイティーの分離が可能である。

精度の高い位相観測の利点を十分に生かすためには、アンビギュイティーを正しい整数値に確定しなければならない。もしできなければ GNSS 搬送波の 1 サイクルのズレで、数十センチの位置誤差を生じることになる。しかし整数値アンビギュイティーが常に得られるとはかぎらないということも強調しておくべきであろう。その理由の 1 つは基線の長さにある。短基線（20ｋm以下）の場合、二重差のモデルで電離層や対流圏の影響は一般的に無視できるので、

$$\lambda \Phi_{AB}^{jk}(t) = \rho_{AB}^{jk}(t) + \lambda N_{AB}^{jk} \tag{7.14}$$

のように簡略化できるが、長距離の場合、これらを無視したことにより誤差が未知量に入り込み、座標値の精度やアンビギュイティーの整数としての性質を劣化させる。それゆえ基準点から遠く離れた場所で測量する必要がある場合、アンビギュイティーを解くために近くにいくつか基準点を設けるか、あるいは仮想基準点（第 6 章 3.7 節）を導入する必要がある。

アンビギュイティー決定に関してこの他に重要なことは、衛星の幾何学配置である。これは 2 つ

の観点から考察できる。1つは、追尾衛星の数が増えれば、一般的にその精度低下率DOPの値は良くなる。したがって、すべての可視衛星を追跡できる受信機を使うほうが、余剰な観測によりアンビギュイティー決定の効率化と信頼性を増すことになり望ましい。衛星の幾何学配置に関して2つ目の観点は、アンビギュイティー決定に必要な観測時間の長さである。搬送波位相に含まれる情報内容は、衛星の運動と直接関係している時間の関数である。2つの観測データの例で見てみよう。

最初の観測データは15秒間隔で1時間観測したデータでできており、各衛星240個の観測値が含まれている。2番目の観測データは1秒間隔で4分間観測したデータでできており、各衛星240個の観測値が含まれている。両方とも観測数は同じであるが、情報内容ははっきりと違っている。最初の観測データのほうが、観測に要した時間が長いので、正しくアンビギュイティーを決定できる可能性が高い。衛星の幾何学配置が良い場合でも、観測時間はアンビギュイティーを決める上で決定的な要素になっている。

マルチパスもアンビギュイティーの決定に重要である。マルチパスは観測点の状況に左右されるので短基線でも影響される。長基線での大気誤差や軌道誤差の場合のように、マルチパスは観測点座標とアンビギュイティー双方に誤差をもたらす。

アンビギュイティーの決定は、3段階で行われる。第1段階は、可能性のある整数値アンビギュイティーの組み合わせを作ることである。組み合わせは、例えば二重差を構成する衛星ペア毎に作られる。アンビギュイティーを決定するために、"探索空間"を設ける必要がある。探索空間は、未知量であるアンテナ位置の概略座標を取り囲むように作られる。探索空間は整数値アンビギュイティーを決めるためのもので、探索空間はアンテナの真位置もその中に含まれるように、注意深く選択しなければならない。スタティック測位の場合はこの探索空間はいわゆるフロート解から作られ、キネマティック測位の場合はコード距離解から作られる。このアンビギュイティー決定の第1段階で重要なことは、探索空間の大きさは解を求める効率；すなわち計算速度、に影響を与えるということである。探索空間が大きければ、処理しなければならない整数値アンビギュイティーの組み合わせ数は多くなり、計算の負荷が増すことになる。このことはリアルタイムにアンビギュイティーを決定しなければならないキネマティック測位において重要である。それゆえ計算負荷と探索空間の大きさのバランスをとることが必要である。

アンビギュイティー決定の第2段階は、正しい整数値アンビギュイティーの組み合わせを識別することである。多くのアンビギュイティー決定手法で用いられている判断基準は、最小二乗法的に残差の二乗和を最小にする整数の組み合わせを選択することである。これは、データに最も適合する組み合わせが正しい結果であるべきだという考えに基づいたものであるが、使えるのは十分な余剰観測がある場合だけである。

第3段階は、アンビギュイティーの検証（あるいは評価）である。得られた整数値の正しさを評価することにもっと注意を向けなければならない（Verhagen 2004）。Joostenand Tiberius（2000）に定義されている"アンビギュイティー成功率"（ambiguity success rate）を、正しい整数値の推定確率を決定する手段として使うことができる。このアンビギュイティー成功率は、観測方程式と観測量の精度、整数値アンビギュイティー推定手法の3つの要素に依存したものである。

ここで第2段階と第3段階に含まれるいくつかの問題について少し述べておく。最初の問題は、最小二乗法において残差は正規分布をしているという基本的な仮定である。多くの場合この仮定は、

マルチパスや軌道、大気の影響による系統誤差のため成り立たない。大きなマルチパスがあれば短基線でもアンビギュイティー決定に失敗する。この系統誤差の影響が一般的に長基線でアンビギュイティー決定に失敗する理由でもある。2番目の問題は、整数値アンビギュイティーを決定する際に重要となる統計処理の必要性である。観測に最も適合する整数値アンビギュイティーの組み合わせは、ほかのどの組み合わせよりも統計的にかなり良いものでなければならない。アンビギュイティーの決定に使われる統計的な判断基準については、この後のいくつかの小節で議論する。上で述べた（取り除かれていない）系統誤差は、観測時間がもつ一側面（すなわち観測時間が短くなるほどアンビギュイティー決定が難しくなる）と同じようなふるまいをする。

(1) 可能性のある整数値アンビギュイティーの組み合わせの生成、(2) 最適な整数値アンビギュイティーの組み合わせの決定、(3) アンビギュイティーの検証、というこの3段階のアンビギュイティー決定法も改良、拡張が可能である。Han and Rizos（1997）は、サイクルスリップが起きたときにアンビギュイティーを再決定する方法や GNSS 観測と他の観測を統合してアンビギュイティーを決定する方法を含め、アンビギュイティー決定法を6つに分類している。

Hatch and Euler（1994）は、アンビギュイティー決定法を次の3つに分類している。

1. 観測領域でのアンビギュイティー決定法
2. 座標領域での探索法
3. アンビギュイティー領域での探索法

Kim and Langley（2000）もこれと同様な分類を採用している。この分類に従い、たくさんのアンビギュイティー決定法（例えば Mervart 1995 や Kim and Langley 2000）からいくつかの鍵となる原理を以下見てみよう。

第7章2.2節で取り上げる基本的な方法は、観測領域でのアンビギュイティー決定法である（しかし通常これはアンビギュイティー領域での探索と組み合わせて使われる）。

第7章2.3節のアンビギュイティー関数を使う方法は、効率が悪いが座標領域での探索法の代表例である。

現在行われているアンビギュイティー決定の研究は、大部分3番目のアンビギュイティー領域での探索法に分類されるものである。第7章2.3節にいくつかの例が示されている。この分類のアンビギュイティー決定法では、整数値最小二乗法（integer least-squares method）が使われる。これは、正しい整数値アンビギュイティーの推定確率が最大になるように理論的に考え出された手法である（Teunissen 1999a,b）。整数値最小二乗法を使うアンビギュイティー決定は、通常（1）フロート解決定、（2）整数値アンビギュイティーの推定、（3）フィックス解決定の3段階で行われる。最初のフロート解で得られる分散共分散行列は他のアンビギュイティー探索でも使われる（Kim and Langley 2000）。表7.3に代表的なアンビギュイティー決定法を示す。これらのうちいくつかは第7章2.3節で説明されている。これらの決定法はお互いに非常に似ているところがある。例えば OMEGA は LSAST の改良版と見なせる。なおこの表7.3には、3搬送波アンビギュイティー決定（TCAR: Three-carrier ambiguity resolution）（Forssell et al.1997、Vollath et al. 1999）のような多（3以上）周波数を使う方法は含めていない。

表7.3 代表的なアンビギュイティー決定法

略語	決定法	提唱者
LSAST	最小二乗アンビギュイティー探索法	Hatch（1990）
FARA	高速アンビギュイティー決定法	Frei and Beutler（1990）
―	修正コレスキ分解法	Euler and Landau（1992）
LAMBDA	アンビギュイティー無相関化法	Teunissen（1993,1995a）
―	ゼロスペース法	Martin-Neira et al.（1995）
FASF	高速アンビギュイティー探索フィルター法	Chen and Lachapelle（1994）
OMEGA	GPSアンビギュイティー最適推定法	Kim and Langley（1999）

7.2.2 基本的な方法

一周波の位相データ

　一周波だけの位相観測しか使えない場合、最も直接的なアンビギュイティー決定の方法は次のようになる。式（7.13）でモデル化された観測方程式を線形化し、選択した未知量（例えば観測点座標、時計のパラメータ等）を、網平均によりアンビギュイティーNと一緒に推定する。この方法ではモデル化されていない系統誤差はすべての未知量に影響を及ぼす。この影響でアンビギュイティーはその整数性を失い、実数値として推定される。アンビギュイティーを整数値に固定するために、逐次網平均が行われる。最初の網平均で、整数値に最も近く最小の標準誤差をもつアンビギュイティーを、最も確実に決定されたアンビギュイティーとみなす。次にこのアンビギュイティーを整数値に固定し、この他のアンビギュイティーを確定するために、再度（1つ少ない未知量での）網平均を繰り返す等々……。短基線で二重差を使う場合は、通常この方法はうまくいく。正しいアンビギュイティー決定の妨げになる要素は電離層屈折の影響で、これはモデル化する必要がある。

　キネマティックの場合、初期化すなわち最初のアンビギュイティー決定が必要になる。これについては第6章3.5節で3通りのスタティックな方法、すなわち(1)位置座標のわかっている既知の（短）基線での数エポックの観測でアンビギュイティーを決定する方法、(2) スタティックにスタート基線を測定する方法、(3) アンテナスワップによる方法、について説明している。

　キネマティックな初期化はOTF（第6章3.5節）であり、最も進んだアンビギュイティー決定法である。これについては第7章2.3節で説明する。

二周波の位相データ

　二周波の位相データを使う場合は、アンビギュイティー決定の状況はかなり改善される。二周波の位相データには、ワイドレーンやナロウレーンのようにさまざまな線形結合を作ることができるという多くの利点がある。周波数f_1とf_2の搬送波の位相データをそれぞれΦ_1, Φ_2とすれば、式(5.17)から

$$\Phi_{21} = \Phi_1 - \Phi_2 \tag{7.15}$$

はワイドレーン信号である。この信号の周波数は $f_{21} = f_1 - f_2$ であり、その波長は元々の波長より長くなる。この長くなったワイドレーン波長 λ_{21} によって、長い間隔をもつアンビギュイティーができ、このことが整数値アンビギュイティーの決定を容易にする鍵になる。この原理を示すために、搬送波 f_1 と f_2 の修正位相モデル（式 7.2）参照）を考えよう。

$$\Phi_1 = af_1 + N_1 - \frac{b}{f_1}$$
$$\Phi_2 = af_2 + N_2 - \frac{b}{f_2} \tag{7.16}$$

ここで a は幾何学項、b は電離層項である（式（5.77）参照）。これら2つの方程式の差をとると

$$\Phi_{21} = af_{21} + N_{21} - b\left(\frac{1}{f_1} - \frac{1}{f_2}\right) \tag{7.17}$$

となる。ここで

$$\begin{aligned}\Phi_{21} &= \Phi_1 - \Phi_2 \\ f_{21} &= f_1 - f_2 \\ N_{21} &= N_1 - N_2\end{aligned} \tag{7.18}$$

はワイドレーン諸量である。ワイドレーンモデルに基づく網平均からは、ワイドレーンアンビギュイティー N_{21} が求まるが、これは元の各搬送波のアンビギュイティーよりはるかに簡単に決定できる。

　測定位相のアンビギュイティー（例えば Φ_1 の N_1、あるいは Φ_2 の N_2）を計算するために、式（7.16）を f_1 で、式（7.17）を f_{21} でそれぞれ割り、

$$\frac{\Phi_1}{f_1} = a + \frac{N_1}{f_1} - \frac{b}{f_1^2}$$
$$\frac{\Phi_{21}}{f_{21}} = a + \frac{N_{21}}{f_{21}} - \frac{b}{f_{21}}\left(\frac{1}{f_1} - \frac{1}{f_2}\right) \tag{7.19}$$

これら2つの式の差をとると

$$\frac{\Phi_1}{f_1} - \frac{\Phi_{21}}{f_{21}} = \frac{N_1}{f_1} - \frac{N_{21}}{f_{21}} - \frac{b}{f_1^2} + \frac{b}{f_{21}}\left(\frac{1}{f_1} - \frac{1}{f_2}\right) \tag{7.20}$$

となる。アンビギュイティー N_1 は、この式を並び替え、f_1 を掛けることで

$$N_1 = \Phi_1 - \frac{f_1}{f_{21}}(\Phi_{21} - N_{21}) + \frac{b}{f_1} - \frac{b}{f_{21}}\left(1 - \frac{f_1}{f_2}\right) \tag{7.21}$$

のようになる。右辺の電離層の影響を反映する項は、次のように書ける。

$$\frac{b}{f_1} - \frac{b}{f_{21}}\left(1 - \frac{f_1}{f_2}\right) = b\frac{f_{21}f_2 - f_1f_2 + f_1^2}{f_1 f_{21} f_2}$$

$$= b\frac{f_{21}f_2 + f_1(f_1 - f_2)}{f_1 f_{21} f_2} \tag{7.22}$$

$$= b\frac{f_2 + f_1}{f_1 f_2}$$

ここで右辺の括弧内はワイドレーン周波数f_{21}で置き換えられるから、分母と約分している。それゆえ式（7.21）のアンビギュイティーN_1は、

$$N_1 = \Phi_1 - \frac{f_1}{f_{21}}(\Phi_{21} - N_{21}) + b\frac{f_1 + f_2}{f_1 f_2} \tag{7.23}$$

から計算できる。同様にしてアンビギュイティーN_2は、上式でf_1とf_2の役割を入れ替えれば得られる。式（7.23）は、衛星までの幾何学的距離ρや時計のバイアスを陽には含んでおらず、いわゆる幾何学配置の影響を受けない線形位相結合である。しかしこれらは、N_{21}の中に陰に含まれている（式7.17）参照）ことに注意。電離層項が最も悩ましい。この項は、両端点で同じ電離層屈折が仮定できる短基線では（位相の差をとることで）無視できるが、長基線の場合や電離層の状態が不規則に変化している場合は問題になる。

　測定位相（例えばf_1）のアンビギュイティーの計算で、電離層に依存する項bを消去するために、以下の処理を行う。再度式（7.16）に戻り、1番目の式にf_1を、2番目の式にf_2をそれぞれ掛け、差をとると

$$f_2\Phi_2 - f_1\Phi_1 = a(f_2^2 - f_1^2) + f_2 N_2 - f_1 N_1 \tag{7.24}$$

が得られる。関係式$N_2 = N_1 - N_{21}$を使ってN_2を消去すれば、

$$f_2\Phi_2 - f_1\Phi_1 = a(f_2^2 - f_1^2) - f_2 N_{21} + N_1(f_2 - f_1) \tag{7.25}$$

である。ここで$f_{21} = f_1 - f_2$を導入して、上式をこれで割れば

$$N_1 = \frac{f_1}{f_{21}}\Phi_1 - \frac{f_2}{f_{21}}(\Phi_2 + N_{21}) - a(f_1 + f_2) \tag{7.26}$$

となる。この式（7.26）が電離層の影響を受けない線形結合である式（5.79）と同じものであることは、簡単な代数計算で証明できる。

　ここでアンビギュイティーに関してまとめよう。幾何学配置の影響を受けない線形結合や電離層の影響を受けない線形結合で、N_1やN_2の含まれる項を1つの項にまとめたものは、それぞれの線形結合に対応した新しいアンビギュイティーであるが、これは整数ではなくなる。このことは一種の悪循環である。すなわち電離層に問題があるがアンビギュイティーは決定されるか、あるいはアンビギュイティーの整数性はなくなるが電離層の影響は除去されるかのどちらかである。アンビギュイティーの整数性は、まずワイドレーン結合でN_{21}を計算してから、式（7.23）や式（7.26）を使ってN_1を計算すれば保つことができる。

二周波の位相データとコードデータの組み合わせ

ワイドレーン結合で最も精度を低下させる要因は、基線の長さとともに増加する電離層の影響であるが、これは位相とコードデータの組み合わせで部分的に取り除ける。二周波の搬送波位相とコード距離の数学モデルは、対応する搬送波のサイクル単位で表すと次のようになる。

$$\begin{aligned}
\Phi_1 &= af_1 - \frac{b}{f_1} + N_1 \\
\Phi_2 &= af_2 - \frac{b}{f_2} + N_2 \\
R_1 &= af_1 + \frac{b}{f_1} \\
R_2 &= af_2 + \frac{b}{f_2}
\end{aligned} \tag{7.27}$$

a、b はそれぞれ式（5.77）の幾何学項、電離層項である。エポック毎に 4 つの未知量を含む 4 つの方程式ができる。未知量は a, b とアンビギュイティー N_1, N_2 である。式（7.27）を未知量について逆に解けば、未知量が観測量の関数として表せる。

式（7.27）の 3 番目の式に f_1 を、4 番目の式に f_2 を、それぞれ掛けて差をとると幾何学項が得られる。

$$a = \frac{1}{f_2^2 - f_1^2}(R_2 f_2 - R_1 f_1) \tag{7.28}$$

今度は、式（7.27）の 3 番目の式に f_2 を、4 番目の式に f_1 を、それぞれ掛けて差をとると電離層項が得られる。

$$b = \frac{f_1 f_2}{f_2^2 - f_1^2}(R_1 f_2 - R_2 f_1) \tag{7.29}$$

式（7.28）と式（7.29）を、式（7.27）の上の 2 つの式に代入すれば、位相のアンビギュイティーが

$$\begin{aligned}
N_1 &= \Phi_1 + \frac{f_2^2 + f_1^2}{f_2^2 - f_1^2} R_1 - \frac{2 f_1 f_2}{f_2^2 - f_1^2} R_2 \\
N_2 &= \Phi_2 + \frac{2 f_1 f_2}{f_2^2 - f_1^2} R_1 - \frac{f_2^2 + f_1^2}{f_2^2 - f_1^2} R_2
\end{aligned} \tag{7.30}$$

と表せる。この両式の差 $N_{21} = N_1 - N_2$ をとれば、最終的に次式が得られる。

$$N_{21} = \Phi_{21} - \frac{f_1 - f_2}{f_1 + f_2}(R_1 + R_2) \tag{7.31}$$

このややエレガントな式で観測点毎、エポック毎のワイドレーンのアンビギュイティー N_{21} が求まる。この式は基線の長さや電離層の影響を受けない。式（7.31）ではすべてのモデル化できる系統誤差の影響が取り除かれているが、マルチパスの影響は残っており、これは位相とコードにそれぞれ異なる影響を与える。エポック間で N_{21} に数サイクルの変化がある場合、ほぼ確実にマルチパスにその原因がある。これらの変化は、長い時間平均をとることで解決される。

Euler and Goad（1991）や Euler and Landau（1992）によれば、二周波のコードデータ（適度にノ

イズレベルが低い）と位相データの組み合わせによるアンビギュイティーの決定は、ほとんどすべての場合、数エポックの観測で可能となり、キネマティック測量のような瞬時のアンビギュイティー決定にも使える。Hatch（1990）は、短基線で7衛星以上受信できる場合には、単一のエポックでの解が通常可能であると述べているが、これにはいくつかの変化手法がある。

3つの周波数の位相データとコードデータの組み合わせ

3つの搬送波に基づくアンビギュイティー決定の手法は、TCAR（Three-carrier ambiguity resolution）と呼ばれている。TCARの観測方程式にはいる前に、このTCARと二周波の位相とコードの組み合わせによるアンビギュイティー決定との比較注目点について述べておく。

理論的に、式（7.27）の4つの未知量 a, b, N_1, N_2 は、この4つの方程式を解くことにより瞬時に決定することができる。これは原理的にこれらの未知量は、エポック毎に決定できるということである。しかし実際には観測ノイズに影響されて、これでアンビギュイティー N_1, N_2 を正しく確定することは、短基線においてもうまくいかないため、ワイドレーンのアンビギュイティーを迂回的に利用する方法がとられている。

同様にTCARにおいても瞬時の解の可能性が期待される。そして以下の3つの周波数の位相データとコードデータの数学モデルからすぐわかるように、その期待は実現される。

$$\begin{aligned}
\Phi_1 &= af_1 - \frac{b}{f_1} + N_1 \\
\Phi_2 &= af_2 - \frac{b}{f_2} + N_2 \\
\Phi_3 &= af_3 - \frac{b}{f_3} + N_3 \\
R_1 &= af_1 + \frac{b}{f_1} \\
R_2 &= af_2 + \frac{b}{f_2} \\
R_3 &= af_3 + \frac{b}{f_3}
\end{aligned} \tag{7.32}$$

ここで f_1、f_2 とは別に、3番目の搬送波 f_3 を導入している。この6つの方程式には5つの未知量； a, b とアンビギュイティー N_1, N_2, N_3 が含まれているので、余剰観測が1つあることになり、最小二乗法で解くことができるはずである。しかしSjöberg（1997,1998）は、これらのアンビギュイティーの推定値に関して、"精度が悪すぎて使えない" と指摘している。対照的にワイドレーンのアンビギュイティーは、正確に決定することができる。表7.4に、典型的なGNSSの3つの搬送波とワイドレーンの組み合わせを示す。

ワイドレーン $f_1 - f_2$ の組み合わせに対しては、二周波の際に見たようにそのアンビギュイティーは、式（7.31）から

$$N_{21} = \Phi_{21} - \frac{f_1 - f_2}{f_1 + f_2}(R_1 + R_2) \tag{7.33}$$

表7.4 GNSS周波数とワイドレーンの組み合わせ

周波数	MHz	波長 [m]
f_1	1580	0.19
f_2	1230	0.24
f_3	1180	0.25
$f_1 - f_3$	400	0.75
$f_1 - f_2$	350	0.86
$f_2 - f_3$	50	6.00

である。ワイドレーン $f_1 - f_3$ のアンビギュイティーは、上式の f_2 を f_3 に置き換えることで

$$N_{31} = \Phi_{31} - \frac{f_1 - f_3}{f_1 + f_3}(R_1 + R_3) \tag{7.34}$$

となる。ワイドレーンの定義、$N_{21} = N_1 - N_2$、$N_{31} = N_1 - N_3$ から

$$\begin{aligned} N_2 &= N_1 - N_{21} \\ N_3 &= N_1 - N_{31} \end{aligned} \tag{7.35}$$

であり、これらを式 (7.32) に代入すると、新たなモデル式が得られる。

$$\begin{aligned} \Phi_1 &= af_1 - \frac{b}{f_1} + N_1 \\ \Phi_2 + N_{21} &= af_2 - \frac{b}{f_2} + N_1 \\ \Phi_3 + N_{31} &= af_3 - \frac{b}{f_3} + N_1 \\ R_1 &= af_1 + \frac{b}{f_1} \\ R_2 &= af_2 + \frac{b}{f_2} \\ R_3 &= af_3 + \frac{b}{f_3} \end{aligned} \tag{7.36}$$

ここでは既知となったワイドレーンアンビギュイティー N_{21}, N_{31} は、左辺へ移されている。これらの式には3つの未知量 a, b, N_1 しか含まれていないので、観測の冗長度は3になる。これらの式は、後の3つのコード観測の式が、はじめの3つの位相観測の式に較べて精度的に非常に劣っているため、本質的に2種類の精度に分かれている。Sjöberg (1999) は、3つのコード距離式は最小二乗解にほとんど寄与しないとして無視している。残りの3つの位相観測の式でエポック毎に3つの未知量を解くこともできる。

アンビギュイティー N_1 がうまく計算できたら、式 (7.35) から N_2, N_3 が得られる。

Vollath et al. (1999) は、式 (7.36) で電離層の影響を拡張したモデルで取り込み、網平均を行っている。

Hatch et al. (2000) は、第3の周波数を使うことで、短基線ではアンビギュイティーはより早く（しばしばエポック毎に）決定されるが、長基線では限定的な効果しかないと結論している。Vollath et al.（1999）も、TCAR 手法では一般的にアンビギュイティーを満足のいくように瞬時に（すなわち極めて短基線の場合を除き、1 エポックのデータを使って）解くことが難しいと、同様に結論している。数エポックの観測であれば、ノイズは減少するが、電離層やマルチパスによる誤差はそれらの相関時間が長いため残ったままである。それゆえ検証しながら依然として最適解を探索する必要があるが、探索すべき候補の数は実質的には少ない。

　この他にもいくつかの試みがある。例えば、ITCAR（Integrated three-carrier ambiguity resolution）や ITCAR と本質的には同じ手法である CIR（Cascade integer resolution）（Jung et al. 2000）、あるいは拡張 null space method（Fernandez-Plazaola et al. 2004）である。Verhagen and Joosten（2004）は、TCAR や ITCAR, CIR, LAMBDA, null space method 各手法の考え方や性能について調査解析している。最後に Martin-Neira et al.（2003）が、Werner and Winkel（2003）の提案した MCAR（Multiple carrier ambiguity resolution）法について調査報告しているので、これについて次節で簡単に説明する。

多搬送波アンビギュイティー決定法 MCAR（Multiple carrier ambiguity resolution）
　近いうちに GNSS は、近代化された GPS やグロナス、ガリレオといったような複数のシステムが使えるようになり、観測データの組み合わせも二周波や三周波だけに止まらなくなるであろう。その意味で MCAR は将来の手法である。ただ二周波と三周波も多周波（multiple）であるが、この MCAR には含めてないため、MCAR はやや誤解を与える用語になっている。MCAR は、周波数の数を増やしながらアンビギュイティー決定法を開発してきた過程で生まれたものである。Werner and Winkel（2003）や Zhang et al.（2003）、Julien et al.（2004a）、Sauer et al.（2004）は、近代化された GPS やガリレオを組み合わせて使うシミュレーション研究をたくさん行っている。研究はアンビギュイティー決定そのものや初期化手法、信頼精度等に及んでいる。また単基線だけではなくネットワーク基線に及ぼす影響についても議論されている（Landau et al. 2004）。

　Feng and Rizos（2005）は、MCAR の利点を以下のようにまとめている。
- 長基線のアンビギュイティーが決定できる
- 短時間で正しい整数値アンビギュイティーが決定できる
- 信頼性の高い整数値アンビギュイティーが決定できる
- （受信障害が問題となる）都市域での RTK を可能にする

　近代化された GPS やガリレオのデータが実際に利用できる前に、もっと多くのこのようなシミュレーション研究が行われることであろう。国際測地学協会 IAG（International Association of Geodesy）は、MCAR 法とその応用について調査するため GNSS ワーキンググループ 4.5.4（www.gnss.com.au 参照）を設置している。

7.2.3　探索手法
標準的な方法
　二重差に基づくデータを最小二乗法で処理する場合、アンビギュイティーは実数か浮動小数点（フローティングポイント：floating point）で表されるので、二重差の最初のアンビギュイティー解はフロート解と呼ばれている。アンビギュイティーと同じく観測点座標の推定値も得られる。もし基

線が比較的短く（例えば 5km）、観測時間が比較的長ければ（例えば 1 時間）、これらのフロート解は整数値に非常に近い値になる。この場合、フロート解から確定したフィックス解へ変えても、観測点の座標値は大きく変わらず、得られる位置精度を単に改善するにすぎない。アンビギュイティーの確定に失敗した場合も、フロート解は一般的に大変良い代替になる。

観測時間が短くなれば、情報の減少によりフロート解の質が悪くなる。この場合アンビギュイティーの確定は、観測点座標に重大な影響をあたえるため、より重要となる。観測時間が更に短い場合、アンビギュイティーが確定できるかどうかで、逆にユーザーの使っている観測仕様が正しいかどうかがわかる。このように観測時間を短くすることには、それに伴うリスクがある。アンビギュイティー確定を間違えれば、測位品質を著しく下げることになる。

スタティック測位の場合、アンビギュイティーの探索範囲はフロート解の位置精度を考慮しながら決められる。簡単なのは、アンビギュイティーの推定精度を直接利用する方法である。例えば、アンビギュイティーが 87457341.88 サイクルで、その標準偏差が $\sigma = 0.30$ サイクルと推定された場合、$\pm 3\sigma$ の範囲ですべての整数値アンビギュイティーを探索しなければならないとすると、可能な整数値の範囲は 87457340.0 から 87457343.0 ということになる。これを二重差のアンビギュイティーすべてについて行えば、これから一連の可能な整数値アンビギュイティーの組み合わせができる。

この考慮すべきアンビギュイティーの組み合わせの数は、観測衛星数と 2 重差のアンビギュイティーの探索範囲で決まる。例えば、アンビギュイティーが 5 つの場合、観測衛星数が 6 で各アンビギュイティーの探索範囲が 3 サイクルであれば、調べなければならないアンビギュイティーの組み合わせ数は、$3^5 = 243$ となる。もし探索範囲が 5 サイクルに増えれば、組み合わせの数は 3125 になる。

すべてのアンビギュイティーの組み合わせができたら、それぞれのアンビギュイティーを固定して網平均を行い、観測残差が調べられる。このアンビギュイティーを固定しての網平均では、観測点座標だけが未知量として推定されるため、余剰観測数は増している。しかし観測の残差は、フロート解の場合よりも大きい。King et al.（1987）は、新たに網平均を行わなくても、フロート解からさまざまな整数値アンビギュイティーの組み合わせの及ぼす影響を計算できる方法を示している。

アンビギュイティーの組み合わせが適したものであるか最終的に判断する基準として、残差の二乗和が使われる。二乗和が最小になるような、アンビギュイティーの組み合わせは、最終的に選択される候補になるが、選択の判断に特別有効なものは無く、しばしばその判断は二乗和の比率を使って行われる。例えば、最小の残差二乗和に対して 2 番目に小さい残差二乗和の比率が 2 あるいは 3 であれば、最小の残差二乗和になるアンビギュイティーの組のほうが正しい解であると判断してよいが、そうでなければアンビギュイティーの整数解は決めることができず、フロート解がベストな解になる。

Cannon and Lachapelle（1993）はこの考えを 1 つの例で示している。例では基線長は 720m で、6 衛星が 10 分間の観測されている。衛星 19 を基準衛星とした二重差を使った網平均で、以下のようなアンビギュイティー（サイクル単位）が得られている。

DDSV	実数値アンビギュイティー
2-19	17329426.278
6-19	14178677.032
11-19	11027757.713
16-19	－ 1575518.876
18-19	－ 15754175.795

ここで DDSV は、特定の衛星番号（SV）に対する二重差（DD）を示す略語である。実数値アンビギュイティーを単に最も近い整数に丸めれば、アンビギュイティーの整数値ができる。この整数値をある範囲、例えば±2サイクル、変化させれば、この整数値と－2、－1、1、2サイクルだけ異なる整数値ができるから、それぞれのアンビギュイティーに対して5通りの整数値が調べられることになる。5つの二重差を考えると、全部で$5^5 = 3125$通りの可能な整数値アンビギュイティーの組み合わせができ、それぞれについて残差二乗和が計算され比較される。このうち残差二乗和（SSR: Sum of squared residuals）が最小になる組み合わせの上位3つは次のようになる。

	1番目 SSR=0.044	2番目 SSR=0.386	3番目 SSR=0.453
DDSV	アンビギュイティー	アンビギュイティー	アンビギュイティー
2 － 19	17329426	17329426	17329426
6 － 19	14178677	14178676	14178678
11 － 19	11027758	11027757	11027759
16 － 19	－ 1575519	－ 1575518	－ 1575520
18 － 19	－ 15754176	－ 15754176	－ 15754176

　残差二乗和が最小になるアンビギュイティーの組み合わせが、おそらく正しいアンビギュイティーだと言えるのは、その SSR が2番目に小さい SSR に較べてかなり小さい場合である。経験的に両者の比率は3以上でなければならず、上の例ではこの比率は、0.386 / 0.044 = 8.8 である。

　比率の条件が満たされない場合として、同じ例で10分間観測ではなく5分間観測のデータを使ったもので見てみよう。この場合の二重差のフロート解は

DDSV	実数値アンビギュイティー
2 － 19	17329426.455
6 － 19	14178677.192
11 － 19	11027757.762
16 － 19	－ 1575518.471
18 － 19	－ 15754175.411

である。再び3125通りの整数値アンビギュイティーの組み合わせについて調べると、以下の組み合わせが残差二乗和を最小にするという意味でベスト3の解になる。

	1番目 SSR=0.137	2番目 SSR=0.155	3番目 SSR=0.230
DDSV	アンビギュイティー	アンビギュイティー	アンビギュイティー
2 − 19	17329425	17329426	17329426
6 − 19	14178675	14178677	14178675
11 − 19	11027757	11027758	11027756
16 − 19	− 1575516	− 1575519	− 1575518
18 − 19	− 15754175	− 15754176	− 15754175

1番目と2番目のSSRの比率を計算すると、0.155／0.137 = 1.1となり、条件を満足しない。このことは、残差二乗和に関する統計的観点から正しい解を引き出すことはできないということを示している。ここで2番目の解は、正しい整数値アンビギュイティー（10分間のデータから得られた1番目の解と同じ）になっているが、SSRの比率からこのことを見分けることはできないことに注目すれば、残差二乗和を比較する手法は最も良いやり方とはいえない。

OTFでのアンビギュイティー決定

on-the-flyという言葉は、ローバー受信機の動きを反映したものである。OTF（On the fly）やAROF（Ambiguity resolution on the fly:OTFによるアンビギュイティー決定）、あるいはOTR（On-the-run）という用語は、それぞれキネマティックにおけるアンビギュイティー決定手法という同じ意味をもつ略語である。キネマティックを扱う数多くの手法が開発されている。

キネマティックの場合、アンビギュイティーの探索空間を決めるために、一般にコード距離が使われる。アンテナ位置を推定するためにコード距離による相対位置が使われ、その標準偏差で探索空間の大きさが決められる。この探索空間はいくつかの形状、例えば球状、筒状、楕円体状、に決めることができる。

調べる整数値アンビギュイティーの組み合わせ数を減らすためには、コードによる解はできるかぎり精確でなければならないが、このためには受信機の選択が重要になる。低雑音でナロウコリレータタイプの受信機を使うほうが、そのコード距離がマルチパスの影響が小さく、10cmオーダーの分解能を持っているため、標準のコード受信機を使うより有利である。

ここでコード距離の精度とアンビギュイティーの探索範囲に直接的な相関があることを示すために1つの例を考える。探索球を決めるのに、標準のコード受信機を使うとしよう。この場合位置精度は概略2mで、探索球の大きさは4mとなる。6衛星観測の場合、5つの二重差アンビギュイティーを考慮しなければならない。それぞれのアンビギュイティーに対して可能性のある整数値の探索範囲は、概略4m / 0.2 m =20サイクル（0.2mの搬送波波長の場合）であるから、すべての組み合わせは20^5 = 3,200,000通りとなる。対照的にナロウコリレータタイプの受信機を使えば、位置精度は概略1mで、探索球の大きさは2mとなるから、整数値の探索範囲は2m / 0.2 m =10サイクルである。同じ6衛星観測でこの場合の組み合わせ数は10^5 = 100,000にまで小さくなり、大きな違いである。

ここで搬送波位相のワイドレーンの重要性について、探索するアンビギュイティーの組み合わせ数との関連で述べておかなければならない。もし上記の例において波長86cm（表7.4参照）のワイドレーンを使えば、ナロウコリレータタイプの受信機の場合、探索するアンビギュイティーの組み合わせ数はおよそ35となるので、元の単一搬送波位相を使う場合に比べて、探索時間を大きく減らすことになる。ワイドレーンを使う唯1つの欠点は、単一搬送波の場合に較べてかなりノイズが多いことである。多くのOTFでは、まずワイドレーンのアンビギュイティーを確定し、それから得られた位置を使って、元の単一搬送波位相のアンビギュイティーを直接計算するか、あるいは少なくとも考慮すべき単一搬送波位相のアンビギュイティーの数を限定している。ワイドレーンは観測点での観測時間が限られる高速スタティックにも広く使われている。

OTFの各手法は、例えば初期解を決定するというような共通の特徴を持っている。手法の違いはこれを実行するやり方である。OTFの主な特徴の概要を、表7.5（Erickson（1992b）参照）で示す。探索範囲や探索空間、探索回数の縮小といったことに関しては、リストされているいくつかの特徴を組み合わせた手法もある（例えばAbidin et al.1992））。探索空間を実例でグラフィックに表示したものを使えば、探索回数を減らすことについて簡単に理解できる（Hatch 1991、Erickson 1992a,Frei and Schuernigg 1992,Abidin 1993）。

表7.5　OTFのアンビギュイティー決定手法の特徴とその選択肢

初期解	・位置 X,Y,Z についてのコード解とその精度 $\sigma_X, \sigma_Y, \sigma_Z$
	・X, Y, Z と N_j についての位相解とその精度 $\sigma_X, \sigma_Y, \sigma_Z, \sigma_N$
探索範囲	・テストポイント（三次元空間）
	・アンビギュイティーの組み （n 次元の整数空間：n はアンビギュイティー数）
探索空間	・$k\sigma_X, k\sigma_Y, k\sigma_Z$
	・$k\sigma_{N_j}$
k の決定	・経験的
	・統計的
探索回数の縮小化	・格子点探索（精、粗）
	・二重差平面交差
	・統計的（例えばアンビギュイティーの相関）
選択基準	・最大のアンビギュイティー関数
	・最小分散 σ_0^2
受け入れ基準	・1 番目と 2 番目に大きいアンビギュイティー関数の比
	・1 番目と 2 番目に小さい分散の比
観測時間	・瞬時
	・数分
必要データ	・一周波あるいは二周波
	・位相のみあるいは位相とコード

この表の探索回数の縮小化で記載されている二重差平面交差については、簡単な説明を要する。位置はアンビギュイティーを与えられた3つの二重差から計算される。あるアンビギュイティーを与えられた（線形化された）二重差は、幾何学的には三次元空間で1つの平面を定義する（Hatch 1990）。したがって3つの平面の交点が位置の解になる。アンビギュイティー探索範囲の中での格子点間隔は、搬送波の波長に等しい。

選択基準として、分散 σ_0^2 を最小にすることは、原理的には残差の二乗和を最小にすることと同じである。もし受信機位置を Walsh（1992）が提案したようにマッピング関数で消去すれば、残差はアンビギュイティーだけを反映したものになる。

以下の節では、たくさんの OTF 手法のなかからいくつかの例を選んで説明する。それらはアンビギュイティー関数法、最小二乗アンビギュイティー探索法、高速アンビギュイティー決定法、、高速アンビギュイティー探索フィルター法、アンビギュイティー無相関化法、特殊な拘束条件でのアンビギュイティー決定法である。

OTF については数多くの方法が発表されている。例えば整数非線形プログラミング法を使った高速アンビギュイティー決定法（Wei and Schwarz 1995b）、差をとらない位相に基づく最尤推定法（Knight 1994）、アンビギュイティー候補に対するエポック毎の残差の低次多項式へのあてはめ法（Borge and Forssell 1994）である。Chen and Lachapelle（1994）,Hatch（1994）,Hein（1995）によるレビュー論文にも、これ以外の方法が載っている。

アンビギュイティー関数法

Counselman and Gourevitch（1981）は、アンビギュイティー関数の原理を提案し、Remondi（1984,1990a）と Mader（1990）は、この方法を更に研究した。その考え方は以下の記述で明らかになろう。観測点 A,B と衛星 j に対して、次式で表される一重位相差のモデル（式(6.43)）を考えよう。

$$\Phi_{AB}^j(t) = \frac{1}{\lambda}\rho_{AB}^j(t) + N_{AB}^j(t) + f\,\delta_{AB}(t) \tag{7.37}$$

ここで A 点は既知で、B 点は選択されたある格子点の1つとすれば、$\rho_{AB}^j(t)$ は既知となるのでこれを左辺に移すと、

$$\Phi_{AB}^j(t) - \frac{1}{\lambda}\rho_{AB}^j(t) = N_{AB}^j(t) + f\,\delta_{AB}(t) \tag{7.38}$$

となる。鍵はアンビギュイティー N_{AB}^j を回避することである。N_{AB}^j は整数であるため、$2\pi N_{AB}^j$ をサイン関数やコサイン関数の引数に使えば 1 か 0 になる。式（7.38）の全体に 2π を掛け、両辺とも複素指数関数 $e^i = \exp\{i\}$（$i = \sqrt{-1}$ は虚数単位）の冪乗部分にもってくると、

$$\exp\{i[2\pi\Phi_{AB}^j(t) - \frac{2\pi}{\lambda}\rho_{AB}^j(t)]\} = \exp\{i[2\pi N_{AB}^j(t) + 2\pi f\,\delta_{AB}(t)]\} \tag{7.39}$$

となる。ここで右辺は、

$$\exp\{i2\pi N_{AB}^j\}\exp\{i2\pi f\delta_{AB}(t)\} \tag{7.40}$$

とも書ける。これを複素平面（図7.2）で考えると分かりやすい。

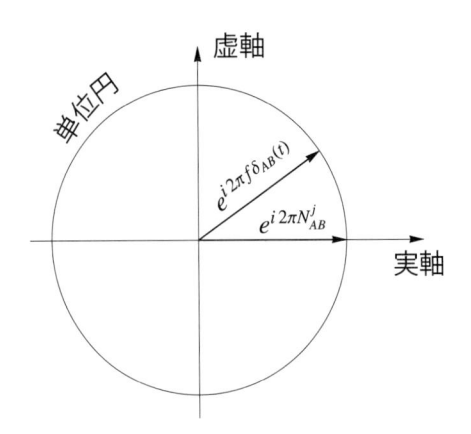

図7.2 複素平面でのベクトル表現

複素平面で実軸方向、虚軸方向の成分がそれぞれ $\cos\alpha, \sin\alpha$ である単位ベクトルについて
$$\exp\{i\alpha\} = \cos\alpha + i\sin\alpha \tag{7.41}$$
が成り立つので、N^j_{AB} が整数であることを考慮すると
$$\exp\{i2\pi N^j_{AB}\} = \cos(2\pi N^j_{AB}) + i\sin(2\pi N^j_{AB}) = 1 + i \cdot 0 \tag{7.42}$$
である。それゆえ 1 エポック、1 衛星に対して、式（7.39）は、式（7.40）、式（7.42）を使って
$$\exp\{i[2\pi\Phi^j_{AB}(t) - \frac{2\pi}{\lambda}\rho^j_{AB}(t)]\} = \exp\{i2\pi f\delta_{AB}(t)\} \tag{7.43}$$
となる。ここで n_s 個の衛星を考え、エポック t で、これらの衛星について式（7.43）の和をとると、次のようになる。
$$\sum_{j=1}^{n_s} \exp\{i[2\pi\Phi^j_{AB}(t) - \frac{2\pi}{\lambda}\rho^j_{AB}(t)]\} = n_s \exp\{i2\pi f\delta_{AB}(t)\} \tag{7.44}$$
1エポック以上考える場合は、時計の誤差 $\delta_{AB}(t)$ は時間とともに変わるということを考慮しなければならない。図7.2 で示されているように、$\exp\{i2\pi f\delta_{AB}(t)\}$ は単位ベクトルであるから、$\|\exp\{i2\pi f\delta_{AB}(t)\}\| = 1$ である。これを式（7.44）に適用すると、
$$\|\sum_{j=1}^{n_s} \exp\{i[2\pi\Phi^j_{AB}(t) - \frac{2\pi}{\lambda}\rho^j_{AB}(t)]\}\| = n_s \tag{7.45}$$
となり、時計の誤差が消去されている。

ここで例えば衛星が4つで、誤差が無い（すなわち観測誤差もモデルの誤差もなく、A点、B点の座標も正しい）場合、式（7.45）の左辺は、4 にならなければならない。ここで $\Phi^j_{AB}(t)$ は観測位相の一重差であり、$\rho^j_{AB}(t)$ は既知のA点、B点、衛星位置から計算することができる。しかしながら、もしB点の位置が間違っていたら式（7.45）の左辺は 4 以下にならなければならない。実際は、観測誤差や不完全なモデルのために左辺が最大値の 4 になることはほとんどありえない。（訳注：式（7.45）の左辺は単位ベクトルを4つ足し合わせたものの絶対値であるから、これが最大値

の4になるのは指数部の $\Phi_{AB}^{j}(t) - \frac{1}{\lambda}\rho_{AB}^{j}(t)$ がすべて整数になり、各単位ベクトルの向きが同じになる場合である。$\Phi_{AB}^{j}(t) - \frac{1}{\lambda}\rho_{AB}^{j}(t)$ は、式（7.38）からわかるように、時計の誤差を別にしてアンビギュイティー N_{AB}^{i} に等しいから、これが整数になるということは、$\Phi_{AB}^{j}(t)$ も $\rho_{AB}^{j}(t)$ も誤差がない場合である。）したがって、やらなければならないことは、B点を変化させながら、式（7.45）の最大値を求めることになる。

n_t エポックの観測ですべてのエポックの寄与を足し合わせたものは、

$$\sum_{t=1}^{n_t} \left\| \sum_{j=1}^{n_s} \exp\left\{ i \left[2\pi \Phi_{AB}^{j}(t) - \frac{2\pi}{\lambda}\rho_{AB}^{j}(t) \right] \right\} \right\| = n_t n_s \tag{7.46}$$

となる。ここで簡単のために、すべてのエポックで観測衛星数は同じであると仮定している。Remondi（1984,1990a）にならい、二重和になっている式（7.46）の左辺を、アンビギュイティー関数という。1エポックの場合との類推で、アンビギュイティー関数の最大値を見つけなければならないが、前と同じようにこの値は一般的に、理論値の $n_t n_s$ より小さくなる。

アンビギュイティー関数の処理手順は簡単である。まず例えば三重差からB点の概略解（位置）を求める。次にこの解を立方体の中心（図7.3）に置き、立方体を格子点で区分けする。それぞれの格子点は、最終解の候補であり、各格子点でアンビギュイティー関数（式（7.46））がすべての一重差について計算される。この中でアンビギュイティー関数が最大値（これは理論的にはすべての一重差の数（すなわち $n_t n_s$）に等しい）になる格子点が求める解である。この解が見つかったら、おそらく二重差を使ってアンビギュイティーが計算できるであろうが、このB点の位置とアンビギュイティーを確認するために、同時に二重差を使った網平均が行われる。最後にアンビギュイティーを整数値にフィックスしてB点の位置座標が計算される。

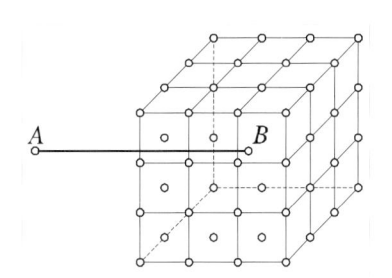

図7.3　探索空間

このアンビギュイティー関数による方法が、サイクルスリップに完全に影響されないということは、注目に値する。その理由は式（7.42）を見れば簡単にわかる。この式で例えアンビギュイティーが任意の整数 ΔN_{AB}^{j} だけ変化したとしても、指数関数 $\exp\{i2\pi(N_{AB}^{j} + \Delta N_{AB}^{j})\}$ は同じ単位ベクトルのままで、それゆえその後の方程式にも変化はない。他の方法では、サイクルスリップはアンビギュイティーを計算する前に修復しておく必要がある。

Remondi（1984）は、この方法でどのように処理スピードを上げるか、格子点密度をどうするか、アンビギュイティー関数の最大値候補がたくさんある場合どのようにして正しい最大値を見つける

か、例を挙げて詳細に示している。これらのことはコンピュータ計算の負荷を軽減するうえで、非常に重要である。計算量を分かりやすく説明するために、探索が、1cm幅の格子をもつ $6m \times 6m \times 6m$ の立方体で行われるとしよう。その場合、$(601)^3 \approx 2.17 \cdot 10^8$ 個のアンビギュイティー関数解を調べなければならない。

最小二乗アンビギュイティー探索法

ここで説明する手法については、Hatch (1990, 1991) により詳細に研究されている。最小二乗アンビギュイティー法（LSAST: Least-squares ambiguity search technique）では、コード距離解から得られる観測点の概略位置が必要になる。探索領域は、この概略位置の周りを 3σ の幅で取り囲んだ範囲になる。この手法の基本方針の1つは、衛星を第一、第二のふたつのグループに分けることである。第一グループは、4つの衛星でできている。これら4つの衛星（良好な PDOP でなければならないが）に基づいて、可能なアンビギュイティーの組が決定される。残りの第二グループの衛星は、これらのアンビギュイティーの組から正しいアンビギュイティーを選択するのに使われる。

解の探索は以下のように行われる。簡略化した二重差モデル（式(7.14)）を考えよう（Hatch (1990) は、実際には二重差は使っていない）。この式でアンビギュイティーを既知であるとして左辺に移項すれば、$\lambda \Phi - N = \rho$ となる。ここですべての指標は省略されている。4つの衛星に対して、このタイプの3つの方程式ができる。これらの式の右辺 ρ に含まれている未知点の3つの座標は、ρ を線形化し、得られる 3×3 の計画行列の逆行列を作ることで解ける。次に左辺の3つのアンビギュイティーの値を違う値に変えて再度解けば、新しい位置座標が得られるが、その場合計画行列の逆行列は前と同じままである。3つのアンビギュイティーを変化させながら解くことで、正しい解の可能性を持つ座標の組が得られる。

これらの解の中から、第二グループの衛星の情報を考慮して、正しくないものを取り除く。このために逐次の最小二乗網平均が使われる（訳注：最初の観測方程式に、第二グループの衛星に対する観測方程式を付け加えて網平均を行う）。解の品質を示す基準には、最終的に残差の二乗和が用いられる。正しいアンビギュイティーの組だけが残れば理想的であるが、そうでない場合は、前に説明したように残差の二乗和が最小になる解が、（2番目に小さい二乗和の解と比較した後で）求める解として選ばれることになる。

高速アンビギュイティー決定法

高速アンビギュイティー決定法（FARA: Fast ambiguity resolution approach）の開発については、Frei (1991) に載っており、Frei and Schbernigg (1992) には要約がある。この要約によると、主な特徴は、次の通りである。(1) 探索範囲を選ぶのに、最初の網平均の統計情報を使う。(2) 統計的に受け入れがたいアンビギュイティーの組を排除するために、分散共分散行列の情報を使う。(3) 正しいアンビギュイティーの組を選択するために、統計的な仮説検定を適用する。

Erickson (1992a) に倣って、FARA のアルゴリズムを次の4つのステップに分ける。(1) フロート解の計算。(2) 検定するアンビギュイティーの組の選択。(3) フィックス解の計算。(4) 最小の分散を与えるフィックス解に対する統計的な検定。

最初のステップでは、位相の観測に基づき、二重差の実数値アンビギュイティーが網平均で推定、

計算される。同時に未知量のコーファクター行列（cofactor matrix）と単位重みの事後分散（posteriori variance）も計算される。これから未知量の分散共分散行列とアンビギュイティーの標準偏差が計算される。

2番目のステップで、探索するアンビギュイティーの範囲は、実数値アンビギュイティーの信頼区間に基づいて決められるから、最初のステップで得られる解の精度が、アンビギュイティーの探索範囲に影響を与えることになる。もう少し詳しく言うと、σ_NをアンビギュイティーNの標準偏差とすれば、$\pm k\sigma_N$がアンビギュイティーの探索範囲を表している（kは、スチューデントt分布から統計的に得られる係数）。これがアンビギュイティーの組を選択する最初の基準になる。
2番目の基準は、アンビギュイティーの相関を使うことである。二重差のアンビギュイティーN_iとN_jの差

$$N_{ij} = N_j - N_i \tag{7.47}$$

を考えると、その標準偏差は誤差伝播の法則から

$$\sigma_{Nij} = \sqrt{\sigma_{Ni}^2 - 2\sigma_{NiNj} + \sigma_{Nj}^2} \tag{7.48}$$

となる。ここで$\sigma_{Ni}^2, \sigma_{NiNj}^2, \sigma_{Nj}^2$は、アンビギュイティーの分散共分散行列の成分である。アンビギュイティーの差N_{ij}の探査範囲は、$k_{ij}\sigma_{Nij}$である。ここでk_{ij}は、個々の二重差のアンビギュイティー探索範囲のkと類似の係数である。この基準により整数値アンビギュイティーの組の数は、かなり少なくなる。二周波の位相観測データが利用できれば、探索するアンビギュイティーの組はもっと目覚しく減少する。Frei and Schbernigg（1992）に、実例でこの減少を説明する図が載っている。
3番目のステップでは、この統計的に選択されたそれぞれのアンビギュイティーの組を固定して最小二乗網平均を行い、基線長の成分と事後分散を求める。

4番目になる最後のステップでは、最小の事後分散を与える解が更に調べられる。この解の基線長成分は、フロート解の場合と比較される。Erickson（1992a）に示されているように、この解の事後分散についてカイ二乗検定が行われ、先験的な分散と矛盾しなければ、この解は受け入れられる。更に、2番目に小さい事後分散を与える解を選択する可能性はないことを確認するための検定が行われることもある。これらの事後分散はお互い独立ではないことに注意（Teunissen 1996：第8章2.3節）。

FARAのアルゴリズムに見られるように、この方法では二重位相差だけを使い、原理的にコードデータも二周波データも必要としない。しかしながらこれらのデータがあれば、可能性のあるアンビギュイティーの組の数は劇的に少なくなる（2番目のステップ参照）。

Euler et al.（1990）は、残差の二乗和から得られる事後分散に基づき、非常に効果的、高速に探索できるFARAと似た方法を、発表している。最初にアンビギュイティーにある整数値を与えて網平均を行い、初期解とその事後分散を求める。次にアンビギュイティーの整数値を変えたとき、初期解とその事後分散がどうなるかを、網平均を再度繰り返すことなく、いくつかの簡単な行列とベクトルの演算（逆行列の計算）で求める。Landau and Euler（1992）によると逆行列の計算時間は、対称行列を上三角行列と下三角行列の積に分解するコレスキ因子分解法を使えば節約される。アンビギュイティーを変化させたことによる残差の二乗和への影響は、コレスキ因子分解法により2つ

のベクトルの内積の計算に還元される（すべての場合に完全な内積を計算する必要はない）。ある整数値アンビギュイティーに対する内積の計算がある閾値を超える場合は、その整数値アンビギュイティーは採用されない。

　この方法は、Landau and Euler（1992）に具体例で示されている。6衛星を考えると、5つの二重差アンビギュイティーがあるが、それぞれ10サイクルの不確定さがあるとして全体で320万通りのアンビギュイティーの組み合わせになる。486PC（これは現在では旧式のコンピュータであるが得られた計算時間の比は今でもよい目安になっている）の場合、コレスキ因子分解法での計算に49.1秒かかったが、内積に上で述べた閾値を導入しコレスキ因子分解法を最適化すると計算時間は0.2秒に縮まった。アンビギュイティーの不確定さが±50サイクルと大きい場合、コレスキ因子分解法での時間は1.5日になるが、最適化すれば3秒になる。この方法は二周波データに拡張できるが、それについてはLandau and Euler（1992）に載っている。

　ここで説明した方法は、これまでのところアンビギュイティー領域での探索法である。もう1つのやり方は、観測点位置を既知とし、アンビギュイティーを未知量として解く方法である。これは次のように行われる。まず三重差を作ってアンビギュイティーを消去し、位置の推定値とその標準偏差 σ を網平均で求める。この三重差解の位置を中心にしてそれぞれの座標軸方向に $\pm 3\sigma$ 広がった立方体を考え、それを一定の格子に分割する（図7.3）。これらの格子点は、正しい位置の候補点と考えられる。したがって、それぞれの候補点の位置座標を1つづつ観測方程式に代入し（その位置座標を固定したままで）網平均を行い、アンビギュイティーを計算する。全格子点について計算を終えたなら、その中でできるだけ整数値に近いアンビギュイティーを与える解を選択する。次にアンビギュイティーをそれらの整数値に固定し、最終的な位置座標を計算する。得られる位置座標は、一般的に対応する格子点位置とはわずかに異なったものになる。

高速アンビギュイティー探索フィルター法

　Chen（1994）とChen and Lachapelle（1994）によれば、高速アンビギュイティー探索フィルター法（FASF: Fast ambiguity search filtering）のアルゴリズムは、基本的に3つの部分で構成されている。(1) カルマンフィルターは、観測量として扱われる状態ベクトルを予測するのに使われる。(2) アンビギュイティーの探索は、エポック毎にフィックスするまで行われる。(3) アンビギュイティーの探索範囲は、再帰的に計算され、お互いに関係がある。

　カルマンフィルターを適用することにより、最初のエポックから現在のエポックまでの観測情報が考慮される。カルマンフィルターの状態ベクトルには、アンビギュイティーも含まれる。アンビギュイティーがフィックスされれば、状態ベクトルもそれにしたがって修正される。カルマンフィルターの状態ベクトルは、観測量と考えられ、通常の観測量（すなわち二重位相差）とともに計画行列を形作る。

　再帰的に決定されるアンビギュイティーの探索範囲は、事前の幾何学的な位置情報や（予備的に決められる）他のアンビギュイティー数値の影響をうける。1例として、二重位相差アンビギュイティーが4つある場合を考えよう。1番目のアンビギュイティーの計算は、他のアンビギュイティーをフィックスしないで行われる。次に1番目のアンビギュイティーに既知のある整数値（まだ間違った整数値かもしれないが）を与えて、2番目のアンビギュイティーの探索範囲が計算される。

第7章　データ処理

さらに1番目と2番目のアンビギュイティーに既知の整数値を与えて、3番目のアンビギュイティーの探索範囲が計算される。以下4番目のアンビギュイティーについても同様である。Chen and Lachapelle（1994）によれば、これは探索範囲の再帰的な計算法である。

　探索範囲が非常に大きくなるのを避けるために、計算上の閾値が設定される。この閾値の外にあるアンビギュイティーは、整数値にフィックスされず、実数値として計算される。したがってアンビギュイティーがフィックスされるのは、探索するアンビギュイティーの数がこの閾値より小さい場合だけである。通常の条件下では、探索するアンビギュイティーの数は、観測が増えれば減少しなければならない。最終的に1組のアンビギュイティーだけが残るのが理想である。しかし実際には、そうはならず、複数のアンビギュイティーの組の中で、1番目と2番目に小さい残差二乗和の比が検定される。もしこの比がある基準値を満たせば、最小の残差二乗和をあたえるアンビギュイティーの組を正しいものとみなす。

　一度アンビギュイティーが正しくフィックスされたら、それらはカルマンフィルターの推定パラメータからはずされ、対応する観測方程式は組み替えられる。

　アンビギュイティーの探索範囲、すなわちアンビギュイティーの誤差範囲は、最小二乗法で計算される。正規方程式で観測点座標を未知パラメータから取りはずせば、二重位相差モデルのなかでアンビギュイティーが唯一残った未知パラメータになる。更に上の例で説明したように1つ外側のループのアンビギュイティーは、既知と仮定している。例えば3番目のアンビギュイティーの探索範囲を決める場合、1番目と2番目のアンビギュイティーはある整数値に固定されている。実際 Chen and Lachapelle（1994）に示されているように、これは非常に有効に行われる。この方法で最終的にアンビギュイティーのフロート解とその分散が得られるので、分散にある係数を掛けた量だけフロート解を±すれば、それがそのアンビギュイティーの探索範囲になる。探索範囲が正しくなければ、正しいアンビギュイティーも見つからないのである。

アンビギュイティー無相関化法（LAMBDA）

　Teunissen（1993）は、アンビギュイティー無相関化法（LAMBDA: Least squares ambiguity decorrelation adjustment）のアイデアを提案し、それを発展させた。ここでは、この Teunissen の方法（多少修正されている）を、かなり詳しく説明する。現在この方法は、アンビギュイティー決定法の中で、理論面、実際面の両方から見て最高ランクにある方法である。

　通常の最小二乗法の定式化では、残差ベクトル $\mathbf{v}$ と重み行列 $\mathbf{P}$ による重み付残差二乗和を最小にする。すなわち

$$\mathbf{v}^T \mathbf{P} \mathbf{v} = 最小 \tag{7.49}$$

である。式（7.70）で示されるが、重み行列は観測値のコーファクター（cofactor）行列 $\mathbf{Q}$ の逆行列に等しいから

$$\mathbf{v}^T \mathbf{Q}^{-1} \mathbf{v} = 最小 \tag{7.50}$$

も等価な条件式である。

　例えば相対測位の二重位相差観測に対して最小二乗網平均を行う場合、求める未知パラメータは、未知観測点の座標値と二重差アンビギュイティーである。この網平均で得られる未知パラメータの数値は、残差の二乗和を最小にするという意味において最もありそうな解である。しかしながら、

整数値であるべき二重差アンビギュイティーは実数値で得られる。したがって、主目的は最もありそうな整数値アンビギュイティーを求めることになる。網平均で得られたフロートアンビギュイティーを $\hat{\mathbf{N}}$、これに相当する整数値アンビギュイティーを $\mathbf{N}$ とすると、両者の差はアンビギュイティーの残差と見なせるかもしれない。したがってこれらの残差の重み付二乗和を、再び同じ原理で最小にするのは意味があることである。Teunissen et al.（1995）は

$$\chi^2(\mathbf{N}) = (\hat{\mathbf{N}} - \mathbf{N})^T \mathbf{Q}_{\hat{\mathbf{N}}}^{-1} (\hat{\mathbf{N}} - \mathbf{N}) = 最小 \tag{7.51}$$

を導入した。ここで $\mathbf{Q}_{\hat{\mathbf{N}}}$ は、網平均で得られたフロートアンビギュイティーのコーファクター行列である。コーファクター行列の代りに共分散行列が使われることもある。コーファクター行列と共分散行列は、ある係数倍だけの違いである（式（7.69））。

この問題は、アンビギュイティーの整数値最小二乗推定と呼ばれている。これを実行するには、未知である $\mathbf{N}$ が整数であることを考慮した、通常の最小二乗計算と違った方法を採用する必要がある。

以下の簡単な例でこれを解く原理を説明する。アンビギュイティーが2つで、$\mathbf{Q}_{\hat{\mathbf{N}}}$ が対角行列

$$\mathbf{Q}_{\hat{\mathbf{N}}} = \begin{bmatrix} q_{\hat{N}1,\hat{N}1} & 0 \\ 0 & q_{\hat{N}2,\hat{N}2} \end{bmatrix} \tag{7.52}$$

の場合を考えると、式（7.51）は

$$\chi^2(\mathbf{N}) = \frac{(\hat{N}_1 - N_1)^2}{q_{\hat{N}1\hat{N}1}} + \frac{(\hat{N}_2 - N_2)^2}{q_{\hat{N}2\hat{N}2}} \tag{7.53}$$

となる。この式は、N_i を $\hat{N}_i$ に最も近い整数値に選べば最小になる。言い換えれば、実数値アンビギュイティーをそれに最も近い整数値に丸めることで、$\chi^2(\mathbf{N})$ は求める最小値になる。

$\mathbf{Q}_{\hat{\mathbf{N}}}$ は対角行列であると仮定しているので、得られる N_1 と N_2 は完全に無相関であり、これは式（7.53）からも明らかである。2次元の座標軸を N_1 と N_2 に結びつければ、式（7.53）は幾何学的には楕円を表す。楕円の中心は $\hat{\mathbf{N}}$ であり、その長短半径は、

$$\begin{aligned} a &= \chi(\mathbf{N})\sqrt{q_{\hat{N}1\hat{N}1}} \\ b &= \chi(\mathbf{N})\sqrt{q_{\hat{N}2\hat{N}2}} \end{aligned} \tag{7.54}$$

である。ここで $\chi(\mathbf{N})$ は、あるスケールになっている。楕円の軸は座標軸に平行である。この楕円はアンビギュイティー探索空間と見なせ、2つの整数値アンビギュイティーは、この2次元の整数空間の中に含まれている。

実際には、$\mathbf{Q}_{\hat{\mathbf{N}}}$ は非対角要素もある対称行列である。その場合でも結果は楕円になるが、楕円の軸は N_1、N_2 座標軸に対して回転している。これは、2つのアンビギュイティーに相関があることを意味しており、$\chi^2(\mathbf{N})$ の最小値を見つけるのはもっと複雑になる。言い換えると一番近い整数値に丸めるという方法は、もはや使えない。しかしこの方法が使えるようにするために、アンビギュイティーを無相関にする変換を行うことを考える。これは変換されたアンビギュイティーの共分散

行列が対角行列になることを意味する。

　行列の固有値分解により対角行列ができるので、$\mathbf{Q}_{\hat{\mathbf{N}}}$ を対角行列にする変換を見つけるのは簡単である。式で示すと、対称行列

$$\mathbf{Q} = \begin{bmatrix} q_{11} & q_{12} \\ q_{12} & q_{22} \end{bmatrix} \tag{7.55}$$

は、対角行列

$$\mathbf{Q}' = \begin{bmatrix} \lambda_1 & 0 \\ 0 & \lambda_2 \end{bmatrix} \tag{7.56}$$

に変換できるということになる。この行列の固有値は、

$$\begin{aligned} \lambda_1 &= \frac{1}{2}(q_{11} + q_{22} - w) \\ \lambda_2 &= \frac{1}{2}(q_{11} + q_{22} - w) \end{aligned} \tag{7.57}$$

で定義される。ここで補助量 w は、

$$w = \sqrt{(q_{11} - q_{22})^2 + 4q_{12}^2} \tag{7.58}$$

である。2つの固有値ベクトルはお互いに直交しており、そのベクトルの向きは次式で計算される回転角 φ で定義される。

$$\tan 2\varphi = \frac{2q_{12}}{q_{11} - q_{22}} \tag{7.59}$$

問題は、整数値アンビギュイティー N も、その整数としての性質を保ったまま変換する必要があるということである。したがって N については、通常の固有値分解は使えない。
一般的にこれは以下のように定式化される。アンビギュイティー N と $\hat{\mathbf{N}}$ を行列 Z で次のように変換する。Teunissen は転置行列 $\mathbf{Z}^{\mathrm{T}}$ を使っているが、本質は同じである。

$$\begin{aligned} \mathbf{N}' &= \mathbf{Z}\mathbf{N} \\ \hat{\mathbf{N}}' &= \mathbf{Z}\hat{\mathbf{N}} \\ \mathbf{Q}_{\hat{\mathbf{N}}'} &= \mathbf{Z}\mathbf{Q}_{\hat{\mathbf{N}}}\mathbf{Z}^{\mathrm{T}} \end{aligned} \tag{7.60}$$

ここでコーファクター行列の変換には、誤差伝播式を使っている。変換で得られるアンビギュイティー $\hat{\mathbf{N}}'$ は、整数値のままでなければならない。そのために、変換行列 Z は、以下の3つの条件を満たす特殊な行列に限定される（Teunissen 1994, 1995）。（1）変換行列 Z の成分は、整数値でなければならない。（2）変換は体積保存でなければならない。（3）変換はすべてのアンビギュイティーの共分散を小さくしなければならない。

　得られた整数値アンビギュイティー N' を逆に変換した場合、もとの整数値アンビギュイティーにならなければならないので、この場合の変換行列である Z の逆行列の成分もまたすべて整数で

なければならない。

　二次元の例では、体積保存とは二次元のコーファクター（共分散）行列で表される楕円の面積が変換の際保存されることである。

　もしこれら3つの条件が満たされれば、変換されたアンビギュイティーは整数値になり、そのコーファクター（共分散）行列は変換前のコーファクター（共分散）行列に較べて、より対角行列に近い行列になる（Teunissen 1994）。

　ガウス変換はこのような変換の1つで、アンビギュイティーの役割を入れ替えた形で

あるいは

$$\mathbf{Z}_1 = \begin{bmatrix} 1 & 0 \\ \alpha_1 & 1 \end{bmatrix} \qquad \alpha_1 = -INT[q_{\hat{N}_1\hat{N}_2}/q_{\hat{N}_1\hat{N}_1}] \tag{7.61}$$

$$\mathbf{Z}_2 = \begin{bmatrix} 1 & \alpha_2 \\ 0 & 1 \end{bmatrix} \qquad \alpha_2 = -INT[q_{\hat{N}_1\hat{N}_2}/q_{\hat{N}_2\hat{N}_2}] \tag{7.62}$$

と表すことができる。式（7.61）の変換では、アンビギュイティー $\hat{N}_1$ は変わらず、アンビギュイティー $\hat{N}_2$ が変換される。同様に式（7.62）では、$\hat{N}_2$ は変わらず、$\hat{N}_1$ が変換される。ここでは2つの変換を区別できるようにするため、$\mathbf{Z}$ に指標をつけている。演算子 INT は、直近の整数値に丸める働きをする。条件付最小二乗推定がこの変換の理論的背景になっている（Teunissen 1994）。変換されたアンビギュイティーは、

$$\begin{bmatrix} \hat{N}'_1 \\ \hat{N}'_2 \end{bmatrix} = \begin{bmatrix} 1 & -INT[q_{\hat{N}_1\hat{N}_2}/q_{\hat{N}_2\hat{N}_2}] \\ 0 & 1 \end{bmatrix} \begin{bmatrix} \hat{N}_1 \\ \hat{N}_2 \end{bmatrix} \tag{7.63}$$

で求められる。Teunissen（1994：第8章5.2節）にある数値例では、最小二乗網平均で計算されたアンビギュイティーとそのコーファクター行列は

$$\hat{\mathbf{N}} = \begin{bmatrix} \hat{N}_1 \\ \hat{N}_2 \end{bmatrix} = \begin{bmatrix} 1.05 \\ 1.30 \end{bmatrix}$$

$$\mathbf{Q}_{\hat{N}} = \begin{bmatrix} q_{\hat{N}_1\hat{N}_1} & q_{\hat{N}_1\hat{N}_2} \\ q_{\hat{N}_1\hat{N}_2} & q_{\hat{N}_2\hat{N}_2} \end{bmatrix} = \begin{bmatrix} 53.4 & 38.4 \\ 38.4 & 28.0 \end{bmatrix}$$

である。ここで $\mathbf{Q}_{\hat{N}}$ を変換する。$\mathbf{Q}_{\hat{N}}$ をみると、アンビギュイティー $\hat{N}_1$ の分散は、$\hat{N}_2$ より大きいので、$\hat{N}_2$ は変えずに $\hat{N}_1$ を変換するほうが好ましい。すなわち変換 $\mathbf{Z}_2$ を使う。式（7.62）から

$$\alpha_2 = -INT[q_{\hat{N}_1\hat{N}_2}/q_{\hat{N}_2\hat{N}_2}] = -INT[38.4/28.0] = -1$$

$$\mathbf{Z}_2 = \begin{bmatrix} 1 & -1 \\ 0 & 1 \end{bmatrix}$$

が得られるので、式（7.60）の変換は

$$\mathbf{Q}_{\hat{\mathbf{N}}'} = \mathbf{Z}_2 \mathbf{Q}_{\hat{\mathbf{N}}} \mathbf{Z}_2^T = \begin{bmatrix} 1 & -1 \\ 0 & 1 \end{bmatrix} \begin{bmatrix} 53.4 & 38.4 \\ 38.4 & 28.0 \end{bmatrix} \begin{bmatrix} 1 & 0 \\ -1 & 1 \end{bmatrix}$$

$$= \begin{bmatrix} 4.6 & 10.4 \\ 10.4 & 28.0 \end{bmatrix}$$

となる。この変換の効果は、標準楕円（対応するアンビギュイティーがその中心である）で表されたアンビギュイティー探索空間を考えると良くわかる。標準楕円のパラメータは、式（7.55）～式（7.59）で、$\mathbf{Q}$ を $\mathbf{Q}_{\hat{\mathbf{N}}}$ と $\mathbf{Q}_{\hat{\mathbf{N}}'}$ にそれぞれ置き換えれば得られる。行列の固有値は、楕円の長半径、短半径の二乗である。それぞれの値は

$$\mathbf{Q}_{\hat{\mathbf{N}}} : a = 9.0, b = 0.5, \varphi = 35°$$
$$\mathbf{Q}_{\hat{\mathbf{N}}'} : a = 5.7, b = 0.8, \varphi = 69°$$

である。図7.4に標準楕円が図示されている。標準楕円 $\mathbf{Q}_{\hat{\mathbf{N}}}$ の中心は、アンビギュイティー $\hat{\mathbf{N}}$ である。すなわち $\hat{N}_1 = 1.05, \hat{N}_2 = 1.30$ にある。標準楕円 $\mathbf{Q}_{\hat{\mathbf{N}}'}$ の中心は、アンビギュイティー $\mathbf{N}'$ であり、$\hat{\mathbf{N}}' = \mathbf{Z}_2 \hat{\mathbf{N}}$ から $\hat{N}'_1 = -0.25, \hat{N}'_2 = 1.30$ となる。

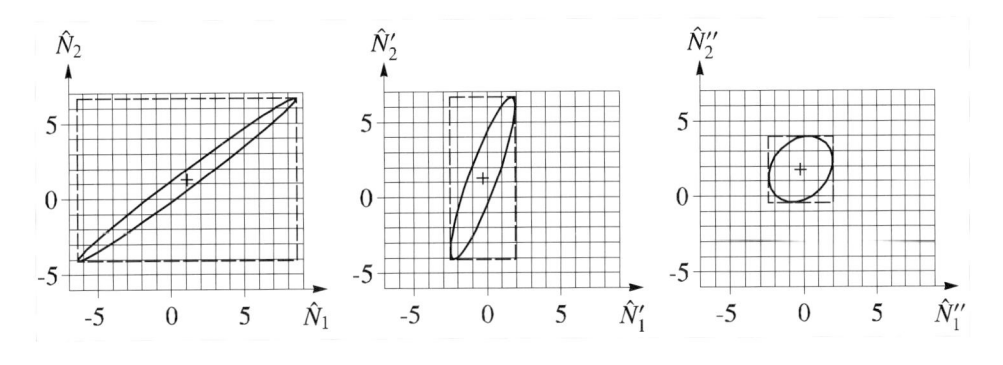

図7.4　$\mathbf{Q}_{\hat{\mathbf{N}}}$ の探索空間（左）と変換された $\mathbf{Q}_{\hat{\mathbf{N}}'}$（中央）および $\mathbf{Q}_{\hat{\mathbf{N}}''}$（右）の探索空間

図7.4には座標軸に平行で楕円に接する長方形で区切られた探索"窓"も示されている。"体積"保存変換のため、変換の前後で楕円の面積は同じであるが、その形と向きは変化している。N_2 アンビギュイティー は $\mathbf{Z}_2$ 変換で変わらないため、N_2 の探索範囲である長方形の探索窓の高さは変わっていない。

それぞれの格子点は一組のアンビギュイティーを表す。探索窓の範囲の格子点が解を求めるために調べる必要のあるアンビギュイティーの組であるとすれば、変換後の探索空間の利点は明らかである。

$\mathbf{Q}_{\hat{\mathbf{N}}}$ と変換された $\mathbf{Q}_{\hat{\mathbf{N}}'}$ の非対角要素を較べてみれば、相関が小さくなっているのが明白である。ここで $\mathbf{Q}_{\hat{\mathbf{N}}'}$ に別の変換を行ってみよう。$\hat{N}'_2$ は $\hat{N}'_1$ より分散が大きく、$\hat{N}'_1$ を変えずに $\hat{N}'_2$ を

変換するほうが好ましいので、変換 $\mathbf{Z}_1$ を適用する。まず式 (7.61) から

$$\alpha_1 = -INT[q_{\hat{N}1\hat{N}2}/q_{\hat{N}1\hat{N}1}] = INT[10.4/4.6] = -2$$

$$\mathbf{Z}_1 = \begin{bmatrix} 1 & 0 \\ -2 & 1 \end{bmatrix}$$

となり、

$$\mathbf{Q}_{\hat{N}''} = \mathbf{Z}_1 \mathbf{Q}_{\hat{N}'} \mathbf{Z}_1^T = \begin{bmatrix} 1 & 0 \\ -2 & 1 \end{bmatrix} \begin{bmatrix} 4.6 & 10.4 \\ 10.4 & 28.0 \end{bmatrix} \begin{bmatrix} 1 & -2 \\ 0 & 1 \end{bmatrix} = \begin{bmatrix} 4.6 & 1.2 \\ 1.2 & 4.8 \end{bmatrix}$$

が得られる。ここでダブルプライム記号 $''$ は、変換が2度行われていることを表している。$\mathbf{Q}_{\hat{N}''}$ の標準楕円は、$a = 2.4, b = 1.9, \varphi = 47°$ で、図 7.4 に示されている。標準楕円 $\mathbf{Q}_{\hat{N}''}$ の中心は、アンビギュイティー $\mathbf{N}''$ であり、$\hat{N}'' = \mathbf{Z}_1 \hat{N}'$ から $\hat{N}''_1 = -0.25, \hat{N}''_2 = 1.80$ となる。図 7.4 の $\mathbf{Q}_{\hat{N}''}$ の探索窓で表されたより小さくなっている探索範囲を見ればこの変換の効果は明らかである。

N_1 アンビギュイティー は $\mathbf{Z}_1$ 変換で変わらないため、N_1 の探索範囲であるこの長方形の探索窓の幅は変わっていないが、高さは変わっている。

$\mathbf{Q}_{\hat{N}'}$ と $\mathbf{Q}_{\hat{N}''}$ の非対角要素を較べてみれば、相関が小さくなっているのは明白であるが、まだアンビギュイティーの相関は完全にはなくなっていない。

これら2つの変換を1つの変換に結合してもよい。 $\mathbf{Q}_{\hat{N}''} = \mathbf{Z}_1 \mathbf{Q}_{\hat{N}'} \mathbf{Z}_1^T$ に $\mathbf{Q}_{\hat{N}'} = \mathbf{Z}_2 \mathbf{Q}_{\hat{N}} \mathbf{Z}_2^T$ を代入すれば、

$$\mathbf{Q}_{\hat{N}''} = \mathbf{Z}_1 \mathbf{Z}_2 \mathbf{Q}_{\hat{N}} \mathbf{Z}_2^T \mathbf{Z}_1^T = \mathbf{Z} \mathbf{Q}_{\hat{N}} \mathbf{Z}^T$$

となる。ここで

$$\mathbf{Z} = \mathbf{Z}_1 \mathbf{Z}_2 = \begin{bmatrix} 1 & 0 \\ -2 & 1 \end{bmatrix} \begin{bmatrix} 1 & -1 \\ 0 & 1 \end{bmatrix} = \begin{bmatrix} 1 & -1 \\ -2 & 3 \end{bmatrix}$$

は、$\mathbf{Z}_1$ と $\mathbf{Z}_2$ の複合変換を1つの変換で表している。

このアンビギュイティー探索空間の変換を、もっと高次元に拡張することは可能である。Teunissen (1996: 第8章5.3節) には、4衛星の二重差の場合に使える3次元の $\mathbf{Z}$ 変換と、7衛星2周波の場合の12次元の $\mathbf{Z}$ 変換が与えられている。Rizos and Han (1995) は、$\mathbf{Z}$ を反復法で創りだす手法を提案している。アンビギュイティー探索空間は3次元では楕円体になり、n ($n > 3$) 次元の場合は超楕円体になることに注意。

$\mathbf{Z}$ 変換によってアンビギュイティーの相関をなくした (低下させた) 後には、アンビギュイティーを実際に解く作業が残っている。アンビギュイティーの探索は、網平均理論の標準的な手法である条件付の逐次網平均を使って効果的に行われる。条件付の逐次網平均では、アンビギュイティーを1つずつ (逐次に) 決めていく。i 番目のアンビギュイティーを推定する際には、その前に決定された $i-1$ 番目のアンビギュイティーは固定される (条件付)。$\mathbf{Z}$ 変換の効果が保たれるため、条件付の逐次網平均で求まるアンビギュイティーに相関はない。これに関しては Jonge and Tiberius (1995) に概略が、また Teunissen (1996: 第8章 .5.2節) に多少詳細が載っている。

実際の個々の探索戦略の詳細については、Teunissen (1994)、Teunissen et al. (1994)、Teunissen (1996: 第8章3.2節、5.3節) に与えられている。

要約すると、Teunissen の LAMBDA 法は以下のステップに分解できる。

1. 通常の最小二乗網平均を行い、基線の成分と実数値アンビギュイティーを求める。
2. 実数値アンビギュイティーを無相関にするために、$\mathbf{Z}$ 変換を使ってアンビギュイティー空間を変換する。
3. 条件付の逐次網平均と探索戦略を使って、整数値アンビギュイティーを推定する。このアンビギュイティーを逆変換 $\mathbf{Z}^{-1}$ で最初のアンビギュイティー空間に戻す。$\mathbf{Z}^{-1}$ の成分はすべて整数であるから逆変換されたアンビギュイティーも整数である。
4. 最終的な基線成分を決定するため、整数のアンビギュイティーを既知量として固定して通常の最小二乗網平均を行う。

特殊な拘束条件でのアンビギュイティー決定

キネマティック測位の中には複数の受信機を使う方法がいくつかある。これらに共通しているのは、移動体に2個以上のアンテナを（通常わずかに離して）固定する手法である。アンテナは固定されているので、これが拘束条件（例えばアンテナ間距離一定）となり、アンビギュイティー決定能力を高めるのに使うことができる。大体において拘束条件を使うことにより、アンビギュイティー探索範囲は縮小される。2つの例で、このことを簡単に説明しよう。

Lu and Cannon (1994) の船舶における姿勢決定の例では、アンビギュイティー決定のための拘束条件として船舶上でのアンテナ間距離を使う。ここでは既知の1基線長を拘束条件として使うアンビギュイティー決定の原理についてのみ説明する。式 (7.14) の二重差モデルを参照しながら、3つの二重差ができる4衛星観測を考える。前に説明した最小二乗アンビギュイティー探索法の場合と同様に、観測方程式を指標を省いて $\lambda \Phi - N = \rho$ と書き直す。

Lu and Cannon (1994)、Lu (1995) は、既知の基線長を使うことで探索範囲を減らしている。モデル式 $\lambda \Phi - N = \rho$ で3つの二重差観測の場合を考える。モデル式を基線の基準点に関して線形化すると、$\mathbf{w} = \mathbf{Ax}$ と書ける。ここで $\mathbf{A}$ は線形化でできた3行3列の計画行列で、$\mathbf{x}$ には未知の基線ベクトル成分が含まれている。左辺の残差ベクトル $\mathbf{w}$ には、アンビギュイティーも含まれている。ここで基線長を一定値 b に拘束する条件を課す。$\mathbf{x}$ は基線ベクトルであるから、拘束条件は $\mathbf{x} = \mathbf{A}^{-1}\mathbf{w}$ を使えば、$b^2 = \mathbf{x}^T\mathbf{x} = \mathbf{w}^T(\mathbf{AA}^T)^{-1}\mathbf{w}$ と表せる。この式は、対称行列 $\mathbf{AA}^T$ をコレスキー分解して低次の三角行列とその転置行列の積の形にすればさらに簡略化される。この式は、例えば3番目のアンビギュイティーに関して、その他のアンビギュイティーを係数に含む2次方程式の形に表している。したがって、係数に含まれるその他のアンビギュイティーを決めれば、3番目のアンビギュイティーは、2次方程式の解として得られる2つだけであり、探索範囲はかなり小さくなる。探索範囲を更に狭めるために余剰な衛星観測をするのも良い。

この手法の有効性は簡単な例を見てみればよくわかる。3つのアンビギュイティーにそれぞれ15サイクルの不確定さがあるとすると（実数値アンビギュイティーを直近の整数値にまるめた1組も加えて）31×31×31 = 29791 通りのアンビギュイティーの組み合わせがあるが、ここで説明した拘束条件を考慮すれば、アンビギュイティーの探索数は 31×31×2 = 1922 と少なくなる。

2番目の例は、Lachapelle et al.（1994）により提案された、航空機間測位のための拘束条件の導入に関係したものである。図7.5 にその状況が示されている。2 機の航空機にそれぞれ 2 台の受信機が取り付けられている。一方の航空機のアンテナ i と j との距離およびもう 1 つの航空機のアンテナ k と ℓ との距離は既知であり、これはそれぞれの航空機の二重差アンビギュイティー N_{ij}、$N_{k\ell}$（観測衛星に関する指標は省いてある）を決定するための拘束条件として使われる。決定されたアンビギュイティー N_{ij}, $N_{k\ell}$ は、今度は 2 機の航空機位置を関係づける新たな拘束条件として使われる。

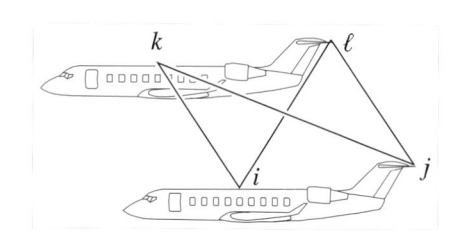

図7.5　4 つの受信機を使った航空機間 GNSS 測位

Lachapelle et al.（1994）では、例えば $N_{ij} = N_{jk} - N_{ik}$, $N_{ij} = N_{j\ell} - N_{i\ell}$, $N_{k\ell} = N_{\ell i} - N_{ki}$ という 3 つの二重差アンビギュイティー関係式を拘束条件として使っている。したがって 5 衛星観測では、このタイプの関係式が 4 × 3 個あり、アンビギュイティーの探索範囲を小さくするのに使われる。これらの関係式はお互いに独立ではないが、それでも搬送波位相誤差やマルチパスのようないくつかの誤差を平滑化する役に立つ。

Lachapelle et al.（1994）の例では、1km 以内にある 2 機の航空機に対して、解を得るためには（1Hzのサンプリングで）4 〜 6 分の観測で十分である。アンビギュイティーが正しいかどうかは、概略二重位相差の残差の大きさでわかる。また残差は時間的なドリフトがあってはならない。ドリフトがあればそれはアンビギュイティーが間違っている指標になる。この例では二重位相差の残差の平均二乗誤差平方根は 0.8cm 以内であった。

同じ観測データに基づくが、データ区間を 90 秒ずつずらして解析する試みも行われ、その解析のおよそ半分で同じアンビギュイティーが得られている。

7.2.4　アンビギュイティーの妥当性検証

整数値アンビギュイティーが決定された後、その得られたアンビギュイティーの妥当性を検証することは意味がある（Wang 1999）。そのためには得られたアンビギュイティーの不確定さを決める必要がある。Joosten and Tiberius（2000）に指摘されているように、推定された整数値アンビギュイティーの分布はある確率関数で表される。整数値アンビギュイティーが正しく推定される確率を示す尺度として、アンビギュイティー成功率（ambiguity success rate）を定義する。アンビギュイティー成功率は、フロートアンビギュイティーの確率密度関数を積分したものに等しくなる。積分は、同じ整数値解になるすべてのフロートアンビギュイティーの領域（pull-in region）で行われる（Teunissen 1999a, Verhagen 2005: 第 3 章）。確率をしめす尺度としての定義からアンビギュイティー成功率は、0 と 1（あるいは 0%から 100%）の間の数で表される。

アンビギュイティー成功率は、使う確率モデルや整数値アンビギュイティーの推定法に依存する。DOPの場合の計算と同様にアンビギュイティー成功率は、実際の観測がなくても確率モデルがわかっていれば計算できる。二重差モデルで整数値最小二乗計算を行う場合、観測ベクトルは確率的な変数であるとして取り扱われる。したがってその結果得られるフィックスされたアンビギュイティーも確率的な変数である。このことは一般的には無視されているけれど、アンビギュイティーの妥当性を検証する際には考慮する必要がある（Verhagen 2004）。

整数値アンビギュイティーの推定法に関して、Teunissen（1999a,b）は、LAMBDA法で最善のアンビギュイティー成功率が得られることを証明した。アンビギュイティーの決定には重み行列を正しく選ぶことも重要である。精度に関して悲観的になるのと同じく楽観的になりすぎるのも、最適なアンビギュイティー成功率を得ることにつながらない。Jonkman（1998）やTeunissen et al.（1998）は、統計モデルを改善してアンビギュイティー成功率を高める例を示している。

アンビギュイティー成功率の計算には、いくつかの方法がある。Joosten and Tiberius（2000）は、乱数と10万から100万個のサンプルに基づいて、99.9％のアンビギュイティー成功率を達成するシミュレーション法について記述している。Joosten and Tiberius（2000）はこのほかに、アンビギュイティーの分散共分散行列の三角行列への分解で直接得られる条件付標準偏差を使って、アンビギュイティー成功率の下限を計算している。LAMBDA法の場合は、三角行列への分解はすでに行われているので、これはそのまま使える。

Joosten et al.（1999）は、アンビギュイティー成功率について、アンビギュイティー解を正しく求めることができるかどうかを判断する目安と考えるべきであると強調している。この目安にアンビギュイティーの標準偏差を使うのは、(1) 標準偏差だけを使う場合は、相関が無視される。(2) アンビギュイティーの変換は、標準偏差を変化させる。という2つの理由から非常に間違った結果を導くことになる。標準偏差と対照的に、アンビギュイティー成功率は、どんなアンビギュイティーの変換に対しても不変である。

Verhagen（2004）は、整数値最小二乗法で求めた場合のアンビギュイティーの妥当性検証法について、論文に発表されたいくつかの例を比較している。整数値最小二乗法は、Teunissen（1999a）が述べているように、正しい整数値を推定する確率を最大にするという意味で最適な方法である。Verhagen（2004）は、検証する必要があるのはベストな整数値解と2番目にベストな整数値解だけであることを示している。これは整数値アンビギュイティーの妥当性を検証する最も初期の比率検査に通じる考え方である（Teunissen and Verhagen 2004）。この比率は2番目にベストなアンビギュイティー解の残差ベクトル絶対値の二乗とベストなアンビギュイティー解の残差ベクトル絶対値の二乗の比である。この比率がある一定の閾値と較べられる。閾値の設定は、2つの解を識別するうえで重要な鍵であるし、問題になるところでもある。Euler and Schffrin（1990）は、閾値としては自由度に応じて5～10の値を提案している。またWei and Schwarz（1995a）は2という値を選択してるし、Han and Rizos（1996）は高度角に依存する重みを使って1.5という値を提案している。Leick（2004: 式7.207）は、多くのソフトでは固定した閾値;例えば3が使われていると述べている。整数値アンビギュイティーの妥当性検証に関して、厳密に確率論的な理論はまだない。Teunissen（2003，2004）は、最適な整数値を推論できる理論を発表している。

7.3 平均計算、フィルタリング、品質測定

7.3.1 理論的な考察

位置の計算は、衛星位置と受信機位置を結びつける距離観測の式（6.2）に基づいて行われる。

$$\rho_r^s(t) \equiv f(X_r, Y_r, Z_r) \tag{7.64}$$

この非線形な方程式は、閉じた形でも解くことができる（Kleusberg 1994, Lichtenegger 1995, Grafarend and Shan 2002）が、方程式を線形化することにより簡単になり、平均計算の手法が使えるようになる。

標準的な最小二乗計算

式（7.64）を線形化し簡略化して表すと

$$\boldsymbol{\ell} = \mathbf{A}\mathbf{x} \tag{7.65}$$

となる。ここで

$\boldsymbol{\ell}$ $[n \times 1]$ ……観測ベクトル
$\mathbf{A}$ $[n \times u]$ ……計画行列
$\mathbf{x}$ $[u \times 1]$ ……未知量ベクトル（パラメータベクトル）

計画行列はパラメータベクトルを観測値に結びつける。ベクトルと行列の大きさは、[行 × 列] で表現されている。式(7.65)は、複雑な物理観測を単純な数学モデルで表したものである。式（7.64）のような非線形の場合は、未知量に関して線形にするため、テイラー級数に展開し1次まで打ち切られる（第7章3.2節参照）。式（7.65）からパラメータ解は

$$\mathbf{x} = \mathbf{A}^{-1}\boldsymbol{\ell} \tag{7.66}$$

と表せるが、このように解けるためには未知パラメータの数 u と観測数 n は同じでなければならない。さらに各観測は数学的に独立なものでなければならない。そうでない場合、行列 $\mathbf{A}$ はランク欠損により特異行列になる。独立な観測の数 n がパラメータの数 u より多い場合は過剰決定問題（overdetermined problem）になる。$n - u$ は系の冗長度(degree of redundancy)を表す。この場合式(7.65)は、観測値に含まれる誤差のために一貫性のない矛盾した式になる。このような冗長な観測がある場合は一般に最小二乗法を使って問題が解かれる。最小二乗法では、数学モデルに合わせて観測値を満たす精度の高い解がその信頼度と共に得られる。線形モデルの最小二乗法理論の詳細については、例えば Mikhail and Gracie (1981) を参照せよ。最小二乗法の幾何学的解釈については、Perovic (2005: 第22章) で説明されている。以下の議論は、観測モデルの場合の最小二乗計算だけに限定している。条件モデル等、他のモデルについては、例えば Leick (2004: 第4章) で説明されている。

観測値の誤差あるいは残差 $\mathbf{v}$ は、平均値ゼロのガウス正規分布にしたがっているとし、$\mathbf{v}$ の分散共分散行列を $\Sigma_\mathbf{v}$ としよう。このことは、一般的な正規分布の記法で $\mathbf{v} \sim N(\mathbf{0}, \Sigma_\mathbf{v})$ と表すことができる。

観測方程式は
$$\boldsymbol{\ell} = \mathbf{A}\mathbf{x} + \mathbf{v} \tag{7.67}$$

と表せる。これはガウス-マルコフ モデル（Gauss-Markov model）の一般形に相当するものである。この式の期待値をとれば
$$E[\boldsymbol{\ell}] = \mathbf{A}\mathbf{x} \qquad E[\mathbf{v}] = 0 \tag{7.68}$$

である。ここで $E[\ ]$ は期待値を表す演算子である。分散を表す演算子 $D[\ ]$ 使って観測値の分散共分散を表せば、$D[\boldsymbol{\ell}]$ である。これは $\boldsymbol{\Sigma}_\ell$ とも表現される。この観測値の分散共分散は、最小二乗法において数学モデルを補完する確率モデルになる。
$$D[\boldsymbol{\ell}] = \boldsymbol{\Sigma}_\ell = \sigma_0^2 \mathbf{Q}_\ell \tag{7.69}$$

ここで σ_0^2 は、単位重みの先験分散と呼ばれ通常 1 にとられる。また $\mathbf{Q}_\ell$ はコーファクター行列であり、その逆行列は通常重み行列 $\mathbf{P}$ として使われる。
$$\mathbf{P} = \mathbf{Q}_\ell^{-1} \tag{7.70}$$

観測値に相関がない場合、コーファクター行列は対角行列になり、観測精度が同じ特別な場合は更に単位行列 $\mathbf{Q}_\ell = \mathbf{I}$ になる。$\boldsymbol{\Sigma}_\ell$ や $\mathbf{Q}_\ell$ の非対角要素は、観測値の相関を表している。観測値の相関は、数学的にも物理的にも生じる。数学的な相関は、例えば位相観測の二重差あるいは三重差をとる場合に生じる。

式（7.67）は、残差 $\mathbf{v}$ に関する何らかの拘束条件無しでは解くことができない。最小二乗法では、$\mathbf{v}$ の二乗和を最小にするというのがこの拘束条件になる。これは
$$\mathbf{v}^T\mathbf{P}\mathbf{v} = (\boldsymbol{\ell} - \mathbf{A}\mathbf{x})^T \mathbf{P}(\boldsymbol{\ell} - \mathbf{A}\mathbf{x}) = 最小！ \tag{7.71}$$
と書ける。この条件から次の式が導かれる。
$$\frac{d}{d\hat{\mathbf{x}}}(\mathbf{v}^T\mathbf{P}\mathbf{v}) = \mathbf{A}^T\mathbf{P}\mathbf{A}\hat{\mathbf{x}} - \mathbf{A}^T\mathbf{P}\boldsymbol{\ell} = \mathbf{0} \tag{7.72}$$

ここでパラメータベクトル $\mathbf{x}$ は、その推定値ベクトル $\hat{\mathbf{x}}$ に置き換えている。推定値ベクトル $\hat{\mathbf{x}}$ の期待値は $\mathbf{x}$ である。
$$E[\hat{\mathbf{x}}] = \mathbf{x} \tag{7.73}$$
式（7.72）を解くと $\hat{\mathbf{x}}$ は
$$\hat{\mathbf{x}} = (\mathbf{A}^T\mathbf{P}\mathbf{A})^{-1}\mathbf{A}^T\mathbf{P}\boldsymbol{\ell} = \mathbf{N}^{-1}\mathbf{g} \tag{7.74}$$

となる。ここで $\mathbf{N} = \mathbf{A}^T\mathbf{P}\mathbf{A}$、$\mathbf{g} = \mathbf{A}^T\mathbf{P}\boldsymbol{\ell}$ である。$\mathbf{N}$ は対称行列で、式（7.74）が解けるためには正則でなければならない。

$\hat{\mathbf{x}}$ のコーファクター行列 $\mathbf{Q}_{\hat{\mathbf{x}}}$ は、式（7.74）に誤差伝播式を適用すれば得られる。これは
$$\mathbf{Q}_{\hat{\mathbf{x}}} = (\mathbf{N}^{-1}\mathbf{A}^T\mathbf{P})\mathbf{Q}_\ell(\mathbf{N}^{-1}\mathbf{A}^T\mathbf{P})^T \tag{7.75}$$

と表せるが、式（7.70）を考慮すると

$$Q_{\hat{x}} = N^{-1} \tag{7.76}$$

となる。この節のはじめに述べたように最小二乗法は、観測値が正規分布をしており、バイアスがないという仮定にたっている。数学モデルにも確率モデルにも、系統的な観測誤差や観測の間違いは想定していない。したがってもし系統的な観測誤差や間違った観測値が含まれていれば、解の品質は低下しパラメータや統計量を誤って推定することになる。観測値に誤りがあれば、最小二乗計算で線形化された方程式の逐次処理が収束しないこともある。また残差ベクトルが小さいことは、必ずしも観測値に誤りがないことを意味しない。その意味で最小二乗計算の前に観測の誤りを見つけ取り除くことが重要である。観測値に多少系統的な誤差があっても結果にあまり影響しないようなロバスト（robust）な推定法については、例えばWieser（2001）で議論されている。

残差$\hat{v}$は、推定パラメータ$\hat{x}$から推定できる。

$$\hat{v} = \ell - A\hat{x} \tag{7.77}$$

これは次式の単位重みの事後分散$\hat{\sigma}_0^2$を推定するのに使われる。

$$\hat{\sigma}_0^2 = \frac{\hat{v}^T P \hat{v}}{n-u} \tag{7.78}$$

単位重みの事後分散$\hat{\sigma}_0^2$と単位重みの先験分散σ_0^2は、必ずしも数値的に同じである必要はないが、最小二乗計算が正しく行われたことを確認するためには、両者は統計的には同じであると見なせることをχ^2検定で証明する必要がある（Leick 2004: 136頁）。

推定パラメータ$\hat{x}$の分散共分散行列は

$$\Sigma_{\hat{x}} = \hat{\sigma}_0^2 Q_{\hat{x}} = \hat{\sigma}_0^2 (A^T Q_\ell^{-1} A)^{-1} \tag{7.79}$$

となる。衛星航法の場合、$\Sigma_{\hat{x}}$の対角要素には3つの位置座標成分の誤差を表す$\sigma_X^2, \sigma_Y^2, \sigma_Z^2$が含まれる。非対角要素はそれら位置座標成分の相関を表す。

観測値の分散共分散行列Σ_ℓには、距離測定の分散が含まれている。これは衛星時計誤差（σ_{sc}^2）や軌道誤差（σ_{eph}^2）、大気誤差（$\sigma_{iono}^2, \sigma_{trop}^2$）、マルチパス誤差（$\sigma_{mp}^2$）、受信機時計誤差（$\sigma_{rc}^2$）、ホワイトノイズ（$\sigma_{noise}^2$）の影響を受けたものである。この間バイアスのような誤差を含めることもできる。これらすべての誤差はUERE（User equivalent range error）σ_{UERE}で見積ることができる。

$$\sigma_{UERE} = \sqrt{\sigma_{sc}^2 + \sigma_{eph}^2 + \sigma_{iono}^2 + \sigma_{trop}^2 + \sigma_{mp}^2 + \sigma_{rc}^2 + \sigma_{noise}^2} \tag{7.80}$$

この距離測定誤差は、受信機と衛星との幾何学配置を使って受信機位置誤差へ変換できる（第7章3.4節）。図7.6に示されているように、距離測定誤差と幾何学配置の組み合わせで受信機位置精度が決まる。

第 7 章　データ処理

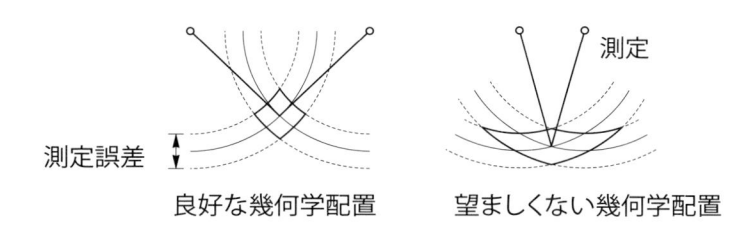

図 7.6　幾何学と測定誤差により決まる位置誤差

逐次最小二乗計算

　観測数が大きい場合、観測をいくつかの組に分けて逐次的に最小二乗計算を行えば、計算処理の負荷を減らすことができる。この逐次最小二乗計算は、カルマンフィルターを理解する上でも役に立つ。

　式（7.67）の観測方程式を 2 つの組に分割することを考える。

$$\begin{bmatrix} \boldsymbol{\ell}_1 \\ \boldsymbol{\ell}_2 \end{bmatrix} = \begin{bmatrix} \mathbf{A}_1 \\ \mathbf{A}_2 \end{bmatrix} \mathbf{x} + \begin{bmatrix} \mathbf{v}_1 \\ \mathbf{v}_2 \end{bmatrix} \tag{7.81}$$

観測ベクトル $\boldsymbol{\ell}$ と残差ベクトル $\mathbf{v}$ は大きさ $[n_1 \times 1]$、$[n_2 \times 1]$ の 2 つのベクトルに、また行列 $\mathbf{A}$ は大きさ $[n_1 \times u]$、$[n_2 \times u]$ の 2 つの行列にそれぞれ分割される。パラメータベクトル $\mathbf{x}$ はそのままである。もしパラメータ $\mathbf{x}$ を、例えば位置座標部分とアンビギュイティー部分というように 2 つのベクトルに分割すれば、ブロック毎の最小二乗計算になる（これについては例えば Xu（2003：第 7 章 5 節）で議論されている）。2 つの観測グループ $\boldsymbol{\ell}_1$、$\boldsymbol{\ell}_2$ の間に相関は無いとすると、コーファクター行列 $\mathbf{Q}_\ell$ は次のような形になる。

$$\mathbf{Q}_\ell = \begin{bmatrix} \mathbf{Q}_{\ell,1} & 0 \\ 0 & \mathbf{Q}_{\ell,2} \end{bmatrix} = \mathbf{P}^{-1} = \begin{bmatrix} \mathbf{P}_1^{-1} & 0 \\ 0 & \mathbf{P}_2^{-1} \end{bmatrix} \tag{7.82}$$

ここで $\mathbf{Q}_{\ell,1}$、$\mathbf{Q}_{\ell,2}$ の大きさはそれぞれ $[n_1 \times n_1]$、$[n_2 \times n_2]$ である。ここで $n_1 \geq u$ と仮定し、式（7.74）と（7.76）を考慮すると、観測グループ $\boldsymbol{\ell}_1$ だけを使ったパラメータ推定値は

$$\hat{\mathbf{x}}_{(1)} = (\mathbf{A}_1^\mathrm{T} \mathbf{P}_1 \mathbf{A}_1)^{-1} \mathbf{A}_1^\mathrm{T} \mathbf{P}_1 \boldsymbol{\ell}_1 \tag{7.83}$$

$$\mathbf{Q}_{\hat{\mathbf{x}}_{(1)}} = (\mathbf{A}_1^\mathrm{T} \mathbf{P}_1 \mathbf{A}_1)^{-1} = \mathbf{N}_1^{-1} \tag{7.84}$$

である。下付き指標の（1）は最初の推定値であることを示している。ここで新たな観測 $\boldsymbol{\ell}_2$ を加えてパラメータを推定した場合、その解 $\hat{\mathbf{x}}_{(2)}$ を最初の推定値 $\hat{\mathbf{x}}_{(1)}$ とその変化分 $\Delta \mathbf{x}_{(2)}$ で表そう。すなわち

$$\hat{\mathbf{x}}_{(2)} = \hat{\mathbf{x}}_{(1)} + \Delta \mathbf{x}_{(2)} \tag{7.85}$$

である。全観測値を使った場合の正規方程式の行列 $\mathbf{N}$、$\mathbf{g}$ は、2つの観測グループの対応する行列を足しあわせたものである。

$$\mathbf{N} = \mathbf{A}^T\mathbf{P}\mathbf{A} = (\mathbf{A}_1^T\mathbf{P}_1\mathbf{A}_1 + \mathbf{A}_2^T\mathbf{P}_2\mathbf{A}_2) = \mathbf{N}_1 + \mathbf{N}_2 \tag{7.86}$$

$$\mathbf{g} = \mathbf{A}^T\mathbf{P}\boldsymbol{\ell} = (\mathbf{A}_1^T\mathbf{P}_1\boldsymbol{\ell}_1 + \mathbf{A}_2^T\mathbf{P}_2\boldsymbol{\ell}_2) = \mathbf{g}_1 + \mathbf{g}_2 \tag{7.87}$$

解 $\hat{\mathbf{x}}_{(2)}$ は、すべての観測値を使った場合の解；$\hat{\mathbf{x}}_{(2)} = \mathbf{N}^{-1}\mathbf{g}$ であるから、式 (7.85) と (7.87) から

$$(\mathbf{N}_1 + \mathbf{N}_2)(\hat{\mathbf{x}}_{(1)} + \Delta\mathbf{x}_{(2)}) = \mathbf{g}_1 + \mathbf{g}_2 \tag{7.88}$$

となる。これを少し書き換えると

$$(\mathbf{N}_1 + \mathbf{N}_2)\Delta\mathbf{x}_{(2)} = \mathbf{g}_1 + \mathbf{g}_2 - (\mathbf{N}_1 + \mathbf{N}_2)\hat{\mathbf{x}}_{(1)} \tag{7.89}$$

である。ここで $\mathbf{g}_1 - \mathbf{N}_1\hat{\mathbf{x}}_{(1)} = \mathbf{0}$ であることを使うと右辺は簡単になる。

$$(\mathbf{N}_1 + \mathbf{N}_2)\Delta\mathbf{x}_{(2)} = \mathbf{g}_2 - \mathbf{N}_2\hat{\mathbf{x}}_{(1)} \tag{7.90}$$

これに式 (7.86) と (7.87) の $\mathbf{g}_2$、$\mathbf{N}_2$ を代入すれば

$$\Delta\mathbf{x}_{(2)} = (\mathbf{N}_1 + \mathbf{N}_2)^{-1}\mathbf{A}_2^T\mathbf{P}_2(\boldsymbol{\ell}_2 - \mathbf{A}_2\hat{\mathbf{x}}_{(1)}) \tag{7.91}$$

となる。これを簡略して

$$\Delta\mathbf{x}_{(2)} = \mathbf{K}_2(\boldsymbol{\ell}_2 - \mathbf{A}_2\hat{\mathbf{x}}_{(1)}) \tag{7.92}$$

と表すと、$\mathbf{K}_2$ は

$$\mathbf{K}_2 = (\mathbf{N}_1 + \mathbf{N}_2)^{-1}\mathbf{A}_2^T\mathbf{P}_2 \tag{7.93}$$

である。
最初のコーファクター行列 $\mathbf{Q}_{\hat{\mathbf{x}},(1)}$ に対する修正量に相当する $\Delta\mathbf{Q}_{\hat{\mathbf{x}},(2)}$ は、次の関係式から求めることができる。

$$\mathbf{N}\mathbf{Q}_{\hat{\mathbf{x}},(2)} = (\mathbf{N}_1 + \mathbf{N}_2)(\mathbf{Q}_{\hat{\mathbf{x}},(1)} + \Delta\mathbf{Q}_{\hat{\mathbf{x}},(2)}) = \mathbf{I} \tag{7.94}$$

ここで $\mathbf{I}$ は単位行列である。$\mathbf{N}_1\mathbf{Q}_{\hat{\mathbf{x}},(1)} = \mathbf{I}$ であることを考慮すると、上式から

$$\Delta\mathbf{Q}_{\hat{\mathbf{x}},(2)} = -(\mathbf{N}_1 + \mathbf{N}_2)^{-1}\mathbf{N}_2\mathbf{Q}_{\hat{\mathbf{x}},(1)} \tag{7.95}$$

が得られる。この式に式 (7.86) の $\mathbf{N}_2$ 代入すると

$$\Delta\mathbf{Q}_{\hat{\mathbf{x}},(2)} = -(\mathbf{N}_1 + \mathbf{N}_2)^{-1}\mathbf{A}_2^T\mathbf{P}_2\mathbf{A}_2\mathbf{Q}_{\hat{\mathbf{x}},(1)} \tag{7.96}$$

となる。この式と式 (7.93) と比較すれば、右辺に $\mathbf{K}_2$ が使えることがわかる。すなわち

$$\Delta \mathbf{Q}_{\hat{\mathbf{x}},(2)} = -\mathbf{K}_2 \mathbf{A}_2 \mathbf{Q}_{\hat{\mathbf{x}},(1)} \tag{7.97}$$

である。このマイナスで表された式から、新たな観測が加わることによってコーファクター行列は小さくなることがわかる。行列 $\mathbf{K}_2$ は利得行列（gain matrix）と呼ばれ、次の関係式を満たす。

$$\mathbf{K}_2 = (\mathbf{N}_1 + \mathbf{N}_2)^{-1} \mathbf{A}_2^\mathrm{T} \mathbf{P}_2 = \mathbf{N}_1^{-1} \mathbf{A}_2^\mathrm{T} (\mathbf{P}_2^{-1} + \mathbf{A}_2 \mathbf{N}_1^{-1} \mathbf{A}_2^\mathrm{T})^{-1} \tag{7.98}$$

この関係式は Bennet（1965）によって見出された式で、これが成り立つことはこの式の右側から $(\mathbf{P}_2^{-1} + \mathbf{A}_2 \mathbf{N}_1^{-1} \mathbf{A}_2^\mathrm{T})$ を、また左側から $(\mathbf{N}_1 + \mathbf{N}_2)$ をそれぞれ掛けあわせれば証明できる。これについて更に詳しくは Moritz（1980:146 頁）を参照されよ。この式の特徴は $\mathbf{C}^{-1}$ がわかっていれば $(\mathbf{C} + \mathbf{D})$ の逆行列を計算できるということである。式（7.98）から、$\mathbf{K}_2$ を求めるために最初の式では $[u \times u]$ の逆行列を計算しなければならないが、二番目の式では $[n_2 \times n_2]$ の逆行列を計算すればよい。したがって $n_2 < u$ であれば、二番目の式を使う方が簡単になる。二番目の式は次のように表すこともできる。

$$\mathbf{K}_2 = \mathbf{Q}_{\hat{\mathbf{x}},(1)} \mathbf{A}_2^\mathrm{T} (\mathbf{Q}_{\ell,(2)} + \mathbf{A}_2 \mathbf{Q}_{\hat{\mathbf{x}},(1)} \mathbf{A}_2^\mathrm{T})^{-1} \tag{7.99}$$

計算の各段階を指標 1, 2 ではなくもっと一般的に $k-1$ と k で表せば、逐次最小二乗計算は

$$\mathbf{K}_k = \mathbf{N}_{k-1}^{-1} \mathbf{A}_k^\mathrm{T} (\mathbf{P}_k^{-1} + \mathbf{A}_k \mathbf{N}_{k-1}^{-1} \mathbf{A}_k^\mathrm{T})^{-1} \tag{7.100}$$

$$\hat{\mathbf{x}}_{(k)} = \hat{\mathbf{x}}_{(k-1)} + \mathbf{K}_k (\boldsymbol{\ell}_k - \mathbf{A}_k \hat{\mathbf{x}}_{(k-1)}) \tag{7.101}$$

$$\mathbf{Q}_{\hat{\mathbf{x}},(k)} = (\mathbf{I} - \mathbf{K}_k \mathbf{A}_k) \mathbf{Q}_{\hat{\mathbf{x}},(k-1)} \tag{7.102}$$

と表せる。最初に推定値 $\hat{\mathbf{x}}_{(1)}$、$\mathbf{Q}_{\hat{\mathbf{x}},(1)}$ が与えられれば、上式で $k > 1$ の場合が計算できる。

理論的にも数学的にも逐次平均した結果は、通常の平均計算結果と同じであるが、解の精度は逐次計算の影響で低下する。Xu（2003:124 頁）は、数値計算の誤差は逐次計算のステップが増えるにつれ累積していくと述べている。その結果推定位置は時間と共にドリフトする傾向になる。

離散的カルマンフィルター

移動体の状態は、その位置と速度からなる状態ベクトルで特徴付けられる。状態ベクトルは時間の関数であり、その計算はカルマンフィルター（Kalman 1960）に基づいて行われる。カルマンフィルターは、逐次最小二乗計算を一般化した式になっており、状態ベクトルとその分散共分散行列を時間的にも更新する働きをする。時間的な更新とは、予測である。予測は、非線形な状態ベクトルの力学方程式を概略的に解くことで与えられる。非線形な方程式は線形化され、非線形の度合いが強い場合でも、線形化し繰り返し計算を行うことで処理できる。拡張カルマンフィルター EKF（Extended Kalman filter）ではそれとは対照的に、非線形の観測方程式と非線形な力学モデルが積分される（Grewal and Andrew 2001: 第 5 章 7 節）。

数学的な推定

　最初に連続的な場合から始めて、それから離散的なカルマンフィルターを導こう。時間的に変化する状態ベクトル $\mathbf{x}(t)$（未知パラメータ）の力学は、1階の微分方程式で次のようにモデル化される。

$$\dot{\mathbf{x}}(t) = \mathbf{F}(t)\mathbf{x}(t) + \mathbf{e}(t) \tag{7.103}$$

ここで

　　　$\dot{\mathbf{x}}(t)$：状態ベクトルの微分

　　　$\mathbf{F}(t)$：力学行列

　　　$\mathbf{e}(t)$：運動ノイズ（力学的擾乱）

である。以下初期時刻 t_0 において、状態ベクトル $\mathbf{x}(t_0)$ とそのコーファクター行列 $\mathbf{Q}_{\mathbf{x},0}$ はわかっているとする。式（7.103）の一般解は、力学行列 $\mathbf{F}(t)$ に周期的な係数あるいは定数の係数が含まれている場合だけ存在する。定数の係数が含まれている場合、解は

$$\mathbf{x}(t) = \mathbf{T}(t,t_0)\mathbf{x}(t_0) + \int_{t_0}^{t} \mathbf{T}(t,\tau)\mathbf{e}(\tau)d\tau = \mathbf{T}(t,t_0)\mathbf{x}(t_0) + \mathbf{w}(t) \tag{7.104}$$

と書ける。ここで $\mathbf{w}(t)$ はシステムノイズである。遷移行列 $\mathbf{T}$ を力学行列 $\mathbf{F}$ の関数で表すために、状態ベクトル $\mathbf{x}(t)$ を t_0 のまわりでテイラー展開する。

$$\mathbf{x}(t) = \mathbf{x}(t_0) + \dot{\mathbf{x}}(t_0)(t-t_0) + \frac{1}{2}\ddot{\mathbf{x}}(t_0)(t-t_0)^2 + \ldots \tag{7.105}$$

これに式（7.103）を代入する。その際、力学行列 $\mathbf{F}$ は定数とし、運動ノイズ $\mathbf{e}(t)$ は無視する。すると

$$\mathbf{x}(t) = \mathbf{x}(t_0) + \mathbf{F}(t_0)\mathbf{x}(t_0)(t-t_0) + \frac{1}{2}\mathbf{F}(t_0)^2\mathbf{x}(t_0)(t-t_0)^2 + \ldots \tag{7.106}$$

が得られる。式（7.104）と（7.106）を比較すれば、遷移行列を $\mathbf{F}$ の無限級数として次のように表せる。

$$\mathbf{T}(t,t_0) = \mathbf{I} + \mathbf{F}(t_0)\Delta t + \frac{1}{2}\mathbf{F}(t_0)^2 \Delta t^2 + \ldots = \sum_{n=0}^{\infty} \frac{1}{n!}\mathbf{F}(t_0)^n \Delta t^n \tag{7.107}$$

ただし $\Delta t = t - t_0$ としている。ここで以下の離散的な場合に対応できるように、$\mathbf{x}(t_k) = \mathbf{x}_k$ という表記を導入しよう。すると離散的な場合の状態遷移方程式は、

$$\mathbf{x}_k = \mathbf{T}_{k-1}\mathbf{x}_{k-1} + \mathbf{w}_k \tag{7.108}$$

となる。これは2つの連続する状態ベクトルを結びつける式（力学モデル）である。システムノイズ $\mathbf{w}$ は、平均値ゼロで分散 $\mathbf{Q}_\mathbf{w}$（大きさは $[n \times n]$）のガウス分布；すなわち $\mathbf{w} \sim N(\mathbf{0}, \mathbf{Q}_\mathbf{w})$ に従うとする。システムノイズは、力学系の振る舞いをモデル化する際の不確定さを示している。状態ベクトルのコーファクター行列は、式（7.108）に誤差伝播式を適用すれば

$$\mathbf{Q}_{\mathbf{x},k} = \mathbf{T}_{k-1}\mathbf{Q}_{\mathbf{x},k-1}\mathbf{T}_{k-1}^{\mathrm{T}} + \mathbf{Q}_{\mathbf{w},k} \tag{7.109}$$

となる。ここでエポック $k-1$ の状態ベクトルとエポック k のシステムノイズには相関は無いとしている。カルマンフィルターの導出には、逐次最小二乗法の導出過程が使える。

カルマンフィルターについての詳細な導出や議論については、例えば Grewal and Andrews（2001）や Brown amd Hwang（1997）を参照されよ。

式（7.108）の状態遷移方程式でエポック k の状態ベクトルが推定される。ここで逐次最小二乗計算を応用して、この状態ベクトルをエポック k での観測 ℓ_k を使って修正する。この場合観測方程式は、式（7.81）と類似の

$$\begin{bmatrix} \mathbf{T}_{k-1}\mathbf{x}_{k-1} \\ \boldsymbol{\ell}_k \end{bmatrix} = \begin{bmatrix} \mathbf{I} \\ \mathbf{A}_k \end{bmatrix} \mathbf{x}_k + \begin{bmatrix} -\mathbf{w}_k \\ \mathbf{v}_k \end{bmatrix} \tag{7.110}$$

である。ベクトル $\mathbf{w}$ と $\mathbf{v}$ は両方とも平均値ゼロの正規分布をしており、お互いの相関は無いとする。式（7.110）を逐次最小二乗法で解けば次のようになる。

$$\hat{\mathbf{x}}_k = \left(\begin{bmatrix} \mathbf{I} & \mathbf{A}_k^\mathrm{T} \end{bmatrix} \mathbf{Q}_k^{-1} \begin{bmatrix} \mathbf{I} \\ \mathbf{A}_k \end{bmatrix} \right)^{-1} \begin{bmatrix} \mathbf{I} & \mathbf{A}_k^\mathrm{T} \end{bmatrix} \mathbf{Q}_k^{-1} \begin{bmatrix} \mathbf{T}_{k-1}\hat{\mathbf{x}}_{k-1} \\ \boldsymbol{\ell}_k \end{bmatrix} \tag{7.111}$$

ここでは重み行列の代りにコーファクター行列を使っている。確率モデルはブロック対角行列

$$\mathbf{Q}_k = \begin{bmatrix} \widetilde{\mathbf{Q}}_{\hat{\mathbf{x}},k} & \mathbf{0} \\ \mathbf{0} & \mathbf{Q}_{\ell,k} \end{bmatrix} \tag{7.112}$$

で表される。式（7.112）を使って式（7.111）を書き直すと

$$\hat{\mathbf{x}}_k = (\widetilde{\mathbf{Q}}_{\hat{\mathbf{x}},k}^{-1} + \mathbf{A}_k^\mathrm{T}\mathbf{Q}_{\ell,k}^{-1}\mathbf{A}_k)^{-1}(\widetilde{\mathbf{Q}}_{\hat{\mathbf{x}},k}^{-1}\mathbf{T}_{k-1}\hat{\mathbf{x}}_{k-1} + \mathbf{A}_k^\mathrm{T}\mathbf{Q}_{\ell,k}^{-1}\boldsymbol{\ell}_k) \tag{7.113}$$

この式の 2 番目の括弧内に恒等式

$$\mathbf{0} = \mathbf{A}_k^\mathrm{T}\mathbf{Q}_{\ell,k}^{-1}\mathbf{A}_k\mathbf{T}_{k-1}\hat{\mathbf{x}}_{k-1} - \mathbf{A}_k^\mathrm{T}\mathbf{Q}_{\ell,k}^{-1}\mathbf{A}_k\mathbf{T}_{k-1}\hat{\mathbf{x}}_{k-1} \tag{7.114}$$

を加えて整理すると

$$\hat{\mathbf{x}}_k = (\widetilde{\mathbf{Q}}_{\hat{\mathbf{x}},k}^{-1} + \mathbf{A}_k^\mathrm{T}\mathbf{Q}_{\ell,k}^{-1}\mathbf{A}_k)^{-1}\left((\widetilde{\mathbf{Q}}_{\hat{\mathbf{x}},k}^{-1} + \mathbf{A}_k^\mathrm{T}\mathbf{Q}_{\ell,k}^{-1}\mathbf{A}_k)\mathbf{T}_{k-1}\hat{\mathbf{x}}_{k-1} + \mathbf{A}_k^\mathrm{T}\mathbf{Q}_{\ell,k}^{-1}(\boldsymbol{\ell}_k - \mathbf{A}_k\mathbf{T}_{k-1}\hat{\mathbf{x}}_{k-1}) \right) \tag{7.115}$$

となる。利得行列 $\mathbf{K}_k$ を導入すると最終的に $\hat{\mathbf{x}}_k$ は

$$\hat{\mathbf{x}}_k = \mathbf{T}_{k-1}\hat{\mathbf{x}}_{k-1} + \mathbf{K}_k(\boldsymbol{\ell}_k - \mathbf{A}_k\mathbf{T}_{k-1}\hat{\mathbf{x}}_{k-1}) \tag{7.116}$$

と表せる。（訳註：ここで利得行列は $\mathbf{K}_k = (\widetilde{\mathbf{Q}}_{\hat{\mathbf{x}},k}^{-1} + \mathbf{A}_k^\mathrm{T}\mathbf{Q}_{\ell,k}^{-1}\mathbf{A}_k)^{-1}\mathbf{A}_k^\mathrm{T}\mathbf{Q}_{\ell,k}^{-1}$ である。これは逆行列に関する恒等式から $\mathbf{K}_k = \widetilde{\mathbf{Q}}_{\hat{\mathbf{x}},k}\mathbf{A}_k^\mathrm{T}(\mathbf{Q}_{\ell,k} + \mathbf{A}_k\widetilde{\mathbf{Q}}_{\hat{\mathbf{x}},k}\mathbf{A}_k^\mathrm{T})^{-1}$ とも表せる。式（7.118）では後者が使われている）。利得行列はカルマン重み行列とも呼ばれる。

システムノイズ $\mathbf{w}$ は、一般的に分らないため、エポック t_k の状態ベクトルは、$\hat{\mathbf{x}}_{k-1}$ と $\mathbf{T}_{k-1}$ だけを使って予測される。すなわち

$$\widetilde{\mathbf{x}}_k = \mathbf{T}_{k-1}\hat{\mathbf{x}}_{k-1} \tag{7.117}$$

である。ここでは状態ベクトル $\mathbf{x}_{k-1}$ は、エポック t_{k-1} における観測更新で推定されたものであることを示すために、$\hat{\mathbf{x}}_{k-1}$ に置き換えられている。また表記 $\tilde{\mathbf{x}}_k$ は、これが予測値であることを示している。

最終的にカルマンフィルター過程は、3段階の逐次計算で表される。

第1ステップ：利得行列（カルマン重み行列）の計算

$$\mathbf{K}_k = \tilde{\mathbf{Q}}_{\hat{\mathbf{x}},k} \mathbf{A}_k^T (\mathbf{Q}_{\ell,k} + \mathbf{A}_k \tilde{\mathbf{Q}}_{\hat{\mathbf{x}},k} \mathbf{A}_k^T)^{-1} \tag{7.118}$$

第2ステップ：観測更新（補正）

$$\hat{\mathbf{x}}_k = \tilde{\mathbf{x}}_k + \mathbf{K}_k (\boldsymbol{\ell}_k - \mathbf{A}_k \tilde{\mathbf{x}}_k) \tag{7.119}$$

$$\mathbf{Q}_{\hat{\mathbf{x}},k} = (\mathbf{I} - \mathbf{K}_k \mathbf{A}_k) \tilde{\mathbf{Q}}_{\hat{\mathbf{x}},k} \tag{7.120}$$

第3ステップ：時間更新（予測）

$$\tilde{\mathbf{x}}_{k+1} = \mathbf{T}_k \hat{\mathbf{x}}_k \tag{7.121}$$

$$\tilde{\mathbf{Q}}_{\hat{\mathbf{x}},k+1} = \mathbf{T}_k \mathbf{Q}_{\hat{\mathbf{x}},k} \mathbf{T}_k^T + \mathbf{Q}_{\mathbf{w},k+1} \tag{7.122}$$

逆行列計算の負荷を抑えるために、観測更新は個々の観測毎に行われるが、これは同時に数値計算誤差の累積につながる。

式（7.119）の $\mathbf{A}_k \tilde{\mathbf{x}}_k$ は、新しい観測値の推定値に相当するものである。また $(\boldsymbol{\ell}_k - \mathbf{A}_k \tilde{\mathbf{x}}_k)$ は、新しい観測値がどれだけの情報を状態ベクトルに付け加える（更新）のかを示すものである。カルマンフィルターでは、新しい情報を観測値の分散により重み付けして状態ベクトルの更新に使っている。もし $\mathbf{K} = 0$ であれば、観測から新たな情報の付加はないことになる。

式（7.118）～（7.122）を見てみると、カルマンフィルターでは遷移行列 $\mathbf{T}$ あるいは力学行列 $\mathbf{F}$、コーファクター行列 $\mathbf{Q}_\mathbf{w}$ の定義が重要であることがわかる。

図7.7には、カルマンフィルター戦略（Hofmann-Wellenhof et al.2003:54頁）による3つのステップが図示されている。またこれには観測センサーと力学モデル、初期化選択という3つの外部情報も図示されている。図を煩雑にしないように、利得行列の繰り返し計算や観測値の繰り返し更新等については載せてない。

Huddle and Brown（1997:75頁）は、カルマンフィルターはモデルに依存するフィルターであり、適応型フィルターではないと強調している。結果として、カルマンフィルターは、その力学モデルや数学モデル、確率モデルが対象の物理特性を記述するものでなければ、良い結果は得られない。

第 7 章　データ処理

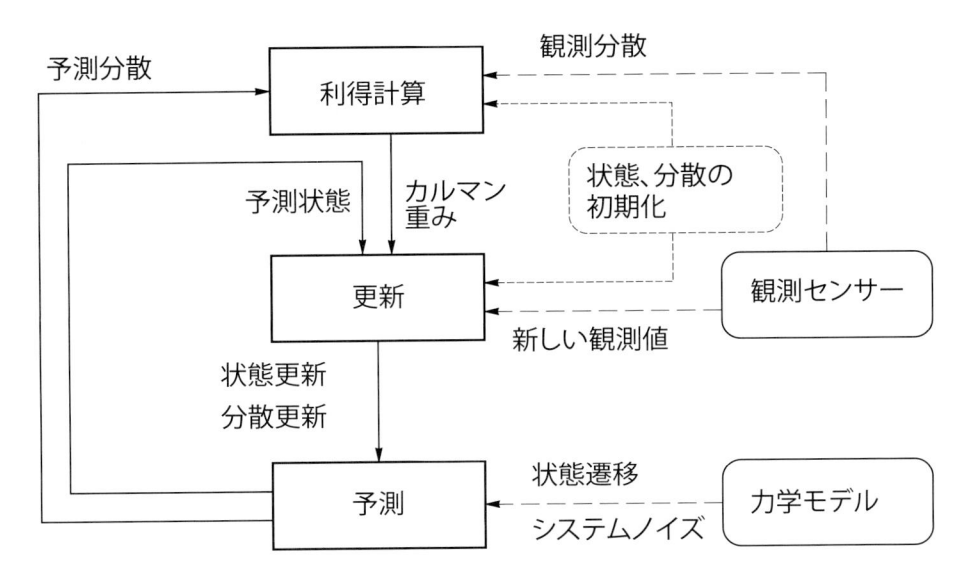

[図: カルマンフィルターのブロック図 — 予測分散、観測分散、利得計算、予測状態、カルマン重み、状態・分散の初期化、観測センサー、更新、新しい観測値、状態更新、分散更新、予測、状態遷移、システムノイズ、力学モデル]

図 7.7　カルマンフィルターの原理

例

真っ直ぐな道を一定の速度 v で動いている車を考えよう。ただし速度はランダムな加速度 a の影響を受けるとする。また初期時刻 t_0 において、（1次元の）車の位置 $p(t_0)$ と速度 $v(t_0)$ それらの分散 σ_p^2、σ_v^2 並びにノイズ（ランダムな加速度）の分散 σ_a^2 はわかっているとする。更に時刻 $t = t_0 + \Delta t$ に車の位置の観測が行われ、その観測の分散は σ_ℓ^2 であるとしよう。この場合状態ベクトルは、車の位置と速度であり、初期時刻にはこれは

$$\mathbf{x}(t_0) = \begin{bmatrix} p(t_0) \\ v(t_0) \end{bmatrix}, \qquad \dot{\mathbf{x}}(t_0) = \begin{bmatrix} \dot{p}(t_0) \\ \dot{v}(t_0) \end{bmatrix} = \begin{bmatrix} v(t_0) \\ 0 \end{bmatrix} \tag{7.123}$$

である。これらのベクトルとランダムな加速度 a を式（7.103）に代入すると、時刻 t_0 における力学行列と運動ノイズは次のようになる。

$$\mathbf{F}(t_0) = \begin{bmatrix} 0 & 1 \\ 0 & 0 \end{bmatrix}, \qquad \mathbf{e}(t_0) = a\begin{bmatrix} 0 \\ 1 \end{bmatrix} \tag{7.124}$$

遷移行列は式（7.107）から

$$\mathbf{T}(t, t_0) = \begin{bmatrix} 0 & \Delta t \\ 0 & 0 \end{bmatrix} \tag{7.125}$$

である。ここでテイラー級数は 1 次までで打ち切っている。式（7.104）で積分が行われる Δt の間、加速度は一定であるとすると、ノイズベクトルと $\mathbf{w}$ とその共分散行列は

$$w(t) = a\begin{bmatrix} \frac{1}{2}\Delta t^2 \\ \Delta t \end{bmatrix}$$

$$\mathbf{Q_w} = \frac{1}{\sigma_0^2} D[\mathbf{w}] = \frac{1}{\sigma_0^2} E[\mathbf{ww^T}] = \frac{1}{\sigma_0^2} \begin{bmatrix} \frac{1}{4}\Delta t^4 \sigma_a^2 & \frac{1}{2}\Delta t^3 \sigma_a^2 \\ \frac{1}{2}\Delta t^3 \sigma_a^2 & \Delta t^2 \sigma_a^2 \end{bmatrix} \tag{7.126}$$

となる。今の仮定（加速度一定）のもとでは、状態ベクトルの予測値 $\tilde{\mathbf{x}}(t)$ は加速度運動の公式からも計算できる。

(訳註：$\tilde{\mathbf{x}}(t) = \begin{bmatrix} 1 & \Delta t \\ 0 & 1 \end{bmatrix} \begin{bmatrix} p(t_0) \\ v(t_0) \end{bmatrix} + a \begin{bmatrix} \frac{1}{2}\Delta t^2 \\ \Delta t \end{bmatrix} = \begin{bmatrix} p(t_0) + \Delta t \cdot v(t_0) + \frac{1}{2}a\Delta t^2 \\ v(t_0) + a \cdot \Delta t \end{bmatrix}$ である)

$\tilde{\mathbf{x}}(t)$ のコーファクター行列は式（7.122）から

$$\tilde{\mathbf{Q}}_{\hat{\mathbf{x}}} = \frac{1}{\sigma_0^2} \begin{bmatrix} \sigma_p^2 + \Delta t^2 \sigma_v^2 + \frac{1}{4}\Delta t^4 \sigma_a^2 & \Delta t \sigma_v^2 + \frac{1}{2}\Delta t^3 \sigma_a^2 \\ \Delta t \sigma_v^2 + \frac{1}{2}\Delta t^3 \sigma_a^2 & \sigma_v^2 + \Delta t^2 \sigma_a^2 \end{bmatrix} \tag{7.127}$$

$$= \begin{bmatrix} \tilde{q}_{11} & \tilde{q}_{12} \\ \tilde{q}_{12} & \tilde{q}_{22} \end{bmatrix}$$

である。観測方程式は $\ell(t) = p(t)$ であるから、式（7.110）の行列 $\mathbf{A}$ は行ベクトル

$$\mathbf{A} = \begin{bmatrix} 1 & 0 \end{bmatrix} \tag{7.128}$$

になる。利得行列は $\sigma_0^2 = 1$ とすれば、列ベクトル

$$\mathbf{K} = \frac{1}{\tilde{q}_{11} + \sigma_\ell^2} \begin{bmatrix} \tilde{q}_{11} \\ \tilde{q}_{12} \end{bmatrix} \tag{7.129}$$

となる。これらを使えば更新された状態ベクトル $\hat{\mathbf{x}}(t)$ とそのコーファクター行列 $\mathbf{Q}_{\hat{\mathbf{x}}}$ は式（7.119）と（7.120）から計算できる。

平滑化

前に求められた状態ベクトルの推定値を、新しい観測値で改善していく過程を平滑化と言う。Jekeli（2001:216頁）は、平滑化を3つのタイプに分けている。区間固定（fixed-interval）平滑化は時間を遡って行われる。したがってリアルタイムに使われるカルマンフィルターとは対照的に後処理になる。遅延固定（fixed-lag）平滑化では、ある遅延時間をもって状態ベクトルが推定される。すなわち準リアルタイムな処理である。点固定（fixed point）平滑化では、ある固定点での状態ベクトルをたくさんの観測値から推定する。平滑化については、Brown and Hwang（1997: 第8章）にもっと詳細な記述がある。ここに紹介する区間固定平滑化は、RTS（Rauch-Tung-Striebel）法として Grewal and Andrews（2001: 第4章13節）に示されているものである。

予測状態ベクトルを $\tilde{\mathbf{x}}_k$、更新状態ベクトルを $\hat{\mathbf{x}}_k$、平滑化状態ベクトルを $\mathring{\mathbf{x}}_k$ で表した場合の、最適な平滑化の式は

$$\mathring{\mathbf{x}}_k = \hat{\mathbf{x}}_k + \mathbf{D}_k \left[\mathring{\mathbf{x}}_{k+1} - \widetilde{\mathbf{x}}_{k+1} \right] \tag{7.130}$$

で与えられる。ここで利得行列 $\mathbf{D}_k$ は、遷移行列とコーファクター行列を使って次のように表される。

$$\mathbf{D}_k = \mathbf{Q}_{\hat{\mathbf{x}},k} \mathbf{T}_k^\mathrm{T} \widetilde{\mathbf{Q}}_{\hat{\mathbf{x}},k+1}^{-1} \tag{7.131}$$

平滑化をスタートするには、まず最後の更新観測で更新された状態ベクトルを平滑状態ベクトルと見なし、これに平滑化公式を順次遡って適用する。式（7.130）からわかるように、平滑化には予測状態ベクトル、更新状態ベクトル、コーファクター行列、遷移行列が必要であり、一般的に非常に大量のデータを扱うことになる。

7.3.2 数学モデルの線形化

第6章の数学モデルを考えると、未知パラメータを含む唯一の非線形項は、観測受信機 r と衛星 s との幾何学距離 ρ である。この節では、第7章3.1節の平均計算に使えるように ρ を線形化する。基本式（6.2）

$$\begin{aligned}\rho_r^s(t) &= \sqrt{(X^s(t)-X_r)^2 + (Y^s(t)-Y_r)^2 + (Z^s(t)-Z_r)^2} \\ &\equiv f(X_r, Y_r, Z_r)\end{aligned} \tag{7.132}$$

は、距離 ρ を未知点 $\mathbf{X} = [X_r, Y_r, Z_r]$ の関数で表している。未知点の概略値を $\mathbf{X}_{r0} = [X_{r0}, Y_{r0}, Z_{r0}]$ とすれば、衛星までの概略距離 $\rho_{r0}^s(t)$ は

$$\begin{aligned}\rho_{r0}^s(t) &= \sqrt{(X^s(t)-X_{r0})^2 + (Y^s(t)-Y_{r0})^2 + (Z^s(t)-Z_{r0})^2} \\ &\equiv f(X_{r0}, Y_{r0}, Z_{r0})\end{aligned} \tag{7.133}$$

で計算できる。概略値 X_{r0}, Y_{r0}, Z_{r0} を使って、未知量を次のように分けると

$$\begin{aligned}X_r &= X_{r0} + \Delta X_r \\ Y_r &= Y_{r0} + \Delta Y_r \\ Z_r &= Z_{r0} + \Delta Z_r\end{aligned} \tag{7.134}$$

$\Delta X_r, \Delta Y_r, \Delta Z_r$ が新しい未知量になる。未知パラメータをこのように分割するメリットは、関数 $f(X_r, Y_r, Z_r)$ が $f(X_{r0} + \Delta X_r, Y_{r0} + \Delta Y_r, Z_{r0} + \Delta Z_r)$ となり、この概略座標点に関してテーラー展開できるようになることである。すなわち

$$\begin{aligned}f(X_r, Y_r, Z_r) &\equiv f(X_{r0} + \Delta X_r, Y_{r0} + \Delta Y_r, Z_{r0} + \Delta Z_r) \\ &= f(X_{r0}, Y_{r0}, Z_{r0}) + \left.\frac{\partial f(X_r, Y_r, Z_r)}{\partial X_r}\right|_{\mathbf{x}_r = \mathbf{x}_{r0}} \cdot \Delta X_r \\ &+ \left.\frac{\partial f(X_r, Y_r, Z_r)}{\partial Y_r}\right|_{\mathbf{x}_r = \mathbf{x}_{r0}} \cdot \Delta Y_r + \left.\frac{\partial f(X_r, Y_r, Z_r)}{\partial Z_r}\right|_{\mathbf{x}_r = \mathbf{x}_{r0}} \cdot \Delta Z_r + \ldots\end{aligned} \tag{7.135}$$

ここでテーラー展開は、1次の項までで打ち切られている。高次の項は無視できる程小さいとしているが、そうでない場合は平均計算結果を新たな概略値として使う繰り返し平均計算が行われる。概略位置 $\mathbf{X}_{r0}$ で評価した偏微分係数は式（7.133）から

$$\left.\frac{\partial f(X_r, Y_r, Z_r)}{\partial X_r}\right|_{\mathbf{x}_r = \mathbf{x}_{r0}} = -\frac{X^s(t) - X_{r0}}{\rho_{r0}^s(t)}$$

$$\left.\frac{\partial f(X_r, Y_r, Z_r)}{\partial Y_r}\right|_{\mathbf{x}_r = \mathbf{x}_{r0}} = -\frac{Y^s(t) - Y_{r0}}{\rho_{r0}^s(t)} \quad (7.136)$$

$$\left.\frac{\partial f(X_r, Y_r, Z_r)}{\partial Z_r}\right|_{\mathbf{x}_r = \mathbf{x}_{r0}} = -\frac{Z^s(t) - Z_{r0}}{\rho_{r0}^s(t)}$$

である。これは衛星から概略座標点方向に向いた単位ベクトルの成分になっている。ここで $f(Xr, Yr, Zr) \equiv \rho_r^s(t)$ として、式（7.133）と式（7.136）を、式（7.135）に代入すれば

$$\rho_r^s(t) = \rho_{r0}^s(t) - \frac{X^s(t) - X_{r0}}{\rho_{r0}^s(t)} \Delta X_r - \frac{Y^s(t) - Y_{r0}}{\rho_{r0}^s(t)} \Delta Y_r - \frac{Z^s(t) - Z_{r0}}{\rho_{r0}^s(t)} \Delta Z_r \quad (7.137)$$

と、未知量 $\Delta X_r, \Delta Y_r, \Delta Z_r$ に関して線形な距離式が得られる。

コード距離による単独測位の線形モデル

ここでは座標以外には時計誤差だけが含まれる基本的なモデルのみ取り扱い、電離層や対流圏、その他の影響は当面無視する。式（6.6）からコード距離による単独測位のモデルは

$$R_r^s(t) = \rho_r^s(t) + c\delta_r(t) - c\delta^s(t) \quad (7.138)$$

である。これに式（7.137）を代入して線形化すると

$$R_r^s(t) = \rho_{r0}^s(t) - \frac{X^s(t) - X_{r0}}{\rho_{r0}^s(t)} \Delta X_r - \frac{Y^s(t) - Y_{r0}}{\rho_{r0}^s(t)} \Delta Y_r$$
$$- \frac{Z^s(t) - Z_{r0}}{\rho_{r0}^s(t)} \Delta Z_r + c\delta_r(t) - c\delta^s(t) \quad (7.139)$$

となる。未知量の含まれる項を右辺に残したまま上式を書きかえると

$$R_r^s(t) - \rho_{r0}^s(t) + c\delta^s(t) = -\frac{X^s(t) - X_{r0}}{\rho_{r0}^s(t)} \Delta X_r - \frac{Y^s(t) - Y_{r0}}{\rho_{r0}^s(t)} \Delta Y_r$$
$$- \frac{Z^s(t) - Z_{r0}}{\rho_{r0}^s(t)} \Delta Z_r + c\delta_r(t) \quad (7.140)$$

となる。ここで衛星時計の誤差 $\delta^s(t)$ は、補正量が航法メッセージで受信できるので既知と仮定している。モデル式（7.140）には4つの未知量 $\Delta X_r, \Delta Y_r, \Delta Z_r, \delta_r(t)$ が含まれている。したがってこれを解くためには、4衛星が必要である。受信機時計の未知量としては、行列計算での安定性のために $\delta^s(t)$ ではなく $c\delta^s(t)$ が用いられることがある。ここで簡略表記

$$\ell^s = R_r^s(t) - \rho_{r0}^s(t) + c\delta^s(t)$$

$$a_{Xr}^s = -\frac{X^s(t) - X_{r0}}{\rho_{r0}^s(t)}$$

$$a_{Yr}^s = -\frac{Y^s(t) - Y_{r0}}{\rho_{r0}^s(t)} \tag{7.141}$$

$$a_{Zr}^s = -\frac{Z^s(t) - Z_{r0}}{\rho_{r0}^s(t)}$$

を導入しよう。ここで ℓ^s と a^s も時間の関数であるが、簡略化のためあらわには表記していない。衛星に1から4の番号を与えて式 (7.140) を書き直せば次のようになる。
(上付き文字は衛星番号で指数ではないことに注意)

$$\ell^1 = a_{Xr}^1 \Delta X_r + a_{Yr}^1 \Delta Y_r + a_{Zr}^1 \Delta Z_r + c\delta_r(t)$$

$$\ell^2 = a_{Xr}^2 \Delta X_r + a_{Yr}^2 \Delta Y_r + a_{Zr}^2 \Delta Z_r + c\delta_r(t) \tag{7.142}$$

$$\ell^3 = a_{Xr}^3 \Delta X_r + a_{Yr}^3 \Delta Y_r + a_{Zr}^3 \Delta Z_r + c\delta_r(t)$$

$$\ell^4 = a_{Xr}^4 \Delta X_r + a_{Yr}^4 \Delta Y_r + a_{Zr}^4 \Delta Z_r + c\delta_r(t)$$

行列表示

$$\boldsymbol{\ell} = \begin{bmatrix} \ell^1 \\ \ell^2 \\ \ell^3 \\ \ell^4 \end{bmatrix}, \quad \mathbf{A} = \begin{bmatrix} a_{Xr}^1 & a_{Yr}^1 & a_{Zr}^1 & c \\ a_{Xr}^2 & a_{Yr}^2 & a_{Zr}^2 & c \\ a_{Xr}^3 & a_{Yr}^3 & a_{Zr}^3 & c \\ a_{Xr}^4 & a_{Yr}^4 & a_{Zr}^4 & c \end{bmatrix}, \quad \mathbf{x} = \begin{bmatrix} \Delta X_r \\ \Delta Y_r \\ \Delta Z_r \\ \delta_r(t) \end{bmatrix} \tag{7.143}$$

を使えばこの式は、行列ベクトル式

$$\boldsymbol{\ell} = \mathbf{A}\mathbf{x} \tag{7.144}$$

で書き表せる。$\mathbf{A}$ の各成分を式 (7.141) を使って具体的に表すと

$$\mathbf{A} = \begin{bmatrix} -\dfrac{X^1(t) - X_{r0}}{\rho_{r0}^1(t)} & -\dfrac{Y^1(t) - Y_{r0}}{\rho_{r0}^1(t)} & -\dfrac{Z^1(t) - Z_{r0}}{\rho_{r0}^1(t)} & c \\ -\dfrac{X^2(t) - X_{r0}}{\rho_{r0}^2(t)} & -\dfrac{Y^2(t) - Y_{r0}}{\rho_{r0}^2(t)} & -\dfrac{Z^2(t) - Z_{r0}}{\rho_{r0}^2(t)} & c \\ -\dfrac{X^3(t) - X_{r0}}{\rho_{r0}^3(t)} & -\dfrac{Y^3(t) - Y_{r0}}{\rho_{r0}^3(t)} & -\dfrac{Z^3(t) - Z_{r0}}{\rho_{r0}^3(t)} & c \\ -\dfrac{X^4(t) - X_{r0}}{\rho_{r0}^4(t)} & -\dfrac{Y^4(t) - Y_{r0}}{\rho_{r0}^4(t)} & -\dfrac{Z^4(t) - Z_{r0}}{\rho_{r0}^4(t)} & c \end{bmatrix} \tag{7.145}$$

である。この線形方程式の座標差 $\Delta X_r, \Delta Y_r, \Delta Z_r$ とエポック t の受信機時計誤差 $\delta_r(t)$ は、式 (7.66) で求められ、最終的な観測点座標は式 (7.134) で計算される。

座標の概略値の選択はまったく任意で、概略値をゼロにすることも可能である。しかしながら概略値の値によっては反復計算が必要になる。

コード距離による単独測位はエポック毎に別々に行えるので、このモデルはキネマティック測位の場合にも使える。違いは、未知点の座標として時間的に変化する $\mathbf{X}_r(t)$ を使うことである。

搬送波位相による単独測位の線形モデル

前節と同様に、式（6.11）で $\rho_r^s(t)$ に関して線形化を行い、既知項を左辺に移す。両辺に λ を掛け、$c = \lambda f$ を考慮すると次式が得られる。

$$\lambda \Phi_r^s(t) - \rho_{r0}^s(t) + c\delta^s(t) = -\frac{X^s(t) - X_{r0}}{\rho_{r0}^s(t)} \Delta X_r \\ - \frac{Y^s(t) - Y_{r0}}{\rho_{r0}^s(t)} \Delta Y_r - \frac{Z^s(t) - Z_{r0}}{\rho_{r0}^s(t)} \Delta Z_r + \lambda N_r^s + c\delta_r(t) \quad (7.146)$$

コード距離による単独測位の場合と較べると、この式で未知量の数はアンビギュイティーの分だけ増えている。4衛星の場合を考えると、観測方程式 $\boldsymbol{\ell} = \mathbf{A}\mathbf{x}$ の行列とベクトルは、次のようになる。

$$\boldsymbol{\ell} = \begin{bmatrix} \lambda \Phi_r^1(t) - \rho_{r0}^1(t) + c\delta^1(t) \\ \lambda \Phi_r^2(t) - \rho_{r0}^2(t) + c\delta^2(t) \\ \lambda \Phi_r^3(t) - \rho_{r0}^3(t) + c\delta^3(t) \\ \lambda \Phi_r^4(t) - \rho_{r0}^4(t) + c\delta^4(t) \end{bmatrix}$$

$$\mathbf{A} = \begin{bmatrix} a_{X_r}^1(t) & a_{Y_r}^1(t) & a_{Z_r}^1(t) & \lambda & 0 & 0 & 0 & c \\ a_{X_r}^2(t) & a_{Y_r}^2(t) & a_{Z_r}^2(t) & 0 & \lambda & 0 & 0 & c \\ a_{X_r}^3(t) & a_{Y_r}^3(t) & a_{Z_r}^3(t) & 0 & 0 & \lambda & 0 & c \\ a_{X_r}^4(t) & a_{Y_r}^4(t) & a_{Z_r}^4(t) & 0 & 0 & 0 & \lambda & c \end{bmatrix} \quad (7.147)$$

$$\mathbf{x} = \begin{bmatrix} \Delta X_r & \Delta Y_r & \Delta Z_r & N_r^1 & N_r^2 & N_r^3 & N_r^4 & \delta_r(t) \end{bmatrix}^{\mathrm{T}}$$

ここでは座標差の係数にも $a_{X_r}^s(t)$ のように時間 t を付けて表している。明らかにこの4つの式で8つの未知量は解けない。これはこの形での搬送波位相による単独測位では、エポック毎の解は不可能であることを示している。しかし新たなエポック観測が加わる毎に、新しい時計誤差項が未知量に加わるので、例えば2エポックの観測では8つの観測方程式と9つの未知量があることになる（これでも解けない）。3エポック（t_1, t_2, t_3）の観測では12個の観測方程式と10個の未知量となり、わずかに余剰観測となり解くことができる。この場合の10個の未知量は、座標差 $\Delta X_r, \Delta Y_r, \Delta Z_r$、4衛星の整数アンビギュイティー $N_r^1, N_r^2, N_r^3, N_r^4$、3エポックの受信機時計誤差 $\delta_r(t_1), \delta_r(t_2), \delta_r(t_3)$ である。

計画行列 $\mathbf{A}$ の大きさは [12 × 10] である。余剰な観測を含むこの観測方程式の解は、最小二乗法で求められる。

相対測位の線形モデル

前節の単独測位ではコード距離と搬送波位相の両方について線形モデルを示した。しかし相対測位では搬送波位相でのみ可能な高い精度が目標であり、また位相モデルからコードモデルへの変換

は簡単なので、相対測位の場合は搬送波位相だけに限定してモデルを考える。さらに位相でも位相を組み合わせたものでも、その線形化と線形方程式の構築は原理的に同じであり、同じようにできるので、ここでは二重差モデルについて詳しく取り扱う。二重差のモデル式（6.45）に λ を掛けると

$$\lambda \Phi_{AB}^{jk}(t) = \rho_{AB}^{jk}(t) + \lambda N_{AB}^{jk} \tag{7.148}$$

となる。幾何学量 $\rho_{AB}^{jk}(t)$ は

$$\rho_{AB}^{jk}(t) = \rho_B^k(t) - \rho_B^j(t) - \rho_A^k(t) + \rho_A^j(t) \tag{7.149}$$

からできており、二重差の4つの観測を反映した形になっている。右辺の4つの項はそれぞれ式（7.137）のように線形化され

$$\begin{aligned}
\rho_{AB}^{jk}(t) = {} & \rho_{B0}^k(t) - \frac{X^k(t) - X_{B0}}{\rho_{B0}^k(t)} \Delta X_B - \frac{Y^k(t) - Y_{B0}}{\rho_{B0}^k(t)} \Delta Y_B - \frac{Z^k(t) - Z_{B0}}{\rho_{B0}^k(t)} \Delta Z_B \\
& - \rho_{B0}^j(t) + \frac{X^j(t) - X_{B0}}{\rho_{B0}^j(t)} \Delta X_B + \frac{Y^j(t) - Y_{B0}}{\rho_{B0}^j(t)} \Delta Y_B + \frac{Z^j(t) - Z_{B0}}{\rho_{B0}^j(t)} \Delta Z_B \\
& - \rho_{A0}^k(t) + \frac{X^k(t) - X_{A0}}{\rho_{A0}^k(t)} \Delta X_A + \frac{Y^k(t) - Y_{A0}}{\rho_{A0}^k(t)} \Delta Y_A + \frac{Z^k(t) - Z_{A0}}{\rho_{A0}^k(t)} \Delta Z_A \\
& + \rho_{A0}^j(t) - \frac{X^j(t) - X_{A0}}{\rho_{A0}^j(t)} \Delta X_A - \frac{Y^j(t) - Y_{A0}}{\rho_{A0}^j(t)} \Delta Y_A - \frac{Z^j(t) - Z_{A0}}{\rho_{A0}^j(t)} \Delta Z_A
\end{aligned} \tag{7.150}$$

となる。式（7.150）を式（7.148）に代入し、整理すると次のような線形の観測方程式が得られる。

$$\begin{aligned}
\ell_{AB}^{jk}(t) = {} & a_{XA}^{jk}(t)\Delta X_A + a_{YA}^{jk}(t)\Delta Y_A + a_{ZA}^{jk}(t)\Delta Z_A \\
& + a_{XB}^{jk}(t)\Delta X_B + a_{YB}^{jk}(t)\Delta Y_B + a_{ZB}^{jk}(t)\Delta Z_B + \lambda N_{AB}^{jk}
\end{aligned} \tag{7.151}$$

ここで左辺の $\ell_{AB}^{jk}(t)$ は、観測量と概略値から計算された距離でできており

$$\ell_{AB}^{jk}(t) = \lambda \Phi_{AB}^{jk}(t) - \rho_{B0}^k(t) + \rho_{B0}^j(t) + \rho_{A0}^k(t) - \rho_{A0}^j(t) \tag{7.152}$$

である。また右辺では以下の簡略記号を使っている。

$$a_{XA}^{jk}(t) = +\frac{X^k(t) - X_{A0}}{\rho_{A0}^k(t)} - \frac{X^j(t) - X_{A0}}{\rho_{A0}^j(t)}$$

$$a_{YA}^{jk}(t) = +\frac{Y^k(t) - Y_{A0}}{\rho_{A0}^k(t)} - \frac{Y^j(t) - Y_{A0}}{\rho_{A0}^j(t)}$$

$$a_{ZA}^{jk}(t) = +\frac{Z^k(t) - Z_{A0}}{\rho_{A0}^k(t)} - \frac{Z^j(t) - Z_{A0}}{\rho_{A0}^j(t)} \quad (7.153)$$

$$a_{XB}^{jk}(t) = -\frac{X^k(t) - X_{B0}}{\rho_{B0}^k(t)} + \frac{X^j(t) - X_{B0}}{\rho_{B0}^j(t)}$$

$$a_{YB}^{jk}(t) = -\frac{Y^k(t) - Y_{B0}}{\rho_{B0}^k(t)} + \frac{Y^j(t) - Y_{B0}}{\rho_{B0}^j(t)}$$

$$a_{ZB}^{jk}(t) = -\frac{Z^k(t) - Z_{B0}}{\rho_{B0}^k(t)} + \frac{Z^j(t) - Z_{B0}}{\rho_{B0}^j(t)}$$

相対測位では1点（例えばA点）の座標値は既知でなければならない。Aが既知点であれば、式(7.151)の右辺で

$$\Delta X_A = \Delta Y_A = \Delta Z_A = 0 \quad (7.154)$$

となり、未知量の数は3つ減る。また式（7.152）も次のように少し変化した式になる。

$$\ell_{AB}^{jk}(t) = \lambda \Phi_{AB}^{jk}(t) - \rho_{B0}^k(t) + \rho_{B0}^j(t) + \rho_A^k(t) - \rho_A^j(t) \quad (7.155)$$

ここで4衛星 j, k, l, m で2つのエポック t_1, t_2 の観測を考えると、その観測方程式 $\ell = \mathbf{A}\mathbf{x}$ の行列とベクトルは次のようになる。

$$\ell = \begin{bmatrix} \ell_{AB}^{jk}(t_1) \\ \ell_{AB}^{jl}(t_1) \\ \ell_{AB}^{jm}(t_1) \\ \ell_{AB}^{jk}(t_2) \\ \ell_{AB}^{jl}(t_2) \\ \ell_{AB}^{jm}(t_2) \end{bmatrix} \quad \mathbf{x} = \begin{bmatrix} \Delta X_B \\ \Delta Y_B \\ \Delta Z_B \\ N_{AB}^{jk} \\ N_{AB}^{jl} \\ N_{AB}^{jm} \end{bmatrix}$$

$$\mathbf{A} = \begin{bmatrix} a_{XB}^{jk}(t_1) & a_{YB}^{jk}(t_1) & a_{ZB}^{jk}(t_1) & \lambda & 0 & 0 \\ a_{XB}^{jl}(t_1) & a_{YB}^{jl}(t_1) & a_{ZB}^{jl}(t_1) & 0 & \lambda & 0 \\ a_{XB}^{jm}(t_1) & a_{YB}^{jm}(t_1) & a_{ZB}^{jm}(t_1) & 0 & 0 & \lambda \\ a_{XB}^{jk}(t_2) & a_{YB}^{jk}(t_2) & a_{ZB}^{jk}(t_2) & \lambda & 0 & 0 \\ a_{XB}^{jl}(t_2) & a_{YB}^{jl}(t_2) & a_{ZB}^{jl}(t_2) & 0 & \lambda & 0 \\ a_{XB}^{jm}(t_2) & a_{YB}^{jm}(t_2) & a_{ZB}^{jm}(t_2) & 0 & 0 & \lambda \end{bmatrix} \quad (7.156)$$

この観測方程式は解くことができるが、もし1エポックだけの観測であれば未知量の数の方が観測数を上回ることになる。

7.3.3 網平均

前節では観測方程式の線形化について説明した。網平均そのもの、すなわち線形の観測方程式を解くことは、純粋に数学的な計算になる。

単基線解

$v^T P v$ ≡ 最小という最小二乗原理で解を得るためには、重み行列 P（共分散行列の逆行列）が必要となる。重み行列 P の非対角要素は、観測値の間の相関を表している。第6章3.3節で示したように、位相も位相の一重差も相関のない観測量であるが、位相の二重差と三重差には数学的な相関がある。位相の二重差の相関は簡単に作ることができる。またグラムシュミット直交化法（Gram-Schmidt orthgonalization）を使って位相の二重差の相関を無くすこともできる（Remondi 1984）。位相の三重差の相関を作るのはもっと難しいが、行う意味はある（Remondi 1984: 表7.1）。

観測網で単基線法を使う場合、通常すべての可能な基線について1基線毎に計算を行う。観測点の数を n_r とすれば、$n_r(n_r-1)/2$ 個の基線が計算される。その中で独立な基線は、n_r-1 個だけである。余剰な基線は、閉合差の点検に使われる。あるいは、すべての基線を観測セッション毎に計算し、得られた基線ベクトルを使って全体の網平均が行われる。

理論的な観点からは、同時に観測される各基線の間の相関を考慮していないことが、このような単純な単基線解の欠点といえる。1基線ずつ解くことにより、この相関は無視されているのである。

多点解

多点解では網の中のすべての点を一度に扱い、各基線の間の相関が考慮される。主要な相関については、第6章.3.3節に示されている。網に拡張した場合にも同じ相関理論が当てはまる。

網における一重差の例

3つの観測点 A,B,C でエポック t における衛星 j への観測を考える。観測点 A を基準局とすると、2つの基線 A − B，A − C に対して、2つの一重差

$$\Phi^j_{AB}(t) = \Phi^j_B(t) - \Phi^j_A(t) \\ \Phi^j_{AC}(t) = \Phi^j_C(t) - \Phi^j_A(t) \tag{7.157}$$

ができる。この2つの一重差と位相の関係は

$$S = C\Phi \tag{7.158}$$

と書ける。ここで

$$S = \begin{bmatrix} \Phi^j_{AB}(t) \\ \Phi^j_{AC}(t) \end{bmatrix} \qquad C = \begin{bmatrix} -1 & 1 & 0 \\ -1 & 0 & 1 \end{bmatrix} \qquad \Phi = \begin{bmatrix} \Phi^j_A(t) \\ \Phi^j_B(t) \\ \Phi^j_C(t) \end{bmatrix} \tag{7.159}$$

である。相関を計算するためこの式に誤差伝播式 $\Sigma_S = C\Sigma_\Phi C^T$ を適用すると、$\Sigma_\Phi = \sigma^2 I$（式（6.63）参照）であるから

$$\Sigma_S = \sigma^2 CC^T \tag{7.160}$$

となる。これに式（7.159）の C を代入し整理すれば

$$\Sigma_S = \sigma^2 \begin{bmatrix} 2 & 1 \\ 1 & 2 \end{bmatrix} \tag{7.161}$$

となる。この式は、予想されたように1点を共有する2つの基線の一重差に相関があることを示している。第6章3.2節で示した、単基線の一重差には相関がなかったことを思い出せば、違いが理解できよう。

網における二重差の例

単基線の二重差にはすでに見たように相関があるので、網における二重差にも相関があると思って当然である。以下多少大きな実例で複雑になるがあえてこの網における二重差の相関を証明する。3つの観測点A,B,Cで、観測点Aを基準局とする2つの基線 $A-B$, $A-C$ を考える。エポック t における4衛星 j, k, l, m の観測で j を二重差観測の基準衛星としよう。

n_r 個の観測点と n_s 個の衛星に対しては、$(n_r-1)(n_s-1)$ 個の独立な二重差がある。今の場合 $n_r=3$、$n_s=4$ であるから、二重差は6個であり、これらは次のように書くことができる（式（6.47）の記法参照）。

$$\Phi_{AB}^{jk}(t) = \Phi_B^k(t) - \Phi_B^j(t) - \Phi_A^k(t) + \Phi_A^j(t)$$

$$\Phi_{AB}^{j\ell}(t) = \Phi_B^\ell(t) - \Phi_B^j(t) - \Phi_A^\ell(t) + \Phi_A^j(t)$$

$$\Phi_{AB}^{jm}(t) = \Phi_B^m(t) - \Phi_B^j(t) - \Phi_A^m(t) + \Phi_A^j(t) \tag{7.162}$$

$$\Phi_{AC}^{jk}(t) = \Phi_C^k(t) - \Phi_C^j(t) - \Phi_A^k(t) + \Phi_A^j(t)$$

$$\Phi_{AC}^{j\ell}(t) = \Phi_C^\ell(t) - \Phi_C^j(t) - \Phi_A^\ell(t) + \Phi_A^j(t)$$

$$\Phi_{AC}^{jm}(t) = \Phi_C^m(t) - \Phi_C^j(t) - \Phi_A^m(t) + \Phi_A^j(t)$$

この式は以下のような行列

$$C = \begin{bmatrix} 1 & -1 & 0 & 0 & -1 & 1 & 0 & 0 & 0 & 0 & 0 & 0 \\ 1 & 0 & -1 & 0 & -1 & 0 & 1 & 0 & 0 & 0 & 0 & 0 \\ 1 & 0 & 0 & -1 & -1 & 0 & 0 & 1 & 0 & 0 & 0 & 0 \\ 1 & -1 & 0 & 0 & 0 & 0 & 0 & 0 & -1 & 1 & 0 & 0 \\ 1 & 0 & -1 & 0 & 0 & 0 & 0 & 0 & -1 & 0 & 1 & 0 \\ 1 & 0 & 0 & -1 & 0 & 0 & 0 & 0 & -1 & 0 & 0 & 1 \end{bmatrix} \tag{7.163}$$

とベクトル

$$
\mathbf{D} = \begin{bmatrix} \Phi_{AB}^{jk}(t) \\ \Phi_{AB}^{j\ell}(t) \\ \Phi_{AB}^{jm}(t) \\ \Phi_{AC}^{jk}(t) \\ \Phi_{AC}^{j\ell}(t) \\ \Phi_{AC}^{jm}(t) \end{bmatrix} \qquad \mathbf{\Phi} = \begin{bmatrix} \Phi_A^{j}(t) \\ \Phi_A^{k}(t) \\ \Phi_A^{\ell}(t) \\ \Phi_A^{m}(t) \\ \Phi_B^{j}(t) \\ \vdots \end{bmatrix} \tag{7.164}
$$

を使って行列ベクトル式の形で

$$\mathbf{D} = \mathbf{C}\mathbf{\Phi} \tag{7.165}$$

と表せる。二重差の共分散行列は

$$\mathbf{\Sigma}_\mathbf{D} = \mathbf{C}\mathbf{\Sigma}_\mathbf{\Phi}\mathbf{C}^\mathbf{T} \tag{7.166}$$

である。$\mathbf{\Phi}$ の共分散行列が対角行列である（位相観測に相関がない）ことからこれは

$$\mathbf{\Sigma}_\mathbf{D} = \sigma^2 \mathbf{C}\mathbf{C}^\mathbf{T} \tag{7.167}$$

となる。$\mathbf{C}^\mathbf{T}$ を計算すると

$$\mathbf{C}\mathbf{C}^\mathbf{T} = \begin{bmatrix} 4 & 2 & 2 & 2 & 1 & 1 \\ 2 & 4 & 2 & 1 & 2 & 1 \\ 2 & 2 & 4 & 1 & 1 & 2 \\ 2 & 1 & 1 & 4 & 2 & 2 \\ 1 & 2 & 1 & 2 & 4 & 2 \\ 1 & 1 & 2 & 2 & 2 & 4 \end{bmatrix} \tag{7.168}$$

と予測通りゼロでない要素の詰まった行列になっている。最後に重み行列 $\mathbf{P}$ は、式（7.168）の逆行列で $\mathbf{P} = (\mathbf{C}\mathbf{C}^\mathbf{T})^{-1}$ である。

　Beutller et al.(1986)は、これらのコンピュータによる計算法について詳細に説明している。同時に、網において相関を完全に無視した場合、単基線として扱った場合、相関を正確に考慮した場合の結果をいくつか示している（Beutller et al.（1987））。基線長が 10 k mを超えない小さな網の場合、これらの 3 通りの計算で、解の違いは数ミリメートルの範囲内である。相関を無視した解は、理論的に正しい解と明らかにズレた値になるが、単基線解の場合、そのズレは最大 2σ と見積もられている。

単基線解対多点解

　単基線解の場合は、計算がより簡単で間違った観測値を見つけて取り除くのも容易である。多点解を使う場合は，相関が考慮されサイクルスリップの検出と修復が容易になる。

　各観測点で同じパターンの観測が行われている場合、多点解の相関の計算は効率的にできるが、観測の欠測がたくさんある場合は、個別に共分散行列を計算したほうが良い。

多点解で解く場合でも、相関が正しくモデル化できるか疑わしくなることがある。Beutller et

al.（1990）に、一周波受信機と二周波受信機が網に混在している実例が示されている。二周波観測から電離層の影響を受けない線形結合が作られ、これは一周波観測データと一緒に処理される。このためこの一周波観測データによる新たな相関が生じる。しかしこの相関を取り入れると、電離層の影響を受けない線形結合で観測された基線が一周波観測の電離層誤差でゆがめられ好ましくないことになる。

基線の最小二乗網平均

観測網では通常、未知量を求めるのに必要な最低観測数を上回る基線観測が行われる。この余剰の観測量を使うことにより、最小二乗法で観測点の座標値が決定される。

未知点 $\mathbf{X}_j$ と $\mathbf{X}_i$ を結ぶ基線ベクトル $\mathbf{X}_{ij}$ を、網平均計算における観測量とすると、観測量を未知量と関係づける式は

$$\mathbf{X}_{ij} = \mathbf{X}_j - \mathbf{X}_i \tag{7.169}$$

である。この式は未知量に関してすでに線形であるが、解の安定性のために未知量をあえて $\mathbf{X}_i = \mathbf{X}_{i0} + \Delta\mathbf{X}_i$、$\mathbf{X}_j = \mathbf{X}_{j0} + \Delta\mathbf{X}_j$ と概略値とその補正量の形にすることもある。余剰の観測がある場合、解の整合性を確保するため観測残差 $\mathbf{v}_{ij}$ が観測量に付け加えられる。

$$\mathbf{X}_{ij} + \mathbf{v}_{ij} = \mathbf{X}_j - \mathbf{X}_i \tag{7.170}$$

基線ベクトルの成分 $\mathbf{X}_{ij} = [X_{ij}, Y_{ij}, Z_{ij}]$ は、観測量とみなされる。計画行列の各要素はこの式の未知量の係数であり、0 か + 1、- 1 である。観測方程式 (7.170) は、基線観測の重みが等しい場合、最小二乗の原理 $\mathbf{v}^T\mathbf{v} \equiv$ 最小 を適用して解かれる。観測の重みが違う場合は、重み行列 $\mathbf{P}$ を考慮した式 (7.71) を使う必要がある。

座標差 X_{ij}, Y_{ij}, Z_{ij} だけが観測量の場合、正規方程式が非正則になり座標の絶対値は求まらない。一般的に三次元の網の場合、ランクの不足は三次元空間の 7 つの自由度に対応して 7 になる。これは三次元空間では相似変換で 7 つのパラメータ（3 つの平行移動量、3 つの回転量、1 つのスケール）が使われることに相当する。

相対測位の場合、基線ベクトル網の向きとスケール（その形も）は、衛星軌道の定義によって決定される。これは 7 つのパラメータのうち、3 つの回転と 1 つのスケールという 4 つのパラメータが決まることを意味している。網全体の 3 つの平行移動量はまだ決まらないので、正規方程式のランクの不足は 3 である。網のなかの 1 点を選び固定（すなわちその点の座標値を既知と見なす）すれば、平行移動ベクトルが解け、網の拘束が最小の場合の解が求まる。しかしながら固定するのは 1 点だけにしなければならない。そうでなければ強固な網図形を壊し、網を歪ませる拘束条件を持ち込むことになる。

単基線解では 1 つの基線ベクトルの成分間の相関だけを計算し、多点解ではさまざまな基線ベクトルの間で相関が計算される。単基線解では相関は無視しても良いかもしれないが、多点解では、相関は必ず考慮しなければならない。

三次元直交座標で記述される網平均を、楕円体座標で記述することもできる。この場合観測方程式の作り方は同じであるが、観測量と未知量の関係を表す式はもっと複雑である。

7.3.4 精度低下率

GPS 衛星の幾何学的配置は、特に単独測位やキネマティック測量において、高品質の成果を得る上で重要な要素である（図 7.6）。衛星配置は、衛星とユーザーの相対運動によって時間的に変化する。この変化する衛星配置を数値で表すものが、精度低下率（DOP: Dilution of precision）と呼ばれる係数である。

はじめに 4 衛星による特別な場合を考えよう。コード距離による単独測位の観測方程式は、式（7.144）で与えられる。4 つの未知量は、この式を解いた $\mathbf{x} = \mathbf{A}^{-1}\boldsymbol{\ell}$ から得られる。計画行列 $\mathbf{A}$ は式（7.145）で与えられる。この行列の各行の最初の 3 つの要素は、4 つの衛星から観測点 r の方向を向いた単位ベクトル $\boldsymbol{\rho}_r^s$、$s = 1, 2, 3, 4$ の各成分を表している。この計画行列 $\mathbf{A}$ が非正則、あるいは同じことであるがその行列式がゼロであれば、解は得られない。行列式は、スカラー三重積

$$((\boldsymbol{\rho}_r^4 - \boldsymbol{\rho}_r^1), (\boldsymbol{\rho}_r^3 - \boldsymbol{\rho}_r^1), (\boldsymbol{\rho}_r^2 - \boldsymbol{\rho}_r^1)) \tag{7.171}$$

の値に比例しており、これは幾何学的にはこれらのベクトルで作られる立体の体積を表している。立体は、観測点を中心とした単位球とこれらのベクトルの交点を結んで作られる。この立体の体積が大きいほど、良い衛星配置になる。良い衛星配置の時に DOP の値が小さくなるように、DOP はこの立体の体積の逆数に比例するようにとられる。衛星配置が致命的になるのは、この立体が平面に縮退してしまう場合と、これらのベクトルが観測点を頂点とする円錐を形作る場合である（Wunderlich 1992、Grafarend and Shan 2002）。 Leick（2004: 182 頁）で強調されているように、衛星が動くためこのような致命的な衛星配置が長く続くことはない。DOP を計算する立体の体積は衛星の 1 つが天頂方向にあり、他の衛星が水平方向に均等に配置されているとき最大になる。水平線以下に衛星があるような配置は、地上の受信機に対しては意味はないが、宇宙空間での受信機に対しては現実的な配置になる。

もっと一般的には、DOP は式（7.74）の $\mathbf{N}^{-1}$ から計算される。パラメータのコーファクター行列 $\mathbf{Q_X}$ は、重み行列を単位行列とすれば

$$\mathbf{Q_X} = (\mathbf{A}^T\mathbf{A})^{-1} \tag{7.172}$$

である。一般的な重み行列の場合これは、

$$\mathbf{Q_X} = (\mathbf{A}^T\mathbf{P}\mathbf{A})^{-1} \tag{7.173}$$

である。コーファクター行列 $\mathbf{Q_X}$ は、観測点位置 3 成分 X, Y, Z と受信機時計誤差 1 成分の分散に関する［4×4］の行列である。この行列の各要素を

$$\mathbf{Q_X} = \begin{bmatrix} q_{XX} & q_{XY} & q_{XZ} & q_{Xt} \\ q_{XY} & q_{YY} & q_{YZ} & q_{Yt} \\ q_{XZ} & q_{YZ} & q_{ZZ} & q_{Zt} \\ q_{Xt} & q_{Yt} & q_{Zt} & q_{tt} \end{bmatrix} \tag{7.174}$$

と表した時、その対角要素を使って以下のように DOP が定義される。

$$GDOP = \sqrt{q_{XX} + q_{YY} + q_{ZZ} + q_{tt}} \qquad 幾何学的精度低下率$$
$$PDOP = \sqrt{q_{XX} + q_{YY} + q_{ZZ}} \qquad 位置精度低下率 \qquad (7.175)$$
$$TDOP = \sqrt{q_{tt}} \qquad 時刻精度低下率$$

ここで最初に幾何学的立体を使って説明したDOPは、GDOPであることに注意する必要があろう。DOPは定義から明らかなように、観測点と衛星との幾何学だけで決まる量である。DOPを計算するのに観測値は必要ないので、DOPは観測の前に衛星の概略暦あるいはその他の軌道情報から計算できる。図7.8に示されているように、DOP値は衛星配置；したがって時間の関数である。この図は27衛星が、軌道傾斜角56°で軌道高度23200kmの3つの軌道面上に均等に配置されている場合のDOPを計算したものである。

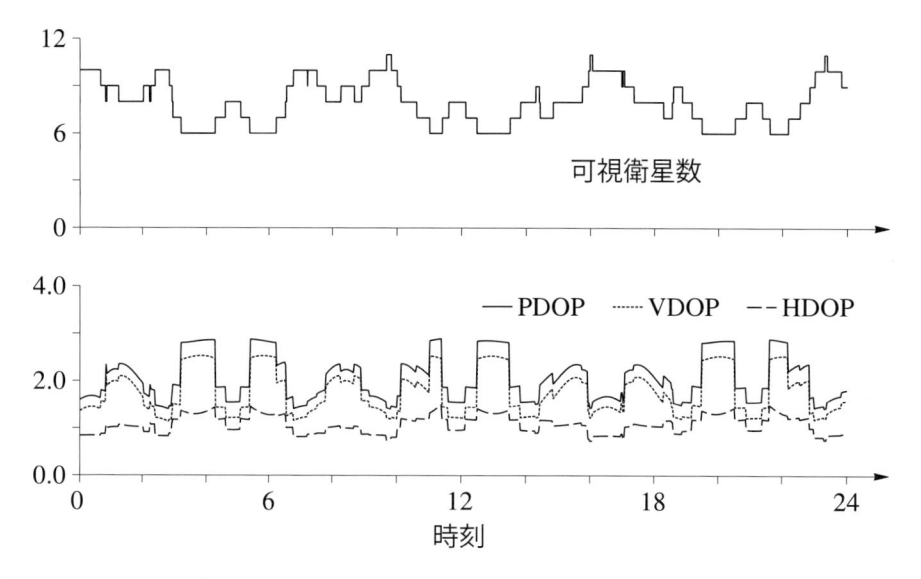

図7.8 Graz,Austria (47.1°N,15.5°E) で、高度角マスク10°（高度角10°以下の衛星は無視）の場合の視界上の衛星数とDOP

ここで式（7.175）の表現に関して混乱を避けるために簡単な説明をしておこう。コーファクター行列の要素を表すのに、例えば q_X^2 のように2次形式の形で表す場合がある。したがってもしコーファクター行列の対角要素を、$q_X^2, q_Y^2, q_Z^2, q_t^2$ のように2次形式で表せば、DOPの定義式（7.175）の中にもこの形が入ってくることになる。しかし本書ではコーファクター行列の対角要素は、$q_{XX}, q_{YY}, q_{ZZ}, q_{tt}$ の形で表している。このように表せば、GDOPを計算する際、コーファクター行列の対角要素を二乗して和をとるのではなく、そのトレース（単純和）をとらなければならないということは明らかであろう。

式（7.175）のDOPは、赤道座標系で表されている。もし観測点を原点にして、北、東、天頂方向に座標軸を持つローカルな局地座標系を使う時は、グローバルなコーファクター行列 $\mathbf{Q_X}$ を、ローカルなコーファクター行列 $\mathbf{Q_x}$ に変換する必要がある。ここで時間に関する相関は無視して $\mathbf{Q_X}$

を幾何学成分だけ含むコーファクター行列とすれば、誤差伝播式から

$$\mathbf{Q}_x = \mathbf{R}\mathbf{Q}_X\mathbf{R}^T = \begin{bmatrix} q_{nn} & q_{ne} & q_{nu} \\ q_{ne} & q_{ee} & q_{eu} \\ q_{nu} & q_{eu} & q_{uu} \end{bmatrix} \quad (7.176)$$

である。ここで $\mathbf{R}$ は、回転行列 $\mathbf{R}^T = [\mathbf{n} \ \ \mathbf{e} \ \ \mathbf{u}]$ で、第8章2.2節で説明する局地座標系の座標軸を含んでいる。行列のトレース（対角要素の和）は、回転に対して不変量であるから、PDOP の値は局地座標系でも同じである。局地座標系では PDOP の他に HDOP と VDOP のふたつの DOP が次のように定義される。

$$\begin{aligned} HDOP &= \sqrt{q_{nn} + q_{ee}} \\ VDOP &= \sqrt{q_{uu}} \end{aligned} \quad (7.177)$$

HDOP は水平精度低下率（HDOP: Dilution of precision in the horizontal position）で、VDOP は垂直精度低下率（VDOP: Dilution of precision in the vertical position）である。

水平線下の衛星は観測できないから、DOP の計算には貢献しない。VDOP の値が HDOP の値に較べて一般に大きい（すなわち悪い）のはこのためである（図 7.8 参照）。対照的に宇宙空間では、水平線下の衛星も観測できる。図 7.8 の場合と同じ衛星配置で、高度角マスク 0°の場合の DOP を計算してみると、HDOP = 0.6～1.3、VDOP = 0.8～2.6、PDOP = 1.1～2.9 となる。可視衛星数は 6～12 である。DOP の値が小さいほど衛星配置は良くなる。一般的に PDOP が 3 以下で、HDOP が 2 以下なら衛星の幾何学配置は良好である。

DOP の計算は、単独測位に限られているわけではなく、相対測位にも適用できる。基線ベクトル決定の計画行列ができれば、コーファクター行列が計算できるが、それから得られる DOP 値は相対測位の DOP 値と考えることができる。

DOP を使う意味は 3 つある。1 つは DOP が測量計画に有用であること、2 つめは解析された基線ベクトルの解釈に役立つことである。例えば、DOP のよくない観測データを取り除くことができる。3 つめは DOP によって観測誤差が位置誤差に変換されることである。幾何学的配置が悪ければ、誤差は増幅される（図 7.6 参照）。

距離観測精度（すなわち標準偏差）を σ_{range} とし、各距離観測は等精度で相関はないとすると、位置精度は σ_{range} と DOP の積で表される。すなわち個別の DOP については

GDOP σ_{range} ………位置と時間の幾何学的精度
PDOP σ_{range} ………位置の精度
TDOP σ_{range} ………時間の精度
HDOP σ_{range} ………水平位置の精度
VDOP σ_{range} ………垂直位置の精度

である（Well et al. 1987；第 4 章）。DOP はここに示すものの他にも定義されている。距離観測精度 σ_{range} としては、σ_{VERE} が使われる。

7.3.5 品質パラメータ

航法システムの性能は、統計品質パラメータと呼ばれているもので特徴づけられる。それらの定義は、米国連邦電波航法プラン FRP（Department of Defense et al. 2005: Appendix A）にアルファベット順に記載されている。使われ方や航法システムにより、定義に幅がある。一般にこれらのパラメータはお互いに関連している。国際海事機関（IMO: International Maritime Organization）に提出された文書；EC（2003a）では精度を土台としたピラミッド状の図が示されている（図7.9）。

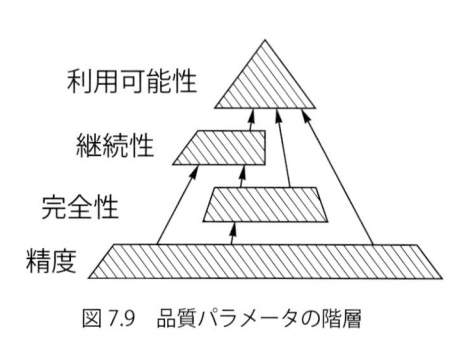

図7.9 品質パラメータの階層

衛星の幾何学的配置は時間と共に変化する。さらに衛星は定期的なメンテナンスのために一時的に運用が中止されることもある。したがって品質パラメータは一般的に期間や時間で変化する。ほとんどの応用分野でそれぞれ異なった品質評価法とられているため、本書では品質パラメータの評価は行わない。簡単な評価では、既知点での長期間の位置観測ファイルが使われる。パラメータの決定を簡単にするため、その定常性（stationarity）やエルゴード性（ergodicity）を仮定することもある。また統計的に意味のある観測が得られるように、観測法と観測期間を注意深く計画する必要がある（Institute of Navigation 1997）。

精度

精度は、対象とするパラメータ（例えば位置や速度）の推定値あるいは観測値が正しい値とどれだけあっているかを示す統計的な尺度である。航法システムの精度は、航法システムのもつ誤差の統計的な尺度として信頼レベル（例えば95％）を付けて表される。精度は3つのタイプに区別される。

- 絶対精度（確度）（absolute accuracy）は、航法システムの測位解と正しい位置との一致度を示している。
- 繰り返し精度（repeatable accuracy）（= precision）は、同じ航法システムで以前に決定された座標位置へ再度その精度で行くことができることを示している。繰り返し精度は、正しい位置については何も明らかにしない。
- 相対精度（relative accuracy）は、同じ航法システムを使う他のユーザーの位置に対する相対的な位置（正しい位置かどうかに関係なく）の決定精度を示している。

図 7.10 に、確度（accuracy）と精度（precision）を視覚的に比較した図を示す。GNSS 測位では、通常観測量は不偏でガウス分布をしていると仮定し測位解が計算される。しかしながら、大気やマルチパスの影響を考えると、これらの仮定は成り立たない。

確度と組み合わせて精度を定義するような誤った精度の表記が実際に見られることがある。
GNSS システムの精度は、UERE と GDOP に分解できる。精度と確度のさまざまな信頼区間については第 7 章 3.6 節で説明する。

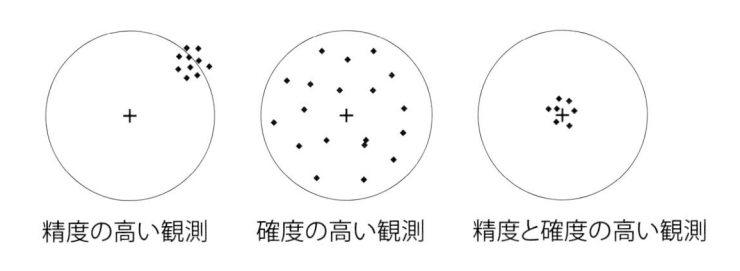

　　　精度の高い観測　　　確度の高い観測　　　精度と確度の高い観測

図 7.10　観測の精度と確度

利用可能性（availability）
　航法システムの利用可能性は、例えば受信機が所要の精度で正常に連続的に動くといったように、システムがサービス範囲内で機能する時間的な割合を示すものである。したがって利用可能性は、指定サービス範囲内でのシステムのサービス提供能力を示すものである。信号利用可能性（signal availability）は , その上で衛星から送信された信号を利用できる時間的な割合を示している。信号利用可能性は、信号伝播環境の物理特性や信号の技術的な生成送信能力によって変化する。

システム容量（capacity）
　システム容量は、ある航法システムを同時に使うことのできるユーザー数で表される。

システムの継続性（continuity）
　システムの継続性は、予定された期間中、システムが中断することなく機能しつづけられる能力を示す。もっと明確に言えば、システムの継続性は有効に機能しているシステムがその後一定期間維持される確率を示している。航空機が着陸態勢にある状態は、離陸からこれまでのシステムの継続性を示す最良の例になる。継続性リスクはこれとは反対にシステムの稼動中にその機能が維持されない確率を表す。予め予告される衛星の停電はこの継続性リスクには含まれない。

サービス範囲
　航法システムのサービス範囲とは、航法システムが適切に機能し、一定の精度で位置決定が行える地球表面あるいは宇宙空間領域をさす。電波航法の場合、サービス範囲はシステムの配置や信号電力レベル、受信機感度、大気ノイズ、障害物、電波妨害等、信号の利用可能性に影響を与える要

素によって変わる。GNSS の名目上のサービス範囲は地球全体である。サービス範囲は、地形やビルディング等の障害を無視すると宇宙空間における信号利用可能性で変わる。

システムの完全性（integrity）
定義

　システムの完全性は、航法システムから得られる情報の正しさ；すなわち航法システムの信頼の尺度を示している。完全性が備わっていれば、航法システムが正常でない時にユーザーに遅滞なくそれを警報できる。システムの完全性を示すために、警報発信までの時間（TTA: Time to alarm/alert）やシステムの最大許容誤差を反映した警報限界（AL: Alarm limit）といったパラメータが使われる。

　完全性リスクはそれとは反対に誤った情報を警報無しにユーザーに送ってしまう確率で定義される。測位の場合で言うと、測位誤差が警報限界 AL を越える確率に相当する。
完全性を表すのに大きく分けてふたつの方法がある。1 つは、完全性リスクを警報限界 AL で計算する方法である。もう 1 つは与えられた完全性リスクに対する誤差の大きさを推定する方法である。後者の方法に基づき航空分野では、信頼限界値（PL: Protection level）と呼ばれるものを使って、完全性と完全性リスクを表す数学モデルを開発している。

　その瞬間における真の位置誤差は一般には分らないが、それを PE（Position error）で表そう。警報限界 AL は、警報が出る前の最大許容 PE を指定するものである。信頼限界値 PL は位置誤差の推定値であり、通常の推定では PL > PE である。この信頼限界値が警報限界を超えれば（すなわち PL > AL であれば）、完全性は失われ警報が発せられる。同時にシステムの継続性と利用可能性も失われる。

　垂直方向の信頼限界値（VPL）と水平方向の信頼限界値（HPL）は、一般的に独立であるため、誤差楕円の形は円筒状になる。DeCleene（2000）は、分散が既知で平均値がゼロの正規分布を使えば信頼限界値 PL と完全性リスクが簡単に計算できることを強調している。バイアスがない場合、信頼限界値は

$$VPL = k_{VPL} \sigma_0 \sqrt{q_{uu}} \tag{7.178}$$

$$HPL = k_{HPL} \sigma_0 \sqrt{\frac{q_{nn}+q_{ee}}{2} + \sqrt{\left(\frac{q_{nn}-q_{ee}}{2}\right)^2 + q_{ne}^2}} \tag{7.179}$$

で定義される。q_{nn}, q_{ee}, q_{ne}, q_{uu} は、局地座標系での推定パラメータのコーファクター行列要素（式（7.176）である。

　米国航空無線技術委員会（2006）で述べられているように、このコーファクター行列は、$\mathbf{Q}_x = \mathbf{R}(\mathbf{A}^T\mathbf{PA})^{-1}\mathbf{R}^T$ のように測定精度が重み $\mathbf{P}$ として取り入れられていなければならない。式（7.178）と（7.179）の k は、Roturier et al.（2001）が述べているように、例えばマルチパスバイアスや完全性リスクの誤差分布関数を考慮して、位置誤差を完全性の評価に使えるように変換するための係数である。
例えば、飛行機の精密進入の場合、$k_{VPL} = 5.33$、$k_{HPL} = 6.0$ であり、これは誤差分布関数として正規

分布を仮定して求められている（米国航空無線技術委員会 2006）。

図 7.11 に、真の位置誤差 PE とその推定値 PL を対比して示す。そこでは PE, PL, AL の値に応じて 6 つの場合が表されている。もし PL の推定を用心深く行えば、PL の値は常に PE を上まわる。また PL はしばしば AL も上まわることがあり、この場合システムの継続性と利用可能性は低下する。反対に PL を楽観的に小さめに推定すれば、これは誤らせやすい危険な情報（HMI: Hazardously misleading information）を与えることになりかねない。図 7.11 の領域 I で示されている範囲で PL の計算が行われていれば、それは楽観的でも悲観的でもない理想的な推定になる。PE を PL に対してプロットした図は一般にスタンフォード図（Stanford diagram）と呼ばれている。Tossaint et al.（2006）にはその応用が紹介されている。

式（7.178）と（7.179）は、誤差分布が平均値ゼロの正規分布の場合に使える。第 12 章 4 節で説明する GNSS 補強情報を使えば、ほとんどのシステム誤差や大気の誤差は小さくできるが、ローカルな影響は取り除けない。その結果、Roturier et al.（2001）が強調しているように、擬似距離残差の誤差は平均値ゼロの正規分布とは見なせない。しかし観測条件が良くない場合でも、擬似距離誤差を仮定して PL を推定する方法が例えば DeCleene（2000）に紹介されている。

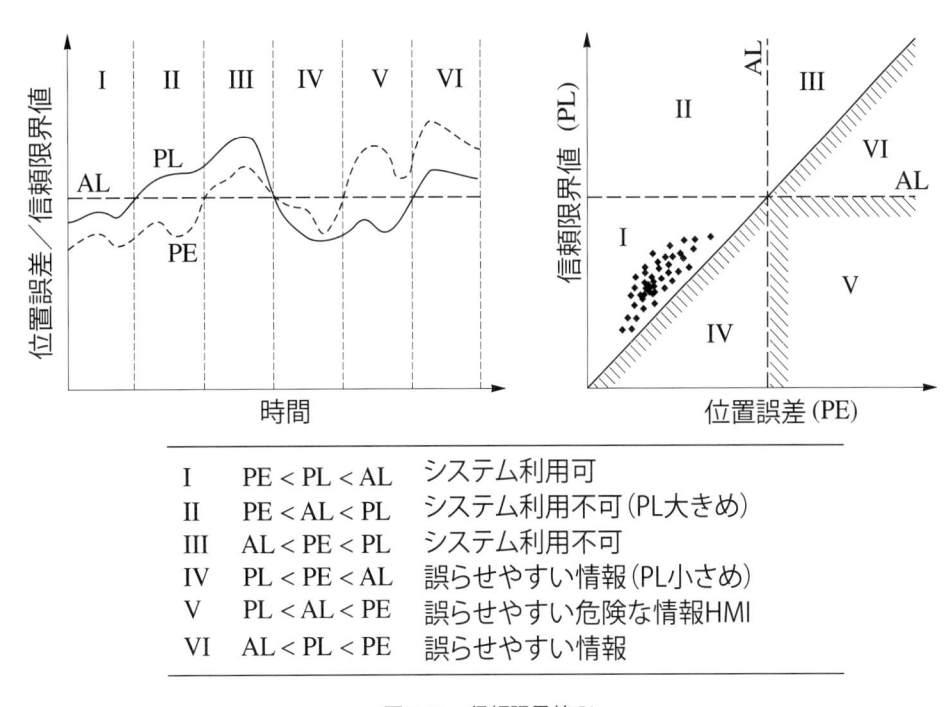

I	PE < PL < AL	システム利用可	
II	PE < AL < PL	システム利用不可 (PL 大きめ)	
III	AL < PE < PL	システム利用不可	
IV	PL < PE < AL	誤らせやすい情報 (PL 小さめ)	
V	PL < AL < PE	誤らせやすい危険な情報 HMI	
VI	AL < PL < PE	誤らせやすい情報	

図 7.11　信頼限界値 PL

完全性の監視

システムの完全性監視は、システムや個々の観測が航法基準に合致しているかどうかを見るために行われる。完全性監視として、相補的な航法システムや技術を統合したり（Hofmann-Wellenhof et al. 2003: 第 13 章）、また専用の監視局で衛星信号を連続的に監視し誤差情報をユーザーに送ることが行われる。受信機による自立的な完全性監視（RAIM: Receiver autonomous integrity monitoring）

では、観測の冗長度を利用して高度な完全性と安全性を提供する。いずれのシステムでも完全性の監視が途切れれば警報が出される。完全性監視サービスを行う場合、監視局ネットワークで衛星信号を解析し、航法信号のデータメッセージを使うかあるいは個別の通信手段を使って完全性情報をユーザーに提供する。完全性情報は簡単な完全性フラグ、あるいは衛星時計誤差や軌道誤差を組み合わせて得られた推定誤差で示される。推定誤差は真の誤差より大きい値にする必要がある。完全性監視サービスでは、例えばマルチパスといったようなローカルな影響を考慮することができない。したがって一般的に完全性監視サービスは、信頼性の高い完全性情報を提供するために受信機による自立的な完全性監視 RAIM 技術と組合わされて使われる。

　RAIM では、航法信号の冗長度を頼りに自立的に信号を処理して完全性を監視している。Ober (2003) は、不良信号を受信機で検出し、取り除き、分離することについて述べている。このアルゴリズムはスナップショット（snapshot）法、あるいはフィルター法と呼ばれている。スナップショット法とは Young and McGraw (2003) が述べているように、最小二乗法に基づく方法である。フィルター法ではカルマンフィルターが使われる。スナップショット法もフィルター法も、解を比較し統計的に評価するため観測の冗長度を利用する。冗長度がない場合は、測位解にバイアスや歪が生じる。もし冗長度が 1 であれば、RAIM によって観測値の 1 つにバイアスがあることがわかるが、どの観測値かは特定できない。誤差をもつ観測値を検出し、特定して取り除くためには、冗長度は 1 より大きくなければならない。Hewitson and Wang (2006) が述べているように、冗長度の他に幾何学的な条件も RAIM の結果に影響を与える。

　観測誤差を検出し取り除くために、たくさんの RAIM アルゴリズムが開発されている。例えば、観測値の組み合わせを変えて得られるさまざまな測位解を評価するといった手法がある。この場合間違った観測値を使った測位解は、それ以外の解とはズレたものになるであろうから、このような観測値は取り除かれる。ただ複数の GNSS 観測を組み合わせて処理する場合この手法では時間がかかる。

信頼性

　航法システムの信頼性は、システムが与えられた条件下で一定の期間誤りなく指定された機能を果たす確率で表される。信頼性が高いほど完全性リスクは低い。修復可能なシステムの信頼性は、平均修復期間と故障の発生する平均間隔に大きく左右される。

リスク

欧州宇宙機関 ESA (2004) はリスクを、起きるかもしれない望ましくない状況あるいは否定的な結果をもたらすかもしれない状況を表す用語として定義している。米国防総省 DoD (2000) はリスク確率を、一定の危険を引き起こす個々の事象の集合確率として定義している。そこでは起きる確率を、しばしば起きる；時々起きる；起こりそうもない；起こりえない、の 4 つのレベルに区分している。またリスクレベルも簡潔に、破滅的；致命的；限界的；無視できる、の 4 つのレベルで略述している（「限界的」を更に、おおいに限界的；やや限界的、の 2 つに分けることもある）。

7.3.6　精度規準

精度と確度についてはさまざまなレベルでの説明が見られる（図（7.12）参照）。測位解の信頼レベルが ε %であるとは、測位解の（$100-\varepsilon$）%はこの制限を越えていることを意味している。

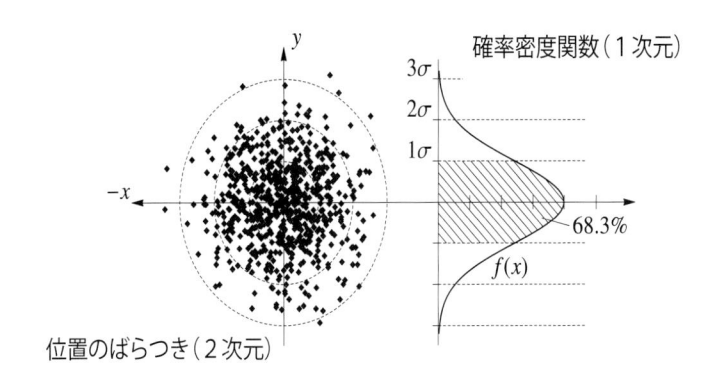

図 7.12　信頼レベル

以下の統計用語の定義は、Kreyszig（2006: 第 24, 25 章）によるものである。x を確率変数とし、$f(x)$ を分布密度関数とすれば、その積分

$$P(a < x < b) = \int_a^b f(x)dx \tag{7.180}$$

は、変数 x が区間 $a < x < b$ にある確率を表す。x の平均値（期待値）μ は、

$$\mu = \int_{-\infty}^{+\infty} x f(x)dx \tag{7.181}$$

で与えられ、x の分散 σ^2 は、

$$\sigma^2 = \int_{-\infty}^{+\infty} (x-\mu)^2 f(x)dx \tag{7.182}$$

である。分散の平方根は、標準偏差 σ である。

平均値 μ で分散 σ^2 の確率変数 x を、標準確率変数 $z = (x-\mu)/\sigma$ に変換（正規化）すると、この正規化された変数の平均値はゼロで、その分散は 1 となる。

分布関数

正規分布

もっとも良く使われるガウスの密度関数（正規分布関数）は

$$f(x) = \frac{1}{\sigma\sqrt{2\pi}} e^{-(x-\mu)^2/2\sigma^2} \tag{7.183}$$

で定義され、標準確率変数 z を使えば

$$f(z) = \frac{1}{\sqrt{2\pi}} e^{-z^2/2} \tag{7.184}$$

となる。

カイ二乗分布

x を、ガウス分布に従う n 個の独立な標準確率変数の二乗和としよう。カイ二乗分布あるいは簡単に χ^2 分布（Bronstein et al.2005: 785 頁）の密度関数は

$$f_n(x) = \frac{1}{2^{n/2}\Gamma(n/2)} x^{(n/2-1)} e^{-x/2} \qquad x > 0 \tag{7.185}$$

で定義される。ここで n は自由度を表す。ガンマ関数 $\Gamma(n/2)$ は、$n > 0$ のとき

$$\Gamma(n/2) = \int_0^\infty t^{(n/2-1)} e^{-t} dt \tag{7.186}$$

で定義され、$n = 1, 2, 3$ の場合、$\Gamma(1/2) = \sqrt{\pi}, \Gamma(2/2) = 1, \Gamma(3/2) = \sqrt{\pi}/2$ である（Bronstein et al. 2005: 479 頁）。

精度仕様

一次元の場合の精度規準

一次元の場合は、$n = 1, x = z^2$ とすれば得られる。この場合、χ^2 分布は、平均値ゼロで分散 1 のガウス分布になることは、$P_1 = \int f_1(x)dx$ に式（7.185）の f_1 を代入し、$x = z^2$、$dx = 2zdx$ を考慮すれば証明される。関連する確率は

$$P_1(-\alpha < z < \alpha) = \frac{1}{\sqrt{2\pi}} \int_{-\alpha}^{+\alpha} e^{-z^2/2} dz \tag{7.187}$$

である。正規化されていない確率変数 x の場合、その区間は $(\mu - \alpha\sigma, \mu + \alpha\sigma)$ になる。

表 7.6　一次元の場合の精度規準

α	確率 %	備考
0.67	50.0	LEP（Linear error probable）
1.00	68.3	1 σ レベル
1.96	95.0	95% の信頼レベル
2.00	95.4	2 σ レベル
3.00	99.7	3 σ レベル

正規分布の確率 P_1 の数値は、たいていの統計学の教科書で表になっている。表 7.6 にそのいくつかの例を示す。ここで使われている信頼レベルという用語は、確率と同意語である。

二次元の場合の精度規準

二次元の場合、$n = 2, x = z_1^2 + z_2^2$ である。χ^2 分布の密度関数は、$f_2(x) = e^{-x/2}/2$ となり、関連す

る確率は

$$P_2(0<z<\alpha) = 1 - e^{-\alpha/2} \tag{7.188}$$

で与えられる。ここで P_2 の下付き文字 2 は自由度を示している。χ^2 分布関数は、確率変数 z_1, z_2 の二乗和の影響で対称的な形をしていない。

z_1, z_2 を標準楕円（すなわち 1σ の範囲を表す楕円）の半径 a, b と見なせば、そのとき x は二乗平均位置誤差 σ_P に一致する。標準楕円は、半径 a, b が等しければ円になる。この円の半径が 1.18σ の場合、その半径は CEP（Circular error probable）と呼ばれる。円の半径が $\sqrt{2}\sigma$ の場合、その半径は DRMS（Distance Root Mean Square）と呼ばれる。式（7.188）で与えられる確率 P_2 の値は、表 7.7 に示されている。この表では幾何学的な理由で上段の見出しの引数に $\sqrt{\alpha}$ を使っている。この表で与えられている確率は、誤差分布が円分布あるいは近似的に円分布と見なせる場合のものである。分布が円分布からずれていけば、確率も変わってくる。Lachapelle（1998）は、$\sigma_x = 10\sigma_y$ の場合、DRMS の確率レベルは 68.2％ と大きくなると述べている。Mikhail（1976）：第 2 章 6 節）によれば、もし $0.2 \leq \sigma_{min}/\sigma_{max}$ であれば、CEP は $CEP \cong 0.589(\sigma_x + \sigma_y)$ と近似できる。ここで σ_{min} と σ_{max} は、σ_x、σ_y の最小値と最大値をそれぞれ示している。

表 7.7 二次元の場合の精度規準

$\sqrt{\alpha}$	確率 %	備考
1.00	39.4	1 σ 楕円あるいは標準楕円
1.18	50.0	CEP
$\sqrt{2}$	63.2	DRMS
2.00	86.5	2 σ 楕円
2.45	95.0	95％ の信頼レベル
$2\sqrt{2}$	98.2	2DRMS
3.00	98.9	3 σ 楕円

三次元の場合の精度規準

三次元の場合、$n = 3, x = z_1^2 + z_2^2 + z_3^2$ である。χ^2 分布の密度関数は、より複雑になり、関連する確率は

$$P_3(0<x<\alpha) = \frac{1}{\sqrt{2\pi}} \int_0^\alpha \sqrt{x} e^{-x/2} dx \tag{7.189}$$

で与えられる。P_3 の数値は、統計学や数学のハンドブックにのっている（例えば Hartung et al.2005）。表 7.8 にいくつかの例を示す。ここでも上段の見出しの引数に $\sqrt{\alpha}$ を使っている。変数 x は、標準楕円体の各半径の二乗和と見なすことができる。楕円体の各半径が等しければ、楕円体は球になる。この球の半径が 1.53σ の場合、このときの半径は SEP（Spherical error probable）と呼ばれる。球の半径が $\sqrt{3}\sigma$ の場合、その半径は MRSE（Mean radial spherical error）と呼ばれる。Mikhail（1976：第 2 章 6 節）によれば、もし $0.35 \leq \sigma_{min}/\sigma_{max}$ であれば、SEP $\approx 0.513\ (\sigma_x + \sigma_y + \sigma_z)$ と近似できる。

表7.8 三次元の場合の精度規準

$\sqrt{\alpha}$	確率 %	備考
1.00	19.9	1σ楕円体あるいは標準楕円体
1.53	50.0	SEP
$\sqrt{3}$	61.0	MRSE
2.00	73.8	2σ楕円体
2.80	95.0	95%の信頼レベル
3.00	97.1	3σ楕円体

精度規準の相互関係

表7.6でLEPとRMSとの間には等価式 LEP／0.67＝RMS／1.00 が成り立つ。

表7.9は、Diggelen（1998）による特定のGNSS配置での、次元の異なる精度規準の間の関係を示すものである。これの詳細とより拡張された表についてはDiggelen（1998）に記述されている。表7.9から例えば、SEP=2.0CEPであるから、CEP=2.5mであればSEP=5mとなる。GNSSの精度規準の等価式についてのより詳しい議論はDiggelen（2007）を参照せよ。

表7.9 精度規準の相互関係

RMS	CEP	2DRMS	SEP	
1	0.44	1.1	0.88	RMS（1D）
	1	2.4	2.0	CEP（2D）
		1	0.85	2DRMS（2D）
			1	SEP（3D）

第8章 データ変換

8.1 序論

ユーザーの立場からは、GNSSの基準座標系は1つだけのほうが望ましいが、実際にはさまざまな理由からそうはなっていない。GPSの基準座標系はWGS84でありグロナスのそれはPE-90である。またガリレオも独自の基準座標系GTRFを持つことになろう（第9章2節、第10章2節、第11章2節参照）。しかしながらこれらの基準座標系の主な特徴は同じであり、すべて地心直交座標系で表せる。GNSSを使う場合、観測点の座標は対応する基準座標系で得られるが、測量者が通常興味があるのはこのグローバルな座標ではなく、ローカルな座標系で表された測地座標（すなわち楕円体座標）や平面座標、あるいは他の地上データと結びついたベクトル値である。GNSSの基準座標系は地心座標系であるが、ローカルな座標系は通常そうではないため、両座標系の変換が必要である。以下最も頻繁に使われる変換について見てみよう。

8.2 座標変換

8.2.1 直交座標と楕円体座標

ある点の（グローバル）な直交座標を X, Y, Z とし、この直交座標系の原点と同じ原点をもつ回転楕円体を考えると、この点は楕円体座標 φ, λ, h（図8.1）でも表すことができる。Hofmann-Wellenhof and Moritz（2006:195頁）によると、直交座標と楕円体座標との関係は、

$$\begin{aligned} X &= (N+h)\cos\varphi\cos\lambda \\ Y &= (N+h)\cos\varphi\sin\lambda \\ Z &= \left(\frac{b^2}{a^2}N+h\right)\sin\varphi \end{aligned} \qquad (8.1)$$

で与えられる。ここで N は、次式

$$N = \frac{a^2}{\sqrt{a^2\cos^2\varphi + b^2\sin^2\varphi}} \qquad (8.2)$$

で計算される卯酉線曲率半径で、a, b は楕円体の長、短半径である。地心座標系に関係する直交座標系は、地心地球（ECEF: Earth-centered-earth-fixed）座標系とも呼ばれ、原点は地球重心である。

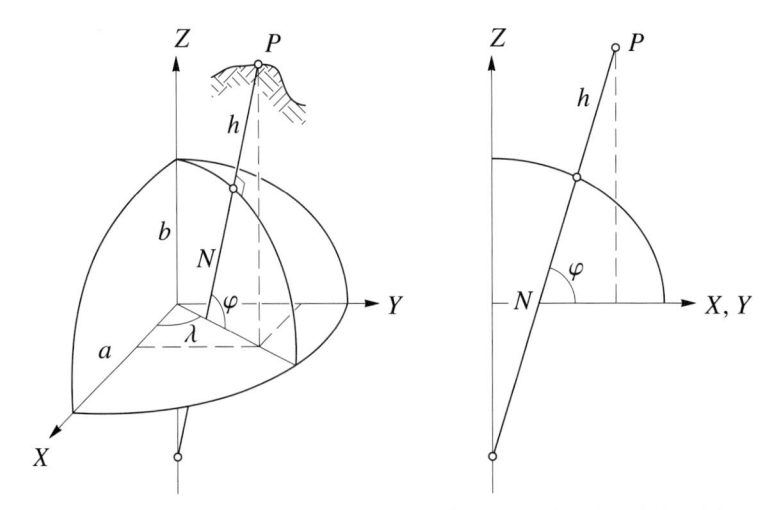

図 8.1　左：直交座標 X, Y, Z と楕円体座標 φ, λ, h　右：卯酉線曲率半径 N

式（8.1）は、楕円体座標 φ, λ, h を直交座標 X, Y, Z に変換する。GNSS の場合、直交座標が与えられて楕円体座標を求めることになるので、この逆変換の方がもっと重要である。問題は直交座標 X, Y, Z から楕円体座標 φ, λ, h を計算することである。逆変換は閉じた公式で表すことも可能であるが、通常この問題は繰り返し計算で解かれる。

　X と Y から

$$p = \sqrt{X^2 + Y^2} = (N + h)\cos\varphi \tag{8.3}$$

が計算できる。この式から楕円体高は

$$h = \frac{p}{\cos\varphi} - N \tag{8.4}$$

となる。ここで第 1 離心率

$$e^2 = \frac{a^2 - b^2}{a^2} \tag{8.5}$$

を使うと、$b^2/a^2 = 1 - e^2$ であるから、これを式（8.1）に代入すると

$$Z = (N + h - e^2 N)\sin\varphi \tag{8.6}$$

となる。これは次のように書き換えられる。

$$Z = (N + h)(1 - e^2 \frac{N}{N + h})\sin\varphi \tag{8.7}$$

この式を、式（8.3）で割れば

$$\frac{Z}{p} = \left(1 - e^2 \frac{N}{N + h}\right)\tan\varphi \tag{8.8}$$

となるが、これから

$$\tan\varphi = \frac{Z}{p}\left(1 - e^2 \frac{N}{N+h}\right)^{-1} \tag{8.9}$$

である。経度 λ については、式（8.1）の 1 番目の式で 2 番目の式を割れば

$$\tan\lambda = \frac{Y}{X} \tag{8.10}$$

と得られる。

経度 λ は式（8.10）から直接計算できるが、高さ h と緯度 φ は式（8.4）と式（8.9）から決定される。問題は両式とも緯度と高さが含まれていることである。この解は以下のように繰り返し計算で求めることができる。

1. $p = \sqrt{X^2 + Y^2}$ を計算
2. $\tan\varphi_{(0)} = \frac{Z}{p}(1 - e^2)^{-1}$ から概略値 $\varphi_{(0)}$ を計算
3. $N_{(0)} = \frac{a^2}{\sqrt{a^2 \cos^2\varphi_{(0)} + b^2 \sin^2\varphi_{(0)}}}$ から概略値 $N_{(0)}$ を計算
4. $h = \frac{p}{\cos\varphi_{(0)}} - N_{(0)}$ で楕円体高を計算
5. $\tan\varphi = \frac{Z}{p}\left(1 - e^2 \frac{N_{(0)}}{N_{(0)} + h}\right)^{-1}$ で緯度の改善値を計算
6. 繰り返し計算を続けるかどうかの点検。もし $\varphi = \varphi_{(0)}$ なら計算は終了し、そうでなければ $\varphi_{(0)} = \varphi$ として 3 番目のステップから計算続行

これ以外にも多くの計算法が工夫されている。1 例として、繰り返し計算ではないが近似式である変換式を次に示す。

$$\varphi = \arctan\frac{Z + e'^2 b \sin^3\theta}{p - e^2 a \cos^3\theta} \tag{8.11}$$

$$\lambda = \arctan\frac{Y}{X}$$

$$h = \frac{p}{\cos\varphi} - N$$

ここで

$$\theta = \arctan\frac{Za}{pb} \tag{8.12}$$

は補助量で，

$$e'^2 = \frac{a^2 - b^2}{b^2} \tag{8.13}$$

は第2離心率である。この近似公式は繰り返し計算に較べてあまり使われていないが、両方式の結果にほとんど違いはなく、使わない理由はない。Zhu（1993）に、繰り返しでも近似でもない方法が与えられている。

数値例として GRS-80 楕円体で楕円体座標 $\varphi = 47°$，$\lambda = 15°$，$h = 2000\ m$ を持つ点を考えよう。GRS-80 のパラメータ $a = 6378137.0000\ m$, $b = 6356752.3141\ m$（Hofmann-Wellenhof and Moritz 2006: 表 2.1、表 2.2）を使うと、式（8.1）から直交座標は $X = 4210520.621\ m$, $Y = 1128205.600\ m$, $Z = 4643227.495\ m$ と計算される。チェックのためにこの逆変換を各自試みられよ。WGS-84 の短半径と長半径は GRS-80 を基にしたものと考えられており、GRS-80 のそれと同じであることに留意せよ。

8.2.2 グローバルな座標と局地座標

基線ベクトル

グローバルな座標というのは、前節の直交座標と同じものであるが、ここでは成分 X, Y, Z で表す代わりにベクトル $\mathbf{X}$ を使う。ベクトル $\mathbf{X}_i$ と $\mathbf{X}_j$ は、2つの地上点 P_i と P_j を表している。グローバルな座標系でこれら2点を結ぶベクトルを、$\mathbf{X}_{ij} = \mathbf{X}_j - \mathbf{X}_i$ で定義する。このベクトルは、地上点 P_i における楕円体の接平面に準拠した局地座標系においても定義でき、それを $\mathbf{x}_{ij}$ と表そう。

点 P_i における局地座標系で、北、東、上の各方向に対応する座標軸ベクトル $\mathbf{n}_i, \mathbf{e}_i, \mathbf{u}_i$ は、グローバル座標系では、

$$\mathbf{n}_i = \begin{bmatrix} -\sin\varphi_i \cos\lambda_i \\ -\sin\varphi_i \sin\lambda_i \\ \cos\varphi_i \end{bmatrix} \quad \mathbf{e}_i = \begin{bmatrix} -\sin\lambda_i \\ \cos\lambda_i \\ 0 \end{bmatrix} \quad \mathbf{u}_i = \begin{bmatrix} \cos\varphi_i \cos\lambda_i \\ \cos\varphi_i \sin\lambda_i \\ \sin\varphi_i \end{bmatrix} \quad (8.14)$$

と表せる。

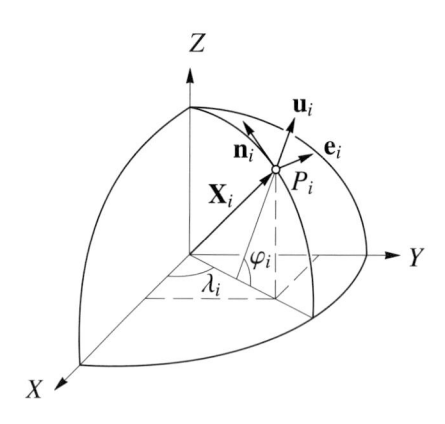

図 8.2 グローバルな座標と局地座標

ベクトル $\mathbf{n}_i$ と $\mathbf{e}_i$ は、点 P_i における楕円体の接平面を作っている（図 8.2）。3番目の座標軸であるベクトル $\mathbf{u}_i$ は、この接平面に垂直で楕円体の法線に一致する。

この局地座標系の3番目の座標軸を（自然の）鉛直線方向（もっと正確には僅かに湾曲した鉛直線の接線方向）にとれば、式（8.14）の楕円体座標 φ, λ は、天文経緯度に置き換わる。

ここで局地座標系のベクトル $\mathbf{x}_{ij}$ の成分を n_{ij}, e_{ij}, u_{ij} としよう。これらは ENU (East,north,up) 座標とも呼ばれる。図 8.3 からわかるように、n_{ij}, e_{ij}, u_{ij} はベクトル $\mathbf{X}_{ij}$ を座標軸 $\mathbf{n}_i, \mathbf{e}_i, \mathbf{u}_i$ へ投影することで得られる。

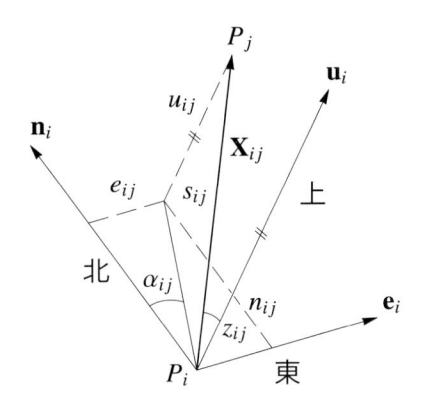

図 8.3 局地座標系での観測量

解析的にはこれは次のようにベクトルの内積をとればできる。

$$\mathbf{x}_{ij} = \begin{bmatrix} n_{ij} \\ e_{ij} \\ u_{ij} \end{bmatrix} = \begin{bmatrix} \mathbf{n}_i \cdot \mathbf{X}_{ij} \\ \mathbf{e}_i \cdot \mathbf{X}_{ij} \\ \mathbf{u}_i \cdot \mathbf{X}_{ij} \end{bmatrix} \tag{8.15}$$

式 (8.14) のベクトル $\mathbf{n}_i, \mathbf{e}_i, \mathbf{u}_i$ を次のように行列 $\mathbf{R}_i$ の列ベクトルとしてまとめれば

$$\mathbf{R}_i = \begin{bmatrix} -\sin\varphi_i \cos\lambda_i & -\sin\lambda_i & \cos\varphi_i \cos\lambda_i \\ -\sin\varphi_i \sin\lambda_i & \cos\lambda_i & \cos\varphi_i \sin\lambda_i \\ \cos\varphi_i & 0 & \sin\varphi_i \end{bmatrix} \tag{8.16}$$

式 (8.15) は、

$$\mathbf{x}_{ij} = \mathbf{R}_i^\mathrm{T} \mathbf{X}_{ij} \tag{8.17}$$

と簡略化される。$\mathbf{x}_{ij}$ の成分は、大気屈折補正済みの斜距離 s_{ij}、方位角 α_{ij}、天頂角 z_{ij} によっても表すことができる。その関係式は

$$\mathbf{x}_{ij} = \begin{bmatrix} n_{ij} \\ e_{ij} \\ u_{ij} \end{bmatrix} = \begin{bmatrix} s_{ij} \sin z_{ij} \cos\alpha_{ij} \\ s_{ij} \sin z_{ij} \sin\alpha_{ij} \\ s_{ij} \cos z_{ij} \end{bmatrix} \tag{8.18}$$

である。ここで観測量 s_{ij}、α_{ij}、z_{ij} は、点 P_i での観測から得られるものである。

式 (8.18) を逆に解けば、観測量は、

$$s_{ij} = \sqrt{n_{ij}^2 + e_{ij}^2 + u_{ij}^2}$$

$$\tan \alpha_{ij} = \frac{e_{ij}}{n_{ij}} \tag{8.19}$$

$$\cos z_{ij} = \frac{u_{ij}}{\sqrt{n_{ij}^2 + e_{ij}^2 + u_{ij}^2}}$$

と表せる。この式の n_{ij}, e_{ij}, u_{ij} として式（8.15）を使えば、これらの観測量をグローバルな座標系でのベクトル $\mathbf{X}_{ij}$ の成分で表すこともできる。

視線方向ベクトル

地上の観測点の位置ベクトル $\mathbf{X}_i$ が概略（地図からの読み取り値でも十分）わかっており、$\mathbf{X}_j$ が衛星の位置ベクトル（衛星の放送暦から既知）を表す場合、式（8.19）から衛星の視線方向の方位角と天頂角が計算できる。これらのデータは GNSS 測量計画に必要な視界衛星図（スカイプロット）を作るのに使われる。

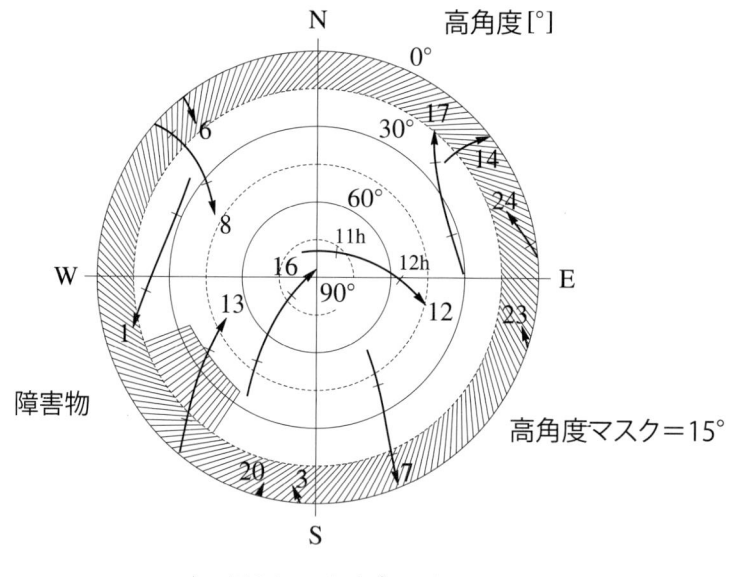

図 8.4　スカイプロット

スカイプロットは、天頂方向を中心に衛星の動きを高度角と方位角の関数として表したものである。スカイプロットには水平線位置や時刻が書き込まれる。したがってスカイプロットから幾何学的な衛星配置がイメージできる（図 8.4）。幾何学的な衛星配置は第 7 章 3.4 節で見たように、数学的には GDOP で表される。

8.2.3 楕円体座標と平面座標
概説

前節とは対照的に、ここでは楕円体上の点についてのみ考察するので、測地経緯度 φ, λ が興味の対象になる。目標は、楕円体上の点 φ, λ を平面上の点 x, y に写像することである。この写像（投影）変換の一般形は

$$x = x(\varphi, \lambda; a, b)$$
$$y = y(\varphi, \lambda; a, b)$$
(8.20)

で表せる。測地で使われるのは、等角（conformal）投影であり、この投影では楕円体上での角度は投影された平面上でもそのままである。もっと正確に言えば、楕円体上の2本の測地線のなす角度は、測地線が等角投影で平面に投影されれば保存される。

以下楕円体から平面への等角投影の中で、最も重要なものをいくつか（投影は解析的に定義されるものであるが）幾何学的に説明する（図 8.5 参照）。多くの等角投影についての詳細な式は、例えば Richardus and Adler（1972）、あるいは Hofmann-Wellenhof et al.（1994）に載っている。

・円錐投影

楕円体とある指定した（標準の）卯酉線で接している円錐を考えよう。円錐面を平面に展開すれば、子午線は頂天である1点に収斂する直線となる。この点は投影された卯酉線の作る円の中心でもある。標準の卯酉線は、歪なく投影されている。この投影の1例は、ランベルト等角投影である。

・円筒投影

これは円錐投影の特別な場合で、頂点が無限大の遠くに置かれるため、円錐が楕円体の赤道で接する円筒になる。横向きの投影の場合は、円筒は標準子午線と接している。円錐面を平面に展開すれば、標準子午線は歪なく投影されている。この投影の例としては、横メルカトル投影、ユニバーサル横メルカトル（UTM）投影がある。両投影法とも広く使われているので、この後で詳しく説明する。

・方位投影

これも円錐投影の特別な場合で、頂点が楕円体の極に置かれるため、円錐は極で楕円体に接する平面になる。展開された平面上で、極は卯酉線を表す円の中心であり、子午線を表す直線の中心になっている。もっと一般的には、投影面は楕円体上の任意の1点で接する平面で定義される。この投影の一例は、平射投影である。

図 8.5 に投影法の3つの例が示されている。

a) 円錐

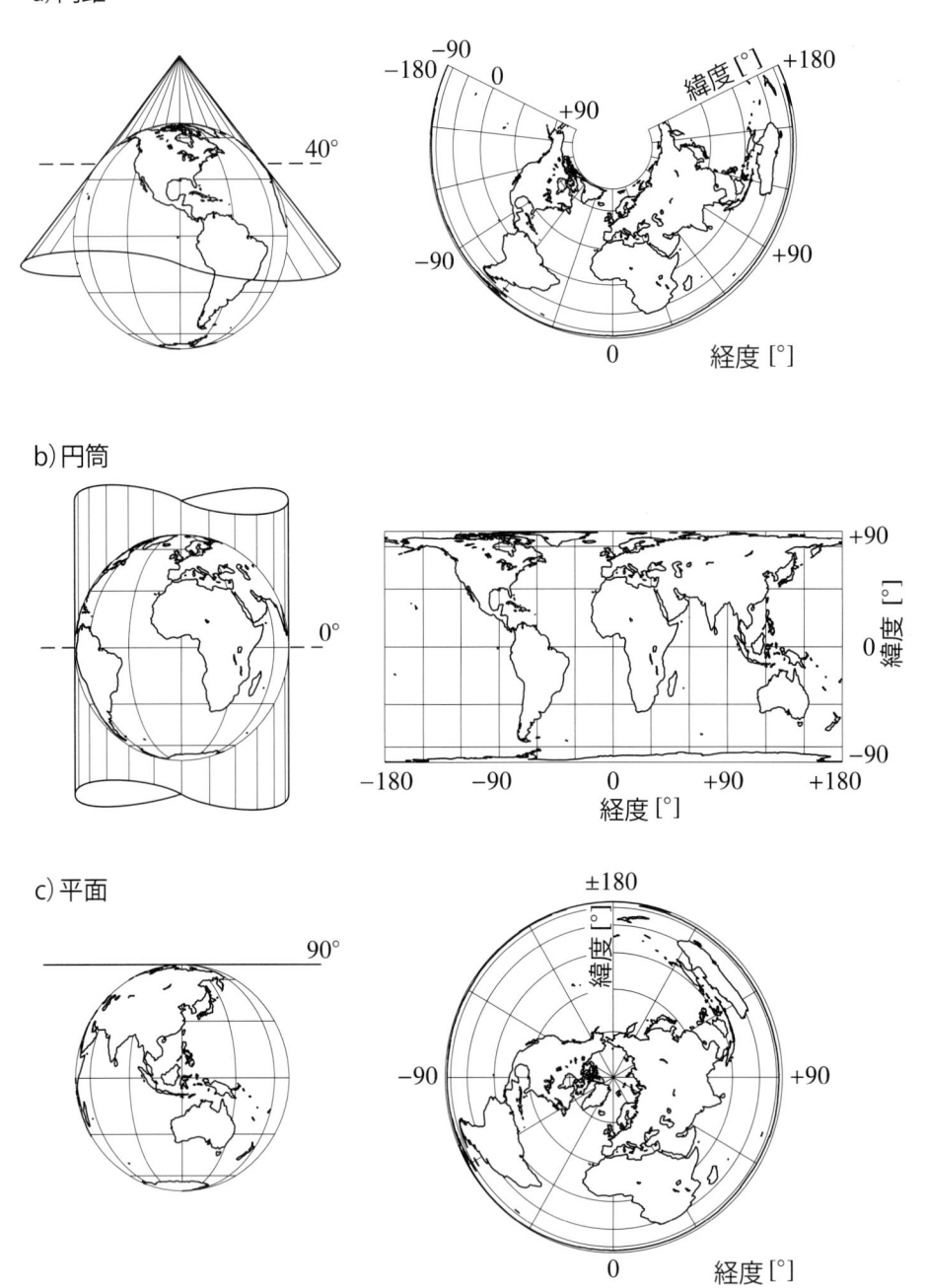

b) 円筒

c) 平面

図 8.5 円錐投影、円筒投影、方位投影

横メルカトル投影

　この投影法は ガウス−クリューガー（Gauss-Krüger）投影とも言われる。楕円体は経度 3°幅の 120 の帯に分けられ、それぞれの帯の中央経度 λ_0 の子午線が中央子午線になる。中央子午線は縮尺の歪なく平面に投影され、これが y 軸（北方向）となる。x 軸は赤道の投影されたものである。中央子午線と赤道以外のすべての子午線と卯酉線は、曲線に投影されるので、中央子午線と赤道は特殊なケースである。投影で角度は保存されるため、子午線と卯酉線を投影したものはお互いに直交している。

　帯の番号づけは Greenwich か、場合によっては Ferro（西経 17°40' に位置）に基づいている。横メルカトル投影で平面上の点 x, y に投影された楕円体上の点 φ, λ の投影式は、次のような級数展開で与えられる。

$$y = B(\varphi) + \frac{t}{2} N \cos^2 \varphi \; \ell^2 + \frac{t}{24} N \cos^4 \varphi (5 - t^2 + 9\eta^2 + 4\eta^4) \ell^4$$
$$+ \frac{t}{720} N \cos^6 \varphi (61 - 58t^2 + t^4 + 270\eta^2 - 330t^2\eta^2) \ell^6$$
$$+ \frac{t}{40320} N \cos^8 \varphi (1385 - 3111t^2 + 543t^4 - t^6) \ell^8 + ...$$

(8.21)

$$x = N \cos\varphi \; \ell + \frac{1}{6} N \cos^3 \varphi (1 - t^2 + \eta^2) \ell^3$$
$$+ \frac{1}{120} N \cos^5 \varphi (5 - 18t^2 + t^4 + 14\eta^2 - 58t^2\eta^2) \ell^5$$
$$+ \frac{1}{5040} N \cos^7 \varphi (61 - 479t^2 + 179t^4 - t^6) \ell^7 + ...$$

ここで

$B(\varphi)$ ………子午線弧長（式（8.22）参照）

N　　………卯酉線曲率半径（図 8.1、式（8.2）参照）

$\eta = \dfrac{\cos\varphi}{b} \sqrt{a^2 - b^2}$ ………補助量

$t = \tan \varphi$ ………補助量

$\ell = \lambda - \lambda_0$ ………経度差

λ_0………中央子午線の経度

が使われている。座標の組 (y, x) が (φ, λ) に対応するので、ここでは慣例的に y を x の前に書いている。子午線弧長 $B(\varphi)$ は、赤道から投影される点までの楕円体上の距離であり、次の級数展開式で計算できる。

$$B(\varphi) = \alpha [\varphi + \beta \sin 2\varphi + \gamma \sin 4\varphi + \delta \sin 6\varphi + \varepsilon \sin 8\varphi + ...]$$

(8.22)

ここで

$$\alpha = \frac{a+b}{2}(1+\frac{1}{4}n^2+\frac{1}{64}n^4+...)$$
$$\beta = -\frac{3}{2}n+\frac{9}{16}n^3-\frac{3}{32}n^5+...$$
$$\gamma = \frac{15}{16}n^2-\frac{15}{32}n^4+...$$
$$\delta = -\frac{35}{48}n^3+\frac{105}{256}n^5-...$$
$$\varepsilon = \frac{315}{512}n^4+...$$
(8.23)

$$n = \frac{a-b}{a+b} \tag{8.24}$$

である。

　数値例として、GRS-80 楕円体上の点、$\varphi = 47°$ N, $\lambda = 16°$ E をガウス-クリューガー投影した座標を計算してみよう。まず式（8.23）と（8.24）から

$$\alpha = 6367449.1458\ m$$
$$\beta = -2.51882793 \cdot 10^{-3}$$
$$\gamma = 2.64354 \cdot 10^{-6}$$
$$\delta = -3.45 \cdot 10^{-9}$$
$$\varepsilon = 5 \cdot 10^{-12}$$
(8.25)

である。したがって式（8.22）を使うと、$B(\varphi) = 5207247.009\ m$ が得られる。最後に $\lambda_0 = 15°$ とし、式（8.21）を計算すると $y = 5207732.441\ m$, $x = 76055.734\ m$ となる。

　ガウス-クリューガー投影の逆変換は、平面状の点 y, x を楕円体上の点 φ, λ に変換するものである。その変換式は以下の級数展開で与えられる。

$$\varphi = \varphi_f + \frac{t_f}{2N_f^2}(-1-\eta_f^2)x^2$$
$$+ \frac{t_f}{24N_f^4}(5+3t_f^2+6\eta_f^2-6t_f^2\eta_f^2-3\eta_f^4-9t_f^2\eta_f^4)x^4$$
$$+ \frac{t_f}{720N_f^6}(-61-90t_f^2-45t_f^4-107\eta_f^2+162t_f^2\eta_f^2+45t_f^4\eta_f^2)x^6$$
$$+ \frac{t_f}{40320N_f^8}(1385+3633t_f^2+4095t_f^4+1575t_f^6)x^8+\ldots \tag{8.26}$$

$$\lambda = \lambda_0 + \frac{1}{N_f\cos\varphi_f}x + \frac{1}{6N_f^3\cos\varphi_f}(-1-2t_f^2-\eta_f^2)x^3$$
$$+ \frac{1}{120N_f^5\cos\varphi_f}(5+28t_f^2+24t_f^4+6\eta_f^2+8t_f^2\eta_f^2)x^5$$
$$+ \frac{1}{5040N_f^7\cos\varphi_f}(-61-662t_f^2-1320t_f^4-720t_f^6)x^7+\ldots$$

上式で下付文字 f の付いている項は、次の級数展開式で与えられる緯度 φ_f で計算されなければならない。

$$\varphi_f = \bar{y} + \bar{\beta}\sin 2\bar{y} + \bar{\gamma}\sin 4\bar{y} + \bar{\delta}\sin 6\bar{y} + \bar{\varepsilon}\sin 8\bar{y} + \ldots \tag{8.27}$$

ここで

$$\bar{\alpha} = \frac{a+b}{2}(1+\frac{1}{4}n^2+\frac{1}{64}n^4+\ldots)$$
$$\bar{\beta} = \frac{3}{2}n - \frac{27}{32}n^3 + \frac{269}{512}n^5 + \ldots \tag{8.28}$$

$$\bar{\gamma} = \frac{21}{16}n^2 - \frac{55}{32}n^4 + \ldots$$
$$\bar{\delta} = \frac{151}{96}n^3 - \frac{417}{128}n^5 + \ldots$$
$$\bar{\varepsilon} = \frac{1097}{512}n^4 + \ldots$$

であり、$\bar{y}$ は、

$$\bar{y} = \frac{y}{\bar{\alpha}} \tag{8.29}$$

である。またここで使っている $\bar{\alpha}$ は式（8.23）の α と同じものであることに注意。

　数値例として、前の例の逆計算を考えてみよう。すなわち、ガウス—クリューガー座標 $y = 5207732.441\ m$, $x = 76055.734\ m$ が与えられた時、GRS-80 楕円体の楕円体座標を計算する。まず式

(8.28) と (8.29) から

$$\begin{aligned}
\bar{\alpha} &= 6367449.1458\ m \\
\bar{\beta} &= 2.51882660 \cdot 10^{-3} \\
\bar{\gamma} &= 3.70095 \cdot 10^{-6} \\
\bar{\delta} &= 7.45 \cdot 10^{-9} \\
\bar{\varepsilon} &= 17 \cdot 10^{-12}
\end{aligned} \tag{8.30}$$

が得られる。したがって式 (8.27) を使うと $\varphi_f = 47.00436654°$ となる。最後に式 (8.26) から $\varphi = 47°$, $\lambda = 16°$ が得られる。

ユニバーサル横メルカトル (UTM)

ユニバーサル横メルカトル (UTM: Universal transverse Mercator) は、横メルカトルを修正したものである。最初に楕円体は、経度 6° 幅の 60 の帯 (ゾーン) に分けられ、次に等角投影された平面座標に縮尺係数 0.9996 を適用する。これは帯の端で投影の歪が大きくなるのを防ぐためである。

帯の番号は、中央子午線 $\lambda_0 = 177°$ W の帯の M1 から始まり、以下中央子午線 $\lambda_0 = 171°$ W の帯での M2 と続いていく。この帯番号の計算式は

$$INT\left(\frac{180 \pm \lambda}{6}\right) + 1 \tag{8.31}$$

で与えられる。ここでプラス符号は東経の場合に、マイナス符号は西経の場合にそれぞれ使う。*INT* は実数値の整数値部分を求める演算子である。

数値例として GRS-80 楕円体上の点 $\varphi = 47°$, $\lambda = 16°$ E を考え、これの UTM 座標を計算しよう。式 (8.31) から帯番号は、M33 であり、その中央子午線は $\lambda_0 = 15°$ E である。式 (8.21) の公式を使った後、縮尺係数を掛ければ最終結果 $y = 5205649.348\ m, x = 76025.312\ m$ が得られる。これの逆変換を行い、ミリメートルの精度で変換されることを各自確かめよ。

8.2.4 高さの変換

定義

前節では楕円体上の点を平面上の点へ (その逆も) 変換し、楕円体高は完全に無視できた。この節での主たる興味は高さである。

楕円体高 h は、指定した楕円体面からの高さである。正標高 H は、ジオイド面から鉛直線に沿って測った距離である。高さの式

$$h = H + N \tag{8.32}$$

は、楕円体とジオイドの関係を表している。ここで N はジオイド高である。

図 8.6 に示されているように、この式は近似式であるが、実用上はすべての場合に十分使える。角度 ε は、わずかに湾曲した鉛直線と楕円体の法線との角度である鉛直線偏差を表している。この角度は、ほとんどの場合 30 秒を越えることはない。

GNSS 測位によって、X,Y,Z 座標が得られ、式 (8.11) を使うと楕円体高がわかる。ここで式 (8.32) の右辺のどちらかがわかれば、残りは計算できる。すなわちジオイドがわかっていれば、正標高を

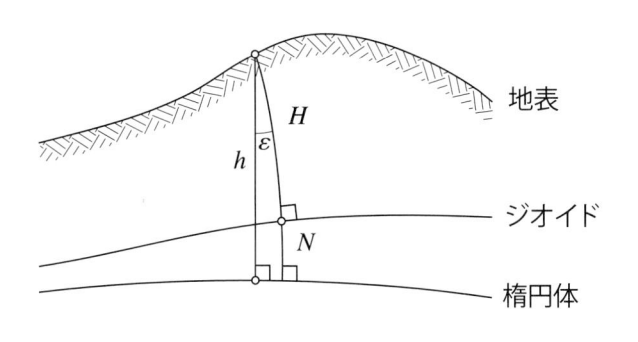

図 8.6　高さの定義

求めることができ、正標高がわかっていれば、ジオイドを求めることができる。

　高さの測量（例えば水準測量）とは別に水平測量（例えば三角測量）を行っている限りは、楕円体とジオイドの違いは重要ではないが、水平と高さ両方の情報をもたらす衛星測地の登場により状況は変わった。衛星測地で幾何学的に決められた楕円体高は、物理的に決められる正標高に結び付けられなければならない。以下楕円体とジオイドに精通していない読者のために、簡単な説明を行う。

楕円体

　回転楕円体は、地球表面の1つの近似である。回転楕円体の形は、ある適当な楕円を選びそれをその短軸の周りに回転すれば得られる。楕円体は、経度と緯度に細分される便利な数学的な表面を持ち、それにより座標系ができる。この楕円体上で、距離と方位角はミリメートル、百分の1秒の精度で計算することができる。

　ローカルな（非地心の）楕円体と、グローバルな（地心）楕円体には、はっきりとした違いがある。ローカルな楕円体のほうが、局所的なある部分ではグローバルな楕円体より地球にぴったりと合うので、さまざまなローカルな楕円体が使われている。例えば旧北アメリカ基準系 1927（NAD-27: North American Datum 1927）に使われていたクラーク楕円体は、この地域のジオイドとの違いがもっとも小さい楕円体として選ばれものである。ローカルな楕円体の中心は、地球の中心とは一致せず、数 100m 程度ずれている。

　GRS-80（Geodetic Reference System 1980）はグローバルな楕円体の例である。GPS に使われている WGS-84 は、実質的に GRS-80 と同じものである。GRS-80 楕円体の中心は、地球の重心に一致し、その表面はジオイド面に平均的に合った形をしている。しかしこの GRS-80 楕円体の表面は、地球上のすべての場所で、ジオイド面とうまく合うわけではない。例えばクラーク楕円体の表面は、米国においてジオイド面とわずかしか違っていなかったが、GRS-80 の楕円体面は米国東部においておよそ 30m ジオイド面の上に位置している。そのため、旧北アメリカ基準系 NAD-27 では、測定距離を楕円体上に投影するための距離補正を行う時に、測定値を海面上の値に化成すればよかったが、現在米国東部で、楕円体上に投影するための正しい高さを得るためには、このおよそ 30m のジオイド面との乖離を考慮しなければならない。

ジオイド

　ジオイドは物理的に定義される面で、地球の実際の形を表現するのに使われる。ジオイドの形は、地形モデルのように丘や谷のあるでこぼこした形をしている。

　ジオイドの中心は、地球の重心に一致し、ジオイド面は重力の等ポテンシャル面である。ジオイドは、水ですべて覆われた地球を想像すれば視覚化できよう。水の表面は、どのような高低差があってもそれを埋め合わせるように水が流れるため（理論的には）等ポテンシャル面である。実際には海面は、海流や塩分濃度、温度等の違いによりできる凹凸により、本当の等ポテンシャル面とはわずかに違っている。

　ジオイド面は、高さの基準面に選ばれている。多くの国で（験潮場で測定された）平均海面と最も良く一致するジオイド面の標高をゼロとしている。このため高さは、標高ゼロの平均海面が基準になっている。しかし、海岸線に沿っての平均海面の標高がすべてゼロになるわけではない。海岸線に沿って平均海面の標高を求めると1m程度ばらつくことがある。これは海岸線に沿っての平均海面は、色々な影響を受けて等ポテンシャル面でなくなっているからである。

　ジオイド面は非常に不規則に変化するため、正確な数学モデルを実現することは実質的に不可能であるが、その近似的なモデルは球調和関数を使って作られている（IAG 1995）。

　最近の研究結果はIAGのワーキンググループによって発表されている（www.iges.polimi.it 参照）。特にワーキンググループのBulletinはその代表的なものである。Tziavos and Barzaghi (2002) は、地域ジオイドを理論的、数値的に推定した20以上の論文を集めて編集している。グローバルな重力場モデルEGM96（Earth Gravitational Model 1996）が、長期間にわたる観測と解析から得られている。このモデルはゴダード宇宙飛行センター（GSFC : Goddard Space Flight Center）と米国画像地図局（NIMA: National Imagery and Mapping Agency）、オハイオ州立大学（OSU: Ohio State University）によって開発されたもので最大360次の球面調和関数で表されている（Lemoine et al. 1998）。この他に衛星軌道の摂動観測から計算されたグローバルな重力場モデルもある（Biancale et al. 2000）。

　Flury and Rummel (2005) はこれからのジオイド研究について述べている。CHAMP（Challenging mini-satellite payload）やGRACE（Gravity recovery and climate experiment）といった衛星の打ち上げによって、重力場の決定は大きく改善された。GRACEによってはじめて潮汐以外の影響による重力場の時間的な変動が観測できるようになった。この重力変動の主たる原因は、大気圏や水圏、雪氷圏、固体地球における質量の季節的、経年的な再配置によるものである（Ilk et al. 2005: 14頁）。

　GOCE（Gravity field and steady-state ocean circulation explorer）は欧州宇宙機関ESAの惑星プログラムのコアミッションになっている。GOCEの目的は地球の定常重力場を測定し、超高精度なジオイドモデルを作ることである。もうすこし詳しく言うと、空間分解能100km以下で、ジオイドを1〜2cmの精度、また重力異常を1mgalの精度でそれぞれ決定することである（www.esa.int/export/esaLP/goce.html，ESA 1999）。

　ジオイドの決定は、これからの数年、数十年あるいは何世紀も測地学者の心を疑いなくとらえることであろう。

8.3 基準系の変換

前節の座標変換では、ある点の1つの座標系から別の座標系への変換を扱った。グローバルな直交座標 X, Y, Z は、楕円体座標 φ, λ, h や局地座標 n, e, u に変換され、二次元の測地座標 φ, λ は、平面座標 y, x に変換された。最後に楕円体高 h は、正標高 H あるいはジオイド高 N に変換された。

グローバルな三次元直交座標系と局地的な三次元直交座標系との関係は、測地原点で定義される。GNSS データと従来の地上観測データと組み合わせると、ある基準座標系から別の基準座標系（例えば地心座標系から局地座標系）への変換が行える。前にも説明したように、局地基準系では、例えば米国でのクラーク楕円体やヨーロッパの多くの国でのベッセル楕円体といったローカルな最適楕円体を使っている。ローカルな楕円体は、その中心に座標系の原点を持つ三次元直交座標系と結びついており、ローカルな楕円体座標を平面に投影すれば、ガウス-クリューガー座標のような平面座標が得られる。

基準系の変換に関連して、標準基準点（fiducial point）について述べておく。標準基準点は、過去には主に軌道改良のために使われていた点であり（例えば Ashkenazi et al. (1990))、その位置が VLBI や SLR のような GNSS とは独立な方法で正確に求められている基準点である。標準基準点の概念は簡単である。GNSS 観測地域内の少なくとも 3 点の標準基準点で GNSS 観測が行われれば、GNSS 座標を標準基準点が準拠する座標系の座標値に、三次元の相似変換で変換することができる。この地域内の GNSS の精度は、この標準基準点の配置により大きな影響を受ける。

8.3.1 三次元の変換

ベクトル $\mathbf{X}$ と $\mathbf{X}_T$ で表される2組の三次元直交座標系を考えよう（図 8.7）。2組の座標系の間での、ヘルマート変換（Helmert transformation）とも呼ばれる相似変換は、次のように定式化される。

$$\mathbf{X}_T = \mathbf{c} + \mu \mathbf{R} \mathbf{X} \tag{8.33}$$

ここで $\mathbf{c}$ は平行移動ベクトル、μ は縮尺係数、$\mathbf{R}$ は回転行列である。

平行移動ベクトルの成分

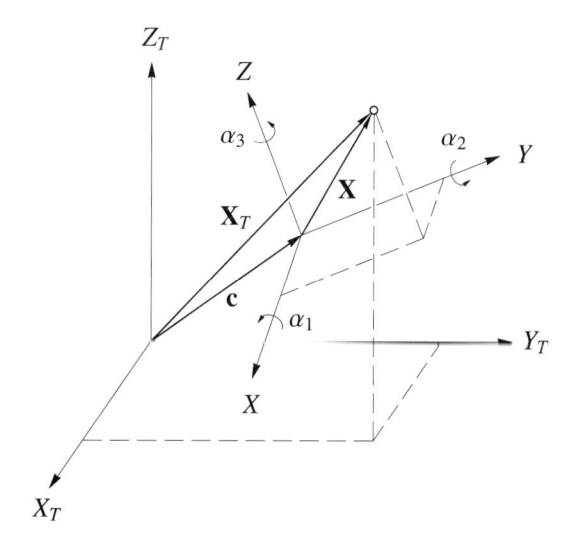

図 8.7 三次元の変換

$$\mathbf{c} = \begin{bmatrix} c_1 \\ c_2 \\ c_3 \end{bmatrix} \tag{8.34}$$

は、$\mathbf{X}$ 系の原点座標を $\mathbf{X}_T$ 系で表したものである。縮尺係数は1つだけ考慮している。GNSS では必要ないが、一般的にはそれぞれの座標軸毎に3つの縮尺係数が使われる。回転行列は、次のような3回の連続した回転からなる直交行列で表せる。

$$\mathbf{R} = \mathbf{R}_3\{\alpha_3\}\mathbf{R}_2\{\alpha_2\}\mathbf{R}_1\{\alpha_1\} \tag{8.35}$$

各成分を書き表すと

$$\mathbf{R} = \begin{bmatrix} \cos\alpha_2\cos\alpha_3 & \cos\alpha_1\sin\alpha_3 & \sin\alpha_1\sin\alpha_3 \\ & +\sin\alpha_1\sin\alpha_2\cos\alpha_3 & -\cos\alpha_1\sin\alpha_2\cos\alpha_3 \\ -\cos\alpha_2\sin\alpha_3 & \cos\alpha_1\cos\alpha_3 & \sin\alpha_1\cos\alpha_3 \\ & -\sin\alpha_1\sin\alpha_2\sin\alpha_3 & +\cos\alpha_1\sin\alpha_2\sin\alpha_3 \\ \sin\alpha_2 & -\sin\alpha_1\cos\alpha_2 & \cos\alpha_1\cos\alpha_2 \end{bmatrix} \tag{8.36}$$

である。変換パラメータ $\mathbf{c}, \mu, \mathbf{R}$ がわかっていれば、$\mathbf{X}$ 系の点は、式（8.33）で $\mathbf{X}_T$ 系に変換される。変換パラメータが未知の場合、両座標系で共通の点があればこれらのパラメータは決定できる。すなわち同じ点の座標値が両座標系で与えられている場合である。共通の点が1つあれば、3つの方程式ができるから、7つの未知パラメータを解くためには、2つの共通点にもう1つ共通の成分（例えば高さ）があれば十分である。実際には、余剰な共通点の情報を使い、最小二乗法で未知パラメータを計算する。

　式（8.33）では、パラメータが非線形な形で混じっているので、線形化する必要がある。線形化に必要な概略値を、$\mathbf{c}_0, \mu_0, \mathbf{R}_0$ とする。地心系（例えば WGS-84）と局地系との間の変換の場合、縮尺係数の概略値は $\mu_0 = 1$ が適当で、微分量とあわせて

$$\mu = \mu_0 + \Delta\mu = 1 + \Delta\mu \tag{8.37}$$

となる。更に式（8.36）の回転角 α_i は小さいので、微分量 $\Delta\alpha_i$ とみなしても良い。式（8.36）で α_i の代わりに $\Delta\alpha_i$ を使い、$\cos\Delta\alpha_i = 1, \sin\Delta\alpha_i = 0$ として1次項のみを考慮すれば、

$$\mathbf{R} = \begin{bmatrix} 1 & \Delta\alpha_3 & -\Delta\alpha_2 \\ -\Delta\alpha_3 & 1 & \Delta\alpha_1 \\ \Delta\alpha_2 & -\Delta\alpha_1 & 1 \end{bmatrix} = \mathbf{I} + \Delta\mathbf{R} \tag{8.38}$$

となる。ここで $\mathbf{I}$ は単位行列、$\Delta\mathbf{R}$ は（歪対称）微小回転行列である。したがって回転行列の概略値として、$\mathbf{R}_0 = \mathbf{I}$ を選ぶのが適当である。最後に平行移動ベクトルは、

$$\mathbf{c} = \mathbf{c}_0 + \Delta\mathbf{c} \tag{8.39}$$

と分離した形に書ける。ここで概略の平行移動ベクトル $\mathbf{c}_0$ は、式（8.33）に概略の縮尺係数、回転行列を代入すれば得られ次のようになる。

$$\mathbf{c}_0 = \mathbf{X}_T - \mathbf{X} \tag{8.40}$$

ここで詳細は省くが、式 (8.37)、(8.38)、(8.39) を式 (8.33) に代入し整理すれば、点 i の線形変換モデルが次のように得られる（詳細については、例えば Hofmann-Wellenhof et al.1994 参照）。

$$\mathbf{X}_{Ti} - \mathbf{X}_i - \mathbf{c}_0 = \mathbf{A}_i \Delta \mathbf{p} \tag{8.41}$$

ここで左辺は既知量であり、形式的に観測量と考えても良い。計画行列 $\mathbf{A}_i$ と未知パラメータベクトル $\Delta \mathbf{p}$ は、

$$\mathbf{A}_i = \begin{bmatrix} 1 & 0 & 0 & X_i & 0 & -Z_i & Y_i \\ 0 & 1 & 0 & Y_i & Z_i & 0 & -X_i \\ 0 & 0 & 1 & Z_i & -Y_i & X_i & 0 \end{bmatrix} \tag{8.42}$$

$$\Delta \mathbf{p} = \begin{bmatrix} \Delta c_1 & \Delta c_2 & \Delta c_3 & \Delta \mu & \Delta \alpha_1 & \Delta \alpha_2 & \Delta \alpha_3 \end{bmatrix}^T$$

で与えられる。式 (8.41) は、点 i についての観測方程式であるから、n 個の共通点がある場合その観測方程式の計画行列は、

$$\mathbf{A} = \begin{bmatrix} \mathbf{A}_1 \\ \mathbf{A}_2 \\ \vdots \\ \mathbf{A}_n \end{bmatrix} \tag{8.43}$$

となる。共通点が 3 点の場合、これは

$$\mathbf{A} = \begin{bmatrix} 1 & 0 & 0 & X_1 & 0 & -Z_1 & Y_1 \\ 0 & 1 & 0 & Y_1 & Z_1 & 0 & -X_1 \\ 0 & 0 & 1 & Z_1 & -Y_1 & X_1 & 0 \\ 1 & 0 & 0 & X_2 & 0 & -Z_2 & Y_2 \\ 0 & 1 & 0 & Y_2 & Z_2 & 0 & -X_2 \\ 0 & 0 & 1 & Z_2 & -Y_2 & X_2 & 0 \\ 1 & 0 & 0 & X_3 & 0 & -Z_3 & Y_3 \\ 0 & 1 & 0 & Y_3 & Z_3 & 0 & -X_3 \\ 0 & 0 & 1 & Z_3 & -Y_3 & X_3 & 0 \end{bmatrix} \tag{8.44}$$

となり、わずかに余剰な観測がある場合の観測方程式を構成する。最小二乗法により、パラメータベクトル $\Delta \mathbf{p}$ が求まり、それから式 (8.37)、(8.38)、(8.39) の推定値が決まる。相似変換の 7 つのパラメータが決まれば、式 (8.33) を使って共通点以外の点を変換することができる。

例として GNSS 座標を（非地心の三次元）局地座標に変換することを考えよう。GNSS 座標を $(X, Y, Z)_{GNSS}$ で、局地座標を平面座標 $(y, x)_{LS}$ と楕円体高 h_{LS} でそれぞれ表す。変換パラメータを求めるために、両座標系でいくつかの共通点の座標がわかっているものとする。変換は以下のアルゴリズムにしたがって行われる。

1. 共通点の平面座標 $(y, x)_{LS}$ を楕円体表面座標 $(\varphi, \lambda)_{LS}$ に変換する。

2. 共通点の楕円体座標 $(\varphi, \lambda, h)_{LS}$ を、式 (8.1) で直交座標 $(X, Y, Z)_{LS}$ に変換する。
3. ヘルマート変換の7つのパラメータを、共通点の座標 $(X, Y, Z)_{GNSS}$ と $(X, Y, Z)_{LS}$ を使って決定する。
4. 共通点以外の点について、この求まった7つのパラメータを使って式 (8.33) により、$(X, Y, Z)_{GNSS}$ 座標から $(X, Y, Z)_{LS}$ 座標へ変換する。
5. 式 (8.11) あるいは繰り返し計算法を使って、直交座標 $(X, Y, Z)_{LS}$ を楕円体座標 $(\varphi, \lambda, h)_{LS}$ に変換する。
6. 楕円体表面座標 $(\varphi, \lambda)_{LS}$ を平面座標 $(y, x)_{LS}$ に変換する。

上記ステップ1, 2, 5, 6では、同じ楕円体を使わなければならない。

この三次元変換では、7つの相似変換パラメータが事前にわかっている必要はない。しかし共通点での楕円体高とジオイド高はわかっていなければならない。しかしながら Schmitt et al. (1991) が報告しているように、共通点の高さが正確で無い場合でもそれの平面座標に及ぼす影響はたいてい無視できる。例えば、不正確な高さにより 20 km×20 km の網に空間的に 5 m の傾きが生じたとしても、それの平面座標への影響は概略 1mm 程度である。

網が大きい場合は、共通点の概略楕円体高を使って相似変換ではなく三次元のアフィン変換を行うことにより、高さの問題は解決できる。

8.3.2 二次元の変換

2つの平面座標をそれぞれ $\mathbf{x}$ と $\mathbf{x}_T$ で表そう（図 8.8）。二次元の相似変換は、

$$\mathbf{x}_T = \mathbf{c} + \mu\, \mathbf{R}\mathbf{x} \tag{8.45}$$

で定義される。ここで μ は縮尺係数、$\mathbf{c}$ は平行移動ベクトルで

$$c = \begin{bmatrix} c_1 \\ c_2 \end{bmatrix} \tag{8.46}$$

$\mathbf{R}$ は1つの回転角をふくむ回転行列で

$$R = \begin{bmatrix} \cos\alpha & -\sin\alpha \\ \sin\alpha & \cos\alpha \end{bmatrix} \tag{8.47}$$

である。式 (8.45) は、2つの平行移動成分 c_1, c_2 と縮尺係数 μ、回転角 α の4つの変換パラメータを含んでいる。式 (8.46) と (8.47) を式 (8.45) に代入すれば、変換座標の各成分は

$$\begin{aligned} x_T &= c_1 + \mu x \cos\alpha - \mu y \sin\alpha \\ y_T &= c_2 + \mu x \sin\alpha + \mu y \cos\alpha \end{aligned} \tag{8.48}$$

と表される。

第 8 章 データ変換

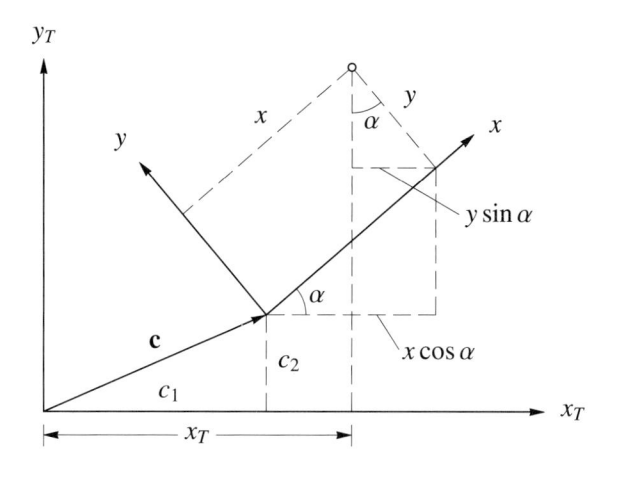

図 8.8 二次元の変換

　これらの式は、図 8.8 に示されているように幾何学的に証明することができる。

　パラメータ $\mathbf{c}, \mu, \mathbf{R}$ が既知であれば、式 (8.45) で $\mathbf{x}$ 座標系の点を $\mathbf{x}_T$ 座標系に変換することができる。パラメータが未知であれば、三次元の場合と同じように、両座標系に共通な点を使ってパラメータが決定できる。共通な点毎に 2 つの方程式ができるから、4 つの未知パラメータを解くには 2 つの共通点があれば十分である。実際には余剰な共通点を使って、最小二乗法で未知パラメータを計算する。この場合 x_T と y_T は形式的に観測量と見なされる。

　式 (8.48) では未知量は非線形になっているが、次のような補助的な未知量

$$p = \mu \cos\alpha \\ q = \mu \sin\alpha \tag{8.49}$$

を使えば、未知量に関して線形な方程式

$$x_T = c_1 + px - qy \\ y_T = c_2 + qx + py \tag{8.50}$$

が得られる。縮尺係数と回転角は補助未知量から

$$\mu = \sqrt{p^2 + q^2} \\ \tan\alpha = q/p \tag{8.51}$$

で求められる。

　例として GNSS 座標を (非地心の二次元) 局地座標に変換することを考えよう。GNSS 座標を $(X, Y, Z)_{GNSS}$ で、局地座標を平面座標 $(y, x)_{LS}$ と楕円体高 h_{LS} でそれぞれ表す。変換パラメータを求めるために、両座標系でいくつかの共通点の座標がわかっているものとする。局地座標系では高さの情報は使えないことに注意。変換は以下のアルゴリズムにしたがって行われる。

1. 式 (8.11) あるいは繰り返し計算法を使って、網のすべての点の直交座標 $(X, Y, Z)_{GNSS}$ を楕円体座標 $(\varphi, \lambda, h)_{LS}$ に変換する。変換には局地基準系の楕円体を使わなければならないことに注意。

2. すべての点の楕円体高 h_{GNSS} を無視し、上で求めた楕円体表面座標 $(\varphi, \lambda)_{GNSS}$ を平面座標 $(y, x)_{GNSS}$ に変換する。
3. 共通点の座標 $(y, x)_{GNSS}$ と $(y, x)_{LS}$ を使って二次元の相似変換の4つのパラメータを決定する。
4. 共通点以外の点について、この求まった4つのパラメータを使って式（8.45）により、$(y, x)_{GNSS}$ 座標から $(y, x)_{LS}$ 座標へ変換する。

この変換は、小さな網で、標高が低く、ジオイド高が変化しない地域では、（高さの情報を使わなくても）うまくいく。しかしながら座標 $(y, x)_{GNSS}$ は、局地的なジオイド高の大きさやジオイドの傾斜に左右されるので、その場合は原理的に相似変換に適さない歪んだものになる（Lichtenegger 1991）。Schmit et al.（1991）に示されている数値例では、WGS-84 楕円体と二次元の相似変換を使った場合、$200\,km \times 200\,km$ の範囲の網で 8 mm から 15 mm の食い違いが見られている。

この問題を克服する1つの方法は、2つの平面座標の間の変換にアフィン変換のような他の変換を使うことである。その他の方法は、共通点の座標 $(y, x)_{LS}$ を概略の楕円体高を使って概略の $(X, Y, Z)_{LS}$ に変換することである。これにより、三次元の相似変換パラメータが導き出せるので、すべての GNSS 座標の局地座標への概略変換が可能になる。この変換は、GNSS 座標に概略の平行移動ベクトルを適用するだけでも行える。得られた概略座標を平面に投影し、そこで最終的な2次元の相似変換が行われる。

8.3.3 一次元の変換

GNSS の大きな特徴の1つは、三次元（3D）の座標値が同時に得られることである。水平座標と高さは、同じ手順で一緒に計算されるため、分離できない。古典的な測地学では、水平座標と高さはそれぞれ独立に求められていた。

ここでそれならなぜ前節の二次元の変換や、この節での一次元の変換が議論されるのかという疑問がおきるかもしれないが、答えは過去の歴史の中にある。多くの国では、優れた水平基準点網が使えるが、ジオイド高がないためその楕円体高はかなり貧弱なものである。したがってこのように楕円体高の情報が使えない場合は、2D 変換を使うのが適当である。同様に 1D 変換は、ジオイドについての詳細知識無しに、高さを変換するのに使われる。

記号的には、1D 変換は $3D \ominus 2D$ で得られる。もっと詳しく言うと、1D 変換のパラメータは、3D 変換のパラメータから 2D 変換のパラメータを引き去ることで得られる。これは次のようなことに相当する。

$$\begin{array}{c|cccccccc}
3D & c_1 & c_2 & c_3 & \mu & \alpha_1 & \alpha_2 & \alpha_2 \\
2D & c_1 & c_2 & & \mu & & & \alpha_3 \\
\hline
1D & & & c_3 & & \alpha_1 & \alpha_2 &
\end{array} \Biggr\} \ominus \qquad (8.52)$$

ここで 2D 変換の回転角には対応する下付文字をつけている。言い換えると 3D 変換は、水平座標の 2D 変換と高さの 1D 変換からできている。

1D 変換に集中して式（8.52）を見てみると、1D 変換は鉛直軸に沿っての変化と（鉛直軸の傾きに対応する）南北軸と東西軸のまわりの回転からできていることがわかる。これらの3つのパラメ

第 8 章 データ変換

ータは、少なくとも 3 点の共通点の高さ情報を使って決定される。

高さを使った変換

GNSS 網の何点かの（共通）点で、正標高か標高 H_i と楕円体高 h_i がわかっているとしよう。1D 変換の数学モデルは、

$$H_i = h_i + \Delta h - y_i \Delta \alpha_1 + x_i \Delta \alpha_2 \tag{8.53}$$

で与えられる。ここで Δh は鉛直方向の変化、$\Delta \alpha_1$ と $\Delta \alpha_2$ は x 軸と y 軸のまわりの回転角である。形式的には、式 (8.53) は縮尺係数を考慮しない三次元相似変換の 3 番目の成分に相当する。さらに、この方程式は位置座標 x_i, y_i を持つ局地座標系で表されている。これらの位置座標は例えば地図から読み取られるような低い精度で十分である。幾何学的には、式 (8.53) は共通点以外のジオイド高 $N = h - H$ の補間平面の方程式と解釈できる。平面補間はもっと不規則なジオイドを説明する場合、高次の曲面補間に拡張されることもある。

ジオイドモデルが使える場合は、楕円体高 h_i は概略標高 H_{i0} に変換されるが、通常 H_i と H_{i0} には、GNSS の系統誤差とジオイドモデルの誤差の組み合わさった影響で、食い違いが見られる。

米国連邦測地管理小委員会（FGCS: Federal Geodetic Control Subcommittee）の作業規程は、米国の国家基準点網に組み込まれる測量では、測量地域内に（例えば地域内の隅に）幾何学的に良く配置された最低 4 点の水準点と結合することを求めている。追加的な水準点結合が行われれば、式 (8.53) の最小二乗網平均が可能で、楕円体のジオイドに対する傾きを調べることができる。演習問題として、3 点の標高を使ってこの傾きを求め、4 点めについて補間標高を正しい標高と較べ点検するのも良い。この 2 つの標高は、通常の条件では数 cm 以内で一致しなければならない。最小二乗網平均で計算される 2 つの回転角の大きさを調べることによっても、変換の正しさをチェックできる。通常この角度は数秒以内でなければならない。

例えば $10\,km \times 10\,km$ といった小さな網の中の点の標高は、通常およそ 3 cm の精度で決定できる。ジオイド高の変化を十分説明できるモデルがある場合は、もっと広い範囲で測量が行え、この高さの変換で同じくらいの標高精度が達成できる。

標高差を使った変換

前節では、ジオイド高の重要性が強調されている。GNSS で決定された楕円体高は、ジオイド高がわかっていれば、正標高に変換できる。しかしながら、例えば（オイルプラットフォームのような）ある点の沈下量を測定したい時のように、標高の変化を計りさえすればよいという場合がある。このような場合、相対的な高さを考えるのでジオイドの重要性は低下する。2 点での高さの関係式

$$\begin{aligned} H_1 &= h_1 - N_1 \\ H_2 &= h_2 - N_2 \end{aligned} \tag{8.54}$$

から高さの差は

$$H_2 - H_1 = h_2 - h_1 - (N_2 - N_1) \tag{8.55}$$

である。ここではジオイド高の差だけが結果に影響を及ぼす。したがって局地的にジオイド高が一

定、すなわちジオイドと楕円体との間隔が一定であれば、ジオイドは無視できる。同様にジオイドが楕円体に対して一定の傾斜を持つ場合は、前節で説明した GNSS 高の変換により正確な標高を計算できる。

8.4 ＧＰＳデータと地上測量データの混合

8.4.1 共通の座標系

これまでは GNSS 網と地上測量網は、網平均に関して別々に取り扱われてきた。例えば基準系の変換で使われる場合、両方のデータはそれぞれ別々に網平均された後、組み合わされることが想定されていた。ここでは、GNSS 観測と地上測量のデータをいっしょに網平均することについて見てみる。ここでの問題は、GNSS データは三次元の地心直交座標系に準拠しているが、地上測量データはそれぞれの観測点での鉛直線に基づいた個別の局地系に準拠しているということである。更に地上測量データは、伝統的に水平位置と高さに分けられており、水平位置は楕円体に、正標高はジオイドにそれぞれ準拠している。

共通に網平均を行うためには、すべての観測量がその座標系に変換されるような共通の座標系が必要である。原理的にはどのような座標系を共通の座標系として使ってもよい。Daxinger and Strling（1995）が提案した局地系での二次元（平面）座標を使うのも 1 案であるが、ここでは三次元の座標系を選択する。座標系の原点は局地系に使われている楕円体の中心にとる。Z 軸は楕円体の短半径に一致させ、X 軸は楕円体のグリニジ子午面（$\lambda = 0$）と楕円体赤道面との交線に、また Y 軸はこれらと右手系をなすよう選ぶ。この座標系に基づく位置ベクトルを、$\mathbf{X}_{LS}$ と表す。ここで LS は局地系（Local System）であることを示している。

共通の座標系が決まった後は、観測点での個別の局地系に準拠している地上測量データは、この共通の座標系で表現されなければならない。同様に観測量と見なされる GNSS 基線ベクトルもこの座標系に変換されることになる。

8.4.2 観測量の表現

距離

空間距離 s_{ij} は、局地座標の関数として式(8.19)で与えられる。$\mathbf{x}_{ij}$ の成分として n_{ij}, e_{ij}, u_{ij} を式(8.19)に代入すれば、

$$s_{ij} = \sqrt{n_{ij}^2 + e_{ij}^2 + u_{ij}^2} \\ = \sqrt{(X_j - X_i)^2 + (Y_j - Y_i)^2 + (Z_j - Z_i)^2} \tag{8.56}$$

が得られる。ここの計算では式(8.14)、すなわち $\mathbf{n}_i, \mathbf{e}_i, \mathbf{u}_i$ は、単位ベクトルであることも考慮している。明らかに、この 2 番目の式はピタゴラスの定理から直接得られるものである。式(8.56)を微分すれば、

$$ds_{ij} = \frac{X_{ij}}{s_{ij}}(dX_j - dX_i) + \frac{Y_{ij}}{s_{ij}}(dY_j - dY_i) + \frac{Z_{ij}}{s_{ij}}(dZ_j - dZ_i) \tag{8.57}$$

となる。ここで

$$X_{ij} = X_j - X_i$$
$$Y_{ij} = Y_j - Y_i \quad (8.58)$$
$$Z_{ij} = Z_j - Z_i$$

である。また式（8.57）で、微分を差分に置き換えれば次のようにも表せる。

$$\Delta s_{ij} = \frac{X_{ij}}{s_{ij}}(\Delta X_j - \Delta X_i) + \frac{Y_{ij}}{s_{ij}}(\Delta Y_j - \Delta Y_i) + \frac{Z_{ij}}{s_{ij}}(\Delta Z_j - \Delta Z_i) \quad (8.59)$$

方位角

同様に、観測方位角 α_{ij} は、局地座標の関数として式（8.19）で与えられる。$\mathbf{x}_{ij}$ の成分 n_{ij}, e_{ij}, u_{ij} を式（8.19）に代入すれば、

$$\tan\alpha_{ij} = e_{ij}/n_{ij}$$
$$= \frac{-X_{ij}\sin\lambda_i + Y_{ij}\cos\lambda_i}{-X_{ij}\sin\varphi_i\cos\lambda_i - Y_{ij}\sin\varphi_i\sin\lambda_i + Z_{ij}\cos\varphi_i} \quad (8.60)$$

が得られる。差分量については、導出は長くなるが次のようになる。

$$\begin{aligned}
\Delta\alpha_{ij} &= \frac{\sin\varphi_i\cos\lambda_i\sin\alpha_{ij} - \sin\lambda_i\cos\alpha_{ij}}{s_{ij}\sin z_{ij}}(\Delta X_j - \Delta X_i) \\
&+ \frac{\sin\varphi_i\sin\lambda_i\sin\alpha_{ij} + \cos\lambda_i\cos\alpha_{ij}}{s_{ij}\sin z_{ij}}(\Delta Y_j - \Delta Y_i) \\
&- \frac{\cos\varphi_i\sin\alpha_{ij}}{s_{ij}\sin z_{ij}}(\Delta Z_j - \Delta Z_i) \\
&+ \cot z_{ij}\sin\alpha_{ij}\Delta\varphi_i + (\sin\varphi_i - \cos\alpha_{ij}\cos\varphi_i\cot z_{ij})\Delta\lambda_i
\end{aligned} \quad (8.61)$$

方位

測定方位 R_{ij} は、方位角 α_{ij} と方位未知量（orientation unkown）o_i だけ異なっており、

$$R_{ij} = \alpha_{ij} - o_i \quad (8.62)$$

と書ける。これから差分はすぐに

$$\Delta R_{ij} = \Delta \alpha_{ij} - \Delta o_i \quad (8.63)$$

と得られる。

天頂角

天頂角 z_{ij} は、局地座標の関数として式（8.19）で与えられる。$\mathbf{x}_{ij}$ の成分 n_{ij}, e_{ij}, u_{ij} を式（8.19）に代入すれば、

$$\cos z_{ij} = u_{ij}/s_{ij}$$
$$= \frac{X_{ij}\cos\varphi_i\cos\lambda_i + Y_{ij}\cos\varphi_i\sin\lambda_i + Z_{ij}\sin\varphi_i}{\sqrt{X_{ij}^2 + Y_{ij}^2 + Z_{ij}^2}} \tag{8.64}$$

が得られる。差分量の導出は長くなるが、結果次のようになる。

$$\begin{aligned}\Delta z_{ij} &= \frac{X_{ij}\cos z_{ij} - s_{ij}\cos\varphi_i\cos\lambda_i}{s_{ij}^2\sin z_{ij}}(\Delta X_j - \Delta X_i) \\ &+ \frac{Y_{ij}\cos z_{ij} - s_{ij}\cos\varphi_i\sin\lambda_i}{s_{ij}^2\sin z_{ij}}(\Delta Y_j - \Delta Y_i) \\ &+ \frac{Z_{ij}\cos z_{ij} - s_{ij}\sin\varphi_i}{s_{ij}^2\sin z_{ij}}(\Delta Z_j - \Delta Z_i) \\ &- \cos\alpha_{ij}\Delta\varphi_i - \cos\varphi_i\sin\alpha_{ij}\Delta\lambda_i\end{aligned} \tag{8.65}$$

天頂角 z_{ij} は、2点 i, j を結ぶ弦の天頂角であり、観測天頂角から例えば次のようなモデル式で計算される。

$$z_{ij} = z_{ij\,meas} + \frac{s_{ij}}{2R_e}k \tag{8.66}$$

ここで z_{ijmeas} は観測天頂角、R_e は地球の平均半径、k は屈折係数である。k については、標準的な数値を代入して使うか、追加的な未知量として推定するかどちらかである。k を未知量として推定する場合、例えばすべての天頂角に対して1つ選ぶか、観測グループごとに1つ選ぶか、あるいは観測日毎に1つ選ぶかといったいくつかの選択が考えられる。

楕円体高の差

"測定された" 楕円体高の差は、

$$h_{ij} = h_j - h_i \tag{8.67}$$

である。この式の楕円体高は、直交座標を式 (8.11) あるいは繰り返し計算で、楕円体座標に変換すれば得られる。楕円体高の差は、地球の曲率を無視すると概略 $\mathbf{x}_{ij}$ の3番目の成分で与えられる。それゆえ

$$h_{ij} = \mathbf{u}_j \cdot \mathbf{X}_{ij} \tag{8.68}$$

である。これに式 (8.14) の $\mathbf{u}_i$ を代入すれば、

$$h_{ij} = \cos\varphi_i\cos\lambda_i X_{ij} + \cos\varphi_i\sin\lambda_i Y_{ij} + \sin\varphi_i Z_{ij} \tag{8.69}$$

となる。この式を直交座標に関して微分し、結果式を差分量で置き換えれば、

$$\Delta h_{ij} = \cos\varphi_j \cos\lambda_j \Delta X_j + \cos\varphi_j \sin\lambda_j \Delta Y_j + \sin\varphi_j \Delta Z_j \\ - \cos\varphi_i \cos\lambda_i \Delta X_i - \cos\varphi_i \sin\lambda_i \Delta Y_i - \sin\varphi_i \Delta Z_i \tag{8.70}$$

が得られる。ここで座標差は個々の座標値に分解されている。

基線

GNSS 観測から地心直交座標系での基線 $\mathbf{X}_{ij\,(GNSS)} = \mathbf{X}_{j\,(GNSS)} - \mathbf{X}_{i\,(GNSS)}$ が得られる。位置ベクトル $\mathbf{X}_{i\,(GNSS)}$ や $\mathbf{X}_{j\,(GNSS)}$ は、三次元の（7 パラメータ）相似変換で局地座標系 LS に変換できる。式（8.33）からこの変換式は、

$$\mathbf{X}_{LS} = \mathbf{c} + \mu \mathbf{R} \mathbf{X}_{GNSS} \tag{8.71}$$

と書ける。ここで

- $\mathbf{X}_{LS}$ ………局地系での位置ベクトル
- $\mathbf{X}_{GNSS}$ ………地心系での位置ベクトル
- $\mathbf{c}$ ………平行移動ベクトル
- $\mathbf{R}$ ………回転行列
- μ ………縮尺係数

である。

2 つの位置ベクトルの差、すなわち基線 $\mathbf{X}_{ij}$ を作ると、平行移動ベクトル $\mathbf{c}$ は消去され、式（8.71）から基線ベクトルの変換は、

$$\mathbf{X}_{ij\,(LS)} = \mu \mathbf{R} \mathbf{X}_{ij\,(GNSS)} \tag{8.72}$$

となる。式（8.41）と同じように、これを線形化したものは、

$$\mathbf{X}_{ij\,(LS)} = \mathbf{X}_{ij\,(GNSS)} + \mathbf{A}_{ij} \Delta \mathbf{p} \tag{8.73}$$

である。ここでベクトル $\Delta \mathbf{p}$ と計画行列 $\mathbf{A}_{ij}$ は、次式で与えられる。

$$\Delta \mathbf{p} = \begin{bmatrix} \Delta\mu & \Delta\alpha_1 & \Delta\alpha_2 & \Delta\alpha_3 \end{bmatrix}^T \\ \mathbf{A}_{ij} = \begin{bmatrix} X_{ij} & 0 & -Z_{ij} & Y_{ij} \\ Y_{ij} & Z_{ij} & 0 & -X_{ij} \\ Z_{ij} & -Y_{ij} & X_{ij} & 0 \end{bmatrix}_{GNSS} \tag{8.74}$$

$\Delta\alpha_i$ は GNSS の座標系の座標軸回転を表している。回転が局地系の座標軸に関係するものであれば、$\Delta\alpha_i$ の符号は反対になり、$\mathbf{A}_{ij}$ の後ろ 3 列の成分の符号は逆になる。

式（8.73）の左辺のベクトル $\mathbf{X}_{ij\,(LS)}$ には、点 $\mathbf{X}_{i\,(LS)}$ と点 $\mathbf{X}_{j\,(LS)}$ が含まれている。これらの点が未知であれば、これらを概略座標（既知）と補正量（未知）に置き換える。すなわち

$$\mathbf{X}_{i\,(LS)} = \mathbf{X}_{i0\,(LS)} + \Delta \mathbf{X}_{i\,(LS)} \\ \mathbf{X}_{j\,(LS)} = \mathbf{X}_{j0\,(LS)} + \Delta \mathbf{X}_{j\,(LS)} \tag{8.75}$$

これを、式（8.73）に代入し、$\mathbf{X}_{ij\,(GNSS)}$ を観測量と見なせは、線形化された観測方程式は、

$$\mathbf{X}_{ij(GNSS)} = \Delta \mathbf{X}_{j\,(LS)} - \Delta \mathbf{X}_{i\,(LS)} - \mathbf{A}_{ij}\Delta \mathbf{p} + \mathbf{X}_{j0\,(LS)} - \mathbf{X}_{i0\,(LS)} \tag{8.76}$$

となる。これからわかるように、この観測方程式の計画行列は、$\mathbf{A}_{ij}$ と未知の補正量の係数（＋1か－1）とでできている。

　原理的にはどのようなタイプの測地観測でも、統合測地網平均モデルに取り込むことができる。基本となる考え方は、どのような測地観測も位置ベクトル $\mathbf{X}$ や地球の重力場 W の関数として表すことができるということである。通常非線形な関数は線形化しなければならない。そこでは重力場 W は $W = U + T$ と、楕円体の正規重力ポテンシャル U と擾乱ポテンシャル T に分けられる。これに最小原理を適用するとコロケーションの式が導かれる（Moriz 1980: 第11章）。

　GNSS データと他のデータを統合した多くの事例が論文に発表されている。その中からいくつかを紹介しよう。GNSS と重力のデータを組み合わせる方法は Hein（1990a）によって研究されている。Delikaraoglou and Lahaye（1990）にはこれについてのいくつかの成果が引用されており、Hofmann-Wellenhof et al.（1994: 3.6.4 節）や Daxinger and Stirling（1995）にはこれについての数値例が見られる。Schaefer et al.（2000）は、GPS を羅針盤や傾斜計と組み合わせてマルチセンサーシステムとしている。同様に Petovello et al.（2001）は GPS と慣性航法のデータを組み合わせるという挑戦的な研究に取り組んでいる。Li（2004）は、構造変形を監視するための GPS と加速度計、ファイバーセンサー（fiber sensor）の組み合わせについて記述している。Ellum and El-Sheimy（2005）は、GPS と写真測量のデータを組み合わせた平均計算について述べている。Fotopoulos（2005）は GPS とジオイドのデータを組み合わせている。……等々。

第9章 GPS

9.1 はじめに

9.1.1 GPSの歴史

GPSシステムについて責任を負っているのは、カリフォルニアのエルセグンド（El Segundo）にある宇宙ミサイルセンターの一部局である統合計画本部（JPO: Joint Program Office）である。1973年米国防総省（DoD: Department of Defence）は、衛星を使った測位システムの構築、すなわちシステムの開発や試験、導入、配備を行うようJPOを指揮監督した。現在GPSがあるのは、この最初の指揮監督のおかげである。

GPSは位置の分かった衛星から陸上や海上、空中、宇宙にある未知の観測点までの距離を測るシステムである。実際衛星信号にはその発信時刻が記録されているので、信号が受信されれば伝播時間は時刻同期された受信機で測定できる。

GPSの当初の目的は、瞬時に位置と速度を決定すること（航法）と時刻を精確に合わせること（時刻同期）であった。W. Woodenによる詳しい定義は以下のようになる。「GPSは米国防総省が地球上やその近くの宇宙空間で共通の基準系に基づく正確な位置と速度と時間を連続的に決定したいという軍の要望を満たすために開発した衛星利用の全天候型航法システムである。」米国防総省がGPSの創始者であったために、GPSの第一の目的は軍事利用であったが、米国議会は大統領の助言をもとにGPSの民生利用を促進するよう米国防総省を指導監督している。民生利用は測地測量用に携帯型のコードレス受信機が開発されたことによって加速された。これにより短距離でミリ精度、また長距離で百万分の1（ppm）の精度での基線測定が可能となった。C. Counselmanによって開発されたこの測量用受信機マクロメータ（Macrometer）は、軍が航法用の受信機をまだテストしていた時に市販されたため、この測量用受信機による高精度の測地網の構築がGPSの最初の生産的な利用法となった。

9.1.2 開発の各段階

初期

技術的な観点からは、GPSはモデルチェンジが必要な旧いシステムである。しかし1973年に遡る初期の開発は過去の歴史として忘れ去られてはならない。5年後の1978年から実験衛星の打ち上げが始まった。それから11年かけて経験を重ね実用衛星の開発が行われ、1989年に最初の実用衛星が打ち上げられた。これらの開発の過程で、完全に軍用のシステムをという初期の目的とは違って、GPSを軍用、民生用の双方に使えるシステムとして開発するという重要な政策決定がなされた。これによりGPSは米国並びにその同盟国の軍と世界中の民生ユーザーが使えるシステムと

なった。米国のGPS政策の変遷については第9章1.3節で説明する。

運用

運用には、初期運用（IOC: Initial operational capability）と完全運用（FOC: Full operational capability）のふたつがある。初期運用IOCは24個のGPS衛星（ブロックI／II／IIA）が稼動し航法に利用できるようになった1993年7月に達成されたが、国防総省が公式にその達成を宣言したのは1993年12月8日であった。完全運用FOCは24個のブロックII／IIAが指定された軌道を運行し、その衛星配置の軍事的性能が調べられたことにより達成された。これら24個の衛星は1994年3月には利用可能であったが完全運用達成が宣言されたのは1995年7月17日であった。

GPS近代化

前節で見たように、GPSが完全運用になってから10年以上経っている。この間技術的な進展が見られた一方でGPSの利用法や精度に関する新たな要求が軍と民生ユーザー双方から出てきている。また欧州のガリレオ（Galileo）計画や中国の北斗（Beidou）計画の輪郭や特徴、その開発スケジュールが明らかになってきたため、GPSとこれらの衛星測位システムとの競争も問題になっている。これらの問題に対応するために、1999年1月25日、GPSの近代化計画が正式に発表された。GPSの近代化により、衛星や管制（第9章4.1節、4.2節）、特にGPS信号（第9章5節）は大きく変わる。

9.1.3 管理運用

1983年に米国大統領が、大韓航空007便の事故の後に、民生ユーザーのGPSへの無料アクセスを認めたことは大きな影響を与えた。米国の最初の「GPS政策」は1996年に発表され、同時に米国政府内にGPS政策会議（IGEB: Interagency GPS Executive Board）が設置された。民生ユーザーにとって重要なGPS政策決定は、大統領あるいは副大統領の決定令（Decision Directive）として公表される。以下にその例を示す。

- 1996年、全世界でGPSの平和的な民生、商用、科学利用が行われることを奨励した。さらにSA（Selective availability：選択利用性）（第9章3.3節参照）を2006年までに停止することを約束した。
- 1998年3月30日、米国副大統領は、GPS第2民生信号計画を発表した。この中で副大統領は「この新しい民生信号により、バックパッカーから農業、漁業従事者、パイロット、科学者に至るまで全世界数億のユーザーにとって、GPSの航法、測位、時刻サービスの大きな改善が図られることになる。」と述べている。
- 1999年1月25日、米国副大統領は、全世界の民生、商用、科学ユーザーに対するサービスを高めるために将来のGPSに2つの民生信号を付け加え、GPSを近代化する計画を発表した。
- 2000年5月1日、GPSの精度を意図的に劣化させることを中止するという米国大統領声明が発表された。「私は、米国がGPS信号の意図的劣化を今晩12時から中止するということを発表できることを喜んでおります。この意図的劣化は選択利用性SAと呼ばれているものです。この中止により、民生ユーザーは中止前と較べて10倍以上の精度で位置決定ができるようになります。GPSは衛星を使って全世界の軍用、民生用ユーザーに正確な位置と時

間を提供するシステムです。1996年の米国大統領決定令では"GPSを民生用や商用、科学に平和的に利用することやGPS技術やGPSサービスへの民間投資やその利用を奨励する"ことをGPSの目標として述べました。この目標に沿って、毎年評価を行いながら2006年までにSAを停止することを当時私は約束しました。"民生ユーザーの立場からは、SAを中止することはGPS近代化の第1歩と考えることができる。

　これらの大統領あるいは副大統領決定令の背後にあるものは何であろうか。これは1996年のGPS政策に代るものとして2004年12月8日に発表された新しいGPS政策を見れば明らかである。この米国のGPS政策は"宇宙を利用した測位、航法、時間測定の計画や補強システム、米国の国家、国土の安全保障や民生、科学、商用利用のための活動についての実施方針"を定めている。また2004年12月のこの大統領決定令により、米国政府省庁に対してGPSに関する助言と調整を行うためPNT（Positioning, navigation, and timing：測位航法時間測定）政策執行委員会が設置された。この政策執行委員会の役割と職務については、Webサイト http://pnt.gov で説明されている（概要についてはこの後に示す）。図9.1に政策執行委員会の組織図を示す。

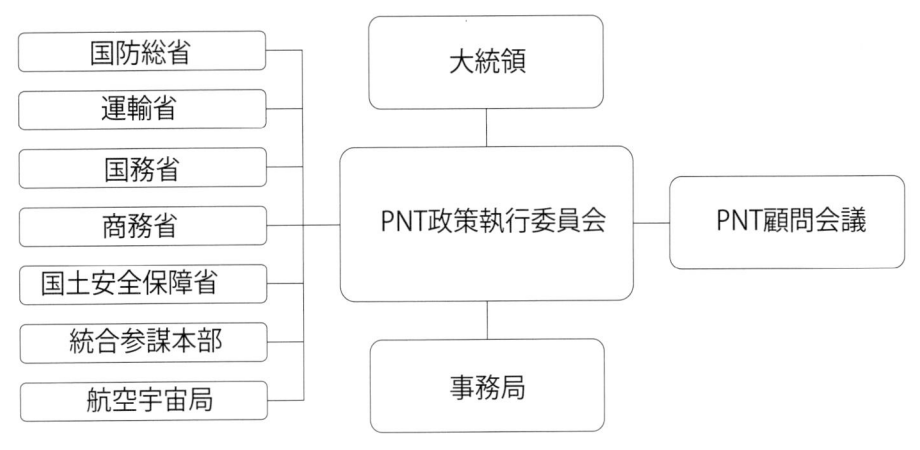

図9.1 PNT政策執行委員会の組織図

　政策執行委員会は国防総省と運輸省の副長官が共同議長になっている。委員会のメンバーは、国務省、商務省、国土安全保障省、統合参謀本部、航空宇宙局の同レベルの代表者で構成される。大統領官邸事務局のメンバーは、オブザーバーとして政策執行委員会に参加する。連邦通信委員会の議長は政策執行委員会に連絡員として参加する。ワシントンDCに置かれている事務局は政策執行委員会を支える機能を持ち、2005年11月1日から活動を開始した。事務局は、省庁から派遣された職員と事務局長で構成される。事務局はPNT政策に関する問い合わせの窓口になっている。PNT顧問会議は、NASAを通じて政策執行委員会に対して助言を行う。PNT政策執行委員会は、1996年から2004年まで活動してきたIGEBに代るものである。Hothem（2006）にあるようにPNT政策の目的は以下の通りである。
　　・衛星を利用した民生用の測位、航法、時間測定サービスを全世界のユーザーに無料で提供する。

- GPS やその補強システムの近代化を進め、グローバルな PNT サービスを改善する。
- 衛星を利用した外国の PNT 民生サービスと較べて優るかあるいは同等な民生サービスを提供する。
- 民生、商用、科学ユーザーや米国土の安全にとってより妨害に強い PNT サービスとなるよう改善を行う。
- GPS とその補強システムを民生利用するのに必要な情報に、自由に無料でアクセスできるようにする。
- 民生、商用サービスを混乱させることなく、PNT の敵対的な利用を拒否できるようシステムの改善を行う。
- GPS を米国の重要なインフラ要素として維持し、そのバックアップシステムを研究する。
- 衛星を利用した外国の他の PNT システムが、GPS およびその補強システムと相互運用可能（interoperable）、あるいは最低限でも互換性（compatible）のあるものになるよう努める。

この最後の項を理解するためには、"相互運用可能"と"互換性"の定義が必要になる。これは 1996 年 3 月 28 日付けの PNT 政策の大統領決定指示書には以下のように与えられている。

- "相互運用可能（interoperable）"とは、米国と外国の衛星を利用した測位、航法、時間測定の民生サービスが一緒に利用でき、ユーザーにとって個々にサービスや信号を利用するよりもより可能性の高いサービスが達成されることを言う。
- "互換性がある（compatible）"とは、米国と外国の衛星を利用した測位、航法、時間測定サービスにおいてそれぞれのサービスあるいは信号が干渉妨害することなしに、別々にあるいは一緒に利用できることをいう。

9.2 基準系

9.2.1 座標系

GPS の準拠する座標系は WGS-84（World Geodetic System 1984）である。この地心座標系は、TRANSIT 衛星観測から得られたおよそ 1500 点の地上観測点座標をもとに構築されたものである。この座標系に附属して地心に中心をもつ回転楕円体が定義されている。最初この回転楕円体は 4 つのパラメータ、すなわち長半径 a、重力ポテンシャルの正規化された 2 次の帯球係数 $\overline{C}_{2,0}$、地球の角速度 ω_e、地球の重力定数 μ、で定義されていた。WGS-84 は GPS の座標系として 1987 年から使われている。$\overline{C}_{2,0}$ は扁平率 f（$f = (a-b)/a$）を使って表すことができる。

このオリジナルな WGS 84 と国際地球座標系（ITRF: International terrestrial reference frame）を比較すると、次のような違いが見られた（Malys and Slater 1994）。

1. WGS-84 は TRANSIT 衛星のドップラー観測により構築されたが、ITRF は SLR や VLBI 観測に基づいている。TRANSIT の基準局の位置精度は、1〜2 m と推定されていたが、ITRF の基準局の位置精度はセンチメートルのオーダーである。
2. オリジナルな WGS-84 座標系の定義パラメータの値は ITRF と違っている。ただその違い

で顕著なものは衛星軌道測定結果に影響を与える地球重力定数の違い、

$$d\mu = \mu_{WGS} - \mu_{ITRF} = 0.582 \cdot 10^8 m^3 s^{-2}$$

だけである。

この情報に基づいて旧米国防地図庁（DMA: Defence Mapping Agency）は、WGS-84 の μ 値を標準的な ITRF の μ 値に置き換え、GPS 追跡局の座標値を修正することにした。1994 年から使われるようになったこの修正 WGS-84 は、WGS-84（G730）と表示されている。表示の 730 は旧米国防地図庁 DMA がこの修正を行った時期の GPS 週番号を示している（Bock 1996）。

1996 年、旧米国防地図庁 DMA の後継機関である米国画像地図庁（NIMA: National Imagery and Mapping Agency）は、WGS-84（G873）で表される座標系の更新を再度行った。この新しい座標系は、更新された GPS 監視局の座標値によって実現されている。この座標系に付随する楕円体は、表 9.1 で示されている 4 つのパラメータで定義されている。これらのパラメータは、ITRF 系での対応するパラメータと僅かしか違っていない。

表 9.1 WGS-84 楕円体のパラメータ

パラメータ	
$a = 6378137.0 m$	楕円体の長半径
$f = 1/298.257223563$	楕円体の扁平率
$\omega_e = 7292115 \cdot 10^{-11} rads^{-1}$	地球の角速度
$\mu = 3986004.418 \cdot 10^8 m^3 s^{-2}$	地球重力定数

2002 年には、WGS-84（G1150）への更新が更に行われている。現在 WGS-84 座標系と ITRF2005 座標系には 1cm 程度の系統的な違いしか見られない。したがって両座標系は実質的に同じと見なせる。

WGS-84（G1150）の詳細については、Merrigan et al.（2002）を参照せよ。また NIMA（2004）にも WGS 系についての詳細な情報が記述されている。

9.2.2 時系

GPS の時系は、米国海軍天文台（USNO: US Naval Observatory）が保持する原子時系であり、協定世界時 UTC とも関係づけられている。名目上、GPS 時は国際原子時 TAI と 19 秒の差を持っている。すなわち

$$TAI = GPS 時 + 19.000^s \tag{9.1}$$

である。GPS 時は GPS 標準元期 1980 年 1 月 $6.^d0$ には、UTC と一致していた。式（2.22）から、TAI と UTC は n（整数値）秒だけ違っている。2007 年 1 月にはこの違いは $n = 33$ 秒である。したがってこの時、GPS 時は UTC に較べてちょうど 14 秒進んでいることになる。

GPS 時は、GPS 標準元期からの GPS 週数と現 GPS 週内での秒数で表される。GPS 週の計算には

$$WEEK = INT\left[(JD - 2444244.5)/7\right] \quad (9.2)$$

が使われる。ここでJDはユリウス日であり、INTは整数化演算子である。この式と式 (2.25) から、J2000.0 (表 2.2 参照) は第1042週の土曜日にあたることがわかる。ここで航法メッセージの週番号は10ビットしか用意されていないので、1024週毎にゼロにセットされることに注意する必要がある。このことが最初に起きたのは1999年8月21日から22日にかけての真夜中である。2000年に Web 上に "The GPS Toolbox" が開設された (Hilla and Jackson 2000)。ここでの例のような日にち計算のプログラムもこの Toolbox の中に用意されている (www.ngs.noaa.gov/gps-toolbox.)

9.3　GPS サービス

　単独測位と時刻決定に関して、GPSには2つのサービスが用意されている。1つは民生ユーザー用の標準測位サービス (SPS: Standard positioning service) (第9章3.1節) で、もう1つは軍ユーザー用の精密測位サービス (PPS: Precise positioning service) (第9章3.2節) である。SPSでは軍以外のユーザーに高精度の測位ができないように、AS (Anti-spoofing) (第9章3.3節) 等による管理が行われている。ユーザーはさまざまなGPS情報サービスから、現在のGPSの状態、軌道等の情報を手にいれることができる (第13章4.3節)。

　以下の節を理解するためには、GPS衛星信号についての基本的な情報が必要になる。GPS衛星信号の詳細については第9章5節で説明する。

　測位システムの精度の鍵は、すべての信号要素が原子時計により正確にコントロールされていることにある。原子時計としてはルビジウム時計あるいはセシウム時計が使われている。これらの原子時計の周波数長期安定性は1日あたり$10^{-13} \sim 10^{-14}$のオーダーである。将来の水素メーザーでは1日あたり$10^{-14} \sim 10^{-15}$より高い安定性になろう。これらの高精度な時計は、周波数標準とも呼ばれているが、GPS衛星の心臓部であり、GPSの基本周波数10.23MHzを作り出している。この基本周波数から (現在) ふたつのLバンド周波数、L1とL2が基本周波数をそれぞれ154倍、120倍することにより作り出されている。

$$L1 = 1575.42 MHz$$
$$L2 = 1227.60 MHz$$

これら2つの周波数は、電離層屈折 (第5章3.2節) という主要誤差要因を除去するためになくてはならないものである。

　それぞれの衛星から受信機までの伝播時間の測定には、2つの搬送波を変調する2つの擬似雑音符号 (PRN code: Pseudorandom noise code) が使われる。この伝播時間測定から擬似距離が得られる。C/A (Coarse / acquisition) コードは、民生用のコードである。標準測位サービスに使われるC/Aコードの実効波長はおよそ300mである。現在C/AコードはL1でのみ変調されており、L2ではわざと載せられてない。これにより軍用ユーザー以外には高精度測位ができないようにしている。P (Precision) コードは、軍または許可を受けたユーザーのためのものである。精密測位サービスに使われるPコードの実効波長はおよそ30mである。PコードはL1とL2の双方に載せられている。

GPSの完全運用が宣言されるまでは、Pコードへのアクセスはじてにできたが、現在PコードはYコードに暗号化され、軍または許可を受けたユーザーのみ使えるようになっている。
PRNコードに加えて、衛星状態や衛星時計誤差、軌道情報を表す航法メッセージが搬送波に載せられている。この現在の信号構成は近い将来には改善されることになる。

9.3.1 標準測位サービス SPS

標準測位サービス SPS は、測位と時刻のサービスである。SPS は C/A コードを使い L1 信号でのみ提供されており、L2 信号では利用できない（DoD et al.2005）。SPS の性能は、この使われている信号に関係している。SPS では電離層や対流圏、アンテナ、マルチパス、地形、妨害電波の影響は考慮されない。SPS は、誰でも世界中どこでもいても 24 時間無料で利用できる。表 9.2 は、DoD（2001）による標準測位サービスの精度（95％の信頼レベル）を示している。

表 9.2　標準測位サービスの精度（95％の信頼レベル）

精度標準	条件
グローバルな平均測位精度 水平誤差 ≦ 13m 垂直誤差 ≦ 22m	・全観測点平均（24 時間観測） ・視界上の全衛星使用
最悪の測位精度 水平誤差 ≦ 36m 垂直誤差 ≦ 77m	・個別観測（24 時間観測） ・視界上の全衛星使用
時刻同期精度 時刻誤差 ≦ 40ns	・24 時間観測、全観測点平均

この表で、グローバルな平均測位精度はすべての観測点を平均したものであり、最悪の測位精度は個別の観測値から得られたものである。また視界上の全衛星使用（all-in-view）という条件は、5°の高度角マスクを使い、衛星配置の最も悪い2つの衛星は取り除いた上での全衛星である。またこの公式標準測位精度には、ここで示されている条件以外の多くの要因も考慮されている。実際の標準測位精度は、通常これら公式のものよりはるかに良い。Conley et al.（2006:362 頁）は、20 点の観測点の平均値で、水平方向誤差が 7.1m、垂直方向誤差が 11.4m であったと述べている。

信頼レベルを上げた時に誤差がどの程度大きくなるのか調べて見るのは興味深い。Conley et al.（2006:362 頁）によると、99.99％の信頼レベルでは水平、垂直の誤差は多少の例外はあるものの 50m より小さい大きさである。例外をなくすためには統計的に配置の悪い衛星を取り除けばよい。

9.3.2 精密測位サービス PPS

精密測位サービス PPS は、L1 と L2 搬送波の P コード（Y コード）を使う。PPS が利用できるのは米国の軍と連邦政府ならびに一部の同盟国政府とその軍だけである。測位精度を水平誤差と垂直誤差だけで比較することには問題もある。比較した結果が誤って解釈されないよう、より広

い考え方が必要になる。PPS の測位精度についての最も合理的な説明としては、「もし SA のような意図的な精度劣化が行われなければ、PPS の測位精度は SPS の測位精度と同程度である（Seeber 2003: 230 頁）」と言うことになろう。この説明に魅力があるのは、出典により比較する測位精度が違う場合におきる混乱が避けられることである。例えば Kaplan（2006: 4 頁）は、精密測位サービスの測位精度として表 9.3 を示しているが、これは表 9.2 の標準測位サービスの測位精度よりも悪い結果になっている！このようになった理由の 1 つは、表 9.2 の SPS の場合、悪い 2 つの衛星が取

表 9.3　精密測位サービス

精度	信頼レベル
水平誤差 22m	2DRMS（98.2%）
垂直誤差 27.7m	95%
時刻同期誤差 200ns	95%
速度誤差 0.2ms^{-1}	95%

り除かれているが、表 9.3 の PPS ではそのようなことは行われていないということにある。

一方 Kelly（2006）は、SPS の場合 8〜60 m（95%）、PPS の場合 6〜20 m（95%）とほぼ同等の測位結果を示しているが、これは標準的な DoD（2001）の結果とは合っていない。PPS の測位結果が格段に改善されるのは二周波を使う場合である。P コードは L1 と L2 に載っているので、"二周波受信機による PPS では、10m 以下の誤差で単独測位が可能である"（US Army Corps of Engineers 2003: 2-11 頁）。

Kelly（2006）が軍事的な観点から示しているように、現在の米国の法律、運用指示から考えて PPS は必要なものである。

例えば米国国家安全保障会議科学技術政策室は"米国は安全保障上、PPS を維持し米国軍用に利用する責任がある"と勧告している。さらに SPS を歩兵等の米国軍人が使用してはならないとする 2003 年の軍指示書も存在する。

PPS に関してはこの他に精度や、危弱性、利用性、頑健性について議論されている。PPS の効果を示すこれらについて少し詳しく見てみよう。例えば精度に関しては、P コードのチップ幅は C/A コードのチップ幅に較べて 10 倍小さいため、距離測定精度が良くなる。暗号化された P（Y）コードを攻撃することは、暗号化されてない C/A コードの場合に較べてはるかに難しいため、PPS の危弱性は低い。C/A コードは L1 でしか使えないが、P コードは L1 と L2 で使えるため、利用性に関しては明らかに PPS の方が高い。最後に P コード信号は C/A コード信号に較べて電波妨害に強いため、頑健性も PPS の方が SPS よりある。この頑健性は軍事的には特に重要である。軍事エリア内では SPS が使えなくなるようにジャミングをかけることも米国軍の考えとして採用されている。このような選択的拒否 SD（Selective denial）については次節でも説明する。

9.3.3　精度の劣化とアクセスの禁止

民生ユーザーが GPS システムを完全には利用できないようにする技術が 2 つ知られている。

1つは選択的利用（SA: Selective availability）技術、2番目は対謀略（AS: Anti-spoofing）技術である。

SA

GPSの設計段階ではC/Aコードの擬似距離による測位精度はおよそ400 m程度と見積もられていたが、野外実験では位置で15~40m、速度でメートル（毎秒）以下という驚くべき航法精度が達成された。SAの目的は衛星時計を乱し（dithering）たり（δプロセス）、衛星軌道情報を操作する（εプロセス）ことにより潜在的な敵がこの航法精度を得られないようにすることである。

δプロセスは衛星時計の基本周波数を乱すことで行われる。衛星時計にバイアスがあれば、衛星時計と受信機時計の比較から得られる擬似距離に直接的な影響をあたえる。衛星の基本周波数が乱されるのでコード擬似距離も搬送波擬似距離も同じように影響を受ける。図9.2（Breuer et al.（1993）、Gorres（1996: 第3章2.1節）による）に、SAのある場合とない場合の衛星時計の異な

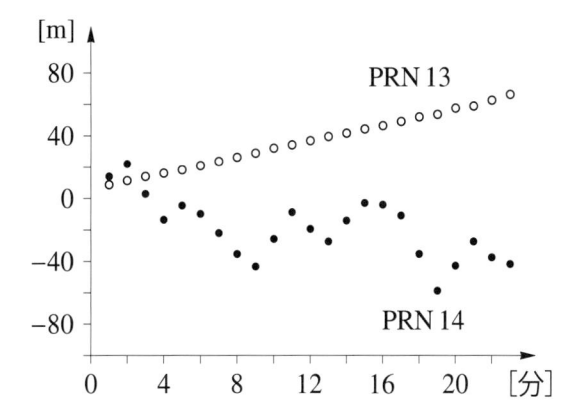

図9.2　1992年177日のPRN13（SA無し）とPRN14（SA有り）の衛星時計の動き

る振る舞いが示されている。

SAがかかっている場合擬似距離は数分毎におよそ50 mの振幅で変動するが、2つの受信機の擬似距離の差をとればδプロセスの影響は取り除かれる。

εプロセスでは航法メッセージに含まれる軌道数値の一部を切り捨てることで衛星の位置が正確に計算できないようにする。衛星に位置誤差があれば、結局それは求める受信機の位置誤差となる。

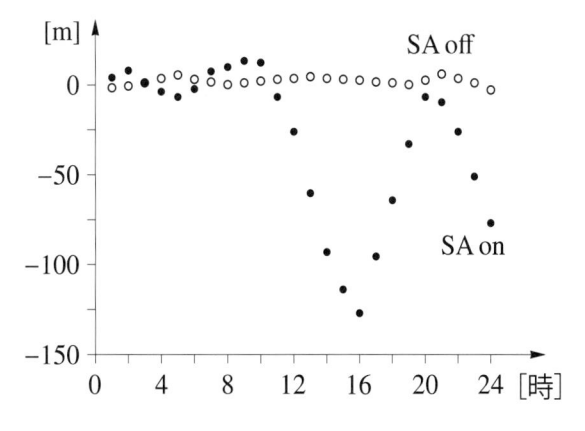

図9.3　1992年177日（SAon）と1992年184日（SA off）のPRN21の軌道半径方向の誤差

基線長に関しては、基線長誤差は観測点と衛星との相対的な位置誤差と概略同じくらいになる。図9.3（Breuer et al.（1993）、Gorres（1996: 第3章2.1節）による）にSAが有る場合とない場合の軌道半径方向の誤差が示されている。SAが有る場合、数時間の周期をもつ50mから150mの振幅変動が見られる。

軌道誤差は同じような特徴を持つ擬似距離の誤差を引き起こすが、2つの受信機の擬似距離の差を取ればこの擬似距離誤差はかなり小さくなる。

SAは1990年3月25日から実施された。DoDの仕様によれば単独の受信機の測位精度は水平位置で100m、高さで156mであり、速度誤差は$0.3ms^{-1}$、時刻誤差は$340ns$であった。すべての数値は95%の信頼レベルで与えられている。99.99%の信頼レベルでは、予想精度は水平位置で300m、高さで500mと悪くなる。（DoD 1995）

デファレンシャル技術が使われることでSAの軍事的有効性が徐々に薄れていったため、米国の行政アカデミーと国立研究協議会の委員会はSAをすぐに切り、数年後には無効にすべきであると勧告した（CGSIC 1995）。この勧告に対する公式の回答は、1996年3月29日に「GPSに関する大統領決定指示書（PDD）」というかたちで公表された。PDDには、軍がSA無しで作戦を十分に行える方法が用意できると思われる10年以内にSAを中止するという意思が表明されている。PDDについての公表文書は「GPSWorld」（1996, 7（5）、50頁）に掲載されている。

驚いたことにSAは2000年5月1日のホワイトハウス声明の翌日4時（UT）に中止された。米国商務省は、"SAの中止による民生ユーザーの受ける利益"について2000年5月1日にまとめ公表した。ConleyとLavrakas（1999）は、SAが中止された後どうなるかについて予告しており、Conley（2000）とJong（2000）は、SA中止後の最初の測位結果について議論している。図9.4にそ

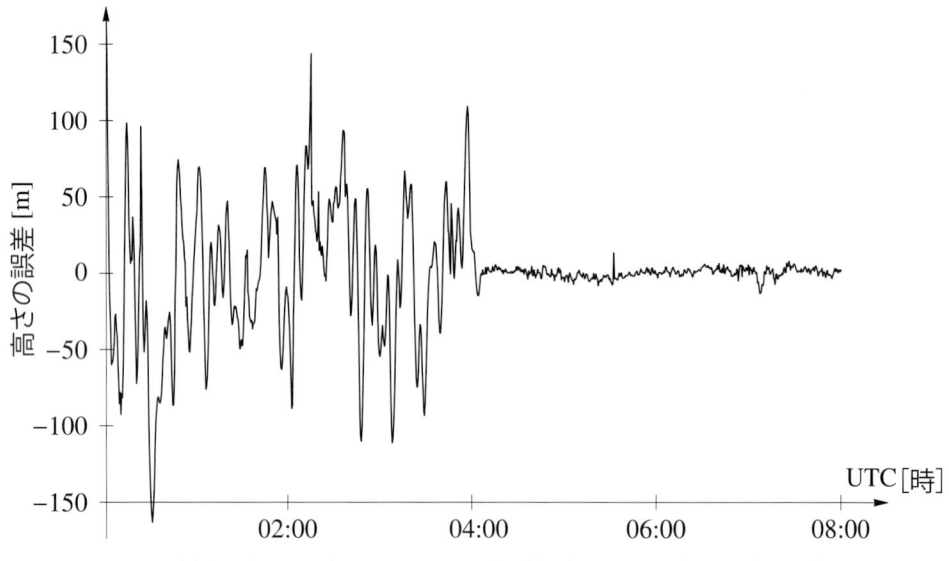

図9.4　SAが変わった2000年5月2日のIGS観測点（Graz:Austria）での高さの変化

の1つの結果が示されている。

SAを中止したことにより単独測位の精度は10倍良くなったが、軍の優位性は新しい技術開発により保証されている。これらの技術開発の1つは、選択的拒否（SD: Selective Denial）といわれ、

地上での妨害電波により当該地域では許可された者以外 GPS 信号にアクセスできないようにしている。

一方、SA を近代化計画の中で再び導入するという議論が高まっている。Kell（2006）は、「GPS が悪用されるかもしれないという認識が強まっているため。SA が復活、維持される確率は高いと思う」と述べている。

AS

GPS は許可されたもの以外 P コードへアクセスできないようにするために、P コードを止めるか他の暗号コードを起動できるよう設計されている。これは測位誤差を生じさせる偽の GPS 信号を敵が出しても混乱を引き起こすことができないようにするためである。

AS では W コードによる暗号化が行われている。AS がかかっているときは搬送波 L1 と L2 上の P コードは、W コードにより未知の Y コードに置き換えられている。AS はかける（on）か切る（off）かしかなく、SA の場合のようにその影響が段階的に変化するということはない。

AS は最初は試験目的で、1992 年 8 月 1 日の週末にかけてと、その後何回かの期間実施された。当初 AS は衛星の完全運用（FOC）が始まる時からかけられると思われていたが、実際にはその前の 1994 年 1 月 31 日から実施されている。DoD の方針にしたがってこの AS の開始日については事前の発表はなかった。

将来 C/A コードは L1 搬送波に、L2C コードは L2 搬送波にそれぞれ載せられる。また Y コードの代わりに軍の新しい分離スペクトル信号 M コードが導入される予定である。その場合 AS の再定義が必要となろう。

9.4 GPS の構成要素

9.4.1 衛星

衛星配置

GPS 衛星は、地上約 20200 k m のほぼ円軌道をおよそ 12 時間の周期で回っている。衛星の数と配置のプランは、軌道傾斜角 63 度の 3 軌道面に 24 個の衛星を配置するという初期のものから段々と変化してきた。一時財政上の理由で衛星が 6 軌道にそれぞれ 3 衛星の計 18 衛星と、計画が縮小されたことがあったが、これでは 24 時間の全世界サービスができないため退けられた。1986 年頃には計画衛星数は 6 軌道にそれぞれ 3 衛星と故障した衛星の代わりに使われる 3 個の予備衛星の計 21 個になった。現在の衛星配置は軌道傾斜角 55 度で均等に配置された 6 軌道面（A から F）上にそれぞれ 4 衛星づつある 24 個の衛星で成り立っている。またいくつかの予備衛星も常に配備されている。

現在の衛星配置では、世界中どこでも高度角 15 度以上の衛星がいつでも 4 衛星から 8 衛星同時に観測できるし、高度角遮蔽（elevation mask）を 10 度に下げれば 10 衛星まで、さらに 5 度にまで下げれば 12 衛星までも時々は見える。

GPS 衛星の種類

　GPS 衛星にはブロック I、ブロック II、ブロック II A、ブロック II R、ブロック II R‐M、ブロック II F、ブロック III といったさまざまなタイプがある。GPS 衛星の打ち上げ日や軌道位置（軌道面を表す文字と数字の組みあわせで表示）、運用期間の詳細は米国海軍天文台 USNO の Web サイト tych.usno.navy.mil/pgs.html や米国沿岸警備隊航法センターの Web サイト（www.navcen.uscg.gov/gps/status_and_outage_info.htm.），あるいは"現在の GPS 衛星配置"を載せているいくつかの Web サイトで見ることができる。

　11 個のブロック I 衛星（重量 845 キロ）は 1978 年から 1985 年にかけてカリフォルニアのバンデンバーグ空軍基地からアトラス F ロケットで打ち上げられた。1981 年の補助ロケットの失敗一回だけを除いてすべての打ち上げは成功した。設計寿命 4.5 年のブロック I 衛星のうち何機かは 10 年以上稼動したが、現在ブロック I 衛星は 1 機も運行していない。ブロック II の衛星配置は、軌道傾斜角がそれ以前の 63 度から 55 度となりブロック I の配置と少し違っている。軌道傾斜角は別にしても、ブロック I とブロック II には米国の国家安全保障に係わる本質的な違いがある。すなわちブロック I の衛星信号は完全に民生利用可能なのに対して、ブロック II のいくつかの衛星信号は機密扱いになった。費用 5000 万米ドルで重量 1500 キロの最初のブロック II 衛星は 1989 年 2 月 14 日にフロリダにあるケープカナベラル空軍基地のケネディー宇宙センターからデルタ II ロケットにより打ち上げられた。ブロック II の設計寿命は 7.5 年であるが、個々の衛星は 10 年以上稼動した。ブロック II A 衛星（A は advanced：進歩したの意）には相互通信機能が備わっている。またいくつかのブロック II A 衛星にはレーザー測距で追跡できる反射鏡がついている。最初のブロック II A 衛星は 1990 年 11 月 26 日に打ち上げられた。現在ではブロック II とブロック II A には違いがない。重量 2000 キロ以上で費用 4200 万米ドルのブロック II R 衛星（R は replenishment：補充の意）はそれまでのブロック II シリーズと概略同じである。最初のブロック II R 衛星は 1997 年 7 月 23 日に打ち上げが成功した。ブロック II R は設計寿命 10 年で、改良された通信機能と衛星相互追跡機能を備えている。

　最初のブロック II R‐M(M は Modernized：近代化の意)衛星は 2005 年 9 月 25 日に打ち上げられた。この衛星の特徴は、L2 搬送波に民生用 L2C コードを、L1,L2 搬送波に軍用 M コードをそれぞれ新しく加えていることである。

衛星の近代化

　衛星の設計寿命が限られているため、衛星を更新して近代化するということが可能になる。GPS の近代化はブロック II R‐M の打ち上げから始まった。衛星の更新サイクルを考慮すると、L2C コードと M コードの初期運用 IOC は 2014 年頃、また完全運用 FOC は 2015 年頃になると予想されている（Prasad and Ruggieri 2005: 120 頁）。

　ブロック II R‐M 衛星の後はブロック II F 衛星（F は follow on：後に続くの意）になる。この衛星の注目点は、L5C という 3 番目の民生信号が 2 つの M コードと共に付け加えられることである。ブロック II F 衛星の重さは 2000 キロ以上で設計寿命は 15 年である。ブロック II F 衛星には、慣性航法システムのような進歩した機能が内蔵される予定である。

Prasad and Ruggieri（2005: 121 頁）は、ブロックⅡF衛星の初期運用は 2016 年、また完全運用は 2019 年と想定している。しかし統合計画本部 JPO が、最初のブロックⅡF衛星の打ち上げは衛星メーカーの技術的問題により 2008 年 3 月まで延期されると発表しているので、これらの運用期日は変わるかもしれない（The Quarterly Newletter of the Institute of Navigation 2006: 14 頁）。

現在 DoD はブロックⅢと呼ばれる次世代の GPS 衛星の研究を行っている。これについての詳細は、第 9 章 6 節で説明する。ブロックⅢ衛星は 2030 年以降の運用が期待されている。

9.4.2　衛星の運用管制

GPS の運用管制システム OCS（Operational control system）は、主管制局と監視局、地上アンテナとで構成されている。OCS の主要な任務は、軌道と時刻を予測・決定するための衛星追跡と衛星の時刻同期、衛星へのデータ転送である。以前は航法信号に SA をかけることも OCS の責任で行われた。また OCS は調達や打ち上げといった運用には直接関係のないこともたくさん行っている。

主管制局

主管制局は初めはカリフォルニアのバンデンバーグ空軍基地にあったが、コロラドスプリングスにあるシュライバー空軍基地（前ファルコン空軍基地）の統合宇宙運用センター（CSOC）に移転した。CSOC は監視局の追跡データを集めて衛星軌道と時刻パラメータをカルマン推定で計算する。計算結果は地上アンテナの 1 つから衛星に伝送される。衛星の管制とシステムの運用も主管制局の責任で行われる。

監視局

以前は、5 つの監視局がハワイ、コロラドスプリングス、南大西洋のアセンション島、インド洋のディエゴ・ガルシア、北太平洋のクワジャリンに置かれていたが、GPS 近代化が始まるとこれにケープカナベラルが付け加わった。

これらの監視局は精密な原子時間標準と受信機を備えており、見えるすべての衛星までの擬似距離を常時測定している。擬似距離は 1.5 秒毎に測定され電離層と気象のデータを使って 15 分間隔のデータに平滑化された後、主管制局に送られる。

地上アンテナ

4 つの地上アンテナは、アセンションとディエゴ・ガルシア、クワジャリン、ケープカナベラルに監視局と共に配置されている。地上アンテナは衛星へ制御信号やデータを送り、衛星からは観測データを受け取る。すべての地上アンテナは主管制局の管理下にある。

主管制局で計算され地上アンテナまで転送された衛星軌道や時計の情報は S バンドの無線通信で衛星に伝送される。以前は衛星へのデータ伝送は 8 時間毎に行われていた。その後 1 日に 1 回（あるいは 2 回）と少なくなった（Remondi 1991）が、現在は各衛星に対し 1 日 3 回と元に戻っている。もし地上アンテナが機能しなくなった場合でも、それ以前に伝送され記憶されている航法メッセージを利用することで測位精度が急には落ちないようにしている。表 9.4 に運用管制システム（OCS）

表9.4 OCRから切り離されても可能な測位サービス期間

衛星ブロック	期間
Ⅰ	3〜4日
Ⅱ	14日
Ⅱ A	180日
Ⅱ R	>180日

から切り離されても測位サービスが持続可能な期間が示されている。

管制システムの近代化

管制システムの近代化の目的は、その運用コストを下げ、システムの性能を改善することである。Shaw et al.（2000）や Sandhoo et al.（2000）、Prasad and Ruggieri（2005: 122頁）によると管制システムの近代化で期待できる主な改善点は以下の通りである。

- 専用の GPS 監視局と地上アンテナの機器（受信機、コンピュータ）を更新する。
- 現在の主管制局のメインコンピュータを分散型のコンピュータシステムに切り替える。
- 放送暦の精度や GPS の全体的な精度の改善を行う。
- バンデンバーグ空軍基地に主管制機能を完全に代替できる予備主管制局を作る。
- ブロックⅡR‐M衛星やブロックⅡF衛星に対する管制機能を追加する。
- 民生コードの直接監視機能を追加する。

GPS 近代化に伴い、2005年に新たに6つの監視局（ワシントンDC（米国海軍天文台）、ブエノスアイレス（アルゼンチン）、マナマ（バーレーン）、エルミタージュ（英国）、キート（エクアドル）、アデレード（オーストラリア））が管制システムに組み入れられた。これにより衛星観測データが改善され、衛星への航法データ伝送も1日3回と増やされている。2006年には更に5つの監視局（フェアバンクス（アラスカ）、パペーテ（タヒチ）、プレトリア（南アフリカ）、オサン（韓国）、ウエリントン（ニュージーランド））が追加された。

ここで挙げられている精度の改善についてもう少し説明しておこう。これまですでに正確な衛星軌道計算に必要なカルマンフィルターの状態ベクトルの精度や放送暦の精度、時計パラメータの精度、あるいは GPS 衛星の監視能力の改善が行われている（Creel et al. 2006）。

これらの精度改善の基礎になっているのは、OCS にインストールされた新しいソフトウエアと米国地理空間情報庁（NGA: National Geospatial-Intelligence Agency）の監視局ネットワークである。これらにより、衛星監視能力が高まり、衛星位置と時刻推定に使われるデータが増え、結果としてより正確な衛星軌道と時刻を予測できるようになった。

なお2003年11月24日に発足した米国地理空間情報庁 NGA は、以前は米国画像地図庁 NIMA として知られていたものである。

9.5 信号構成

以下の用語は、GPS統合計画本部JPOで認められている信号略語に基づいている。表9.5は、将来のGPS民生信号を説明するものである。この表には管制局と衛星との通信に使われるSバンドの周波数やその他の周波数については載せていない。軍用信号はその使用を限定するため暗号化されている。民生信号は米国政府が強調するように、全世界のすべてのユーザーに対して無料でサービスされている（Hudnut and Titus 2004）。GPS航法信号の仕様は、ARINCエンジニアリングサービス社のインターフェース管理文書に載せられている（ARINC Engineering Services（2005, 2006a, b））。

表 9.5　GPS 信号（米国空軍 2001）

L1	搬送周波数＝ 1575.420MHz
L2	搬送周波数＝ 1227.600MHz
L3	搬送周波数＝ 1381.050MHz
L4	搬送周波数＝ 1379.913MHz
L5	搬送周波数＝ 1176.450MHz
C/A	民生用コード
P（Y）	軍用コード
M	新軍用コード
L1C	L1 の民生コード
L2C	L2 の民生コード（C/A, L2CM, L2CL の組み合わせ）
L2CM	L2C の Moderate-length code
L2CL	L2C の Long-length code
L5C	L5 の民生コード（L5I, L5Q の組み合わせ）
L5I	L5 の In-phase code
L5Q	L5 の Quadraphase code
NS	非標準コード（nonstandard codes）

L1 と L2 搬送波の航法信号の送信が始まったのは、GPSが1995年に完全運用になった時である。搬送波L3とL4は、軍用として核探知システム（NDS: Nuclear detection system）と核探知解析システム（NAP: NDS analysis package）に使われている。現在行われているGPSの技術開発やユーザーからの増え続ける要求、ヨーロッパの衛星航法システムとの競争といったことがGPS近代化への導きになっている。GPS近代化による新しい信号は、より良い相関特性やより大きな信号電力、改善された信号構造、高精度で電波妨害に強い性質を持っている（Hudnut and Titus 2004）。GPS近代化にはL5搬送波の追加や、すべての搬送波に対する民生用あるいは軍用コードの追加が含まれている。

ブロックⅡ R-M 衛星の打上により L2 搬送波の民生信号が利用できるようになった。同時にブロックⅡ R-M 衛星には軍の対ジャミング能力を増すため L1 と L2 搬送波に M コードが追加されている。GPS の運用センターは、完全運用になるまではこれら新しい近代化信号の有効性や品質については予告なしに変えることもあると述べている。このブロックⅡ R-M 衛星の近代化信号が全世界で 24 時間連続して使えるようになるまで数年はかかるであろう。

衛星アンテナのビームパターンは地球とその近傍をカバーするように設計されている。Spilker（1996a:84 頁）が強調しているように、GPS 衛星信号の主ビームの広がりは地球を中心にしておよそ 45°の角度に制限されているが、地球の端から端までは衛星からの視野角 27.7°に入っている。

衛星が天頂方向にある場合と水平線方向にある場合、衛星と受信機の間の距離にはおよそ 5600km の違いができる。この衛星と受信機の間の距離、すなわち信号経路長の違いにより、式(4.22)で示す伝送損失におよそ 2.1 dB の違いが生じる。衛星は信号経路長とそれに伴う伝送損失の違いに合わせて送信電力を変化させ、地球がほぼ同じ電力レベルの信号で覆われるようにしている。

すべての衛星航法信号は右旋円偏波で送信されている。完全な円偏波からのずれは衛星アンテナの照準（boresight）方向からの角度によるが 3.2dB を越えることはない。

1 つの搬送波のコード信号相互の同期や 2 つの異なる搬送波の信号相互の同期、異なる衛星信号相互の同期は特に重要である。伝播時間を測定する際、バイアスを避けるためには高精度の時刻同期が必要になる。衛星の周波数標準出力と衛星アンテナ出力との間の時間遅延は、衛星機器遅延（equipment group delay）と呼ばれている。この遅延量は航法メッセージの中の時計補正パラメータの中に含まれ、仕様では 3.0*ns*（2σ レベル）を越えないようになっている。

表 9.6　GPS の周波数帯

搬送波	係数 $(\cdot f_0)$	周波数 [MHz]	波長 [cm]	ITU 割当バンド幅 [MHz]	周波数帯
L1	154	1575.42	19.0	24.0	ARNS/RNSS
L2	120	1227.60	24.4	24.0	RNSS
L5	115	1176.45	25.5	24.0	ARNS/RNSS

9.5.1　搬送周波数

すべての航法信号とそのタイミング手順は、衛星の原子周波数標準（AFS: Atomic frequency standard）で作られる基本周波数 f_0 = 10.23*MHz* に基づいている。この基本周波数は、相対論効果を考慮して意図的に Δf = 4.5674・10^{-3}*MHz* だけ低い周波数にされている（第 5 章 4 節）。GPS 航法信号の搬送波周波数は表 9.6 に示されている。GPS では他のシステムと共通の周波数帯が使われている。L2 周波数帯は民生用、軍用レーダーで使われている。L5 周波数帯は軍での情報通信や測距儀 DME（Distance measuring equipment）、戦術航法システム TACAN（Tactical air navigation）に使われている。

L1 と L5 の搬送波位相から作られる線形結合で、電離層の影響を受けない線形結合は特に有用である。L1 と L5 は周波数が離れているので、電離層補正には有利である。L2 と L5 の搬送波位相の差であるワイドレーン結合の波長は 5.9m と長いため、アンビギュイティーを解くのに効果的で

ある。

9.5.2 PRNコードと変調

搬送波はPRNコードと航法メッセージで変調される。GPSでは、衛星毎に異なるPRNコードを割当てる符号分割多元接続CDMA方式が使われている。インターフェース管理文書に示されているように、衛星のSV番号とPRN番号は一致している（SV01=PRN01）。

GPSはその運用能力を最大にするため、2つの搬送波をPRNコードと航法メッセージで変調している（式（4.37）参照）。

$$s_{L1}(t) = a_1 c_P(t)d(t)\cos(\omega_1 t) + a_2 c_{C/A}(t)d(t)\sin(\omega_1 t) \tag{9.3}$$

$$s_{L2}(t) = a_3 c_P(t)d(t)\cos(\omega_2 t) \tag{9.4}$$

ここで$c_P(t)$は、Pコード、$c_{C/A}(t)$はC/Aコード、$d(t)$は航法メッセージNAV（第9章5.3節参照）を表している。また$a_i = \sqrt{2P_i}$は各成分の信号電力、ω_iは各搬送波の角周波数をそれぞれ表す。C/AコードによるS変調はL1搬送波のみであるが、Pコードよる変調はL1とL2双方の搬送波で行われている。C/AコードはPコードのコサイン波とは90°の位相差をもつサイン波に載せられており、その電力もPコードより$3dB$高い。また航法メッセージNAVによる変調はすべての成分で行われている。

標準測位サービスSPSはC/Aコードで、また精密測位サービスPPSはPコードでそれぞれ決まる。GPSの近代化で、3番目の搬送周波数といくつかの新しいコードが提案されている。図9.5は、この概要を電力スペクトル密度図として示したものである。ただ国際電気通信連合ITUによりGPSに割当てられた周波数帯とは異なって図示されている。図9.5には近代化計画の進展に伴って利用できる信号の様子も示されている。L1Cについては現在まだ基準仕様しかないのでここでは図示し

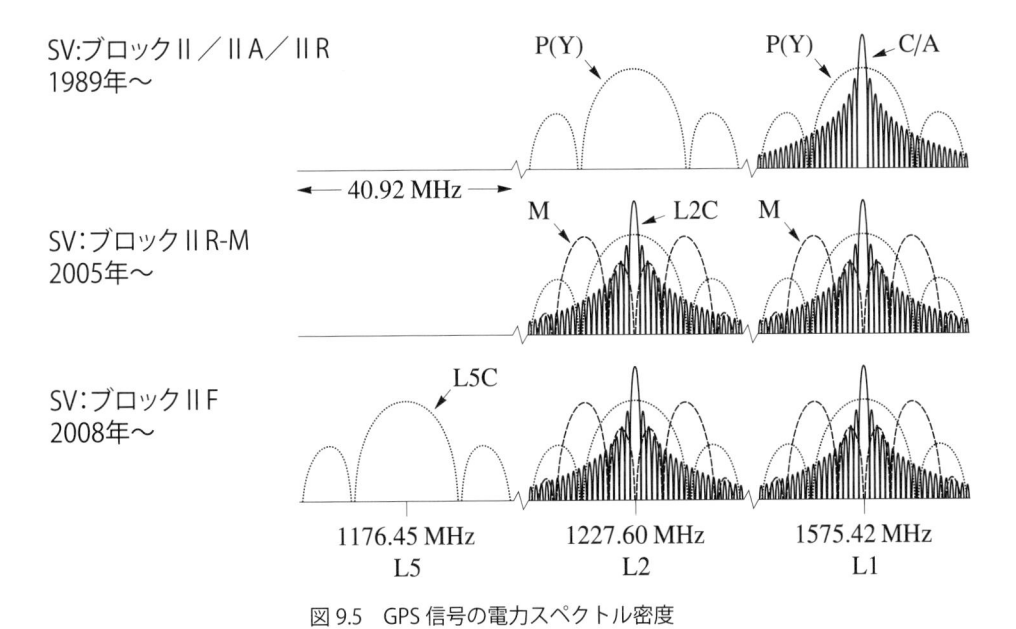

図9.5 GPS信号の電力スペクトル密度

ていない。新しい PRN コードは既存のコードと直交するように選ばれ、干渉を避けるためにスペクトル的にお互いが重ならないように変調がかけられる。すべてのコードは P コードと同期がとられている。

表 9.7 に、GPS の全 PRN コードの主要パラメータを示す。民生用コードも軍用コードも万能なものはない。Fontana et al.（2001）は、L1 の C/A コードは電離層屈折誤差の影響が最も小さく、L5C コードの電力は民生用コードの中で最大であり、L2C コードの相互相関性能は C/A コードや L5C より良いということを強調している。結局位置決定に関しては、異なるコードを組み合わせて使うのが最適の選択ということになる。

表 9.7 GPS のコード

搬送波	PRN コード	PRN コード長 [chip]	コード チップ率 [Mcps]	変調 方式	バンド幅 [MHz]	データ ビット率 [sps/bps]
L1	C/A	1.023	1023	BPSK（1）	2.046	50/50
	P	～7日	10.23	BPSK（10）	20.46	50/50
	M	(1)	5.115	BOCs（10,5）	30.69	(2)
	L1C$_D$	10230	1.023	BOCs（1,1）[3]	4.092	100/50
	L1C$_P$	10230・1800	1.023	BOCs（1,1）[3]	4.092	—
L2	P	～7日	10.23	BPSK（10）	20.46	50/50
	L2C	M:10230 L:767250	1.023 [4]	BPSK（1）	2.046	50/25 —
	M	(1)	5.115	BOCs（10,5）	30.69	(2)
L5	L5I	10230・10	10.23	BPSK（10）	20.46	100/50
	L5Q	10230・20	10.23	BPSK（10）	20.46	—

[1] 暗号化　[2] 非公開
[3] ARINCEngineeringServices（2006b）によると現在は MBOC（6,1,1/11）に変更
[4] チップ毎の時分割

信号発生器のスイッチの入れ方により、搬送波にのせる民生用コードと軍用コード、航法メッセージのさまざまな組み合わせが選べるようになっている。以下の節で使われる信号の定義は基本的なものであり、より詳しくは例えば ARINC Engineering Services（2006a: 13 頁）を参照されよ。
RF 信号の最低受信強度についてはインターフェース管理文書に示されている。その電力レベルの範囲は $-153dBW$ ～ $-166dBW$ である。一方衛星で使われる受信機の場合、その電力レベルは $-180dBW$ より小さい（ARINC Engineering Services 2006b: 9 頁）。

Langley（1998）は、実際の受信信号レベルはさまざまな理由（衛星の送信機出力の違いや衛星の打ち上げからの年数等）によりこれらの値より大きくなりうると述べている。ブロック II R-M 衛星とブロック II F 衛星では、P（Y）コードから M コードへ（あるいはその逆へ）信号電力を切り替えることができる。これはジャミング対策として行われている（Defense Science Board 2005）。

ブロックⅢ衛星で想定されているスポットビーム（spot beam）信号の最低受信強度は$-138dBW$である(Ward et al.2006:150頁)。この高電力信号は、局所戦域でのジャミング対策に効果的に使われる。信号を最低受信強度レベルにするためには、およそ$20 \sim 30W$の電力の信号を衛星から送信する必要がある。送信信号は伝送損失を受けるため、受信アンテナでの電力はおよそ$10^{-16}W$にまで減衰する。信号はノイズに溺れた状態になり、その雑音電力密度（式（4.59））は、$N_0 = -204dBWHz^{-1}$である。また搬送波雑音電力密度比C/N_0は、およそ$44\ dBHz$になる。したがってC/Aコードの電力レベルは、$2.046MHz$のバンド幅を考慮すると、雑音電力レベルよりおよそ$19dB$低いことになる。

新信号のL2CとL5C、L1Cは、それぞれデータ信号とパイロット信号からなる。データ信号とパイロット信号への電力分配は、L2CとL5Cでは50％と50％であるが、L1Cでは25％と75％である。

衛星の誤作動に対応するため、一部のコードは非標準コード（nonstandard code）と呼ばれているコードと置き換えられるようになっている。これらの非標準コードの仕様については機密になっている。

C/A コード

C/A（Coarse/acquisition）コードは、民生用のPRNコードである。C/Aコードのコード長は1023 chipsで、その周波数は$1.023\ (=f_0/10)\ Mcps$（megachips per second）である。したがってC/Aコードの周期（持続間隔）は$1ms$で、そのチィップ（chip）長は297mである。この周期が比較的短いため、C/Aコードは早く捕捉できるが、C/Aコード相互の最大相関レベルが$-24dB$であることを考慮すると、C/Aコードは妨害干渉の影響を受けやすい。C/Aコードは航法メッセージNAVと一緒にL1搬送波上でBPSK（1）変調される。

C/Aコードは、2つの10ビット線形フィードバックシフトレジスタLFSR（Linear feedback shift register）で生成されるゴールドコード（Gold code）（第4章2.3節）である。その特性多項式は

$$G_1 = 1 + x^3 + x^{10} \tag{9.5}$$

$$G_2 = 1 + x^2 + x^3 + x^6 + x^8 + x^9 + x^{10} \tag{9.6}$$

であり、初期状態ではすべてのレジスタは1である。2つのLFSRからの出力には排他的論理和XOR演算が行われる（図9.6）。

G_2の出力はτだけ遅らされている。このLFSRから生成される最大長のコード（M系列コード）の特徴は、M系列コードとそれを巡回シフトした（一定時間ずらされた）M系列コードをXOR演算したものは、別の巡回シフトの同じM系列コードになるということである(Holmes 1982: 311頁)。このように、τだけ遅れがあるG_2の出力が、図9.6に示すように2つのタップレジスタ（tapped register）（図ではR_2とR_6）の出力として取り出される。レジスタを全部1に初期設定し、2つのタップレジスタを切り替えることにより45種類のC/Aコードが定義されている。レジスターの初期化を変えれば、より大きな一群のゴールドコードが定義できる（ARINC Engineering Services 2006a: pp.56c-56h）。

図9.6は、$SV\ 01\ (= PRN\ 01)$衛星の場合のC/Aコード生成を図示している。G_2のタップレジス

タとして R2 と R6 が選ばれている。G2 の遅れ τ は 5 チップに相当し、この C/A コードの最初の 10 チップは 1100100000 となる。これは 8 進数では 1440 である。すべての C/A コードとその PRN 番号の詳細は、ARINC Engineering Services（2006a）に示されている。

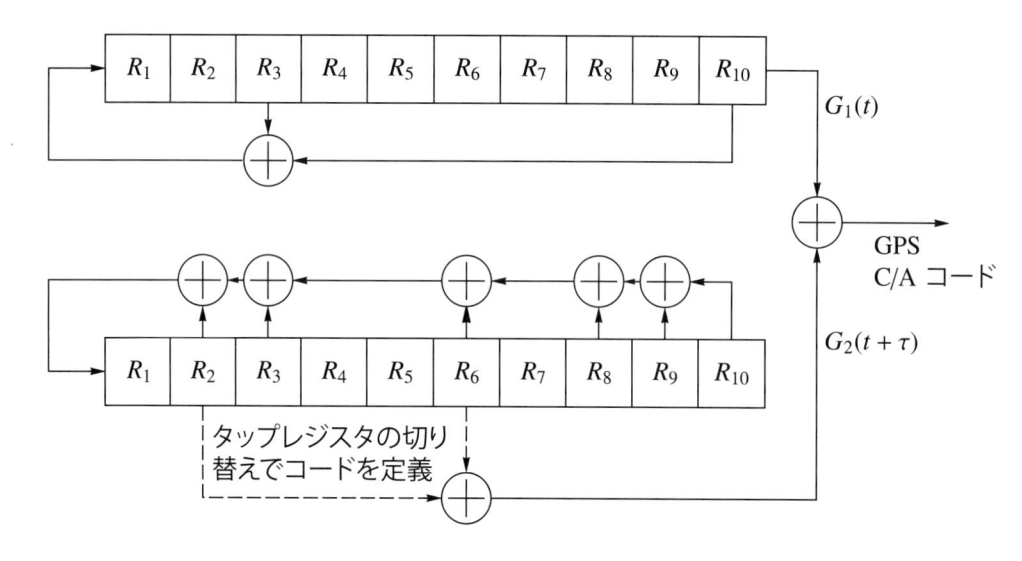

図 9.6 C/A コード生成（ゴールドコード）

P（Y）コード

P コードは、4 つの 12 ビット線形フィードバックシフトレジスタ LFSR で生成される。この LFSR は、短い周期で規則的に初期化されている。12 ビットの LFSR から生成されるコード長は 4095 であるが、それぞれ 4092 と 4093 の長さに打ち切られている。これら 2 つの系列 $X1_A$ と $X1_B$ を使って、再度 15345000 チップの長さに打ち切られた $X1$ コードが作られる。$X1$ コードのコードチップ率は 10.23Mcps で繰り返し周期は 1.5 秒である。
残りの 2 つの LFSR による $X2_A$ と $X2_B$ から同様に 15345037 チップの長さに打ち切られた $X2$ コードが作られる。これらの詳細についてはインターフェース管理文書を参照されよ（ARINC Engineering Services 2006a）。

P コードは、この $X1$ コードと $X2$ コードの排他的論理和 XOR 演算で作られる。したがってコードの全長は 15345000・15345037 = 2.3547・10^{14} チップになる。コードチップ率が 10.23*Mcps* であることを考慮すると、コードの時間的な長さは 266.41 日（あるいは 38.058 週）になる。P コードは、それぞれが 1 週間の長さ（T）をもつ 37 個のコードに分割されている。

$$P_k(t) = X1(t)X2(t+kT), \quad 0 \leq k \leq 36 \tag{9.7}$$

これらの 37 個のコードは土曜日から日曜日に変わる真夜中でそれぞれ区切られている。
このうち 32 個のコードは各衛星に割当てられており、5 個は予備に残されている。
この 37 個のコードを、時間を 1〜5 日の範囲で巡回的にシフトすることにより、追加的に 173 個の P コードも作り出せる。

Pコードは一般に利用できる非機密のコードである。Pコードを暗号化していわゆるYコードにするためには暗号化されたWコードが使われる。Yコードは一般的にP（Y）コードと表される。Wコードのチップ率は10.23 $Mcps$ より低い。Yコードのチップ率はPコードと同じである。この暗号化はASと呼ばれているものである。

　P（Y）コードは非常に長いため、事前にその内容がわかっていなければ捕捉するのは難しい。したがって軍用受信機では、はじめにC/Aコードで概略の捕捉を行い、次に航法メッセージのHOW（hand-over word）を使ってP（Y）コードを捕捉する。P（Y）コードを直接捕捉するためには、正確な時刻と位置、衛星の軌道情報が必要になる。

　P（Y）コードは航法メッセージNAVと一緒にL1、L2搬送波上でBPSK（10）変調される。2つの搬送波で同じ暗号化コードによる変調が行われている場合、位相観測やコード観測でコードレス手法が使える（図4.30参照）。

L2Cコード

　L2搬送波の新しい民生用コードL2Cは、特殊な商用目的に使えるよう計画されたものである。L2Cコードは、L2CMコードとこれより75倍長いL2CLコードで構成されている。L2CMコードのコード長は10230 chips、時間で20 ms である。L2CLコードのコード長は767250 chips、時間で1.5 s である。これらは2つとも、コードに含まれている0と1の数は同じである。コードのチップ率は511.5 $kcps$ である。L2CMコードは航法メッセージCNAV（25 bps）で変調される。L2CLコードはパイロットチャンネル（pilot channel）で使われる。これら2つのコードから最終的に1.023 $Mcps$ のL2Cコードが作られ、これはL2搬送波上でBPSK（1）変調される。Fontana et al.（2001）によると、L2Cコードの相互相関レベルは−45 dB である。L2Cコードは27ビットのLFSRで生成される（ARINC Engineering Services 2006a:37頁）。L2CMコードとL2CLコードは、それぞれ10230 chipsと767250 chipsの長さに打ち切られており、共にPコードのX1と同期がとれている。Dixson（2005a）が述べているように、現在の衛星の大部分がL2Cが使える衛星に置換わらないかぎり、L2Cの恩恵は期待できない。L2Cが使える衛星が24個配置されるのは2012年頃と予定されている（Shaw 2005）。

Mコード

　ブロックⅡ R-Mの打ち上げにより、Mコードの送信が始まった。このコードの特徴は、ジャミングに対する強い抵抗力や強化された航法性能、新しい暗号化による高い安全性、高出力も可能なフレックスな送信能力である。Mコードのスペクトルが分離しているため、コードを適切に選べば他の民生用コードや軍用コードとの直交性が保障される。この直交性によりMコードに影響を与えることなく民生信号を拒絶することが可能になる。

　BOC変調の利点であるでスペクトル拡散やスペクトル分離は、弁別器関数によっては弱点になる。Mコードは、P（Y）コードに較べて暗号化技術が進歩したということの他に、直接捕捉が可能になったという大きな利点をもっている。

　Mコードは新しい軍用航法メッセージMNAVと共に、L1、L2搬送波上で $BOC_S(10, 5)$ 変調されている。

L5C コード

　2008 年に予定されているブロック II F 衛星の打ち上げ開始により、GPS では初めて 3 番目の搬送周波数 L5 から航法信号が送信されることになる。L5 の民生信号 L5C は、特に人命救助用に設計されたものである。L5 搬送波の I チャンネルと位相が 90°異なる Q チャンネルに、L5I コードと L5Q コードがそれぞれ QPSK（10）変調されて乗せられている。2 つのコードは 2 つの 13 ビット LFSR（その初期化は衛星毎に異なる）で生成される。これらのコード（その 1 つは 8190 chips の長さに打ち切られている）は XOR 演算され、10230 chips の長さに打ち切られる。コードのチップ率は 10.23 $Mcps$ である。L5I コードは航法メッセージで変調され、L5Q コードはパイロットチャンネルに使われている。

　L5I コードと L5Q コードは、さらに低周波の同期コード変調される（ARINC Engineering Services 2005:10 頁）。これらの同期コードのコード長は 10 chips（すなわち 1111001010）と 20 chips（すなわち 00000100110101001110）であり、その結果合成されたコード長はそれぞれ 102300 chips（時間で 10ms）と 204600 chips（20ms）となる。同期コードはチップ率 1 $kcps$ の Neuman-Hoffman コードである。これらのコードを使うのはナロウバンドの干渉妨害を小さくするためである。さらにこれらのコードにより、相互相関は小さくなり同期性能は高まる（Dierendonck et al. 2000）。L5I 信号は、L5I コードと同期コード、航法メッセージで構成されている。L5I コードのコード長は C/A コードの 10 倍あるため、その自己相関や相互相関の特性は C/A コードより良い。また出力を高くすることにより L5I コードの耐妨害性能は良くなる。L5 搬送周波数は航空無線航法サービス ARNS 帯に割当てられており、特に人命救助に使われる。L5 信号の利点は、その電力レベルが他の信号に較べて高いということである。ブロック II F 衛星が 24 衛星完全運用になるのは、おそらく 2015 年以降であろう（Shaw 2005）。

L1C コード

　民生用の L2C コード、L5C コードと軍用の M コードの導入が GPS 近代化の最初のステップになる。同時に 2013 年以降打ち上げられる予定の次世代衛星 GPS III を作る計画はすでに始まっている（Shaw 2005）。その基本計画で、L1 搬送波の C/A コードは旧システムとの互換性を考慮して残されるため、L1C は L1 搬送波に付け加えられる 4 番目のコードになる。L1C 信号は $L1C_D$ 信号（航法メッセージを含む）と $L1C_P$ 信号（航法メッセージを含まないパイロット信号）からなり、さらに $L1C_P$ 信号は、コード長 10230 chips の主コードとコード長 1800 chips の副コードからなる。

　米国政府と EC との間で L1/E1 搬送波の変調方式を同じにすることが合意された（United States of America and European Community 2004）。これにより GPS とガリレオを組み合わせて使うことが容易になる。合意では変調方式としては基本的に $BOC_S(1, 1)$ を使うことが決まったが、同時に他の変調方式についても検討することになった。その結果 2006 年 3 月に「周波数の互換性と相互運用性に関する米欧ワーキンググループ」は、式（4.57）で定義される MBOC（6,1,1/11）変調方式の採用を正式に勧告した。2 つの直交変調 $BOC_S(1, 1)$ と $BOC_S(6, 1)$ を多重化することにより、高い周波数への電力が増し（図 4.20 参照）、同期保持性能が改善される（Hein et al. 2006b）。このような経緯で今のところ、変調方式としては MBOC 変調が選ばれている。

　L1C コードは、長さ 10223 のルジャンドル系列と Weil コードから作られる。ルジャンドル系列

と Weil コードについては、例えば Hein et al.（2006a）での議論を参照せよ。

L1C についての更なる詳細は、インターフェース管理文書（ARINC Engineering Services2006b）のドラフトに示されている。

9.5.3 航法メッセージ

航法メッセージには、衛星の軌道情報やヘルス情報、補正データ、運用情報等が含まれている。将来的には更に GPS 時と他の GNSS（例えばグロナス、ガリレオ、QZSS）時とのオフセット量も含まれることになろう（一部はすでに含まれている）。航法メッセージのビット率はコードのチップ率に較べて低い。航法メッセージのビット長は 20ms であるから、この各ビット毎に 1ms のコード長をもつ C/A コードが 20 個含まれる。信号の S/N 比が小さいため、航法メッセージのビットエラー率 BER（Bit error rate）を小さくするためには、そのビット率を低くする必要がある。航法メッセージは主管制局で定期的に更新され、衛星に送られる。

新しい軌道情報は 2 時間毎にユーザーに送られるが、内容によっては 3 時間あるいは 4 時間有効に使えるデータもある。セシウム時計が使われていたブロック I 衛星での放送暦（1 日 3 回の更新）の精度はおよそ 5m であった。ブロック II 衛星ではこれはおよそ 1m のオーダーである。管制局から衛星への軌道情報の更新がストップすれば、同じ放送暦の送信が続きその精度は徐々に失われていく。概略暦（almanac）は 6 日毎に更新される。概略暦は衛星のメモリーに複数入れられており、管制局からの指示がなくても送信されるようになっている。概略暦の精度も時間とともに劣化する。

NAV

元々の航法メッセージ NAV は 37500 ビットのマスターフレームでできている。ビット率が 50bps であることを考慮するとこのマスターフレームの送信には 12.5 分かかる。マスターフレームは、それぞれ 1500 ビットで 30 秒の長さをもつ 25 個のメインフレームに細分されている。さらにこのメインフレームはそれぞれ 1 文字 30 ビットの文字 10 文字からなる 5 個のサブフレームからできている。サブフレームの長さは 300 ビットで 5 秒である。1 文字の送信に要する時間は 0.6 秒である。航法メッセージの 1 ビットあたり、C/A コードは 20460chips、P コードは 204600chips、また L1 搬送波は 31508400 サイクルがそれぞれ含まれることになる。

各サブフレームは、8 ビットの同期パターン（10001011）といくつかの診断メッセージを含む TLM（telemetry word）で始まる。サブフレームの頭を示す同期パターンは一般的なもので、これにより誤りを見つけやすくする。TLM の次は HOW（Hand-over-word）と呼ばれ、これにはサブフレームの識別子やいくつかのフラグの他に、GPS 週内での経過時間 TOW（Time of week）が含まれている。TOW は Z カウントとも呼ばれているが、土曜から日曜の真夜中から始まる現 GPS 週の経過時間を 1.5 秒の倍数で表したものである。航法メッセージは P コードの X1 コードに同期している。航法メッセージの構造と内容はすべての衛星で共通である。

1 番目のサブフレームには、GPS 週番号、擬似距離の予測精度、衛星のヘルス状態やデータ更新時からの経過時間、信号遅延の推定値、衛星時計の補正をモデル化した 2 次多項式の 3 つの係数、が含まれている。2 番目と 3 番目のサブフレームには、表 3.7 で示す衛星の放送暦が含まれている。サブフレームの 1 番から 3 番までの内容は、当該衛星に関するデータを含みメインフレーム毎に繰

り返される。4番目と5番目のサブフレームは、メインフレーム毎に違っており、25回繰り返される。4番目のサブフレームには、電離層情報、UTCデータ、さまざまなフラグ、25番目以降の衛星の概略暦が主として含まれており、残りは軍用に使われている。5番目のサブフレームには、24番目までの衛星の概略暦とヘルス状態が含まれている。したがってただ1つの衛星を追跡受信するだけで、すべての衛星の概略暦が得られる。概略暦に欠けがある場合は、受信機の同期を改善することで埋められる（Spilker 1996c: 139頁）。

データのビットエラーを減らすために、エラーの検出、修正が可能なハミングパリティチェック（Hamming parity check）が使われている。航法メッセージに含まれる軌道データについては第3章3節を参照せよ。航法メッセージのデータ形式の詳細についてはARINC Engineering Services（2006a）に記述されている。

CNAV

航法メッセージNAVはすべての衛星で共通であり、そのデータ構造とデータ長は固定されている。近代化に伴う新しい航法メッセージ、CNAV（民生用）やMNAV（軍用）は、このようなメインフレーム／サブフレーム構造ではなくフレキシブルなデータ設計になっている。データは、メッセージタイプの識別子を含むヘッダー、メッセージ本体、冗長度チェック（redundancy check）ビットからなる。CNAVは、ビットエラー率BERを小さくするため、7ビットの畳み込みエンコーダー（convolutional encoder）を使って、前方誤り訂正（FEC: Forward error correction）符号化されている（第4章3.4節参照）。ARINC Engineering Services（2006a: 139頁）に書かれているように、CNAVデータはNAVデータにくらべてより誤りのないデータになっている。異なるNAVデータを混ぜて使うのは薦められない。

MNAV

MNAVのデータ構造はCNAVのデータ構造と同様に、メインフレーム／サブフレーム構造が変えられてNAVフォーマットの能率の悪さが改善され、フレキシブルなデータ構造、内容になっている。Barker et al.（2000）は、これにより航法メッセージが新しい軍事応用にも使えるようになると述べている。さらにMNAVによりデータの安全性が増しシステムの完全性が高められる。MNAVは第4章3.4節で説明した衛星ダイバーシティや周波数ダイバーシティに対応できるように設計されている。したがってその内容は衛星や周波数によって替わる。

L5I上の航法メッセージ

ARINC Engineering Services（2005:Appendix II）で定義されているL5I上の航法メッセージは、NAVやCNAVと同じデータのフォーマットを変えたものである。この航法メッセージは、8ビットのプリアンブル（preamble）と6ビットの識別子（64通りのメッセージタイプに対応）、メッセージ本体、24ビットの冗長度チェックビットからなる300ビットのデータで構成されている。航法メッセージは、符号化率1/2のFEC（前方誤り訂正）符号化されており、1つのメッセージは6秒以内で送信される。

CNAV-2 メッセージ

　$L1C_D$ 信号に乗っている航法メッセージは、いくつかのメインフレームに分けられており、各メインフレームはさらに 3 つのサブフレームからできている。最初のサブフレームには時間の識別子、2 番目のサブフレームには衛星の時刻と軌道データがそれぞれ含まれている。3 番目のサブフレームの内容はメインフレーム毎に変えられており、このサブフレームにはそれを識別するための頁番号が付けられている。航法メッセージは、FEC（前方誤り訂正）符号化された後、L1C コードとの XOR 演算の前に、更にブロックインターリービング（block interleaving）による符号化が行われる（第 4 章 3.4 節参照）。

　詳細については ARINC Engineering Services（2006b）を参照せよ。

9.6　今後の見通し

9.6.1　近代化

　近代化が完了すれば、さまざまな利点が生じる。民生ユーザーにとっては、これまで述べた干渉妨害に強くなるということの他に、電離層の影響を受けない新しい搬送周波数の組み合わせができることで電離層遅延の補正が改善されることや、新しいワイドレーンの組み合わせができること、さらには 3 周波数によるアンビギュイティー解（第 7 章 2.2 節）が可能になり精度が上がることが期待される。また他の GNSS システムと相互運用することができるようになれば、ビルの谷間や森の中といったような衛星視界の悪い場所でも観測可能になる場合が増える。近代化により民生用でも軍用でも、システムの精度や有効性、完全性、信頼性は改善されることになる。

9.6.2　GPS III

　これまで説明した GPS の近代化では、GPS の基本構造設計についての変更はなかった。しかし民生用でも軍用でも今後 GPS に対する要求は増えていくであろうから、2000 年に米国議会で計画が承認された GPS III と呼ばれる次世代システムでは、より高性能な衛星航法システムとして測位と時間測定サービスの新しい標準となるよう設計されることになろう。GPS III では L1 搬送波に L1C と呼ばれる民生コードが付け加えられる。ジャミング対応能力やシステムの安全性、精度、信頼性の向上が GPS III の目標になる。さらにシステムの完全性（これは欧州がガリレオに求める重要特性の 1 つである）に関しては、現在のシステムにない新しい特性を具えたものになる。これらを行うためには、グロナスやガリレオのような 3 平面に 27 〜 33 個の衛星を配置するといったようなシステムの基本構造の再設計が必要になる。

　軍が GPS III に要求していることの 1 つは、干渉妨害に強くするために M コードの電力を高めることである。GPS III の初期運用 IOC や完全運用 FOC の時期を予測するのは、不確定要素が多すぎて難しい。現在のところ GPS III 衛星の打ち上げは 2013 年と見込まれている（The Quarterly Newsletter of The Institute of Navigation 2006, 16(1): 15 頁）。Prasad and Ruggieri（2005: 122 頁）の見込みでは、初期運用 IOC は 2021 年、完全運用 FOC は 2023 年頃である。

第10章　グロナス (GLONASS)

10.1　序論

10.1.1　歴史的経緯

　グロナス（GLONASS）は、ロシア語で衛星測位システムを意味する "Global' naya Navigatsionnaya Sputnikovaya Sistema" からの略語である。1970年代に旧ソビエト社会主義共和国連邦（USSR）は、ドップラー衛星システム Tsikada による実験に基づいてグロナスの開発を始めた。Polischuk et al.（2002）によると、ロシアアカデミーの M.F.Reshetnev 率いる応用力学統一企業体がグロナスの主契約者としてグロナスの開発と構築を行ってきている。さらに衛星や打上施設、管制システムの開発と製造もこの企業体が行っている。

　この企業体の下にロシア宇宙産業科学研究所とロシア無線航法研究所が参加しており、システムの監視と管制の他に受信機と時計の開発も行っている。

　グロナスのインターフェース管理文書（Coordination Scientific Information Center 2002）には、グロナスの目的は "地球上およびその周辺で航空機や船舶等あらゆる分野のユーザーに対して全天候型の三次元測位や速度、時刻のサービスを提供すること" であると定義されている。サービスが連続して行われるためには、定義に "24時間いつでも" を付け加えるべきかもしれない。

　グロナスの運用はロシア軍によって行われており、グロナスは軍用のシステムである。このためグロナスについての詳細情報はほとんど公表されなかった。後にこの情報不足は解消された。1988年5月に開かれた国際民間航空機関 ICAO（International Civil Aviation Organaization）の会議でグロナス技術の詳細を示す論文が発表され、グロナスの航法信号の無料公開の方針がロシアから示された（Feairheller and Clark 2006: 596頁、Bauer 2003: 243頁）。これはグロナス公開の第1歩であった。

　1995年3月ロシアは "グロナスシステムの民生利用についての取り組み" と題する布告237号を発表した。布告には "ロシアの国防省と連邦宇宙庁、運輸省は、これまで約束してきたとおりグロナスシステムを配備展開し、1995年の運用からロシアの民生ユーザーと軍ユーザーならびに外国の民生ユーザーに対してサービスを始める予定である" と書かれている。

10.1.2　システム構築

初期構想と開発

　1982年10月12日に最初のグロナス衛星が2つの実験衛星と共に打ち上げられたが、いずれの衛星も運用には至らなかった（Owen 1995）。通常グロナス衛星は、1度に3機打ち上げられる。1984年1月に実験的な4衛星の配備が成功した。Polischuk et al.（2002）によると、この実験は

1983 年から 1985 年までの第 1 段階に含まれるもので、システムの実験と改良が行われた。1986 年〜 1993 年の第 2 段階の間に、軌道への配備は 12 衛星にまで増え、飛行実験も終えて初期運用が始まった。

運用

　グロナスの運用は、公式には 1993 年 9 月 24 日にロシア大統領によって宣言された（www.spaceandtech.com/spacedata/constellations/glonass_consum.shtml）が、24 衛星の配備が完了したのは 1996 年 1 月 18 日であった。この日をグロナスの完全運用 FOC の日と見なすこともできよう。というのも 1996 年から 1998 年の間の予算不足により、利用できるグロナス衛星の数はこの後すぐに少なくなっていったからである（Polischuk et al. 2002）。漸次減少し続けた衛星数は 2001 年に最小になり、その数 6 〜 8 だけになった（Feairheller and Clark 2006: 595 頁）。

グロナスの近代化

　グロナスの近代化は、全体的にその性能を改善するもので、衛星や管制システム（第 10 章 4.1 節、4.2 節）、特にグロナスの信号（第 10 章 5 節）に大きな影響を与える。衛星に関しては、大きな問題は衛星時計の安定性の改善と力学モデル（例えば衛星の姿勢決定モデル）の改良である。地上の管制システムに関しては、監視局の数が増やされる。
　グロナスの準拠する座標系に関しては、新しい座標系に改善される。またグロナスの時系も新しい安定性の高い時計と時刻同期システムの導入で改善される。

10.1.3　管理と運用

　もともとグロナスは軍用のシステムとして開発されたが、完全運用 FOC が達成された時には SA の無い一周波での民生利用が可能であった。それ以来ロシア政府は、民生用の標準測位サービスは自由で無料であると言明している（United Nations 2004: 19 頁）。
　ロシア運輸省は、1996 年にグロナス信号を "民生用の航空利用については今後少なくとも 15 年間は無料で" 提供するという重要な政策を発表した。これをさらに拡張した提案が、1996 年 7 月 29 日の国際民間航空機関 ICAO の会議で承認された。
　グロナスが民生用にも軍用にも使われるということは、2 つの基本決定に明示されている。1 つは民生信号の無料利用とインターフェース管理文書の信号仕様の公開を許可した 1999 年 2 月 18 日のロシア大統領決定であり、もう 1 つはグロナスを国際的にオープンな民生用＆軍用システムであると定義した 1999 年 3 月 29 日のロシア政府決定である。
　2001 年 8 月 20 日に、2002 年から 2011 年の期間のグロナス計画が、その予算と共にロシア政府により認められた。
　Revnivykh et al.（2003）によると、グロナスに関係する政府機関として 6 つの機関；連邦宇宙庁、国防省、管制システム庁、運輸省、産業科学技術省、測地地図庁が挙げられている。連邦宇宙庁は民生機関であり、"Roskosmos" という名称でも知られている。また以前は航空宇宙庁（"Rosaviakosmos"）とも呼ばれていた。
　事体を多少複雑にしているのは、これら 6 つの政府機関は出典により違って表記されていること

である。例えば United Nations（2004:20 頁）には、管制システム庁は載ってなく代りに産業科学技術省が産業省と科学技術省に分かれて記載されている。

　グロナス計画には、以下のような指針とサブ計画が載っており、それぞれに責任のある政府機関名が括弧付きで示されている。

- グロナスシステムの維持、近代化、衛星配備、運用、関連する開発研究：「連邦宇宙庁と国防省」
- 民生用の航法受信機とユーザー機器開発、GNSS 機器の産業生産対応：「管制システム庁（Revnivykh et al. 2003 による分類）あるいは産業省（United Nations 2004: 20 頁による分類）」
- 交通（航空、船舶、鉄道、陸上輸送、車トラック）のための GNSS 機器と技術の開発：「運輸省」
- ロシアの領土の測地的決定に必要な GNSS 技術の応用と測地システムの近代化：「測地地図庁」
- 軍と特殊部隊のための GNSS 受信機とユーザー機器開発：「国防省」

　2002 年にロシア政府のすべてのグロナス関係機関が参加し、連邦宇宙庁の代表者が議長のグロナス調整会議が設立された。さらにグロナス計画の調整を行い、グロナス調整会議で決定された戦略の実行を調整するため、執行委員会が設けられた。執行委員会には政府のグロナス関係機関と一流の研究機関、企業が入っている（United Nations 2004: 20 頁）。現在のグロナス調整会議の構成は図 10.1 に示されている。

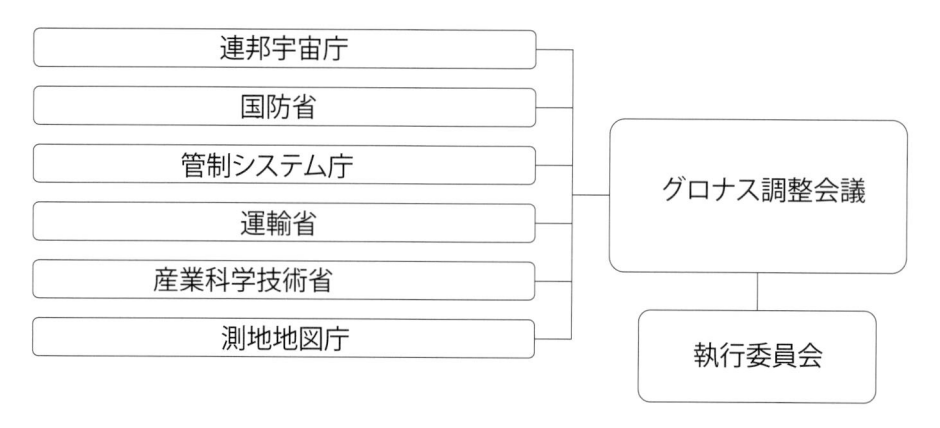

図 10.1　グロナス調整会議の構成

　2006 年、新グロナス計画と呼ばれる 2 つの新たな大統領構想が発表された（Revnivykh 2006）。1 月 18 日に発表された最初のプランには、(1) 2007 年末までに 18 衛星によるグロナス最小運用が可能になるようにする；(2) 2009 年末までに完全運用にもっていく；(3) 2010 年までに GPS やガリレオと同程度の性能が出せるようにする；と 3 つの課題が示されている。4 月 19 日に発表された 2 番目のプランには、関連する航法機器の大量生産を可能にする市場の拡大方針が示されている。

10.2 基準系

10.2.1 座標系

　グロナスの準拠する地球基準座標系は、PE-90 あるいは PZ-90 と呼ばれている。PE-90 は "Parameters of the Earth 1990" の略語であり、PZ-90 はそのロシア語 " Parametry Zemli 1990 "の略語である。Roßbach（2001: 7 頁）に示されているように、座標系に使われている測地系（基準楕円体）は元々は SGS-85（Soviet Geodetic System 1985）であったが、後に現在の SGS-90（Soviet Geodetic System 1990）に変更されている。ここでの略語 SGS は 1 時期 Soviet Geodetic System ではなく Special Geodetic System の略語として使われていた（Roßbach 2001: 7 頁）。

　Coordination Scientific Information Center（2002: 第 3 章 3.4 節）に、PE-90 の定義が次のように説明されている。PE-90 の原点は地球の重心に、Z 軸は IERS の慣用極の方向にとる。また X 軸はグリニジ子午線と赤道面との交線とし、Y 軸は X-Y-Z で右手系になるように選ぶ。したがって PE-90 は地心の ECEF 座標系である（第 8 章 2 節）。PE-90 を構築するために、26 ヶ所の監視局で測地衛星に対する観測が行われた。観測にはドップラー観測、衛星レーザー測距、衛星アルチメトリー、並びにグロナス衛星と Etalon 衛星のレーザー測距観測が含まれている（Boucher and Altamimi 2001）。

　PE-90 には 4 つのパラメータで完全に定義される回転楕円体が付随している。表 10.1 に Coordination Scientific Information Center（2002: 16 頁）に定義されている PE-90 のパラメータが示されている。

表 10.1　PE-90 楕円体のパラメータ

パラメータ	
$a = 6378136.0 m$	楕円体の長半径
$f = 1/298.257839303$	楕円体の扁平率
$\omega_e = 7292115 \cdot 10^{-11} rad s^{-1}$	地球の角速度
$\mu = 3986004.4 \cdot 10^8 m^3 s^{-2}$	地球重力定数

　この PE-90 を、例えば ITRF と比較してみるのは興味深い。1998 年 10 月から 1999 年 4 月にかけて行われた国際グロナス実験（IGEX-98）の目的の 1 つは、この比較を行うことであった。この実験は国際測地学協会 IAG、国際 GNSS 事業 IGS、米国航法学会 ION、国際地球回転事業 IERS、の共催で実施された。25 ヶ国にわたる 60 ヶ所の ITRF 座標をもつ観測点で、グロナス衛星観測データが集められ解析された。観測には一周波（大部分）と二周波の GPS/ グロナス受信機が使われた。さらに全世界 30 ヶ所の SLR 観測点でも衛星レーザー観測が行われた。

　実験の結果から得られた ITRF97 座標系から PE-90 座標系への 3 次元 7 パラメータ変換（3 つの平行移動ベクトルと 3 つの座標軸回転、1 つのスケール係数）で顕著だったのは、平行移動ベクトルの Z 成分の 0.9m と Z 軸のまわりの回転角の − 0.354 秒である（Altamimi and Boucher 1999）。Misra et al.（1996）は、Z 軸のまわりの回転と Y 軸方向の平行移動でこの変換を表している。

Altamimi and Boucher（2001）は、WGS-84 と PE-90 の比較から、7 パラメータのとり方によりたくさんの座標系が構築できることを示している。それら相互の食い違いは 1 m レベルである。中には変換のパラメータの値がほとんどゼロのものもある。Roßbach et al.（1996）の場合、Z 軸のまわりの回転パラメータ以外はゼロにしている。同じく米国海上無線技術委員会 RTCM は、GPS とグロナス補正データの標準的な送信フォーマットとして認められている RTCM-SC104 Ver.2.3 で、Z 軸のまわりの回転角 － 0.343 秒だけを使うことを勧告している。

変換パラメータとは別に、IGEX-98 の最も大きな成果は、グロナス衛星軌道をこれまでの数十 m 精度から数十 cm 精度へと改善して正確に決定したことである。

10.2.2 時系

グロナスの時系は、水素メーザーを使ったグロナス中央局で保持されている（Roßbach 2001: 31 頁）。グロナス時は協定世界時 UTC と関係しているが、UTC とはモスクワとグリニジの時差に対応した 3 時間のオフセットがある。UTC との関係からグロナス時はうるう秒をもつ。3 時間のオフセットとは別に、グロナス時と UTC の差は 1 ミリ秒以内である（Coordination Scientific Information Center 2002: 第 3 章 3.3 節）。この違いは、時刻保持に使われる時計の違いによるものである。航法メッセージの中にはこの差が τ_c として含まれている。したがってグロナス時から次式で UTC が計算できる。

$$\text{UTC} = \text{グロナス時} + \tau_c － 3^h \tag{10.1}$$

UTC と国際原子時 TAI の関係は、うるう秒を反映した式（2.22）で与えられる。

グロナス時のうるう秒補正は、国際時報局（Bureau International de l'Heure）により行われる UTC のうるう秒補正と同じである。このうるう秒補正については少なくとも補正の行われる 3 ヶ月前に、刊行物あるいは通告により情報を得ることができる（Coordination Scientific Information Center 2002: 第 3 章 3.3 節）。

10.3　グロナスのサービス

グロナスのサービスを理解するためには、信号について少し知っている必要がある。信号についての詳細は第 10 章 5 節で説明する。

各グロナス衛星は標準精度信号すなわち C/A コード（S コードとも呼ばれる）と高精度信号すなわち P コードを、L バンド内の G1、G2 と呼ばれる 2 つ搬送周波数で連続的に送信している。このように G1、G2 と表記することで GPS 搬送波 L1、L2 との違いがはっきりするが、文献によってはグロナスの場合も L1、L2 という表記が使われることがある。C/A コードは G1 搬送波でのみ変調され、P コードは G1、G2 の両方で変調される。グロナス近代化衛星であるグロナス - M では G2 にも C/A コードが加えられている。グロナスの C/A コード実効波長はおよそ 600m で P コードの実効波長はおよそ 60m である。

10.3.1　標準測位サービス

標準測位サービス"という表現は、公式の用語ではない。この他にも "標準精度測位サービス"（United Nation 2004: 19 頁）や "低精度サービス"、"グロナス民生精度"（Feairheller and Clark 2006: 611 頁）といった表現も使われるが、一般的な用語は "GLONASS performance（グロナス性能）"（Roßbach 2001: 29 頁）である。ここでいう標準測位サービスとは、C/A コードだけしか利用できない場合のサービスを意味している。標準測位サービスといっても何か標準値があるわけではない。Web サイト www.spacetoday.org/Satellites/GLONASS.html に次のような "一般的な注意" が載っている。「グロナスの精度は SA がかけられた GPS の精度よりは良く、SA が切られた GPS の精度より悪い。」これは言い換えると概略 $13m ≤$ 水平誤差 $≤ 100m$、$22m ≤$ 垂直誤差 $≤ 156m$（それぞれ95％の信頼レベルで）ということである。文献に見られる値も通常この範囲である。

Feairheller and Clark（2006:611 頁）は、少し異なる精度規準（第7章3.6節）を使った次の値を示している。すなわち水平精度100m（98.2％の信頼レベルに相当する2DRMS）、垂直精度150m（95.4％の信頼レベルに相当する 2σ）、速度精度 $15 cms^{-1}$ である。またその中で、グロナスの精度は仕様に示されている値よりはるかに良いと述べている。実際いくつかの実験では、水平精度26m（2DRMS）、垂直精度45m（2σ）、速度精度 $3 \sim 5 cms^{-1}$ が得られている。

Web サイト www.spacetoday.org/Satellites/GLONASS.html では、4衛星の観測に基づくものとして、水平精度180フィート（55m）、垂直精度230フィート（70m）が示されている。

United Nation（2004: 22, 23 頁）では、95％の信頼レベルで水平精度28m、垂直精度60m 速度精度 $15 cms^{-1}$、時間精度1マイクロ秒をあげている。

これらの異なる結果から見て、標準測位サービスの精度に関しては、この節のはじめに示した "一般的な注意" に従うのがおそらく正しいことになる。

SA はグロナスについては見られていない。Coordination Scientific Information Center（2002: 7 頁）にも、"標準精度信号に対する意図的な精度劣化は行われていない" と強く述べられている。

10.3.2　精密測位サービス

この "精密測位サービス" も公式の用語ではない。ここでいう精密測位サービスとは、高精度信号である P コードが利用できる場合のサービスを意味している。P コードは軍用信号であり、たとえ暗号化されていなくても公式には公開されていない。さらにロシア国防省は許可された以外の者が P コードを使うことを認めていない。精密測位サービスに関しては分らないことが多い。第9章3.2節の GPS 精密測位サービスのところで行ったのと本質的に同じ議論が、グロナスの精密測位サービスでもあてはまると思われるのでここでは繰り返さない。P コードを切り替えるかあるいは暗号化することで、許可されたもの以外 P コードへアクセスできないようにする AS が問題であるが、グロナスに AS がかけられたと言う報告は無い。しかし P コードを民生ユーザーに予告なく変える事はできるので、AS を起動させるという選択肢は残されている。

10.4 グロナスの構成

10.4.1 衛星

配置

　グロナス衛星は高度およそ 19100 ｋｍの円軌道を描いており、その名目周期は 11 時間 15 分 44 秒である。衛星配備は 3 つの軌道面上の 24 衛星で完了する。そのうちの 3 衛星は予備衛星である（Feairheller and Clark 2006:597 頁）。軌道面の赤道面に対する傾斜角は 64.8°で、その昇交点経度は 120°づつ離れている。それぞれの軌道面内には 8 衛星が均等に配置されている。これは軌道面内で各衛星の緯度引数（argument of latitude：昇交点からの角度）が 45°づつ異なっていることを意味している。さらに 2 つの軌道面の間では、各衛星の緯度引数は 15°ずらされている。この衛星配置では、地球上の 99％の範囲で少なくとも 5 衛星の同時観測が可能である（Habrich 1999）。

　Feairheller and Clark（2006:598 頁）によると、21 個の衛星配備では地球上の 97％の範囲で少なくとも 4 衛星の同時、連続的な観測が可能であるが、24 個の衛星配備では地球上の 99％の範囲で少なくとも 5 衛星の同時、連続的な観測が可能である。これまですべてのグロナス衛星は、プロトンロケットで打ち上げられている。

衛星の種類

　グロナス衛星には、グロナス、グロナス‐M、グロナス‐K、グロナス‐KM といったさまざまなタイプがある。各タイプの衛星は、例えばグロナスのブロックⅠあるいはブロックⅡというように、ローマ数字を使って区分される。それにアルファベットの小文字を付けて、例えばグロナスブロックⅡa というようにさらに細分される。ブロックによる区分は、主として衛星の設計寿命の違いを示している。Web サイト www.russianspaceweb.com/uragan.html には衛星打ち上げ日についての情報が載っている。現在のグロナス衛星配備についての情報は www.glonass-ianc.rsa.ru から得たものである。ここで簡単に紹介する衛星の構造については、Feairheller and Clark（2006: 600-601 頁）に詳しく記述されている。衛星の航法機能部は、情報論理ユニットと 3 台の原子時計、記憶装置、ＴＴ＆Ｃ受信機（Telemetry, tracking command link receiver）（地上局からのコマンド信号の受信機）、航法信号送信機で構成されている。この航法機能部には受信モードと送信モードがある。受信モードでは管制局から最新の航法メッセージを受信し、送信モードでは 2 つの搬送波に乗せる航法信号を生成する。この航法信号の詳細については第 10 章 5 節で説明する。

　GNSS においては、搭載されている時計が非常に重要である。グロナスの 3 台の原子時計は、ロシア航法研究所で製造されたセシウム周波数標準器である。その寿命は 17500 時間であり、1 日あたりの安定性は $5 \cdot 10^{-13}$ である。すなわち 1 台の原子時計は 2 年間動くということであるから、3 台の原子時計を順番に使えばトータル 6 年間の稼動が可能になる。

　グロナス衛星の仕様書によるデータでは、衛星の保障寿命：3 年（実際の寿命:4.5 年）、衛星重量：1415Kg、航法機能部重量：180Kg、電源：1000W、航法機能部消費電力：600W、時計の安定性（1 日あたり）：$5 \cdot 10^{-13}$、姿勢制御精度 0.5°、太陽パネルの方向精度 5°である。

衛星の近代化

グロナス計画による衛星の近代化は次の3段階からなる（Polischuk et al. 2002）。

> 第1フェーズ：必要最低限のレベルでのグロナス衛星配置の維持。
> 第2フェーズ：グロナス‐M衛星の開発。グロナス衛星とグロナ‐M衛星による18衛星配置の達成。
> 第3フェーズ：グロナス‐K衛星の開発。グロナス‐M衛星とグロナス‐K衛星による24衛星配の達成。

衛星の設計寿命の短さも衛星近代化へ向かわせる大きな要因である。グロナス‐M衛星は、グロナス第1世代の後に開発されている衛星で、Mは"Modified：修正"あるいは"Modernization：近代化"を表している。最初のグロナス‐M衛星は2003年12月に打ち上げられた。1年後に2番目のM衛星の打ち上げも成功し、2005年には更に2つのM衛星が打ち上げられた。

Feairheller and Clark（2006: 601－602頁）によると、これらの新世代衛星には次のような特徴が見られる。

- グロナス‐M衛星の時計の安定性が、温度コントロールにより従来の$5\cdot 10^{-13}$から$1\cdot 10^{-13}$に改善され、航法性能が向上した。ただ現在のところ搭載されているのはセシウム時計だけである（Polischuk et al. 2002）。さらに改良された姿勢制御システムが用いられ、衛星間通信（この機能は2番目のM衛星から）が利用できる。
- 衛星時計の安定性が改善したことと衛星の可積載量の増加やバッテリーや電子回路の改良により、衛星の設計寿命が以前の約3年から約7年へと長くなった。
- 航法メッセージに、例えばGPS時とグロナス時の差や信頼性フラッグ、データ更新日といった情報が付け加えられた。またグロナス時のうるう秒補正（第10章2.2節）に関する予告情報も加えられている。
- G2搬送波への2番目の民生信号追加により、民生ユーザーの電離層補正が可能になる。

グロナス‐M衛星の仕様書によるデータでは、衛星の保障寿命：7年、衛星重量：1230Kg、航法機能部重量：250Kg、電源：1415W、航法機能部消費電力：580W、時計の安定性（1日あたり）：$1\cdot 10^{-13}$、姿勢制御精度：0.5°、太陽パネルの方向精度：2°である。

この他衛星搭載の機器としては、レーザー反射鏡、軌道修正用エンジン、12素子航法信号アンテナ、衛星間クロスリンク用アンテナ（cross‐link antenna）、コマンド＆コントロール用のさまざまなアンテナがある。

バイコヌール（Baikonur）宇宙基地のBreezeブースター付きプロトンロケットでは1回に3機のグロナス‐M衛星を打ち上げることができるが、プレセツク（Plesetsk）宇宙基地のFregatブースター付きソユーズ2ロケットでは1回に1機である（Polischuk et al. 2002）。

最初のグロナス‐K衛星の打ち上げは2009年に予定されている。グロナス‐K衛星は、設計寿命10年でG3搬送波には3番目の民生信号が乗せられる。原子時計としてはセシウムとルビジウムが搭載される（Polischuk et al. 2002）。Gibbons（2006）によれば現在の計画には、グロナス‐K

衛星の 3 番めの搬送波（G3）に完全性（integrity）情報やデファレンシャル補正情報、時刻補正情報が提供されることが含まれている。これが実現すれば、移動体ユーザーは 1 m以下の精度でリアルタイムに測位できることになる。

またグロナス‐K 衛星には救助探索機能が付け加わる。この他にグロナス‐K 衛星の重量はそれ以前の衛星重量のおよそ半分になる。この軽量化により、同時に打ち上げることのできる衛星数は倍になる。

グロナス‐K 衛星の仕様書によるデータでは、衛星の保障寿命：10 年、衛星重量：850Kg、航法機能部重量：260Kg、電源：1270W、航法機能部消費電力：750W、時計の安定性（1 日あたり）：$1 \cdot 10^{-13}$、姿勢制御精度：0.5°、太陽パネルの方向精度：1°である。

グロナス‐K 衛星の次はグロナス‐KM 衛星と言われているが、これはまだ構想段階で情報がほとんどない。図 10.2 に、グロナス配備についての 2001 年からの経緯と 2012 年までの予定が示されている。

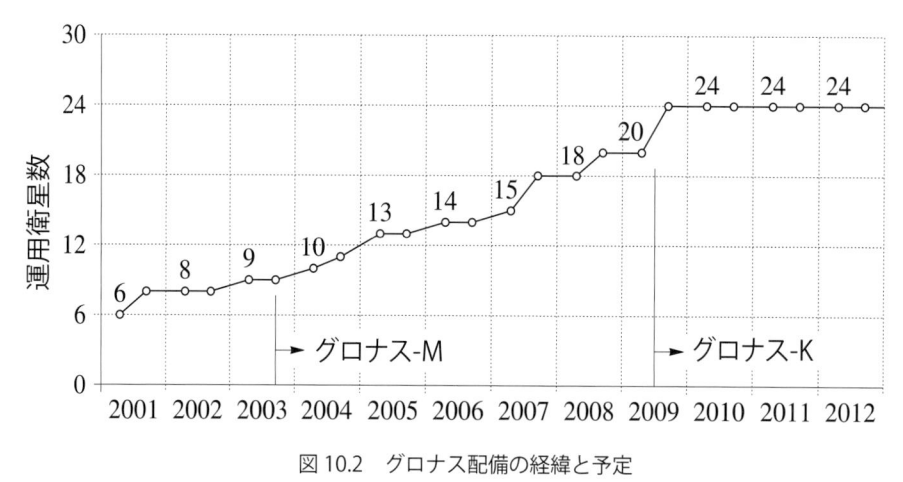

図 10.2　グロナス配備の経緯と予定

10.4.2　衛星の運用管制

運用管制の主な内容は、軌道と時刻を予測・決定するための衛星追跡と航法メッセージの衛星への送信、衛星時刻同期、グロナス時と UTC のオフセット量の管理である。またここでは説明しないが、調達や打ち上げといった運用管制とは直接関係のないこともたくさん行われている。

地上管制施設に関する用語は、文献により異なるが、ここでは Coordination Scientific Information Center（2002: 5 頁）で使われているものを使う。

以下の情報は、主として Feairheller and Clark（2006: 第 11 章 1.6 節）、United Nations（2004: 21-25 頁）、Bauer（2003: 第 4 章 3 節）によるものであるが、問題はこれら文献の記述に整合性がないことである。Feairheller and Clark（2006: 第 11 章 1.6 節）では 1994 年の資料まで遡って、管制システムを管制センターと中央シンクロナイザー（synchronizer 訳註：中央局に置かれている原子時計、水素メーザーをさす）、制御追跡局、レーザー追跡局、航法管制機器に分けている。

United Nations（2004: 21-22 頁）の内容は、特別に文献は挙げていないが、おそらく 1999 年のウィーンでの国際会議の時の情報によるものであろう。これには管制システムが管制センター、中央

局時計、4つのTT&C（Telemetry, tracking and command）局、信号監視システムに分けられている。また"このようなシステム設計によりTT&C局による双方向の追尾データに基づく衛星軌道計算や中央局時計と衛星時計の直接比較による時刻補正決定が簡単に行える。"と書かれている。

Bauer（2003: 第4章3節）は1993年の資料まで遡って、管制システムを（1）管制センターと（2）制御追跡局の2つに分けている。さらにこれらは細分されている。すなわち管制センターは（1a）位相コントロールシステム、（1b）中央シンクロナイザーに、また制御追跡局は（2a）4つのTT&C局と（2b）4つの航法管制機器局、（2c）5つの量子光学局（すなわちレーザー追跡局）にそれぞれ分けられている。Bauer（2003: 248頁）は、これら各要素相互の詳しい関係に関しては公表されていないと述べている。

最近ロシア人による同じような発表がたくさん見られる。1例として、Klimov et al.（2005）は管制システムを（1）システム管制センター、（2）中央シンクロナイザー、（3）TT&C局に分けている。近代化に関しては、片方向の追跡局の配備について述べている。以下では基本的にこれらロシア人の分類に従い、それに少しFeairheller and Clark（2006: 第11章1.6節）による詳細を加えたもので説明する。

システム管制センター

システム管制センターは、ロシア宇宙軍の管理下にある施設で、モスクワの南西約70kmのKrasnoznamensk宇宙センターに置かれている。管制システムのすべての機能と運用はこのシステム管制センターで計画調整される。

中央シンクロナイザー

中央シンクロナイザーは、モスクワのSchelkovoに置かれており、グロナス時に関する責任を負っている。中央シンクロナイザーからの信号は、位相コントロールシステムに送られる。基本的に2種類の観測が行われる。1つは衛星までの距離観測で電波による精度数mの観測が行われる。もう1つは衛星から送信される航法信号と中央シンクロナイザー信号の比較で、$1 \cdot 10^{-13}$の精度で時刻と位相が比較観測される。これらふたつの観測から衛星時計の時刻と位相のオフセット量が決定あるいは予測される。予測値は少なくとも1日に1回は衛星に送られる。

TT&C局

4つのTT&C局がサンクトペテルブルクとモスクワのSchelkovo、シベリアのYenisseysk、極東のKomsomolsk-na-Amureに置かれている。TT&C局の補足施設として5つのレーザー局がKomsomolsk-na-Amure（ロシアでただ1つの局）とカザフスタンのBalkhash、ウクライナのEvpatoriaとTernopol、ウズベキスタンのKitabに置かれている。これらの役割は衛星の追尾監視と管制センターからの情報の衛星への伝送である。

Feairheller and Clark（2006: 第11章1.6節）によると、衛星追尾観測では1セッション10分から15分の観測が3～5セッション行われ、衛星までの距離が電波で2～3mの精度で測定される。またこれらの測定値を較正するために、数cmの精度をもつレーザーによる測定値が使われる。衛星追尾観測値は、1時間毎にシステム管制センターに無線で送られる。衛星軌道位置の予測計算は

24時間分行われ、衛星への更新送信は1日に1回である。衛星時計の補正量の更新送信は1日2回行われる（Coordination Scientific Information Center 2002: 第3章3.3節）。この衛星時計補正の精度は、仕様書では35ns1σ以下である。

管制システムの近代化

Revnivykh（2006b）は、グロナス近代化計画に伴う"監視局ネットワークの拡大"に関して次の4つの項目を挙げている。すなわち（a）宇宙軍ネットワーク（3局）、（b）Roskosmos ネットワーク（9～12局）、（c）Rosstandard ネットワーク（UTC サイトの3局）、（d）国際 GNSS 事業 IGS や外国の関係機関との協力、である。しかしその詳細は示されていない。

同様にグロナス時の維持システム近代化に関しても、2台の高精度な時計の導入と同期システムの近代化という項目は挙げているが、詳細は示されていない。

Dvorkin and Karutin（2006）が発表した中の1枚のスライドで"グロナス管制システムの近代化"に関して次の4つの項目、(1) 片方向観測＆軌道計算局ネットワークの開発、(2) 片方向観測局ネットワークの創設、(3) 双方向観測局の配備、(4) 通信系統の近代化、が上げられている。しかし詳細は示されていない。またこの発表の最後のスライドでは"データ収集ネットワークの開発"として、既存（2005年末）の8局に新しく11局を加える構想が示されている。

10.5　信号構造

グロナスでは、軍用には高精度信号が、民生用には無料で標準精度信号がそれぞれサービスされている。インターフェース管理文書（Coordination Scientific Information Center 2002: 7頁）では、2つの搬送波はL1とL2と書かれているが、ここではグロナスとGPSと区別するためL1、L2の替わりにG1、G2を使う。また3番目の周波数はG3で表す。表10.2のPコード、C/Aコードという略語も標準化されたものではないが、文献では共通に使われている。

表10.2　グロナス信号

G1 搬送波	= 1602.000MHz
G2 搬送波	= 1246.000MHz
G3 搬送波	= 1204.704MHz [1]
C/A コード	標準精度信号
P コード	精密信号

[1] 変更の可能性あり

グロナスでは異なる衛星の信号を区別するのに、周波数分割多元接続（FDMA: Frequency division multiple access）方式が使われている。これによりグロナス信号は、ナロウバンドでの干渉妨害に強い信号になっている。さらに異なるグロナス信号間の相互相関も、コード長が短いにもかかわらず低くなっている。周波数が隣接する2つの信号の間の相互相関は、仕様書では－48dB以下に抑

えられている（Coordination Scientific Information Center 2002: 10 頁）。FDMA 方式の場合、受信機には超広帯域の RF フロントエンドが必要になる。

米国とロシア合同の「GPS/グロナスの相互運用性と互換性に関するワーキンググループ」が作成した報告書の中で、現在 GPS やグロナスで使われている CDMA 方式や FDMA 方式を共通なものにすることがユーザコミュニティにとって利益をもたらすという認識が示されている。ロシア側は共通方式採用に関する決定が 2007 年までにはなされると発表している。以下の節では 2007 年 1 月時点での最新の技術情報について述べるが、これらは上記報告書の内容を考慮すると今後確実に変わるであろう。

1996 年の完全運用 FOC 以来、グロナス衛星は 2 つの搬送波 G1,G2 で標準精度信号（C/A コード）と高精度信号信号（P コード）を送信し続けてきた。GPS と同じように、C/A コードは G1 にのみ乗せられ、P コードは G1 と G2 の双方に乗せられている。2004 年のグロナス - M の運用開始で、標準精度信号は G2 にも付け加えられた。これと平行して航法メッセージにも情報が追加された。P コードの内容は公式には発表されていないが、複数の科学者により長さ 1 秒の P コードの内容は解読されている。ロシア国防省は、P コードは予告なしに変更されうるので、許可を受けてない者がこれを使うことは勧めていない。

グロナス - K 近代化衛星では、3 番目の民生コード（C/A$_2$ コード）と軍用コード（P$_2$ コード）を乗せた 3 番目の搬送波 G3 が送信される。3 番目の搬送波は、測位の信頼性と精度を増し、特に人命救助に有効に使われる。3 番目の搬送波に完全性(integrity)情報を乗せる研究が現在行われている。更にロシア地域内の移動体ユーザーが 1 m 以下の精度でリアルタイムに測位できるように、デファレンシャル補正や時刻補正も 3 番目の搬送波に乗せることが計画されている。グローバルに 24 時間連続してこのようなグロナス近代化信号によるサービスを受けられるようになるには、5、6 年かかるであろう。

衛星アンテナのビームパターンは、地上だけをカバーするのではなく他の衛星にも航法信号を送れるように設計されている。特にグロナス - M 衛星のビームパターンは、他の衛星の受信機にも送信されるよう広げられている。更に衛星とユーザーとの相対的な位置関係、例えば衛星が天頂方向にあるか水平線方向にあるか、に応じて変化する伝播損失に対応して送信信号電力が変えられる。このように信号電力を変えることにより、すべての衛星の受信レベルを一定にできる。

すべての航法信号は右旋円偏波され、完全円偏波からのズレは、アンテナ視準方向から ±19° 以内では 1.5dB 以下にされている（Coordination Scientific Information Center 2002: 11 頁）。

異なるコード間で同期をとることは、距離測定のバイアスを避けるために基本的に必要になる。衛星機器による遅延とは、衛星の原子周波数標準 AFS の出力と衛星アンテナ送信信号との間の遅延を示す。この遅延には決定できる遅延と決定できない遅延が含まれているが、後者は仕様ではグロナス衛星で 8 ns 以下、グロナス - M 衛星で 2 ns 以下になるように決められている。

10.5.1 搬送周波数

搬送周波数やすべての時刻信号は、衛星の原子周波数標準 AFS で作られる。周波数は相対論効果を考慮して、相対値 $\Delta f/f = -4.36 \cdot 10^{-10}$ に対応する分だけ低くされている（第 5 章 4 節参照）。FDMA 方式により、すべての衛星にそれぞれ次式で定義される周波数が割当てられる。

$$f_{1k} = f_1 + \Delta f_1 k = 1602.0000 + 0.5625k \quad [MHz]$$

$$f_{2k} = f_2 + \Delta f_2 k = 1246.0000 + 0.4375k \quad [MHz] \quad (10.2)$$

$$f_{3k} = f_3 + \Delta f_3 k = 1204.7040 + 0.4230k \quad [MHz]$$

ここで k は、各衛星に対応したチャンネル番号である。$\Delta f_1, \Delta f_2, \Delta f_3$ は隣接チャンネル間での周波数の増分を示している。f_3 と Δf_3 はまだ確定してなく、今後変わりうる。

各衛星には3つの周波数 f_{1k}, f_{2k}, f_{3k} が割当てられ、それらの比 $f_{1k}/f_{2k} = 9/7$ と $f_{1k}/f_{3k} = 125/94$ は一定である。ただし $f_{1k}/f_{3k} = 125/94$ も、今後変わりうる。各周波数は、$f_{jk} = \Delta f_j (2848 + k)$, $j = 1,2,3$ と表すこともできる。

最初グロナスには24チャンネル（$k = 1, 2, \ldots, 24$）割当てられた。しかしこの航法周波数は、電波天文学の周波数帯や衛星通信サービスの周波数帯と干渉を起こした。例えば1612MHzの周波数は、電波天文学で銀河系の進化の手がかりを与えるある特定の分子からの放射を観測するのに使われている（Roßbach 2001:11頁）。このためロシアは周波数の割当を徐々に変更することにし、第1段階（1998年〜2005年）としてチャンネル数を12にまで減らした。2005年以降は、チャンネル $k = -7, -6, \ldots, +5, +6$ が使われている（ただしチャンネル $k = +5, +6$ は技術的な目的に使うためにあけられている）。さらに2005年以降打ち上げられた衛星では、有害な干渉を引き起こす帯域外輻射を制限するフィルターがかけられている（Coordination Scientific Information Center 2002: 10頁）。

チャンネル数を12までに制限できたのは、同じ軌道面上で対極的な位置にいる衛星に同じチャンネル番号を割当てることが可能なためである。このように割り当てても、同じチャンネル番号の衛星を地上で同時に観測することはない。しかし衛星に搭載された受信機では、例えばドップラー観測で対極的な位置にいる衛星を識別するような機能が必要になる（Branets et al.1999）。

3番目の周波数は既にグロナスに割当てられているため、他で利用されている例はほとんどない。Revnivykh（2004）は、3番目の民生コードと3番目の軍用コードがG3に乗せられることを強調している。

表10.3　グロナスの周波数

搬送波	係数 ($\cdot f_1$)	周波数 [MHz]	周波数増分 [MHz]	波長 [cm]	周波数帯
G1	1	1602.000	0.5625	18.7	ARNS/RNSS
G2	7/9	1246.000	0.4375	24.1	RNSS
G3 [1]	94/125	1204.704	0.4230	24.9	ARNS/RNSS

[1] 変更の可能性あり

10.5.2 PRN コードと変調

グロナスは周波数分割多元接続 FDMA 方式のため、すべての衛星で同じ PRN コードが使われている。2 つの PRN コード、C/A コードと P コードにより、式（4.37）と同じように、搬送波の同相チャンネルと直交チャンネルにそれぞれ変調がかけられている。C/A コードと P コードはお互いに同期がとられている。搬送波は、これらのコードと航法メッセージで BPSK 変調されている。第 4 章 2.3 節で説明したように、BPSK 変調では一般的に 1.023Mcps を基準にした周波数が使われ、例えば BPSK（1）は BPSK（1.023Mcps）を表している。しかし表 10.4 で示すように、グロナスでは異なる基準周波数が使われている。

表 10.4 グロナスのコード信号

搬送波	PRN コード	PRN コード長 [chips]	コードチップ率 [Mcps]	変調方式	バンド幅 [MHz]	データビット率 [sps/bps]
G1	C/A	511	0.511	BPSK（0.511Mcps）	1.022	50
	P	5110000	5.11	BPSK（5.11Mcps）	10.22	50
G2	C/A	511	0.511	BPSK（0.511Mcps）	1.022	50
	P	5110000	5.11	BPSK（5.11Mcps）	10.22	50
G3 [1]	C/A$_2$	[2]	4.095	BPSK（4.095Mcps）	8.190	[2]
	P$_2$	[2]	4.095	BPSK（4.095Mcps）	8.190	[2]

[1] DvorkinandKarutin（2006）；変わる可能性あり。
[2] 現在未公表。

図 10.3 はグロナス信号の電力スペクトル密度を示している。図が複雑にならないように、ここではそれぞれ隣接 3 チャンネルしか描かれていない。また示されている周波数帯域幅は、国際電気通信連合 ITU によりグロナスに割当てられているのとは違っている。C/A コードと P コードの電力はほぼ同じであるから、図のようにチップ率の低いコード（C/A コード）の振幅の方が大きくなっている。最低受信電力レベルは、仕様では −161 dB 〜 −167 dB になっている（Coordination Scientific Information Center 2002: 10 頁）。軌道高度の変化やアンテナの向き、周波数帯域によってアンテナ利得が変化することにより、最低受信電力レベルは変わる。また Coordination Scientific Information Center（2002: 37 頁）で強調されているように、出力信号電力が温度や電圧、利得変化といった技術的な原因で変化する場合も最低受信電力レベルは変わる。

標準精度信号（C/A コード）

標準精度信号（C/A コード）の仕様はインターフェース管理文書に示されている（Coordination Scientific Information Center 2002）。C/A コードのチップ率は 0.511 Mcps である。コード長は 511

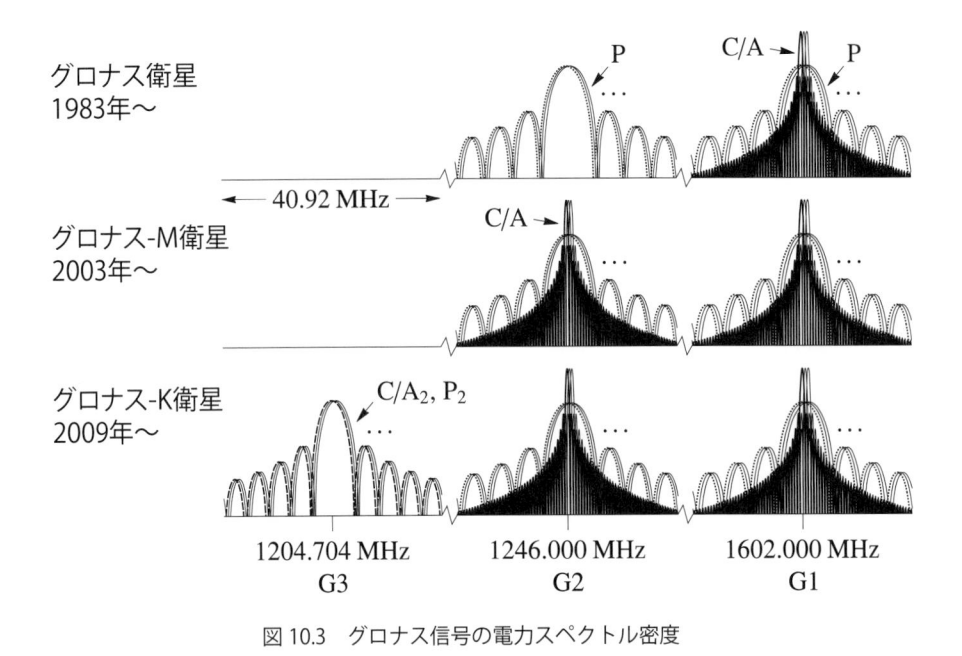

図 10.3 グロナス信号の電力スペクトル密度

chips であるから、コード周期は 1 ms となる。1 チップの長さはおよそ 587m である。この C/A コードは、9 ビットの線形フィードバックシフトレジスタ LFSR で生成される。その特性多項式は

$$p(x) = 1 + x^5 + x^9 \tag{10.3}$$

である。ここで R_5 と R_9 がフィードバックセルになる。図 10.4 に示されているように 7 番目のシフトレジスターからの出力が C/A コードになる。初期化ではすべてのレジスターを 1 にとる。

C/A コードは、自己相関特性の良い M 系列コードである。C/A コードはコード長が短いため信号補足は早いが、干渉を受けやすい 1KHz の周波数成分を含んでいる。C/A コードスペクトルのメインローブの幅は、1.022MHz である。隣接チャンネル間での搬送波周波数の増分は 0.4230 ～ 0.5625MHz であることを考慮すると、隣接する周波数帯の C/A コードスペクトルのメインローブが（半分程度お互いに）重なることがわかる。隣接する周波数帯の 2 つの C/A コード信号の相互相関は、− 48 dB 以下である。

高精度信号（P コード）

高精度信号（P コード）に関しては、インターフェース管理文書は公開されていない。P コードのチップ率は 5.11Mcps である。コード長は 5110000 chips である。コード周期は 1 秒で、チップ長はおよそ 59 m になる。P コードは 25 ビットの線形フィードバックシフトレジスタ LFSR で生成される。その特性多項式は

$$p(x) = 1 + x^3 + x^{25} \tag{10.4}$$

である。初期化ではすべてのレジスターを 1 にとる。この LFSR から 33554431 chips の長さのコー

グロナスC/Aコード

図10.4 C/A コードの LFSR

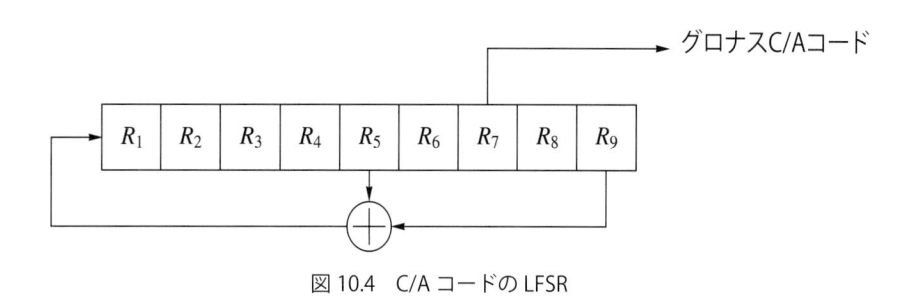

ドが生成され、1秒の長さで打ち切られる。Pコードのチップ率の高さは、信号補足同期や干渉に対して良い影響を及ぼす。コードのチップ率と隣接チャンネル間での周波数の増分を考慮すると、グロナスの周波数帯域はかなりの範囲重なっている。短いC/Aコードは一般に概略の補足に用いられる。グロナスの場合、Pコードの長さは1秒とGPSの場合の1週間に較べて短いため、GPSで使われていたHOW（Hand-over word）は必要ない（訳注：GPSの場合C/AコードからPコードへ乗り移るために、航法メッセージの中のHOWが使われる）。

10.5.3 航法メッセージ

航法メッセージには、衛星の軌道情報やヘルス情報、補正データ等の情報が含まれている。航法メッセージのビット率は、コードのチップ率や搬送周波数に較べて低い。しかし、これによりその信号電力の弱さにもかかわらず、ビットエラー率は小さくできる。航法メッセージの実効ビット率は、50bpsであるが、符号化に際しては倍のシンボル率100spsが使われる。

C/AコードとPコードはそれぞれ異なる航法メッセージで変調されている。C/Aコードに乗せる航法メッセージは、スーパーフレームとフレーム、ストリングで構成されている。スーパーフレームの長さは2.5分で、これはそれぞれ30秒の長さの5つのフレームからできている。フレームには当該衛星のデータと他の衛星のデータが含まれている。

1フレームは15個のストリングで構成されており、1ストリングの長さは2秒、100ビット（= 200 symbols：1ビットが2 symbolsに対応）である。これには15ビットの時刻マークと85ビットのデータが含まれている。時刻マークは特性多項式

$$p(x) = 1 + x^3 + x^5 \tag{10.5}$$

で表される5ビットのLFSRで生成される信号を、15ビット（30 symbols）で打ち切ったものである。1symbolの長さは10ミリ秒（symbol率= 100 sps）で、30 symbols（15ビット）からなる時刻マークの長さは0.3秒である。8ビットのパリティーチェックを含む85ビットのデータの送信には1.7秒かかる。データビットは、1symbol 10ミリ秒のsymbol列と排他的論理和XOR演算がとられる（訳注：これはManchesterコーディングと呼ばれる符号化である。データビットの0と1はsymbolの10と01にそれぞれ変換され、例えばデータビット0111……はsymbol列10010101……にコーディングされる）。これは、BOCs (1, 1) 変調のやり方と似ている。これにより得られるデータのsymbol列は、時刻マークは別にして、0や1のsymbolが3つ以上続くことはない。

長さ 2 秒のストリングは、その日の始まり（UTC0 時 0 分 0 秒）にグロナス時系で同期がとられる。UTC うるう秒がグロナスへ導入されれば、同期精度が低下するから、ストリングはこのうるう秒に合わせて再生成する必要がある。インターフェース管理文書（Coordination Scientific Information Center 2002:Appendix2）には、UTC うるう秒補正の際の対処指針が示されている。

最初の 5 つのストリングには放送暦が入っている。すべてのフレームで繰り返されるこの放送暦には、軌道情報とフレームの始まりを示す時間タグ、衛星ヘルス情報、衛星時刻補正、搬送波の名目周波数からのずれが含まれている。放送暦は数時間有効である。6 〜 15 のストリングには、軌道上 24 衛星の概略暦が入っている。1 つの衛星の概略暦に 2 つのストリングが使われる。5 番目のフレームの最後 2 つのストリングは空けられており、近代化の際に使われる。概略暦はスーパーフレーム毎に繰り返される。

軌道情報は、GPS の場合のケプラー要素とは違って、PE-90 座標系での位置座標と速度として与えられる。また太陽や月の摂動による衛星の加速度も同じ座標系で与えられる。これらは、30 分間隔毎の数値として与えられる。観測時の衛星位置や速度は、これらの値を補間計算することにより得られる。補間計算のための 4 次のルンゲ・クッタ法（Runge-Kutta method）に基づく積分方程式が、Coordination Scientific Information Center（2002: Appendix3）に示されている。Zinoviev（2005）は、このルンゲ・クッタ法を 5 次の Fehlberg 法や 7 次の Shanks 法と比較している。Coordination Scientific Information Center（2002:23 頁）によれば、放送暦の精度（表 10.5）は、グロナス近代化

表 10.5 放送暦の精度

誤差成分	座標誤差（RMS）[m]		速度誤差（RMS）[c m /s]	
	グロナス	グロナス - M	グロナス	グロナス - M
衛星飛行方向	20	7	0.05	0.03
衛星軌道面に直角方向	10	7	0.1	0.03
衛星動径方向	5	1.5	0.3	0.2

に伴い良くなっている。Dvorkin and Karutin（2006）は、数年以内に座標精度は m 以下にまで改善されるであろうと述べている。放送暦と対照的に概略暦の形式は GPS と同じでである（表 3.6 参照）。

グロナス - M により始まった近代化で、GPS とグロナスの相互運用性、特に時系の相互運用性を高めるため、航法メッセージには GPS 時とグロナス時の差が、仕様上 30ns 以内の偏差で含まれている。また今後近代化後には、うるう秒補正予測値、推定擬似距離精度、G1 搬送波と G2 搬送波間の内部遅延量も含まれることになる（Zinoviev 2005）。これらの情報は、現在の航法メッセージ構造との互換性を保つため、予備のデータビットに置かれる。

高精度信号の航法メッセージには、標準精度信号の航法メッセージより多くの精密情報が含まれている。

航法メッセージは、72 個のフレームからなるスーパーフレームで構成され、各フレームはそれぞれ 100 ビットの長さをもつ 5 個のストリングでできている。1 フレームの長さは 10 秒である。1 つのスーパーフレームを送信するには 12 分必要になる。当該衛星の軌道情報は高精度信号の航法メッセージの場合 10 秒毎に繰り返されるが、標準精度信号の航法メッセージの場合 30 秒毎に繰り

返される（Feairheller and Clark 2006:611 頁）。対照的にすべての衛星の概略暦の送信には P コードの場合 12 分、C/A コードの場合 2.5 分かかる。

10.6　今後の見通し

今後のグロナスの鍵になるのは、グロナス計画 2001 － 2011 である。もしグロナス計画が予定通り達成されたら、グロナスはロシア国内だけでなく世界市場で重要な役割を果たすことができるであろう。この数年でグロナスには著しい進展が見られた。最初の大きなステップは、軍用のシステムであるグロナスを民生用に広く開放するとしたグロナス調整会議の宣言である。Revnivykh et al.（2003）が概説しているように、国際協力が次のステップである。将来の発展のために、欧州連合 EU や欧州宇宙機関 ESA、米国、インド、中国等との交渉が開始された。グロナス国際協力の目的は以下の通りである。

- グロナスとその補強システムを、GPS やガリレオと互換性、相互運用性が可能なように開発すること
- 正確で信頼性があり広く利用できる航法サービスをユーザーのために提供すること
- グローバルな衛星航法サービスにより経済に益すること

衛星航法サービス市場の魅力は増している。グロナスは、符号分割多元接続 CDMA 方式の採用という大きな変更を行うかもしれないが、その理由もここにある。おそらくグロナス システムは、CDMA 信号の追加か、あるいは周波数分割多元接続 FDMA 方式から CDMA 方式への変換を行うであろう。そうなれば、GPS やガリレオとの相互運用は簡単になる（Inside GNSS, January/February 2007: 18 頁）。ロシア連邦宇宙機関の飛行管制センター副所長 S.Revnivykh は、2006 年 9 月にそのような変更の可能性について発表している。

2007 年 1 月 23 日の GPS Daily（www.gpsdaily.com）に、ロシアとインドの協力に関して"グロナスがインドで利用可能"、"ロシアとインドはインドのロケットでグロナス - M 衛星を打ち上げ、次世代の衛星航法を開発することで合意"との報告が見られる。また同じ GPS Daily に"2005 年 12 月、プーチン大統領はグロナスの完全運用を 2008 年までに早めるように指示"、"2005 年 3 月、ロシア連邦宇宙機関は 2007 年末までにロシア国内の軍、民生ユーザーのグロナス利用が可能と発表"、"2007 年後半あるいは 2008 年前半までに 8 衛星を軌道に投入し、2009 年までに 24 衛星の完全配備を行う計画"との報告が見られる。

Averin（2006）には、グロナスの位置誤差（95％の信頼レベル）が、2007 年～ 2011 年の間に 30m、20m、10m、7m、5m となるよう計画されていると書かれている。このような精度改善は、軌道と時刻決定技術の進歩や配備衛星数の増加を想定した上でのことである。もしこれが実現すれば、これからのグロナスにはこれまでのグロナスとは較べられない程の未来が約束される。

第11章　ガリレオ（Galileo）

11.1　序論

11.1.1　歴史的経緯

　欧州は以前から衛星航法システムの戦略的、経済的、社会的、技術的重要性について認識していた。欧州共同体条約に沿って輸送や通信、エネルギーインフラの分野で欧州を横断するネットワークを構築するために、衛星測位の分野での欧州の戦略と行動が必要になった（European Council 1994）。1980年代に欧州宇宙機関ESAは、さまざまな衛星測位システムを研究した。特にbent-pipe型の衛星（訳註：受信信号を増幅して地上に中継送信する衛星）での時間分割多元接続TDMA方式が研究された。

　1994年に欧州理事会は、情報技術の進展に対応して衛星航法の開発を率先して行うべきであるとの欧州委員会の決議要請を受けた。これに対して最初は既存のGNSS（GPSやグロナス）の補強システムを構築する方向へ向かった。この動きは最終的に第12章4節で説明するEGNOSの開発と配備につながった。次に、欧州連合EUによる "民生用の衛星航法システムの設計と構築に必要な準備作業を開始するように" との要請が行われた。同じ頃欧州理事会は、開発に伴う費用とリスクの分担を行うために民間企業と協力する必要性を感じていた。また、航法システムの開発と配備が国際標準にしたがって行われるよう、国際民間航空機関ICAOや国際海事機関IMOとの協力の必要性も欧州では強調されていた。

　欧州連合EUは、次世代のGPS開発に関して、最初米国と緊密に協力し積極的に参加することを目指した。欧州と米国との交渉で双方の関心事が明らかになったが、米国側は制限的な条件も持ち出した。GPSはこれまで安全保障が最重要視されるシステムと考えられてきたため、GPSの定義や管制にかかわる部分に外国が参加することは、米国には認められなかった。対照的に欧州は、欧州側の主権、自治、競争性を保障するシステム管制に最大限係われることを求めた。また欧州はロシアとの協力も考慮した。しかしこのような経緯の後、最終的には欧州は、自前のGNSSを開発するという決定を行った。

　1999年、欧州の衛星航法計画にガリレオという名前が暫定的に付けられたが、ほどなくこのガリレオは欧州版GNSSを示す言葉となった。ガリレオ（Galileo）は頭字語ではないため、このように小文字が含まれた形で表される。これはイタリアの科学者、天文学者であるGalileo Galilei（1564-1642）にちなんだ命名である。1610年にガリレオは木星の4つの衛星、Io, Europa, Ganymede, Callistoを発見した。さらにガリレオは、この衛星の食観測を使って経度を決定する方法を示した。欧州委員会（1999）は、新しい衛星航法サービスに欧州がどのように係わるかという報告書の中で、ガリレオは開かれたグローバルなシステムでGPSと互換性があるがGPSからは独立したシステム

であるべきであると勧告している。ガリレオの独自性は、ガリレオがグローバルに利用でき他のシステムとの相互運用性やサービスの信頼性を保ちながら他のシステムからは独立したシステムであることである。

1999年3月、欧州宇宙機関 ESA の閣僚理事会でガリレオの概念設計段階が承認され、1999年12月にその発注契約が行われた。ガリレオの概念設計段階の前にあるいは平行して行われた市場調査では、ガリレオが大変な経済的社会的利益をもたらすことが示されている。例えば、輸送システムの安全性の向上や渋滞の緩和あるいはそれによる大気汚染の減少といった社会的な効果がある。さらに例えば欧州の管理下にある認証システムを構築できるといった戦略的な効果もある。

2020年の運用段階までいれたガリレオの費用は、34億ユーロ（EUR）程と見積もられている。また欧州委員会（2000）は、2015年にガリレオが運用されてない状態で、もし GPS が2日間中断された場合、欧州の交通、財政部門のこうむる損害はおよそ10億ユーロと推定している。費用便益分析ではガリレオの場合、＋4.6に達する費用便益比が計算されている。また分析ではガリレオの配備の時期は限られており、これを逃すと市場の期待も失われると強調している。

ユーザーの立場からは、ガリレオと他の航法システムとの相互運用性と互換性は欠かせない（European Commission 2000）。また産業界は、ガリレオは他の GNSS を打ち負かしたりそれにとって代わったりするのではなく、相互に運用できるようにするべきであるとの意見である。2001年3月、ガリレオの相互運用性を保障しガリレオの信号を決めるための作業部会が設置された。作業部会での検討結果は、2004年欧州と米国と間で調印された合意書に反映されている。これにはガリレオと GPS を組み合わせて使えるように両方の信号構造を同じにすることになっている（United States of America and European Community 2004）。同時に米国側の安全保障上の懸念から、GPS の M コードとガリレオの公共規制サービスで使われる信号（E1 周波数帯；第11章5節参照）とは分離することになった。

ガリレオの概念設計段階は2003年に完了した。すでに2002年3月には欧州運輸閣僚理事会は、ガリレオ計画を次の段階へ移すことに合意していた。同時にこの理事会でその開発と評価のための予算も発表され、また欧州連合 EU と欧州宇宙機関 ESA との連携を図るためにガリレオ共同事業体 GJU（Galileo Joint Undertaking）の設置が決定された。欧州連合 EU は、法律的、政治的な問題に責任を持ち、欧州宇宙機関 ESA はガリレオ計画の技術的問題に対応する。ガリレオ共同事業体 GJU は、欧州委員会条約第171条に基づいて2003年6月10日に設立された。ガリレオ共同事業体 GJU は、非営利の法人で欧州連合 EU と欧州宇宙機関 ESA の利益を代表している。その主な仕事は、ガリレオ開発段階の管理とガリレオの権利（concession：訳注；ガリレオの運営等を競争入札により民間企業に行わせる権利）の競争入札手続を進めることであった。また GJU は衛星航法分野での多くの（EU 資金による）研究活動の管理も行った。

ガリレオ共同事業体 GJU は、当初計画通り2006年末に解散した。これにより GJU の仕事、特にガリレオの権利の譲り受け企業（concessionaire）との交渉は、GNSS 監督機構（GSA: GNSS Supervisory Authority）に引き継がれた。GNSS 監督機構 GSA は、衛星測位航法分野での公的な利益を守り代表するために、欧州委員会により設置された。GSA の任務は、European Commission（2004）で定義されている。GSA は、財政的、技術的枠組みにしたがって、ガリレオの権利の入札契約やシステムの配備を行う責任を負っている。更に GSA は、さまざまな国際標準の中でガリレ

オで考慮されるべき事を調整する役割も担っている。

　世界市場を獲得しグローバルな標準を決め開発費用を確保するため、ガリレオ計画は最初から国際協力で行うという方針であった。このため多くの国との間で協力の交渉、合意、調印がなされている（Flament 2006）。

11.1.2　ガリレオ計画の各段階
ガリレオ計画は次の4つの段階に分けられる。
　　・概念設計段階
　　・開発と軌道上評価段階
　　・配備段階
　　・運用段階

　概念設計段階の成果は、ガリレオの主要特性や性能パラメータの基準として、高度仕様書 HLD（High level definition）に入っている（European Commission and European Space Agency 2002）。この基準は衛星基準とシステム基準に分けられて、最終的にはインターフェース管理文書 ICD（Interface Control Document）に入れられる。欧州委員会と欧州宇宙機関 ESA は、ガリレオの潜在的なユーザーや民間投資家、産業界等からの要望や意見をまとめ、高度仕様書 HLD の中に入れている。概念設計段階では、例えばガリレオの全般的な基本設計を扱う GALA プロジェクトといったような、数多くのプロジェクトや広範囲にわたる研究が行われた。

　開発と軌道上評価（IOV: In-orbit validation）段階では、衛星と地上管制施設、受信機の詳細が決められ、それらの製造と実装が行われる。2 機の実験衛星が打ち上げられ、ガリレオの周波数構成の確認やさまざまな実験が行われる。その後、配備段階が始まる前に、4 衛星が軌道に投入されガリレオシステムの主要部の評価が行われる。これら開発段階は、ガリレオ共同事業体 GJU ／ GNSS 監督機構 GSA の管理のもとに行われ、EU の公的資金でまかなわれる。
配備段階では、完全運用可能な衛星が軌道に投入され、地上管制システムもすべて配置される。配備段階の期間は 24 ヶ月である。ガリレオの完全運用は、2012 〜 2013 年頃と見込まれている（生命の安全に係わるサービスは除く）。

　完全運用の開始により、運用段階に入り、その管理は民間により行われる。運用段階の費用は、運用の権利を得た企業によってまかなわれる。運用段階は少なくとも 20 年間続く計画である。

11.1.3　管理と運用
　ガリレオの管理と運用は、競争入札によりその権利を譲り受けられた企業（concessionaire）によって行われることになろう。これは、GNSS 監督機構 GSA とガリレオの権利を譲り受けられたガリレオ運用会社 GOC（Galileo Operating Company）が協力する官民連携事業 PPP（Public-private partnership）として行われる。官民連携事業 PPP は、官民それぞれがリスクを分かちながら、互いに利益が得られるのであれば成功である。ガリレオ運用会社 GOC は、ガリレオの配備と 20 年間の運用段階に責任を持つ。
ガリレオ運用会社 GOC の募集は、2003 年 10 月にガリレオ共同事業体 GJU により始められた。

2004年4月に2つのコンソーシアム（企業連合）が募集に応じたが、2005年5月これらは1つに合併した。合併したコンソーシアムは、EU側の費用負担を最小化しながら、運用の収支を著しく改善する提案を行った。このコンソーシアムとEU側との権利譲り受け交渉は2007年4月〜5月に問題に直面し、予定されていた2007年5月には契約調印はされていない（訳註：コンソーシアムの民間企業は採算性の問題で投資を断念しており、現在配備運用に必要な資金の大部分はEU側が出す方向で動いている）。

11.2 基準系

11.2.1 座標系

ガリレオの基準系は、ガリレオ地球座標系GTRF（Galileo terrestrial reference frame）と呼ばれる地心直交座標系である。ガリレオ地球座標系GTRFは、国際地球回転事業IERSによって構築された国際地球座標系ITRFと関係づけられる（Hein and Pany 2002）。ガリレオ地球座標系GTRFは、最新の国際地球座標系ITRFと3cm（2σ）以内で一致させられる。測地関係者の参加のもとにこのようなGTRFの定義や構築、維持管理に関して責任をもつのが、ガリレオ測地サービス プロバイダ（GGSP: Galileo geodetic service provider）である（Swann 2006）。

11.2.2 時系

ガリレオ時（GST: Galileo System Time）は、国際原子時TAIと一定のオフセット（整数秒）をもつ原子時である。協定世界時との（1秒の端数部分の）オフセットは、うるう秒のため変化する（第2章3.2節）。ガリレオ時は、複数の水素メーザーをマスター時計とする原子周波数標準AFS全体で維持されている（Hahn 2005）。ガリレオ時は、外部の時刻サービスプロバイダから提供されるステアリング補正（steering correction）により、国際原子時（TAI）と関係づけられている。この外部の時刻サービスプロバイダは、協定世界時（UTC）を維持している国際度量衡局（BIPM: International Bureau of Weights and Measures）とも結びついている。ガリレオ時と国際原子時とのオフセットは、仕様では50ns（2σ）以下である（Bdrich 2005）。

ガリレオ時の計算は、地上管制部（第11章4.2節）の正確な時刻装置で行われる。ガリレオ時と国際原子時あるいは協定世界時とのオフセットは、航法メッセージに含まれており衛星からユーザーに送信される。ガリレオ時は、週番号とその週内の経過秒の形で送信される。ガリレオ週がいつからスタートするのかは決まっていない。ユーザーは、受信機を使って協定世界時と30nsの精度（95％の信頼レベル）で24時間いつでも同期が可能になる（Falcone et al. 2006a）。さらにガリレオ時とGPS時とのオフセットGGTOもガリレオ衛星から送信されることになろう。

GGTOの精度仕様は5ns（2σ）である。GGTOは、式（6.6）の中に未知数として導入することによっても決定することができる。おそらく他の航法システムとの時刻オフセットもガリレオ衛星の航法メッセージに組み込まれることになろう。

11.3 ガリレオのサービス

　ガリレオでは、サービスを重視した設計方針が採用された。概念設計段階では、ユーザーからの要望を分類し次の4つのサービスレベルを想定した。(1) ガリレオ衛星の信号だけによるガリレオ単独サービス（Satellite-only service）で、他のシステムとは関係なく世界中で利用できる。(2) ガリレオ単独サービスをローカルな補強システムや補助的な情報で機能アップしたガリレオローカル補強サービス（Galileo locally assisted service）。(3) ガリレオと将来の EGNOS を組み合わせた高い完全性を持つ EGNOS サービス。(4) ガリレオと他の GNSS あるいは航法システムと組み合わせた合同サービス。

　ユーザーからの要望や運用上、利用上の要求は、特にガリレオ単独サービスを定義する高度仕様書 HLD にまとめられている。ガリレオ単独サービスは、4つの航法サービスと救援捜索を支援する1つのサービスで構成される。表11.1には、4つの航法サービスの要求性能が示されている。表中のサービス利用可能率（service availability）は、システムの設計寿命期間（20年間）中、仕様に示された精度や完全性、連続性をもったサービスが平均的にどの程度行われるかを表すものである（Falcone 2006）。このサービス利用可能率は、最悪のケースを考えた上での値であり、システム性能を表す重要なパラメータである。

11.3.1　オープンサービス

　オープンサービス（OS: Open service）は、だれでも無料で利用できる。OS には完全性情報は含まれてないので、サービスに対して保障や責任を求めることはできない。しかし、受信機による自立的な完全性監視技術（RAIM: Receiver autonomous integrity monitoring）を使えば、完全性情報を引き出すことができる。オープンサービス OS は、簡単な測位と時刻サービスの大きな需要を見込んだものである。他の GNSS に負けないサービスを提供するため、3つの搬送波に6つの非暗号化信号が変調されて乗せられている。このようにたくさんの信号と周波数を使うことにより、測位性能は増し妨害にも強くなるが、同時に技術的にも高度なものが要求される。周波数帯域は、互換性や相互運用性を高めるために、他の GNSS の周波数帯域と一部重なるようにしている。ガリレオ単独サービス用受信機の性能は、GPS の C/A コード受信機と同程度である。

11.3.2　商用サービス

　商用サービス CS（Comercial Service）は、ガリレオ運用会社 GOC の収益をあげるためのサービスである。CS では、すべての周波数帯の航法メッセージに含まれるデータを使う。データは暗号化され、ビット率 500bps で送信される。これらのデータや暗号化されたコードへのアクセスは、ガリレオ運用会社 GOC によって管理される。商用サービスを行う外部のサービスプロバイダの情報は、ガリレオの地上管制システムにより衛星を経由してユーザーへ送られる。

11.3.3　生命の安全に係わるサービス

　生命の安全に係わるサービス（SoL: Safety of life）では、オープンサービス OS と同じ信号に完

表11.1　ガリレオ サービスの性能（Falcone 2006）

ガリレオ単独サービス	オープンサービス	商用サービス	生命安全サービス	政府規制サービス
サービス範囲	グローバル	グローバル	グローバル	グローバル
精度[(1)] 一周波 二周波	15m/24m　H；35m V 4m　H；8m V	— 4m H；8m V	— 4m H；8m V	15m/24m　H；35m V 6.5m H；12m V
同期精度（95％）[(2)]	30ns	30ns	30ns	30ns
完全性 警告限度 警告時間 完全性リスク	—[(3)]	—[(3)]	12m H；20m V 6s $3.5 \cdot 10^{-7}/150$ s	20m H；35m V 10s $3.5 \cdot 10^{-7}/150$ s
連続性リスク	—	—	$10^{-5}/15$ s	$10^{-5}/15$ s
サービス利用可能率	99.5％	99.5％	99.5％	99.5％
アクセス管理	無料オープンアクセス	コードや航法データへのアクセス制限	完全性情報のユーザー識別	コードや航法データへのアクセス制限
サービス保障認定	—	サービス保障	認定者へのサービス保障	許可者へのサービス保障

[(1)] 測位精度：水平（H）95％、垂直（V）95％
一周波での精度は、それぞれの周波数毎に表示
二周波での精度は電離層補正（二周波観測あるいは NeQuick モデル利用）したもの
[(2)] UTC とのオフセット
[(3)] 受信機による自立的な完全性監視（RAIM）可能

全性情報を加えたものが使われる。

　航空無線航法サービス（ARNS: Aeronautical radionavigation service）の周波数帯を使うことにより、信号保護を最大にすることができる。航法メッセージの中の完全性情報で、システムに生じたどんな故障も示し、すべてのユーザーに適時警告を与える。生命の安全に係わるサービス SoL では、このような時宜を得た警告が必要なサービス（例えば、航空機に対する精度警告）の他に、時間的にはそんなに急がないが完全性情報は必要なレベルのサービス（例えば船舶に対する）も行われる。SoL は、ユーザーの利益を最大にするため、航空機や船舶、鉄道といったそれぞれ異なる分野の基準に合うよう設計されている。例えば航空機の場合、SoL は洋上飛行や空港への精密進入、非精密進入それぞれに適合したものになっている。

11.3.4　政府規制サービス

　ガリレオが公共の安全を脅かすようなことに使われることには敏感にならざるをえない。ガリレオ信号を意図的な干渉やジャミング、欺瞞、ミーコニング（meaconing：訳註；衛星電波に誤差

を加工して再送信すること）から保護し、ガリレオのサービスの悪用を防ぎ、ガリレオシステムを護るために、これまで適切な制限が取られており、これからも取られるであろう（Galileo Joint Undertaking 2003）。

政府規制サービス（PRS: Public regulated service）の主な目的は、他のサービスが停止してるか意図的なジャミングを受けているような危機的な状況下でも、連続して頑健な暗号化信号を提供することである。妨害干渉の影響を最小にするため、周波数の離れた2つの搬送波に暗号化信号が載せられている。政府規制サービスPRSへのアクセスは、制限されており、国民保護や国家安全保障に責任のある政府機関と欧州刑事警察機構や欧州不正対策局のような法執行機関にのみ許される。

政府規制サービスPRSの測位性能は、オープンサービスOSと同程度で、完全性情報のレベルは生命の安全に係わるサービスSoLと同程度と予想される。

11.3.5 捜索救助サービス

捜索救助サービス（SAR: Search and rescue）は、国際海事機関IMOと国際民間航空機関ICAOの要請と規則にしたがって、国際的な捜索救助衛星システムCOSPAS-SARSATに貢献するサービスである（European Commission and European Space Agency 2002）。COSPAS-SARSATは、全世界で人道的な捜索救助活動が行えるようにロシアや米国、フランス、カナダが作り上げたものである（第12章1.3節参照）。ガリレオ衛星は406MHzの緊急信号を検知し、緊急メッセージを地上局へ送るようになる。緊急信号を出しているビーコンの場所は、ガリレオ衛星によるコード観測あるいはドップラー観測で割り出され、探索救助センターに通知される。次世代のビーコンにはGNSS受信機が内蔵され、それによるビーコン位置が緊急信号に乗せられるようになる。これにより、コードあるいはドップラー観測では10分間の観測で位置精度5km（95％の信頼レベル）のものが、瞬時に数mの精度で位置が特定できるようになる。救助情報は探索救助センターから最寄の救助センターに連絡され、救助チームが立ち上げられる。更にガリレオ衛星から緊急信号を受信したことを、オープンサービスOSの信号に乗せ放送する可能性もある。ガリレオ衛星は、緊急信号を出しているビーコン位置をほとんど待ち時間なしに救助センターに送るSARサービスを常時グローバルに行う。ガリレオ衛星1つで同時に150の緊急信号を検出できるようになろう。SARサービス利用可能率は仕様では99.7％より高く設定される。

11.4　ガリレオの構成

ガリレオの全体的な概念や構成は、GPSやグロナスと似ている。しかし予想されるガリレオサービスに対応した構成も必要になる。ユーザー部分は別にして、ガリレオは3つの主要部；グローバル部、リージョナル部、ローカル部、から構成される（図11.1）。グローバル部はガリレオの核になるところで、これは衛星と地上管制部から構成されている。衛星については第11章4.1節で、地上管制部については第11章4.2節でそれぞれ詳しく説明する。

リージョナル部は、完全性監視ネットワークと完全性管理センターとからなる。これによりその地域だけの完全性情報が決定され、専用の保護回線でガリレオ衛星にアップリンクされる。リージ

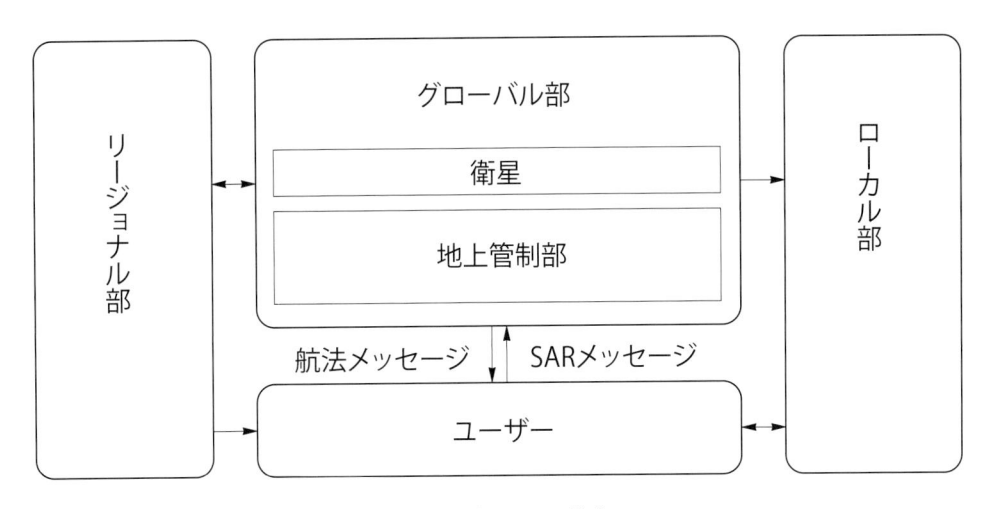

```
        ┌─────────┐  ┌──────────────────────┐  ┌─────────┐
        │リ       │  │   グローバル部         │  │ロ       │
        │ー       │  │   ┌──────────────┐   │  │ー       │
        │ジ       │◄─┤   │    衛星       │   ├─►│カ       │
        │ョ       │  │   └──────────────┘   │  │ル       │
        │ナ       │  │   ┌──────────────┐   │  │部       │
        │ル       │  │   │  地上管制部    │   │  │         │
        │部       │  │   └──────────────┘   │  │         │
        └─────────┘  └──────────────────────┘  └─────────┘
              │        航法メッセージ │ SARメッセージ   │
              │           ┌──────────────────────┐    │
              └──────────►│      ユーザー          │◄──┘
                          └──────────────────────┘
```

図 11.1　ガリレオの構成

ョナルな完全性情報は、ガリレオの完全性を補足し、国や地域レベルでの航空機や船舶に対するきびしい完全性基準が満たせるようにするものである。ガリレオ衛星からは、5つの異なる地域の完全性情報が出せるようになる。

　ローカル部では、ローカルな地域の事情にあった航法を支援するサービスが行われる。これによりローカルな範囲で、精度、利用可能率、完全性が高くなる。この場合ローカルとは数百メートルから数千キロメートルの範囲を指す。ローカル部は、例えば空港や港湾での特別なサービスや特殊な地球科学観測といった限られた範囲で利用されるシステムで構成されている。高度仕様書 HLD には、ローカルなサービスが次の4つに分類されている。

- ローカル航法サービス：デファレンシャルなコード観測により 1m より良い精度で位置を決定。
- 高精度ローカル航法サービス：例えば、3搬送波アンビギュイティー決定 TCAR 手法をローカルなシステムと一緒に使って 10cm より良い精度で位置を決定。
- ローカル支援航法サービス：ローカル局経由でガリレオの航法メッセージを送ることにより衛星の同期捕捉や同期保持性能を向上。
- ローカル補強サービス：ガリレオの擬似信号を出すシュードライト（pseudolite）によりガリレオの精度と利用可能性を向上

　ガリレオの各構成要素は、次の3段階プログラムで検査評価される。(1) ガリレオシステム試験（GSTB: Galileo system test bed）では、全般的な構造試験や重要な技術調査が行われた。第1期では地上の管制システムで衛星軌道決定と時刻同期の性能評価と完全性アルゴリズムの確認が行われ、同時に GPS 衛星を使ってガリレオの衛星配置がシュミレーションされた。(2) 第2期ではガリレオ試験衛星が打ち上げられ、衛星の試験と地上管制システムの確認が行われた。(3) 軌道上評価段階の期間に、4機のガリレオ衛星が打ち上げられ、地上管制システムも初期稼動される。全衛星の配備が完了し、すべての地上管制施設が完成すれば、運用段階に入っていく。

11.4.1 ガリレオ衛星

　ガリレオ衛星の配備では、27個の衛星と3個の予備衛星が3つの概略円形の中間軌道（MEO: Medium earth orbit）に投入される。3つの軌道面の軌道傾斜角は56°である。Falcone et al.（2006a）によると、軌道の離心率は $e = 0.002$ である。軌道楕円の長半径は $a = 29601.297 km$ である（European SpaceAgency and Galileo Joint Undertaking: 13頁）。これから衛星の周期は14時間4分45秒となり、その地表面軌跡はおよそ10日毎に繰り返される（17周期毎）。1つの軌道面内には9衛星が40°づつ離れて均等に配置され、それに予備衛星が1つ加わることになる。軌道面内で衛星を配置し直すにはおよそ1週間かかるが、これは新しい衛星を打ち上げるよりはるかに簡単である。高度仕様書HLDによれば、予備衛星は動作状態にして置かれるが、衛星がすべて配備されサービスに問題がない場合は、衛星の寿命を延ばすために予備衛星を非動作状態にして置くこともできる。衛星の周期は、重力共鳴（gravitational resonance: 訳註：重力ポテンシャルと衛星軌道との共鳴）を避け衛星の軌道制御回数を最小にするのに十分な程度には長く、かつ繰り返し観測を行うのに十分な程度には短くなるよう選択されている（Falcone et al. 2006b）。仕様上の衛星位置と実際の衛星位置の違いは、±2°の範囲内に収められる。

　故障衛星がなく予備衛星を使わない通常のガリレオ衛星配置で、すべてのユーザーはどこでも常に最低限6衛星が観測できる（高度角マスク10°の場合）。この場合、位置精度低下率PDOPの最大値は3.3以下で、水平精度低下率HDOPの最大値は1.6以下である。

実験衛星

　第2期のガリレオシステム試験GSTBでは、主として以下の4つの目的のために最低2機の実験衛星が打ち上げられる。(1) 国際電気通信連合ITUにより割当てられた周波数でガリレオ信号を送信する。割当てられた周波数帯での信号送信期限は2006年6月であったため、この期限を逃せば周波数帯の割当てを失いGNSS競争に負けることになるので、衛星の故障や打ち上げの失敗も考慮して同時に2つの実験衛星の開発が行われた。実験衛星からの送信信号は、ガリレオ性能を解析したりシュミレーションと実際の観測との違いを評価するために使われる。(2) 原子周波数標準AFSのような重要な衛星技術の試験を行う。(3) 摂動により変化する衛星の軌道制御を行う。(4) 打ち上げ時に衛星にかかる圧力とか衛星飛行中にうける放射線といったさまざまな環境パラメータを決定する。

　実験衛星は、公式にはGIOVE（Galileo in-orbit validation element）と呼ばれている。実験衛星の軌道高度は23257km〜23222kmであり、その活動期間は3年である。最初の実験衛星GIOVE‐Aは、2005年12月28日にバイコヌール宇宙基地からFregatブースター付ソユーズロケットで打ち上げられ、2006年1月12日からガリレオ航法信号の送信を始めた。GIOVE‐Aの成功により計画スケジュールに余裕が生まれたため、次のGIOVE衛星の打ち上げは後に延ばされ、その間更なる開発が進められることになった。GIOVE‐Aには2つのルビジウム原子時計が積まれているが、GIOVE‐Bではこの他に受動型水素メーザー（PHM: Passive hydrogen maser）も積まれる。GIOVE‐Aの最初の信号解析結果は、公表されている（Montenbruck et al. 2006）。ESAは、実験衛星の2号機を2007年2月までに作ると発表した。2号機の目的は、1号機の故障によりガリレオ実験信号

の送信が途絶える危険を避けるためである（訳註：2号機 GIOVE‑B の打ち上げは 2008 年 4 月に行われた）。

　この他にもガリレオの装置やアルゴリズムを調べるために、例えばドイツの GATE（Galileo test development environment）といったさまざまなガリレオ実験が行われている。GPS 開発の時に、地上に信号送信機を置きそれを飛行機で受信したユマ（米国）での実験と対照的に、GATE 実験ではガリレオ信号送信機を山頂に置き、地上で受信した（Heinrichs et al. 2004）。この場合 DOP 値を許容できる値に設定できるため、効果的な実験が行える。GATE についての詳細は、www.gate-testbed.com.を参照せよ。このようなガリレオ実験で得られた結果は、衛星や地上局、受信機等の設計を決めるのに使われる。

運用衛星

　GIOVE 衛星による実験が終了すれば、4 機の IOV（In-orbit validation）衛星が打ち上げられ、その性能評価と地上管制施設の最終テストが同時に行われる。IOV 衛星の計画寿命は 12 年であり、IOV 衛星は運用衛星としても使われる。

　ガリレオ衛星には、大きく分けて 2 つの機能部分が積載されている。1 つは航法機能部であり、もう 1 つは捜索救助 SAR 機能部である。図 11.2 に Falcone（2006）を参考にしたブロック図を示す。航法機能部は、航法信号生成装置（NSGU: Navigational signal generator unit）と周波数生成変換装置、増幅器、信号フィルター、L バンドアンテナで構成される。航法信号生成装置 NSGU は、衛星の C バンドアンテナで受信した地上局からの軌道データと完全性データを使って、航法メッセージ信号を作り、それを変調してコードに乗せる。このようにして作られた信号は、時計監視装置からの入力を使ってガリレオ時 GST に同期させられ、原子周波数標準 AFS を使って L バンド周波数に変換される。更に低雑音アンプ LNA で電力レベルを上げられ、バンドパスフィルター BPF で帯域外干渉を取り除かれた後、L バンドアンテナで衛星から送信される。

　ガリレオ衛星には、4 つの原子周波数標準 AFS が載せられ、信号の連続性や信頼性、安全性を高いレベルで維持している。2 つのルビジウム原子周波数標準（RAFS: Rubidium atomic frequency standard）は周波数の短期安定性（10ns ／日）が良く、一方受動型水素メーザー PHM（ガリレオのマスター時計）は短期、長期安定性（1ns ／日）とも優れている。ルビジウム原子周波数標準 RAFS は小さく安価であるが、周波数の変動は大きい。したがって最悪の場合 100 分毎に時計補正の更新が必要になる。しかし受動型水素メーザー PHM の場合、この更新時間はおよそ 8.3 時間である。

　衛星に送られる軌道情報の有効時間は 12 時間である（Falcone 2006）。衛星が軌道 1 周する間に少なくとも 1 回、地上局から衛星に軌道情報や時計補正パラメータが送られる。完全性情報に関しては、これより高頻度の更新が必要になる。

　捜索救助 SAR 機能部は、受信した緊急信号を L バンドで地上に転送する。衛星にはこの他にレーザー反射鏡が積載されており、衛星軌道を高精度に決定するのに使われる。

　衛星の追尾や制御は、S バンドを使って行われる。衛星の S バンドアンテナは、測距信号を衛星から地上へ向けて出し、その反射波を受信することで衛星の高度を数 m の精度で測定するのにも使われる。

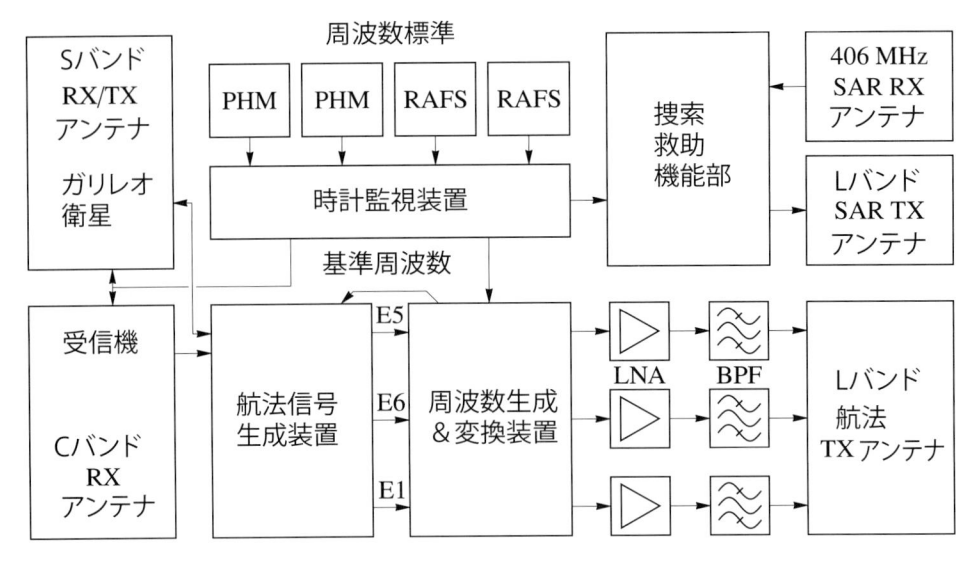

図11.2 ガリレオ 衛星ブロック図

　赤外線と可視光のセンサーを使って地球と太陽の方向を測定することにより、衛星の姿勢制御が行われる。赤外線センサーはアンテナを地球方向に向けるのに使われ、可視光センサーはソーラーパネルを太陽方向に向けるのに使われる。

　ガリレオ運用衛星の大きさは $2.7 \times 1.2 \times 1.1 m$ で、重量は730kgである。ソーラーパネルを開いた状態での衛星の全長はおよそ17.5 mである。衛星の計画寿命は12年である。衛星の寿命が終わり近づくと、衛星は墓場軌道（graveyard orbit：訳註；衛星が宇宙ゴミとなるのを防ぐために設けられた軌道）に移動させられる。

　ガリレオ衛星を軌道に投入する方法として、例えばアリアンロケットを使うといったさまざまな選択肢が検討されている。複数の衛星を1度に打ち上げるというのも効率的ではあるが、同時に打ち上げに失敗した場合のリスクも大きい。

11.4.2　地上管制施設

　地上管制施設は、2つの管制センター（GCC: Ground control center）と5つのTT&C（Telemetry, tracking and command）局、9つのCバンドアップリンク局（ULS: Uplink station）、おそよ40のガリレオ監視局（GSS: Galileo sensor station）で構成されている（図11.3参照）。Kiruna以外のTT&C局にはアップリンク局ULSも併設されている。またアップリンク局ULSには、ガリレオ監視局GSSが併設されている。この地上管制施設は、いくつかのリージョナルな地上管制施設に分けることができ、各リージョナルな地上管制施設ではリージョナルな完全性サービスに必要なパラメータが決められる。

　地上管制施設は機能的に大きく（1）衛星配置を管理統制する管制部（GCS: Ground control segment）と（2）航法システムの管理と完全性情報の決定・通知を行う航法部（GMS: Ground

■ GCC   ◆ TT&C   ● ULS   ◆ GSS

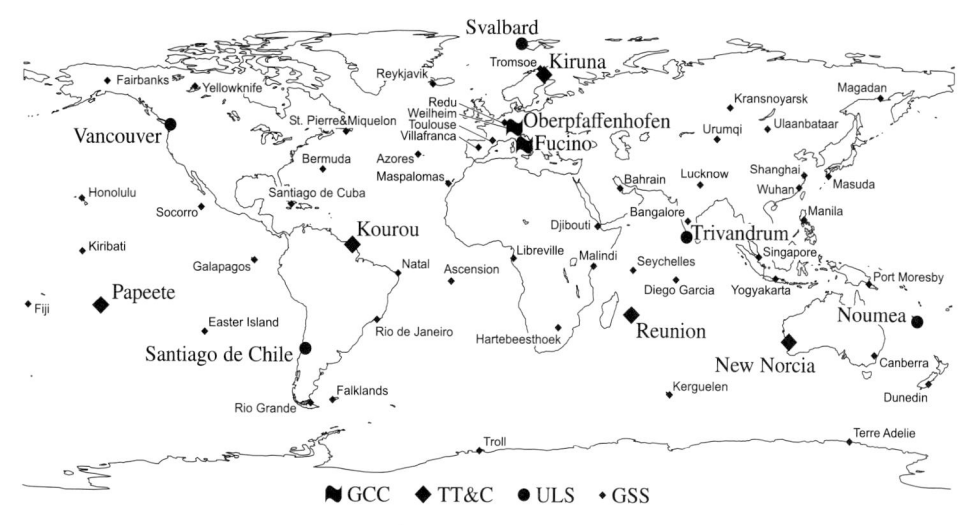

図 11.3　ガリレオ の地上管制施設

mission segment）に分けられる。図 11.4 にこの分類に対応した諸施設（装置）が図示されている。

　2 つの管制センター GCC は、ドイツの Oberpfaffenhofen とイタリアの Fucino に置かれている。このように管制センターを 2 ヶ所設けることで、運用故障を減らし、システムの連続性を高めることになる。管制センター GCC にある施設（装置）は次の通りである（Falcone 2006）。

・軌道決定＆時刻同期処理装置（OSPF: Orbit determination and time synchronization processing

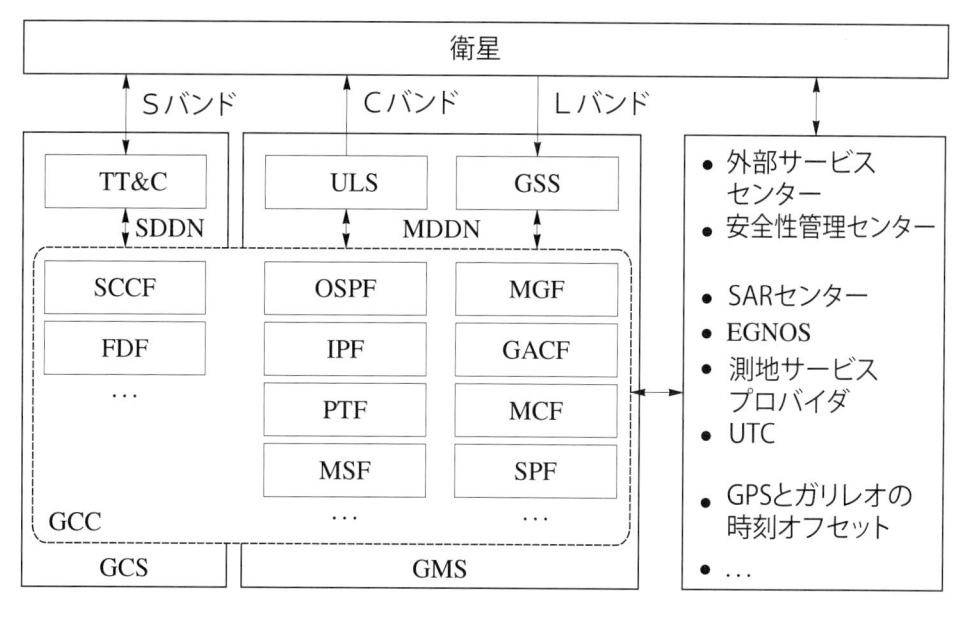

図 11.4　管制部 GCS と航法部 GMS

facility）は、衛星軌道と衛星時計補正を推定する。
- 完全性情報処理装置（IPF: Integrity processing facility）は、衛星までの距離観測結果をガリレオ信号と比較し、問題があれば完全性フラグが立てられる。
- 精密同期装置（PTF: Precise timing facility）は、ガリレオ時 GST を生成、維持する。これには UTC 基準局との間で行われる双方向の時刻転送機能が付いている。
- 運行支援装置（MSF: Mission support facility）は、運行のオフライン操作を監視、管理、計画する。
- メッセージ生成装置（MGF: Message generation facility）は、衛星に送るデータを多重化する。
- 地上施設管理装置（GACF: Ground asset control facility）は、地上施設の監視、管理を行う。
- 運行管理装置（MCF: Mission control facility）は、運行のすべてのオンライン、オフライン操作を監視、管理する。
- サービス情報装置（SPF: Service products facility）は、外部のサービスセンターにインターフェースを提供し、時刻サービスプロバイダや商業サービスユーザーのデータを管理する。
- 衛星配置管理装置（SCCF: Spacecraft constellation control facility）は、衛星配置を監視、管理する。
- 飛行計算装置（FDF: Flight fynamics facility）は、軌道を計算しオンラインあるいはオフライン操作で軌道修正を行う。

衛星配置管理装置 SCCF は、グローバルな TT&C 局ネットワークでガリレオ衛星につながる。衛星との通信は各 TT&C 局に置かれた直径 13m のアンテナを使い、2GHz の S バンドで行われる。TT&C 局と管制センター GCC 内の各装置との通信は、衛星データ配信ネットワーク（SDDN: Satellite data distribution network）を経由して行われる。TT&C 局の選択は、例えば TT&C 局に故障があった場合、最大どれ位の時間、衛星と連絡が取れなくなるかといったことに基づいて行われる（表 11.2 参照）。

グローバルなガリレオ監視局 GSS のネットワークは、常時ガリレオ衛星信号 SIS を監視している。ガリレオ監視局 GSS の位置はわかっているため、GSS での観測から衛星軌道パラメータや衛星時計オフセット、完全性情報が導き出される。ガリレオ監視局 GSS での観測値は、データ配信ネットワーク（MDDN: Mission data dissemination network）により管制センター GCC に送られる。GCC 内の航法部 GMS では、航法メッセージや完全性情報の決定、支援が行われる。決定された航法メッセージや完全性情報は、アップリンク局 ULS から衛星に送られる。将来 ULS には、直径 3m の 5GHzC バンドアンテナが 5～6 個設置される。

ガリレオ管制センター GCC には、たくさんの外部サービスプロバイダのインターフェースが実

表 11.2 TT&C 局に故障があった場合、衛星と連絡の取れない時間（高度角マスク 5°）

故障局	最大ロス時間（分）
Kiruna	193
Kourou	265
NewNorcia	130
Papeete	361
Reunion	186

装される。測地サービスプロバイダ GGSP は、ガリレオ地球座標系 GTRF が国際地球座標系 ITRF から一定値以上乖離しないように維持している。Falcone et al.（2006a）によると、この測地サービスプロバイダ GGSP は、衛星レーザー測距観測値を使って軌道パラメータ推定の確認、検証を行う。時刻サービスプロバイダは、ガリレオ時 GST のステアリング補正（steering correction）を提供する。商用サービスプロバイダは、商用サービス CS 信号を利用する。リージョナルな完全性情報サービスプロバイダは、リージョナルな監視局を使って完全性情報を決定する。完全性情報は、管制センター GCC の衛星‐ユーザーリンクを使ってユーザーに提供される。更に国際的な捜索救助衛星システム COSPAS-SARSAT もガリレオ管制システムと連結され、捜索救助メッセージがガリレオの航法メッセージを使って送り返される。

完全性情報の決定

　ガリレオの大きな特徴の1つは、完全性情報をリアルタイムに提供できることである。完全性情報の中で、重要なものに衛星信号誤差（SISE: SIS error）がある。これは衛星までの距離測定誤差の最大値を表し、衛星配置が分れば位置誤差に変換できるものである。ガリレオの完全性情報は、次の2つに分けることができる。(1) 衛星信号精度（SISA: SIS accuracy）は、衛星信号誤差 SISE のなかで、重力や熱等による誤差のようにゆっくりと変化する低周波の誤差成分を表す。(2) 完全性フラッグ（IF: Integrity flag）や衛星信号監視精度（SISMA: SIS monitoring accuracy）は、欧州宇宙機関 ESA の Web サイトで詳しく説明されているように、変化が早く致命的な大きさをもつ高周波誤差成分の監視情報である。ガリレオの設計仕様では、衛星信号精度 SISA は 0.85m 以下に、また衛星信号監視精度 SISMA は通常の条件下では 0.7m 以下で、ガリレオ監視局の1つが故障している場合は 1.3m 以下に設定されている（Falcone 2006）。

　軌道決定＆時刻同期処理装置 OSPF では、衛星までの距離観測を使って、衛星軌道と衛星時計補正パラメータが決定される。決定された軌道情報（放送暦）は 12 時間有効である。ルビジウム原子周波数標準 RAFS の短期安定性では、最悪の場合 100 分毎の時刻補正更新が必要になる。更新が行われれば、軌道誤差や時計誤差が式（7.80）の UERE に及ぼす影響は $0.65m$（1σ）以下になる。また軌道決定＆時刻同期処理装置 OSPF では、最新の観測に基づき衛星信号精度 SISA が決定される。ガリレオの衛星信号精度 SISA は GPS の距離精度と似ている（Dixson 2003）。両方とも衛星までの距離測定性能や観測点測位性能を推定するのに使われる。衛星信号精度 SISA は、最大 100 分間隔で更新される。

　完全性情報処理装置 IPF では、衛星までの距離観測を使って完全性フラッグ IF や衛星信号監視精度 SISMA が決定される。完全性情報処理装置 IPF は、衛星信号誤差 SISE を推定し、これを衛星から送信される衛星信号精度 SISA と比較する。正常運用では、衛星信号精度 SISA は衛星信号誤差 SISE を上まわる。運用に問題があれば衛星信号誤差 SISE が衛星信号精度 SISA を上まわり、完全性フラッグ IF が"非正常"にセットされる。完全性フラッグ IF は、衛星信号の監視が行われていない場合、それをユーザーに知らせるのにも使われる。

　アップリンク局 ULS から衛星に、リアルタイムに完全性フラッグ IF 情報が送られ、衛星もリアルタイムにこれをユーザーに転送する。ユーザー側では観測を始める前に、アップリンク局 ULS につながっている最低2つの衛星を確認する必要がある。

衛星信号誤差 SISE は、監視局での衛星距離観測と監視局の位置座標を使って推定される。衛星信号監視精度 SISMA は、この衛星信号誤差 SISE を推定する過程で得られるガウス分布の標準偏差で表される。推定された衛星信号監視精度 SISMA は、30 秒間隔でユーザーに送信される（Blomenhofer et al. 2005）。受信機では、衛星信号精度 SISA と衛星信号監視精度 SISMA を合わせて、衛星が警告レベルにあるかどうかの判断が行われる（Feng and Ochieng 2006）。

11.5　信号構成

ここでの信号構成の説明は、主に草稿段階のインターフェース管理文書 ICD に基づくものである（European Space Agency and Galileo Joint Undertaking 2006）。この中で多くのパラメータは決まっているが、まだ変更される可能性のあるパラメータもあるので、読者は今後の最終的なインターフェース管理文書 ICD の発表に注意されよ。政府規制サービス PRS のコードと政府用、商用の航法メッセージ構造については、ほとんど情報がない。

ガリレオの信号は、信号捕捉と同期特性、他の GNSS との相互運用性、妨害やマルチパスへの対応性能、といったさまざまな要素に対応できるように設計されている。欧州連合 EU と欧州宇宙機関 ESA は、他の GNSS と相互運用性を保てるガリレオ信号を検討し決定するための作業部会を立ち上げた。

搬送周波数や信号成分の名称としては、表 11.3 で示す用語を使う。搬送周波数 E5a は、GPS の搬送周波数 L5 に一致しており、E5a と L5 は同意語として使われる。ガリレオには周波数帯 E1 が割当てられている。この周波数帯には GPS の周波数帯 L1 と隣接周波数帯 1559.052 －

表 11.3　ガリレオ信号用語

E1	搬送周波数 1575.420MHz；（米国表示では L1）
E6	搬送周波数 1278.750MHz
E5	搬送周波数 1191.795MHz；E5a+E5b とも表示される
E5a	搬送周波数 1176.450MHz；（米国表示では L5）
E5b	搬送周波数 1207.140MHz
E1A,E1B,E1C	E1 の 3 信号成分（A,B,C）
E6A,E6B,E6C	E6 の 3 信号成分（A,B,C）
E5a-I,E5a-Q	E5a の同相（I）、直交（Q）成分
E5b-I,E5b-Q	E5b の同相（I）、直交（Q）成分
SAR ダウンリンク	周波数帯 1544.050 － 1545.150MHz
SAR アップリンク	周波数帯 406.0 － 406.1MHz

1563.144MHz、隣接周波数帯 1587.696 − 1591.788MHz が含まれる。これらの隣接周波数帯は、以前は E1,E2 と呼ばれていたので、これら全体の周波数帯を表す用語として E2‐L1‐E1 が使われていた。しかし欧州宇宙機関 ESA は、これら隣接周波数帯を区別する用語は使わず、全体の周波数帯に対して E1 を使うことにした。

　航法に L バンドを採用するということは、C バンドといった他の周波数帯についての分析により決められた（Irsigler et al. 2002, Hammesfahr et al. 2001）。これらの分析から、C バンドは次世代のガリレオ に使うことにし、最初のガリレオでは L バンドを使うという結論になった。ただガリレオでは、表 11.3 に示されているものの他に、衛星との通信に C バンド、S バンドの周波数がたくさん使われている。

　ガリレオへの周波数割当ては、2000 年と 2003 年の世界無線通信会議で決まった。同時期に国際電気通信連合 ITU は 、無線衛星航法サービス RNSS と航空無線航法サービス ARNS の周波数帯を拡大した。国際電気通信連合 ITU の規則では、周波数の割当を得たシステムは一定期間以内にその周波数で信号を送信しなければ、割当を失うようになっている。ガリレオは、2005 年に最初の実験衛星を打ち上げたことにより、割当を失う恐れはなくなった。

11.5.1 搬送周波数

　搬送周波数の生成やすべての時刻同期処理は、衛星の原子周波数標準 AFS からの基本周波数 $f_0 =$ 10.23MHz に基づいて行われる。基本周波数は、相対論効果を考慮して意図的に $\Delta f \sim 5 \cdot 10^{-3} Hz$ だけ低くされている（第 5 章 4 節参照）。表 11.4 にガリレオの搬送周波数が示されている。航空無線航法サービス ARNS に割当てられた周波数は、国内、国際協定でその利用が厳しく制限されているため、特に安全性を重視する分野で使われる。

表 11.4　ガリレオの搬送周波数

周波数帯	係数 ($\cdot f_0$)	周波数 [MHz]	波長 [cm]	ITU 割当 バンド幅 [MHz]	周波数帯
E1	154	1575.420	19.0	32.0	ARNS/RNSS
E6	125	1278.750	23.4	40.9	RNSS
E5	116.5	1191.795	25.2	51.2	ARNS/RNSS
E5a	115	1176.450	25.5	24.0	ARNS/RNSS
E5b	118	1207.140	24.8	24.0	ARNS/RNSS

　航法に使われる距離測定装置 DME や戦術航法システム TACAN では、航空機に対して E5a や E5b 周波数帯の信号を発射する。同じ周波数は、軍用システムでの情報送信に使われる。E6 周波数帯は、一次レーダー（primary radar：航空管制用のレーダー）やウインドプロファイラ（wind profiler：上空の風を測定するドップラーレーダー）、アマチュア無線でも使われる（Hollreiser et al. 2005）。E5a と E1 の周波数帯は、GPS との相互運用性や互換性を高めるため、GPS と同じに選ばれている。また E5b 周波数帯は、グロナスの G3 と重なっている。

E1 と E5 の周波数が大きく離れていることは、電離層補正を計算する上で有効である。E5a と E5b 搬送波による位相結合により、9.8m のワイドレーン波長ができるが、これはアンビギュイティーを解くのに効果的である。

11.5.2 PRN コードと変調

さまざまなガリレオサービスに合わせて、たくさんのコードと航法メッセージが指定されており、4 つの周波数帯 E5a、E5b、E6、E1 に全部で 10 個の航法信号が定義されている。コードは、(1) 暗号化されてないオープンなコード、(2) 商用目的に暗号化されたコード、(3) 政府用に暗号化されたコード、の 3 つのタイプに分けられる。衛星信号の送信は、すべての衛星で同じ搬送周波数を使い、符号分割多元接続 CDMA 方式で行われる。

コードや変調方式のガリレオ衛星への実装は、それらが変更された場合でも簡単なようにフレキシブルな仕様になっている (Hollreiser et al.2005)。

パイロットチャンネルとも呼ばれる、データの乗ってない信号は、信号の同期保持性能を高めるために使われる。パイロットチャンネルはコードだけでできており、一方データチャンネルには航法メッセージが含まれる。E5A と E1A 以外のすべてのガリレオ信号は、このパイロットチャンネルとデータチャンネルのペアで送られる。図 11.5 に、このパイロットチャンネルとデータチャンネルが互いに直交する平面で示されている。パイロットチャンネルにより長い信号積分が可能になり、弱い信号でも検出可能になる。

図 11.5 はガリレオ信号の電力スペクトル密度を示している。ただし図上での周波数バンド幅は、分りやすく表示するため、表 11.4 の実際のバンド幅とは変えている。

すべてのガリレオユーザーは、オープンサービス OS と生命の安全に係わるサービス SoL で、E5a と E5b、E1 搬送周波数上の 3 つのデータ信号（E5a-I、E5b-I、E1B）と 3 つのパイロットチャンネル（E5a-Q、E5b-Q、E1C）の合わせて 6 つの信号に、アクセスできる。

E6 搬送波のデータ信号 E6B とパイロットチャンネル E6C は暗号化され、商用サービス CS に使

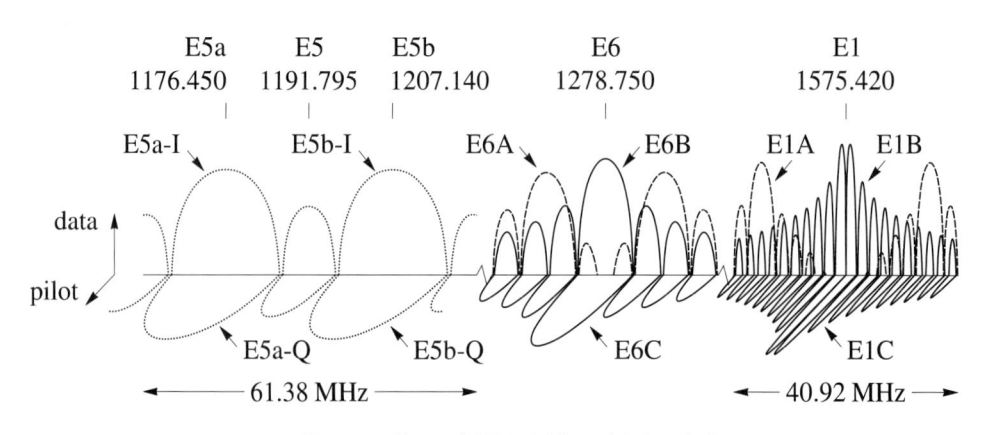

図 11.5　ガリレオ信号の電力スペクトル密度

われる。商用サービスは、オープンサービスの航法メッセージの中に暗号化された商用データを入れることでも行われる。政府規制サービスPRSでは、E6とE1搬送波上の、暗号化された2つのデータ信号（E6A、E1A）が使われ、これらへのアクセスは制限される。

高度角10°以上での最低受信電力は、－155～－157dBWの範囲になければならない（European Space Agency and Galileo Joint Undertaking 2006: 22頁）。各搬送波のチャンネル間相対電力は、表11.6に示されている。例えば、E1BとE1C, あるいはE5a-IとE5a-Qといったパイロットチャンネルとデータチャンネル間での電力比は50％－50％である。

コードは衛星の線形フィードバックシフトレジスタLFSRで生成されるものか、あらかじめ用意されて衛星のメモリーに入れられているものかが使われる。コードは、表11.5に指定されている長さで繰り返される2つのM系列を組み合わせて作られる。

これらのコードの特性多項式は、European Space Agency and Galileo Joint Undertaking（2006: 33-45頁）に定義されている。インターフェース管理文書ICDには、線形フィードバックシフトレジスタLFSRに使われるレジスタを表す8進数が示されている。例えば8進数40503は、2進数に変換すると、100000101000011であるが、一番右側の1ビットは無視し、右側から読んでいくと、1、6、8、14番目が1になっている。これがレジスタのフィードバックセルの位置を表している。インターフェース管理文書ICDには、8進数で示された線形フィードバックシフトレジスタLFSRの初期値も指定されている。この8進数を2進数に変換し、一番左の常にゼロになるビットは除かれる。ガリレオのコードは、長い高チップ率の主コードに短い低チップ率の副コードを排他的論理和XOR演算したティアドコード（tiered code：重ね合せコード）と呼ばれるコードである。副コードのチップ長は、主コードのコード長に等しい（図11.6）。したがってティアドコードのコード長N_tは、主コードのコード長N_pと副コードのコード長N_sと

$$N_t = N_p N_s \tag{11.1}$$

の関係にある。ティアドコードには、PRNコードがもつような相関特性はないが、その長いコード長は信号の干渉妨害耐性を高め、その短い反復周期は受信環境が良好であれば信号捕捉時間を短くする。表11.5にコード長が示されている。副コードはEuropean Space Agency and Galileo Joint Undertaking（2006:42－44頁）のインターフェース管理文書ICDに、16進数で定義されている。4ビットと20ビット、25ビットの副コードは、それぞれ1つだけが定義されている。各搬送周波数帯の主コードには同じものが使われているが、100ビット長の副コードは各主コード毎に定義されている。インターフェース管理文書ICDが更新される時には、主コード、副コードナンバーの衛星への割当が発表される予定である。

第4章2.3節の定義から、BOC_C(10,5)の変調（表11.5）ではコード周波数は、$f_c = 5.115 MHz$で副搬送波周波数は$f_s = 10.23 MHz$である。E1のオープンサービス信号（E1B,E1C）はBOC_S(sine-phased BOC)変調されているが、E1とE6の政府規制サービス信号（E1A,E6A）はBOC_C(cosine-phased BOC)変調されている。

表 11.5 ガリレオコード

周波数帯	PRNコード	チャンネル	コード長 主 [chip]	副 [chip]	チップ率 [Mcps]	変調方式 [1]
E1	E1A	データ	[2]	[2]	2.5575	BOC_c (15,2,5)
	E1B	データ	4092	1	1.023	MBOC (6,1,1/11)
	E1C	パイロット	4092	25	1.023	MBOC (6,1,1/11)
E6	E6A	データ	[2]	[2]	5.115	BOC_c (10,5)
	E6B	データ	5115	1	5.115	BPSK (5)
	E6C	パイロット	5115	100	5.115	BPSK (5)
E5	E5a-I	データ	10230	20	10.23	BPSK (10)
	E5a-Q	パイロット	10230	100	10.23	BPSK (10)
	E5b-I	データ	10230	4	10.23	BPSK (10)
	E5b-Q	パイロット	10230	100	10.23	BPSK (10)

[1] 多重化案（E1,E6）：スペクトルの envelope 一定
多重化案（E5）：AltBOC (15,10)
[2] 機密情報

E1 コード

搬送周波数 E1 には、3 つの航法信号（E1A、E1B、E1C）が乗せられている。E1B と E1C は、オープンサービス OS や商用サービス CS、生命の安全に係わるサービス SoL で使われる。E1B には、一般的な航法信号の他に、完全性情報と暗号化された商用データが載せられている。E1A 信号は、暗号化されており許可されたユーザーのみ利用できる。E1A のコードは、政府航法メッセージで変調される。E1A の変調では、信号電力スペクトルが周波数帯の両側に分離する。この分離により狭いバンド幅の干渉に対して強くなる。E1B と E1C の変調方式は、MBOC (6,1,1/11) である。米国政府と欧州委員会の合意（United States of America and European Community 2004）により、米国と欧州連合 EU は搬送周波数 L1/E1 で共通の変調方式を採用することになった。これにより GPS とガリレオを組み合わせて利用することが容易になる。合意では、基本的に BOC_s (1,1) が使われることに決まったが、同時に変調方式について更に検討することともなった。2006 年 3 月、「周波数の互換性と相互運用性に関する米欧ワーキンググループ」は、式 (4.57) で定義される MBOC (6,1,1/11) 方式を採用することを正式に勧告した。これは 2 つの BOC 信号を組み合わせることで、高周波数の信号電力を大きくし妨害干渉に強くすることになる。MBOC 方式は、広帯域受信機に都合が良い。MBOC 変調の BOC_s (1,1) 成分だけを処理する狭帯域受信機は、低い信号電力に対処する必要がある。差し当たりこの MBOC 方式が新しい仕様になっている。OS 信号についてのインターフェース管理文書 ICD（European Space Agency and Galileo Joint Undertaking 2006: Annex 1）では、E1B と E1C の主コードに使われる 50 個の擬似雑音コードが定義されている。E1A のコードに関しては公表されていない。

E1A と E1B、E1C は、式 (11.2) で定義される修正 6 位相変調（modified hexaphase modulation）を使って変調される。E1A 信号は、搬送波のサイン波で変調され、E1B、E1C は、搬送波のコサイ

第 11 章 ガリレオ（Galileo）

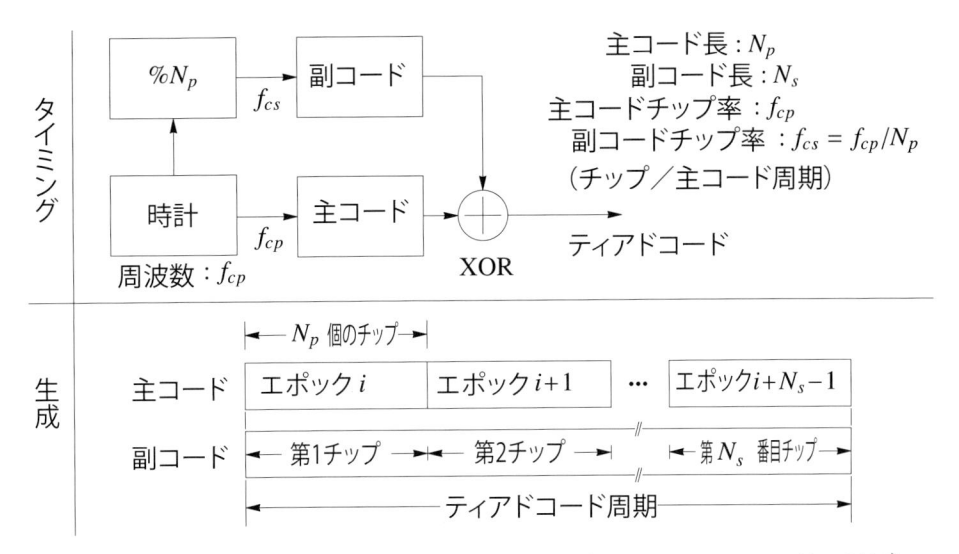

図 11.6 ティアドコードの生成（European Space Agency and Galileo Joint Undertaking 2006）

表 11.6 ガリレオ航法メッセージ

周波数帯	サービス	データビット率 [bps/sps]	暗号化	相対電力 [%]
E1	PRS	50/100	コードとデータ	50
	OS/CS/SoL	125/250	一部のデータ	25
	OS/CS/SoL	—	—	25
E6	PRS	50/100	コードとデータ	50
	CS	500/1000	コードとデータ	25
	CS	—	コードとデータ	25
E5	OS/CS	25/50	一部のデータ	25
	OS/CS		一部のデータ	25
	OS/CS/SoL	125/250	一部のデータ	25
	OS/CS/SoL	—	—	25

ン波で変調される。これによる合成信号は

$$s_{E1} = \sqrt{2P}[\alpha c_B d_B - \alpha c_C]\cos(2\pi f_{E1}t) - \sqrt{2P}[\beta c_A d_A + \gamma c_A d_A c_B d_B c_C]\sin(2\pi f_{E1}t) \quad (11.2)$$

と書ける。なお簡略化のため、指標の時間依存性や周波数は省略している。
　ここで $c_B d_B$ は、I/NAV（完全性、航法）データと PRN コード、MBOC 副搬送波からなる信号成分を表している。c_C は、MBOC 変調された PRN コードからなるパイロット信号成分である。$c_A d_A$

は、G/NAV（政府用航法）とデータ $BOCc$（cosine-phased BOC）変調された暗号化コードからなる信号成分を表す。またこれらを掛け合わせた係数 $c_A d_A c_B d_B c_C$ は、信号のスペクトル波形を一定に保つ役割をもっている（Kreher 2004）。係数 α，β，γ は、これら4つの信号成分の間の電力分布を決める。この中では γ が最も小さい。

E1B 信号とE1C 信号は、2つ合わせてE1F（F; freely）信号と表記されることもある。またE1P はE1A の同意語として使われる。

E6 コード

搬送周波数E6 には、3つの信号（E6A、E6B、E6C）が乗っている。E6A は政府規制サービスPRS に使われ、残りのふたつは商用サービスCS に使われる。E6B の航法データと商用データは暗号化されている。データのビット率は500bps で、高速の信号処理が可能である。E6C はパイロットチャンネルである。E6B は、航法データとコードとの排他的論理和XOR 演算で作られる。E6B はチップ率5.115Mcps でBPSK（5）変調されている。パイロットチャンネルのE6C も BPSK（5）変調されている。E6A は、航法データとBOC$_C$（10,5）変調（チップ率5.115Mcps で副搬送波の周波数10.23MHz）されたコードとの排他的論理和XOR 演算で作られる。これら3つの信号は、式(11.2)で定義される修正6位相変調を使って変調される。

E1 と同様に、E6B と E6C は2つ合わせてE6C（C; commercial）と表記される。またE6P はE6A の同意語として使われる。

E5 コード

E5 には、搬送周波数帯E5a とE5b それぞれのデータチャンネルとパイロットチャンネルで対になった計4つの信号が乗せられている。4つともチップ率10.23Mcps でオープンサービスOS に使われる。E5a のデータチャンネルは、一般的にE5a-I と表記され、暗号化されていないコードと自由にアクセスできる航法メッセージで変調されている。データビット率は25bps と低く、データ復号化に強い設計である。高いコードチップ率と低いデータビット率の組み合わせにより、弱い信号環境下での信号受信が容易になる。

E5b のデータチャンネル、E5b-I には、生命の安全に係わるサービスSoL で使われる航法メッセージと完全性情報が乗せられている。航法メッセージの一部は暗号化されており、商用サービスCS で使われる。E5 の相対電力の25％は、E5a と E5b のデータチャンネルとパイロットチャンネルに、またE5 の絶対電力の15％は相互変調積（intermodulation product）にそれぞれ割当てられている。(European Space Agency and Galileo Joint Undertaking 2006: 26 頁）。

E5a と E5b の信号は、チップ率10.23Mcps で副搬送波の周波数15.315MHz のAltBOC（15,10）方式で変調される。この変調により生成される合成信号は、中心が30.69MHz 離れた20.46MHz 幅の2つのメインローブをもっているが、51.15MHz という広帯域の単一信号として処理することができる（Wilde et al. 2004）。このような広帯域の信号では、マルチパス誤差が減り、コード捕捉精度が高まる。BOC 変調とは対照的に、AltBOC 変調での2つのメインローブは、それぞれE5a と E5b のコードにより別々に生じたものである。この合成信号を単一信号として処理するのではなく、それぞれのメインローブ毎に独立に24MHz 幅の単側波帯法（single sideband method）で処理すること

もできる。

AltBOC信号を、8つの位相状態を区別する8位相変調信号と見ることもできる。図11.7にE5信号の変調図式を示す（European Space Agency and Galileo Joint Undertaking 2006:24頁）。
E5の主コードには、インターフェース管理文書ICD（European Space Agency and Galileo Joint Undertaking 2006:Annex 1）に載っているメモリーコードか、あるいは線形フィードバックシフトレジスタLFSRで生成されるコードが使われる。

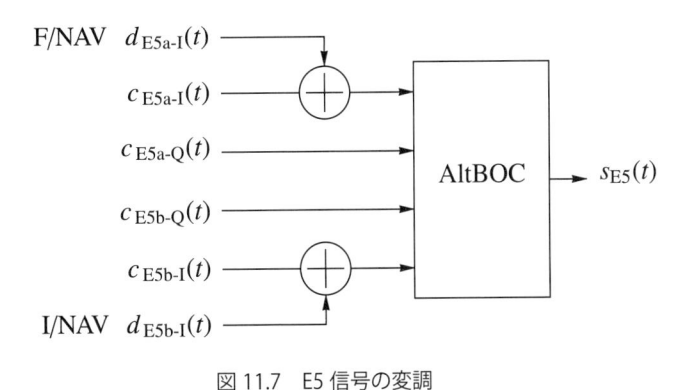

```
F/NAV   d_{E5a-I}(t) ─────────┐
                              ↓
        c_{E5a-I}(t) ────────⊕────→┐
                                   │
        c_{E5a-Q}(t) ─────────────→│
                                   │  ┌────────┐
                                   ├─→│ AltBOC │──→ s_{E5}(t)
        c_{E5b-Q}(t) ─────────────→│  └────────┘
                                   │
        c_{E5b-I}(t) ────────⊕────→┘
                              ↑
I/NAV   d_{E5b-I}(t) ─────────┘
```

図11.7　E5信号の変調

11.5.3　航法メッセージ

航法メッセージは地上の管制局で作られ、衛星へ送られる。ガリレオの航法メッセージの内容は、測位／航法データと完全性データ、補助データ、政府規制データ、捜索救助SAR活動データの5つのタイプに分けられる。

測位／航法データには、軌道情報や衛星時刻、衛星識別番号、衛星状態、概略暦といった測位に必要な情報が含まれている。各衛星の軌道情報は、表3.7のようなケプラーパラメータや基準時といった16個のパラメータからなる。16個のパラメータのデータサイズは、356ビットである。衛星から放送される軌道情報は、3時間毎に更新され、4時間有効である。ガリレオの概略暦は、表3.6と同様のパラメータからなる。衛星時刻は航法メッセージの中に一定の間隔で挿入される。これを復調し、時刻の挿入されていた部分の航法メッセージと照合すれば、衛星信号をガリレオ時GSTと関係づけられる。

完全性データは、ガリレオ管制センターで決定される完全性情報からなり、生命の安全に係わるサービスSoLの主要データである。

5つの異なる航法メッセージ内容（表11.7）の組み合わせで、4種類の航法メッセージ（表11.8）が定義されている。違いを表すのに、メッセージタイプという用語が使われている。すべてのメッセージタイプには、将来の利用を考えて予備のデータビットが用意されている。

航法メッセージは、連続するフレームからなり、各フレームはサブフレームに分かれている。更にサブフレームはページで構成されている。データは、その送信の繰り返し時間間隔が、短いか、中くらいか、長いかの3つのカテゴリーに分けられる。繰り返し時間間隔が短かい緊急性の高いデータは数枚のページにまとめられて送信され、反対に例えばコールドスタート時に必要とするよう

表 11.7 航法メッセージの内容

メッセージタイプ	F/NAV	I/NAV		C/NAV	G/NAV
チャンネル	E5a-I	E1B	E5b-I	E6B	E1A E6A
測位／航法データ	×	×	×		×
完全性データ		×	×		×
補助データ				×	
政府規制情報					×
SAR データ		×			

表 11.8 ガリレオメッセージタイプ

メッセージタイプ	略語	サービス	チャンネル
アクセス自由な航法メッセージ	F/NAV	OS	E5a-I
完全性航法メッセージ	I/NAV	OS/CS/SoL	E5b-I,E1B
商用航法メッセージ	C/NAV	CS	E6B
政府航法メッセージ	G/NAV	PRS	E1A,E6A

な緊急性の低いデータは、数フレームにわたって送信される。

ページは同期領域とデータ領域からなり、同期領域には同期語（synchronization word）が含まれる。同期語は 2 進数で、データ領域の同期をとるのに使われる。同期語は、F/NAV メッセージタイプでは 12 symbols、I/NAV メッセージタイプでは 10 symbols からなる。

ガリレオでは、ビット率の高い信号のビットエラーを減らすため、巡回冗長検査 CRC、前方誤り訂正 FEC、ブロックインターリービング（第 4 章 3.4 節参照），といった 3 段階の誤り訂正符号化戦略が使われている。Hollreiser et al.（2005）が強調しているように、これにより航法メッセージの誤りが減り信号強度が高まる。

航法メッセージに加えられた巡回冗長検査 CRC ビットにより、誤ったデータを検出することができる。チェックサムでは、同期語とテールビット（tail bits）は考慮されない。巡回冗長検査 CRC のパリティーブロック（parity block）は、24 ビットからなる。巡回冗長検査 CRC の生成多項式は、インターフェース管理文書 ICD（European Space Agency and Galileo Joint Undertaking 2006: 76-77 頁）に詳しく記述されている。前方誤り訂正 FEC 符号化には、6 ビットからなるテールビット（tail bits）が必要になる。

データは、符号化率 1 / 2 の畳み込み符号化される。したがってデータシンボル率（symbol rate: sps）は、元のデータビット率（bit rate: bps）の倍になる。データシンボル率は、50Hz から 1kHz の間である。この畳み込み符号化は、拘束長（constraint length）7 と、多項式 $G_1 = 171$、$G_2 = 133$（8 進数表示）で特徴付けられる。畳み込み符号化については、第 4 章 3.4 節を参照せよ。

データ領域の畳み込み符号化された symbols は、ブロックインターリービングによる符号化で順番が並び替えられる。すなわち行列の列順に並べられた後に行順に取り出されて送信される（第 4

章3.4節参照)。この行列の大きさは、F/NAV の場合 61×8 = 488 symbols であり、I/NAV の場合 30 × 8 = 240 symbols である。

　この3段階の符号化案では、受信した symbols から元のメッセージを取り出す手順が必要になる。ページが読み出され、その symbols がビタビアルゴリズム(Viterbi algorithm：訳註；Viterbi による誤り検出訂正手法)でデータの bits に復号される。その際暗号化されているデータは解読が必要になる。最後にチェックサムが調べられる。
引き続き航法メッセージ F/NAV と I/NAV については次節で詳しく説明する。C/NAV と G/NAV に関しては現在のところ情報がない。

F/NAV メッセージ

　F/NAV は、600 秒の長さのフレームでできている。フレームは、12 個のサブフレーム(長さ 50 秒)に分かれている。各サブフレームは更に 5 つのページ(長さ 10 秒)からなる。前に述べたように、一般的なページは同期領域とデータ領域からできている。F/NAV のデータ領域は、ページタイプ領域と航法データ領域、巡回冗長検査 CRC ビット、テールビット(tail bits)からなる。6 ビットのページタイプはデータ内容を識別するのに使われる。208 ビットの航法データには、概略暦と放送暦、一般的な衛星情報が含まれる。巡回冗長検査 CRC ビットとテールビットは、1 ページから 4 ページに入れられている。5 ページには概略暦が入っている。各ページの最初の symbol はガリレオ時 GST と同期している。

　3 衛星の概略暦の送信には 2 つの連続するサブフレームが使われ、それには 100 秒かかる。インターフェース管理文書 ICD(European Space Agency and Galileo Joint Undertaking 2006: 52 頁)には、36 衛星までの概略暦領域が用意されており、すべての概略暦の送信には 20 分かかると書かれている。

　しかしすべての衛星が、同じ時刻に同じサブフレームの情報を送信するわけではない。これは衛星ダイバーシティ(第 4 章 3.4 節参照)と呼ばれている。サブフレーム識別番号は、時間や衛星により切り替えられる。サブフレームが異なれば、概略暦も異なるから、いくつかの衛星を受信して、短い時間で全概略暦を取り込むことが可能になる。これにより初期位置算出時間 TTFF も短くなり、短い追尾時間で同期捕捉できる衛星数も増える。

I/NAV メッセージ

　E5b-I と E1B の航法メッセージは、2 つの周波数による二重サービスになっている。これは周波数ダイバーシティ(第 4 章 3.4 節参照)とも呼ばれている。2 つの周波数チャンネル(E5b-I と E1B)では、同じ情報を異なるページ配列で送信している。したがって両方を受信すれば短時間で全航法メッセージが得られる。一周波受信機でも同じ情報は得られるが、時間は倍かかる。

　I/NAV では、nominal ページと alert ページ 2 種類のページが使われる。2 秒の長さの nominal ページは、E5b-I と E1B のチャンネルからそれぞれ独立に送信される。nominal ページは、放送されているページを示す偶/奇ビット、nominal ページか alert ページかを示すタイプビット、128 ビットからなるデータ領域、で構成されている。

　1 秒の長さの alert ページは、2 つのチャンネルで平行して送信される。その内容は 2 つのチャン

ネルにまたがる。まずデータの前半部が 1 番目のチャンネル（E5b-I）から、またデータの後半部が 2 番目のチャンネル（E1B）から同時に送信される。次に、各チャンネルでデータを入れ替えて送信が行われ、これが繰り返される。alert ページは、偶／奇ビット、タイプビット、2 つに分けられているデータ領域、で構成されている。

11.6　今後の見通し

　ガリレオの概念設計段階は、2003 年に終了した。現在（2007 年 4 月時点）は、開発と軌道上評価段階である。ガリレオシステム試験 GSTB のための最初の実験衛星は、2005 年 12 月に打ち上げられ、2006 年 1 月 12 日から活動している。2 番目の実験衛星は 2007 年末か 2008 年初めに打ち上げられる見込みである（訳註：2 番目の実験衛星は 2008 年 4 月 26 日に打ち上げられた）。3 番目の実験衛星の発注契約が承認され、これは 2008 年の下半期に打ち上げられる予定である。2008／2009 年には、4 機の運用衛星が打ち上げられるであろう。安全保障に関係しないサービスでの、ガリレオの完全運用 FOC は、2012／2013 年頃に計画されている。安全保障に関係するサービスの運用は、それより 2 年後になろう。

　ガリレオは、その権利を譲り受けられた法人（concessionaire）によって管理運用が行われる。欧州の成長や競争力、環境を考慮した欧州宇宙政策白書（European Commission 2003b）で、衛星航法の重要性が強調されている。一方欧州委員会は、欧州 GNSS が将来主要な役割をになうとする欧州報告を発表している。電子料金システムに衛星航法を使うことを最初に勧告したのは、2004 年 4 月 29 日に発表された欧州電子料金システムについての報告書である（European Parliament and European Council 2004）。

　ガリレオ計画は、国際民間航空機関 ICAO や国際海事機関 IMO、あるいは他の国際機関と協力して行われているため、ガリレオに安全保障に関するサービスが入ることも問題にはならない。欧州と他の国との間の合意では、欧州がガリレオを開始しそれを世界標準にすることの重要性が強調されている。

市場アナリストは、ガリレオによる市場機会について述べている。GPS やグロナスの近代化計画は遅れており、位置サービスの開発もあまり進んでいないが、ガリレオの配備とその完全運用が遅れて、ガリレオの競争力が失われることはないであろう。

　ガリレオの技術をさらに進化させる議論は、すでに始まっている。例えばシステムを自律運用したり，情報を早く送るための衛星間リンクの利用や、C バンド（5010 − 5030 MHz）信号の利用が考慮されている。

第12章　その他のGNSS

衛星航法システムは、片方向測定システムと双方向測定システムに分けられる。片方向測定システムでは、地上から衛星に送られる（アップリンク）信号、あるいは衛星から地上に送られてくる（ダウンリンク）信号を使って、衛星距離やその距離変化が測定される。双方向測定システムでは、信号はユーザーと衛星の間を往復する。システムによっては、地上局から送られた信号が衛星を介してユーザーに送られ、ふたたびユーザーから衛星を介して地上局に送られるものもある。

また衛星航法システムを、ユーザー側の信号送信装置が必要なアクティブなシステムと、ユーザー側では信号を受信するだけのパッシブなシステムに分けることもできる。双方向測定システムはアクティブなシステムにはいる。他の航法システムではサービス範囲が限られるが、衛星航法システムはグローバルに航法情報をサービスできるように考え出されたものである。衛星航法システムで使われる方式により、サービスユーザー数が限定されるものとそれには制限されないものとがある。このようにいくつかの特徴で衛星航法システムを分類することができる。

12.1　グローバルなシステム

12.1.1　GPSとグロナス、ガリレオの比較

第9章から第11章にかけて、片方向ダウンリンクの衛星航法システムであるGPSとグロナス、ガリレオについて詳しく説明した。表12.1にこれらのシステムを特徴づける重要なパラメータを示す。次節では、特に互換性や相互運用性、組み合わせて利用する場合の方法に重点をおいて説明する。

互換性や相互運用性

米国のPNT政策（www.navcen.uscg.gov/cgsic/geninfo/FactSheet.pdf）によれば、互換性とは2つのサービスがお互いに干渉妨害することなく、個別にあるいは一緒に利用できることをいう。相互運用性は、ユーザーがより高度な成果を得るために、2つのサービスを一緒に利用できることをいう。グローバルなシステムで互換性を考慮した設計のものもある。また各システムの運用機関相互の合意により、システムや信号の相互運用性も増している。信号はシステム間で共通化が進められているが、一部の信号については共通モード故障（common mode failure）を避けるために意図的に異なる仕様になっている。

GPSとグロナス、ガリレオという3つのGNSSの共存により、個別の利用と組み合わせた利用の双方ができるようになる。GNSSの信号が増えれば、観測量も増える。式（7.172）と精度低下

表 12.1　GPS とグロナス、ガリレオ

特徴	GPS	グロナス	ガリレオ
最初の打上	1978 年 2 月 22 日	1982 年 10 月 12 日	2005 年 12 月 28 日
完全運用	1995 年 7 月 17 日	1996 年 1 月 18 日	2012/2013 [1]
構築費用	政府	政府	政府＆民間
名目 SV 数	24	24	27
軌道平面数	6	3	3
軌道傾斜角	55°	64.8°	56°
長半径	26560km	25508km	29601km
軌道面間隔	60°	120°	120°
軌道面位相	不規則	± 30°	± 40°
周期	11 時間 57.96 分	11 時間 15.73 分	14 時間 4.75 分
地上軌跡反復周期	〜 1 恒星日	〜 8 恒星日	〜 10 恒星日
地上軌跡反復軌道	2	17	17
軌道情報	ケプラー要素 補正係数	位置、速度 加速度ベクトル	ケプラー要素 補正係数
測地基準系	WGS-84	PE-90	GTRF
時系	GPS 時、UTC（USNO）	グロナス時、UTC（SU）	ガリレオ時
うるう秒	無	有	無
信号	CDMA	FDMA	CDMA
搬送周波数の数	3 － L1, L2, L5	2 つの対極衛星毎に 1 つ	3（4）－ E1,E6,E5（E5a,E5b）
搬送周波数	L1:1575.420 L2:1227.600 L5:1176.450	G1:1602.000 G2:1246.000 G3:1204.704 [1]	E1:1575.420 E6:1278.750 E5:1191.795
コードの数	11	6 [1]	10
完全性情報送信	無（GPS Ⅲ : 有）	無（グロナス -K: 有）	有
この衛星配置図は、軌道傾斜角や、軌道面数、衛星数、軌道面位相を示している。この図は、あるエポックでの名目上の配置を示している。			
地上軌跡は、衛星軌跡を基準楕円体に投影したものを平面に表したものである。この図は 2 つの衛星の 24 時間地上軌跡である。			
スカイプロット図は、観測衛星の高度と方位角を極座標で表したものである。この図はオーストリアの Graz（47.1°N、15.5°E、400m）での、24 時間のスカイプロットである。			

[1] 予定

率DOPについての議論を思い出せばわかるように、一般的に、衛星数が増加すればDOPは小さくなり、その結果測位精度は増す。もし2つのGNSSシステムを使えば、観測衛星数は倍になり、測位計算に使われる観測数も倍になる。このことは必ずしもDOP値を小さくすることにはならないが、平均計算において余剰観測値が増えることになるから、測位精度や衛星の利用可能性、完全性、継続性に良い影響を与える。

現在、市場で多く見られるのは、GPSのC/Aコード、L1搬送波だけを使う受信機である。表9.2は、それによって得られる精度を示している。使われるシステムやサービス、周波数、コードと同様にそれらの組み合わせによっても、受信機性能は4～10倍増すことが期待される。補強情報（第12章4節）が利用できる場合は、特にそうである。最後にGPSもグロナスも、近代化が行われたとしても旧システムのコードや航法メッセージとの互換性は保たれることに注意する必要がある。

GNSSの組み合わせ

GNSSの基準系が共通であれば相互運用性は容易になるが、共通モード故障（common mode failure）を避けるために、GNSSでは意図的に異なる基準系が使われている。これにより組み合わせて使う場合の信頼性が増す（Hein et al.2002）。

座標系

組み合わせて使う場合、座標系が異なれば、平均計算の前に衛星座標を共通の座標系に変換する必要がある。座標系の違いによる衛星位置座標の違いを、衛星の軌道誤差と見なすこともできる。座標系の変換パラメータは、第8章3.1節で説明したヘルマート変換で求められる。GNSSの座標系の違いは小さいから、変換は微小変換が適用できる。

ガリレオ地球座標系GTRFは、仕様では最新の国際地球座標系ITRFと3cm（2σ）以内で一致するように設定される。WGS-84の場合このような仕様はないけれど、現在決定されているWGS-84とITRFとの違いもこれと同じ範囲内である。航法で使う場合、ITRFとGTRF、WGS-84は同じと見なしても問題なく、座標変換の必要はない。しかし、測地科学や、測量、その他高精度の測位では座標変換を行う必要がある。

Roßbach et al.（1996）やZinoviev（2005）には、PE-90とWGS-84の間の変換パラメータがいくつか示されている。Roßbach et al.（1996）が強調しているように、メートルレベルの精度で十分な航法には、これらのどれでも使える。The Radio Technical Commission for Maritime Services（2001: Appendix H）には、PE-90とWGS-84の間の変換として、Z軸のまわりの回転角－0.343秒（角度）を使った標準変換が指定されている。この標準変換では、スケールは1に、他のパラメータはゼロにセットされている。Averin（2006）によると、将来PE-90は改善されITRFとの一致は良くなる。今後、それぞれの座標系についてグローバルな変換パラメータが用意されることになろう。ユーザーは、必要な場合ローカルな変換パラメータも決定できる。

時系

GNSSの異なる時系の間のオフセット量は、将来航法メッセージとして放送されることになろう。例えば米国と欧州、ロシア、日本の間の合意には、すでにこの時刻オフセットとそのユーザーへ

の提供が謳われている。米国と欧州との合意では、GPS 時 とガリレオ時とのオフセット（GGTO: GPS to Galileo time offset）の精度が 24 時間で 5ns（2σ）以内になるよう指定されている。

このオフセット量は航法メッセージに入れられて送信されるか、あるいはモデル化され新たな未知量として推定される（Borre et al. 2007: 134 頁）。3 つのガリレオ観測と 2 つの GPS 観測が行われたとすると、観測方程式（7.144）の右辺は

$$\mathbf{A}\mathbf{x} = \begin{bmatrix} a_{Xr}^{E1} & a_{Yr}^{E1} & a_{Zr}^{E1} & c & 0 \\ a_{Xr}^{E2} & a_{Yr}^{E2} & a_{Zr}^{E2} & c & 0 \\ a_{Xr}^{E3} & a_{Yr}^{E3} & a_{Zr}^{E3} & c & 0 \\ a_{Xr}^{G1} & a_{Yr}^{G1} & a_{Zr}^{G1} & 0 & c \\ a_{Xr}^{G2} & a_{Yr}^{G2} & a_{Zr}^{G2} & 0 & c \end{bmatrix} \begin{bmatrix} \Delta X_r \\ \Delta Y_r \\ \Delta Z_r \\ \delta_r^E(t) \\ \delta_r^G(t) \end{bmatrix} \quad (12.1)$$

となる。ここで δ_r^E はガリレオ時に対する受信機時計誤差で、δ_r^G は GPS 時に対する受信機時計誤差をそれぞれ表す。ここで使っている上付き指標は、G は GPS を、E はガリレオを、R はグロナスをといった RINEX フォーマットの定義（Gurtner and Estey 2006）によるものを使っている。この場合、少なくとも 1 つのシステムから 2 衛星の観測が必要になる。1 衛星の観測であれば、時刻オフセットは決まるが位置決定ができない。

12.1.2　北斗－2／Compass

中華人民共和国は、最初の衛星を打ち上げた 1970 年代から宇宙活動を行っている。1980 年代初めから、米国の GEOSTAR 社による地域航法システムを参考にしながら、衛星航法システム計画を推進してきた。計画では 2 機の静止衛星を使い、双方向の距離測定で位置を決定する。1989 年には、双子衛星（Twin-Star）計画として、2 機の通信衛星が実験に使われた。1993 年、北斗（Beido）と呼ばれる中国独自の衛星航法システムを作ることが決まった。北斗は、大熊座の北斗七星にちなんだ命名である。北斗七星は何世紀もの間、北半球で北の方角を示す北極星を見分ける星座として使われてきた。

北斗に関する公式の情報はほとんどない。インターフェース仕様書も公表されてないので、ほとんどのシステムパラメータはまだ確定していないと考えられる。

北斗の開発は、2 段階で行われた。第 1 段階で、双子衛星による地域航法システムである北斗－1 が作られた（第 12 章 2.1 節参照）。第 2 段階では、北斗－1 の性能を補強するためにいくつかの衛星を加える必要があり、このために静止衛星と中間軌道衛星 MEO を合わせたさまざまな案が北斗－2 として検討されてきた。地域航法システムを作るという最初の計画は、徐々に GPS やグロナス、ガリレオといったようなグローバルなシステムを構築する計画に拡大している。

北斗－2 は、グローバルな片方向ダウンリンクのパッシブなシステムになる（衛星から送られてくる信号を受信するだけで位置が決定できるシステム）。最初の開発段階として、北斗－2 は 2008 年までに中国とその近隣諸国に対するサービスを行う。その後、Compass としてグローバルなサービスを行う計画である。

北斗－2 では、軍用と民生用の 2 つのサービスが行われる。民生用のサービスでは、位置精度

10m、速度精度 0.2m/s、時刻精度 50ns に設計されている。軍用サービスについてのこれらのパラメータは公開されてないが、レベルの高い完全性情報が提供されるとの発表が行われている。

北斗－2 システムの基本設計は、他のグローバルなシステムと似ている。Radio Regulatory Department（2006）によると、北斗－2 システムの衛星配置は 27 個の中間軌道 MEO 衛星と 5 個の静止軌道 GEO 衛星、3 個の対地同期軌道（geosynchronous orbit）衛星からできている。Feairheller and Clark（2006:624 頁）によると、中国は北斗－2 システムの衛星配置として、この他に 3 通りの衛星配置を国際電気通信連合 ITU へ出願している。

27 個の中間軌道 MEO 衛星の平均衛星高度は 21500km になる。24 個の衛星は、軌道傾斜角 55°の 3 つの軌道面にそれぞれ 45°づつ離れて均等に配置される。残り 3 衛星は予備衛星である。軌道傾斜角 55°の対地同期軌道にある衛星の地上高度は 35785km である。対地同期軌道上の 3 つの衛星位置は、その昇交点赤経 Ω ＝ 0°、120°、240° と、緯度引数 187.6°、67.6°、207.6°で表される。

Compass（北斗－2）用の最初の静止軌道 GEO 衛星は、2007 年 2 月 3 日に打ち上げられた。2 番目の静止軌道 GEO 衛星も続けて打ち上げられるであろう。これら 2 つの静止軌道 GEO 衛星は、経度 58.75°E と 160°E 上にそれぞれ置かれる。最終的な配置にするには、5 個の静止軌道 GEO 衛星の打ち上げが必要である。

Compass 用の最初の中間軌道 MEO 衛星は、2007 年 4 月 13 日に打ち上げられ、数日後に 3 つの周波数で航法信号を送信し始めた。

12.1.3 その他のグローバルな航法システム

以下示すシステムのいくつかは位置決定しか行えないが、それ以外はデータ伝送も行える。初期のグローバルシステムである Transit や Tsikada もこの範疇に入るが、詳細については第 1 章 2.3 節を参照せよ。Transit は 1996 年 12 月 31 日に廃止されたが、Tsikada はまだ機能している。

DORIS

フランスの DORIS は、片方向アップリンクシステムで主に衛星の軌道決定に使われる。DORIS は、1990 年から運用されている。Centre National d' Etudes Spatiales（2007）によれば、6 個の DORIS 受信機（衛星搭載）と 60 ヶ所の地上局が現在稼動中である。地上局は、S バンド 2036.25MHz と VHF401.25MHz の 2 つの周波数で信号を送信する。衛星に搭載された受信機は、この信号のドップラーシフトを 10 秒間隔で測定する。この観測から、衛星の位置が精度 1m、速度が精度 2.5mm/s で決定される。これらの観測値を管制センターに集め、高度な学術モデルを使えば、最終的に衛星の位置は、精度 2.5cm（動径方向）、速度は精度 0.4mm/s で決定される。

PRARE

ドイツの PRARE は DORIS と同じように衛星の軌道を決定するのに使われる。しかし DORIS とは異なり PRARE は双方向のシステムで、地上局と衛星との距離およびその変化率を測定する。衛星は S バンド 2248MHz と X バンド 8489MHz の 2 つの周波数で信号を送信する。グローバルに配置された 29 ヶ所の地上局でこの信号の伝播時間を 1ns の精度で測定する。測定値は電離層や対流

圏データと一緒に衛星に送り返される。衛星は主管制局が視界に入ればすぐに集めたデータを主管制局へ送信する。主管制局は、後処理モードで衛星の位置と速度を精度それぞれ 5cm、1mm/s で決定する。この PRARE は、1996 年 1 月 1 日から稼動している。

ARGOS

ARGOS 計画は、フランス国立宇宙研究センター CNES と米国航空宇宙局 NASA との共同事業として、1978 年に始まった。ARGOS を運用しその商業化を図るために、両機関の子会社がフランスと米国に設立された。ARGOS は、衛星による測位と通信が行えるシステムである。

ARGOS は片方向のアップリンクシステムで、測位はドップラー観測で行われる。ユーザーは、401.65MHz の搬送周波数をユーザーメッセージで変調して送信する。衛星はこの信号のドップラーシフトを測定し、ユーザーメッセージを復調する。この測定値とユーザーメッセージは、追尾局を経由して ARGOS 処理センターに送られる。ユーザーメッセージは、最大 256 ビットの長さである。次世代の ARGOS-3 では、4608 ビットまでのメッセージと双方向の通信リンクが使えるようになる。ユーザー位置を決定する数学モデルは、衛星位置をその頂点とし、衛星速度ベクトルをその軸方向にとり、測定距離変化率の関数をその開口角とするような円錐で表される（図 1.3 参照）。2 つの観測値を使い、ユーザーの高さは既知とすれば、ユーザー位置が決定できる。ユーザーの高さについては、海面と同じであると仮定するか、あるいは気圧測高値をユーザーメッセージに入れて送信する。これにより水平位置は 200m より良い精度で求まる。高度な応用では、GNSS 受信機による測定値もユーザーメッセージに入れて送ることもできる。

ARGOS 衛星は概略円形の極軌道を飛行し、その高度はおよそ 850km である。その正確な軌道は、およそ 50 ヶ所の地上局との距離変化率観測により決定される。

ARGOS は、例えば海洋データを集める海洋ブイの監視といったさまざまな監視に使われる。現在およそ 3000 個の ARGOS 送信機が、哺乳動物や海洋動物、鳥の追跡調査に使われている。2007 年 2 月現在、16000 ヶ所のユーザーサイトが稼動している。ARGOS の詳細については、www.argos-system.org を参照せよ。

COSPAS-SARSAT

1979 年にソ連と米国、カナダ、フランスは、正確で信頼できるタイムリーな救助警報や遭難位置情報を無差別原則（（国籍、民族、宗教に関係なく行われること）に基づき国際社会に提供する活動を援助するための覚書に調印した（Cospas-Sarsat Secretariat 1999）。これは COSPAS-SARSAT システムの構築につながり、1985 年からその運用が開始された。COSPAS（Cosmicheskaya sistyema poiska avariynich sudov）はソ連の衛星遭難捜索システムを、SARSAT（SAR satellite-aided tracking）は米国の捜索救助衛星をそれぞれ示している。

遭難の場合、緊急発信機から遭難信号が出され、これが低軌道 LEO 衛星あるいは静止軌道 GEO 衛星によって検出される。衛星は検出信号を自身で処理するか、あるいはグローバルに配置されている地上局（LUT: Local user terminal）に送る。地上局 LUT では遭難位置を示す遭難緊急メッセージが作られ、これが管制センターを経由して最寄の救助センターに送られる。

このシステムでは、遭難信号を出しているのが航空機なのか船舶なのか車なのかを区別でき

る。緊急発信機の周波数は、121.5MHz あるいは 406MHz である。406MHz の方はユーザー情報が乗せられるようになっている。米国の SARSAT は、243MHz の緊急信号も検出できる。しかし、121.5MHz と 243MHz でのサービスは、2009 年 2 月 1 日に廃止されることに決まった（Cospas-Sarsat Secretariat 2006a）。

低軌道 LEO 衛星は概略円形の近似極軌道で、850km と 1000km の 2 種類の高度が使われている。COSPAS-SARSAT の仕様を満たすためには、4 つ以上の低軌道 LEO 衛星が必要になる。低軌道 LEO 衛星は、ドップラー観測により、遭難発信機の位置を決定する。静止軌道 GEO 衛星の場合は、ドップラー観測による位置決定が難しいので、低軌道 LEO 衛星から遭難発信機の位置情報をもらうか、あるいは GNSS 受信機による位置情報が乗せられた遭難信号が使われることになる。ただし後者の方法は、次世代の遭難発信機で可能になる。静止軌道 GEO 衛星の電波がカバーする範囲を考えると、極地域の捜索救助は手薄になる。

121.5MHz の信号による位置決定精度は、およそ 20km である。406MHz の信号を使えば、位置決定精度はおよそ 5km に高まる。1990 年に 3 衛星を使って行われた実験では、遭難情報の平均的な通報時間は 90 分であった。これは衛星が視界に入るまでの待ち時間と遭難位置決定とその伝送に要する時間を合わせたものである。静止軌道 GEO 衛星で GNSS 受信機による位置情報が乗せられた遭難信号を利用する場合にはこのような時間的遅れはない。将来 COSPAS-SARSAT システムは、GPS やグロナス，ガリレオの衛星により支えられることになろう（Cospas-Sarsat Secretariat 2006b）。

中間軌道 MEO 衛星は、406MHz の遭難信号を検出し、これを COSPAS-SARSAT と互換性のある 1544MHz の周波数で地上局 LUT に送る。地上局 LUT では送られてきた信号から遭難位置情報を取り出すか、あるいはドップラー観測値や伝播時間（TOA: Time of arrival）観測値から遭難位置を計算する。ガリレオの捜索救助サービスには、COSPAS-SARSAT システムへの支援姿勢が明らかである。GPS には遭難警報衛星システム（DASS: Distress alerting satellite system）が実装されることになろう。ロシアもグロナスに、グロナス SAR と呼ばれる同様のシステムを実装予定である。

ガリレオは、遭難者に救助を知らせるため、遭難発信機へ情報を送り返すことができる。この情報の送り返しは、DASS やグロナス SAR でも取り入れられる予定である（Cospas-Sarsat Secretariat 2006b）。第 3 世代の遭難発信機になれば、このような送り返し情報を受信できる。

2006 年 12 月現在、7 つの低軌道 LEO 衛星と 5 つの静止軌道 GEO 衛星が稼動しており、およそ百万個の遭難発信機が使われている。Cospas-Sarsat Secretariat（2006c）によると、1982 年 9 月から 2005 年 12 月までの間に、このシステムにより 5752 件の緊急事態で 20531 人の救助が行われている。

12.2 リージョナルなシステム

12.2.1 北斗－1

北斗－1 は、第 12 章 1.2 節で説明した北斗－2／Compass の前段階のシステムである。北斗－1 は双方向システムで、管制センターから衛星に送信された信号はユーザーに送られる。ユーザーからは再び衛星を経由して信号が管制センターに送り返される。管制センターは、送信に要した時間からユーザーの位置を計算し、ユーザーに送る。

基準系

北斗－1の基準系として、北京1954（Beijing 1954）系が定義されている（Bian et al.2005）。

使われている楕円体は、クラソフスキー楕円体（Krassovsky ellipsoid）（長半径：$a = 6378245m$、扁平率：$f = 1/298.3$）である。基準時としては、北京管理センターの原子時計で維持されている中国協定世界時（Chinese coordinated universal time）が使われている（Bian et al.2005）。

北斗－1のサービス

北斗－1は軍、民生両用のシステムで、そのアクセスは中国政府により管理されている。2つの民間会社が、測位サービスや車両管理サービスの仕事を請け負っている。北斗－1は2004年4月から民生利用が可能になっている。

測位と時刻同期、通信が、北斗－1の主要なサービスである。静止衛星により、概略のサービス範囲はアジア大陸の北半球部分になる。北斗－1の測位精度は20m～100mである。測位精度は、ユーザーの近くに校正のための基準局があるか、あるいは補正情報が利用できるかといったことに左右される。Shi and Liu（2006）によれば、観測点と衛星配置との幾何学的な関係で、測位精度は緯度が低くなれば低下する。測位サービスの行えるユーザー数は、1時間あたり540000である。Bian et al.（2005）によると位置情報の更新は、ユーザー全体では5～10分間隔であり、一部の小グループユーザーに対しては10～60秒間隔である。

北斗－1の時刻同期精度は、片方向同期で100nsであり、双方向同期で20nsである（Wei et al.2004）。

北斗－1では、120漢字（Chinese character）以内の短いメッセージが暗号化され送信される（Bian et al.2005）。通信サービスは、車両管理サービスでのみ使われている。車両管理サービスでは、車両管理情報に位置情報を乗せたものが管理センターに送られる。

北斗－1は、補強情報の送信にも使われる。補強情報は、GNSSの位置精度や完全性を高めるのに使われる。北斗を利用した広域デファレンシャルGPSの精度は5mと推定されている（Shi and Liu 2006）。

測位の方法

中央管制局から1つの静止衛星を経由してユーザーに信号が送られる。ユーザーはそれに応えて信号を、視界にある2つの静止衛星経由で中央管制局に送り返す。中央管制局は、この信号の送信と受信に要した時間からユーザー位置を推定する。したがってこの方法では、中央管制局と衛星の正確な位置がわかっている必要がある。

北斗－1では、2つの静止衛星だけによる観測を補うために数値標高モデル（DEM: Digital elevation model）が使われる。これにより、3次元の位置決定は2次元の位置決定に置き換えられる。現在軌道上にある3つの静止衛星を使えば、3次元の位置決定はできるが、3番目の静止衛星は予備用である（Forden 2004）。Bian et al.（2005）によれば、数値標高モデルDEMは、角度で1～2秒の分解能の経緯度グリッドで与えられる。グリッド以外の場所の標高は2次の補間式で計算される。標高は、例えばユーザーによる気圧測高で与えることもできる。

図12.1 に、この測位手法が図示されている。

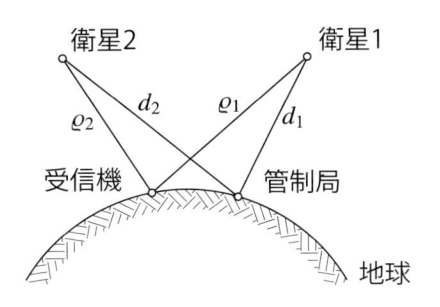

図12.1　測位手法

この場合、簡略化した数学モデルは次のようになる。

$$\ell_1 = 2\rho_1 + 2d_1$$
$$\ell_2 = \rho_2 + d_2 + \rho_1 + d_1 \tag{12.2}$$

ここで ℓ_1, ℓ_2 は信号の送受信に要した時間の観測値（距離に換算）、ρ_1, ρ_2 はユーザーから各衛星までの距離、d_1, d_2 は、管制局から各衛星までの距離である。Bian et al.（2005）は、仮想的な第3の観測 ℓ_3 を次のように導入した。

$$\ell_3 = N + h = \sqrt{X_r^2 + Y_r^2 + (Z_r + Ne^2 \sin\varphi_r)^2} \tag{12.3}$$

ここで N は式（8.2）で定義される卯酉線曲率半径、h は楕円体高、X_r, Y_r, Z_r はユーザー点の直交座標（式（8.1）参照）、φ_r はユーザー点緯度である。φ_r は N の計算の前にはわかっていなければならない。最初は ℓ_3 を仮定してユーザー位置を求め、次にその結果で ℓ_3 を補正するといった繰り返し計算が行われる。

Forden（2004）によると、北斗－1のこの測位法は、ユーザー点が280m/sより早く動いているような場合には使うことができない。

北斗－1の構成

中国は、2000年にはじめて2機の北斗－1衛星を打ち上げた。3番目の予備用の衛星は、2003年に打ち上げられた。これらの衛星は、それぞれ北斗－1A、北斗－1B、北斗－1Cと呼ばれているが、文献では北斗試験衛星（BNTS: Beido navigation test satellites）とも表される。これらの衛星はすべて静止軌道（あるいは近似静止軌道）に投入されている。衛星のサービス範囲は、緯度5°N～55°N、経度70°E～140°Eである。北斗－1Aと北斗－1Bは、測位に最適な幾何学的配置になっているが、3つの衛星のどの2つの衛星の組み合わせでも測位は行える。表12.2には、Forden（2004）による衛星配置パラメータが示されている。

北斗－1は、管制局から送信した信号による双方向の測距方式を使うため、衛星に高精度の時計

表 12.2　北斗－1 衛星パラメータ

衛星	打上	緯度	近地点／遠地点	軌道傾斜角
北斗－1A	2000 年 10 月 30 日	139.9°　E	35770/35804km	0.05°
北斗－1B	2000 年 12 月 20 日	80.2°　E	35773/35801km	0.07°
北斗－1C	2003 年 5 月 24 日	110.4°　E	35747/35829km	0.15°

を積載する必要がない。衛星は静止軌道にあるが、その位置は摂動により時間と共にわずかに変化する。ユーザー位置の正確な決定のためには、この衛星位置を連続的に監視、決定する必要がある。北斗－1C には、GPS のための補強情報を送信できるトランスポンダーが積まれている（Feairheller and Clark 2006 : 623 頁）。

　北斗－1 の地上局は、北京に置かれた管制局と軌道決定のための監視局、中国全土に置かれた校正用基準局からなる。校正用基準局での観測値を使って、北斗－1 の送信時間決定の誤差が修正される。

　地上局と静止衛星との通信は、2491.75±4.08MHz の S バンド周波数を使って行われる。一方北斗－1 の受信機は、1615.68MHz の L バンド周波数で静止衛星に信号を送る（Bian et al.2005）。

12.2.2　QZSS

　日本で開発中の準天頂衛星システム QZSS（Quasi-Zenith Satellite System）は、東アジアとオセアニア地域で衛星航法サービスを提供する。準天頂衛星システム QZSS は、都市のビルの谷間や、山岳地域における測位サービスができるように設計されている。準天頂衛星システム QZSS は、本来 GPS の補強、補完システムであるが、単独で地域航法サービスができる可能性もある。将来、日本の高性能な地域航法システムに拡張できる能力も備えている。

　本節の説明は、日本の宇宙航空研究開発機構が 2007 年 1 月に公表したインターフェース仕様書（1.0 版ドラフト）に基づくものである（Japan Aerospace Exploration Agency 2007）。このインターフェース仕様書（1.0 版ドラフト）は、ユーザーからの意見をいれて現在更新を行っている（訳註：最新は 2009 年公表の（1.1 版）である）。

背景

　日本は、外国の GNSS が予測できないシステムの故障や異常によって使えなくなる場合を想定して、独自の衛星測位システムを求めていた。衛星測位システムとしては、安全保障や危機管理に使われるシステムが検討されてきた。

　準天頂衛星システム QZSS は、4 省庁にまたがる政府と民間との合同プロジェクトである。準天頂衛星システム QZSS を使って主に通信、放送サービスを行うために、さまざまな会社の出資により新衛星ビジネス株式会社（Advanced Space Business Corporation）が設立された。測位部分に関しては官側が責任を引き受けた。2002 年 10 月に、GPS との相互運用性を保障する QZSS 信号仕様を検討する GPS/QZSS 技術作業部会が設置された。

第 12 章 その他の GNSS

2003 年概念設計がスタートし、QZSS の定義、設計が 2004 年と 2005 年に行われた。システム開発は、2006 年に始まり、2008 年に終了する予定である。2008 年には最初の衛星が、2009 年には 2 番目と 3 番めの衛星が打ち上げられる予定である。2009 年に実証実験が行われ、2010 年から QZSS の運用と商業化が始まる予定である（Gomi 2004）。（訳註：通信、放送分野における民間事業化断念により、新衛星ビジネス株式会社は解散して、準天頂衛星システム QZSS 計画の大幅な変更が 2006 年 3 月に行われた。新計画は測位目的だけに特化されており、第 1 段階で官側が 1 機の準天頂衛星を打ち上げ、それにより技術実証、利用実証を行う。その結果を受けて第 2 段階に進み、2 機の準天頂衛星を追加してシステム実証を行うとしている。衛星打ち上げも当初予定より遅れており、実際の QZSS 運用も 2015 年以降になると見られている。）

基準系

準天頂衛星システム QZSS の座標系は、JGS（Japanese geodetic system）と呼ばれる。QZSS 座標系は、最新の ITRF 系に近づけることが想定されている。QZSS 座標系の準拠楕円体は、GRS-80 である。その長半径は $a = 6378137m$ で、扁平率は $f = 1/298.257222101$ である。GPS の座標系 WGS-84 やガリレオの座標系 GTRF と QZSS の座標系との違いは、将来 0.02 m 以下になろう（Japan Aerospace Exploration Agency 2007: 34 頁）。

QZSS 時は国際原子時 TAI に対して、整数秒のオフセットを持っている。国際原子時 TAI は、QZSS 時より 19 秒進んでいる。QZSS 時と GPS 時のオフセット量は、GPS と QZSS の航法メッセージで放送されることになる。ガリレオ時とのオフセットについても同様の対応になろう。

QZSS サービス

準天頂衛星システム QZSS では、主に 3 つのサービスが行われる。1 つは、GPS と互換性、相互運用性がある航法信号の送信による GPS の補完である。これは、航法サービスの利用可能性や継続性、精度を高める。このために QZSS 衛星からは、L1C/A と L2C、L5C 信号が送信される。これによって得られる精度は、GPS 単独測位と同程度である。2 つ目は、大気や軌道、時計の誤差の補正が行える補強情報の送信である。この補強情報を使うことにより、測位精度は 1 m 以下（1σ）になる。補強情報には、完全性情報も含まれる。3 つ目は、放送通信サービスである（訳註：背景のところの訳註に書いた通り、現在の QZSS 計画にはこのサービスは含まれてない）。

QZSS 構成

衛星系は複数の準天頂衛星（QZS: Quasi-Zenith Satellite）で構成され、その軌道は軌道傾斜角の大きな楕円軌道（HEO: Highly inclined elliptical orbit）である。地上系は、監視局（MS: Monitoring station）と主管制局（MCS: Master control station）、追跡管制局（TCS: Tracking control station）からなる。監視局 MS は、準天頂衛星 QZS の信号や他のすべての GNSS 衛星の信号を監視する。およそ 10 ヶ所の監視局 MS が、日本やアジア、オセアニアに配置される。監視局で処理された観測値は、主管制局 MCS に送られ、衛星軌道と時刻同期パラメータが決定される。更に主管制局 MCS では、衛星動作状態や受信信号の異常が調べられる。主管制局 MCS で作られた航法メッセージは、追跡管制局 TCS に送られ、そこから準天頂衛星 QZS へ送信される。この航法メッセージは、準天頂衛

星 QZS の中で変調され L バンドの搬送波に乗せられる。都市のビルの谷間や、山岳地域で信号が受信できるためには、少なくとも 3 つの対地同期軌道上の 3 衛星が必要になる。表 12.3 に軌道要素を示す。軌道傾斜角の大きな楕円軌道 HEO とその軌道離心率により、衛星の地上軌跡は 135°E を中心とした非対称な 8 の字型になる。3 つの準天頂衛星 QZS のうち、1 つは常に日本上空にあるため、70°以上の衛星高度角でのサービスが可能になる。図 12.2 に示すように、高緯度になるほど衛星の地上軌跡速度は遅くなる。

　航法信号は、地上での受信レベルが一定になるように送信される。衛星の周波数標準としては、ルビジウム原子時計が使われる。準天頂衛星 QZS の設計寿命は 10 年である。衛星と地上に静止した観測者との相対速度は最大 600m/s で、これによる搬送周波数 1575.42MHz のドップラーシフトは 3.2kHz となる。

信号構造

　準天頂衛星 QZS は、GPS 信号と互換性、相互運用性のある信号を、L1 と L2、L5 の周波数帯で送信する。さらにガリレオの E6 と重なる 4 番目の周波数帯でも送信することになろう。この 4 番

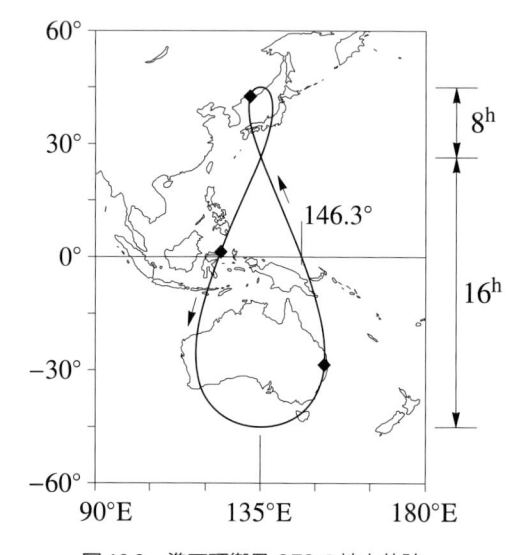

図 12.2　準天頂衛星 QZS の地上軌跡

表 12.3　準天頂衛星 QZS の軌道要素

軌道要素	値
（平均）長半径	$a = 42164 km$
（最大）離心率	$e = 0.099$
軌道傾斜角	$i = 45°$
昇交点赤経	$\Omega = 88.09°,\ 208.09°,\ 328.09°$
近地点引数	$\omega = 270°$
昇交点経度	$\ell = 164.3°\ E$

目は LEX と呼ばれており、実験的に使われる。準天頂衛星 QZS からは、これら 4 つの周波数帯で 8 つの異なる信号が送信される。すべての信号は右旋円偏波の信号である。GPS と同じく符号分割多元接続 CDMA 方式が使われる。受信信号の電力レベルは衛星位置や信号により変わるが、$-152 \sim -160$ dBW の範囲内になるように指定されている。

搬送周波数

表 12.4 に QZSS の搬送周波数が示されている。相対論効果を補償するため、基本周波数 $f_0 = 10.23 MHz$ は、意図的に $\Delta f \sim 5.5232 \cdot 10^{-3} Hz$ だけずらされている。衛星の楕円軌道は相対論効果に変化をもたらすが、これは航法メッセージに含まれる衛星時計パラメータで補正される。

PRN コードと変調

準天頂衛星 QZS からは、8 つの信号が送信される。そのうち 6 つは、GPS 信号を補完する信号で、測位補完信号と呼ばれる。残り 2 つ（L1-SAIF、LEX）は補強情報を送信する信号で、測位補強信号と呼ばれる。L1C/A 信号は、GPS と同じ PRN コードによる変調がかけられ、GPS と同じ航法メッセージ（ARINC Engineering Services 2006a）が乗せられている。L1C のコードと航法メッセージは、GPS の L1C 信号のコードと航法メッセージ（ARINC Engineering Services 2006b）と同じである。L2C は、GPS の L2C（ARINC Engineering Services 2006a）と同じものになる。同様に L5I と L5Q は、GPS の L5C（ARINC Engineering Services 2005）の I、Q 成分と同じものになる。

L1-SAIF 信号は、補強情報を送信するのに使われる。L1-SAIF のコードは、GPS の C/A コードと類似のコードであり、航法メッセージは Radio Technical Commission for Aeronautical Services（2006）に指定されているものである。LEX 信号は、2 つのコードを使って生成される。すなわち搬送波に対して、長いコードと短いコードによる時間多重 BPSK 変調が行われる。短いコードは、ビット率 2000bps のデータを送るのに使われる。

表 12.4 QZSS 信号

周波数帯	周波数 [MHz]	係数 (f_0)	PRN コード	コードチップ率 [Mcps]	変調方式	データビット率 [sps/bps]
L1	1575.42	154	L1C/A	1.023	BPSK (1)	50/50
			L1C$_D$	1.023	BOCs (1,1)	100/50
			L1C$_P$	1.023	BOCs (1,1)	—
			L1-SAIF	1.023	BPSK (1)	500/250
L2	1227.60	120	L2C	1.023	BPSK (1)	50/25
L5	1176.45	115	L5I	10.23	BPSK (10)	100/50
			L5Q	10.23	BPSK (10)	—
E6	1278.75	125	LEX	5.115	BPSK (5)	2000bps

航法メッセージ

航法メッセージは、その内容により送信間隔を変えて、追跡管制局 TCS より衛星に送られる。Japan Aerospace Exploration Agency（2007）によれば、放送暦や概略暦は衛星時計パラメータとデファレンシャル補正データを除いて 3600 秒毎に更新される。衛星時計パラメータは、750 秒毎に更新される。デファレンシャル補正データは 300 秒毎に更新される。完全性情報は、短時間での警報通知ができるように高頻度に更新される。例えば L1C/A 信号の場合、最悪の場合でも 24 秒で警報が通知できる（Japan Aerospace Exploration Agency 2007）。

SAIF 航法メッセージは、第 12 章 4 節で説明する補強システム SBAS の航法メッセージと類似のメッセージである。メッセージタイプ 52 − 60 は、QZSS 独特のパラメータ用に使われる（Japan Aerospace Exploration Agency 2007）。

12.2.3 その他のリージョナルな航法システム

インドは 2006 年 5 月に、インド大陸での自立的な航法システムとなるインド地域衛星航法システム（IRNSS: Indian Regional Navigation Satellite System）を構築することを決定した。このシステムの衛星系は 7 つの衛星からなる。そのうち 3 つは 34°E と 83°E、132°E に位置する静止衛星である。4 つは軌道傾斜角 29°の 2 つの対地同期軌道に配置され、2 つの対地同期軌道の地上軌跡の中心経度はそれぞれ 55°と 111°である。対地同期軌道面内での 2 つの衛星の位相差は 180°である（Kibe 2006）。計画では 2013 年までにすべての衛星が投入される。Singh and Saraswati（2006）によると、IRNSS のサービスエリアは、インドとその周辺 1500 km を含む経度 40°E 〜 140°E、緯度 40°S 〜 40°N の範囲である。

インド地域衛星航法システム IRNSS では、GPS の L5 やガリレオの E5a と共通の L バンドと 2483.5 〜 2500.0MHz の S バンドによる二周波サービスが行われる。これによりインドとその隣接地域で精度 10m の測位が、またインド洋で精度 20 m の測位がそれぞれ行える。補強情報を使えば、さらに高精度の測位が可能である。Singh and Saraswati（2006）によると、S バンドの 1 信号と L バンドの 3 信号が衛星からのダウンリンクに使われる計画である。地上系は 2 ヶ所の主管制局と 20 ヶ所の監視局で構成される。測位原理は北斗−1 と同様である。

GEOSTAR と LOCSTAR

民間会社による衛星測位通信サービス GEOSTAR が 1983 年から 1991 年まで行われていた（Pace et al. 1995 :230 頁）。GEOSTAR は、双方向の通信リンクを備えた双方向測距による測位システムであった。管制局から PRN コードとデータメッセージからなる信号が送信される。信号は対地同期軌道衛星を経由してユーザーに送られる。ユーザーは受信信号を静止衛星経由で主管制局に送り返す。主管制局では、信号往復時間を観測値としてユーザーの位置を計算する。その場合 3 衛星による観測値で計算するか、あるいは数値標高モデル DEM あるいは気圧計によるユーザー高度を付け加えて計算する。GEOSTAR システムは、後に北斗−1 となった中国の双子衛星計画のモデルとなった（Feairheller and Clark 2006:616 頁）。GEOSTAR 社は財務状況が悪化し、システムは中止された。欧州で計画された同様の LOCSTAR システムは、資金を集めることができず実現することはなかった。

OmniTRACS と EutelTRACS

　米国の Qualcomm 社は、1988 年米国で衛星による測位やデータ配布サービスを行うために、OmniTRACS 衛星を打ち上げた。EutelTRACS は、その欧州版で欧州通信衛星機構の協力により運用されている。両システムは主に車両管理システムとして開発され、GEOSTAR と同じような原理を採用している。管制局からの信号は、静止衛星を経由してユーザーに送られ、再び管制局に送り返される。ユーザー位置は、信号往復時間と標高モデルによるユーザー標高を使って決定される（Colcy et al.1995）。この位置決定システムは、Qualcomm 衛星測位システム（QASPR: Qualcomm automatic satellite position reporting）と呼ばれている。また OmniTRACS や EutelTRACS では、ユーザー点での GNSS 観測データもシステムに組み込むことができる。GNSS 観測データは双方向通信でサービスセンターに送られ、高度なサービスに使われる。さらに詳しくは、www.omnitracs.com あるいは www.euteltracs.org を参照せよ。

12.3　デファレンシャルシステム（DGNSS）

　GPS の選択利用性 SA により GPS の単独測位精度が低下することに対応して、デファレンシャル（differential technique）技術が開発された。選択利用性 SA は中止されたが、この技術は現在も GNSS の測位性能を高める手法として進化している。

12.3.1　原理

　デファレンシャル GNSS（DGNSS）では、2 つ以上の受信機が使われる。位置のわかっている基準点から衛星までの距離は衛星の位置情報から計算でき、これは実際の観測値と比較され、その差分がデファレンシャル補正量になる。基準点からはこの補正量が放送され、ユーザーのいるローバー点における観測誤差を消去するのに使われる（図 6.1）。第 5 章 1.4 節で詳しく説明したように、GNSS 衛星までの距離測定値に含まれる誤差は、衛星誤差と信号伝播誤差、受信機誤差の 3 つに区別できる。DGNSS で消去できるのは、このうち衛星誤差と信号伝播誤差である。

　デファレンシャル補正は、1 点あるいは複数の基準点で決定される。基準点が 1 点の場合、計算は簡単であるが測位精度は基準点からの距離が増すにつれ低下する。ローバー点では、基準点からデファレンシャル補正を専用回線を通して受け取る。基準点が複数ある場合、空間的に広く分布した各基準点でデファレンシャル補正が求められ、これを使うことにより広範囲にわたって一様な測位精度が保証される。欠点としては、計算処理が複雑になることやサービスプロバイダーのコストが増すこと、さらにはネットワーク通信によりローバー点での補正データの待ち時間が長くなることである。

12.3.2　デファレンシャル補正

　デファレンシャル補正を計算するのに 3 つのアプローチがある。

測位解アプローチ

　測位解アプローチでは、基準点の観測座標と既知座標との差がデファレンシャル補正量としてローバー点に送られる。補正量はローバー点の観測座標を補正するのに使われる。基準点とローバー

点で同じ衛星が観測され、同じ大気モデルを使うかぎり、この方法は良い結果をもたらす。ただ障害物があったり、基準点とローバー点との距離が離れると両点で同じ衛星は観測されなくなる。この手法は主に基準点が1点だけの場合に使われる。

距離観測アプローチ

距離観測アプローチでは、衛星までの距離観測値と計算値との差がデファレンシャル補正量として使われる。第6章2節で見たように、幾何学距離と擬似距離の差から擬似距離補正量 PRC と距離変化率補正量 RRC が決定される。ローバー点での観測値を補正するのに、この PRC と RRC が使われる。PRC と RRC は、基準点が複数ある場合はそれらの重みつき平均が使われる（Szabo and Tubman 1994）。基準点が1点の場合、測位精度は基準点から離れるにしたがって低下し、その低下の割合は概略 1km あたり 1cm である。

通常の DGNSS では、生のコード擬似距離観測値か、あるいはそれを平滑化したものが使われる。生の観測値を使う場合測位精度は数メートルのレベルであり、平滑化したものを使えば1メートルより良いレベルである。対照的に精密な DGNSS では位相擬似距離観測値が使われ、20km 以内の範囲でリアルタイムに、10cm より良い精度の測位が行える（DeLoach and Remondi 1991）。この場合アンビギュイティーは、OTF（On-the Fly）で解く必要があり、一般的に二周波受信機が使われる。アンビギュイティーを解くためにも、10cm より良い精度が必要とされる。

この距離観測手法による DGNSS は、一般的に拡張 GNSS あるいは、ローカルエリアデファレンシャル（LAD: Local-area differential）GNSS と呼ばれている。

状態空間アプローチ

状態空間アプローチでは、基準点ネットワークを使って誤差をモデル化し、そのモデルパラメータがローバー点に送られる。これは特に補強システムで使われるが、精密単独測位にも使われる。精密単独測位の場合は、精密な軌道位置と時計パラメータが推定される。二周波受信機を使えば電離層遅延誤差の補正が簡単になる。電離層遅延はモデル化され、一般的にグリッド上で推定される。幾何学距離と観測擬似距離の差に含まれる残りの誤差は、軌道誤差と衛星時計誤差に分配されモデル化される。モデルパラメータの数が多いので、パラメータを解くためには基準点のネットワークが必要になる。ネットワークの基準点密度は、距離観測アプローチの場合の基準点密度より低い。状態空間アプローチに基づくシステムは、広域デファレンシャル（WAD: Wide-area differential）GNSS と呼ばれている。状態空間アプローチのアルゴリズムは、Mueller et al.（1994）あるいは Kee（1996）に示されている。

12.3.3 デファレンシャルシステムの例

衛星通信利用

OmniSTAR、SkyFix、StarFix

Furgo 社は、商用のデファレンシャル測位サービス、OmniSTAR、SkyFix、StarFix を始めた。このうち OmniSTAR は陸上でのサービスに限定され、他の2つは海上でのサービスに使われる。

OmniSTAR には提供する測位精度により、(1) 1m より良い精度の VBS（virtual base station: 仮想基準点）測位サービス、(2) 20cm より良い精度の測位サービス、(3) 10cm より良い精度の高性能測位サービス、といった3つの測位サービスが用意されている。これらのサービスのために、およそ100ヶ所の基準点が世界中に配置されている。(1) の VBS 測位サービスでは、基準点で GPS を観測しコード観測のデファレンシャル補正量が計算される。この補正量は、RTCM フォーマットに変換されユーザー受信機に送られる。ユーザー受信機では、送られてきた補正量に基準点までの距離の逆数に比例した重みをつけた最小二乗計算を行い、仮想基準点（第6章3.7節参照）での補正量を求め観測値を補正する。(2) のサービスでは、位相観測による精密単独測位法が使われる。すなわち、基準点ネットワーク観測に基づいて、精密な軌道位置と時刻が推定される。電離層の影響は、二周波受信機を使うことにより消去される。(3) の高性能測位サービスでは、二周波位相観測が行われ、位相擬似距離補正が行われる。

SkyFix と StarFix は原理は似ているが、異なる技術が使われている。これは2つの冗長なシステムとも見なせ、完全性を高めることになる（Lapucha et al.2004）。SkyFix と StarFix では、Furgo 社で SDGPS（Satellite DGPS）と呼んでいる精密単独測位の原理が使われる。デファレンシャル補正量は、いくつかの商用静止衛星を経由してユーザーに送られる。使われる商用静止衛星は、北極と南極を除き全世界のおよそ90%をカバーしている。補正量は、周波数1531～1559MHz の L バンドで送られ、専用の受信機で復調される。これについての更なる情報は、www.omnistar.com あるいは www.skyfix.com を参照せよ。

StarFire

グローバルな衛星デファレンシャルシステムである StarFire は、John Deere and Company 社が開発した商用の精密単独測位サービスである。システムの地上系は、全世界60ヶ所に置かれた監視局と米国内に置かれた2つの独立した管制局からなる。衛星系は、北極と南極を除く全世界をカバーする3つの Inmarsat 衛星からなる。静止衛星の位置はそれぞれ、経度 98°W、25°E、109°E である。補正量は精密軌道位置と時刻からなり、L バンドで送信される。ユーザー側の二周波受信機の観測値と送られてきた補正量で誤差1m以下の測位が行われる。Dixon（2005b）は、誤差10cm 以下の測位も可能であると述べている。これについての更なる情報は、www.navcomtech.com/StarFire を参照せよ。

GDGPS

NASA のジェット推進研究所 JPL は、NASA の活動を支え、リアルタイムに高精度の GPS デファレンシャル情報を提供できる GDGPS（Global DGPS）システムを開発した。電離層誤差を消去できる二周波観測値と精密軌道位置と時刻のデファレンシャル補正量を使って高精度の測位が行える。補正データの送信速度は、最大1Hz まで可能である（Bar-Sever et al. 2004）。ジェット推進研究所 JPL とその国際的な協力機関とが運用している全世界100ヶ所のネットワークにより GPS を観測監視し、軌道位置と時刻のモデル化を行う。GPS 衛星に何か故障が生じれば、ほとんどリアルタイムにユーザーに連絡される。補正情報は、例えばインターネットで手にいれることができる（インターネット GDGPS サービス）。

またNASAのデータ中継衛星システム（TDRSS: Tracking and data relay satellite system）のSバンドを使って、リアルタイムに補正情報を送信することも計画されている。これは特にGPSを使って位置決定を行う衛星用に計画されたサービスである。

地上通信利用
海上DGNSS

海上DGNSSサービスでは、海上無線標識周波数でデファレンシャル補正情報を放送する。現在無線標識はGPSの補正情報には対応しているが、今後すべてのGNSSの補正情報に対応できるようにすべきであろう。海上無線標識は、世界中283.5～325.0kHzの周波数帯が使われている。その正確な送信周波数は地域によって異なる。リアルタイムのデファレンシャル補正情報は、非暗号化RTCMフォーマットで送信される。基準局からユーザーまでの距離は送信電力により最大数百キロメートルになるが、その距離により測位精度は1～10m（95％の信頼レベル）の範囲になる。補正情報の送信速度は、一般的には100bpsであるが、50～200bpsの幅で変化する。

米国では、無線標識は国家規模のDGPS（NDGPS: Nationwide DGPS）に拡張されている。NDGPSの基準局は米国全土に設置され、その運用は米国の沿岸警備隊と連邦鉄道局、高速道路局とにより行われている。NDGPSにより、米国の陸域、水域でGPSの精度と完全性を補強する補正情報が提供される。当初のNDGPSは現在、高精度なNDGPS（HANDGPS: High-accuracy NDGPS）へと拡張され、その測位精度は10～15cmである。2005年の米国連邦無線航法計画では、HANDGPSにより警報までの時間1～2秒での完全性情報サービスが期待できることが強調されている。しかし諸般の事情により、このシステムに対する連邦からの財政援助は2007年に中止され、その将来構想は見えていない。

各国のDGNSS

多くの国や地域、都市で有料のDGNSSサービスが行われている。電力会社のようなさまざまな会社が、その会社に関係する特定の分野で使うために、独自のDGNSSネットワークを構築している。

APOS（Austrian positioning service）は、オーストリアの衛星位置情報サービスで、オーストリア国内40ヶ所の基準点でのGNSS観測を統合している。データの精度と均質性を高めるため、近隣諸国でのGNSS観測データも取り入れている。APOSは、RTKサービスやDGPSサービスといったさまざまなサービスを行っている。サービスは、インターネットや携帯電話を通じて提供される。SAPOS（Satellite positioning service）は、ドイツの衛星位置情報サービスである。SAPOSでは、通常精度、高精度、測地用超高精度の3つのレベルでリアルタイム測位サービスが行われている。サービスは、VHF放送あるいは携帯電話を通じて提供される。高精度サービスの場合、測位精度は1～5cmである。さらに詳しくは、www.sapos.de を参照せよ。

2002年3月に始まったEUPOS（European position determination system：欧州測位システム）の目的は、中欧、東欧での均一なDGNSSネットワークを構築することである。EUPOSが目指すのは、DGNSSが国境に左右されることなく使えるようにすることである。計画では、最終的に14カ国870点の基準点がEUPOSに統合される。EUPOSは、海、陸、空の航法で使われるだけでなく、誤

差 1m 以下のリアルタイム測位サービスや誤差 1cm 以下の後処理測位サービスといった測地目的にも使われる。EUPOS のサービスは、インターネットや携帯電話、VHF を通じて提供される。さらに詳しくは、www.eupos.org を参照せよ。

ロシアのシステムについては、次節で取上げる。

12.4 補強システム

現在の GPS とグロナスの測位サービスを、飛行機、特にその精密な飛行操縦に使うのは適当ではない。また精密な操縦が必要な船舶の港への接近や入港、内陸水路の航行では、GPS やグロナスだけに頼ることはできない。GPS やグロナスの測位精度、完全性は、これらのユーザーの要求に応えていない。補強システムはこれに応えて測位性能を上げるために考えられたものである。

米国の PNT 政策（www.navcen.uscg.gov/cgsic/geninfo/FactSheet.pdf）のなかで示されている定義によると、補強とは PNT（測位、航法、時刻同期）信号の性能を高めるために、追加の情報を用意することである。性能は、独立した完全性監視能力と警報発令能力を備えたシステムの、精度や利用可能性、完全性、信頼性で表される。補強情報によって、精度、完全性が増せば、GNSS 信号は安全性を重視する分野で使うことができる。例えば、航空機の精密進入（precision approach）や曲線進入（curved landing）が可能になってくる。

補強システムは、完全性情報の提供という付加的な特徴を備えたデファレンシャルシステムと考えることができる。第 12 章 3.3 節で説明したデファレンシャルシステムでも、完全性情報を送信したり、潜在的に備えていたりしたが、それらは安全性が重視される分野で使えるものではなかった。補強システムの特徴は、まさにその安全性が重視される分野で使われることである。

12.4.1 衛星型補強システム

原理

衛星型補強システム（SBAS: Space-based augmentation system）では、地上の監視局ネットワークを使って GNSS 観測が行われる。観測値は、広域ネットワーク（wide-area network）を経由して主管制局に送られる。主管制局では観測値から衛星軌道や衛星時計、電離層についての補正パラメータを計算する。この場合、マルチパスのような受信機誤差やローカルな大気圏誤差は補正することはできない。さらに主管制局では GNSS 信号を検証する完全性チェックがいくつか行われる。高レベルの完全性情報を提供するためには、GNSS 信号を連続的に監視する必要がある。どのような異常でもすべて完全性情報に取り入れられる。補正情報は完全性情報と一緒に補強情報として、C バンドを使って衛星に送られる。衛星からは L バンドでユーザーに送信される。衛星から送信される補強情報は GPS と同様の PRN コードに乗せられている。この PRN コードを使えば、追加的なコード距離観測（GEO-ranging）も可能になる。

SBAS システムでは、システム性能を高める 3 つの重要な情報が提供されている。(1) 補正情報により、測位精度が高められる。(2) SBAS 静止衛星から送信される GPS と同様の信号より、測位の利用可能性と継続性が増す。またこれによる測距（GEO-ranging）で測位精度も増す。(3) 完

全性情報により、GNSS にどんな故障が起きても 6 秒以内にユーザーに警告でき安全性が高まる。

衛星系

SBAS の衛星系は、冗長度を考慮して最低 2 つの静止衛星で構成されている。静止衛星は基本的にベントパイプ（bent-pipe）型トランスポンダ（訳註：信号を中継する衛星）として機能する。静止衛星は、地上から送られた補強情報を 1575.42MHz の L バンド信号（GPS の L1 搬送波と C/A コードを合わせたもの）に載せて送信する。また送信には L バンドの他に C バンドも使われる。L バンドと C バンドを組み合わせれば、広域デファレンシャル（WAD）補正量の推定に使える。SBAS の受信電力レベルは、干渉を避けるために GPS の受信電力レベルと揃えられている。将来、補強情報は L5C でも送信されることになろう。

SBAS は静止軌道にあるが、時間と共にその静止位置は変化する。その位置は監視局での観測により推定される（Meindl and Hugentobler 2004）。SBAS 衛星の正確な位置は、SBAS 衛星を使って衛星測距観測（GEO-ranging）を行う場合に必要になる。SBAS のデータメッセージには、SBAS の位置（放送暦と概略暦）が含まれている。

静止衛星は、その信号電力が低く、衛星高度も低いので、都市や山岳地域では観測が難しい。したがって SBAS の情報を、インターネットといった他の通信手段でも送信する方法が開発されている。

ユーザー

GNSS 観測値と補強情報を組み合わせることにより、ユーザーはより高精度の測位解を得られる。測位精度は水平方向でおよそ 1 〜 3m（95％の信頼レベル）、垂直方向で 2 〜 4m（95％の信頼レベル）にそれぞれ改善される。時刻精度は、10ns より良くなる．提供されるサービスのレベル（測位精度の違い）により、完全性のレベルは、$2 \cdot 10^{-7}/150\,sec$ あるいは $10^{-7}/hour$ と規定されている（訳註：完全性は異常が発生してから警報発信までの時間で規定する他に、ここに示されているように一定の時間内に位置誤差が所定のレベルを越える確率としても規定される）。安全性が重要でない場合は、完全性よりも測位精度に関心がいくかもしれない。Kim et al.（2006）は、完全性レベルは異なるが、さらに測位精度を上げる SBAS 補強情報の使い方を示している。Mathur et al.（2006）は、GPS 衛星が例えば 4 個しか見えない場合でも、SBAS 補強情報を使うことにより、GPS 衛星 8 〜 9 個だけの場合の測位性能を上まわることができると強調している。

SBAS データメッセージ

SBAS では GPS と同様のコードが使われるが、そのビット率は GPS の C/A コードビット率より高い。SBAS メッセージは、8 ビットのフレーム同期のためのプリアンブルと 6 ビットのメッセージタイプ識別子、212 ビットのデータ領域、24 ビットのパリティー情報で構成されている。この 250 ビットのメッセージは、符号化率 1 ／ 2 で畳み込み符号化（第 4 章 3.4 節参照）されている。またシンボル率 500sps の BPSK 変調が使われる。

SBAS では 64 のメッセージタイプがあるが、すべてが指定されている訳ではなく一部将来のために空けられている。メッセージタイプ 0 は、3 つの運用モードを区別するのに使われる。テスト

モードでは、すべてがゼロの信号がメッセージタイプ0として送信される。これはSBAS信号が使えないことを示している。生命の安全に係わらないサービスでは、メッセージタイプ2の情報がメッセージタイプ0として送信される（SBASメッセージを生命の安全に係わらないサービスに利用することはまだテスト中である）。生命の安全に係わるサービスではメッセージタイプ0は送信されず、メッセージタイプ2が送信される。

SBASのデータメッセージには、SBASの位置情報（放送暦、概略暦）と短期／長期の補正データ、完全性情報、電離層補正データ、時刻情報、さまざまなサービスデータが含まれる。それぞれのデータには、予め決められた更新期間がある。更新基準が最も厳しいのは、完全性情報と短期補正データである。SBAS情報のフォーマットは、Radio Technical Commission for Aeronautical Services（2006: Appendix A）で示されている最小運用性能要件MOPS（minimum operational performance standards）に詳しく記述されている。

SBAS　補強情報

短期補正データは、GNSS時計誤差のような時間間隔が増大すれば干渉性が低下する誤差をモデル化したものである。長期補正データは、さまざまな誤差の低周波成分をモデル化したものである。完全性情報は、2つのレベルで提供される（European Space Agency 2005a）。利用・可／否パラメータ（use/don't use parameter）は、衛星信号が使えるかどうかを示している。SBAS補正で補正しきれない誤差は、統計的に推定される。衛星時計誤差 σ_{sc} や軌道誤差 σ_{eph} の上限は、UDRE（User differential range error）で、また電離層誤差 σ_{iono} の上限はGIVE（Grid ionospheric vertical error）でそれぞれ表される（式（7.80）参照）。

SBASでは、鉛直方向の電離層遅延を電離層グリッドポイント（IGP: Ionospheric grid point）でモデル化したものが使われる。電離層グリッドの大きさは一般に5°×5°で、これは広域デファレンシャル補正のカバーする範囲になっている。IGP上での電離層補正は、グリッド鉛直方向電離層遅延（GIVD: Grid ionospheric vertical delay）と呼ばれ、衛星から放送される。GIVDは、一周波観測に適用される。ユーザーの受信機では、すべての衛星について電離層遅延量を4段階で推定する。(1) 図5.3で示すように、衛星とユーザーを結ぶベクトルが $h_m = 350km$ 高さの球を横切る点、電離層ポイントIPを求める。(2) この電離層ポイントIPを取り囲む4つの電離層グリッドポイントIGPを決定する。(3) 電離層グリッドポイントIGPでの電離層遅延GIVDを使って、2次補間により電離層ポイントIPでの電離層遅延を計算する。(4) 衛星高度角の関数であるマッピング関数を使って、鉛直方向の電離層遅延を衛星視線方向の電離層遅延に変換する。このようにして求められた電離層補正は一周波受信機に適用される。二周波受信機の場合は式（5.80）と（5.83）で電離層誤差を消去する。

補正しきれない電離層誤差の大きさを推定するために、これまた電離層グリッドポイントIGPで与えられているGIVEが使われ、同様の4段階で計算が行われる。衛星時計と衛星軌道の補正量の分散は、UDREから計算される。残りの誤差の分散は、式（7.80）を使って推定される。UDREは、パラメータ推定で重みの計算にも使われる。未知パラメータの分散行列である式（7.76）から、システムの完全性に使われる信頼限界値PL（式（7.178）、（7.179））が計算される。SBAS補正しきれない残りの誤差は、マルチパスのような観測点固有の誤差を除き、平均値ゼロのガウス分布にし

たがっていると見なせる。

SBAS 互換性

米国の WAAS と日本 MSAS、欧州 EGNOS、インドの GAGAN により、ほぼ世界的な SBAS サービスが可能になる。将来はこの他にもこれらを補完するシステムが作られるであろう。これらのシステムで使われる静止衛星の一部諸元を表 12.5 に示す。

SBAS は国際標準にしたがっており、相互の互換性と相互運用性は保証されている。システムの開発者は、標準並びに推奨規格（SARPS: Standards and recommended practices）を考慮しなければならないし、受信機製造会社は最小運用性能基準（MOPS: Minimum operational performance standards）にしたがっていることを保証する必要がある。SBAS によってはこれらの基準とわずかに異なることがあるが、相互運用性は保たれている。

補強情報は、各 SBAS システムがカバーするエリア内でそれぞれ最適化されている。しかし、利用者はどのカバーエリアにいるかに関係なく、SBAS 信号を利用できる。

WAAS

米国の広域補強システム（WAAS: Wide area augmentation system）は、米国連邦航空局 FAA により開発された。WAAS 信号は、生命安全に関係しない分野では 2000 年から使えたが、正式の初期

表 12.5　SBAS 静止衛星

SBAS	衛星	経度	PRN
EGNOS	Inmarsat-3-F2/AOR-E	15.5° W	120
	ESA Artemis	21.5° E	124
	Inmarsat-3-F5/IOR-W	25° E	126
GAGAN	INSATNAV [1]	55° E	128
	GSAT-4 [2]	82° E	127
MSAS	MTSAT-1R	140° E	129
	MTSAT-2	145° E	137
WAAS	Inmarsat-3-F3/POR	178° E	134
	Inmarsat-3-F4/AOR-W	142° W	122
	Intelsat Galaxy XV	133° W	135
	TeleSat Anik F1R	107.3° W	138

[1] 2008 年打上予定　[2] 2007 年打上予定

運用は 2003 年 7 月に始まった。完全運用は 2007 年になると見られている。WAAS は、38 の基準局（WRS: Wide-area reference station）で構成されている。基準局のうち 20 局は米国本土、7 局はアラスカ、4 局はカナダ、1 局はハワイ、1 局はプエルトリコ、5 局はメキシコにそれぞれ置かれている。基準局 WRS での GPS 観測値は、3 ヶ所の主基準局（WMS: Wide-area master station）に送られる。主基準局 WMS では、広域デファレンシャル補正と完全性情報が決定され、それらは 3 ヶ所の地上局（GES）を経由して 4 つの静止衛星に送られる。

EGNOS

EGNOS は、1996 年 6 月 18 日の欧州委員会と欧州宇宙機関、欧州航空交通安全機関（Eurocontrol）の間の合意により開発がスタートした。EGNOS システムテストベッド（ESTB: EGNOS system test bed）実験の一部として、2000 年から実験信号の送信が始まった。2005 年 7 月に初期運用が宣言された。完全運用は 2007 年になると見られている。EGNOS のサービスは、少なくとも 20 年間は行われる。

EGNOS の衛星系は、3 つの静止衛星からなる。地上系は、GNSS 信号を観測処理する 34 ヶ所の完全性監視局 RIMS で構成される。観測データは、EGNOS 広域ネットワーク（EWAN: EGNOS wide-area network）を経由して 4 ヶ所の主管制センター（MCC: Master control center）に送られる。主管制センター MCC のうち 1 ヶ所だけが稼動している。もう 1 ヶ所は予備であるが、常時電源が入れられており、稼動しているセンターに故障が生じた時にすぐに切り替わる。残りの 2 ヶ所も予備であるが、電源は入っておらず、センター機能に問題が生じた時に立ち上げられる。主管制センター MCC で作られた補強情報は、地上局（NLES: Navigation land earth station）から静止衛星に送られる。各静止衛星に対して、それぞれ 2 つの地上局 NLES（1 つは予備）が用意される。

第一段階で、EGNOS は欧州民間航空会議（ECAC: European Civil Aviation Conference）の定めた範囲でサービスを行う。第 2 段階で、サービス範囲がアフリカまで拡大される。第 3 段階では、GPS の L5 信号に対する補強サービスやガリレオ、近代化グロナスに対する補強サービスも行われる（European Space Agency 2005b）。

欧州宇宙機関 ESA は、インターネットで EGNOS 情報を提供するために、シスネット（SISNET: Signal in space over Internet）を開発した。シスネットは拡張され、EDAS（EGNOS data access system）と呼ばれる商用のデータ配信サービスに使われている。EDAS では、例えば完全性監視局 RIMS の生観測データも配信している。

MSAS

MSAS は、日本の運輸多目的衛星（MTSAT: Multifunctional transport satellite）を使った補強システムである。運輸多目的衛星 MTSAT は、気象庁と国土交通省航空局が運用を行っている。1 号機の打ち上げは 2005 年 2 月 26 日であり、2 号機の打ち上げは 2006 年 2 月 18 日に行われた。MSAS の完全運用 FOC は、2008 年に予定されている。MSAS の基準局が東アジアやオセアニアに無いため、MSAS のサービス範囲は日本だけである。

GAGAN

インド宇宙研究機関はインド空港局と協力して、インドの SBAS である GAGAN を開発している。GAGAN はヒンディー語で天を意味する。静止衛星の 1 号機は 2007 年、2 号機は 2008 年にそれぞれ打ち上げが計画されている。2009 年に完全運用にはいり、その運用範囲はインドの領空である。地上系は、8 ヶ所の基準局からなり、その中には 1 つの主管制センターと 1 つのアップリンク用の地上局が含まれる。

SNAS

衛星を使った補強システムは、おそらく中国でも作られるであろう。これについての中国の公式の発表は無いので、ここではこれを SNAS（Satellite navigation augmentation system）と呼んでおく。SNAS はこれまでの研究で、北斗－1 の通信チャンネルを使って補強情報を送る案が提案されている（Liu et al. 2006）。この他に、WAAS と同じような SBAS 情報を北斗衛星から送る考えもある。

SDCM

ロシアの連邦宇宙庁は、デファレンシャル補正監視システム（SDCM: System for differential correction and monitoring）と呼ばれる SBAS システムの開発プロジェクトを打ち上げた。Averin（2006）によれば、このシステムの運用は 2011 年になる。システムの地上系は、ロシア国内に配置された 19 ヶ所の監視局からなる。監視局ではサンプリングレート 1Hz で全 GNSS 衛星の観測が行われ、それらの観測値は中央処理センターへ送られる。補強情報は、TV チャンネルあるいは携帯電話ネットワークを使ったインターネットで提供される。この他にグロナス－K の 3 番目の搬送波 G3 を使って補強情報を送ることも考えられている。また補強情報は、静止衛星からも提供されることになろう。SDCM システムによる測位誤差は、0.5m 以下になると期待されている。最寄の地上局を使った高精度サービスでは、測位誤差 0.02 ～ 0.5m も可能である（Dvorkin and Karutin 2006）。SDCM 計画は、EGNOS と協力して進められている。さらに詳しくは、sdcm.rniikp.ru を参照せよ。

12.4.2 地上型補強システム

地上型補強システム（GBAS: Ground-based augmentation system）のアイデアは、航空業界の厳しい要求を満足させるために考えられたものである。補強情報は、一般に空港の周辺といったようなある限られた範囲だけで提供される。GBAS の補強情報のサービス範囲を拡大すれば、それはリージョナルな地上型補強システム（GRAS: Ground-based regional augmentation system）になる。この場合 GRAS は、SBAS の地上局ネットワークを例えば VHF データ放送チャンネル（VDB: VHF data broadcast）による地上通信で結んだものになる。

LAAS

狭域補強システム（LAAS: Local area augmentation system）は、地上型補強システム GBAS の 1 つであり、国際民間航空機関 ICAO により定義されている。狭域補強システム LAAS では、カテゴリー I、II、III（表 13.11）の精密進入時の精度仕様が要求される。

4 つあるいはそれ以上の地上基準点で、デファレンシャル補正が計算される。地上基準点では、GNSS 衛星信号や SBAS 信号、あるいはこの後説明するシュードライト（pseudolite）信号といったすべての信号が観測される。同時に信号の完全性や計算されたデファレンシャル補正の妥当性が評価される。補強情報は、例えば RTCMSC-104 といった標準フォーマットで飛行機に送られる。その際、周波数帯 108 － 117.975MHz の VHF データ放送チャンネル VDB といった専用のデータ回線が使われる。LAAS は、一般に 45km 以内のユーザーに補強情報をサービスできるように設計されている。それによる測位誤差は、10^{-7}/150sec という高いレベルの完全性がある場合、1m（95％の信頼レベル）以下である（Federal Aviation Administration 1999）。LAAS の補強情報を測位観測に加

えることにより、例えば、航空機の曲線進入や精密進入、あるいは複合進入といったことが可能になる。

シュードライト

シュードライト（pseudolite: psudosatellite を縮めたもの）の概念は、1970 年代からあった。最初の GPS 性能実験の際、GPS 衛星信号は地上に置かれた送信機から送信された。現在シュードライトはさまざまな応用が研究されているが、特に空港でのシュードライトは実用化されようとしている。シュードライトはそれ単独で、例えば市街地や産業施設における位置決定に利用できる。

シュードライトは一般的には地上（建物）に固定された送信機をさすが、その送信機から GNSS と類似のコードと搬送波の信号が送信される。データメッセージは、GNSS と類似のメッセージであるか、あるいは他の GNSS の補強情報を含むメッセージになっている。データビット率は、1000bps あるいはそれ以上に高くなっている。シュードライトによる GNSS（類似の）信号が、加わることにより、ユーザー点での GNSS 測位の利用可能性や継続性が増す。同時にシュードライトにより、衛星幾何学配置が良くなり、特に航空機の高さ方向精度が改善される。測位精度は、シュードライト信号、特にそのデファレンシャル補正が加わることで増す。

シュードライト信号は、電離層には影響されず、また大気の影響も小さい。既知のシュードライトの位置を使えば、軌道誤差を最小にできる。シュードライトとユーザーとの距離は短いので、ユーザーが動く場合、幾何学的に大きな変化が生じる。この状況はキネマティックでアンビギュイティーを解くのに有利である。

このような長所とは別に、シュードライトには多くの問題もある。シュードライト信号と GNSS 信号との電力レベルの違いによる電波干渉の問題がある。第 4 章 1.2 節で説明したように、電力レベルは距離の二乗に比例して小さくなる。したがって 30km の距離の所に置かれたシュードライトからの受信電力レベルは、GNSS 信号と同じ位の − 160dBW であるが、1km の距離に置かれたシュードライトからの受信電力レベルは、− 130dBW となり、他のすべての GNSS 信号を打ち消してしまう。これを解決するために、符号と時間、周波数による 3 通りの分割多元接続手法による試みが行われてきた。時間分割多元接続手法は空港で使われている。この場合、シュードライトからは信号が低デューティ・サイクル（duty-cycle）のパルスとして送信される。すなわち信号はある一定時間、例えば 0.1ms、送信されたら、その後 0.9ms は一切送信されない（訳註：duty-cycle は、パルスの継続時間と繰り返し周期の比（今の場合 0.1 / 1）で表される）。この状態が繰り返される。0.1ms の間、GNSS 信号は干渉妨害を受けるが、0.9ms 間の干渉妨害を受けない時間があるため、受信機での GNSS 信号の捕捉、同期は可能となる。同じことがシュードライトについても言え、観測時間は 0.1ms と短いがその電力レベルの高さで信号が捕捉される。

この他にマルチパスによって引き起こされる問題もある。シュードライトアンテナは、マルチパスが起きないように設計され、配置されなければならない。GNSS 信号とは対照的に、シュードライトのマルチパスはユーザーが移動しない限り一定である。またシュードライトでは、測位精度を落とさないように GNSS との時刻同期をきちんと行う必要がある。

低周波補強システム

多くの低周波補強システムが研究されている。その1つがEurofixであり、これはLoran-Cの施設を使ってGNSS補強情報を提供するものである。Eurofixは、オランダのデルフト工科大学で開発された。これはLoran-Cのパルス信号を補強情報で変調するものである。これにより、Loran-Cの航法性能に影響を与えることなく、30bpsの補強情報が送信できる。Eurofixの水平位置誤差は、受信できる基地局の数によるが1～3m（95％の信頼レベル）である。Eurofixの1つのLoran-C基準局でカバーできる範囲は、その周囲およそ1000kmである。米国でも、これと同様のシステムであるLOGIC（Loran GNSS interoperability channel）が研究されてきた（Hofmann-Wellenhof et al. 2003: 210頁）。

12.5 支援型GNSSシステム

支援機能を利用するGNSS（AGNSS: Assisted GNSS）という考えは、すでに1980年代初めにあった。このAGNSSは、GNSSとそれを支援するための通信モジュールで構成される。現在AGNSSは、特に携帯電話ネットワークに関連して取上げられている。AGNSSの技術開発は、携帯電話による緊急通報の際にその位置がわかるようにしたいということに後押しされて進められてきた。

AGNSSでは以下の支援データを、さまざまな通信手段でGNSS受信機に送ることができる。

- ユーザーの概略位置
- 時刻情報
- 概略暦
- 放送暦
- GNSS航法メッセージとして放送されている他のすべての情報

これらの中でどの情報が使えるかによって、受信機での測位処理支援の仕方が決まる。これらのデータを使えば、受信機で航法メッセージを復調する必要はない。第4章3.4節で述べたように、メッセージの復調には信号捕捉の場合よりも高い信号電力レベルを必要とするから、航法メッセージの復調が必要なければ、受信信号電力レベルは低くても良いことになる。

この他のAGNSSの利点としては、パイロット信号（第4章2.3節）を航法メッセージに関係なく位置決定に使うことができることである。したがって、弱い衛星信号でも長いコヒーレントな積分で追尾が可能になる。

支援に使われる通信チャンネルの伝送速度はGNSS信号の伝送速度より一般的に大きいから、支援のための航法メッセージは短時間で伝送される。これに概略位置や時刻情報といった支援情報を含めれば、受信機での初期位置算出時間TTFFは短くなる（初期位置算出時間TTFFは、GNSS受信機の電源を入れてから最初に位置情報が得られるまでの時間を示している）。

AGNSSでは位置精度が著しく改善されるということは無いが、支援用の通信チャンネルを使えばデファレンシャル補正や完全性情報を送ることもできる。

GNSSと通信システムを組み合わせることにより、さまざまな支援システム構築や機能向上が図

れるし、同時にさまざまな応用が考えられる。

ユーザーの概略位置は位置を求める平均計算で使われ、平均計算の繰り返し回数を少なくできる。概略暦は、時刻情報や概略位置と共に観測可能な衛星を求めるのに使われる。更に放送暦は、概略位置と時刻情報と共に衛星信号のドップラーシフトを推定するのに使われる。この推定ドップラーシフト量により第4章3.3節で説明した周波数オフセットの大部分を取り除くことができる。したがってコード相関処理に使われる2次元の探索領域は狭められる。このことは、コードが長い場合や信号が弱い場合に役立つ。

時刻情報が精密にGNSS時と合致したものであれば、受信機でのコードシフト量決定のあいまいさを減らすことができ、衛星－受信機間の概略距離と正確な時刻情報からコードシフト量が得られる。

ユーザー概略位置の決定には、さまざまな手法が用いられる。携帯電話網ではセルID番号（cell identification number）で、ユーザー位置が誤差20km以内で決定される。

Hofmann-Wellenhof et al.（2003: 第8章3.5節）には、携帯電話網を使った位置決定についてのさまざまな幾何学的方法が示されている。

概略暦と放送暦は、GNSSからのコピーかあるいはそれを使った予測値である。予測値は数日間使えるが、精度は時間と共に下がる。予測値を使うのは、データのダウンロード回数を少なくするためと、受信機を数時間あるいは数日動かしていなかった後でも軌道情報を使えるようにするためである。

Sage and Pande（2005）は、AGNSSを（Aided GNSS）で表している。AGNSSでは、外部センサーからの支援情報を使うことにより、信号の捕捉と追尾が容易になる。例えば支援情報として速度情報があれば、追尾ループで使える。

12.6　今後の見通し

現在あるいは将来利用できるすべてのシステムやサービスをざっと見てきて、読者によっては感嘆するかあるいはその多さに当惑するかもしれない。巨大市場での位置サービスから測地科学の分野に至るまで、将来さまざまな航法システムが使われるであろう。その場合、それぞれの利用に最適な信号とシステムの組み合わせはどのようなものになるであろうか。

Dixon（2007）は、現在あるすべてのシステムやサービスで、同じような方式や周波数が使われていることの危険性を強調しているが、この状況を隠喩でもう少し劇的に表すと次のようになろうか。「数羽の鳥がたった1つの石で殺されてしまうかもしれない」

第13章　GNSSの利用

　GNSS の新しい利用法は日々生まれており、それらすべてを取上げることは難しい。ここでは最初に、衛星観測から得られるさまざまな成果について説明する。次に GNSS 受信機と他のシステムとのデータ交換を取上げる。データ交換により、GNSS システムと他のシステムや技術との統合が行われれば、ユーザーの高度な要求にも応えられるようになる。最後に受信機についての概説と代表的な応用例を取上げる。

13.1　GNSS 観測の成果

13.1.1　衛星座標

　放送暦を使い、第3章で説明した式で衛星座標の計算が行われる。表 13.1 にその要約を示す。これらは GPS とガリレオの衛星座標計算に使われる式で、まず衛星軌道面上での位置が計算され、次にそれが地心地球 ECEF 座標系に変換される。これらの式は観測の行われた時刻 t での位置である。グロナスに関しては、一定時刻間隔での衛星の地心地球 ECEF 座標が送信されている。したがって時刻 t での位置を求めるためには、補間計算が必要になる。衛星の位置とその動きは、一般に図 8.4 のようなスカイプロット図や表 12.1 のような地上軌跡図、あるいは衛星高度の時間的な変化を示す衛星高度図で視覚的に表現できる。

　Remondi (2004) は、放送暦を使って衛星の速度を計算する方法を示している。観測点（ユーザー）位置の計算は、衛星の位置と速度（PVS: Position and velocity of the satellite）を求めることから始まる。

13.1.2　位置決定

　観測点位置の決定は、擬似距離観測に基づいて行われる。距離観測に影響を与える誤差や最終的な位置の誤差については第5章で説明した。第6章ではさまざまな位置決定法について、また第7章ではデータ処理法についてそれぞれ説明した。

単独測位

　エポック毎の GPS　C/A コード擬似距離から得られる単独測位の水平位置精度は、13m（95％信頼レベル）である。グロナスでは、これより少し悪くなる。ガリレオや近代化された GPS, グロナスでは使える民生信号が増えるので、その位置精度は 5m（95％信頼レベル）より良くなる。これらは、良好な測定環境の下で瞬時に得られる位置座標の精度を示している。マルチパスや信号遮蔽、大気擾乱があれば、これらの値は 10 倍あるいはそれ以上悪くなる。

表 13.1 衛星位置の計算

パラメータ	説　明
数値定数	
$\mu = 3.986005 \cdot 10^{14} [m^3 s^{-2}]$	重力定数（WGS-84）
$\omega_e = 7.2921151467 \cdot 10^{-5} [rad \cdot s^{-1}]$	地球自転速度（WGS-84）
$\pi = 3.1415926535898$	
放送暦	
$\sqrt{a}, e, M_0, \omega_0, i_0, \ell_0, \Delta n, \dot{i}, \dot{\Omega}$	表 3.7 参照
$C_{uc}, C_{us}, C_{rc}, C_{rs}, C_{ic}, C_{is}, t_e$	
計算式	
$t_k = t - t_e$	基準時 t_e からの経過時間
$a = (\sqrt{a})^2$	長半径
$n_0 = \sqrt{\mu/a^3}$	平均運動
$n = n_0 + \Delta n$	補正済み平均運動
$M_k = M_0 + n t_k$	平均近点離角
$E_k = M_k + e \sin E_k$	離心近点離角（繰り返し計算による）
$v_k = \arctan \dfrac{\sqrt{1-e^2} \sin E_k}{\cos E_k - e}$	真近点離角
$u_k = \omega_0 + v_k$	緯度引数
$\delta u_k = C_{uc} \cos 2u_k + C_{us} \sin 2u_k$	緯度引数補正
$\delta r_k = C_{rc} \cos 2u_k + C_{rs} \sin 2u_k$	動径補正
$\delta i_k = C_{ic} \cos 2u_k + C_{is} \sin 2u_k$	傾斜角補正
$\omega_k = \omega_0 + \delta u_k$	補正済み近地点引数
$r_k = a(1 - e \cos E_k) + \delta r_k$	補正済み動径
$i_k = i_0 + \dot{i} t_k + \delta i_k$	補正済み傾斜角
$x_k = r_k \cos(\omega_k + v_k)$	軌道平面での x 座標
$y_k = r_k \sin(\omega_k + v_k)$	軌道平面での y 座標
$\ell_k = \ell_0 + \dot{\Omega} t_k - \omega_e (t - t_0)$	補正済み昇交点経度（1）
$X_k = x_k \cos \ell_k - y_k \sin \ell_k \cos i_k$	衛星 X 座標（ECEF）
$Y_k = x_k \sin \ell_k + y_k \cos \ell_k \cos i_k$	衛星 Y 座標（ECEF）
$Z_k = y_k \sin i_k$	衛星 Z 座標（ECEF）

(1) t_0 は現 GPS 週の始まりを示す。

余剰な擬似距離観測が増えれば、測定環境が良くない場合でも一般的に測位精度は上がる。また平均計算で適切な観測の重みを考慮することも、誤差を減らすことになる（第6章1.4節）。重みは例えばS/N比に基づいて決められる（Wieser 2007a）。

さまざまなフィルター手法を使うことにより、さらに高精度の測位が得られる。位相擬似距離を使ったコード擬似距離の平滑化（第5章2.2節）により、ほとんどのコード擬似距離ノイズが消去される。カルマンフィルターを使えば、動的な測位決定の場合でも平滑化された解が得られる。

精密単独測位

この他に単独測位の精度を上げる方法として、高精度の衛星時刻や軌道情報が使われる。これは、第6章1.4節で説明した精密単独測位（PPP: Precise point positioning）である。この手法は、元々大規模ネットワークの効率的なGPS解析に導入されたものである（Zumberge et al. 1997）。高精度の衛星時刻や軌道情報により、表5.3に示されている衛星に起因する誤差が消去される。また二周波受信機を使うことにより、電離層の影響も取り除けるから、残るのは受信機に起因する誤差と対流圏誤差である。本章の後半で説明するさまざまなGNSSネットワークから、この高精度の衛星時刻や軌道情報を得ることができるが、リアルタイムにではない。リアルタイムに軌道情報を得ることもできるが、その場合の精度は低いものになる。

Gao（2006）によると、このようなネットワークから得られる成果（高精度の衛星時刻や軌道情報）を使って、後処理でかつカルマンフィルターのようなフィルター手法を使えば、10cm〜1cmレベルの単独測位精度が達成できる。この精度になるのは、2波長の位相観測を使った場合である。その際使われるフィルター手法では、数分間の初期化時間が必要になる。

精密単独測位PPPでは、相対測位の二重差のような手法で誤差を小さくしたり消去するということはできない（Witchayangkoon 2000: 18頁）。したがって、コードや位相の観測値に含まれる系統的な誤差や衛星アンテナ誤差、あるいは固体地球潮汐や海洋荷重による観測点位置変位を消去するため沢山の補正を行う必要がある。

単独測位の例

例として、表13.2に4衛星の場合の軌道情報とコード擬似距離観測 R を示す。表13.1の式をこの軌道情報に適用し、観測エポック $t = 129600s$ における衛星位置を計算したものが、表13.3である。

観測点の概略位置は、

$$\varphi_{r0} = 47.1°$$
$$\lambda_{r0} = 15.5°$$
$$h_{r0} = 400m$$

であり、これを式（8.1）を使ってWGS-84座標に変換すると、

$$X_{r0} = 4191621.710m$$
$$Y_{r0} = 1162439.580m$$
$$Z_{r0} = 4649632.607m$$

となる。

表 13.2　放送暦データとコード擬似距離観測 R

		SV06	SV10	SV16	SV21
t_e	[s]	1.295840E+05	1.296000E+05	1.296000E+05	1.295840E+05
$\sqrt{a}$	[$m^{1/2}$]	5.153618E+03	5.153730E+03	5.153541E+03	5.153681E+03
e		5.747278E-03	7.258582E-03	3.506405E-03	1.179106E-02
M_0	[rad]	-2.941505E+00	4.044839E-01	1.808249E+00	3.122437E+00
ω_0	[rad]	-1.770838E+00	4.344642E-01	-7.600810E-01	-2.904128E+00
i_0	[rad]	9.332837E-01	9.713110E-01	9.624682E-01	9.416507E-01
ℓ_0	[rad]	2.123898E+00	-2.006987E+00	1.122991E+00	-3.042819E+00
Δn	[rad/s]	5.243075E-09	4.442685E-09	4.937348E-09	4.445542E-09
$\dot{i}$	[rad/s]	-6.853856E-10	2.521533E-10	2.367955E-10	-4.035882E-11
$\dot{\Omega}$	[rad/s]	-8.116052E-09	-8.495353E-09	-8.054621E-09	-7.757823E-09
C_{uc}	[rad]	-1.184642E-06	4.714354E-06	9.499490E-07	6.897374E-06
C_{us}	[rad]	7.672235E-06	-1.825392E-07	5.437061E-06	1.069344E-05
C_{rc}	[m]	2.146562E+02	3.868750E+02	2.709062E+02	1.630625E+02
C_{rs}	[m]	-2.140625E+01	8.978125E+01	1.515625E+01	1.329375E+02
C_{ic}	[rad]	2.980232E-08	3.725290E-09	6.332993E-08	-1.080334E-07
C_{is}	[rad]	-1.117587E-08	8.940696E-08	-2.421438E-08	-8.009374E-08
R	[m]	20509078.908	23568574.070	23733776.587	22106790.995

表 13.3　衛星の WGS-84 位置座標（$t = 129600s$）

	SV06	SV10	SV16	SV21
$X^s[m]$	13736749.018	-2156464.014	5780040.699	25897345.749
$Y^s[m]$	8001485.736	20642907.598	-17694953.977	5369544.851
$Z^s[m]$	21462886.878	16289053.551	18974539.869	4763893.950

これらの衛星位置座標と観測点座標を使い、式（7.143）の計画行列を計算すると、

$$\mathbf{A} = \begin{bmatrix} -\dfrac{X^{6}(t)-X_{r0}}{\rho_{r0}^{6}(t)} & -\dfrac{Y^{6}(t)-Y_{r0}}{\rho_{r0}^{6}(t)} & -\dfrac{Z^{6}(t)-Z_{r0}}{\rho_{r0}^{6}(t)} & c \\ -\dfrac{X^{10}(t)-X_{r0}}{\rho_{r0}^{10}(t)} & -\dfrac{Y^{10}(t)-Y_{r0}}{\rho_{r0}^{10}(t)} & -\dfrac{Z^{10}(t)-Z_{r0}}{\rho_{r0}^{10}(t)} & c \\ -\dfrac{X^{16}(t)-X_{r0}}{\rho_{r0}^{16}(t)} & -\dfrac{Y^{16}(t)-Y_{r0}}{\rho_{r0}^{16}(t)} & -\dfrac{Z^{16}(t)-Z_{r0}}{\rho_{r0}^{16}(t)} & c \\ -\dfrac{X^{21}(t)-X_{r0}}{\rho_{r0}^{21}(t)} & -\dfrac{Y^{21}(t)-Y_{r0}}{\rho_{r0}^{21}(t)} & -\dfrac{Z^{21}(t)-Z_{r0}}{\rho_{r0}^{21}(t)} & c \end{bmatrix}$$

となる。式（7.172）〜（7.175）を適用してPDOPを計算すると、

$$\text{PDOP} = 2.6$$

である。更に、式（7.176）で与えられる局地座標系の回転行列 $\mathbf{R}$ を使えば、

$$\text{HDOP} = 1.4、\qquad \text{VDOP} = 2.1$$

である。4衛星へのコード擬似距離観測 R（表13.2）と式（7.66）から、観測点位置は、

$$X_r = 4195408.251\,m$$
$$Y_r = 1159775.764\,m$$
$$Z_r = 4646945.784\,m$$

となる。これは楕円体座標では

$$\varphi_r = 47.06418872°,\qquad \lambda_r = 15.45289137°,\qquad h_r = 433.278\,m$$

である。同時に受信機時計誤差の推定値も $\delta_r(t) = 21.45\,ns$ と得られる。最終的な結果を得るためには、繰り返し計算が必要になることもある。第5章で詳しく説明した信号伝播時間や衛星時計補正、大気補正、相対論効果、地球自転といったさまざまな影響、誤差をどのように処理するかということは、この簡略化された計算手順の中には示されてない。これらはすべてコード擬似距離のバイアスとして処理されている。精度を上げるためには、各誤差の補正を行うことが必要になる。

デファレンシャル測位

　デファレンシャルGNSS（DGNSS）の原理は第6章2節で、そのシステムについては第12章3節でそれぞれ説明した。DGNSSでは、基準点とローバー点で受信機を使う。基準点とローバー点での誤差に相関があるため、両方に共通の誤差を消去あるいは少なくとも減らすことができる。基準点とローバー点の距離が大きくなったり、両点での観測時間が違ってこの相関が小さくなれば、DGNSSの精度は悪くなる。各基準点に特有の誤差、例えば基準点でのマルチパスはデファレンシャル補正を計算する前に校正、消去する必要がある。第5章1.4節での議論に従い、またZogg（2006）

による表5.3の拡張を行って、コード擬似距離にDGNSS手法を適用すると、表13.4のUEREが得られる。第5章1.4節でも述べたように、非常に多くの誤差要因があるため、表13.4に示されている誤差の大きさもさまざまな推定値の1例として理解する必要がある。

　航法モードではデファレンシャル補正を基準点からローバー点に送るが、監視モードではローバー点から基準点に観測値を送る。この場合、基準点ではローバー点の位置を計算し、ローバー点に送り返す。

　第12章3節で、デファレンシャル補正を計算するのに3通りのアプローチがあることを説明した。表13.5に距離観測アプローチの場合のDGPS精度が、簡略化された数値で示されている。高さ方向の精度は、この数値の1.5～2倍悪くなる。

表13.4　UERE計算

誤差源	GNSS [m]	DGNSS [m]
軌道データ	2.1	0.1
衛星時計	2.1	0.1
電離層	4.0	0.2
対流圏	0.7	0.2
マルチパス	1.4	1.4
受信機	0.5	0.5
UERE [m]	5.3	1.5

表13.5　DGPSの精度

観測量	点間距離	水平位置精度
コード距離	1000km	< 10m
平滑化コード距離	100km	< 1m
搬送波位相	10km	< 0.1m

相対測位

　相対測位の目的は、異なる観測点で同時に観測したGNSS観測値の差をとることで、誤差を消去あるいは小さくすることである。搬送波位相観測による相対測位の場合に、最も良い測位精度が得られる（第6章3節）。最初、相対測位は後処理用測位として始められ、特に測量や地球科学分野で使われてきた。現在ではリアルタイムデータ転送が一般化し、リアルタイムに基線長計算ができるようになったため、相対測位はRTKとして使われている。

スタティック相対測位

　スタティック相対測位は、測地測量で最も一般的に使われている。スタティック相対測位の観測時間は、基線長や可視衛星数、利用搬送周波数、幾何学的な観測点配置によって変わる。この場合の相対精度は、100kmまでの基線長では1～0.1ppmであり、これより長距離の基線ではもっと良い。スタティック相対測位に、アンビギュイティーを高速に決定するラピッドスタティックがある。ラ

ピッドスタティックでは、一般的にすべての周波数のコードと位相の組み合わせが使われる。基線長20km以内のスタティック相対測位では、センチメートル以下の精度レベルで位置が求まる。

スタティック相対測位の標準的なセッション時間（基線長20km以内）を、表13.6に示す。これらは、可視衛星4個で良好な幾何学配置、標準的な大気条件の下での数値である。衛星数が1つ増えれば、このセッション時間は20％短くなる。これらの数値は多めに見積もった値になっているかもしれないが、これによりアンビギュイティーが正しく決定され、高精度が保証されることになる。

スタティック相対測位による測量の代表的な例は、基準点測量や標定点測量、境界測量、地殻変動測量である。

表13.6 スタティックな測量のセッション時間

受信機	従来型のスタティック	ラピッドスタティック
一周波数	30分＋3分／km	20分＋2分／km
二周波数	20分＋2分／km	10分＋1分／km

擬似キネマティック相対測位

B.W.Remondiによって開発された擬似キネマティック測量は、間欠スタティック（intermittent static）測量あるいは再占有（Rreoccupation）測量とも名づけられている。この測量では、1回の観測時間は短くてすむが、再度同じ点で観測する必要がある。まず最初の点で5分間の観測を行い、他の点に移動する。およそ1時間後に最初の点に戻り、2回目となる5分間の観測を行う。擬似キネマティック測量では、センチメートル以下の高精度が得られるが、これは衛星配置が再観測までの時間で変化し、整数値アンビギュイティーを良く決めることができるからである。擬似キネマティック測量では、再観測までの間衛星を捕捉し続ける必要はない。最大の弱点は、観測点に再度行かなければならないことである。

キネマティック相対測位

キネマティック測量は、最小の時間で多数の点を観測できるという点で最も生産性の高い測量である。欠点は初期化の後中断することなく、少なくとも4衛星を補足し続けなければならないことである。セミキネマティックあるいはストップアンドゴーと呼ばれる技術は、1台の受信機で停止と移動を繰り返し、その移動経路に沿って位置を決定する方法である。この方法の重要な点は、停止する場所で観測エポック数が増えるため測位精度が上がることである。その相対精度は、20kmまでの基線でセンチメートルのレベルである。

キネマティック測量では、測量を開始する前に位相のアンビギュイティーを解く初期化が必要である。初期化はスタティック方式でもキネマティック方式でも行える。OTF(第7章2.3節参照)では、受信機が移動中でも初期化ができるが、受信機が静止していればより高速にアンビギュイティー決定が行える。二周波受信機による20kmまでの基線長観測で、キネマティックにアンビギュイティーを解くためには、1～2分の観測が必要になる。初期化の後は衛星捕捉の中断は許されない。中

断が生じれば、初期化をやり直す必要がある。三周波受信機が使えれば、瞬時に（エポック毎に）アンビギュイティーを決定できるが、間違ってアンビギュイティー決定される危険性も考慮して数エポックの観測は必要になる。

リアルタイムキネマティック相対測位

基準点での位相観測値をリアルタイムにローバー点に送信することにより、アンビギュイティー決定もリアルタイムに行うことができるようになる。これがリアルタイムキネマティック（RTK: Real-time kinematic）である。点間距離が長くなると、両端点での誤差の相関が無くなるため、この方法が使えるのはおよそ20km以内である。

広域RTK（WARTK: Wide-area real-time kinematic）では、電離層補正を行うことにより、この相関の急激な低下を逃れている。すなわち電離層の影響は、補正により極めて小さくなるか消去され、アンビギュイティーの整数性が保たれる。これにより、ワイドレーンアンビギュイティーを決定することが可能となり、400kmまでの基線長でもセンチメートル以下の精度が達成できる。二周波受信機を使った広域RTKの初期化には数分かかる。三周波受信機を使えば、通常のRTKでは20kmまでの基線長に対して、広域RTKでは400kmまでの基線長に対して、それぞれ瞬時のアンビギュイティー決定が行える（Hernandez-Pajares et al. 2004）。

リアルタイムキネマティックは、建設作業や基準水準点観測、ロボット誘導に使われる。

精度

一周波受信機を使う場合、さまざまな方式を組み合わせて使うのが良い。例えば、広範囲の基準点測量を行い、橋のような障害物の両側に基準点を設ける場合には、スタティック方式と擬似キネマティック方式の組み合わせが使える。その場合、基準点の観測や点検観測にはスタティック方式が使われるが、大部分の観測はキネマティック方式で行われる。スタティックな相対測位は、数千kmまでの基線で使えるが、実際に使われているのは、ほとんど20km以下の基線である。この場合の水平位置精度（1σ）が、表13.7に示されている。高さ位置精度は、この1.5～2倍悪くなる。ここで示されている値は、一周波受信機で適正な幾何学的配置の5衛星を、通常の電離層条件の下で観測した場合の精度である。これらは幾分控えめに、かつ覚えやすい数値で表されている。例えば10kmの基線の場合、スタティック測位の位置精度は1cmである。20kmまでの基線のスタティック相対測位で二周波受信機あるいは三周波受信機を使えば、セッション時間を短くすることができるが精度はほとんど変わらない。長距離の基線に対しては、電離層の影響を小さくするため二周波受信機が必要になる。その相対精度は、100kmの基線の場合0.1ppmであり、1000kmの基線の場合0.01ppmである。

表13.7 相対測位の精度

モード	水平精度
スタティック	5mm + 0.5ppm
キネマティック	5cm + 5ppm

キネマティックの場合、二周波受信機を使いストップアンドゴー方式でnエポックの観測を行えば、位置精度は$\sqrt{2n}$倍良くなる。例えば、10kmの基線を二周波受信機で12エポック観測した場合の位置精度は、2cm程度になる。キネマティック測位の精度は、マルチパスやDOP変化の影響で、スタティック測位の精度より悪い。これらの影響は、スタティック測位の場合は幾分か平均化されるのである。

13.1.3 速度決定

速度は、求められた位置を単純に時間で微分するか、受信機のドップラー観測によって決定される。式（1.4）と（4.13）から、ドップラーシフトΔfは、

$$\Delta f = f_r - f^s = -\frac{1}{c}f^s v_\rho = -\frac{1}{c}f^s \frac{(\boldsymbol{\rho}^s - \boldsymbol{\rho}_r)}{\rho} \cdot (\dot{\boldsymbol{\rho}}^s - \dot{\boldsymbol{\rho}}_r) = -\frac{1}{c}f^s \boldsymbol{\rho}_0 \cdot \Delta \dot{\boldsymbol{\rho}} \tag{13.1}$$

と書ける。ここで、f_rは受信周波数、f^sは送信周波数、cは光速度、v_ρは相対動径速度、$\boldsymbol{\rho}_s$は衛星位置、$\boldsymbol{\rho}_r$は受信機位置、ρは衛星と受信機との距離、$\dot{\boldsymbol{\rho}}_s$は衛星の速度、$\dot{\boldsymbol{\rho}}_r$は受信機の速度である。実際に観測されるドップラーシフトには、受信機の周波数ドリフトδf_rが含まれる。この場合受信機位置は既知であるとすると、観測方程式は

$$\Delta \bar{f} + \frac{1}{c}f^s \boldsymbol{\rho}_0 \cdot \dot{\boldsymbol{\rho}}^s = \frac{1}{c}f^s \boldsymbol{\rho}_0 \cdot \dot{\boldsymbol{\rho}}_r + \delta f_r \tag{13.2}$$

となる。このδf_rは未知量として扱われる（Mansfeld 2004: 165-167頁）。速度を1m/sより良い精度で求めるためには、受信機位置は精度10km以下でわかっている必要がある。複数の衛星のドップラー観測を組み合わせることにより、受信機の3次元速度ベクトルと周波数ドリフトが決定できる。位置の微分から求められた速度、すなわち

$$\dot{\boldsymbol{\rho}}_r = \frac{\|\boldsymbol{\rho}_r(t_2) - \boldsymbol{\rho}_r(t_1)\|}{t_2 - t_1} \tag{13.3}$$

の精度は、位置の精度に依存する。位置の精度をσ_ρとした時、この式に誤差伝播式を使うと、速度の精度が次のように導かれる。

$$\sigma_{\dot{\rho}} = \frac{\sqrt{2}}{t_2 - t_1}\sigma_\rho \tag{13.4}$$

具体例として、GPSのC/Aコードによる単独測位で、測位精度13mの観測が20秒間隔で行われた場合、それから得られる速度の精度は0.9m/sとなる。ただしここでの速度の精度導出では、各成分間の相関や垂直方向成分が水平方向成分に較べて精度が低いということは考慮されていない。

13.1.4 姿勢決定

姿勢の原理については第1章3.3節で説明した。姿勢は、横揺角（roll）、縦揺角（pitch）、偏揺角（yaw）を表す r, p, y で定義される。

理論的考察

剛体でできている平面の空間姿勢は、3個のアンテナ A_i（$i = 1, 2, 3$）を正しくその上に配置すれば決めることができる。2つの独立な基線から、3つの姿勢パラメータを決定する6個の方程式ができる。したがって3つの条件式が存在することになる。これは姿勢が変化しても、2つの基線の長さとこれら基線の交角は一定であるという条件である。

三次元の姿勢決定の数学的な定式化にあたって、アンテナ A_i の局地座標系での位置ベクトルを $\mathbf{x}_i$ とし、姿勢を決める物体に固定された座標系での位置ベクトルを $\mathbf{x}_i^b$ としよう。ベクトル $\mathbf{x}_i$ は、GNSS搬送波位相を使った相対測位で決定されたアンテナの精密な地心座標を、局地座標系に変換して得られる。物体に固定された座標系は、図13.1に示されているように、3つのアンテナ A_i の位置ベクトル $\mathbf{x}_i^b$ によって実現できる。

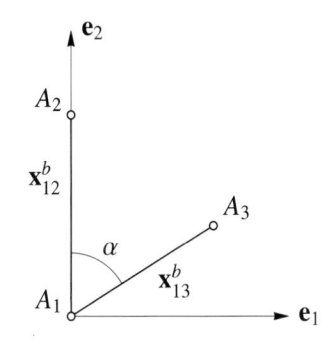

図 13.1 物体に固定された座標系の定義

3つの姿勢パラメータは、局地座標系を回転して物体に固定された座標系に変換するオイラー角（Euler angles）に相当する。したがって姿勢決定は

$$\mathbf{x}_{ij}^b = \mathbf{R}_2\{r\}\mathbf{R}_1\{p\}\mathbf{R}_3\{y\}\mathbf{x}_{ij} \tag{13.5}$$

で定義される。ここでは、変換に平行移動が含まれないように、絶対ベクトル $\mathbf{x}_i$、$\mathbf{x}_i^b$ の代わりに相対ベクトル（すなわち基線ベクトル）$\mathbf{x}_{ij}$、$\mathbf{x}_{ij}^b$ が使われている。3回の連続する回転は、1回の回転行列 $\mathbf{R}\{r, p, y\}$ で表すことができる。具体的に表せば

$$\mathbf{R}\{r,p,y\} = \begin{bmatrix} \begin{array}{c} \cos r \cos y \\ -\sin r \sin p \sin y \end{array} & \begin{array}{c} \cos r \sin y \\ +\sin r \sin p \cos y \end{array} & -\sin r \cos p \\ -\cos p \sin y & \cos p \cos y & \sin p \\ \begin{array}{c} \sin r \cos y \\ +\cos r \sin p \sin y \end{array} & \begin{array}{c} \sin r \sin y \\ -\cos r \sin p \cos y \end{array} & \cos r \cos p \end{bmatrix} \quad (13.6)$$

である（Lachapelle et al. 1994）。

姿勢の直接的な計算

　姿勢パラメータは、物体に固定された座標系での座標値がなくても、局地座標系での座標値があれば、直接計算できる（Lu et al.1993）。偏揺角 y と縦揺角 p（方位角と高度角に相当）は、1つの基線からだけで決められる。例えば A_1 と A_2 の間の基線を選べば（図 13.1）、次の関係式が得られる。

$$\tan y = \frac{e_{12}}{n_{12}}$$
$$\tan p = \frac{u_{12}}{\sqrt{e_{12}^2 + n_{12}^2}} \quad (13.7)$$

ここで n_{12}, e_{12}, u_{12} は、基線の局地座標系での北、東、上方向の成分である（第 8 章 2.2 節参照）。
横揺角 r を求めるために、最初に基線ベクトル $\mathbf{x}_{13}$ を偏揺角 y と縦揺角 p について回転すると、ベクトル $\mathbf{x}_{13}{}^r = \mathbf{R}_1\{p\}\,\mathbf{R}_3\{y\}\,\mathbf{x}_{13}$ になる。次に、横揺角 r について回転すると、このベクトル $\mathbf{x}_{13}{}^r$ は、物体に固定された座標系に変換されるので、次式が成り立つ。

$$\begin{bmatrix} a_{13}\sin\alpha \\ a_{13}\cos\alpha \\ 0 \end{bmatrix} = \begin{bmatrix} \cos r & 0 & -\sin r \\ 0 & 1 & 0 \\ \sin r & 0 & \cos r \end{bmatrix} \begin{bmatrix} e_{13}^r \\ n_{13}^r \\ u_{13}^r \end{bmatrix} \quad (13.8)$$

ここで a_{13} は、ベクトル $\mathbf{x}_{13}$ の長さであり、同時に $\mathbf{x}_{13}{}^b$ の長さでもある。
横揺角 r は、この方程式の 3 番目の式から

$$\tan r = -\frac{u_{13}^r}{e_{13}^r} \quad (13.9)$$

と計算できる。
　この直接計算式は、3つのアンテナだけの関数であり、（前に述べたように）物体に固定された座標系についての事前の知識は必要としない。この方式の欠点は、余剰なアンテナがあっても使われないことである。

姿勢の最小二乗推定

姿勢の最小二乗推定は、物体に固定された座標系でのアンテナ座標値に基づいている。これらの座標値は、GNSS測量あるいは初期化処理により求めることができる。GNSS測量で求められたこれらの局地座標は、姿勢決定の観測量としてとり扱われる。

式（13.5）で、3つの回転を1つの行列に結合し、少し違った形で表せば、

$$\mathbf{x}_{ij}^b = \mathbf{R}\{r, p, y\}\mathbf{x}_{ij} \tag{13.10}$$

である。物体に固定された座標系での既知の座標値と、GNSSから導き出された局地座標値を持つ基線毎に、この3つの方程式ができる。

最も一般的な場合、行列 $\mathbf{R}$ は9つの成分がすべて未知量である行列に置き換えることができる。この場合はアフィン変換になり、9つの未知量を解くためには、最低3つの基線（あるいは4つのアンテナ）が必要になる。

剛体の場合は、相似変換で十分である。2つの（平行でない）基線ベクトルを作る最低3点のアンテナの観測から、3つの未知姿勢パラメータに対して、6つの観測方程式ができる。したがって余剰な観測があり、これは最小二乗法で解くことができる。一般的な最小二乗法では、式（13.10）を姿勢パラメータに関して線形化する必要がある。この他の方法は、式（13.10）の一般逆行列を求めることである。n を独立な基線数とし、式（13.10）を次の形に書く。

$$\mathbf{A}^b = \mathbf{R}\{r, p, y\}\mathbf{A} \tag{13.11}$$

ここで $\mathbf{A}^b$ は、$3 \times n$ の行列で、その列ベクトルは物体に固定された座標系での基線ベクトルである。類似的に、$\mathbf{A}$ には、局地座標系での基線ベクトルが含まれている。式（13.11）で回転行列を求めることは、この式に行列 $\mathbf{A}$ の（一般）逆行列を掛けることである。結果は Graas and Braasch（1991）に与えられており、

$$\mathbf{R} = \mathbf{A}^b \mathbf{A}^T (\mathbf{A}\mathbf{A}^T)^{-1} \tag{13.12}$$

である。行列 $\mathbf{R}$ の成分を $\mathbf{R}_{ij}$ で表せば、姿勢パラメータは次式から得られる。

$$\begin{aligned} \tan r &= -\frac{R_{13}}{R_{33}} \\ \tan p &= \frac{R_{23}}{\sqrt{R_{21}^2 + R_{22}^2}} \\ \tan y &= -\frac{R_{21}}{R_{22}} \end{aligned} \tag{13.13}$$

これは行列 $\mathbf{R}$ を調べれば確かめられる（式（13.6）参照）。

最小二乗法による姿勢パラメータ推定の利点は、この方法では姿勢パラメータの最適な推定値を

計算するので、より厳密な解が得られることである。

翼の屈曲のモデル化

4つのアンテナが、例えば両翼の先端に1個ずつと胴体の上に2個それぞれ装着されていれば、航空機の横揺角は理論的には縦揺角や偏揺角とは独立に決定することがきるが、実際は飛行中に翼が動くため、このやり方では横揺角を精密に決定することは難しい。

翼の屈曲をモデル化することにより、機体の非剛体性を考慮した別の方法が、Cannon et al.（1994）により報告されている。翼の屈曲を、機体に固定した座標系での上下成分だけに限れば、次の関係式が得られる。

$$\mathbf{x}_i^b = \mathbf{x}_{0i}^b - f\mathbf{e}_3 \qquad (13.14)$$

ここでfは最小二乗法で決められるスカラー量である。$\mathbf{x}_{0i}^b$は翼の屈曲がない状態（航空機が静止している場合）での位置ベクトルで、離陸前にセオドライトを使って直接測定されるか、あるいはスタティックGNSS観測で求められる。

実用的な考察

1m離れたアンテナで1mmの相対位置精度は、1ミリラジアンあるいは0.057度の姿勢精度に相当する。アンテナ間隔が大きくなれば相対的に角度の精度が増すが、GNSS基線解析でのアンビギュイティーの決定は難しくなる。

姿勢決定において、マルチパスは精度を制限する重要な誤差源である。この誤差は、すべてのアンテナに同じグランドプレーンを使うか、チョークリングアンテナを使えば小さくできる。この他の誤差源としてはアンテナの整置誤差がある。また検定の行われていない位相中心オフセット量を使えば、姿勢決定精度を低下させる。

姿勢決定においては、主としてOTFによるアンビギュイティー決定が必要となり、これは特に航空機や船舶で有効である。アンテナ配置を特別に設定することで、アンビギュイティーの決定をスピードアップできる（例えば、EL-Mowafy（1994））。この他に既知のアンテナ配置による幾何学的な拘束条件を組みこむ方法もある（Landau and Ordóñes 1992、Lu 1995）。

1台の受信機に4台のアンテナをつなぐことにより、姿勢決定専用のシステムが作れる。

このような専用のシステムでは、すべてのアンテナ観測に対して受信機時計のオフセット量が共通であるから、位相の一重差観測で十分である。したがって内部基線ベクトルを解くためには3衛星だけの観測があればよい。

一方、姿勢決定専用ではないシステム（すなわち4台の独立した受信機を使う場合）のポイントは、簡単に手に入る既製の受信機が使えるということである。この場合、これらの受信機が他の目的にも使えるという利点があるが、受信機時計のオフセット量を説明するために、位相の二重差観測を行う必要がある。

13.1.5 時刻同期

GNSS のその他の利用法として、正確な時刻の決定がある。既知点に置かれた安価な一周波受信機による 1 衛星だけの観測で、およそ 30 ナノ秒（95％の信頼レベル）の精度で時刻が得られる。もう少し高度なテクニックを使えば、より精密にグローバルな時刻同期が可能で、1 ナノ秒以下の精度も達成できる。

例えば、地震観測やグローバルな地球物理観測といったようなさまざまな分野で、精密な時刻同期やタイムスタンプ（time stamp；訳註：電子データに信頼のおける時刻を付与すること）が必要とされている。通信システムや電力システムでは、その処理に正確な時刻同期が必要である。ESA（2005c）の報告書で強調されているように、電子バンキング（banking）や電子商取引、株式取引のような分野では、認証されたタイムスタンプは不可欠である。

13.1.6 その他の利用

科学分野では、GNSS による位置と時刻の決定が使われている。例えば、地球物理的な現象を監視するために、さまざまな短期と長期の観測がグローバルにあるいはリージョナルに行われる。

GNSS 信号の大気遅延を使って大気の状態を調べる地球科学者もいる。この場合、他の人にはノイズでしかないものが、彼らにとっては信号になる。大気中の GNSS 信号は第 4 章 1.2 節と第 5 章 3 節で説明したように屈折し、伝播中に遅延を起こす。この GNSS 信号を既知点で測定し、幾何学的距離や相対論効果、時計誤差といった大気以外のすべての影響を取り除けば、大気の影響をモデル化できる。信号遅延の大きさは、温度や気圧、水蒸気、湿度、自由電子密度の関数であるから、遅延の観測からこれらのパラメータが推定できる。また衛星配置の変化を使って、さまざまな大気層でのパラメータが大気トモグラフィー（第 5 章 3.4 節）によって求まる。このようにして得られた成果は、例えば天気予報や気候監視に使われている（ESA 2005c）。

大気中の伝播経路が長くなれば、それだけ大気の影響は大きくなる。このことを利用するため、低軌道衛星 LEO に GNSS 受信機を取り付けたシステムが開発された（図 13.2）。

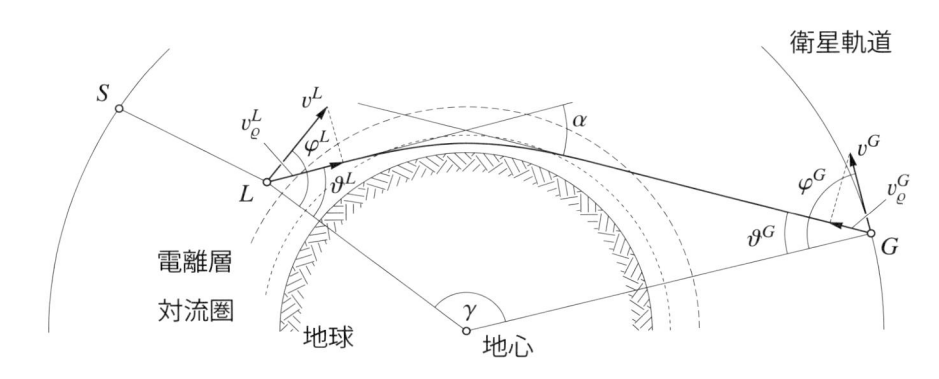

図 13.2　大気リモートセンシングの原理

図で v^L、v^G は、それぞれ低軌道衛星（L）と GNSS 衛星（G）の速度を表す。これらの速度の信号伝播方向成分は、

$$v_\rho^G = v^G \cos(\varphi^G - \vartheta^G)$$
$$v_\rho^L = v^L \cos(\varphi^L - \vartheta^L)$$
(13.15)

である。ここで、角度 φ^L、φ^G は幾何学的に計算できる。経路の球対称性を仮定すれば（Garcia-Fernandez 2004）、ϑ^L を ϑ^G の関数として表すことができる（その逆に ϑ^G を ϑ^L の関数としても表せる）。低軌道衛星と GNSS 衛星との相対速度

$$v_\rho = v_\rho^G + v_\rho^L$$
(13.16)

は、ドップラーシフト $\Delta f = -v_\rho f^s/c$ の観測から計算できる。この v_ρ は、信号伝播方向の相対速度を表している。主に大気圏で引き起こされる伝播方向の屈折角 α は、次式を満たしている（図13.2）。

$$\alpha = \vartheta^G + \vartheta^L + \gamma - \pi$$
(13.17)

したがって、これらのことから、測定ドップラーシフト Δf を、屈折角 α と直接関係づけることができる（Δf がわかれば、α が計算できる）。また Abel のインヴァージョン手法を使えば、大気パラメータが屈折角 α の関数として求められる。

Garcia-Fernandez（2004）には、低軌道衛星での観測データを使って、電離層モデルの構築を行う方法が詳述されている。

低軌道衛星の軌道は GNSS 観測から決定できるが、これは大気の影響を受けない（図 13.2 で、例えば S の位置にあるような GNSS 衛星を使えばこれは可能である）。また低軌道衛星の軌道は、DORIS や PRARE のような測位システムでも決定できる。

CHAMP や GRACE のようなさまざまな衛星ミッションで、大気トモグラフィー観測が行われている。

ここでは GNSS 衛星の科学的利用法として、大気を調べる方法について簡単に紹介したが、この他にも GNSS 衛星信号を解析して位置や速度、姿勢、時間といったもの以外の重要な科学的パラメータを求める利用法がたくさんある。

13.2 データ転送とフォーマット

GNSS の生データや、デファレンシャル補正量、解析位置データの受信機間転送は、さまざまの通信手段に基づいて行われるが、その転送システムはできるだけ費用がかからず、使われる受信機は簡単な構造で観測、通信できるものが望ましい。通信は、通常は片方向通信で十分であるが、システムによっては双方向通信が必要になる。

衛星通信、特に高度 36000km の静止衛星を使った衛星通信が実際に行われている。この場合の欠点は、ユーザー受信機の設置緯度が高くなると、衛星高度角が急速に小さくなることである。し

たがって高緯度では、まわりの地形や植生、人工物が信号通信の障害になる。

地上通信では、例えばアマチュア無線や携帯電話網、デジタル無線あるいはインターネットが使われる。地上通信の場合の転送速度は、30bps から 2Mbps の範囲である。いくつかの地上無線航法システムでは、DGNSS サービスが行えるように改良されている。例えば、海上無線標識の電波を使った DGNSS サービスはすでに行われている。また Loran-C のネットワークを DGNSS に使うことも研究されている。

衛星航法データを交換するためのフォーマットとして、さまざまなフォーマットが指定されている。その中で、この後詳しく説明する 3 つのフォーマットが国際的に認められており、すべての受信機メーカーからも支持されている。RTCM 米国海上無線技術委員会が定義したデータフォーマットは、観測値やデファレンシャル補正量のリアルタイム転送に使われている。RINEX フォーマットは、特に後処理用の観測値の交換で使われている。NMEA 米国海事電子機器協会は、特に解析位置データの送信に使われる ASCII フォーマットを定義している。

13.2.1 RTCM フォーマット

基準局からローバー受信機への補正データの送信については、いくつかの受信機メーカーは、独自の送信フォーマットを作り出しているが、1985 年以降、米国海上無線技術委員会の特別委員会 104 の勧告により標準化されている。この標準化は RTCM フォーマットと呼ばれ最新のバージョンは 3.1（RTCM10403.1）である。バージョン 3.1 はバージョン 2.x と互換性がないので、特別委員会 104 は現在使えるものとして、バージョン 3.1 とバージョン 2.3 を上げている。RTCM フォーマットは、元々海上でのデファレンシャル GNSS 用に導入されたが、その後ほとんどの分野で、すべての GNSS データの送信に使われている。

RTCM バージョン 2.3（RTCM10402.3）には、64 種類のメッセージタイプがあり、この内のいくつかは表 13.8 に示されている（Radio Technical Commission for Maritime Service 2001: Table4-3）。メッセージは、30 ビットのワードの連なりでできている。それぞれのワードの最後の 6 ビットは、パリティービット である。それぞれのメッセージはヘッダーで始まり、ヘッダーの第 1 ワードには、プリアンブル（前置き）とメッセージタイプ識別、基準局識別が、また第 2 ワードには、時刻符号と通し番号、メッセージ長、基準局のヘルス指標が含まれている。メッセージによって、第 3 ワードがこれらのヘッダーに付け加わる。全メッセージの最大長は 33 ワードである。

通常の DGPS では、メッセージタイプ 1 と 2，9 が使われ、メートルオーダーの精度が得られる。RTK では、メッセージタイプ 18 〜 21 が使われ、センチメートルオーダーの精度が得られる。RTCM フォーマットは、さまざまなシステムでその管理者情報を送信するのに使われている。メッセージタイプ 59 は、特に短いメッセージを送る通信チャンネルとして利用できる。

メッセージタイプ 1 〜 17 は、以前のバージョン 2.0 ですでに利用できたが、ヘッダーに第 3 ワードを含むメッセージ 18 − 21 はバージョン 2.1 で付け加えられたものである。グロナスに関係するメッセージは、バージョン 2.2 から利用できるようになった。バージョン 2.3 には、RTK を改善するメッセージが更に付け加えられた。

RTCM バージョン 3 は、情報伝送を効率化し、パリティーの完全性を増すために定義された。特に大量のデータを扱う RTK とネットワーク型 RTK を考えて設計されている。メッセージは、8 ビ

表 13.8　RTCM バージョン 2.3 のメッセージタイプ（抜粋）

メッセージタイプ	内容
1	DGPS 補正量
2	デルタ DGPS 補正量
3	GPS 基準局パラメータ
9	限定 DGPS 補正量
10	P コードの DGPS 補正量
11	GPS C/A コード L1,L2 デルタ補正量
15	電離層遅延メッセージ
17	GPS 放送暦
18	RTK 搬送波位相
19	RTK 擬似距離
20	搬送波位相補正量
21	擬似距離補正量
31	グロナスのデファレンシャル補正量
32	グロナスの基準局パラメータ
59	送信者メッセージ

ットのプリアンブルと 10 ビットの識別子、ヘッダーの 6 ビットの空き（これは将来用）からできでいる。データ領域は最大長 1024 バイトに 24 ビットの CRC 巡回冗長検査が付け加わったものである。

　RTCM データをインターネットで送信するためのフォーマットとして、ドイツ連邦地図測地局は NTRIP（Networked transport of RTCM via Internet protocol）フォーマットを定義した。NTRIP は HTTP（Hypertext transfer protocol）に基づいたフォーマットである。その後この NTRIP フォーマットは、正式に RTCM に取り入れられた。

　RTCM 標準 10402.3 と 10403.1 は、www.rtcm.org で手に入れることができる。

13.2.2　RINEX フォーマット

　RINEX フォーマットについては、すでに第 7 章 1.1 節で説明した。1989 年にベルン大学天文研究所の W.Gurtner は、タイプの異なる受信機の GPS データの交換を容易にするため、RINEX フォーマットを定義した。その後 RINEX フォーマットは、GNSS 信号や応用技術の進展に合わせて何回か更新されている。最新のものは、2006 年 1 月に公表されたヴァージョン 3.0 である（Gurtner and Estey 2006）。

　最も一般的に使われている RINEX（ASCII）ファイルは航法ファイルで、これには衛星の放送暦と観測ファイルが含まれている。観測ファイルには、基本的に搬送波位相とコード距離、ドップラー観測値、S/N 比が含まれている。GNSS の観測値は、GPS の場合は "G" を、グロナスの場合は "R" を、ガリレオの場合は " E" を、SBAS の場合は "S" をそれぞれ付けることで区別されている。

　RINEX ヴァージョン 3.0 には、GPS やグロナス、ガリレオ、SBAS のさまざまな観測量に対応でき

る228通りの観測コードが指定されている。

国土地理院の畑中雄樹は、RINEX圧縮フォーマットを定義した。この圧縮フォーマットでは、エポック毎の変化量だけが記録される。

13.2.3 NMEAフォーマット

米国海事電子機器協会は、1983年にNMEA-0183インターフェース仕様書を提案した。これは元々船舶用電子機器のインターフェースを指定するものであったが、後に自然とすべてのGNSS受信機の産業用標準インターフェースになった。NMEAデータフォーマットは、位置情報の交換フォーマットである。位置情報には、品質指標やコース、速度が含まれる。現在のフォーマットではデファレンシャル補正の送信も指定されているが、最初のNMEA-0183には入っていなかった。

NMEA-0183では、データの連続的な送信速度は4800bpsに、またデータフォーマットは8ビットASCII形式に、それぞれ指定されている。GNSS受信機では、一般にこれより高い送信速度でも送信できる。

NMEAの文字列は、最大82文字でできている。すべての文字列は"$"で始まり、その後にアドレスが続く。アドレスは、一般に2文字のトーカー（talker）部と3文字の文型部の2つの部分に分かれている。文型部のパターンは、およそ60種類ある。トーカーとして、GPSデータにはGPが、グロナスデータにはGLがそれぞれ使われる。アドレスの後には、データフィールドが続く。その数は可変可能で、データはカンマ","で区切られている。データの最後にはアスタリスク"*"と、場合によりチェックサムが置かれる。チェックサムは、特別な場合にのみ置かれ、"$"と"*"の間の文字の排他的論理和XORがとられる。チェックサムは16進数で表され、その後には復帰（CR）、改行（LF）が続く。NMEAのメッセージとその内容が表13.9に示されている。NMEA‐0183の最新ヴァージョン3.01は、2002年に発表されている。

NMEA-2000仕様書では、NMEA-0183の"1発信複数受信（single-talker‐multiple-listener）"という仕様を、海事用にネットワーク型の仕様に拡張している。NMEA-2000とNMEA-0183は、共にwww.nmea.orgで手にいれることができる。

表13.9 GNSSに関係するNMEA文型（一部）

文型	内容
ALM	概略暦
GGA	位置データ（時間、楕円体座標、衛星数、DOP、品質指標、ジオイド高）
GLL	化成データ（時間、緯度、経度、状態表示）
GSA	稼動衛星（位置計算に使用された衛星；DOPを含む）
GSV	可視衛星の方位角、高度、S/N比
VTG	航法データ（地上のコース、速度）

13.3 システム統合

　GPSとグロナス、ガリレオという、3つの主要なGNSSシステムの（名目上の）配置衛星数を足し合わせると75衛星になる。またすべてのシステムでの予備衛星やSBAS衛星も考慮すると、数年後には最大90衛星が同時に航法信号を送信することになる。IRNSSや北斗－1、準天頂衛星を考慮すると、アジアやオセアニア地域ではこの衛星数はもっと多くなる。北斗－2／Compassが加われば更に30衛星増える。

　しかしこのように航法システムや衛星、信号の数が増えたとしても、衛星航法のすべての要求に応えられる訳ではない。特に生命の安全に関する分野では要求が厳しいため、衛星航法でできるものは限られる。すべてのシステムはお互いに良く似ているため、同じような概念的な欠点を持っている。このことは、Volpe National Transportation Systems Center (2001)の報告書でも強調されている。システム統合の目的は、異なるシステムを並列的、相補的に扱い、あるいは解析的冗長性を増すことで、結合システムの強度を上げることである（Hofmann-Wellenhof et al.2003: 第13章3節）。これにより、システムの性能、機能が向上する。したがって、衛星航法システムを単独に使うのではなく、最良の組み合わせで使うような戦略が用いられる。GNSSは補強システムであれデファレンシャルシステムであれ、高い位置精度を得るためには衛星と受信機の間の直接視通が必要条件となるため、利用場所が屋外から屋内へ移る場合には他のシステムとの統合が必要になる。

一般的にシステム統合には、5つの統合レベルがある。

- 分離統合：2つのシステムは完全に別々に使われる。一方の主要なシステムが機能しなくなった時に、もう一方のシステムが代替として用いられる。
- ゆるい統合：2つのシステムで測位が行われ、双方を組み合わせて（例えば平均値をとる）測位解が求められる。
- 密な統合：各システムの測位結果に共通にフィルタリングと平均計算を行い測位解が求められる。
- 緊密な結合：各システムを結合した測位解が、他の観測の手助けに（例えば、ドップラーシフト観測の予測）に使われる。
- 強統合：航法システムの観測値は、結合した測位解を計算するためだけではなく、他のシステムでの観測の手助けにも使われる（例えば、慣性航法システムでの観測がGNSSの追尾を助けるのに使われる）。

　システム統合の組み合わせは無数にある。一般的にGNSSは、慣性航法システム、気圧計や磁気コンパス、走行距離計その他の距離計測を使ったシステム、地上の無線航法システム、携帯電話網測位、画像航法あるいは地図マッチング等すべては列挙できないが、これらと組み合わされる（Hofmann-Wellenhof et al.2003: 第13章）。

　位置情報に時間や速度、姿勢情報が含まれるとしても、これら位置情報だけで使われることはほとんどない。位置情報は、航法装置や通信装置、表示装置、地理情報を統合した複合システムのほ

13.3.1 GNSSと慣性航法システム

衛星航法システムとさまざまなシステムとの統合について詳しく議論することは、本書の範囲を超えることになるので、1つだけ、すなわち長年行われてきたGNSSと慣性航法システムの統合についてだけ説明することにする。

慣性航法システムは、(1) 局地座標系に対する回転角を監視するジャイロと、(2) 加速度を測定する加速度計とでできている。既知の点から出発して、加速度を時間に関して2回積分すると出発点との位置座標差が得られるから、この慣性航法システムを搭載した車の軌跡が決定できる。このように原理は簡単であるが、実際にはかなり複雑なシステムであり、数多くの論文が出されている。慣性航法システムは、自律的で外部要因に影響されないシステムである。またGNSSのように視通の問題もない。更に慣性航法システムは、短時間での利用であればGNSSと同程度の精度がだせる。慣性航法システムでは時間に関して2回の積分が行われるので、誤差は一般的に経過時間の2乗で大きくなる。対照的にGNSSでは長期安定性に優れている。高性能の統合航法システムでは、これら両方の長所が使われている。

13.3.2 電波航法プラン

米国の運輸省と国防総省は、一般に使われている航法システムを選別するために、1980年に連邦電波航法プラン（FRP: Federal radionavigation plan）を作った。これにより、利用できる航法システムの精度や利用範囲、信頼性が増し、一方でシステム構築にかかる費用は減った。1980年以来米国運輸省は、連邦電波航法プランを定期的に修正、更新するため、米国政府の提供する電波航法システムのすべてのユーザーと公開の意見交換を行っている。現存ある航法システムを衛星航法システムで置き換えられるか調査することも、連邦電波航法プランの役割である。最新の連邦電波航法プランは、2005FRPである。

同様の電波航法プランは、オーストリアやドイツ、スイスでも作られている。EUの電波航法プラン（ERNP: EU radionavigation plan）作成の勧告は、2004年に行われた（www.heliostech.co.uk/ERNP）。ERNPができれば、国毎にばらばらな電波航法サービスが、全ヨーロッパ共通の調和のとれたものになろう。
航空機や鉄道、船舶といった長期にわたってサービスが行われるような分野でのシステム計画では、すべての電波航法プランを参考に、システムの段階的な導入あるいは廃止が注意深く評価される。

13.4 受信機

ユーザー機器の主な役割は、GNSSから送られてくる信号をユーザーが望む情報に変換することである。

13.4.1 受信機の特徴

GNSS衛星からは、複数の搬送周波数やコード、航法メッセージが送られてくる。それらのどれを使うかは、サービスによって異なるが、受信機メーカーはユーザーに最高性能のものを提供できるように信号の処理を行う。受信機メーカーは、測位性能だけではなく、電力消費量や大きさ、価格といった設計要素も考慮している。

Berg and Dieleman（2002）は、GNSS サービスを行っている機関の責任範囲は、衛星信号と衛星の幾何学的配置までであると述べている。受信機の品質やユーザー操作に伴う責任はこれには含まれていない。さらに Berg and Dieleman（2002）は、GNSS 単独サービスだけでも受信機のさまざまな実装と構成が考えられることや、GNSS と異なるセンサーやシステムと統合する場合は限りない組み合わせが考えられることから、GNSS サービスを行っている機関が受信機まで責任を持つのは適当ではないと強調している。しかし GNSS のサービスレベルが保証されていても、品質の保証された受信機がなければ意味がないことになる。

雑誌"GPS World"では、毎年市場にあるGNSS受信機の概要紹介を「受信機調査」特集で行っている。2007年の1月号では、73の受信機メーカーの542個の受信機情報が載っている。そこに載せられている受信機特徴の主なものは以下のようになる。

- 製造メーカーとモデル：製造会社名と受信機モデル
- チャンネル：衛星追尾のチャンネル数；通常は衛星と周波数毎に1チャンネルが使われる。GPS C/A コード受信機では一般的に12チャンネルである。72チャンネル使える受信機もあるが、これらは通常グロナス衛星も追尾できるタイプである。
- 追尾信号：コードと周波数を指定。例えば "L1のみ、C/A コード" は、GPS C/A コード受信機を意味する。また "WAAS,EGNOS,MSAS" のようにオプションとしてそれぞれの補強システムが使えることを示す表記もある。
- 最大追尾衛星数：これはチャンネル数や追尾信号とも関係する。したがって二周波受信機で12衛星が追尾可能であれば、通常24チャンネルが必要になる。最大追尾衛星数の範囲は、6〜（視界上の全衛星数）である。
- ユーザーの利用環境とアプリケーション：受信機専用のアプリケーションソフトには、航空機、船舶、陸上、航法、測量／地理情報、気象、レクリエーション、軍事等といったその利用分野が示されている。また、受信機がエンドユーザー製品なのか、OEM用のボードあるいはチィップ、モジュールなのかが示されている。
- 大きさと重量：これは前項の内容によって大きく変わる。
- 測位精度：概略の精度を示す。使うコードや測位手法（リアルタイムデファレンシャル、後処理デファレンシャル、RTK）により変化する。
- 時刻精度：数ナノ秒から1000ナノ秒の範囲が一般的。
- 測位決定間隔：0.01秒〜1秒の範囲が一般的
- コールドスタート（cold start）：これは概略暦や、初期位置、時刻が分からない状態で、位置が求まるまでにどのくらいの時間がかかるかを示している。数十秒から数分の範囲が一般的。
- ウォームスタート（warm start）：これは概略暦や、初期位置、時刻はわかっているが、最新の放送暦は分からない状態で、位置が求まるまでにどのくらいの時間がかかるかを示して

いる。これはコールドスタートの場合より少し短い。
- 再補足：これは最低1分以上信号を見失った後、再補足に要する時間を秒単位で表したものである。一般的には1秒から数秒で、優れた受信機では0.1秒以下になる。
- ポート数、ポートタイプ、ボー・レート：これらのパラメータは、データ転送の場合重要になる。ポートタイプとしては、シリアル、ブルートゥース（Bluetooth）等が使われている。一般的なデータの転送速度は、4800 ～ 115200 bps であるが、イーサーネット（Ethernet）を使えばもっと大きくできる
- 動作温度：－30℃から80℃の範囲
- 電源と消費電力：内部電源か外部電源かの区別。まれに太陽電池が使われている。
- アンテナタイプ：受信用、送信用の区別。

　この他、特殊な特徴がある場合は追加的な説明がなされる。この受信機概要紹介には、価格は載せられていないので、知りたい場合はメーカーに問い合わせる必要がある。
またソフトウエア受信機とハードウエア受信機の違いは、この概要紹介では分類されていない。ほとんどのソフトウエア受信機はまだ研究開発段階であるが、一部製品化されているものもある。

受信機検定

　一般的にGNSS受信機は自己検定機能付きだと考えられており、通常ユーザーが受信機の検定を行うことはない。しかし、簡単なゼロ基線長検定というものは行える。この検定では、1つのアンテナに複数の受信機をつないで観測を行う。この場合、特殊な装置を使い1台の受信機からだけアンテナに電圧が供給されるようにする必要がある。またアンテナからの信号を各受信機に分配するスプリッターが必要になる。これを使って、通常の計算処理で基線長が計算される。アンテナは1つだけなので、基線長の各成分はゼロにならなければならない。したがってこの観測により、受信機の回路や電子的な機能がチェックできる。これはアンテナのバイアスとは関係なく、受信機の問題点を調べる便利な方法である。このゼロ基線長検定は、受信機の検定が必要かどうか調べる1つの方法でもある。

GPS用受信機

　GPS受信機は、観測量のタイプと利用できるコード（C/AコードかPコードかYコードか）によって大きく3つに分類できる。受信機技術の進歩や取り扱う搬送波やコードの種類が増えるにつれ、受信機の種類は増え、搬送波平滑といったさまざまな技術の統合化も行われるようになっている。

　民生用コード受信機では、C/Aコードを使って擬似距離の測定が行われる。このタイプの受信機の水平位置精度は、表9.2に示されているように13m（95％信頼レベル）である。将来L2CやL5C、L1Cといった民生コードが使えるようになれば、複数の周波数から電離層の影響を取り除くことも可能になり、測位精度も改善されよう。

　民生用位相受信機では、搬送波位相を使って位置決定が行われる。このタイプの受信機は、精密測量全般に使われている。観測値は一般的に受信機に記憶され、後で解析処理される。ASにより

PコードがYコードに暗号化されているため、このタイプの受信機でL2波を有効利用するためには、コードレスあるいは準コードレス技術が必要になる（第4章3.3節参照）。この場合の欠点は、L2波観測のS/N比がL1波観測に較べてかなり低くなることである。通常L2波の位相はL1波の位相と組み合わせて電離層の影響を取り除くのに使われ、それにより特に長距離の基線長が高い精度で決定される。L2波への民生用のコードL2Cの追加が始まったため、今後コードレスあるいは準コードレス技術は使われなくなるであろう。将来3番目の搬送波L5とその民生用コードの追加が行われれば、民生用位相受信機の機能は更に高まるであろう。

P（Y）コード受信機は、ASにより暗号化されているP（Y）コードにアクセスできる。この場合、L1波とL2波のコード距離と位相が相関技術を使って求められる。軍用の受信機ではさらに、起こりうるSAを取り除くモジュール（ハードとソフト）が実装されている。SAはすでに中止されてはいるが、軍用受信機ではSAが復活される場合を想定してそれが取り除ける設計になっている。ASとSAは、これまで補助出力回路（AOC: Auxiliary output chip）とPPSセキュリティモジュール（PPS-SM: PPS-security module）で処理されてきたが、米国防総省は安全性をさらに高めるため、軍用の受信機に装着する新たなモジュールSAASM（Selective ability anti-spoofing module）を開発した。

グロナス用受信機

グロナスはGPSと同じように、軍用と民生用、双方に使えるように設計されたシステムである。したがってグロナス受信機もGPS受信機の場合と同じように分類される。

GPSと対照的なのは、グロナスのPコードは原理的には自由にアクセスできることである。しかしながら、Coordination Scientific Information Center（2002: 第3章1節）によると、"グロナスのPコードは特殊なコードによって変調されており、ロシア国防省の許可なく使うことは勧められない"とのことである。Pコードに自由にアクセスできることで二周波の受信機作成技術は簡単になるが、上で述べたことから一般的にこのような受信機を安全性が重視される分野で使うことはできない。

ガリレオ用受信機

ガリレオ計画には、テスト用受信機の仕様とその開発が含まれている。テスト用受信機は、システム機能のチェックや最低限のガリレオシステムで機能する基本受信機の開発のために使われる。ガリレオ受信機は、ガリレオの各サービス（第11章3節参照）に対応したものになろう。

13.4.2 基準点網

測地網の基線ベクトルを精密に求めることができるGNSSは、測地の重要なツールである。ほとんどすべてのGNSS処理は三次元で行われており、結果は経度と緯度、楕円体高で表される。GNSSの基準糸と観測の行われる国の測地基準系が異なる場合は、三次元の相似変換が必要になる。その後、三次元座標（楕円体座標）は平面座標に投影変換される。

GNSSで得られた高さはGNSSの準拠楕円体に基づく高さであり、一般に使われているジオイドからの高さではないため、注意が必要になる。第8章2.4節で詳しく説明したように、楕円体とジオイドとの乖離は地球上すべてで見られる。その乖離の大きさは、グローバル、あるいはローカルなジオイドモデルで示されている。楕円体とジオイドとの乖離を簡単に調べる方法は、楕円体高の

わかっている点を水準測量で結ぶことである。通常これは高度な測地網で行われており、そこでは各点で精密な楕円体高と標高が与えられている。これらの点は、ジオイドを精密に決めるジオイドモデルの改良に使うことができる。

GNSSによる基準系の構築は、(1) パッシブな基準点網と (2) アクティブな基準点網を使う2つの方法がある。

パッシブな基準網

ほとんどすべての国では、一般的に三角測量やトラバース（あるいはこれらの組み合わせ）、水準測量に基づく測地基準網を持っている。これらの基準網は、大規模な測量に統一した基準を与えたり、土地の境界測量に共通の基準を与えることで、正しい縮尺と方位を持つ地図を作るのに使われる。測地基準網には、基本的に (1) 広い地域をまたいで継ぎ目の無い基準系を与える、(2) ユーザー（測量技術者）に対して誤差のほとんどない基準座標を与える、という2つの役割がある。

GNSSの登場で、スーパー基準網の概念が生まれた。これは基準点が長距離間隔に設置された高精度基準点網である。スーパー基準網では、基準点はGNSS観測に適した25kmから100km間隔に設置される。スーパー基準網の内部精度は0.01 ppmであり、これはユーザーにとっては誤差がほとんどないといえる基準網になる。スーパー基準網の精度管理は、ITRFと比較することで行える。ITRFは現在ある究極の測地基準系であり、ITRF点の相互関係はグローバルな他のどの基準網より高精度に求められている。国際GNSS事業（IGS）は、グローバルなスーパー基準網（IGS網）の観測を二周波受信機で常時行っている。国レベルのスーパー基準網の基準点は、IGS点に対して数センチ以内の精度で決定できる。

アクティブな基準網

リアルタイムあるいは後処理のDGNSSを行う場合、アクティブな基準網と呼ばれている常時観測網の中の観測点を基準局に選ぶことができる。

ユーザー点から基準局までの距離が大きい場合の観測方式として、VRS仮想基準点方式が開発されている（第6章3.7節参照）。RTKを行うときには、アンビギュイティー決定が容易になるように基準局までの距離が短くなければならないが、VRSは長距離のRTKに不可欠の測位方式である。現在ほとんどのアクティブ基準網では、DGNSSあるいはRTK（基準点から近い場合）のサービスが行われており、擬似距離補正量や搬送波位相がリアルタイムにユーザーに送信されている。しかし一般的にこれらの基準網は生命の安全に係る完全性情報は提供しないので、航法には使われない。

アクティブ基準網は、これまでにDGNSSシステムの議論のなかで紹介されている（第12章3.3節参照）。この他のアクティブ基準網の例としては、米国立海洋大気局NOAAが管理している連続観測基準点網（CORS: Continuously operating reference station）がある。CORSでは、650ヶ所以上の観測点でのコード距離データと位相データを提供しており、これらは精密測位や大気モデルの研究等に使われている（Department of Defence et al. 2005）。これらのデータはリアルタイムにもまた後処理用としても利用できる。

グローバルなIGS網は、パッシブな基準網としても、またアクティブな基準網としても機能し

ている。IGS 網の成果として、特に IGS 追跡局の位置と速度が出ている（表 13.10）。更に各追跡局で観測されたコード距離と位相データは、後処理相対測位用に誰でも利用できるようになっている。

13.4.3　情報サービス

GNSS の衛星状態についての情報を一般ユーザーに提供するために、政府、民間による情報サービスが行われている。提供される情報は一般的には、衛星の配置状態やデータ欠測予定である。衛星の軌道データは GNSS 衛星のサービス範囲や視界予測の算出に都合の良い概略暦と、精密な位置計算に適している放送暦の形で提供される。さまざまな GNSS の論文や会合の一覧といった情報も提供されている。

GPS 民生情報は、航法センター（NAVCEN: Navigation Center）の運営する航法情報サービス（NIS: Navigation information service）（旧 GPS 情報センター）が公式の情報源となっている。航法センターはインターネットによる情報の提供も行っている（www.navcen.uscg.gov）。GPS の運用に変化が生じれば、GPS 衛星情報（NANU: Notice advisories to Navstar users）として、一般的に 60 分以内にはユーザーに知らされる。

グロナスの民生情報は、ロシア宇宙庁の情報解析センター（IAC: Information Analytical Center）の運営する Web サイト www.glonass-ianc.rsa.ru で入手できる。グロナスの運用変化は、グロナス衛星情報（NAGU: Notice advisories to GLONASS users）としてユーザーに伝えられる。

総合的な情報は、IGS の情報システムから提供されている。IGS は、IGS 追跡局の位置座標とその速度の他に、高精度の GNSS 暦や衛星時計と追跡局時計の情報、地球回転パラメータ、電離層と大気圏情報を提供している。これら IGS 成果は、http://igscb.jpl.nasa.gov/components/prods.html に一覧表が示されている（その一部は表 13.10 に与えられている）。

表 13.10　IGS 成果（一部）

成果	精度 [1]		更新間隔
軌道情報と衛星時計（GPS 衛星の場合）			
	軌道	時計	
放送暦 [2]	〜160cm	〜7ns	リアルタイム
超速報暦（予報）	〜10cm	〜5ns	リアルタイム
超速報暦（決定）	＜5cm	〜0.2ns	3 時間
速報暦	＜5cm	〜0.1ns	17 時間
最終暦	＜5cm	＜0.1ns	〜13 日
IGS 追跡局の測地座標精度			
	水平	高さ	
位置	3mm	6mm	12 日
速度	3mm／年	6mm／年	12 日

[1] 高精度の衛星レーザー測距との比較から得られた精度
[2] 比較参考のため

13.5 代表的な GNSS 利用例

　GNSS では、グローバルなサービスが連続して行われる。多くの場合（特に航法の場合）10m 程度の測位精度で十分である。近代化された GNSS になれば、単独測位でリアルタイムにメートルレベルの測位精度も可能になろう。補強システムやデファレンシャル手法、相対測位手法を使えば、ローカルにもリージョナルにも、またグローバルにもより高精度な測位が行える。しかし GNSS で考慮すべきものは、精度だけではない。生命安全に係わる利用では、特に完全性（安全性）情報が考慮されるし、GNSS の利用可能性や信頼性、継続性も重要である。

　本章のはじめに述べたように、GNSS のすべての利用例について議論することはできないので、ここでは利用例を航法と測量、科学的利用の分野に分けて説明する。航法分野はさらに航空や海事、道路鉄道、位置情報サービス（LBS: Location-based service）に分けられる。

13.5.1　航法分野

　GNSS が長く使われてきたのは、航法の分野である。GNSS 利用により時間とコストが減らせ、移動の効率性と安全性が高まる。移動に要する時間が短くなれば、渋滞も減らせる。将来はさまざまな法規で GNSS の利用が義務づけられよう。一例は、EC の行った勧告である。勧告では将来の通行料電子徴収システムは、GNSS に基づいたものでなければならないとしている（European Parliament and European Council 2004）。

航空利用

　航空機のあらゆる飛行局面で衛星航法が使われている。ローカルな補強システムを組み合わせることで、GNSS による高精度な着陸も行える。このような航法システムでは、精度だけではなく高いレベルの完全性や継続性、利用可能性が重要な要素になる。航法システムの満たすべき性能要件は国際民間航空機関（ICAO）や米国連邦航空局（FAA）等の各国機関によって指定されている。表 13.11 にそれらの要件の一部が示されている。これらは Volpe National Transportation Systems Center（2001: 表 2-1）からの抜粋である。

表 13.11　GNSS 航空利用の場合の規準位置精度：単位 m（95％信頼レベル）

フェーズ	カテゴリー	位置	高さ
航路上／飛行場	－	$\geqq 100$	$\geqq 100$
進入着陸	I	16.0	4.0 - 6.0
	II	6.9	2.0
	III	6.2	2.0

　GNSS を航空分野で利用する利点は沢山ある。衛星航法は、効率的で柔軟な航路選定に使うことができる。さらにその測位精度の高さは、航法能力を増しその安全性のレベルを高めることになり、航行時間は短縮され、燃料の節約になる。グローバルな衛星航法システムがあれば、ローカルな航

法システムやリージョナルな航法システムは時代遅れのものになり、それらを導入したり維持する費用も要らなくなる。飛行機と管制局あるいは飛行機相互で位置情報をやり取りできれば、飛行状態が正しく認識でき、その監視能力が高まる。さらに、衛星航法を使えば、空港への曲線進入といった着陸も可能になる。しかしこのような衛星航法の潜在能力にもかかわらず、システムの冗長性の確保という観点から、航法システムが衛星航法だけになるということはないであろう。

海事利用

海事航法は、大きく海洋航法、沿岸航法、港湾進入と制限海域運航、港内航法、内水路航法の5つに区分できる。衛星航法は、これらに広く使われている。例えば内水路での航行状態を把握するために、河川情報サービス（RIS: River information service）と共にGNSSによる船舶の位置や速度、姿勢情報が使われる。

表13.12に、精度や利用可能性、継続性、完全性といった要求航法性能（RNP: Required navigation performance）パラメータの一部が示されている。これらは、European Commission（2003a）によるもので、数値は警報発信までの時間TTAである。高速ボートのような場合には、数値を少し変えれば使える。

表13.12 海事航法の最低要求性能

フェーズ	水平精度（m）	完全性 TTA（s）	利用可能性 ％／30日
海洋	10	10	99.8
沿岸	10	10	99.8
港湾進入と制限海域	10	10	99.8
港内	1	10	99.8
内水路	10	10	99.8

鉄道利用

鉄道は、伝統的にそれぞれ国家的な主導のもとに開発、建設が行われてきた。その結果、特にヨーロッパでは、鉄道信号や鉄道位置システムがそれぞれ異なり、互換性がないつぎはぎ状態であった。ヨーロッパでは、これらの鉄道システムの相互運用性を増し、その効率と競争性を高める試みが始まった。

欧州鉄道交通管理システム（ERTMS: European rail traffic management system）は、鉄道管理システム部門と交通管理部門からなるが、両部門ともGNSSの導入を予定している。それにより、コストの削減と機能向上が図られる。

第1段階として、欧州の異なる鉄道管理システムを標準化したERTMSにする。第2段階として、管理システムの運用維持費を削減するため、鉄道管理を路側管理から無線を使った遠隔管理へ切り替える。この場合でも列車は、路線に沿って一定間隔に設置されたバリーズ（balise）と呼ばれるトランスポンダを介して信号を受け取る。列車の位置は、このトランスポンダからの信号と走行距

離計から求められる。得られた列車位置情報は、無線通信で鉄道管理システムへ送られる。GNSSを導入すれば、トランスポンダのような路側機器は完全に必要なくなり、車載機器だけで管理できる。したがって費用のかかる路側機器の維持管理も不要になる。

鉄道では、完全性のレベルは4つに区分されている。完全性レベル（SIL: Safety integrity level）が最も高いのは、悲惨な衝突が予測される場合である（International Electrotechnical Commission 2005）。表13.13に、各完全性レベルでの限界危険率（THR: Tolerable hazard rate）が示されている（Wigger and Hövel 2002）。航法システムには高いレベルが求められている。限界危険率（THR）は、危険な事故の起きる割合を示す。GNSSだけにたよる航法では、安全性を高めることはできない。特に、都会のビルの谷間や山岳地帯、トンネルで衛星信号が遮られるといったような状況では、システムの複合化が必要になる。

表13.13 限界危険率（THR）

安全性レベル	THR／時間＆機能	社会的影響
1	$10^{-6} - 10^{-5}$	無視可能：わずかな影響
2	$10^{-7} - 10^{-6}$	限界的：少数のけが人
3	$10^{-8} - 10^{-7}$	致命的：多数のけが人
4	$10^{-9} - 10^{-8}$	破滅的：悲惨な衝突

道路利用

GNSSは、自動車のナビや誘導、車両管理といった従来からの使われ方の他に、将来は自動操縦システムや自動速度管理システムといった高度なインテリジェントシステムにも使われるであろう。

米国防総省の国防高等研究事業局（DARPA: Defence Advanced Research Projects Agency）が行っている無人ロボット自動車レース（DARPA Grand Challenge）では、これらのインテリジェントシステムが試されている。レースでは、およそ200kmの距離を無人ロボット車で競う。競技コースは事前には出場チームに知らされてなく、またコース上には沢山の自然のあるいは人工の障害が設けられている。2004年に行われたレースでの最長の走行距離は、設定されたコース距離の1割以下であった。その1年後のレースでは、出場23台中5台の無人ロボット車がコースを完走した。このレースのほとんどの出場車にはさまざまな航法システムが統合されており、GNSSも主要な航法システムとして使われている。

将来は、インテリジェント航法システムにより、最小の運転時間で渋滞の少ない安全なドライブができるようになろう。

位置情報サービス

位置情報サービス（LBS: Location-based service）は、GNSSの巨大市場であると言われている。最も一般的な定義では、サービスを受ける人の位置情報が必要とされているすべてのサービスは位置情報サービスになる。例えば最も近くの病院までの行き方が知りたい場合、位置情報サービスは

ユーザーの位置を求め、それをデータベースにある病院の位置と比較し、それに基づきユーザーを最も近くの病院まで案内する。もう少し高度なシステムでは、病院までの行きやすさや交通情報、あるいは現在病院にいる医者についての情報が提供される。位置情報サービスでは、特に GNSS のような測位技術と通信手段、更には地理情報との組み合わせが研究開発されている。

　これら位置情報と通信、地理情報を統合することにより、広範な利用が可能になる。実際これらの統合により、従来は想像もできなかった新しい利用、例えばジオキャッシング（geocaching：訳註；GNSS を利用した宝探しゲーム）や GNSS ドローイング（GNSSdrawing：訳註；GNSS を使って自分が移動した軌跡でコンピュータ上に絵を描くこと）が始まっている。このような広範な利用分野を、テーマ毎に分類することは難しい。Swann et al.（2003）も、位置情報サービスの利用範囲が広がったため、個々のサービスやそれに使われる技術をすべて示すのはできないと述べている。ビジネス的な観点から見ると位置情報サービスは、大きく一般ユーザー用と企業用、緊急サービス用との3つに分類できる。

　位置情報サービスの機能から見れば、位置情報サービスはユーザーからの要求に答えて提供されるタイプか、あるいはユーザーの同意なしに提供されるタイプかに区分される。またこの区分に、ユーザー（自動車）の位置情報を、例えば車両管理のために自動追跡するようなタイプを付け加えることもできる。いずれの位置情報サービスでもプライバシーの問題と法律上の問題がある。

　位置情報と無線通信、地理情報の組み合わせは、お互いに補いあう完璧な組み合わせに見える。しかしながら、都市部での利用を考えた場合、衛星航法による位置情報は十分なものではない。すなわち都市部では衛星信号は建物等で遮られたり弱められたりするため、測位が困難になる。高感度の GNSS 技術を使えば、非常に弱い衛星信号も追尾でき、屋内であっても位置決定を可能にするが、その場合の位置はマルチパスの影響を受けたものになる。使える位置を求めるためには、カルマンフィルターといったようなフィルター技術を使うことが必要になる。携帯電話網を使った位置決定と支援機能付 GNSS（AGNSS）の組み合わせといったように、さまざまな技術を統合すれば測位性能を高めることができる。歩行者ナビシステムでは、自律センサーを使った高精度の測位が行われている。Lachpelle（2004）は、屋内測位の必要性が生まれたのは米国連邦通信委員会 FCC が、携帯電話事業者に対して緊急通報（E911）ユーザーの位置を特定できるよう勧告したことによると述べている。ほどなくして、欧州（緊急通報 E112）のような他の国でも、同様の勧告が採用されている。

13.5.2　測量と地図作成分野

　衛星航法で使われるのとは異なる測位方式を使うことで、ミリメートル精度での測位が可能になる。これは測量や地図作成に最適な方式であり、特に地籍測量や測地基準点測量、グローバルあるいは局所的な地殻変動監視に使われている。

　測量と地図作成では通常 GNSS 観測値は後処理解析されるが、RTK 方式を使えばリアルタイムでの処理も可能である。最高の測位精度を得るためには、搬送波位相を使った長時間の相対測位方式が使われる。しかし作業効率を考慮してキネマティック方式あるいは擬似キネマティック方式も使われる。

　基線長が 20km までの範囲では、相対測位観測の二重差を取ることにより電離層の影響を小さく

できるので、1波長受信機でも2波長受信機と同程度の結果になる。太陽活動が静穏な時期は、1波長受信機で数時間の観測を行えば、100kmまでの基線長が精度良く求められる。太陽黒点活動が活発な時は、基線長は短くする必要がある。太陽黒点活動の周期はおよそ11年で、次の極大期は2012年である（図4.8参照）。2波長受信機で電離層の影響を受けない搬送波位相の組み合わせを作れば、電離層遅延を消去できる。3波長受信機が使えるようになれば、観測時間が短縮されることになろう。

GNSSを利用した測量では、事前の調査が必要である。実施する測量の規準に合わせて、観測点の選点や高度角マスクの決定、観測セッション数とセッション時間の選択を行う。測量網の設計の仕方で、測量の精度も違ってくる。Hofmann-Wellenhof et al.（2001）に、測量地図作成にGNSSを使う場合についての詳しい説明が載っている。

GNSSは、地図情報システムGISにとっても有用である。GISはあらゆる形式の地理情報を取り込んで、記憶、管理、解析、表示を行うシステムである。GISについては数多くの資料文献があるので、興味ある読者は参考にされよ。

13.5.3　科学分野

GNSSは科学分野でも、すばらしい測定手段として使われている。第13章1.6節で説明したように、位置や速度、姿勢、時間といったもの以外の情報を求めるのにもGNSSが使われている。GNSSの連続観測とそれによる観測点の位置決定を行えば、長期の地球力学的現象を監視することが可能になる。これには地球回転や地殻変動、プレートテクトニクス、氷河融解に伴う地殻の上昇（Post Glacial Rebound）、火山隆起が含まれる。またGNSSは、地震学や氷河学、地質学、気象学、環境監視等において費用のかからない位置決定手法として使われている。衛星アルチメトリーや衛星重力測定、衛星地磁気測定といった衛星ミッションでは、衛星に搭載されたGNSS受信機による高精度の位置決定が有用である。さらにさまざまな科学分野で、GNSSの高精度な時刻と周波数標準が利用されている。

この他にGNSSアルチメトリーでの利用がある。これは海面や地表面で反射されたGNSS信号を利用するものである。GNSSアルチメトリーでは、飛行機や低軌道衛星にそれぞれ2台のGNSS受信機が搭載されている。上方に設置された受信機はGNSS衛星からの直接信号を受信し、下方に設置された受信機は海面や地表面で反射されたGNSS信号を受信する。この2つのGNSS信号の到達時間差を測定することにより、海面の高さや波高、その他のパラメータが決定できる（Rosmorduc et al.（2006）、Martin-Neira et al.（2005））。

もう1つ科学分野での利用例として、GNSSによる標高差の高精度リアルタイム測定を挙げておこう。地盤の安定した場所と地盤沈下地域にそれぞれ置かれたGNSS受信機で繰り返し観測を行えば、地盤沈下の正確な情報が得られる。これは例えば、沿岸の石油プラットフォームの沈下を監視するのに使われている。

第14章 おわりに

　これからの GNSS 利用は、そのアイデア次第で無限の広がりを秘めている。と言っても漠然としているかもしれないが、もう少し明確な答えは、GeoInformatics Magazine for Surveying, Mapping & GIS Professionals 誌の 2007 年 1，2 月号の記事「GNSS 利用の将来」に次のように書かれている。

　GPS やグロナスの近代化、あるいはガリレオの導入により、「これからの 5 年、測量分野で刺激的な新開発」が行われるであろう。「高精度測位ユーザーにとっての開発の恩恵は、位置の信頼性や精度、生産性の改善」が行われることである。この記事で述べられていることで共通しているのは、ユーザーは精密測位のためにできるだけ多くの衛星と信号を必要としているということである。述べられている開発のもう 1 つの方向性は、GNSS の信号とコード数の増加、あるいは都会のビルの谷間等での信号遮蔽にうち勝つ他センサーとの統合、に対応した「GNSS 受信機の小型化、軽量化、高機能化」である。

　このセンサー統合はこれからのキーワードの 1 つである。

　地上での GNSS 利用例としては、知能車両ハイウェイシステム（IVHS: Intelligent Vehicle highway system）や高度道路交通システム（ITS: Intelligent transportation system）、あるいは鉄道や車の衝突防止システム、車両管理、行程記録、車両盗難監視、路線測量がある。

　その他に、さまざまなタイプの機械を自動化するのに GNSS が使われている。例えば、道路をならしたり、舗装する機械を自動化することができる。この場合、機械のコンピュータに入れられたデジタル地形モデルに基づいて、GNSS により機械のすべての操作が運転手がいなくても行われる。

　同じような利用例は、農場機械に見ることができる。機械には、必要な位置情報の他に機械の状態や土壌の栄養、作物の状態、施肥時期といった情報が組み合わされて自動化されている。上記の記事では「これらの技術開発により価格や運用コストの低い製品が市場に投入可能になり、またその利用者には環境問題から労働安全性にいたる広い範囲でメリットがもたらされる」と要約されている。

　記事で明確でなかったのは、キラーアプリケーション（killer application）と呼ばれる、これからの GNSS 利用を大きく変えるような利用法である。センサー統合については、例えば携帯型 GNSS でのコンパスとカメラの統合、あるいは GNSS とレーザー技術の統合、が述べられている。この他記事では測位や無線通信、モバイルコンピュータ、ソフトといった広範囲の産業分野が組み合わされた利用を期待している。

　また高精度測位のリアルタイムな利用も記事で取上げられている。以前は、高精度な測位では後処理が当たり前であったが、現在はリアルタイム処理の要望が増えている。「事務所に戻って厄介な処理をするのではなく、現場で結果が出せるような新しい技術をメーカーが手頃な価格で提供し

てくれることを、ユーザーは期待している。」

　測量や測地の分野と同様に、精密な時刻決定や時刻同期の分野でもGNSSの利用が広がるであろう。時刻同期は最も成長の著しい分野である。精密な時刻決定ができれば、電話会社や電力会社で使われているシステムの価値も高まる。

　この他に大気測深の分野での利用も考えられる。大気測深データは大気構造の理解に役立ち、例えば気象解析モデルの改良に使われる。

　同様に移動観測点を使った大気環境監視や大気汚染情報システムが今後大きく注目されよう。

　GNSSの海事利用としては、船舶の航法システムや港湾精密侵入システム、海洋学的利用がある。これらに最も使われるのがDGNSSであり、そのための基準局が沿岸沿いに設置されよう。

　航空分野では、GNSSはINSのようなシステムと統合されて高い信頼性と安全性を備えることになろう。これは、航法や監視、進入着陸、衝突回避、接近警告に利用されよう。航空機はGNSSとコンピュータによる自動操縦で、離着陸できるようにすべきであろう。

　GNSSの利用は、衛星の測位や姿勢制御、ミサイル航法といった宇宙分野へも拡大していくであろう。

　現在携帯電話に利用するGNSSのチップセット（chipset：集積回路の集まり）の市場が、急速に拡大している。この携帯電話は、例えば緊急通報に使われる。もし緊急事態に遭遇した時に現在地を通報できれば、救助のための捜索時間を短くできる。

　このように潜在的に多くの利用が考えられるが、一方で異なるシステムがたくさん開発されるために生じる問題もある。もし標準化がきちんと行われていない状態で、ローカルなシステムがたくさんできれば、ローカルなシステムの孤立化が生じる。すべてのグローバルなシステムとローカルなシステムが互換性を持つようにすることは、将来の課題である。これは国際的なレベルでのみ解決可能であり、そのための国際機関が必要になる。

　GNSS国際委員会（The International Committee on Global Navigation Satellite Systems）はその候補になり得る。2006年11月1日－2日にウィーン行われたGNSS国際委員会ではこの問題が議論され、国連総会の報告書（A/AC.105/879）として公表されている。

　「GNSSは、限られた計画しかなかった草創期から、たくさんのシステムとその補強システムが運用あるいは計画されている現在まで、進化を続けてきた。将来は、国際的あるいは国内的なGNSS計画が同時に運用され、学際的、国際的なさまざまな活動をGNSSが支援することになろう。これまで国内や地域、国際的レベルで行われてきた議論でも、さまざまに利用されるGNSSの価値が強調されている。新しいGNSSと地域補強システムの登場により、GNSSのサービス効果を高めるためにはGNSSの現在の運用計画と将来の運用計画との調整が必要になる。

　GNSSシステムやGNSS補強システムの提供者、GNSSを利用する側の国際機関、開発途上国の国際プロジェクトの代表者は、

- ・GNSSの目的やGNSSサービスの学際的な利用が、重複していることを認識し、
- ・GNSSとその補強システムの提供者とユーザーとの間で、現在対話と協力が行われていることの利点を認識し、
- ・現在のGNSSサービスを続けることで、これまでユーザーが行った投資が無駄にならないようにする必要性を認識し、

・受信機をできるだけ簡単にし、その値段を下げる必要性を認識し、
・GNSS の提供者が、現在と将来すべてのシステムで、そのスペクトルや信号構造、時間や座標系の互換性と相互運用性が最大限保たれる努力をすることを確信し、
・GNSS が国際的に拡大し、その恩恵が広がることを願い、
・GNSS とその補強システムの提供者は、GNSS の持続的な発展をささえ、GNSS 利用の恩恵を最大にするために、国連総会決議 59／2（第 11 節）で、GNSS に関する国際委員会を作ることを考慮するよう要請されていることに留意し、
・グローバルに GNSS の利用を推進するために、GNSS 国際委員会を設置することに同意した。」

　国際的に広く知られたこのような委員会が、これからの進歩の激しい開発の方向を示すことができるのならば、GNSS のユーザーの得られるメリットは大きなものになるであろう。
　ここでのまとめは、ユーザーの観点で書かれている。理想的な GNSS はどうあるべきか？これに対して、Hein et al.（2007）は、いくつかの問題点をかかえる"システムの分離"について述べている。システムが民生用と軍用に分かれているのは、双方にメリットがあるかもしれない。しかし、衛星に搭載されている機器が分かれているだけではなく、周波数や信号も民生用と軍用に分かれているから、最後は管制局の分離も議論しなければならなくなるし、もし分離が完全に行われたとすると、その結果は民生ユーザーにとって決してメリットのあるものにはならないであろう。
　GNSS 衛星の理想的な衛星配置を要請することは容易に行える。国連の報告書のところで述べたように、これはまさに GNSS 国際委員会の仕事である。現在 GPS やグロナス，ガリレオは、自身以外のシステムのことは考慮していない。GNSS 国際委員会は、軌道平面数や軌道傾斜角、衛星高度に関して理想的な衛星配置になるように、責任をもってそれぞれのシステムを調整すべきであろう。また衛星の補充についても調整すべきである。
　領土的、国家的な利害関係を無視するとして、理想的な管制システムというのは、監視局がローカルなエリアだけに限定されてなく、地球上に均等に配置されている場合だけに可能である。これは論理的には正しいが、世界を非常に理想的に見た考えである。このことは、例えばグロナス衛星が米国の施設の管制を受けるとか、あるいはその逆の場合を想像することができないことからわかるであろう。
　受信機の開発は今後も続けられ、小型化が進むであろう。現在のソフトウェア受信機技術の流れを見ると、比喩的にいえば、20 年後には受信機は物理的実体を必要としないソフトウェアに置き換えられよう。すべての衛星のすべての信号は、単一の素子で受信、処理できるようになろう。Hein et al.（2007）は、20 年後に受信機はどんな形をしているか？という設問に対して、次のような革新的なことを言っている。"それは人の皮膚の下に埋め込まれ、バイオエネルギーを電源とするコンピュータの中で動いている 1 つのソフトウェアである。コンピュータからその人の位置情報が常時、政府や他の誰かに送信されているかもしれない。"
　この予想は挑発的に聞こえるかもしれないが、20 年後にはこれさえも旧式の受信機として、どこかの仮想博物館に展示されているかもしれないのである。

参考文献

Abdel-salam MA (2005): Precise point positioning using un-differenced code and carrier phase observations. Department of Geomatics Engineering, University of Calgary, Canada, UCGE Reports No. 20229.

Abidin HZ (1993): On the construction of the ambiguity searching space for on-the-fly ambiguity resolution. Navigation, 40(3): 321–338.

Abidin HZ, Wells DE, Kleusberg A (1992): Some aspects of "on the fly" ambiguity resolution. In: Proceedings of the Sixth International Geodetic Symposium on Satellite Positioning, Columbus, Ohio, March 17–20, vol 2: 660–669.

Alban S (2004): Design and performance of a robust GPS/INS attitude system for automobile applications. PhD dissertation, Stanford University, California.

Altamimi Z, Boucher C (1999): GLONASS and the international terrestrial reference frame. In: Workshop Proceedings, Slater JA, Noll CE, Gowey KT (eds): International GLONASS experiment (IGEX-98), IGS Central Bureau, Pasadena, California: 37–46.

Altmayer C (2000): Cycle slip detection and correction by means of integrated systems. In: Proceedings of the 2000 National Technical Meeting of the Institute of Navigation, Anaheim, California, January 26–28: 134–144.

Arbesser-Rastburg B (2001): Signal propagation for SatNav systems. ESA-ESTEC/TOS-EEP, The Netherlands. In: Course books for the summer school in Alpbach, Austria, July 17–26.

Arbesser-Rastburg B (2006): The Galileo single frequency ionospheric correction algorithm. Paper presented at the Third European Space Weather Week, Brussels, Belgium, November 13–17.

Arbesser-Rastburg B, Jakowski N (2007): Effects on satellite navigation. In: Bothmer V, Daglis IA (eds): Space weather – physics and effects. Springer, Berlin Heidelberg New York: 383-402.

ARINC Engineering Services (2005): NAVSTAR GPS space segment/user segment L5 interfaces. Interface specification, IS-GPS-705, IRN-705-003.
Available at www.arinc.com/gps.

ARINC Engineering Services (2006a): NAVSTAR GPS space segment/navigation user interfaces. Interface specification, IS-GPS-200, revision D, IRN-200D-001. Available at www.arinc.com/gps.

ARINC Engineering Services (2006b): NAVSTAR GPS space segment/user segment L1C interfaces. Interface specification, Draft IS-GPS-800.
Available at www.navcen.uscg.gov/gps/modernization.

Arnold K (1970): Methoden der Satellitengeodäsie. Akademie, Berlin.

Ashby N (1987): Relativistic effects in the Global Positioning System. In: Relativistic effects in geodesy, Proceedings of the International Association of Geodesy (IAG) Symposia of the XIX General Assembly of the IUGG, Vancouver, Canada, August 10–22, vol 1: 41–50.

Ashby N (2001): Relativistic effects on SV clocks due to orbit changes, and due to earth's oblateness. In: Proceedings of the Annual Precise Time and Time Interval (PTTI)

Systems and Applications Meeting (33rd), Long Beach, California, November 27–29: 509–523.

Ashby N (2003): Relativity in the Global Positioning System. Living Reviews in Relativity. 6(1), at www.livingreviews.org/Articles/Volume6/2003-1ashby/.

Ashjaee J (1993): An analysis of Y-code tracking techniques and associated technologies. Geodetical Info Magazine, 7(7): 26–30.

Ashjaee J, Lorenz R (1992): Precision GPS surveying after Y-code. In: Proceedings of ION GPS-92, Fifth International Technical Meeting of the Satellite Division of the Institute of Navigation, Albuquerque, New Mexico, September 16–18: 657–659.

Ashkenazi V (2006): Geodesy and satellite navigation. Inside GNSS, 1(3): 44–49.

Ashkenazi V, Moore T, Ffoulkes-Jones G, Whalley S, Aquino M (1990): High precision GPS positioning by fiducial techniques. In: Bock Y, Leppard N (eds): Global Positioning System: an overview. Springer, New York Berlin Heidelberg Tokyo: 195–202 [Mueller II (ed): IAG Symposia Proceedings, vol 102].

Averin SV (2006): GLONASS system: present day and prospective status and performance. Presented at the European Navigation Conference GNSS-2006, Manchester, Great Britain, May 7–10.

Barker BC, Betz JW, Clark JE, Correia JT, Gillis JT, Lazar S, Rehborn KA, Straton JR (2000): Overview of the GPS M code signal. In: Proceedings of the 2000 National Technical Meeting of the Institute of Navigation, Anaheim, California, January 26–28: 542–549.

Bar-Sever Y, Young L, Stocklin F, Heffernan P, Rush J (2004): NASA's global differential GPS system and the TDRSS augmentation service for satellites. In: Proceedings of the 2nd ESA Workshop on Satellite Navigation User Equipment Technologies, NAVITEC 2004, ESTEC, Noordwijk, The Netherlands, December 8–10.

Bartone C, Graas F van (1998): Airport pseudolites for local area augmentation. In: Proceedings of IEEE PLANS, Publication 98CH36153, Palm Springs, California, April 20–23: 479–486.

Bauer M (2003): Vermessung und Ortung mit Satelliten – GPS und andere satellitengestützte Navigationssysteme, 5th edition. Wichmann, Karlsruhe.

Bedrich S (2005): Precise time facility (PTF) for Galileo IOV. Presented at the Workshop on Time and Frequency Services with Galileo, Herrsching, Germany, December 5–6.

Bennet JM (1965): Triangular factors of modified matrices. Numerische Mathematik, 7: 217–221.

Berg A van den, Dieleman P (2002): A practical interpretation of performance requirements for a global navigation satellite system. What does the user really need? In: Proceedings of the European Navigation Conference GNSS 2002, Copenhagen, Denmark, May 27–30.

Betz JW (2000): Design and Performance of code tracking for the GPS M code signal. In: Proceedings of ION GPS 2000, 13th International Technical Meeting of the Satellite Division of the Institute of Navigation, Salt Lake City, Utah, September 19–22: 2140–2150.

Betz JW (2002): Binary offset carrier modulations for radionavigation. Navigation, 48(4): 227–246.

Betz JW (2006): Free-space propagation loss. In: Kaplan ED, Hegarty CJ (eds): Understanding GPS – principles and applications, 2nd edition. Artech House, Norwood: 669–673.

Beutler G (1991): Himmelsmechanik I. Mitteilungen der Satelliten-Beobachtungsstation Zimmerwald, Bern, vol 25.

Beutler G (1992): Himmelsmechanik II. Mitteilungen der Satelliten-Beobachtungsstation Zimmerwald, Bern, vol 28.

Beutler G (1996): GPS satellite orbits. In: Kleusberg A, Teunissen PJG (eds): GPS for geodesy. Springer, Berlin Heidelberg New York Tokyo: 37–101 [Bhattacharji S, Friedman GM, Neugebauer HJ, Seilacher A (eds): Lecture Notes in Earth Sciences, vol 60].

Beutler G, Gurtner W, Bauersima I, Rothacher M (1986): Efficient computation of the inverse of the covariance matrix of simultaneous GPS carrier phase difference observations. Manuscripta Geodaetica, 11: 249–255.

Beutler G, Bauersima I, Gurtner W, Rothacher M (1987): Correlations between simultaneous GPS double difference carrier phase observations in the multistation mode: implementation considerations and first experiences. Manuscripta Geodaetica, 12: 40–44.

Beutler G, Gurtner W, Rothacher M, Wild U, Frei E (1990): Relative static positioning with the Global Positioning System: basic technical considerations. In: Bock Y, Leppard N (eds): Global Positioning System: an overview. Springer, New York Berlin Heidelberg Tokyo: 1–23 [Mueller II (ed): IAG Symposia Proceedings, vol 102].

Bevis M, Businger S, Herring TA, Rocken C, Anthes RA, Ware RH (1992): GPS meteorology: remote sensing of atmospheric water vapor using the Global Positioning System. Journal of Geophysical Research 97(D14): 15787–15801.

Bian S, Jin J, Fang Z (2005): The Beidou satellite positioning system and its positioning accuracy. Navigation, 52(3): 123–129.

Biancale R, Balmino G, Lemoine JM, Marty JC, Moynot B, Barlier F, Exertier P, Laurain O, Gegout P, Schwintzer P, Reigber C, Bode A, König R, Massmann FH, Raimondo JC, Schmidt R, Zhu SY (2000): A new global earth's gravity field model from satellite orbit perturbations: GRIM5-S1. Geophysical Research Letters, 27: 3611–3614.

Blomenhofer H, Ehret W, Su H, Blomenhofer E (2005): Sensitivity analysis of the Galileo integrity performance dependent on the ground sensor station network. In: Proceedings of ION GNSS 2005, 18th International Technical Meeting of the Satellite Division of the Institute of Navigation, Long Beach, California, September 13–16: 1361–1373.

Bock Y (1996): Reference systems. In: Kleusberg A, Teunissen PJG (eds): GPS for geodesy. Springer, Berlin Heidelberg New York Tokyo: 3–36 [Bhattacharji S, Friedman GM, Neugebauer HJ, Seilacher A (eds): Lecture Notes in Earth Sciences, vol 60].

Borge TK, Forssell B (1994): A new real-time ambiguity resolution strategy based on polynomial identification. In: Proceedings of the International Symposium on Kinematic Systems in Geodesy, Geomatics and Navigation, Banff, Canada, August 30 through September 2: 233–240.

Borre K, Akos DM, Bertelsen N, Rinder P, Jensen SH (2007): A software-defined GPS and Galileo receiver, a single-frequency approach – applied and numerical harmonic analysis. Birkhäuser, Boston Basel Berlin.

Boucher C, Altamimi Z (2001): ITRS, PZ-90 and WGS 84: current realizations and the related transformation parameters. Journal of Geodesy, 75(11): 613–619.

Branets V, Mikhailov M, Stishov Y, Klyushnikov S, Filatchenkov S, Mikhailov N, Pospelov S, Vasilyev M (1999): "Soyuz"–"Mir" orbital flight GPS/GLONASS experiment. In: Proceedings of ION GPS-99, 12th International Technical Meeting of the Satellite Division of the Institute of Navigation, Nashville, Tennessee, September 14–17: 2303–2311.

Breuer B, Campbell J, Müller A (1993): GPS-Meß- und Auswerteverfahren unter operationellen GPS-Bedingungen. Journal for Satellite-Based Positioning, Navigation and Communication, 2(3): 82–90.

Brigham EO (1988): The fast Fourier transform and its applications. Prentice-Hall, Englewood Cliffs.

Bronstein IN, Semendjajew KA, Musiol G, Mühlig H (2005): Taschenbuch der Mathematik, 6th edition. Deutsch, Frankfurt.

Brouwer D, Clemence GM (1961): Methods of celestial mechanics. Academic Press, New York.

Brown RG, Hwang PYC (1997): Introduction to random signals and applied Kalman filtering. With Matlab excercises and solutions, 3rd edition. John Wiley, New York Chichester Brisbane Toronto Singapore Weinheim.

Brunner FK, Gu M (1991): An improved model for the dual frequency ionospheric correction of GPS observations. Manuscripta Geodaetica, 16: 205–214.

Brunner FK, Welsch WM (1993): Effect of the troposphere on GPS measurements. GPS World, 4(1): 42–51.

Butsch F (2002): A growing concern: radiofrequency interference and GPS. GPS World, 13(10): 40–50.

Campbell J, Görres B, Siemes M, Wirsch J, Becker M (2004): Zur Genauigkeit der GPS Antennenkalibrierung auf der Grundlage von Labormessungen und deren Vergleich mit anderen Verfahren. Allgemeine Vermessungsnachrichten, 1: 2–11.

Cannon ME, Lachapelle G (1993): GPS – theory and applications. Lecture Notes for a seminar on GPS given at Graz in spring 1993.

Cannon ME, Sun H, Owen T, Meindl M (1994): Assessment of a non-dedicated GPS receiver system for precise airborne attitude determination. In: Proceedings of ION GPS-94, 7th International Technical Meeting of the Satellite Division of the Institute of Navigation, Salt Lake City, Utah, September 20–23, part 1: 645–654.

Capitaine N, Gambis D, McCarthy DD, Petit G, Ray J, Richter B, Rothacher M, Standish M, Vondrak J (eds) (2002): Proceedings of the IERS Workshop on the Implementation of the New IAU Resolutions. IERS Technical Note no. 29, Verlag des Bundesamtes für Kartographie und Geodäsie, Frankfurt/Main. Available at www.iers.org.

Centre National d'Etudes Spatiales (2007): CNES programmes, DORIS Web site. Available at www.cnes.fr/web/1513-doris.php.

CGSIC (1995): Summary record of the 26th meeting of the Civil GPS Service Interface Committee (CGSIC), Palm Springs, California, September 11–12.

CGSIC (1996): Summary report of the 27th meeting of the Civil GPS Service Interface Committee (CGSIC), Falls Church, Virginia, March 19–21.

Chen D (1994): Development of a fast ambiguity search filtering (FASF) method for GPS carrier phase ambiguity resolution. Reports of the Department of Geomatics Engineering of the University of Calgary, vol 20071.

Chen D, Lachapelle G (1994): A comparison of the FASF and least-squares search algorithms for ambiguity resolution on the fly. In: Proceedings of the International Symposium on Kinematic Systems in Geodesy, Geomatics and Navigation, Banff, Canada, August 30 through September 2: 241–253.

Chin M (1991): CIGNET report. GPS Bulletin, 4(2): 5–11.

Colcy JN, Hall G, Steinhäuser R (1995): Euteltracs: the European mobile satellite service. Electronics & Communication Engineering Journal, 7(2): 81–88.

Collins JP, Langley RB (1999): Possible weighting schemes for GPS carrier phase observations in the presence of multipath. Contract Report No. DAAH04-96-C-0086/TCN 98151 for the United States Army Corps of Engineers Topographic Engineering Center. Available at http://gge.unb.ca/Personnel/Langley/Langley.html.

Colombo OL, Bhapkar UV, Evans AG (1999): Inertial-aided cycle-slip detection/correction for precise, long-baseline kinematic GPS. In: Proceedings of ION GPS-99, 12th International Technical Meeting of the Satellite Division of the Institute of Navigation, Nashville, Tennessee, September 14–17: 1915–1921.

Conley R (2000): Life after selective availability. Newsletter of the Institute of Navigation, 10(1): 3–4.

Conley R, Lavrakas JW (1999): The world after selective availability. In: Proceedings of ION GPS-99, 12th International Technical Meeting of the Satellite Division of the Institute of Navigation, Nashville, Tennessee, September 14–17: 1353–1361.

Conley R, Cosentino R, Hegarty CJ, Kaplan ED, Leva JL, Uijt de Haag M, Dyke K van (2006): Performance of stand-alone GPS. In: Kaplan ED, Hegarty CJ (eds): Understanding GPS: principles and applications, 2nd edition. Artech House, Boston London: 301–378.

Coordination Scientific Information Center (2002): Global navigation satellite system – GLONASS – interface control document, version 5.0, Moscow. Available at www.glonass-ianc.rsa.ru.

Corrigan TM, Hartranft JF, Levy LJ, Parker KE, Pritchett JE, Pue AJ, Pullen S, Thompson T (1999): GPS risk assessment study. Final Report. VS-99-007, M8A01. Applied Physics Laboratory, The Johns Hopkins University, Maryland.

Cospas-Sarsat Secretariat (1999): Introduction to the COSPAS-SARSAT system, issue 5, rev. 1. C/S G.003. Available at www.cospas-sarsat.org.

Cospas-Sarsat Secretariat (2006a): Phase-out plan for 121.5/243 MHz satellite alerting services, issue 1, rev. 5. C/S R.010. Available at www.cospas-sarsat.org.

Cospas-Sarsat Secretariat (2006b): COSPAS-SARSAT 406 MHz MEOSAR implementation plan, issue 1 – revision 2. C/S R.012. Available at www.cospas-sarsat.org.

Cospas-Sarsat Secretariat (2006c): COSPAS-SARSAT system data, no. 32. Available at www.cospas-sarsat.org.

Counselman CC, Gourevitch SA (1981): Miniature interferometer terminals for earth surveying: ambiguity and multipath with the Global Positioning System. IEEE Transactions on Geoscience and Remote Sensing, GE–19(4): 244–252.

Creel T, Dorsey AJ, Mendicki PJ, Little J, Mach RG, Renfro BA (2006): New, improved GPS – the legacy accuracy improvement initiative. GPS World, 17(3): 20–31.

Dai L, Han S, Wang J, Rizos C (2001): A study on GPS/GLONASS multiple reference station techniques for precise real-time carrier phase-based positioning. In: Proceedings of ION GPS 2001, 14th International Technical Meeting of the Satellite Division of the Institute of Navigation, Salt Lake City, Utah, September 11–14: 392–403.

Daxinger W, Stirling R (1995): Kombinierte Ausgleichung von terrestrischen und GPS-Messungen. Österreichische Zeitschrift für Vermessung und Geoinformation, 83: 48–55.

DeCleene B (2000): Defining pseudorange integrity – overbounding. In: Proceedings of ION GPS 2000, 13th International Technical Meeting of the Satellite Division of the Institute of Navigation, Salt Lake City, Utah, September 19–22: 1916–1924.

Defense Science Board (2005): The future of the Global Positioning System. Office of the Under Secretary of Defense for Acquisition, Technology, and Logistics, Washington DC.

Deines SD (1992): Missing relativity terms in GPS. Navigation, 39(1): 111–131.

Delikaraoglou D, Lahaye F (1990): Optimization of GPS theory, techniques and operational systems: progress and prospects. In: Bock Y, Leppard N (eds): Global Positioning System: an overview. Springer, New York Berlin Heidelberg Tokyo: 218–239 [Mueller II (ed): IAG Symposia Proceedings, vol 102].

DeLoach SR, Remondi BW (1991): Decimeter positioning for dredging and hydrographic surveying. In: Proceedings of the First International Symposium on Real Time Differential Applications of the Global Positioning System. TÜV Rheinland, Köln, vol 1: 258–263.

Deo MN, Zhang K, Roberts C, Talbot NC (2003): An investigation of GPS precise point positioning methods. Paper presented at SatNav 2003, 6th International Symposium on Satellite Navigation Technology Including Mobile Positioning & Location Services, Melbourne, Australia, July 22–25.

Department of Defense (1995): Global Positioning System standard positioning service – signal specification, 2nd edition.

Department of Defense (2000): Standard practice for system safety. MIL-STD-882D.

Department of Defense (2001): Global Positioning System standard positioning service performance standard. Available from the US Assistant for GPS, Positioning and Navigation, Defense Pentagon, Washington DC.

Department of Defense, Department of Homeland Security, Department of Transportation (2005): Federal radionavigation plan. US National Technical Information Service, Springfield, Virginia, DOT-VNTSC-RITA-05-12/DoD-4650.5.

Department of the Air Force (2001): Approved lexicon of signal abbreviations. Memorandum for record SMC/CZ All. Headquarters Space and Missile Systems Center (AFMC), Los Angeles, California.

Dierendonck AJ van (1996): GPS receivers. In: Parkinson BW, Spilker JJ (eds): Global Positioning System: theory and applications. American Institute of Aeronautics and Astronautics, Washington DC, vol 1: 329–406.

Dierendonck AJ van, Braasch MS (1997): Evaluation of GNSS receiver correlation processing techniques for multipath and noise mitigation. In: Proceedings of the 1997 National Technical Meeting of the Institute of Navigation, Santa Monica, California: 207–215.

Dierendonck AJ van, Hegarty C, Scales W, Ericson S (2000): Signal specification for the future GPS civil signal at L5. Presented at the IAIN World Congress, San Diego, California, June 27.

Diggelen F van (1998): GPS accuracy: lies, damn lies, and statistics. GPS World, 9(1): 41–45.

Diggelen F van (2007): GNSS accuracy: lies, damn lies, and statistics. GPS World, 18(1): 26–32.

Dixon CS (2003): GNSS local component integrity concepts. Journal of Global Positioning Systems, 2(2): 126–134.

Dixon K (2005a): Satellite positioning systems: efficiencies, performance and trends. European Journal of Navigation, 3(1): 58–63.

Dixon K (2005b): StarFire: A global SBAS for sub-decimeter precise point positioning. In: Proceedings of ION GPS 2006, 19th International Technical Meeting of the Satellite Division of the Institute of Navigation, Fort Worth, Texas, September 26–29: 2286–2296.

Dixon K (2005c): Satellite positioning systems: efficiencies, performance and trends. European Journal of Navigation, 3(1): 58–63.

Dixon K (2007): Satellite navigation. Hydro International, 11(1). Available at www.hydro-international.com/issues/articles/id728-Satellite_Navigation.html.

Dixon RC (1984): Spread spectrum systems, 2nd edition, 3rd print. Wiley, New York.

Dobrosavljevic Z, Spicer JJ (2004): Sub-carrier and chip waveform shaping for generation of signals with controlled out-of-band spectral content. In: Proceedings of the 2nd ESA Workshop on Satellite Navigation User Equipment Technologies, NAVITEC 2004, ESTEC, Noordwijk, The Netherlands, December 8–10.

Dorsey AJ, Marquis WA, Fyfe PM, Kaplan ED, Wiederholt F (2006): GPS system segments. In: Kaplan ED, Hegarty CJ (eds): Understanding GPS – principles and applications, 2nd edition. Artech House, Norwood: 67–112.

Dvorkin V, Karutin S (2006): GLONASS: current status and perspectives. Presented at the Third ALLSAT Open Conference, Hannover, Germany, June 22.

Eissfeller B (1993): Stand der GPS-Empfänger-Technologie. In: Institute of Geodesy (ed): Proceedings of the Geodetic Seminar on Global Positioning System im praktischen Einsatz der Landes- und Ingenieurvermessung, Munich, Germany, May 12–14. Schriftenreihe der Universität der Bundeswehr München, vol 45: 29–55.

Ellum C, El-Sheimy N (2005): Combining GPS and photogrammetric measurements in a single adjustment. In: Proceedings of the 7th Conference on Optical 3D Measurement Techniques, Vienna, Austria, October 3–5: 339–348.

El-Mowafy A (1994): Kinematic attitude determination from GPS. Reports of the Department of Geomatics Engineering of the University of Calgary, vol 20074.

El-Sheimy N (2000): An expert knowledge GPS/INS system for mobile mapping and GIS applications. In: Proceedings of the 2000 National Technical Meeting of the Institute of Navigation, Anaheim, California, January 26–28: 816–824.

Erickson C (1992a): Investigations of C/A code and carrier measurements and techniques for rapid static GPS surveys. Reports of the Department of Geomatics Engineering of the University of Calgary, vol 20044.

Erickson C (1992b): An analysis of ambiguity resolution techniques for rapid static GPS surveys using single frequency data. In: Proceedings of ION GPS-92, 5th International Technical Meeting of the Satellite Division of the Institute of Navigation, Albuquerque, New Mexico, September 16–18: 453–462.

Essen L, Froome KD (1951): The refractive indices and dielectric constants of air and its principal constituents at 24 000 Mc/s. In: Proceedings of Physical Society, vol 64(B): 862–875.

Euler H-J, Goad CC (1991): On optimal filtering of GPS dual frequency observations without using orbit information. Bulletin Géodésique, 65: 130–143.

Euler H-J, Landau H (1992): Fast GPS ambiguity resolution on-the-fly for real-time applications. In: Proceedings of the Sixth International Geodetic Symposium on Satellite Positioning, Columbus, Ohio, March 17–20, vol 2: 650–659.

Euler H-J, Schaffrin B (1990): On a measure for the discernibility between different ambiguity solutions in the static-kinematic GPS-mode. In: Schwarz KP, Lachapelle G (eds): Kinematic systems in geodesy, surveying, and remote sensing. Springer, New York Berlin Heidelberg Tokyo: 285–295 [Mueller II (ed): IAG Symposia Proceedings, vol 107].

Euler H-J, Sauermann K, Becker M (1990): Rapid ambiguity fixing in small scale networks. In: Proceedings of the Second International Symposium on Precise Positioning with the Global Positioning System, Ottawa, Canada, September 3–7: 508–523.

European Commission (1999): Galileo, involving Europe in a new generation of satellite navigation services. COM 54 final, Brussels.

European Commission (2000): Cost benefit analysis results for Galileo. Commission staff working paper, Brussels.

European Commission (2003a): World wide radionavigation system – evaluation of the Galileo performance against maritime GNSS requirements. Submitted to the International Maritime Organization, Subcommittee on Safety of Navigation, NAV 49/14.

European Commission (2003b): Space: a new European frontier for an expanding union. An action plan for implementing the European space policy. White paper. Available at http://europa.eu.int.

European Commission, European Space Agency (2002): Galileo mission high level definition, 3rd issue.

European Council (1994): Council resolution of 19 December 1994 on the European contribution to the development of a global navigation satellite system (GNSS). Official Journal C 379, 31/12/1994 P.

European Council (2004): Council regulation (EC) No 1321/2004 of 12 July on the establishment of structures for the management of the European satellite radio-navigation programmes. Available at http://europa.eu.int.

European Parliament, European Council (2004): Directive 2004/52/EC of the European Parliament and of the Council of 29 April 2004 on the interoperability of electronic road toll systems in the Community. OJ L 166.

European Space Agency (1997): The Hipparcos and Tycho catalogues. ESA Publications Division, Noordwijk, The Netherlands, SP-1200, 17 volumes.

European Space Agency (1999): Gravity field and steady-state ocean circulation mission. Reports for mission selection. The four candidate earth explorer core missions. ESA Publications Division, Noordwijk, The Netherlands, SP-1233(1). Available at http://esamultimedia.esa.int/docs/goce_sp1233_1.pdf.

European Space Agency (2004): European cooperation for space standardization – glossary of terms. ESA Publications Division, Noordwijk, The Netherlands, ECSS P-001B.

European Space Agency (2005a): EGNOS fact sheet – 12: the EGNOS signal explained. Available at www.egnos-pro.esa.int/Publications/fact.html.

European Space Agency (2005b): EGNOS news, 5(2). Available at www.egnos-pro.esa.int/newsletter.

European Space Agency (2005c): Galileo – the European programme for global navigation services, 2nd edition. ESA Publications Division, Noordwijk, The Netherlands. Available at http://ec.europa.eu/dgs/energy_transport/galileo/documents/brochure_en.htm.

European Space Agency, Galileo Joint Undertaking (2006): Galileo open service. Signal in space interface control document (OS SIS ICD). Draft 0. 23/05/06. Available at www.galileoju.com.

Falcone M (2006): Galileo overall architecture. Course on Galileo held after the 3rd ESA Workshop on Satellite Navigation User Equipment Technologies, NAVITEC 2006, ESTEC, Noordwijk, The Netherlands, December 14.

Falcone M, Erhard P, Hein GW (2006a): Galileo. In: Kaplan ED, Hegarty CJ (eds): Understanding GPS – principles and applications, 2nd edition. Artech House, Norwood: 559–594.

Falcone M, Lucas R, Burger T, Hein GW (2006b): The European Galileo programme. In: Ventura-Traveset J, Flament D (eds): The European EGNOS project. ESA Publications Division, Noordwijk, The Netherlands, SP-1303: 435–455.

Feairheller S, Clark R (2006): Other satellite navigation systems. In: Kaplan ED, Hegarty CJ (eds): Understanding GPS – principles and applications, 2nd edition. Artech House, Norwood: 595–634.

Federal Aviation Administration (1999): Specification – performance type one, local area augmentation system, ground facility. US Department of Transportation, FAA-E-2937.

Feng S, Ochieng WY (2006): An efficient worst user location algorithm for the generation of the Galileo integrity flag. In: Proceedings of ION GPS 2005, 18th International Technical Meeting of the Satellite Division of the Institute of Navigation, Long Beach, California, September 13–16: 2374–2384.

Feng Y, Rizos C (2005): Three carrier approaches for future global, regional and local GNSS positioning services: concepts and performance perspectives. In: Proceedings of ION GNSS 2005, 18th International Technical Meeting of the Satellite Division of the Institute of Navigation, Long Beach, California, September 13–16: 2277–2287.

Fenton PC, Townsend BR (1994): NovAtel Communications Ltd. – what's new? In: Proceedings of the International Symposium on Kinematic Systems in Geodesy, Geomatics and Navigation, Banff, Canada, August 30 through September 2: 25–29.

Fernández-Plazaola U, Martín-Guerrero TM, Entrambasaguas-Muñoz JT, Martín-Neira M (2004): The null method applied to GNSS three-carrier phase ambiguity resolution. Journal of Geodesy, 78: 96–102.

Flament P (2006): The Lisbon objectives & status of the Galileo programme. In: Proceedings of the Workshop on Galileo for Small and Medium Enterprises, Progeny, Brussels, April 5–6.

Fliegel HF, Feess WA, Layton WC, Rhodus NW (1985): The GPS radiation force model. In: Proceedings of the First International Symposium on Precise Positioning with the Global Positioning System, Rockville, Maryland, April 15–19, vol 1: 113–119.

Flury J, Rummel R (2005): Future satellite gravimetry for geodesy. Earth, Moon, and Planets, 94: 13–29.

Fontana RD, Cheung W, Novak PM, Stansell TA (2001): The new L2 civil signal. In: Proceedings of ION GPS 2001, 14th International Technical Meeting of the Satellite

Division of the Institute of Navigation, Salt Lake City, Utah, September 11–14: 617–631.
Forden G (2004): The military capabilities and implications of China's indigenous satellite-based navigation system. Science and Global Security, 12: 219–250.
Forssell B, Martín-Neira M, Harris RA (1997): Carrier phase ambiguity resolution in GNSS-2. In: Proceedings of ION GPS-97, 10th International Technical Meeting of the Satellite Division of the Institute of Navigation, Kansas City, Montana, September 16–19: 1727–1736.
Fotopoulos G (2005): Calibration of geoid error models via a combined adjustment of ellipsoidal, orthometric and gravimetric geoid height data. Journal of Geodesy, 79: 111–123.
Frei E (1991): GPS – fast ambiguity resolution approach "FARA": theory and application. Paper presented at XX General Assembly of the IUGG, IAG-Symposium GM 1/4, Vienna, August 11–24.
Frei E, Beutler G (1990): Rapid static positioning based on the fast ambiguity resolution approach "FARA": theory and first results. Manuscripta Geodaetica, 15(4): 325–356.
Frei E, Schubernigg M (1992): GPS surveying techniques using the "fast ambiguity resolution approach (FARA)". Paper presented at the 34th Australian Surveyors Congress and the 18th National Surveying Conference at Cairns, Australia, May 23–29.
Fu Z, Hornbostel A, Konovaltsev A (2001): Suppression of multipath and jamming signals by digital beamformer for GNSS/Galileo applications. In: Proceedings of the 1st ESA Workshop on Satellite Navigation User Equipment Technologies, NAVITEC 2001, ESTEC, Noordwijk, The Netherlands, December 10–12.
Galileo Joint Undertaking (2003): Galileo, GOC – pre-selection phase, Annex 2: overview of the Galileo system and services. GJU/03/699/JT.
Gao Y (2006): What is precise point positioning (PPP), and what are its requirements, advantages and challenges? In: Lachapelle G, Petovello M (eds): GNSS Solutions: Precise point positioning and its challenges, aided-GNSS and signal tracking. Inside GNSS, 1(8): 16–18.
Gao Y, Chen K (2004): Performance analysis of precise point positioning using real-time orbit and clock products. Journal of Global Positioning Systems, 3(1–2): 95–100.
Gao Y, Shen K (2001): Improving ambiguity convergence in carrier phase-based precise point positioning. In: Proceedings of ION GPS 2001, 14th International Technical Meeting of the Satellite Division of the Institute of Navigation, Salt Lake City, Utah, September 11–14: 1532–1539.
García-Fernández M (2004): Contributions to the 3D ionospheric sounding with GPS data. PhD dissertation, Universitat Politècnica de Catalunya, Spain.
Available at www.tdx.cbuc.es.
Garin L, Rousseau J (1997): Enhanced strobe correlator multipath rejection for code and carrier. In: Proceedings of ION GPS-97, 10th International Technical Meeting of the Satellite Division of the Institute of Navigation, Kansas City, Montana, September 16–19: 559–568.
Gassner G, Brunner FK (2003): Monitoring eines Rutschhanges mit GPS-Messungen. Vermessung, Photogrammetrie, Kulturtechnik, 101(4): 166–171.
Geiger A (1988): Einfluss und Bestimmung der Variabilität des Phasenzentrums von GPS-Antennen. Eidgenössische Technische Hochschule Zürich, Institute of Geodesy and Photogrammetry, Mitteilungen vol 43.

Gendt G, Reigber C, Dick G (1999): GPS meteorology – IGS contribution and GFZ activities for operational water vapor monitoring. In: Proceedings of the Fifth International Seminar "GPS in Central Europe", Reports on Geodesy, Warsaw University of Technology, 5(46): 53–62.

Gerdan GP (1995): A comparison of four methods of weighting double difference pseudo range measurements. Trans Tasman Surveyor, 1(1): 60–66.

Gianniou M (1996): Genauigkeitssteigerung bei kurzzeit-statischen und kinematischen Satellitenmessungen bis hin zur Echtzeitanwendung. Deutsche Geodätische Kommission bei der Bayerischen Akademie der Wissenschaften, Reihe C, vol 458.

Gibbons G (2006): GNSS trilogy – our story thus far. Inside GNSS, 1(1): 25–31 and 67.

Gibbons G, Fenton P, Garin L, Hatch R, Kawazoe T, Keegan R, Knight J, Kohli S, Rowitch D, Sheynblat L, Stratton A, Studenny J, Turetzky G, Weill L (2006): BOC or MBOC? The common GPS/Galileo civil signal design: a manufacturers dialog, part 2. Inside GNSS, 1(6): 28–43.

Giraud J, Busquet C, Bauer F, Flament D (2005): Pulsed interference and Galileo sensor stations (GSS). In: Proceedings of ION GPS 2005, 18th International Technical Meeting of the Satellite Division of the Institute of Navigation, Long Beach, California, September 13–16: 914–925.

Gomi J (2004): Quasi-Zenith Satellite System (QZSS) program overview. In: Proceedings of the Munich Satellite Navigation Summit, Munich, Germany, March 23–25.

Görres B (1996): Bestimmung von Höhenänderungen in regionalen Netzen mit dem Global Positioning System. Deutsche Geodätische Kommission bei der Bayerischen Akademie der Wissenschaften, Reihe C, vol 461.

Görres B, Campbell J, Becker M, Siemes M (2006): Absolute calibration of GPS antennas: laboratory results and comparison with field tests and robot techniques. GPS Solutions, 10(2): 136–145.

Graas F van, Braasch MS (1991): GPS interferometric attitude and heading determination: initial flight test results. Navigation, 38(4): 297–316.

Graas F van, Braasch MS (1992): Real-time attitude and heading using GPS. GPS World, 3(3): 32–39.

Grafarend EW, Schwarze V (1991): Relativistic GPS positioning. In: Caputo M, Sansò F (eds): Proceedings of the geodetic day in honor of Antonio Marussi. Accademia Nazionale dei Lincei, Rome. Atti dei Convegni Lincei, vol 91: 53–66.

Grafarend EW, Shan J (2002): GPS solutions: closed forms, critical and special configurations of P4P. GPS Solutions, 5(3): 29–41.

Grewal MS, Andrews AP (2001): Kalman filtering. Theory and practice using MATLAB, 2nd edition. Wiley, New York Chichester Weinheim Brisbane Singapore Toronto.

Guier WH, Weiffenbach GC (1997): Genesis of satellite navigation. Johns Hopkins APL Technical Digest, 18(2): 178–181.

Gurtner W (1995): The role of permanent GPS stations in IGS and other networks. In: Proceedings of the Third International Seminar on GPS in Central Europe, Penc, Hungary, May 9–11: 221–239.

Gurtner W, Estey L (2006): RINEX: the receiver independent exchange format version 3.00. Available at http://igscb.jpl.nasa.gov/igscb/data/format/.

Gurtner W, Mader G (1990): Receiver independent exchange format version 2. GPS Bulletin, 3(3): 1–8.

Habrich H (1999): Geodetic applications of the global navigation satellite system (GLONASS) and of GLONASS / GPS combinations. PhD dissertation, University of Berne, Switzerland.

Habrich H, Beutler G, Gurtner W, Rothacher M (1999): Double difference ambiguity resolution for GLONASS/GPS carrier phase. In: Proceedings of ION GPS-99, 12th International Technical Meeting of the Satellite Division of the Institute of Navigation, Nashville, Tennessee, September 14–17: 1609–1618.

Hahn J (2005): Galileo time concept. Presented at the Workshop on Time and Frequency Services with Galileo, Herrsching, Germany, December 5–6.

Hammesfahr J, Dreher A, Hornbostel A, Fu Z (2001): Assessment of use of C-band frequencies for navigation. Deutsches Zentrum für Luft- und Raumfahrt, Institute of Communications and Navigation, DLR-GUST-003, version 3.0.

Han S, Rizos C (1996): Integrated methods for instantaneous ambiguity resolution using new generation GPS receivers. In: Proceedings of IEEE Position Location and Navigation Symposium PLANS'96, Atlanta, Georgia, April 22–26: 254–261.

Han S, Rizos C (1997): Comparing GPS ambiguity resolution techniques. GPS World, 8(10): 54–61.

Han S, Dai L, Rizos C (1999): A new data processing strategy for combined GPS/GLONASS carrier phase-based positioning. In: Proceedings of ION GPS-99, 12th International Technical Meeting of the Satellite Division of the Institute of Navigation, Nashville, Tennessee, September 14–17: 1619–1627.

Hartinger H, Brunner FK (1999): Variances of GPS phase observations: the SIGMA-ε model. GPS Solutions, 2(4): 35–43.

Hartung J, Elpelt B, Klösener KH (2005): Statistik. Lehr- und Handbuch der angewandten Statistik, 14th edition. Oldenbourg, München Wien.

Hatch R (1990): Instantaneous ambiguity resolution. In: Schwarz KP, Lachapelle G (eds): Kinematic systems in geodesy, surveying, and remote sensing. Springer, New York Berlin Heidelberg Tokyo: 299–308 [Mueller II (ed): IAG Symposia Proceedings, vol 107].

Hatch R (1991): Ambiguity resolution while moving – experimental results. In: Proceedings of ION GPS-91, 4th International Technical Meeting of the Satellite Division of the Institute of Navigation, Albuquerque, New Mexico, September 11–13: 707–713.

Hatch R, Euler H-J (1994): Comparison of several AROF kinematic techniques. In: Proceedings of ION GPS-94, 7th International Technical Meeting of the Satellite Division of the Institute of Navigation, Salt Lake City, Utah, September 20–23, part 1: 363–370.

Hatch R, Jung J, Enge P, Pervan B (2000): Civilian GPS: the benefits of three frequencies. GPS Solutions, 3(4): 1–9.

Hein GW (1990a): Bestimmung orthometrischer Höhen durch GPS und Schweredaten. Schriftenreihe der Universität der Bundeswehr München, vol 38-1: 291–300.

Hein GW (1990b): Kinematic differential GPS positioning: applications in airborne photogrammetry and gravimetry. In: Crosilla F, Mussio L (eds): Il sistema di posizionamento globale satellitare GPS. International Centre for Mechanical Sciences, Collana di Geodesia e Cartografia, Udine, Italy: 139–173.

Hein GW (1995): Comparison of different on-the-fly ambiguity resolution techniques. In: Proceedings of ION GPS-95, 8th International Technical Meeting of the Satellite

Division of the Institute of Navigation, Palm Springs, California, September 12–15, part 2: 1137–1144.

Hein GW, Issler JL (2001): Signal architecture & signal structure in satellite navigation. In: Course books for the summer school in Alpbach, Austria, July 17–26.

Hein GW, Pany T (2002): Architecture and signal design of the European satellite navigation system Galileo – status December 2002. Journal of Global Positioning Systems, 1(2): 73–84.

Hein GW, Godet J, Issler JL, Martin JC, Erhard P, Lucas-Rodriguez R, Pratt T (2002): Status of Galileo frequency and signal design. In: Proceedings of ION GPS 2002, 15th International Technical Meeting of the Satellite Division of the Institute of Navigation, Portland, Oregon, September 24–27: 266–277.

Hein GW, Avila-Rodríguez JA, Wallner S, Betz JW, Hegarty CJ, Rushanan JJ, Kraay AL, Pratt AR, Lenahan S, Owen J, Issler JL, Stansell TA (2006a): MBOC: the new optimized spreading modulation. Recommended for Galileo L1 OS and GPS L1C. Inside GNSS, 1(4): 57–66.

Hein GW, Avila-Rodríguez JA, Wallner S (2006b): The DaVinci Galileo code and others. Inside GNSS, 1(6): 62–75.

Hein GW, Avila-Rodriguez JA, Wallner S, Eissfeller B, Pany T, Hartl P (2007): Envisioning a future GNSS system of systems. Part 1. Inside GNSS, 2(1): 58–67.

Heinrichs G, Löhnert E, Mundle H (2004): GATE – the German Galileo test & development environment for receivers and user applications. In: Proceedings of the 2nd ESA Workshop on Satellite Navigation User Equipment Technologies, NAVITEC 2004, ESTEC, Noordwijk, The Netherlands, December 8–10.

Hernández-Pajares M, Juan JM, Sanz J, Orús R, García-Rodríguez A, Colombo OL (2004): Wide area real time kinematics with Galileo and GPS signals. In: Proceedings of ION GNSS 2004, 17th International Technical Meeting of the Satellite Division of the Institute of Navigation, Long Beach, California, September 21–24: 2541–2554.

Herring TA (1992): Modeling atmospheric delays in the analysis of space geodetic data. In: Munck JC de, Spoelstra TAT (eds): Refraction of transatmospheric signals in geodesy. Netherlands Geodetic Commission, Delft, new series, vol 36: 157–164.

Hewitson S, Wang J (2006): GNSS receiver autonomous integrity monitoring (RAIM) performance analysis. GPS Solutions, 10(3): 155–170.

Hilla S, Jackson M (2000): The GPS toolbox. GPS Solutions, 3(4): 71–74.

Hofmann-Wellenhof B, Moritz H (2006): Physical geodesy, 2nd edition. Springer, Wien New York.

Hofmann-Wellenhof B, Kienast G, Lichtenegger H (1994): GPS in der Praxis. Springer, Wien New York.

Hofmann-Wellenhof B, Lichtenegger H, Collins J (2001): GPS – theory and practice, 5th edition. Springer, Wien New York.

Hofmann-Wellenhof B, Legat K, Wieser M (2003): Navigation – principles of positioning and guidance. Springer, Wien New York.

Hollreiser M, Sleewaegen JM, Wilde W de, Falcone M, Wilms F (2005): Galileo test user segment – first achievements and application. GPS World, 16(7): 23–29.

Holmes JK (1982): Coherent spread spectrum systems, reprint 1990. Krieger, Malabar.

Hopfield HS (1969): Two-quartic tropospheric refractivity profile for correcting satellite data. Journal of Geophysical Research, 74(18): 4487–4499.

Hothem L (2006): The GPS modernization program and policy update. Paper presented at the XXIII International FIG Congress, Munich, Germany, October 8–13.

Huddle JR, Brown RG (1997): Multisensor navigation systems. In: Kayton M, Fried WR (eds): Avionics navigation systems, 2nd edition. Wiley, New York Chichester Weinheim Brisbane Singapore Toronto: 55–98.

Hudnut KW, Titus B (2004): GPS L1 civil signal modernization (L1C). The Interagency GPS Executive Board. Available at www.navcen.uscg.gov/gps.

Ilk KH, Flury J, Rummel R, Schwintzer P, Bosch W, Haas C, Schröter J, Stammer D, Zahel W, Miller H, Dietrich R, Huybrechts P, Schmeling H, Wolf D, Götze HJ, Riegger J, Bardossy A, Güntner A, Gruber T (2005): Mass transport and mass distribution in the earth system – contribution of the new generation of satellite gravity and altimetry missions to geosciences, 2nd edition. GOCE-Projektbüro Deutschland, Technische Universität München, GeoForschungsZentrum Potsdam (eds).

Institute of Electrical and Electronics Engineers (1997): IEEE standard definitions of terms for radio wave propagation. IEEE Std 211-1997.

Institute of Navigation (1997): Recommended test procedures for GPS Receivers, ION STD 101, revision C. Alexandria, Virginia.

International Association of Geodesy (1995): New geoids in the world. International Association of Geodesy, Bulletin d'Information 77, IGES Bulletin 4.

International Electrotechnical Commission (2005): IEC 61508 – Functional safety of electrical/electronic/programmable electronic safety-related systems. Available at www.iec.ch.

International Telecommunication Union (2004): International Telecommunication Union radio regulations. Available at www.itu.int.

Irsigler M, Hein GW, Eissfeller B, Schmitz-Peiffer A, Kaiser M, Hornbostel A, Hartl P (2002): Aspects of C-band satellite navigation: signal propagation and satellite signal tracking. In: Proceedings of the European Navigation Conference GNSS 2002, Copenhagen, Denmark, May 27–30.

Issler JL, Lestarquit L, Grondin M (2001): Missions and radionavigation payloads. In: Course books for the summer school in Alpbach, Austria, July 17–26.

Jakowski N (1996): TEC monitoring by using satellite positioning systems. In: Kohl H, Rüster R, Schlegel K (eds): Modern ionosphere science. EGS, Katlenburg-Lindau, ProduServ GmbH Verlagsservice, Berlin: 371–390.

Jakowski N (2001): Space based atmosphere and ionosphere sounding. In: Course books for the summer school in Alpbach, Austria, July 17–26.

Janes HW, Langley RB, Newby SP (1991): Analysis of tropospheric delay prediction models: comparisons with ray-tracing and implications for GPS relative positioning. Bulletin Géodésique, 65: 151–161.

Japan Aerospace Exploration Agency (2007): Quasi-Zenith Satellite System navigation service, interface specification for QZSS (IS-QZSS). Draft version 0.1.

Jekeli C (2001): Inertial navigation systems with geodetic applications. Walter de Gruyter, Berlin.

Jin XX, Jong CD de (1996): Relationship between satellite elevation and precision of GPS code observations. Journal of Navigation, 49: 253–265.

Jong CD de, Lachapelle G, Skone S, Elema IA (2002): Hydrography. DUP Blue Print, Delft University Press.

Jong K de (2000): Selective availability turned off. Geoinformatics, 3(5): 14–15.

Jonge P de, Tiberius C (1995): Integer ambiguity estimation with the Lambda method. In: Beutler G, Hein GW, Melbourne WG, Seeber G (eds): GPS trends in precise terrestrial, airborne, and spaceborne applications. Springer, New York Berlin Heidelberg Tokyo: 280–284 [Mueller II (ed): IAG Symposia Proceedings, vol 115].

Jonkman NF (1998): Integer GPS ambiguity estimation without the receiver-satellite geometry. Delft Geodetic Computing Centre, LGR Series, vol 18.

Joos G (1956): Lehrbuch der Theoretischen Physik, 9th edition. Akademische Verlagsgesellschaft Geest & Portig K-G, Leipzig.

Joosten P, Tiberius C (2000): Fixing the ambiguities – are you sure they're right? GPS World, 11(5): 46–51.

Joosten P, Teunissen PJG, Jonkman N (1999): GNSS three carrier phase ambiguity resolution using the LAMBDA-method. In: Proceedings of GNSS'99, 3rd European Symposium on Global Navigation Satellite Systems, Genova, Italy, October 5–8, part 1: 367–372.

Julien O (2005): Design of Galileo L1F receiver tracking loops. PhD dissertation, Department of Geomatics Engineering, University of Calgary, Canada. Available at www.geomatics.ucalgary.ca/links/GradTheses.html.

Julien O, Cannon ME, Alves P, Lachapelle G (2004a): Triple frequency ambiguity resolution using GPS/Galileo. European Journal of Navigation, 2(2): 51–57.

Julien O, Macabiau C, Cannon EM, Lachapelle G (2004b): New unambiguous BOC(N,N) tracking technique. In: Proceedings of the 2nd ESA Workshop on Satellite Navigation User Equipment Technologies, NAVITEC 2004, ESTEC, Noordwijk, The Netherlands, December 8–10.

Jung J, Enge P, Pervan B (2000): Optimization of cascade integer resolution with three civil GPS frequencies. In: Proceedings of ION GPS 2000, 13th International Technical Meeting of the Satellite Division of the Institute of Navigation, Salt Lake City, Utah, September 19–22: 2191–2200.

Kalman RE (1960): A new approach to linear filtering and prediction problems. Journal of Basic Engineering, 82(1): 35–45.

Kaplan ED (2006): Introduction. In: Kaplan ED, Hegarty CJ (eds): Understanding GPS – principles and applications, 2nd edition. Artech House, Norwood.

Kaula WM (1966): Theory of satellite geodesy. Blaisdell, Toronto.

Kee C (1996): Wide area differential GPS. In: Parkinson BW, Spilker JJ (eds): Global Positioning System: theory and applications. American Institute of Aeronautics and Astronautics, Washington DC, vol 2: 81–115.

Keegan R (1990): P-code aided Global Positioning System receiver. US Patent Office, Patent no. 4,972,431.

Kelly JT (2006): PPS versus SPS – why military applications require military GPS. GPS World, 17(1): 28–35.

Kibe SV (2006): Indian SATNAV programme – challenges and opportunities. In: Proceedings of the First Meeting of the International Committee on Global Navigation Satellite Systems, The United Nations Office for Outer Space Affairs, Vienna, November 1–2.

Kim D, Langley RB (1999): An optimized least-squares technique for improving ambiguity resolution and computational efficiency. In: Proceedings of ION GPS-99, 12th International Technical Meeting of the Satellite Division of the Institute of Navigation, Nashville, Tennessee, September 14–17: 1579–1588.

Kim D, Langley RB (2000): GPS ambiguity resolution and validation: methodologies, trends and issues. Paper presented at the 7th GNSS Workshop – International Symposium on GPS/GNSS, Seoul, Korea, November 30 – December 2. Available at http://gauss.gge.unb.ca/papers.pdf/gnss2000.kim.pdf.

Kim E, Walter T, Powell JD (2006): Optimizing WAAS accuracy/stability for a single frequency receiver. In: Proceedings of ION GPS 2006, 19th International Technical Meeting of the Satellite Division of the Institute of Navigation, Fort Worth, Texas, September 26–29: 962–970.

Kim J, Sukkarieh S (2005): 6DoF SLAM aided GNSS/INS navigation in GNSS denied and unknown environments. Journal of Global Positioning Systems, 4(1–2): 120–128.

King RW, Masters EG, Rizos C, Stolz A, Collins J (1987): Surveying with Global Positioning System. Dümmler, Bonn.

Kleusberg A (1990): A review of kinematic and static GPS surveying procedures. In: Proceedings of the Second International Symposium on Precise Positioning with the Global Positioning System, Ottawa, Canada, September 3–7: 1102–1113.

Kleusberg A (1994): Die direkte Lösung des räumlichen Hyperbelschnitts. Zeitschrift für Vermessungswesen, 119(4): 188–192.

Klimov V, Revnivykh S, Kossenko V, Dvorkin V, Tyulyakov A, Eltsova O (2005): Status and development of GLONASS. Presented at the European Navigation Conference GNSS-2005, Munich, Germany, July 19–22.

Klobuchar J (1986): Design and characteristics of the GPS ionospheric time-delay algorithm for single-frequency users. In: Proceedings of PLANS'86 – Position Location and Navigation Symposium, Las Vegas, Nevada, November 4–7: 280–286.

Knight D (1994): A new method of instantaneous ambiguity resolution. In: Proceedings of ION GPS-94, 7th International Technical Meeting of the Satellite Division of the Institute of Navigation, Salt Lake City, Utah, September 20–23, part 1: 707–716.

Koch K-R (1987): Parameter estimation and hypothesis testing in linear models. Springer, Berlin Heidelberg New York London Paris Tokyo.

Kouba J, Héroux P (2001): Precise point positioning using IGS orbit products. GPS Solutions, 5(2): 12–28.

Kozai Y (1959): On the effects of the sun and the moon upon the motion of a close earth satellite. Smithsonian Astrophysical Observatory, Special Report, vol 22.

Kreher J (2004): Galileo signals: RF characteristics. Working paper of the Navigation Systems Panel (NSP), ICAO NSP/WGW: WP/36. Montreal, Canada, October 12–22.

Kreyszig E (2006): Advanced engineering mathematics, 9th edition. Wiley, Hoboken.

Kunysz W (2000): A novel GPS survey antenna. In: Proceedings of the 2000 National Technical Meeting of the Institute of Navigation, Anaheim, California, January 26–28: 698–705.

Kuusniemi H (2005): User-level reliability and quality monitoring in satellite-based personal navigation. PhD dissertation, Institute of Digital and Computer Systems, Tampere University of Technology, Finland.

Lachapelle G (1990): GPS observables and error sources for kinematic positioning. In: Schwarz KP, Lachapelle G (eds): Kinematic systems in geodesy, surveying, and remote sensing. Springer, New York Berlin Heidelberg Tokyo: 17–26 [Mueller II (ed): IAG Symposia Proceedings, vol 107].

Lachapelle G (1998): Hydrography. Lecture notes of the Department of Geomatics Engineering of the University of Calgary, Canada, No. 10016.

Lachapelle G (2003): Advanced GPS theory and applications. ENGO 625 Lecture Notes, University of Calgary.

Lachapelle G (2004): GNSS indoor location technologies. Journal of Global Positioning Systems, 3(1–2): 2–11.

Lachapelle G, Sun H, Cannon ME, Lu G (1994): Precise aircraft-to-aircraft positioning using a multiple receiver configuration. Canadian Aeronautics and Space Journal, 40(2): 74–78.

Landau H (1988): Zur Nutzung des Global Positioning Systems in Geodäsie und Geodynamik: Modellbildung, Software-Entwicklung und Analyse. Schriftenreihe der Universität der Bundeswehr München, vol 36.

Landau H, Euler H-J (1992): On-the-fly ambiguity resolution for precise differential positioning. In: Proceedings of ION GPS-92, Fifth International Technical Meeting of the Satellite Division of the Institute of Navigation, Albuquerque, New Mexico, September 16–18: 607–613.

Landau H, Ordóñez JMF (1992): A new algorithm for attitude determination with GPS. In: Proceedings of the Sixth International Geodetic Symposium on Satellite Positioning, Columbus, Ohio, March 17–20, vol 2: 1036–1038.

Landau H, Vollath U, Chen X (2002): Virtual reference station systems. Journal of Global Positioning Systems, 1(2): 137–143.

Landau H, Vollath U, Chen X (2004): Benefits of modernized GPS/Galileo to RTK positioning. In: Proceedings of the 2004 International Symposium on GNSS/GPS, Sydney, Australia, December 6–8: 92–103.

Langley RB (1997): GPS receiver system noise. GPS World, 8(6): 40–45.

Langley RB (1998): GPS receivers and the observables. In: Teunissen PJG, Kleusberg (eds): GPS for geodesy, 2nd edition. Springer, Berlin Heidelberg New York: 151–185.

Łapucha D, Barker R, Zwaan H (2004): Comparison of the two alternate methods of wide area carrier phase positioning. In: Proceedings of ION GNSS 2004, 17th International Technical Meeting of the Satellite Division of the Institute of Navigation, Long Beach, California, September 21–24: 1864–1871.

Leick A (2004): GPS satellite surveying, 3rd edition. Wiley, Hoboken.

Leitinger R (1996): Tomography. In: Kohl H, Rüster R, Schlegel K (eds): Modern ionosphere science. EGS, Katlenburg-Lindau, ProduServ GmbH Verlagsservice, Berlin: 346–370.

Leitinger R, Zhang M-L, Radicella SM (2005): An improved bottomside for the ionospheric electron density model NeQuik. Annals of Geophysics, 48(3): 525–534.

Lemoine FG, Kenyon SC, Factor JK, Trimmer RG, Pavlis NK, Chinn DS, Cox CM, Klosko SM, Luthcke SB, Torrence HM, Wang YM, Williamson RG, Pavlis EC, Rapp RH, Olson TR (1998): The development of the joint NASA GSFC and the National Imagery and Mapping Agency (NIMA) geopotential model EGM96. NASA Technical Paper NASA/TP-1998-206861, Goddard Space Flight Center, Greenbelt.

Levanon N (1999): Instant active positioning with one LEO satellite. Navigation 46(2): 87–95.

Li X (2004): Integration of GPS, accelerometer and optical fiber sensors for structural deformation monitoring. In: Proceedings of ION GNSS 2004, 17th International Technical Meeting of the Satellite Division of the Institute of Navigation, Long Beach, California, September 21–24: 211–224.

Li Z, Schwarz KP, El-Mowafy A (1993): GPS multipath detection and reduction using spectral technique. Paper presented at the General Meeting of the IAG at Beijing, P.R. China, August 8–13.

Lichten SM, Neilan RE (1990): Global networks for GPS orbit determination. In: Proceedings of the Second International Symposium on Precise Positioning with the Global Positioning System, Ottawa, Canada, September 3–7: 164–178.

Lichtenegger H (1991): Über die Auswirkung von Koordinatenänderungen in der Referenzstation bei relativen Positionierungen mittels GPS. Österreichische Zeitschrift für Vermessungswesen und Photogrammetrie, 79(1): 49–52.

Lichtenegger H (1995): Eine direkte Lösung des räumlichen Bogenschnitts. Österreichische Zeitschrift für Vermessung und Geoinformation, 83(4): 224–226.

Lichtenegger H (1998): DGPS fundamentals. Reports on Geodesy, Warsaw University of Technology, 11(41): 7–19.

Liu J, Shi C, Xia L, Liu H (2006): Development update – navigation and positioning in China. Inside GNSS 1(6): 46–50.

Logsdon T (1992): The NAVSTAR Global Positioning System. Van Nostrand, New York.

Lu G (1995): Development of a GPS multi-antenna system for attitude determination. Reports of the Department of Geomatics Engineering of the University of Calgary, vol 20073.

Lu G, Cannon ME (1994): Attitude determination using a multi-antenna GPS system for hydrographic applications. Marine Geodesy, 17: 237–250.

Lu G, Cannon ME, Lachapelle G, Kielland P (1993): Attitude determination in a survey launch using multi-antenna GPS technology. In: Proceedings of the National Technical Meeting of the Institute of Navigation, San Francisco, California, January 20–22: 251–259.

MacGougan G, Normark PL, Ståhlberg C (2005): Satellite navigation evolution – the software GNSS receiver. GPS World, 16(1): 48–52.

Mader GL (1990): Ambiguity function techniques for GPS phase initialization and kinematic solutions. In: Proceedings of the Second International Symposium on Precise Positioning with the Global Positioning System, Ottawa, Canada, September 3–7: 1233–1247.

Mader GL (1999): GPS antenna calibration at the National Geodetic Survey. GPS Solutions, 3(1): 50–58.

Malys S, Slater J (1994): Maintenance and enhancement of the World Geodetic System 1984. In: Proceedings of ION GPS-94, 7th International Technical Meeting of the Satellite Division of the Institute of Navigation, Salt Lake City, Utah, September 20–23, part 1: 17–24.

Mansfeld W (2004): Satellitenortung und Navigation. Grundlagen und Anwendung globaler Satellitennavigationssysteme, 2nd edition. Vieweg, Wiesbaden.

Martín-Neira M, Buck C (2005): A tsunami early-warning system – the PARIS concept. ESA Bulletin 124: 50–55.

Martín-Neira M, Toledo M, Pelaez A (1995): The null space method for GPS integer ambiguity resolution. In: Proceedings of DSNS'95, Bergen, Norway, April 24–28: paper no. 31.

Martín-Neira M, Lucas R, Garcia A, Tossaint M, Amarillo F (2003): The development of high precision applications with Galileo. In: CD-ROM-Proceedings of the European Navigation Conference GNSS 2003, Graz, Austria, April 22–25.

Martín-Neira M, Buck C, Gleason S, Unwin M, Caparrini M, Farrés E, Germain O, Ruffini G, Soulat F (2005): Tsunami detection using the PARIS concept. Progress in Electromagnetics Research Symposium, Hangzhou, China, August 22–26.

Mathur AR, Torán-Marti F, Ventura-Traveset J (2006): SISNeT user interface document, issue 4, revision 1. GNSS-1 Project Office.

McCarthy DD, Petit G (eds) (2004): IERS conventions (2003). IERS Technical Note no. 32, Verlag des Bundesamtes für Kartographie und Geodäsie, Frankfurt/Main. Available at www.iers.org.

Meindl M, Hugentobler U (2004): Exploiting EGNOS RIMS data for the determination of GEO precise orbits. In: Proceedings of the GNSS Final Presentation Day, ESTEC, The Netherlands, December 7.

Melchior P (1978): The tides of the planet earth. Pergamon, Oxford New York Toronto Sydney Paris Frankfurt.

Menge F, Seeber G, Völksen C, Wübbena G, Schmitz M (1998): Results of absolute field calibration of GPS antenna PCV. In: Proceedings of ION GPS-98, 11th International Technical Meeting of the Satellite Division of the Institute of Navigation, Nashville, Tennessee, September 15–18: 31–38.

Merrigan MJ, Swift ER, Wong RF, Saffel JT (2002): A refinement to the World Geodetic System 1984 reference frame. In: Proceedings of ION GPS 2002, 15th International Technical Meeting of the Satellite Division of the Institute of Navigation, Portland, Oregon, September 24–27: 1519–1529.

Mervart L (1995): Ambiguity resolution techniques in geodetic and geodynamic applications of the Global Positioning System. PhD dissertation, University of Berne, Switzerland.

Mervart L (1999): Experience with SINEX format and proposals for its further development. In: Proceedings of the Fifth International Seminar "GPS in Central Europe", Reports on Geodesy, Warsaw University of Technology, 5(46): 103–110.

Mikhail EM (1976): Observations and least squares. IEP, New York.

Mikhail EM, Gracie G (1981): Analysis and adjustment of survey measurements. Van Nostrand, New York.

Misra P, Enge P (2006): Global Positioning System: signals, measurements, and performance, 2nd edition. Ganga-Jamuna, Lincoln.

Misra PN, Abbot RI, Gaposchkin EM (1996): Integrated use of GPS and GLONASS: transformation between WGS 84 and PZ-90. In: Proceedings of ION GPS-96, 9th International Technical Meeting of the Satellite Division of the Institute of Navigation, Kansas City, Missouri, September 17–20: 307–314.

Moelker D (1997): Multiple antennas for advanced GNSS multipath mitigation and multipath direction finding. In: Proceedings of ION GPS-97, 10th International Technical Meeting of the Satellite Division of the Institute of Navigation, Kansas City, Montana, September 16–19: 541–550.

Montenbruck O (1984): Grundlagen der Ephemeridenrechnung. Sterne und Weltraum Vehrenberg, München.

Montenbruck O, Günther C, Graf S, Garcia-Fernandez M, Furthner J, Kuhlen H (2006): GIOVE-A initial signal analysis. GPS Solutions, 10(2): 146–153.

Moritz H (1980): Advanced physical geodesy. Wichmann, Karlsruhe.

Moritz H, Hofmann-Wellenhof B (1993): Geometry, relativity, geodesy. Wichmann, Karlsruhe.

Moritz H, Mueller II (1988): Earth rotation – theory and observations. Ungar, New York.
Mueller II (1991): International GPS Geodynamics Service. GPS Bulletin, 4(1): 7–16.
Mueller KT, Biester M, Loomis P (1994): Performance comparison of candidate US Coast Guard WADGPS network architectures. In: Proceedings of the 1994 National Technical Meeting of the Institute of Navigation, San Diego, California, January 24–26: 833–841.
Mueller TM (1994): Wide area differential GPS. GPS World, 5(6): 36–44.
National Imagery and Mapping Agency (2004): Department of Defense World Geodetic System 1984 – its definition and relationship with local geodetic systems, 3rd edition. NIMA Technical Report TR 8350.2, Bethesda, Maryland.
Available at http://earth-info.nga.mil/GanG/publications/index.html.
Nava B, Radicella SM, Leitinger R, Coïsson P (2005): Slant TEC data ingestion in the modified NeQuick ionosphere electron density model. Paper presented at the XXVIII General Assembly of the International Union of Radio Science, New Delhi, India, October 23–29.
Nayak RA, Cannon ME, Wilson C, Zhang G (2000): Analysis of multiple GPS antennas for multipath mitigation in vehicular navigation. In: Proceedings of the 2000 National Technical Meeting of the Institute of Navigation, Anaheim, California, January 26–28: 284–293.
Nee RDJ van (1992): Multipath effects on GPS code phase measurements. Navigation, 39(2): 177–190.
Neilan RE, Moore A (1999): International GPS service tutorial. Paper presented at the International Symposium on GPS, Tsukuba, Japan, October 18–22.
Niell AE (1996): Global mapping functions for the atmosphere delay at radio wavelengths. Journal of Geophysical Research, 101(B2): 3227–3246.
Ober PB (2003): Integrity prediction and monitoring of navigation systems. European Journal of Navigation, 1(1): 13–20.
Oppenheim AV, Schafer RW, Buck JR (1999): Discrete-time signal processing, 2nd edition. Prentice Hall, London.
Otsuka Y, Ogawa T, Saito A, Tsugawa T, Fukao S, Miyazaki S (2002): A new technique for mapping of total electron content using GPS network in Japan. Earth Planets Space, 54: 63–70.
Owen J (1995): GLONASS: Russian's equivalent navigation system. In: Public Release Version (1996): NAVSTAR GPS user equipment introduction, Annex A.
Pace S, Frost GP, Lachow I, Frelinger D, Fossum D, Wassem D, Pinto MM (1995): The Global Positioning System – assessing national policies. Research and Development (RAND) Corporation. Available at www.rand.org/pubs/monograph_reports/MR614.
Parkinson BW (1996): GPS error analysis. In: Parkinson BW, Spilker JJ (eds): Global Positioning System: theory and applications. American Institute of Aeronautics and Astronautics, Washington DC, vol 1: 469–483.
Perović G (2005): Least squares. University of Belgrade, Faculty of Civil Engineering. Translated from Serbian by S. Ninković.
Petovello MG, Cannon ME, Lachapelle G, Wang J, Wilson CKH, Salychev OS, Voronov VV (2001): Development and testing of a real-time GPS/INS reference system for autonomous automobile navigation. In: Proceedings of ION GPS 2001, 14th International Technical Meeting of the Satellite Division of the Institute of Navigation, Salt Lake City, Utah, September 11–14: 2634–2641.

Phelts RE, Enge P (2000): The multipath invariance approach for code multipath mitigation. In: Proceedings of ION GPS 2000, 13th International Technical Meeting of the Satellite Division of the Institute of Navigation, Salte Lake City, Utah, September 19–22: 2376–2384.

Philippov V, Sutiagin I, Ashjaee J (1999): Measured characteristics of dual depth dual frequency choke ring for multipath rejection in GPS receivers. In: Proceedings of ION GPS-99, 12th International Technical Meeting of the Satellite Division of the Institute of Navigation, Nashville, Tennessee, September 14–17: 793–796.

Polischuk GM, Kozlov VI, Ilitchov VV, Kozlov AG, Bartenev VA, Kossenko VE, Anphimov NA, Revnivykh SG, Pisarev SB, Tyulyakov AE, Shebshaevitch BV, Basevitch AB, Vorokhovsky YL (2002): The global navigation satellite system GLONASS: development and usage in the 21st century. In: Proceedings of the 34th Annual Precise Time and Time Interval (PTTI) Systems and Applications Meeting, Reston, Virginia, December 3–5: 151–160.

Prasad R, Ruggieri M (2005): Applied satellite navigation using GPS, Galileo, and augmentation systems. Artech House, Boston London.

Radio Regulatory Department (2006): Submission of the updated information of Compass system to the Fourth Resolution 609 (WRC-03) Consultation Meeting. Ministry of Information Industry, The People's Republic of China, RG/036/2006.

Radio Technical Commission for Aeronautical Services (2006): Minimum operational performance standards for Global Positioning System / wide area augmentation system airborne equipment. DO-229D, Special Committee no. 159, Washington DC.

Radio Technical Commission for Maritime Services (2001): RTCM recommended standards for differential GNSS (global navigation satellite systems), version 2.3. RTCM paper 136-2001/SC 104-STD, Radio Technical Commission for Maritime Services, Special Committee no. 104, Washington DC.

Ray JK, Cannon ME, Fenton PC (1999): Mitigation of static carrier-phase multipath effects using multiple closely spaced antennas. Navigation, 46(3): 193–201.

Remondi BW (1984): Using the Global Positioning System (GPS) phase observable for relative geodesy: modeling, processing, and results. University of Texas at Austin, Center for Space Research.

Remondi BW (1990a): Pseudo-kinematic GPS results using the ambiguity function method. National Information Center, Rockville, Maryland, NOAA Technical Memorandum NOS NGS-52.

Remondi BW (1990b): Recent advances in pseudo-kinematic GPS. In: Proceedings of the Second International Symposium on Precise Positioning with the Global Positioning System, Ottawa, Canada, September 3–7: 1114–1137.

Remondi BW (1991): NGS second generation ASCII and binary orbit formats and associated interpolation studies. Paper presented at the XX General Assembly of the IUGG at Vienna, Austria, August 11–24.

Remondi BW (2004): Computing satellite velocity using the broadcast ephemeris. GPS Solutions 8(3): 181–183.

Retscher G (2002): Accuracy performance of virtual reference station (VRS) networks. Journal of Global Positioning Systems, 1(1): 40–47.

Revnivykh SG (2004): Developments of the GLONASS system and GLONASS service. Presented at the UN/US GNSS International Meeting, Vienna, Austria, December 13–17.

Revnivykh SG (2006a): GLONASS status update. Presented at the UN/Zambia/ESA Regional Workshop on the Applications of Global Navigation Satellite System Technologies in Sub-Saharan Africa, Lusaka, Zambia, June 26–30.

Revnivykh SG (2006b): GLONASS status update. Presented at the First Meeting of the International Committee on Global Navigation Satellite Systems, Vienna, Austria, November 1–2.

Revnivykh S, Polischuk G, Kozlov V, Klimov V, Anfimov N, Bartenev V, Kossenko V, Urlichich Y, Ivanov N, Tylyakov A (2003): Status and development of GLONASS. In: CD-ROM-Proceedings of the European Navigation Conference GNSS-2003, Graz, Austria, April 22–25, Session A1.

Richardus P, Adler RK (1972): Map projections for geodesists, cartographers and geographers. North-Holland, Amsterdam London.

Rizos C, Han S (1995): A new method for constructing multi-satellite ambiguity combinations for improved ambiguity resolution. In: Proceedings of ION GPS-95, 8th International Technical Meeting of the Satellite Division of the Institute of Navigation, Palm Springs, California, September 12–15, part 2: 1145–1153.

Rosmorduc V, Benveniste J, Lauret O, Milagro M, Picot N (2006): Radar altimetry tutorial. [Benveniste J, Picot N (eds)]. Available at www.altimetry.info.

Roßbach U (2001): Positioning and navigation using the Russian satellite system GLONASS. Schriftenreihe der Universität der Bundeswehr München, vol 71.

Roßbach U, Habrich H, Zarraoa N (1996): Transformation parameters between PZ-90 and WGS84. In: Proceedings of ION GPS-96, 9th International Technical Meeting of the Satellite Division of the Institute of Navigation, Kansas City, Missouri, September 17–20: 279–285.

Rothacher M (2001a): Principles of operation and basic observation model. In: Course books for the summer school in Alpbach, Austria, July 17–26.

Rothacher M (2001b): Comparison of absolute and relative antenna phase center variations. GPS Solutions, 4(4): 55–60.

Rothacher M, Schaer S, Mervart L, Beutler G (1995): Determination of antenna phase center variations using GPS data. In: Gendt G, Dick G (eds): Proceedings of the IGS Workshop on Special Topics and New Directions, Potsdam, Germany, May 15–18, part 2: 205–220.

Roturier B, Chatre E, Ventura-Traveset J (2001): The SBAS integrity concept standardised by ICAO – application to EGNOS. In: CD-ROM-Proceedings of the European Navigation Conference GNSS 2001, Seville, Spain, May 8–11.

Rührnößl H, Brunner FK, Rothacher M (1998): Modellierung der troposphärischen Korrektur für Deformationsmessungen mit GPS im alpinen Raum. Allgemeine Vermessungsnachrichten 105(1): 14–20.

Saastamoinen J (1973): Contribution to the theory of atmospheric refraction. Bulletin Géodésique, 107: 13–34.

Sage A, Pande A (2005): A-GPS. The past, the present, and the future. Presented at the European Navigation Conference GNSS 2005, Munich, Germany, July 19–22.

Sandhoo K, Turner D, Shaw M (2000): Modernization of the Global Positioning System. In: Proceedings of ION GPS 2000, 13th International Technical Meeting of the Satellite Division of the Institute of Navigation, Salt Lake City, Utah, September 19–22: 2175–2183.

Satirapod C, Kriengkraiwasin S (2006): Performance of single-frequency GPS precise point positioning. Available at www.gisdevelopment.net/technology/gps/ma06_19pf.htm.

Sauer K, Vollath U, Amarillo F (2004): Three and four carriers for reliable ambiguity resolution. In: CD-ROM-Proceedings of the European Navigation Conference GNSS 2004, Rotterdam, May 16–19.

Schaefer M, Thomsen S, Niemeier W (2000): A multi sensor system with cm-accuracy for the determination of dumping surfaces. In: Proceedings of ION GPS 2000, 13th International Technical Meeting of the Satellite Division of the Institute of Navigation, Salt Lake City, Utah, September 19–22: 28–34.

Schaer S (1997): How to use CODE's global ionosphere maps. Astronomical Institute, University of Berne. Available at http://www.aiub.unibe.ch.

Schaer S (1999): Mapping and predicting the earth's ionosphere using the Global Positioning System. Schweizerische Geodätische Kommission, Geodätisch-geophysikalische Arbeiten in der Schweiz, vol 59.

Schmitt G, Illner M, Jäger R (1991): Transformationsprobleme. Deutscher Verein für Vermessungswesen, special issue: GPS und Integration von GPS in bestehende geodätische Netze, vol 38: 125–142.

Schön S, Wieser A, Macheiner K (2005): Accurate tropospheric correction for local GPS monitoring networks with large height differences. In: Proceedings of ION GNSS 2005, 18th International Technical Meeting of the Satellite Division of the Institute of Navigation, Long Beach, California, September 13–16: 250–260.

Schwarz KP, El-Sheimy N, Liu Z (1994): Fixing GPS cycle slips by INS/GPS: methods and experience. In: Proceedings of the International Symposium on Kinematic Systems in Geodesy, Geomatics and Navigation, Banff, Canada, August 30 through September 2: 265–275.

Schupler BR, Clark TA (1991): How different antennas affect the GPS observable. GPS World, 2(10): 32–36.

Seeber G (2003): Satellite geodesy: foundations, methods, and applications, 2nd edition. Walter de Gruyter, Berlin New York.

Seidelmann PK (ed) (1992): Explanatory supplement to the astronomical almanac. University Science Books, Mill Valley.

Seidelmann PK, Fukushima T (1992): Why new time scales? Astronomy and Astrophysics, 265: 833–838.

Shaw ME (2005): Global Positioning System: a policy and modernization review. Presented at United Nations, International Committee on GNSS, December 1–2.

Shaw M, Sandhoo K, Turner D (2000): Modernization of the Global Positioning System. GPS World, 11(9): 36–44.

Shi C, Liu J (2006): GNSS status and developments in China. Presentation at the Civil Global Positioning System Service Interface Committee, 46th meeting, Fort Worth, Texas, September 26.

Singh A, Saraswati SK (2006): India heads for a regional navigation satellite system. Co-ordinates, a Monthly Magazine on Positioning, Navigation and Beyond, vol II, issue 11: 6–8.

Sjöberg LE (1997): On optimality and reliability for GPS base ambiguity resolution by combined phase and code observables. Zeitschrift für Vermessungswesen, 122(6): 270–275.

Sjöberg LE (1998): A new method for GPS phase base ambiguity resolution by combined phase and code observables. Survey Review, 34(268): 363–372.

Sjöberg LE (1999): Triple frequency GPS for precise positioning. In: Krumm F, Schwarze VS (eds): Quo vadis geodesia ...? Festschrift for Erik W. Grafarend on the occasion of his 60th birthday. Schriftenreihe der Institute des Studiengangs Geodäsie und Geoinformatik, Universität Stuttgart, Part 2, Report vol 1999.6-2: 467–471.

Sleewaegen JM, Wilde W de, Hollreiser M (2004): Galileo AltBOC receiver. In: Proceedings of the European Navigation Conference GNSS 2004, Rotterdam, The Netherlands, May 16–19.

Solar Influences Data Analysis Center (2007): Sunspot data. Available at http://sidc.oma.be/sunspot-data.

Spilker JJ (1996a): GPS signal structure and theoretical performance. In: Parkinson BW, Spilker JJ (eds): Global Positioning System: theory and applications. American Institute of Aeronautics and Astronautics, Washington DC, vol 1: 57–119.

Spilker JJ (1996b): Tropospheric effects on GPS. In: Parkinson BW, Spilker JJ (eds): Global Positioning System: theory and applications. American Institute of Aeronautics and Astronautics, Washington DC, vol 1: 517–546.

Spilker JJ (1996c): GPS navigation data. In: Parkinson BW, Spilker JJ (eds): Global Positioning System: theory and applications. American Institute of Aeronautics and Astronautics, Washington DC, vol 1: 121–176.

Spilker JJ, Natali FD (1996): Interference effects and mitigation techniques. In: Parkinson BW, Spilker JJ (eds): Global Positioning System: theory and applications. American Institute of Aeronautics and Astronautics, Washington DC, vol 1: 717–771.

Stansell T, Fenton P, Garin L, Hatch R, Knight J, Rowitch D, Sheynblat L, Stratton A, Studenny J, Weill L (2006): BOC or MBOC? The common GPS/Galileo civil signal design: a manufacturers dialog, part 1. Inside GNSS, 1(5): 30–37.

Stubbe P (1996): The ionosphere as a plasma laboratory. In: Kohl H, Rüster R, Schlegel K (eds): Modern ionosphere science. EGS, Katlenburg-Lindau, ProduServ GmbH Verlagsservice, Berlin: 274–321.

Su C-C (2001): Reinterpretation of the Michelson-Morley experiment based on the GPS Sagnac correction. Europhysics Letters, 56(2): 170–174.

Swann J (2006): Will GPS and Galileo have the same or interoperable reference systems? In: Lachapelle G, Petovello M (eds): GNSS Solutions: Reference systems, UTC leap second, and L2C receivers? Inside GNSS, 1(1): 20–24.

Swann J, Chatre E, Ludwig D (2003): Galileo: benefits for location based services. Journal of Global Positioning Systems, 1(2): 57–66.

Szabo DJ, Tubman AM (1994): Kinematic DGPS positioning strategies for multiple reference station coverage. In: Proceedings of the International Symposium on Kinematic Systems in Geodesy, Geomatics and Navigation, Banff, Canada, August 30 through September 2: 173–183.

Teunissen PJG (1993): Least squares estimation of the integer GPS ambiguities. Paper presented at the General Meeting of the IAG at Beijing, P.R. China, August 8–13.

Teunissen PJG (1994): A new method for fast carrier phase ambiguity estimation. In: Proceedings of PLANS'94 – Position Location and Navigation Symposium, Las Vegas, Nevada, April 11–15: 562–573.

Teunissen PJG (1995a): The least-squares ambiguity decorrelation adjustment: a method for fast GPS integer ambiguity estimation. Journal of Geodesy, 70: 65–82.

Teunissen PJG (1995b): The invertible GPS ambiguity transformations. Manuscripta Geodaetica, 20: 489–497.
Teunissen PJG (1996): GPS carrier phase ambiguity fixing concept. In: Kleusberg A, Teunissen PJG (eds): GPS for geodesy. Springer, Berlin Heidelberg New York Tokyo: 263–335 [Bhattacharji S, Friedman GM, Neugebauer HJ, Seilacher A (eds): Lecture Notes in Earth Sciences, vol 60].
Teunissen PJG (1999a): An optimality property of the integer least-squares estimator. Journal of Geodesy, 73: 587–593.
Teunissen PJG (1999b): A theorem on maximizing the probability of correct integer estimation. Artificial Satellites – Journal of Planetary Geodesy, 34(1): 3–9.
Teunissen PJG (2003): Integer aperture GNSS ambiguity resolution. Artificial Satellites – Journal of Planetary Geodesy, 38(3): 79–88.
Teunissen PJG (2004): Penalized GNSS ambiguity resolution. Journal of Geodesy, 78: 235–244.
Teunissen PJG, Verhagen S (2004): On the foundation of the popular ratio test for GNSS ambiguity resolution. In: Proceedings of ION GNSS 2004, 17th International Technical Meeting of the Satellite Division of the Institute of Navigation, Long Beach, California, September 21–24: 2529–2540.
Teunissen PJG, Jonge PJ de, Tiberius CCJM (1994): On the spectrum of the GPS DD-ambiguities. In: Proceedings of ION GPS-94, 7th International Technical Meeting of the Satellite Division of the Institute of Navigation, Salt Lake City, Utah, September 20–23, part 1: 115–124.
Teunissen PJG, Jonge PJ de, Tiberius CCJM (1995): A new way to fix carrier-phase ambiguities. GPS World, 6(4): 58–61.
Teunissen PJG, Jonkman NF, Tiberius CCJM (1998): Weighting GPS dual frequency observations: bearing the cross of cross-correlation. GPS Solutions, 2(2): 28–37.
Tiberius CCJM (1998): Recursive data processing for kinematic GPS surveying. Netherlands Geodetic Commission, Publications on Geodesy, vol 45.
Tossaint M, Samson, Toran F, Ventura-Traveset J, Sanz J, Hernandez-Pajares M, Juan JM, Tadjine A, Delgado I (2006): The Stanford-ESA integrity diagram: focusing on SBAS integrity. In: Ventura-Traveset J, Flament D (eds): The European EGNOS project. ESA Publications Division, Noordwijk, The Netherlands, SP-1303: 55–67.
Townsend BR, Fenton PC, Dierendonck AJ van, Nee DJR van (1995): Performance evaluation of the multipath estimating delay lock loop. Navigation, 42(3): 503–514.
Townsend B, Wiebe J, Jakab A (2000): Results and analysis of using the MEDLL receiver as a multipath meter. In: Proceedings of the 2000 National Technical Meeting of the Institute of Navigation, Anaheim, California, January 26–28: 73–79.
Tranquilla JM, Carr JP (1990/91): GPS multipath field observations at land and water sites. Navigation, 37(4): 393–414.
Tsui JBY (2005): Fundamentals of Global Positioning System receivers: a software approach, 2nd edition. Wiley, Hoboken.
Tziavos IN, Barzaghi R (eds) (2002): International Geoid Service, Bulletin no. 13, Special Issue. Proceedings of EGS 2001 – G7 Session "Regional and local gravity field approximation", Nice, France, March 25–30, 2001.
United Nations (2004): Report of the action team on global navigation satellite systems (GNSS) – Follow up to the Third United Nations Conference on the Exploration

and Peaceful Uses of Outer Space (UNISPACE III), Vienna, Austria, July 19–30, 1999.

United States of America, European Community (2004): Agreement on the promotion, provision and use of Galileo and GPS satellite-based navigation systems and related applications. Available at http://ec.europa.eu/dgs/energy_transport/galileo.

US Army Corps of Engineers (2003): NAVSTAR Global Positioning System surveying. Engineer Manual no. 1110-1-1003, Department of the Army, Washington DC. Available at www.usace.army.mil/publications/eng-manulas/em1110-1-1003.

Uttam B, Amos DH, Covino JM, Morris P (1997): Terrestrial radio-navigation systems. In: Kayton M, Fried WR (eds): Avionics navigation systems, 2nd edition. Wiley, New York Chichester Weinheim Brisbane Singapore Toronto: 99–177.

Verhagen S (2004): Integer ambiguity validation: an open problem? GPS Solutions, 8(1): 36–43.

Verhagen S (2005): The GNSS integer ambiguities: estimation and validation. Netherlands Geodetic Commission, Delft, Publications on Geodesy ('Yellow Series'), vol 58.

Verhagen S, Joosten P (2004): Analysis of integer ambiguity resolution algorithms. In: CD-ROM-Proceedings of the European Navigation Conference GNSS 2004, Rotterdam, May 16–19.

Vermeer M (1997): The precision of geodetic GPS and one way to improve it. Journal of Geodesy, 71(4): 240–245.

Vollath U, Birnbach S, Landau H, Fraile-Ordoñez JM, Martín-Neira M (1999): Analysis of three-carrier ambiguity resolution technique for precise relative positioning in GNSS-2. Navigation, 46(1): 13–23.

Vollath U, Buecherl A, Landau H, Pagels C, Wagner B (2000): Multi-base RTK positioning using virtual reference stations. In: Proceedings of ION GPS 2000, 13th International Technical Meeting of the Satellite Division of the Institute of Navigation, Salt Lake City, Utah, September 19–22: 123–131.

Volpe National Transportation Systems Center (2001): Vulnerability assessment of the transportation infrastructure relying on the Global Positioning System. Final Report. Available at www.navcen.uscg.gov.

Wakker KF, Ambrosius AC, Leenman H, Noomen R (1987): Navigation and orbit computation aspects of the ESA NAVSAT system concept. Acta Astronautica 15(4): 195–208.

Walsh D (1992): Real time ambiguity resolution while on the move. In: Proceedings of ION GPS-92, Fifth International Technical Meeting of the Satellite Division of the Institute of Navigation, Albuquerque, New Mexico, September 16–18: 473–481.

Wang J (1999): Modelling and quality control for precise GPS and GLONASS satellite positioning. PhD dissertation, Curtin University of Technology, Australia.

Wanninger L (1997): Real-time differential GPS error modelling in regional reference station networks. In: Brunner FK (ed): Advances in positioning and reference frames. Springer, New York Berlin Heidelberg Tokyo: 86–92 [Mueller II (ed): IAG Symposia Proceedings, vol 118].

Wanninger L (1999): The performance of virtual reference stations in active geodetic GPS-networks under solar maximum conditions. In: Proceedings of ION GPS-99, 12th International Technical Meeting of the Satellite Division of the Institute of Navigation, Nashville, Tennessee, September 14–17: 1419–1427.

Wanninger L (2002): Virtual reference stations for centimeter-level kinematic positioning. In: Proceedings of ION GPS 2002, 15th International Technical Meeting of the Satellite Division of the Institute of Navigation, Portland, Oregon, September 24–27: 1400–1407.

Ward PW, Betz JW, Hegarty CJ (2006) Satellite signal acquisition, tracking, and data demodulation. In: Kaplan ED, Hegarty CJ (eds): Understanding GPS: principles and applications, 2nd edition. Artech House, Boston London: 153–241.

Weber R, Fragner E (1999): Combined GLONASS orbits. In: Slater JA, Noll CE, Gowey KT (eds): International GLONASS experiment (IGEX-98), Workshop Proceedings, IGS Central Bureau, Pasadena, California: 233–246.

Wei J, Xu D, Deng J, Huang P (2004): Synchronization for "Beidou" satellite terrestrial improvement radio navigation system. In: Proceedings of the 2004 International Conference on Intelligent Mechatronics and Automation, Chengdu, China, August.

Wei M, Schwarz KP (1995a): Analysis of GPS-derived acceleration from airborne tests. Paper presented at the IAG Symposium G4, XXI General Assembly of IUGG, Boulder, Colorado, July 2–14.

Wei M, Schwarz KP (1995b): Fast ambiguity resolution using an integer nonlinear programming method. In: Proceedings of ION GPS-95, 8th International Technical Meeting of the Satellite Division of the Institute of Navigation, Palm Springs, California, September 12–15, part 2: 1101–1110.

Wells DE, Beck N, Delikaraoglou D, Kleusberg A, Krakiwsky EJ, Lachapelle G, Langley RB, Nakiboglu M, Schwarz KP, Tranquilla JM, Vanicek P (1987): Guide to GPS positioning. Canadian GPS Associates, Fredericton.

Werner W, Winkel J (2003): TCAR and MCAR options with Galileo and GPS. In: Proceedings of ION GPS/GNSS 2003, Portland, Oregon, September 9–11: 790–800.

Wiederholt LF (2006): Stability measures for frequency sources. In: Kaplan ED, Hegarty CJ (eds): Understanding GPS – principles and applications, 2nd edition. Artech House, Norwood: 665–668.

Wielen R, Schwan H, Dettbarn C, Lenhardt H, Jahreiß H, Jährling R (1999): Sixth catalogue of fundamental stars (FK6), part I: basic fundamental stars with direct solutions. Veröffentlichungen Astronomisches Rechen-Institut, Heidelberg, vol 35, Braun, Karlsruhe.

Wieser A (2001): Robust and fuzzy techniques for parameter estimation and quality assessment in GPS. PhD dissertation. In: Brunner FK (ed): Ingenieurgeodäsie – TU Graz. Shaker, Aachen.

Wieser A (2007a): How important is GNSS observation weighting? In: Lachapelle G, Petovello M (eds): GNSS Solutions: Weighting GNSS observations and variations of GNSS/INS integration. Inside GNSS, 2(1): 26–33.

Wieser A (2007b): GPS based velocity estimation and its application to an odometer. In: Brunner FK (ed): Ingenieurgeodäsie – TU Graz. Shaker, Aachen.

Wieser A, Gaggl M, Hartinger H (2005): Improved positioning accuracy with high-sensitivity GNSS receivers and SNR aided integrity monitoring of pseudo-range observations. In: Proceedings of ION GNSS 2005, 18th International Technical Meeting of the Satellite Division of the Institute of Navigation, Long Beach, California, September 13–16: 1545–1554.

Wigger P, Hövel R vom (2002): Safety assessment – application of CENELEC standards – experience and outlook. Copenhagen Metro Inauguration Seminar, November 21–22.

Wilde W de, Sleewagen JM, Wassenhove K van, Wilms F (2004): A first-of-a-kind Galileo receiver breadboard to demonstrate Galileo tracking algorithms and performances. In: Proceedings of the 2nd ESA Workshop on Satellite Navigation User Equipment Technologies, NAVITEC 2004, ESTEC, Noordwijk, The Netherlands, December 8–10.

Wilde W de, Sleewaegen JM, Simsky A, Vandewiele C, Peeters E, Grauwen J, Boon F (2006): New fast signal acquisition unit for GPS/Galileo receivers. In: Proceedings of the European Navigation Conference GNSS 2006, Manchester, United Kingdom, May 7–10.

Wiley B, Craig D, Manning D, Novak J, Taylor R, Weingarth L (2006): NGA's role in GPS. In: Proceedings of ION GPS 2006, 19th International Technical Meeting of the Satellite Division of the Institute of Navigation, Fort Worth, Texas, September 26–29: 2111–2119.

Willis P, Boucher C (1990): High precision kinematic positioning using GPS at the IGN: recent results. In: Bock Y, Leppard N (eds): Global Positioning System: an overview. Springer, New York Berlin Heidelberg Tokyo: 340–350 [Mueller II (ed): IAG Symposia Proceedings, vol 102].

Witchayangkoon B (2000): Elements of GPS precise point positioning. PhD dissertation, University of Maine, Orono, Maine.
Available at www.spatial.maine.edu/SIEWEB/thesesdissert.htm.

Wolfe DE, Gutman SI (2000): Developing an operational, surface-based, GPS, water vapor observing system for NOAA: network design and results. Journal of Atmospheric and Oceanic Technology, 17(4): 426–440.

Wu JT, Wu SC, Haj GA, Bertiger WI, Lichten SM (1993): Effects of antenna orientation on GPS carrier phases. Manuscripta Geodaetica, 18: 91–98.

Wübbena G, Schmitz M, Menge F, Seeber G, Völksen C (1997): A new approach for field calibration of absolute GPS antenna phase center variations. Navigation, 44(2): 247–255.

Wübbena G, Schmitz M, Menge F, Böder V, Seeber G (2000): Automated absolute field calibration of GPS antennas in real-time. In: Proceedings of ION GPS 2000, 13th International Technical Meeting of the Satellite Division of the Institute of Navigation, Salte Lake City, Utah, September 19–22: 2512–2522.

Wübbena G, Bagge A, Schmitz M (2001): Network-based techniques for RTK applications. Paper presented at the GPS Symposium, GPS JIN 2001, GPS Society, Japan Institute of Navigation, November 14–16.

Wunderlich T (1992): Die gefährlichen Örter der Pseudostreckenortung. Habilitation Thesis, Technical University Hannover.

Xu G (2003): GPS – theory, algorithms and applications. Springer, Berlin Heidelberg New York.

Young R, McGraw GA (2003): Fault detection and exclusion using normalized solution separation and residual monitoring methods. Navigation, 50(3): 151–169.

Zhang W, Cannon ME, Julien O, Alves P (2003): Investigation of combined GPS/Galileo cascading ambiguity resolution schemes. In: Proceedings of ION GPS/GNSS 2003, Portland, Oregon, September 9–11: 2599–2610.

Zhu J (1993): Exact conversion of earth-centered, earth-fixed coordinates to geodetic coordinates. Journal of Guidance, Control, and Dynamics, 16(2): 389–391.

Zhu SY, Groten E (1988): Relativistic effects in GPS. In: Groten E, Strauß R (eds): GPS-techniques applied to geodesy and surveying. Springer, Berlin Heidelberg New York Tokyo: 41–46 [Bhattacharji S, Friedman GM, Neugebauer HJ, Seilacher A (eds): Lecture Notes in Earth Sciences, vol 19].

Zinoviev AE (2005): Using GLONASS in combined GNSS receivers: current status. In: Proceedings of ION GNSS 2005, 18th International Technical Meeting of the Satellite Division, Long Beach, California, September 13–16: 1046–1057.

Zogg JM (2006): Grundlagen der Satellitennavigation, User's guide. u-blox GPS-X-01006-B1. Available at http://telecom.tlab.ch/~zogg.

Zolesi B, Cander LR, Belehaki A, Tsagouri I, Pezzopane M, Pau S (2005): Geomagnetic indices forecasting and ionospheric nowcasting tools. Paper presented at the 2nd European Space Weather Week, Noordwijk, The Netherlands, November 14–18.

Zumberge JF, Heflin MB, Jefferson DC, Watkins MM, Webb FH (1997): Precise point positioning for the efficient and robust analysis of GPS data from large networks. Journal of Geophysical Research, 102(B3): 5005–5017.

訳者あとがき

「GPS theory and practice」は 1992 年に初版が出て以来、GPS のテキストとしてベストセラーを続け、欧米の測地学や測量、ジオマティックスを教える大学でのテキストとしても使われてきた。2000 年に第 5 版が出版された後これは、2005 年に日本語での翻訳出版が行われた。訳者の係わった「GPS 理論と応用」である。日本語で書かれた大学レベルの標準的な GPS テキストがなかっただけにこの翻訳には好評を頂いた。

今回の「GNSS のすべて―GPS、グロナス、ガリレオ…」は、これの大幅な改訂版という位置づけになろう。2000 年以降米国は、新たな GPS 政策を発表し、GPS 近代化政策を推し進めている。ロシアは、一時期使えなくなっていたグロナスを復活させ数年後の完全運用へと動いている。欧州はガリレオ計画を推進し、現在 2 機の実験衛星を打ち上げ、2010 年代半ばの完全運用を目指している。また経済の台頭著しい中国やインドの GNSS 計画も発表されている。まさに GNSS は、GPS1 極だけではなくなりつつある。これからはこれらさまざまな GNSS に対応することが求められよう。

本テキストは、このような状況を考慮して作られたものであると言えよう。全体の構成を大きく 2 つに分け、前半ですべての GNSS に共通の測位理論を説明し、後半で個別具体の GNSS の解説を行っている。測位理論では仮想基準点や精密単独測位（PPP）といった新しい理論も加えている。また電波信号についての解説も充実させており、その基礎から最新の BOC 変調まで取り込んだ構成になっている。これらは「GPS 理論と応用」にはなかったところである。

後半の個別の GNSS システムについては現在入手できる範囲の最新情報が盛り込まれており、GNSS のすべてという内容になっている。

このように本書は GNSS に関するこれからの標準テキストとなるに相応しい内容になっていると訳しながら強く感じた次第である。本訳により日本において多少なりとも GNSS についての理解が増せば、訳者の望外の喜びである。

最後に「GNSS のすべて―GPS、グロナス、ガリレオ…」を翻訳出版する機会をいただいた古今書院に感謝する次第である。

   2009 年 12 月　つくばにて

                            西　修二郎

索引

アルファベット

A/D 73, 76, 77, 78
Abel のインヴァージョン（Abel inversion） 370
ACF 59, 316
AFS 57-58, 276, 297, 307, 312-313, 317, 319
AGNSS 354-355, 384
AL 228-229, 306
Allan の分散（Allan variance） 58
AltBOC 71, 86, 324, 325
Appleton 層（Appleton layer） 56
ARGOS 334
ARNS 52, 282, 309, 319
AS（anti-spoofing） 271
BER 283, 284
BOC 69-71, 81, 86, 281-282, 301, 321-325
BPF 76, 313
BPSK 63, 69-71, 80-81, 86, 279, 281, 299, 324, 341, 348
C/A コード（C/A code） 266-269, 271, 277-283, 290-291, 296-297, 299-301, 303, 308, 331, 341, 348, 356, 364, 376-377
C/A コード擬似距離（C/A code pseudorange） 356
CDMA 65, 72, 277, 297, 303, 320, 341
CEP 13, 15, 18, 233-234
CEP 13, 15, 18, 233-234
CHAMP 120, 248, 370
Cicada 4
CIGNET 41
CIO 13-15, 18

Compass 4, 332-333, 335, 374
COSPAS 310, 317, 334-335
C バンド（C band） 52, 56, 62, 313, 316, 319, 328, 347-348
DEM 336, 342
DGNSS 145-148, 343-344, 346, 360-361, 371, 379, 387
DGPS 137, 147, 345-346, 361, 371
DLL 83, 85-86, 136
DOP 7, 96, 174, 190, 201, 223-225, 227, 240, 312-313, 331, 360, 364
DORIS 333, 370
DSP 73, 77, 79
ECEF 19, 138, 235, 289, 356
EGNOS 5, 304, 308, 350, 351, 352, 376
Eurofix 354
EutelTRACS 343
FDMA 72, 296-297, 299, 303
FEC 284-285, 326
FLL 84-85
FOC 262, 271-272, 285, 287, 297, 328, 351
GAGAN 350-351
Galileo 14, 262, 304-308, 310-314, 318, 321-327, 332
GATE 313
GBAS 5, 352
GDGPS 345
GEOSTAR 332, 342, 343
GIOVE 312-313
GIS 385-386
GJU 305-306
GOC 248, 306, 308
Gold コード（Gold code） 67

GPS　4-5, 14, 21-22, 25, 41-45, 47, 129, 137, 147, 166, 182, 223, 235, 247, 260-278, 282-283, 285, 288-291, 293, 296-297, 301-305, 307-308, 310-311, 313, 317-319, 322, 328-329, 331-332, 335-336, 338-343, 345-348, 350-351, 353, 356, 358, 361, 364, 371-374, 376-378, 380, 386, 388

GPS 近代化（GPS modernization）　262-263, 273-275, 282

GPS 時（GPS time）　265, 283, 293, 302, 307, 332, 339

GPS 週（GPS week）　42, 265, 283

GRACE　248, 370

GRS-80 楕円体（GRS-80 ellipsoid）　238, 244-247

GTRF　14, 235, 307, 317, 331, 339

Hadamard の分散（Hadamard variance）　58

HDOP　225, 312, 360

HMI　229

Hopfield モデル（Hoffield model）　111

HOW　281, 283, 301

HPL　228

ICAO　286-287, 304, 310, 328, 352, 381

IERS　14, 18, 21, 23, 166, 289, 307

IGS　6, 41-42, 44, 120, 127, 142, 144-145, 166, 270, 289, 296, 379-380

IMO　226, 304, 310, 328

INS　171, 173, 387

IOC　262, 272, 285

IOV　306, 312-313

IRNSS　342, 374

ITRF　14, 19, 41, 264-265, 289, 307, 317, 331, 339, 379

ITS　386

ITU　51-52, 58, 60, 72, 107-108, 277, 299, 312, 319, 333

JD　21-22, 266

JPO　261, 273, 275

Kennelly-Heaviside 層（Kennelly-Heaviside layer）　56

Klobuchar モデル（Klobuchar model）　105-106

L1C　277, 279, 282-283, 285, 339, 341-342, 377

L2C　271-272, 278-279, 281-282, 339, 341, 377-378

L5C　272, 278-279, 282, 339, 341, 348, 377

LAAS　352

LAD　147-148, 344

LADGNSS　147-148

LAMBDA　182, 193, 199, 201

LBS　381, 383

LFSR　67, 279-282, 300-301, 321, 325

LOCSTAR　342

Manchester コーディング（Manchester coding）　69, 301

Maxwell の方程式（Maxwell's equation）　48

MBOC　71, 282, 322-323

MRSE　233

MSAS　5, 350, 351, 376

M コード（M-code）　271-272, 276, 278, 281-282, 285, 305

NAD-27　247

NAVSTAR　380

NDGPS　346

NeQuick モデル（NeQuick model）　106-108

NMEA　371, 373

NTRIP　372

OmniSTAR　344-345

OmniTRACS　343

OTF　147, 176, 185-187, 344, 362, 368

PE-90　14, 235, 289-290, 302, 331

PL　6, 41, 83-85, 106-107, 144, 228-229, 345, 349

PLL　83-85

PPS　266-268, 277, 378

PRARE　333-334, 370

PRN 64, 66-69, 71, 77, 91, 166, 266-267, 269, 277-280, 299, 320-321, 323, 341-342, 347
PRS 310, 318, 321, 324
PSD 59, 65
PVS 356
PVT 73
Pコード（P-code） 88, 266-268, 271, 277-278, 280-281, 283, 290-291, 296-297, 299-301, 303, 377-378
QASPR 343
QPSK 63, 282
QZSS 283, 338, 339, 341-342
RAIM 229-230, 308
RF 14-15, 19, 41, 73, 75-76, 84, 235, 264-265, 278, 289, 297, 307, 317, 331, 339, 379
RINEX 41, 165-166, 332, 371-373
RNSS 52, 319, 342, 374
RTCM 85-86, 290, 345-346, 352, 371-372
RTK 147-148, 161, 182, 346, 361, 363, 371, 376, 379, 384
S/N 87, 96, 144, 283, 358, 372, 378
SA 5, 14, 161, 175, 190, 230, 248, 262-263, 268-271, 273, 287, 291, 303-306, 310, 312-313, 317-319, 325, 334-335, 341-343, 345-346, 350-351, 369, 376-378
Saastamoinenモデル 116
Sagnac効果 126, 143
SAIF 341-342
SARSAT 310, 317, 334-335
SBAS 5, 166, 342, 347-352, 372, 374
SD 59, 65, 151, 268, 270, 316, 345, 352
SIL 383
SISA 317-318
SISE 317-318
SISNET 351
SkyFix 344-345

SLR 14, 40-41, 249, 264, 289
SNAS 352
SN比（signal-to-noise ratio） 77, 157, 166
SoL 308-310, 320, 322, 324-325
SPS 266-268, 277
StarFire 345
StarFix 344-345
Sバンド 52, 273, 275, 313, 316, 319, 333, 338, 342, 346
TACAN 276, 319
TAI 21, 265, 290, 307, 339
TCAR 175, 180, 182, 311
TDMA 72, 304
TDT 20-21
TEC 56, 103-105, 107-108, 119-120
TOA 335
Transit 4, 6, 333
Tsikada 4, 286, 333
TTA 228, 382
TTFF 88-89, 327, 354
Twin-Star 332
UERE 95-96, 204, 227, 317, 361
UT 19-22, 106-108, 119, 241, 246, 265, 270, 284, 290, 294, 296, 302, 307, 316, 334-335
UTC 20-21, 265, 284, 290, 294, 296, 302, 307, 316
UTM 241, 246
VLBI 14, 40-41, 249, 264
VPL 228
VRS 148, 161-163, 379
WAAS 5, 350, 352, 376
WAD 344, 348
WARTK 363
WGS-84 41, 238, 247, 250, 254, 264, 265, 290, 331, 339, 358
Wコード（W-code） 88, 271, 281
Yコード（Y-code） 87-88, 267, 271, 281, 377,

378
Zトラッキング（Z-tracking） 88

カタカナ

アクティブな基準網（active control network） 379
アフィン変換（affine transformation） 252, 254, 367
アルベド効果（albedo effect） 33
アンテナキャリブレーション（antenna calibration） 128-130
アンテナグランドプレーン（antenna ground plane） 136
アンテナスワップ（antenna swap） 160, 176
アンテナの向き（antenna orientation） 128-130, 299
アンテナ位相中心（antenna phase center） 94, 127-131, 136, 143, 163
アンテナ高（antenna height） 128, 135
アンテナ設計（antenna design） 75, 95
アンテナ利得（antenna gain） 55, 62, 75, 135, 299
アンビギュイティー解（ambiguity resolution） 119, 182, 201, 285
アンビギュイティー関数（ambiguity function） 175, 187-190
アンビギュイティー探索（ambiguity search） 175, 187, 190-192, 194, 197-199
アンビギュイティー無相関（ambiguity decorrelation） 187, 193
イメージング（imaging effect） 95
インターリービング（interleaving） 89, 285, 326
ウォームスタート（warm start） 376
うるう秒（leap second） 20-21, 290, 293, 302, 307

エイリアシング（aliasing） 60, 76, 77
オイラー角（Euler angles） 365
オープンサービス（open service） 308, 310, 320-322, 324
カイ二乗分布（chi-square distribution） 232
ガウス－クリューガー座標（coordinate） 245, 249
ガウス－クリューガー投影（projection） 244
ガウス分布（Gaussian distribution） 74, 208, 227, 232, 318, 349
ガリレオのサービス（Galileo services） 308, 310
ガリレオ地球座標系（Galileo terrestrial reference frame） 14, 307, 317, 331
ガリレオ変換（Galilei transformation） 122
カルマンフィルター（Kalman filter） 42, 136, 192-193, 205, 207-212, 230, 274, 358, 384
キネマティックな初期化（kinematic initialization） 160, 176
キネマティック相対測位（kinematic relative positioning） 160, 161, 362, 363
キネマティック単独測位（kinematic point positioning） 146, 147
クラーク楕円体（Clarke ellipsoid） 247, 249
グラムシュミット直交化法（Gram-Schmidt orthgonalization） 219
グランジェ補間（Lagrange interpolation） 45
グリニジ恒星時（Greenwich sidereal time） 11, 18
グリニジ子午面（Greenwich meridian） 11
グローバルな楕円体（global ellipsoid） 247
グロナス 4-5, 14, 42-43, 47, 151, 165-166, 182, 235, 283, 285-304, 310, 319, 328-329, 331-332, 335, 347, 351-352, 356, 371-374, 376, 378, 380, 386, 388
グロナスのサービス（GLONASS services） 290
ケプラーの法則（Kepler's law） 2
ケプラーパラメータ（Kepler parameters） 28, 30, 34-38, 42-43, 325

ケプラー軌道（Kepler orbit） 24, 28, 34
ケプラー楕円（Kepler ellipse） 37, 39, 43
ケプラー方程式（Kepler's equation） 25
ケプラー要素（Kepler elements） 108, 302
コードデータ（code data） 179-180, 191
コードレス技術（codeless technique） 87, 378
コード位相（code phase） 97
コード擬似距離（code pseudorange） 9-10, 57, 91, 93-100, 102, 104, 109, 133, 138, 140-143, 145-147, 269, 344, 356, 358, 360-361
コード擬似距離の平滑化（code pseurange smoothing） 97, 99, 358
コード距離の精度（accuracy of code range） 185
コード生成（code generation） 279-280
コード相関（code correlation） 80-81, 88, 355
コーファクター行列（cofactor matrix） 191, 194-196, 203, 205-210, 212-213, 223-225, 228
コールドスタート（cold start） 78, 325, 376-377
コスタスループ（Costas loop） 84
コヒーレントな追尾（coherent tracking） 80
コレスキ因子分解（Cholesky factorization） 191-192
サイクルスリップ（cycle slip） 97-99, 166-171, 175, 189, 221
サンプリング（sampling） 60, 69, 76-77, 98-99, 200, 352
ジオイド（geoid） 246-249, 252, 254-256, 260, 378-379
ジオイド高（geoidal height） 246, 249, 252, 254-255
システム統合（system integration） 374-375
シュードライト（pseudolite） 311, 352-353
シンチレーション（scintillation） 54, 56, 79, 85
スーパー基準網（supernet） 379
スカイプロット（sky plot） 240, 356

スタティックな初期化（static initialization） 160
スタティックな相対測位（static relative positioning） 157-158, 160, 363
スタティックな測量（static survey） 157
スタティックな単独測位（static point positioning） 139-141, 157
スタンフォード図（Stanford diagram） 229
ストップアンドゴー（stop-and-go） 362, 364
スネルの法則（Snell's law） 53
スペクトル（spectrum） 51, 58-61, 63-66, 69-72, 74, 76-77, 82, 86, 136, 271, 277-278, 281, 299-300, 320, 322, 324, 388
セシウム（cesium） 57, 266, 283, 292-293
セッション（session） 118, 145, 157, 165, 166, 219, 295, 362-363, 385
セミキネマティック（semikinematic） 362
ゼロ基線（zero baseline） 377
ソフトウェア受信機（software-based receiver） 388
チャンドラー周期（Chandler period） 13
チャンネル（channel） 6, 63, 78, 81-83, 88, 281-282, 298-301, 320-321, 324, 327-328, 352, 354, 371, 376
チャンネル多重（channel multiplexing） 78
チョークリングアンテナ（choke ring antenna） 75, 136, 368
ティアドコード（tiered code） 68, 71, 321, 323
デファレンシャルシステム（differencing system） 343-344, 347, 374
デファレンシャル測位（differencing positioning） 9, 145-146, 344, 360
デファレンシャル補正（differencing correction） 294, 297, 342-346, 349-350, 352-354, 361, 370-371, 373
データのサンプリング間隔（data sampling rate） 98
データの組み合わせ（data combination）

167, 179-180, 182
データ交換（data exchange） 165, 356
データ処理（data processing） 2, 119-120, 135, 161, 165, 356
データ伝送（data transfer） 65, 72, 273-274, 333
ドップラー（Doppler） 2, 4, 7-8, 34, 50-51, 73, 76, 78-79, 81, 83-84, 86, 88, 94, 96, 99, 123, 141-142, 167, 169, 264, 286, 289, 298, 310, 319, 333-335, 340, 355, 364, 370, 372, 374
ドップラーシフト（Doppler shift） 2, 50-51, 76, 78-79, 83-84, 86, 94, 96, 99, 142, 333-334, 340, 355, 364, 370, 374
ドップラーデータ（Doppler data） 94, 141
ドップラー効果（Doppler effect） 7, 34, 87, 123
トモグラフィー（tomography） 119, 369-370
トルク（torque） 12
ナイキスト-シャノンの定理（Nyquist (Shannon) theorem） 77
ナロウコリレータ（narrow correlator） 185-186
ナロウレーン（narrow lane） 176
ニュートン力学（Newtonian mechanics） 12, 20, 23, 123
ノイズベクトル（noise vector） 211
ノイズレベル（noise level） 74, 77, 84, 86, 92, 96, 169, 180
パーシバルの定理（Parceval's theorem） 59
パイロット信号（pilot signal） 71, 85, 279, 282, 323, 354
パッシブな基準網（Passive control network） 379
バンド幅（bandwidth） 60, 64-65, 69, 74, 84-86, 279, 320, 322
ビート位相（beat phase） 84, 92-93, 166
ビート周波数（beat frequency） 83-84
ビタビアルゴリズム（Viterbi algorithm） 327

ファラデー回転（Faraday rotation） 48
フィックス解（fixed solution） 175, 183, 190
フーリエ変換（Fourier transform） 58-60, 136
フェルマーの原理（Fermat's principle） 53, 102
プラズマ周波数（plasma frequency） 105
フリスの伝送公式（Friis transmission formula） 55
プレートテクトニクス（plate tectonics） 14, 385
フロート解（float solution） 174, 175, 182-184, 190-191, 193
ブロック（block） 73, 76, 78, 88-89, 155, 205, 209, 262, 272-274, 276, 278-279, 281-283, 285, 292, 313-314, 326
ベッセル楕円体（Bessel ellipsoid） 249
ヘルマート変換（Helmert transformation） 249, 252, 331
ホイゲンス・フレネルの原理（Huygens-Fresnel principle） 53
ホットスタート（hot start） 78-79
ボルツマン定数（Boltzmann constant） 74
マルチパス（multipath） 53, 61-62, 75, 79, 85, 95-96, 129-130, 132-137, 144, 146-147, 163, 166, 171, 174-175, 179, 182, 185, 200, 204, 227-228, 230, 267, 318, 324, 347, 349, 353, 356, 360, 364, 368, 384
メーザー（maser） 57, 266, 290, 294, 307, 312-313
メルカトル投影（Mercator projection） 241, 243
ユリウス日（Julian date） 21-22, 266
ラグランジェ方程式（Lagrange equation） 30, 37
ラジオメーター（radiometer） 118
ラピッドスタティック（rapid static） 133, 361
ランベルト等角投影（conformal Lambert projection） 241
リアルタイムキネマティック（real-time kinematic） 147, 363
リアルタイム測位（real-time positioning） 97,

145，346-347
ルジャンドル多項式（Legendre polynomial）
　31
ルジャンドル陪関数（associated Legendre
　function）　31，119
ルビジウム（rubidium）　57，266，293，312-313，
　317，340
レイリー方程式（Rayleigh equation）　100-102
ローカルな楕円体（local ellipsoid）　247，249
ローカルな補強システム（local area augmentation
　system）　308，381
ローバー受信機（roving receiver）　141，145，
　159-160，165，185，371
ローレンツ収縮（Lorentz contraction）　122
ローレンツ変換（Lorentz transformation）
　121-122
ワイドレーン（wide lane）　97-98，176-181，186，
　276，285，320，363

あ 行

位相 wind-up（phase wind-up）　124
位相のアンビギュイティー（phase
　ambiguity）　140-141，147，166，170，177，
　179，186，362
位相の組み合せ（phase combination）　170
位相の端数（fractional phase）　50，166
位相モデル（phase model）　92，177，216
位相擬似距離（phase pseudorange）　9，57，92-
　98，100，102，104，108，128，130，133，
　140-141，147，161，344-345，358
位相屈折率（phase refractive index）　102-103
位相信号の進み（phase advance）　102
位相速度（phase velocity）　57，100-101
位相中心（phase center）　94，127-131，136，143-
　144，163，368
位相変調（phase modulation）　63，322，324-325

位置情報サービス（location-based service）
　346，381，383-384
位置精度（position accuracy）　6，144-145，161，
　183，185，204，225，264，310，312，332，
　336，354，356，363-364，368，374，377
緯度引数（argument of latitude）　292，333
一次元の変換（one-dimensional
　transformation）　254
一周波（single frequency）　57，96，100，107，
　144-145，176，222，287，289，327，349，363，
　369
一周波受信機（single frequency receiver）　96，
　222，327，349，363，369
一重差（single-difference）　92，129，146，149-
　151，153-154，156-159，167，171，173，188-
　189，219-220，368
一般相対論（general relativity）　22，20，124-125
卯酉線（prime vertical）　235-236，241，243，337
運動エネルギー（kinetic energy）　26，124
衛星アンテナ（satellite antenna）　72，128，143-
　144，276，297，358
衛星ダイバーシティ（satellite diversity）　89
衛星の幾何学配置（satellite geometry）　173-174，
　225
衛星軌道（satellite orbit）　2，5，9，23，33-34，
　47，124-125，222，248，265，269，273-274，
　290，295，311-313，316-317，339，347，349，
　356
衛星型補強システム（space-based
　augmentation）　5，166，347
衛星時計（satellite clock）　3-4，6，42，44，91，
　95，125-126，138-140，142，145，149，157，
　204，214，230，267，269，283，287，293，
　295-296，316-317，341-342，344，347，349，
　360，380
衛星信号（satellite signal）　9，47，52，58，60-
　64，68，73-75，79-80，82-86，89，92-93，95，
　124，127，132，136，150，152，158，160，

166, 229-230, 261, 266, 272, 276, 316-318, 320, 325, 349, 352-355, 370, 376, 383-384
円錐投影（conical projection） 241-242
円筒投影（cylindrical projection） 241-242
遠地点（apogee） 24
横メルカトル投影（transverse Mercator projection） 241, 243
黄道（ecliptic） 11, 17

か　行

仮想基準点（virtual reference station） 148, 161-163, 173, 345, 379
加速された基準系（accelerated reference frame） 124
加速度計（accelerometer） 260, 375
回折（diffraction） 53
回転行列（rotation matrix） 225, 249-250, 252, 259, 360, 365, 367
海事利用（maritime application） 382, 387
海洋学（oceanography） 387
海洋潮汐（oceanic tide） 32-33
概略暦（almanac） 6, 42, 73, 78-79, 89, 224, 283-284, 302-303, 325, 327, 342, 348-349, 354-355, 376, 380
拡散スペクトル（spread spectrum） 65, 71-72, 74
確率レベル（probability lebel） 233, 369
確率変数（stochastic variable） 231-233
角運動量（angular momentum） 22-23, 35
角速度（angular velocity） 20, 25, 36, 42-43, 49, 264
乾燥屈折指数（dry refractivity） 111, 114
乾燥成分（dry component） 56, 111
完全運用（full operational capability） 262, 267, 271-273, 275-276, 282, 285, 287-288, 297, 303, 306, 328, 350-351

完全性（integrity） 147, 228-230, 284-285, 294, 297, 308-311, 313-314, 316-317, 322-325, 331, 333, 336, 339, 342, 345, 346-352, 354, 371, 379, 381-383
完全性監視（integrity monitoring） 229-230, 308, 310, 347, 351
干渉法（interferometry） 14
慣性モーメント（moment of inertia） 20
慣性系（inertial system） 22, 24, 122, 124
慣性航法システム（Inertial Navigation Systems） 8, 171, 272, 374, 375
監視モード（surveillance mode） 361
監視局（monitor station） 5, 42, 148, 229, 230, 265, 273-274, 287, 289, 296, 314, 316-318, 338-339, 342, 345, 347-348, 351-352, 388
管制システム（control system） 4-5, 40, 273-274, 286-288, 294-296, 306, 308, 311, 317, 388
観測方程式（observation equation） 33, 37, 75, 94, 139, 142, 149-150, 157-161, 174, 176, 180, 190, 192-193, 199, 203, 205, 207, 209, 212, 216-219, 222-223, 251, 260, 332, 364, 367
観測量（observable） 4, 6-7, 9-10, 73, 91, 93-94, 96, 98, 129-130, 139-140, 146, 148-149, 162, 165, 174, 179, 192, 217, 219, 222, 227, 239-240, 251, 253, 256, 260, 329, 367, 372, 377
基準衛星（reference satellite） 154, 158, 183, 220
基準系（datum） 2, 13, 124, 126, 247, 249, 253, 256, 261, 264, 289, 307, 331, 336, 339, 378-379
基準系の変換（datum transformation） 249, 256
基準座標系（reference system） 8, 11, 235, 249, 289
基準周波数（reference frequency） 57, 73, 299
基準楕円（reference ellipse） 37, 39, 289

基準楕円体（reference ellipsoid） 289
基準網（control network） 379
基線解（baseline solution） 167, 171, 173, 219, 221-222, 368
基線長（baseline length） 1, 23, 161, 173, 183, 191-199, 221, 270, 361-363, 377-378, 384-385
基線長の相対誤差（relative baseline error） 23
基本周波数（fundamental frequency） 266, 269, 276, 319, 341
気圧計（barometer） 342, 374
気象データ（meteorological data） 111, 118, 165
気象学（meteorology） 106, 120, 385
軌道（trajectory） 2, 4-6, 9, 23-28, 30-31, 33-37, 39-45, 47, 51, 56, 89, 95, 119-120, 124-125, 142, 144-146, 161, 163, 174-175, 204, 222, 224, 230, 248-249, 262, 265-267, 269-274, 281, 283-285, 287, 290, 292-296, 298-299, 301-303, 306, 311-317, 325, 328, 331-342, 344-345, 347-349, 353, 355-356, 358, 369-370, 380, 385, 388
軌道改良（orbit improvement） 37, 249
軌道決定（orbit determination） 31, 33-34, 36, 40, 119, 311, 315, 317, 333, 338
軌道誤差（orbital error） 95, 142, 145-146, 161, 163, 174, 204, 230, 270, 317, 331, 344, 349, 353
軌道交差方向成分（across-track component） 27
軌道座標系（orbital coordinate system） 27
軌道表現（orbit representation） 25
軌道方向成分（along-track component） 27
軌道面（orbital plane） 25-26, 30, 33, 36, 224, 271-272, 292, 298, 312, 333, 342, 356
擬似キネマティック（pseudokinematic） 160-161, 362-363, 384
擬似距離（pseudorange） 3, 5-7, 9-10, 57, 91-100, 102, 104-109, 128, 130, 133, 138-143, 145-147, 161, 229, 266, 269-270, 273, 283, 302, 344-345, 356, 358, 360-361, 377, 379
擬似距離の精度（accuracy of pseudorange） 92
擬似距離補正（pseudorange correction） 146, 344-345, 379
吸収（absorption） 30, 54, 136
球面調和（spherical harmonics） 38, 119, 129, 248
距離変化率（range rate） 34, 78, 86, 94, 145-147, 334, 344
距離変化率の補正（range rate correction） 145-146
共通の点（common point） 250
共分散行列（covariance matrix） 153-156, 175, 190-191, 194, 201-202, 204, 207, 211, 219, 221
共鳴効果（resonance effect） 39
境界値問題（boundary value problem） 34, 36-37
局地座標系（local coordinate system） 8, 224-225, 228, 238-239, 249, 253, 255, 259, 360, 365-367, 375
極運動（polar motion） 13, 15, 18, 20, 143
極座標（pole coordinate） 18-19, 75
近地点（perigee） 24-25, 36, 37, 39
近地点引数（argument of perigee） 36, 39
近点離角（anomaly） 25, 27, 35-36, 39, 125-126
空気抵抗（air drag） 30
空中波（sky wave） 53
屈折（refraction） 52-54, 56-57, 94, 101-103, 105-106, 108, 110-111, 113-114, 116, 119-120, 145-146, 161, 163, 176, 178, 239, 258, 266, 278, 369-370
屈折指数（refractivity） 110-111, 113-114, 116
屈折率（refractive index） 53-54, 56-57, 101-103, 110

群速度（group velocity） 57, 100-101
群速度の遅れ（group delay） 57
傾斜角（obliquity） 17, 31, 36, 39, 120, 224, 271-272, 292, 312, 333, 339-340, 342, 388
傾斜計（inclinometer） 260
経路遅延（path delay） 110, 112-115, 118, 120
計画行列（design matrix） 140, 149, 190, 192, 199, 202, 216, 222-223, 225, 251, 259-260, 360
警報限界（alarm/alert limit） 228
警報発信までの時間（time to alarm/alert） 228, 348, 382
欠測（outage） 221, 380
月の昇交点（moon's node） 18
検定（calibration） 118, 190-191, 193, 204, 368, 377
験潮場（tide gauge） 248
原子時（atomic time） 5, 20-21, 57, 75, 265-266, 273, 290, 292-294, 307, 312, 336, 339-340
原子時計（atomic clock） 5, 57, 75, 266, 292-294, 312, 336, 340
後処理（postprocessing） 4, 10, 41, 149, 165, 212, 334, 347, 358, 361, 371, 376, 379-380, 384, 386
誤差伝播（covariance propagation） 96, 98, 153, 155, 171, 191, 195, 203, 208, 219, 225, 364
光速度（speed of light） 34, 50, 53, 57, 86, 91, 101, 106, 121, 126, 138, 151, 364
広域補強システム（Wide Area Augmentation System） 5, 350
恒星時（sidereal time） 11, 15, 18-20, 25, 27, 42
恒星日（sidereal day） 39, 129
航法サービス（navigation service） 52, 282, 303-304, 308-309, 311, 319, 338-339, 375
航法メッセージ（navigation message） 23, 42-43, 73, 89-91, 105-107, 126, 138, 165-166, 214, 266-267, 269, 273, 276-279, 281-285, 290, 292-294, 297, 299, 301-302, 307-309, 311, 313, 316-318, 320-322, 324-327, 331-332, 339, 341-342, 354, 376
航法精度（navigation accuracy） 269
高度（altitude） 4-5, 30, 47, 51, 55, 57, 73, 75, 80, 96, 104-107, 113-115, 118, 120, 125, 127-131, 133, 135-136, 144, 157, 160, 166, 201, 224-225, 230, 240, 267, 271, 292, 299, 306, 308, 311-312, 313, 321, 329, 333-335, 340, 342-343, 348-349, 356, 366, 369-370, 379, 383-386, 388
高度角（elevation angle） 55, 57, 75, 96, 105, 113-115, 118, 127-131, 135-136, 144, 201, 224-225, 240, 267, 271, 312, 321, 340, 349, 366, 370, 385
高度角遮蔽（elevation mask） 271
国際原子時（International Atomic Time） 265, 290, 307, 339

さ　行

座標系（coordinate system） 8, 11-15, 18-19, 25-28, 30, 34, 37, 40-42, 119, 121-123, 129, 131, 138, 224-225, 228, 235, 238-240, 247, 249-251, 253, 255-256, 259, 264-265, 287, 289-290, 302, 307, 317, 331, 339, 356, 360, 365-368, 375, 388
座標変換（coordinate transformation） 235, 249, 331
最小二乗コロケーション（least square collocation） 164
最小二乗法（least square adjustment） 129, 143, 160, 163, 170, 174-175, 180, 182, 193, 201-204, 209, 216, 222, 230, 250, 251, 253, 367-368

最適楕円体（best-fitting ellipsoid） 249
歳差（precession） 13, 15-16
三角測量（triangulation） 1-2, 247, 379
三次元の変換（three-dimensional transformation） 249
三重差（triple-difference） 149, 151-152, 155-159, 161, 167, 170-171, 189, 192, 203, 219
三体問題（three-body problem） 32
三辺測量（trilateration） 1-2
姿勢（attitude） 5, 8, 10, 199, 287, 292-294, 314, 335, 365-368, 370, 374, 382, 385, 387
視恒星時（apparent sidereal time） 18-20
視線速度（radial velocity） 7, 50-51, 92, 94, 141-142
視線方向成分（radial component） 27
視通線（line of sight） 1, 53
事後分散（a posteriori variance） 191, 204
時角（hour angle） 19
時間ののび（time dilation） 122-123
時空間（space-time） 72, 120-122, 124
時系（time system） 20, 25, 91-93, 169-170, 265, 287, 290, 302, 307, 331
時計のオフセット（clock offset） 129, 142, 173, 368
時計のドリフト（clock drift） 138, 142
時計のバイアス（clock bias） 42, 91, 138-140, 146-147, 149-150, 161-162, 178
時計のパラメータ（clock parameter） 44, 176
時計の誤差（clock error） 3, 91-92, 133, 138, 145-146, 188-189, 214, 339
時計の周波数（clock frequency） 125, 266
時計の補正（clock correction） 283, 296
時計誤差の多項式（clock polynomial） 126
磁場（magnetic field） 48, 54, 56-57, 108, 120
自己相関関数（autocorrelation function） 59 61, 70, 79
自転軸の振動（oscillation of axis） 13
湿潤成分（wet component） 56, 111, 143

主管制局（master control station） 5, 43, 273, 274, 283, 334, 339, 342, 347
受信機の検定（receiver calibration） 377
受信機の種類（receiver types） 377
受信機時計（receiver clock） 91, 95, 126, 139-143, 146-147, 150, 159, 173, 204, 214-216, 223, 269, 332, 360, 368
周波数ダイバーシティ（frequency diversity） 89, 284, 327
周波数オフセット（frequency offset） 58
周波数のズレ（frequency shift） 50-51
周波数ドリフト（frequency drift） 58
周波数のロールオフ（frequency roll-off） 80
周波数標準（frequency standard） 57-58, 73, 75, 79, 92, 166, 266, 276, 292, 297, 307, 312, 313, 317, 319, 340, 385
重み行列（weight matrix） 154-155, 193, 201, 203, 209-210, 219, 221-223
重力（gravity） 12, 23-24, 30-31, 34, 38-39, 58, 120, 124-125, 248, 260, 264-265, 312, 317, 385
重力ポテンシャル（gravitational potential） 31, 39, 124, 260, 264, 312
重力場（gravitational field） 12, 34, 38-39, 58, 120, 124-125, 248, 260
重力定数（gravitational constant） 23, 125, 264-265
縮尺係数（scale factor） 246, 249-250, 252-253, 255, 259
春分点（vernal equinox） 11, 13, 15, 17, 19
瞬時のアンビギュイティー決定（instantaneous ambiguity resolution） 160, 180, 363
瞬時の測位（instantaneous positioning） 9, 160
準コードレス手法（quasi-codeless technique） 87-88
準慣性（quasi-inertial） 14, 20
初期化（initialization） 78, 141, 160, 166, 176, 182, 210, 279-280, 282, 300, 358, 362-363,

367

初期値（initial value）　25，34-36，39-40，321
初期値問題（initial value problem）　34-36
昇交点（ascending node）　18，24，35-36，39，42，292，333
章動（nutation）　13，15，17-18，20
冗長（redundancy）　37，165，181，202，230，284，326-327，345，348，372，374，382
情報サービス（information service）　6，42，266，317，346，380-384
擾乱ポテンシャル（disturbing potential）　30-33，37-39，260
状態ベクトル（state vector）　192，207-213，274
畳み込み符号化（convolutional encoding）　88-89，326，348
食係数（eclipse factor）　33
信号の多重化（signal multiplexing）　63
信号の捕捉（signal lock）　9，72，77，353，355
信号構造（signal structure）　4，58，275，296，305，340，388
信号処理（signal processing）　58，72-74，77-79，88，166，171，324
信号設計（signal design）　58
信号要素（signal components）　266
信頼レベル（confidence level）　226，231，232，267，270，291，303，307，310，346，348，352，354，356，377
真近点離角（true anomaly）　25，35，36
進み遅れ電力差弁別器（early-minus-late power discriminator）　85，86
垂直方向の遅延（vertical delay）　106
水圏（hydrosphere）　248
水晶時計（crystal clock）　3
水蒸気（water vapor）　53，56，111-112，116，118，120，369
水平位置（horizontal position）　144-145，161，225，256，270，334，354，356，363，377
水平精度（horizontal accuracy）　225，291，312

成層圏（stratosphere）　55，110
政府規制サービス（public regulated service）　309-310，318，321，324
整数値アンビギュイティー（integer ambiguity）　92，94，98，140，161，171，173-175，177，182-185，191-192，194-195，199-201，362
正規分布（normal distribution）　152，174，202，204，209，228-229，231-232
正標高（orthometric height）　246-247，249，255-256
生命の安全に係わるサービス（safety-of-life service）　306，308-310，320，322，324-325，349
精度の劣化（denial of accuracy）　268
精度規準（accuracy measure）　230，232-234，291
精密測位サービス（Precise Positioning Service）　266-268，277，291
精密暦（precise ephemerides）　4，6，23，41-42，44，144-145
静止衛星（geostationary satellite）　5，332，336，338，342-343，345，347-348，350-352，370
赤経（right ascension）　39，42，333
赤道座標系（equatorial coordinate system）　11，26-28，34，37，224
赤道面（equatorial plane）　11，19-20，24，39，256，289，292
接触楕円（osculating ellipse）　28
摂動軌道（perturbed orbit）　37
雪氷圏（cryospher）　248
先験分散（a priori variance）　203-204
線形化（linearization）　140，176，187，190，199，202，204，207，213-214，216-217，219，250，259-260，367
線形結合（linear combination）　96-98，109-110，133，135，140，149，158，164，176，178，222，276
選択的拒否（Selective Denial）　268，270
遷移行列（transition matrix）　208，210-211，213

全方向性のアンテナ（omnidirectional antenna） 74-75

捜索救助（search and rescue） 310，313，317，325，334-335

相関関数（correlation function） 59-62，70，79，85，136

相関技術（correlation technique） 378

相関行列（correlation matrix） 154

相互相関（crosscorrelation） 66-68，79，81，87-88，157，278，281-282，296，300

相似変換（similarity transformation） 19，222，249，251-252，254-255，259，367，378

相対測位（relative positioning） 9，23，125-126，133，146-149，157-158，160-161，193，216-218，222，225，358，361-363，365，380-381，384

相対論（relativity） 12，14，20，33-34，79，121-126，133，138，144，276，297，319，341，360，369

相対論効果（relativistic effect） 14，79，121，123-126，138，144，276，297，319，341，360，369

総電子数（total electron content） 56，103

送信時間（transmission time） 338

送信周波数（emitted frequency） 50-51，346，364

遭難警報衛星システム（distress alerting satellite system） 335

測地基準系（geodetic reference system） 2，378-379

速度ベクトル（velocity vector） 8，23，25-27，29，34-36，39，43，126，141-142，334，364

速度決定（velocity determination） 364

た 行

多点解（multipoint solution） 219，221-222

太陽活動（solar activity） 54，56，57，107，385

太陽系重心（barycenter） 12，14，20

太陽系重心力学時（Barycentric Dynamic Time） 20

太陽黒点（sunspot） 57，105，107，385

太陽時（solar time） 19，20

太陽輻射（solar radiation） 30，33，43

楕円体高（ellipsoidal height） 236-237，246-247，249，251-255，258，337-379

楕円体座標（ellipsoidal coordinates） 19，222，235-236，238，241，245，249，252-253，258，360，378

対流圏（troposphere） 53，55-56，95，110-116，118，120，131，133，142-145，161，163，173，214，267，358

対流圏での経路（tropospheric path） 110，112-113

対流圏屈折（tropospheric refraction） 110-111，120，161，163

対流圏遅延（tropospheric delay） 55-56，95，110，114-116，118，131，133，142-145

大気（atmosphere） 41，54-57，62，79，100，106-107，110-113，116，118-119，120，142-143，145-146，174-175，204，227，229，239，248，305，339，344，347，353，356，360，362，369-370，379-380，387

大気の影響（atmospheric effects） 100，175，353，369-370

大気圧（atmospheric pressure） 111，116，143

大熊座（Big Dipper） 332

単基線（single baseline） 157，182，219-222

単独測位（point positioning） 9，23，94，96，125，138-143，145-148，151，157，162，214，216，223，225，266，268，270，339，343-345，356，358，364，381

探索手法（search technique） 160，182

短半径（semiminor axis） 26，194，197，235，238，256

地殻変動（crustal deformation） 143，362，384-

385

地球の扁平（oblateness） 31，38，125
地球回転（earth rotation） 12，14，18，126，289，307，380，385
地球座標系（terrestial reference frame） 11-15，18-19，27，40，42，264，307，317，331
地球自転軸（earth's rotational axis） 13-14，41，143
地球重力場（earth's gravity field） 12，38，58
地球重力定数（earth's gravitational constant） 265
地球力学時（terrestrial dynamic time） 20
地磁気極（geomagnetic pole） 106，119
地上データ（terrestrial data） 235
地上管制（ground control） 5，294，306-308，310-311，313-315
地上型補強システム（ground-based augmentation） 5，352
地心位置（geocentric position） 3，32-33，126
地心角（geocentric angle） 32
地心距離（geocentric distance） 26，31，36，43，125
地心座標系（geocentric system） 34，235，249，264
地心地球（Earth-Centered-Earth-Fixed） 19
地図作成（Mapping） 384-385
地図情報システム（Geographic Information System） 385
地表波（ground wave） 53
逐次最小二乗計算（recursive least squares adjustment） 205，207，209
逐次網平均（sequential adjustment） 176，198-199
中央子午線（central meridian） 243，246
中間周波数（intermediate frequency） 73，76，79
中心引力（central force） 28，31
中心加速度（central acceleration） 31
潮汐ポテンシャル（tidal potential） 13，32，39
潮汐効果（tidal effect） 32，43

潮汐変形（tidal deformation） 13，32-33
潮汐力（tidal attraction） 12，13
超長基線干渉法（very long baseline interferometry） 14
長短半径（semiaxes） 194
長半径（semimajor axis） 25，31，35，38，125，197，238，264，312，336，339
頂点（apex） 8，223，241，334
直交座標（Cartesian coordinates） 11，19，27，222，235-236，238，249，252-253，256，258-259，307，337
追跡網（tracking network） 5，40-41
通信リンク（communication link） 334，342
停留時間（dwell time） 80-81
天球座標系（celestial reference system） 11-15，18
天体（celestial body） 1，14，19，24，32，124
天頂遅延（zenith delay） 112-113，116，118，120，143
伝播効果（propagation effect） 52，62
伝播時間（travel time） 47，53，60，62，65-66，79，88，91-92，261，266，276，333，335，360
電子徴収システム（electronic toll system） 381
電子密度（electron density） 56，102，106-108，119-120，369
電磁波（electromagnetic wave） 48-49，51-55，57，62，75，93，100
電波航法プラン（radionavigation plan） 226，375
電波伝搬（wave propagation） 52，106-107
電離層シンチレーション（ionospheric scintillation） 54
電離層トモグラフィー（ionospheric tomography） 119
電離層の影響（ionospheric effect） 54，97，104，108-110，131，133，142-144，168，177-179，181，222，276，285，345，358，363，377-

378, 384-385
電離層の影響を受けない線形結合（ionosphere-free combination） 109-110, 178, 222, 276
電離層ポイント（ionospheric point） 104, 106, 349
電離層マップ（ionosphere map） 119-120
電離層屈折（ionospheric refraction） 56, 94, 102-103, 105-106, 108, 119-120, 161, 163, 176, 178, 266, 278
電離層係数（ionospheric coefficients） 105
電離層項（ionosphere term） 109-110, 168, 177-179
電離層残差（ionospheric residual） 97, 105, 119, 168-172
電離層遅延（ionospheric delay） 56, 62, 88, 95, 104, 133, 142, 285, 344, 349, 385
電力スペクトル密度（power spectral density） 64-65, 69-71, 277, 299-300, 320
等角（conformal） 241
等角投影（conformal mapping） 241
等ポテンシャル面（equipotential surface） 248
動作状態（health status） 312, 339
同期（synchronization） 47, 57, 70-71, 77-79, 81, 83-86, 88, 90, 261, 273, 276, 278, 281-284, 287, 294, 296-297, 299, 301-302, 307, 311, 313, 315-320, 326-327, 333, 336, 339-340, 342, 347-348, 353, 369, 387
特殊相対論（special relativity） 121-125

な 行

二次のドップラー効果（second-order Doppler effect） 123
二次元の変換（two-dimensional transformation） 252-254
二周波のコード（dual frequency code） 142, 179
二周波の位相データ（dual frequency phase data） 176, 179
二周波受信機（dual frequency receiver） 41, 222, 268, 344-345, 349, 358, 362-364, 376, 379
二重差（double-difference） 92, 94, 149-152, 154-161, 167, 169-171, 173-174, 176, 182-185, 187, 189, 190-194, 198-201, 203, 217, 219-221, 358, 368, 384

は 行

日付の変換（date conversion） 21
熱輻射（thermal radiation） 33
発射時刻（emission time） 47, 91
反射鏡（retroreflector） 272, 293, 313
搬送波ワイプオフ（carrier wipe-off） 83-84
搬送波位相（carrier phase） 9, 41, 63, 73, 83-84, 88, 92, 95-100, 102, 128, 133, 136, 140-143, 147, 161, 166, 174, 179, 186, 200, 216-217, 276, 361, 365, 372, 377, 379, 384-385
搬送波位相擬似距離（carrier phase pseudorange） 97, 100
搬送波位相差（carrier phase difference） 99
搬送波周波数（carrier frequency） 58, 62-63, 82, 84, 89, 110, 140, 276, 300, 321
標準の卯酉線（standard parallel） 241
標準基準点（fiducial point） 249
標準子午線（standard meridian） 241
標準測位サービス（standard positioning service） 266-268, 277, 287, 291
標準楕円（standard ellipse） 197-198, 233
標準楕円体（standard ellipsoid） 233
標準大気（standard atmosphere） 116
標準偏差（standard deviation） 183, 185, 191-192, 201, 225, 231, 318
復調（demodulation） 65, 77, 79, 82, 88, 325, 334, 345, 354

分散的な媒質（dispersive medium） 53
分散共分散行列（variance-covariance matrix）
　　175，190-191，201-202，204，207
分散行列（dispersion matrix） 153-156, 175, 190-191，194，201-202，204，207，211，219，221，349
平滑化されたコード擬似距離（smoothed code pseudorange） 98，100
平均運動（mean motion） 18，25
平均海面（mean sea level） 248
平均角速度（mean angular velocity） 25，36
平均近点離角（mean anomaly） 25，35-36，39
平均恒星時（mean siderial time） 19-20
平行移動ベクトル（shift vector） 19，222，249-250，252，254，259，289
平射投影（stereographic projection） 241
平面座標（plane coordinates） 163，235，241，246，249，251-254，378
偏波（polarization） 48，72，75，124，135，276，297，341
扁平率（flattening） 264，336，339
偏揺角（yaw） 8，365-366，368
変調方式（modulation method） 62-63，80，282，320，322
弁別関数（discriminator function） 60-62，70
補強システム（augumentation system） 2，5，166，263-264，303-304，308，342，344，347，350-352，354，374，376，381，387-388
補助出力回路（auxiliary output chip） 378
放送暦（broadcast ephemerides） 3-4，42-43，73，78-79，89，146，240，274，283，302，317，327，342，348-349，354-356，372，376，380
方位投影（azimuthal projection） 241，242
北斗（Beidou） 262，332-333，335-338，342，352，374

ま 行

密度関数（density function） 200，231-233
面積・質量比（area-to-mass ratio） 33
網平均（network adjustment） 118, 176-177, 181，183，189-194，196，198-199，219，222，255-256，260
網平均理論（adjustment theory） 198

や・ら 行

離心近点離角（eccentric anomaly） 25，27，35，125-126
離心率（eccentricity） 25，35，120，125，236，238，312，340
力学時（dynamic time） 20-21，25
暦（ephemerides） 3，4，6，20-21，23，41-44，73，78-79，89，144-146，224，240，274，283-284，302-303，317，325，327，342，348-349，354-356，372，376，380

訳者紹介

西　修二郎（にし　しゅうじろう）
1949年大分県杵築市生まれ。東京教育大学理学部卒業後、1973年国土交通省国土地理院に入省。1977－1978に在外研究員としてオハイオ州立大学大学院留学。その後、計画課長、関東地方測量部長、測地観測センター長を経て、2003年退官。現在、日本測量協会常任参与。E-mail: nishi@geo.or.jp
著書に『図説測地学の基礎』（日本測量協会2006年）『図説GPS』（日本測量協会2007年）訳書に『GPS理論と応用』（シュプリンガージャパン2005年）『物理測地学』（シュプリンガージャパン2006年）

書　名	GNSSのすべて―GPS、グロナス、ガリレオ…―
コード	ISBN978-4-7722-2008-8　C3055
発行日	2010（平成22）年2月10日　初版第1刷発行
訳　者	西修二郎 Copyright ©2010 NISHI Shujiro
発行者	株式会社古今書院　橋本寿資
印刷所	カシヨ株式会社
製本所	渡辺製本株式会社
発行所	古今書院 〒101-0062　東京都千代田区神田駿河台2-10
WEB	http://www.kokon.co.jp
電　話	03-3291-2757
FAX	03-3233-0303
振　替	00100-8-35340
	検印省略・Printed in Japan